Peter Zastrow
Dipl.-Ing.
Radio- und Fernsehtechnikermeister
Studienrat

PHONO TECHNIK

3. überarbeitete Auflage

1984

FRANKFURTER FACHVERLAG

CIP-Kurztitelaufnahme der Deutschen Bibliothek

Zastrow, Peter:
Phonotechnik / Peter Zastrow. – 3., überarb.
Aufl. – Frankfurt [Main] : Frankfurter
Fachverlag, 1984.
ISBN 3-87234-094-8

ISBN 3-87234-094-8

Satz: Fotosatz Stephan, Frankfurt-Höchst
Druck: Hain-Druck GmbH, Meisenheim/Glan

Vorwort

Die Phonotechnik ist aus unserem heutigen Leben nicht mehr fortzudenken. Sie ist zwar nur ein Teilgebiet der Konsumelektronik, jedoch beschäftigen sich mit ihr nicht nur sehr viele Liebhaber naturgetreuer Musikwiedergabe, sondern sie spielt auch in der kommerziellen Technik eine wichtige Rolle.

Nun beschränkt sich eine naturgetreue Musikwiedergabe nicht ausschließlich auf Wiedergabeeinrichtungen wie Verstärker, Kopfhörer und Lautsprecherboxen, sondern sie beginnt schon bei der Raumakustik und geht weiter bis hin zum Tonbandgerät und zum Plattenspieler. Dabei interessiert sich ein Tonbandamateur verständlicherweise auch für Mikrofone.

Alle diese hier aufgezählten Teilbereiche der Phonotechnik werden heute in der Populär- und Fachliteratur einzeln und ausführlich behandelt. Diese Bücher sind jedoch so geschrieben, daß sie entweder vom Fachlaien oder nur vom Fachexperten gelesen werden können. Um aber dem interessierten, mit einigen physikalischen und elektrotechnischen Vorkenntnissen vorbelasteten Phonoliebhaber und Praktiker ein Buch in die Hand zu geben, in dem der gesamte Bereich der Phonotechnik abgedeckt wird, wurde dieses Buch vom Verlag und Autor konzipiert.

Damit der Leser Daten, Normwerte und Zusammenhänge verstehen kann, werden in diesem Buch neben den akustischen und elektroakustischen Grundlagen die Qualitätsmerkmale und die physikalisch-elektrotechnischen Wirkungsweisen der einzelnen Baugruppen der Phonotechnik behandelt. Damit werden ihm Entscheidungskriterien an die Hand gegeben, die ihm bei der Auswahl helfen können.

Am Ende eines jeden Kapitels dient eine Zusammenfassung als Repetitorium und Übungsaufgaben als Wiederholung und zur Selbstkontrolle. Die Antworten sind am Ende des Buches zusammengestellt.

Das Niveau ist so gehalten, daß ein Phonoliebhaber mit Vorkenntnissen, ein Auszubildender wie auch ein Techniker aus anderen Elektroberufen und ein Elektroniker sich leicht in diese Materie einarbeiten kann. Ein ausführliches Literaturverzeichnis am Ende des Buches gibt auch dem Studierenden die Möglichkeit, über das Niveau dieses Buches hinaus, tiefer in die Materie der Phonotechnik einzudringen.

An dieser Stelle möchte ich mich besonders beim Verlag bedanken, der diese Publikation möglich gemacht hat und das Buch so sorgfältig ausstattete.

Bad Segeberg, August 1979

Peter Zastrow

Vorwort zur 3. Auflage

Die positive Aufnahme, die die ersten beiden Auflagen dieses Buches bei den Lesern gefunden haben, bestätigt Verlag und Autor, daß die Stoffauswahl, die Erläuterungen und bildlichen Darstellungen in der vorliegenden Form Anklang gefunden haben. Aus den vielen Zuschriften und aus Gesprächen ist immer wieder zu entnehmen, daß die didaktische und methodische Aufbereitung des Stoffes nicht nur bei Pädagogen sondern auch bei Auszubildenden und Lesern, die sich autodidaktisch weiterbilden, Zustimmung findet.

In dieser Neuauflage wurde deshalb die Konzeption der ersten Auflagen beibehalten. Die Überarbeitung beschränkte sich im wesentlichen auf die Anpassung der in diesem Technikbereich so rasch fortschreitenden Entwicklungen.

Bad Segeberg, März 1984

Peter Zastrow

Inhaltsverzeichnis

3. Mikrofone

4. Kopfhörer

5. Lautsprecher

6. Verstärkertechnik

7. Magnetbandtechnik

8. Nadeltontechnik

1. Grundlagen der Akustik

1.1 Der Schall

1.1.1 Entstehung eines Schalls

Die Akustik ist die Wissenschaft vom Schall. Als Schall bezeichnet man mechanische Schwingungen der Materie. Materie kann z. B. Luft (Luftschall), Wasser (Flüssigkeitsschall) oder ein Festkörper (Körperschall) sein. Dem Ohr wird der Schall durch das Medium Luft übermittelt. Das **Bild 1.1** zeigt, wie eine Schallquelle einen Schall erzeugt und sich dieser z. B. in der Luft fortpflanzt. Zu diesem Zweck ist eine federnde Platte fest an zwei Punkten eingespannt und wird nun durch einen Stoß zum Schwingen angeregt. Die Platte wird dadurch zu einem Schallerzeuger und preßt die vor ihr liegenden Luftteilchen zusammen (Punkt 2), wodurch hier ein Überdruck entsteht. Beim Zurückschwingen der Platte werden die Teilchen auseinandergezogen (Punkt 4), und es entsteht ein Unterdruck. Die Schallquelle bringt somit die in ihrer unmittelbaren Umgebung befindlichen Luftteilchen durch den Über- und Unterdruck zum Schwingen. Die so in Schwingung versetzten Luftteilchen übertragen wiederum bei Zusammenstößen mit ihren benachbarten Teilchen die Schwingungen weiter usw., so daß sich die Schwingung der Schallquelle über das Medium ausbreitet.

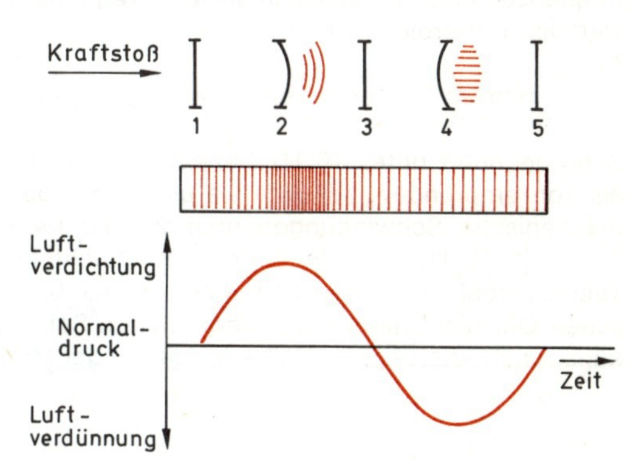

Bild 1.1
Entstehung einer Schallwelle durch Luftverdichtung und Luftverdünnung

Man erkennt, daß die Teilchen durch ihre Auslenkung aus der Ruhelage periodisch Verdichtungen und Verdünnungen und damit Druckschwankungen verursachen. Fügt man eine Verdichtung und Verdünnung aneinander, so erhält man einen vollständigen Wellenzug, und man spricht von Schallwellen. Weil die Luftteilchen die Schwingungen der Schallquelle in gleicher Richtung fortsetzen, (sie schwingen längs der Fortpflan-

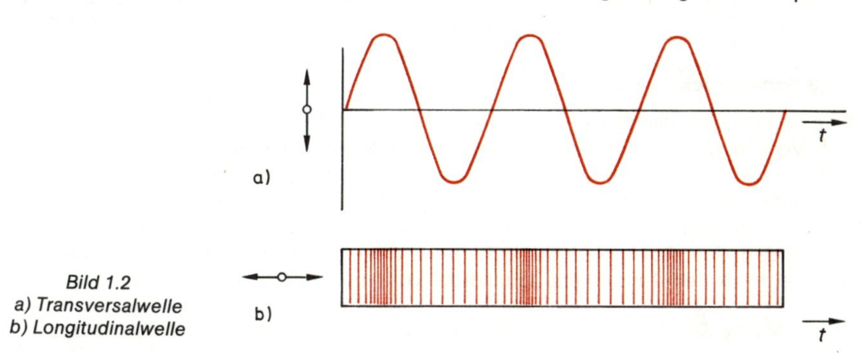

Bild 1.2
a) Transversalwelle
b) Longitudinalwelle

zungsrichtung) spricht man bei den Schallwellen auch von Längswellen oder Longitudinalwellen. Würden die Teilchen quer zur Fortpflanzrichtung schwingen, so erhielte man Quer- oder Transversalwellen **(Bild 1.2).**

Merke: Jede Schallwelle ist eine räumliche Longitudinalwelle

Jede Schwingung wird durch zwei Größen gekennzeichnet, nämlich durch die Frequenz und durch die Amplitude. Das gilt auch für die Schallschwingung. Hier spricht man zwar ebenfalls von der Frequenz. Statt der Amplitude gibt man hier aber den Schalldruck an.

1.1.2 Schallfrequenz

Die Schallfrequenz gibt an, wie oft Verdichtungen und Verdünnungen der Luft innerhalb einer Sekunde aufeinander folgen. Häufige Druckschwankungen je Zeit, also hohe Frequenzen, nimmt man als hohe Töne wahr. Die Frequenz bestimmt damit die vom Ohr wahrgenommene Tonhöhe. Das menschliche Ohr kann Schallschwingungen zwischen etwa 16 Hz und 16 kHz als Töne erkennen (siehe auch Kapitel 1.2.4 und Bild 1.13). Alle die in diesem Bereich liegenden Frequenzen nennt man deshalb Tonfrequenzen und den Schall in diesem Frequenzbereich Hörschall. Der Frequenzbereich wird als Hörbereich bezeichnet.

Merke: Ein Ton ist um so höher, je größer die Frequenz der Schallwelle ist.

Schwingungen unter 16 Hz bezeichnet man mit Infraschall. Sie werden nicht mehr als Ton empfunden, sondern als einzelne Stöße oder Beben. Mit Ultraschall werden mechanische Schwingungen über 20 kHz bezeichnet. Sie können nur von einigen Tieren (z. B. Hunden, Fledermäusen, Nachtigallen) wahrgenommen werden. In der Technik geht der Ultraschallbereich sogar bis 10 MHz. Diese hohen, vom menschlichen Ohr nicht mehr wahrgenommenen Schwingungen werden zur Materialprüfung, künstlichen Alterung, für Heilwirkungen in der Medizin usw. verwendet **(Bild 1.3).**

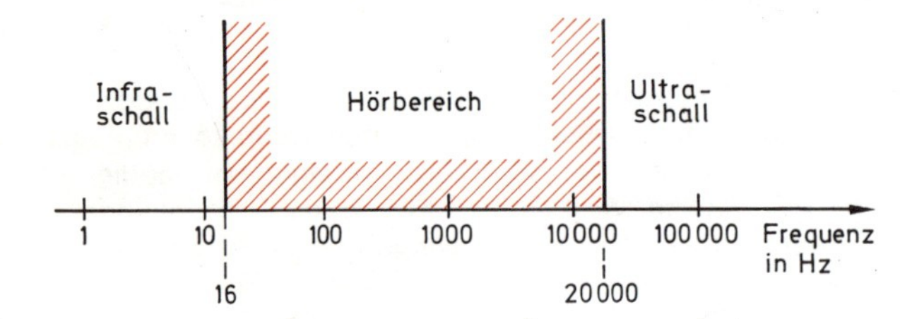

Bild 1.3
Frequenzbereiche des Schalls

1.1.3 Schalldruck

Eine Schallwelle pflanzt sich in einem Medium nur durch die periodische Verdichtung und Verdünnung fort. Eine Verdichtung der Materie ist aber gleichbedeutend mit einer Druckerhöhung, eine Verdünnung gleichbedeutend mit einer Druckverminderung gegenüber dem Normaldruck im Ruhezustand. Bei der Ausbreitung des Schalls, z. B. in Luft, wird der normale Luftdruck im Rhythmus der Schallwellen periodisch geändert, d. h. dem Ruhedruck der Luft überlagert sich ein Wechseldruck. Diesen Schallwechseldruck nennt man kurz Schalldruck p.

Merke: Der Schalldruck p ist ein orts- und zeitabhängiger Wechseldruck.

Erzeugt eine Schallquelle einen großen Schalldruck, so empfindet man das als große Lautstärke, d. h., der Schalldruck bestimmt die Lautstärke.

Durch die Physik ist definiert: Der Druck gibt an, wie groß die Kraft ist, die senkrecht auf eine bestimmte Fläche einwirkt.

Oder als Formel: $\text{Druck} = \frac{\text{Kraft}}{\text{Fläche}}$

$$P = \frac{F}{A}$$

Die Einheit des Druckes wird Pascal (Pa) genannt.

$$1\ \text{Pa} = \frac{1\ \text{N}}{\text{m}^2}$$

Da in der Akustik niemals sehr große Drücke auftreten, benutzt man lieber die vom Pascal abgeleitete Einheit „Mikrobar" (µbar).

$$1\ \mu\text{bar} = 0{,}1\ \frac{\text{N}}{\text{m}^2}$$

Damit man sich eine Vorstellung von der Größe eines µbar machen kann, sei gesagt, daß der Druck von 1 µbar etwa einem Millionstel des Druckes der uns umgebenden Atmosphäre (nämlich 1 mg/cm^2) entspricht. Wenn man in einer Entfernung von ca. 75 cm vor einem Mikrofon spricht, herrscht am Mikrofon ein Schalldruck von etwa 1 µbar.

Normale Unterhaltungssprache hat etwa 0,1 µbar, die Spitzenwerte einer Pauke liegen bei ca. 1000 µbar. Das menschliche Gehör kann bei einer Frequenz von 1000 Hz gerade einen Schalldruck von $2 \cdot 10^{-4}$ µbar wahrnehmen (Reizschwelle). Schalldrücke über 200 µbar wirken schmerzhaft (Schmerzgrenze).

1.1.4 Schallausbreitung

Der Schall kann sich in festen, flüssigen und gasförmigen Stoffen ausbreiten. Die Ausbreitungsgeschwindigkeit hängt, wie die **Tabelle 1/1** zeigt, von der Dichte des Mediums ab.

Tabelle 1/1: Schallausbreitungsgeschwindigkeit

Stoff	Geschwindigkeit *c* in m/s
Glas	5500
Stahl	5000
Mauerwerk	3500
Holz	2500
Wasser	1480
Kork	500
Luft	344
Gummi (weich)	70

Je kleiner die Dichte und je elastischer das Medium ist, um so langsamer können nämlich die Stoffteilchen (Moleküle) den Schall als Stoß weitergeben. Verständlich ist, daß sich in einem luftleeren Raum, in dem sich keine Luft-Moleküle befinden, auch kein Schall fortpflanzen kann.

In der Akustik interessiert man sich hauptsächlich für die Schallausbreitung in Luft. Sie ist temperaturabhängig, wie die **Tabelle 1/2** zeigt.

Tabelle 1/2: Schallausbreitung in Luft	
Temperatur	Geschwindigkeit c in m/s
− 30 °C	302,9
0 °C	331,8
10 °C	338
20 °C	344
30 °C	349,6
100 °C	390,0

Rechenwert: $c \approx 340$ m/s bei 20 °C

Neben der Lufttemperatur hat aber auch noch der Luftdruck und der Kohlendioxid-Gehalt einen – wenn auch geringen – Einfluß auf die Schallgeschwindigkeit.

1.1.5 Wellenlänge

Wenn sich eine Schwingung in einem Medium als Welle ausbreitet, treten an bestimmten Stellen in jeweils gleichen Abständen immer wieder dieselben Schwingungszustände auf, z. B. die größte Dichte der Luftmoleküle **(Bild 1.4).** Diesen Abstand bezeichnet man als Wellenlänge λ. Zwischen der Schallausbreitungsgeschwindigkeit c, der Wellenlänge λ und der Frequenz f eines Tones besteht folgende Beziehung:

$$\lambda = \frac{c}{f}$$

c = Schallgeschwindigkeit in m/s
λ = Wellenlänge in m
f = Frequenz in Hz

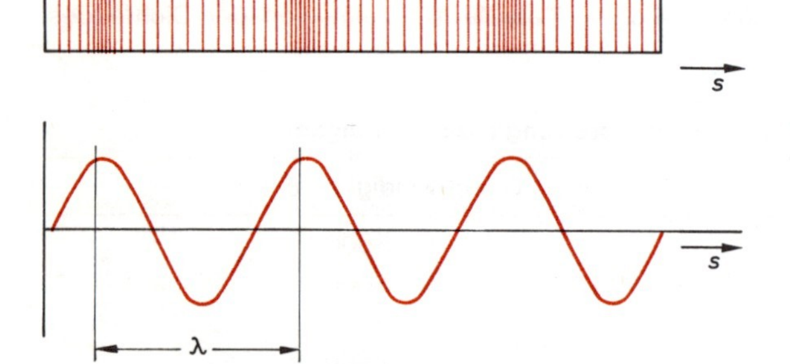

Bild 1.4
Wellenlänge

Damit ergeben sich folgende Wellenlängen für den Hörbereich **(Tabelle 1/3).**

Diese Längenunterschiede für die hörbaren Frequenzen zwischen 21,5 m und 1,72 cm sind sehr beträchtlich und spielen z. B. für die Konstruktion von Lautsprechern eine große Rolle. Soll ein Lautsprecher von z. B. 35 cm Durchmesser einen Ton von 100 Hz abstrahlen, dann ist er klein, verglichen mit der Wellenlänge von 3,4 m. Soll er jedoch Töne von 10 kHz abgeben, dann ist er groß im Verhältnis zu der Wellenlänge von 3,4 cm. Man erkennt hieraus, daß damit auch verschiedene Abstrahlungsbedingungen entstehen. Sofern der Lautsprecher einen großen Frequenzbereich wiedergeben soll, bedarf es besonderer Konstruktionen bezüglich der Membranform, Membranlagerung usw.

Tabelle 1/3: Wellenlängen des Hörbereichs	
Frequenz f in Hz	Wellenlänge λ in m
16	21,5
100	3,4
800	0,43
1000	0,34
5000	0,069
10000	0,034
20000	0,0172

1.1.6 Raumakustik

Unter dem Ausdruck Raumakustik faßt man alle Probleme zusammen, die sich bei der Ausbreitung des Schalls in geschlossenen Räumen ergeben.

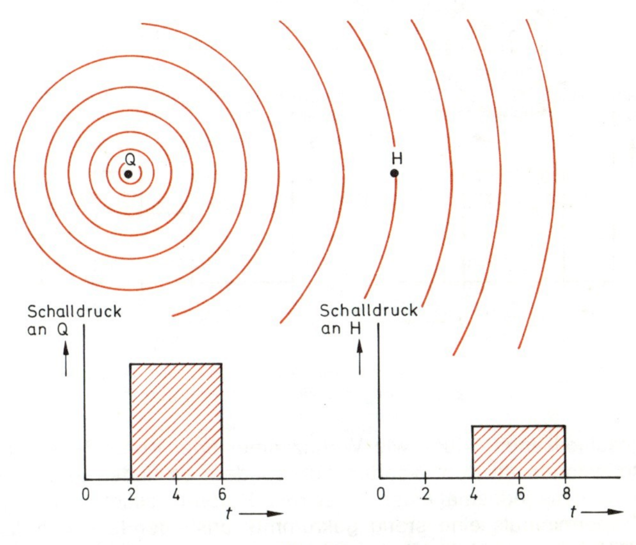

Bild 1.5
Ausbreitung des Schalls im freien Raum (Isophon)

Befindet sich eine Schallquelle in einem absolut freien Raum, so breitet sich der Schall mit der schon erwähnten Fortpflanzungsgeschwindigkeit kugelförmig von der Schallquelle aus. Das **Bild 1.5** verdeutlicht diesen Zusammenhang. Erzeugt die Schallquelle nun einen impulsartigen Schall (z. B. von 4 s Dauer), so erreicht der Schall nach einer entsprechenden Laufzeit einen Hörpunkt H, an dem man ihn verspätet und mit kleinerer Amplitude wahrnehmen kann.

Die Schallintensität nimmt nämlich mit dem Quadrat der Entfernung ab. Entscheidend ist jedoch, daß der zeitliche Verlauf des wahrgenommenen Schallimpulses genau dem Originalimpuls entspricht.

Ganz andere Verhältnisse ergeben sich, wenn eine reflektierende Wand, nach **Bild 1.6**, vorhanden ist. Dann entsteht am Hörpunkt ein Schalldruckverlauf, der von dem Originalimpuls abweicht. Zunächst erreicht der Schall auf direktem Wege den Hörpunkt. Auf dem Umweg über die reflektierende Wand trifft jedoch ein weiterer Schallanteil noch etwas später am Hörpunkt ein, der sich zum ersten Schall addiert, solange jener noch vorhanden ist. Ist der erste, auf direktem Wege angekommene Schallimpuls abgeklungen, so bleibt der zweite Schallanteil noch um die Zeit mit seiner Schallstärke bestehen, mit der er verspätet ankam. Somit entsteht am Hörpunkt ein sich stufenförmig aufbauender Schall, der insgesamt eine größere Schallintensität besitzt als im absolut freien Raum und auch länger andauert. Bei mehreren reflektierenden Flächen wird die Stufenfolge zahlreicher.

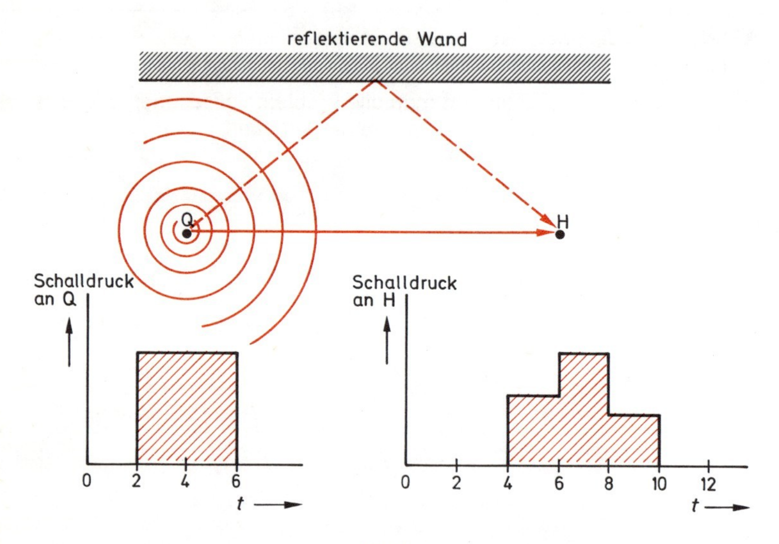

Bild 1.6
Schallausbreitung bei einer Reflexion (Isophon)

In einem geschlossenen Raum, wie Wohnzimmer oder Konzertsaal, treten nicht nur einfache Reflexionen an den Wänden auf, sondern es finden auch viele Mehrfachreflexionen statt, die jedesmal einen Anteil dem Hörpunkt zuliefern. Es ergibt sich dann aus dem Treppenimpuls eine stetig gekrümmte ansteigende und abfallende Kurve, wie sie in **Bild 1.7** dargestellt ist. Aus diesen Zusammenhängen kann man folgende Schlußfolgerungen ziehen:

Merke: In geschlossenen Räumen ergeben sich Anhall- und Nachhallerscheinungen, die einerseits die Gesamtlautstärke erhöhen und andererseits die Zeitdauer des Schallereignisses verlängern.

Es leuchtet ein, daß in kleinen „schallharten" Räumen besonders viele Reflexionen und damit eine Erhöhung der Schallintensität auftreten. Je größer der Raum wird, um so länger sind die Wege des reflektierten Schalls und dementsprechend sind auch die Energieanteile geringer. So hat man in einem Wohnraum mit 100 m³ Inhalt einen etwa 17fachen und in einem Raum mit 1000 m³ einen etwa 8fachen Schallstärkegewinn gegenüber dem freien Gelände.

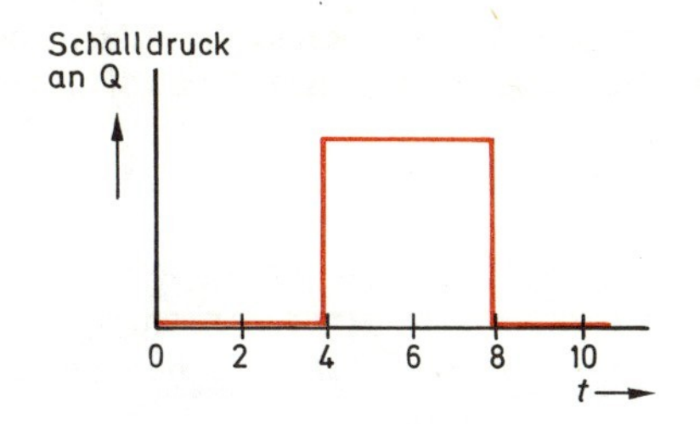

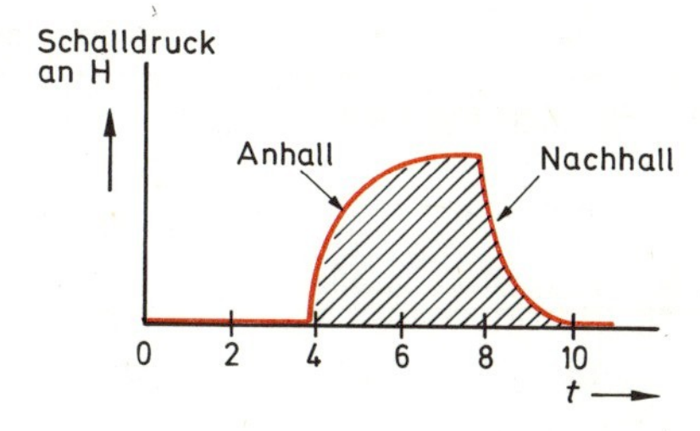

Bild 1.7
Schallausbreitung bei Mehrfachreflexion (Isophon)

Eine Erhöhung der Schallstärke bringt zwar den Vorteil, daß in großen Räumen auch an entfernten Stellen noch eine ausreichende Schallstärke vorhanden ist. Aber gleichzeitig erkauft man sich damit auch einen größeren Nachhall. Er ist jedoch nur bis zu einem gewissen Grad erwünscht. Bei der Wiedergabe von kürzeren Sprechsilben oder schnellen Musikläufen kann der Nachhall zu Verwischungen führen, die die Verständlichkeit sehr herabsetzen. So sollte für eine gute Silbenverständlichkeit der Sprache der Nachhall etwa 0,8 Sekunden bei mittleren Wohnräumen betragen. Musik, die in einem Raum mit sehr kurzer Nachhallzeit gespielt wird, verliert dagegen an Brillanz. Die Musik klingt „tot". Eine gewisse Nachhallzeit verbessert die Musikqualität erheblich. So haben gute Musiksäle eine Nachhallzeit von etwa 1,5 bis 2,5 Sekunden. Für die Wiedergabe von Orgelmusik sind sogar noch längere Nachhallzeiten erwünscht. In **Bild 1.8** sind die günstigsten Nachhallzeiten für verschiedene Räume aufgeführt.

In Wohnräumen kann durch die nahen parallelen Wände noch eine Erscheinung auftreten, die mit **Flatter- oder Schetterecho** bezeichnet wird. In solchen Räumen wird nämlich der Schall mehrmals so zwischen den Wänden hin- und hergeworfen, daß man einzelne Schallstöße wahrnehmen kann. Bei einer Musikwiedergabe kann es vorkommen, daß die einzelnen Echos sich gegenseitig aufheben und damit dem Gesamtklang eine Rauhigkeit verleihen, die sehr störend wirkt. Gern schreibt man dann den schlechten Klang irrtümlich der Lautsprecherwiedergabe zu. Den Nachhall eines Raumes kann man durch verschiedenartige Schallschluckstoffe beeinflussen.

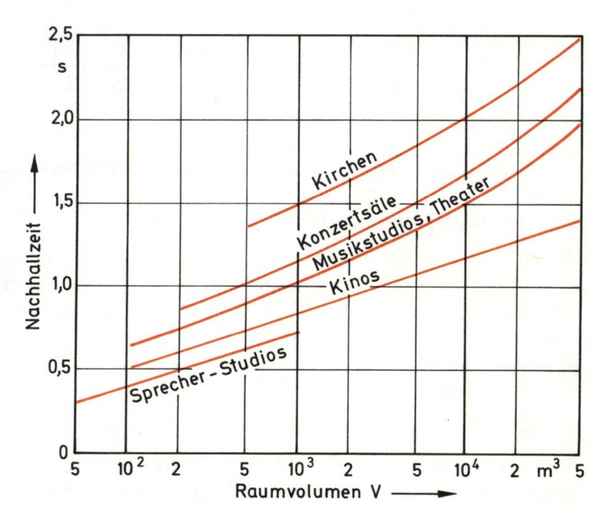

Bild 1.8
Nachhallzeit in Abhängigkeit des Raumvolumens

Leider gibt es keine Stoffe, die über den gesamten Frequenzbereich wirksam sind. Man muß daher mehrere Stoffe kombinieren. Sie lassen sich in zwei große Gruppen von Schallschluckern unterteilen.

Poröse Stoffe:

Hierzu gehören Teppiche, Möbelpolster, Vorhänge, Glaswolle usw. Bei ihnen dringt der Schall in die feinen Poren und Kanäle ein und „läuft sich tot". Die Schluck- oder Absorptionswirkung ist bei diesen Stoffen um so besser, je höher die Schallfrequenz wird.

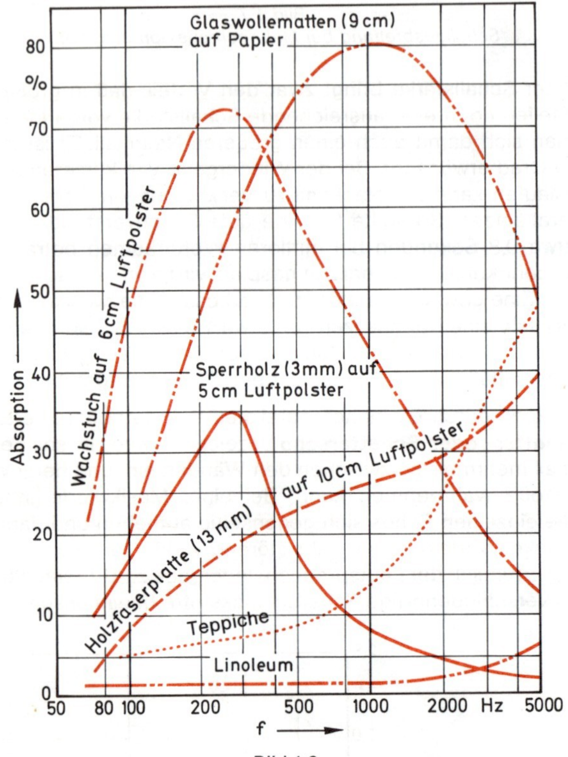

Bild 1.9
Schallschluckeigenschaften verschiedener Stoffe (Isophon)

Schwingungsfähige Stoffe:

Hierzu gehören Sperrholz- und Hartfaserplatten sowie Holztäfelungen, Möbelwände usw. Durch die mehr oder weniger glatte Oberfläche werden die hohen Schallfrequenzen reflektiert. Bei den tiefen Frequenzen werden jedoch diese Stoffe zum Schwingen angeregt. Hierbei wird Energie verbraucht, die sie dem Schallfeld entziehen. Die Absorptionswirkung ist deshalb um so größer, je stärker ein derartiges Mitschwingen bei tiefen Frequenzen möglich ist.

Im **Bild 1.9** ist die Schluckwirkung verschiedener Stoffe dargestellt.

Außer schwingungsfähigen Stoffen verwendet man auch auf bestimmte Frequenzen abgestimmte Hohlräume, die sich unsichtbar unter der Wandoberfläche anbringen lassen. Sie stehen über dünne Röhren mit dem Raum in Verbindung und absorbieren die Frequenzen, auf die sie abgestimmt sind.

Auch durch die in einem Raum anwesenden Personen entsteht eine große Dämpfung. Die Bekleidung absorbiert gerade Frequenzen von 500 Hz aufwärts besonders gut. In Konzertsälen, Kinos usw. wird der Unterschied zwischen vollbesetztem und wenig besetztem Raum dadurch ausgeglichen, daß man Polstersessel benutzt, die etwa die gleiche Absorption besitzen wie Personen.

Die gesamte Raumakustik, einschließlich der Bauakustik, ist, wie aus diesen hier angesprochenen Punkten zu ersehen war, sehr umfangreich und komplex und sollte deshalb der Spezialliteratur vorbehalten bleiben.

Zusammenfassung 1 a

Unter Akustik versteht man die Wissenschaft vom Schall. Jede mechanische Schwingung der Materie bezeichnet man als Schall.

Die Schallwelle ist eine Longitudinalwelle, die durch die Frequenz und durch den Schalldruck gekennzeichnet wird.

Das menschliche Ohr kann nur Schwingungen zwischen 16 Hz und 16000 Hz als Töne wahrnehmen. Man bezeichnet deshalb diesen Frequenzbereich als Hörbereich. Schwingungen unter 16 Hz bezeichnet man als Infraschall, Schwingungen über 20000 Hz als Ultraschall. Der Schalldruck p ist ein orts- und zeitabhängiger Wechseldruck. Seine Maßeinheit ist das μbar.

Der Schall pflanzt sich nur in festen, flüssigen und gasförmigen Medien fort. Je größer die Dichte des Mediums ist, um so schneller breitet sich der Schall in ihm aus. Die Schallausbreitung in der Luft beträgt $c \approx 340$ m/s.

Die Frequenz und die Wellenlänge eines Schalls verhalten sich umgekehrt proportional zueinander.

In geschlossenen Räumen ergeben sich Anhall- und Nachhallerscheinungen, die einerseits die Gesamtlautstärke erhöhen und andererseits die Zeitdauer des Schallereignisses verlängern. Das mindert vielfach die Verständlichkeit. Den Nachhall eines Raumes kann man durch Schallschluckstoffe beeinflussen. Poröse Stoffe absorbieren hohe Schallfrequenzen, schwingungsfähige Stoffe schlucken tiefe Frequenzen. Personen und Polstersessel beeinflussen den Nachhall bei Frequenzen über 500 Hz.

Übungsaufgaben 1 a

1. Wodurch entsteht ein Schall?
2. Was ist eine Transversal-, und was ist eine Longitudinalwelle?
3. Geben Sie den Frequenzbereich des Hörschalls an.
4. Was bezeichnet man mit Infra- und was mit Ultraschall?
5. In welcher Maßeinheit gibt man den Schalldruck an?
6. Wie groß ist die Schallgeschwindigkeit in der Luft?
7. Wovon hängt die Schallausbreitungsgeschwindigkeit ab?
8. Berechnen Sie die Wellenlänge einer 500 Hz Schallschwingung in Luft und in Wasser.
9. Wodurch ergeben sich Anhall- und Nachhallerscheinungen?
10. Nennen Sie Beispiele, womit man den Nachhall bei tiefen Frequenzen beeinflussen kann.

1.2 Schallempfinden des Menschen

1.2.1 Das menschliche Ohr

Den Schall nimmt der Mensch mit seinen Ohren wahr. Im Ohr wird der physikalische Vorgang der Schallschwingung in ein körperliches Schallempfinden umgewandelt, das im Gehirn einen subjektiven Schalleindruck hervorruft. Das menschliche Ohr **(Bild 1.10)** besteht anatomisch aus drei Abschnitten: dem Außenohr, das zur Schallaufnahme dient, dem Mittelohr, das den Schall weiterleitet, und dem Innenohr, welches das eigentliche Hörorgan enthält.

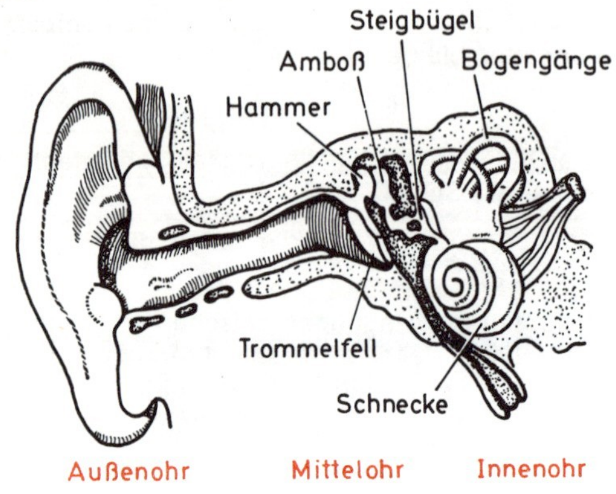

Bild 1.10
Schnitt durch das menschliche Ohr

Im **Außenohr** gelangt der Schall von der Ohrmuschel, die durch ihre Form zur Richtungsempfindung beiträgt, in den Gehörgang und von da zum Trommelfell. Die Abmessungen des Gehörganges bewirken eine bevorzugte Aufnahme der Frequenzen um 3000 Hz. Das *Trommelfell* schließt das Mittelohr vollkommen gegen das Außenohr ab.

Im **Mittelohr** wird der Schall vom Stiel des *Hammers,* der an der Innenseite des Trommelfells angewachsen ist, über den Hammerkopf auf den Amboß und von dort auf den Steigbügel übertragen. Diese drei Gehörknöchelchen, die wegen ihrer Form so benannt wurden, stellen ein kompliziertes Hebelsystem dar, in dem die Bewegungen des Trommelfells in kleinere Hübe, aber etwa 15fach höhere Drücke, umgesetzt werden. Dieses System ist in der Übersetzung elastisch und schützt dadurch das innere Ohr vor Überlastungen. Damit ist jedoch auch eine Nichtlinearität bezüglich der Schallfortleitung verbunden, die bei größeren Schallstärken Verzerrungen im Ohr verursacht. Es entstehen dann Kombinationstöne, die man subjektiv wahrnimmt, die aber objektiv im Originalschall nicht vorhanden sind.

Da das Mittelohr ein geschlossener Raum ist, würden sich atmosphärische Luftdruckschwankungen auf den Hörvorgang auswirken. Zum Ausgleich dieser Luftdruckschwankungen hat die Natur einen Ausgleichskanal, die sogenannte Eustachische Röhre, geschaffen, der im Rachenraum mündet und beim Schluckvorgang vorübergehend geöffnet wird. Deshalb schluckt man, wenn man mit einem Auto einen steileren Berg hinauf oder hinunter fährt.

Das **Innenohr** beginnt bei der Membran, die vom Mittelohr her durch den Steigbügel berührt wird und im sogenannten *ovalen Fenster* sitzt. Diese Membran schließt ein Kanalsystem ab, das mit Lymphflüssigkeit gefüllt ist. Es besteht aus den Bogengängen mit dem Sitz des Gleichgewichtsorgangs und der Schnecke. Der Schall wird zur *Schnekke* weitergeleitet.

Die Schnecke, die wie ein Schneckenhaus mit etwa 2 3/4 Windungen und allmählich abnehmendem Querschnitt aufgebaut ist, enthält im Inneren die Basilarmembran. Sie besteht aus sehr vielen Saiten von Bindegewebsfasern, die ausgespannt und auf die verschiedenen Frequenzen abgestimmt sind. Beim Eintreffen eines Schalls werden sie je nach Tonhöhe zum Mitschwingen angeregt und bewirken eine Reizung bestimmter Hörnerven.

Etwa 24000 gegeneinander isolierte Nervenfasern führen vom Innenrohr zum Gehirn. Auf diese Weise kann das menschliche Ohr etwa 3000 verschiedene Tonstufen unterscheiden – zum Vergleich: Klavier 84 Töne, Orgel 108 Töne. Bei jeder Tonhöhe kann das Ohr auch noch in einem weiten Bereich Schallstärken unterscheiden. Die Übertragung der Reize im Nervensystem erfolgt durch elektrische Impulse, wobei für die empfundene Lautstärke die Anzahl der Impulse maßgebend ist. Bei sehr großer Lautstärke werden etwa 1000 Impulse pro Sekunde übertragen.

1.2.2 Reizschwelle und Schmerzgrenze

Das menschliche Ohr ist außerordentlich empfindlich, sowohl in bezug auf die Tonhöhe als auch auf die Schallstärke. Wie bereits erwähnt wurde, vermag das Ohr Schallwellen zwischen 16 Hz und 20000 Hz wahrzunehmen. Die Empfindlichkeit bezüglich der Schallstärke ist, wie noch ausgeführt wird, bei den einzelnen Frequenzen verschieden.

Die größte Empfindlichkeit hat das Ohr, bedingt durch seinen Aufbau, im Bereich zwischen 1000 und 4000 Hz. So reicht bei einer Frequenz von 1000 Hz ein Schalldruck von $p = 2 \cdot 10^{-4}$ µbar aus, um die Hörnerven gerade zum Ansprechen zu bringen. Man bezeichnet diese untere Grenze als **Reizschwelle** oder Hörschwelle. Würde das Ohr noch kleinere Schalldrücke wahrnehmen, also noch empfindlicher sein, so wäre das molekulare Rauschen der Luft hörbar.

Auf der anderen Seite gibt es einen Größtwert für die Reizung der Hörnerven, bei deren Überschreitung der Schall schmerzhaft wird. Diese **Schmerzgrenze** wird bei einer Frequenz von 1000 Hz und einem Schalldruck von $p = 200$ µbar erreicht.

Merke: Die Reizschwelle des menschlichen Gehörs liegt bei der Frequenz von 1000 Hz im Durchschnitt bei $p = 2 \cdot 10^{-4}$ µbar.
Die Schmerzgrenze des menschlichen Gehörs liegt bei der Frequenz von 1000 Hz im Durchschnitt bei $p = 200$ µbar.

Das menschliche Ohr hat bei 1000 Hz den bewunderungswürdigen Empfindlichkeitsbereich von 1 : 1000000.

1.2.3 Lautstärke

Der Schalldruckbereich zwischen der Reizschwelle und der Schmerzgrenze des menschlichen Ohrs hat ein Verhältnis von 1 : 10^6 und ist damit sehr breit. Man gibt deshalb Schalldruckverhältnisse in der Praxis nicht in linearem, sondern in logarithmischem Maßstab an. Das bringt den Vorteil, daß man einfacher rechnen kann, denn eine Multiplikation wird durch das Logarithmieren zu einer Addition. Das logarithmische Maß eines Verhältnisses gibt man in Bel* an. Um jedoch bei Messungen usw. keine Kommawerte zu erhalten, verwendet man das Dezibel (dB), also den zehnten Teil der Grundeinheit. Da man in der Akustik meistens von der Hörschwelle mit einem Schalldruck von $p_0 = 2 \cdot 10^{-4}$ µbar ausgeht, kommt man somit zum **absoluten Schallpegel.**

*Bel: Schottisch-amerikanischer Physiologe Graham Bell (1847 bis 1922), Miterfinder des Telefons (1872)

$$L = 20 \lg \frac{p}{p_0}$$

L = Schallpegel in dB
p = beliebiger Schalldruck
p_0 Schalldruck der Hörschwelle $2 \cdot 10^{-4}$ μbar

Die Schmerzgrenze bei 1000 Hz mit einem Schalldruck von p = 200 μbar liegt danach um 120 dB über der Hörschwelle.

Der Mensch empfindet nicht unmittelbar den Schalldruck, der eine physikalisch meßbare Größe ist, sondern die Lautstärke. Nun besteht zwischen der vom Gehör empfundenen Lautstärke und dem Schalldruck bzw. der Schallintensität ein näherungsweise logarithmischer Zusammenhang (Weber-Fechnersches Gesetz). Es liegt daher nahe, den bereits festgelegten absoluten Schallpegel wegen seines logarithmischen Maßes auch als Maß für die Lautstärke zu verwenden.

Man muß nur beachten, daß das menschliche Ohr eine starke Frequenzabhängigkeit im Lautstärkeempfinden besitzt **(Bild 1.11).**

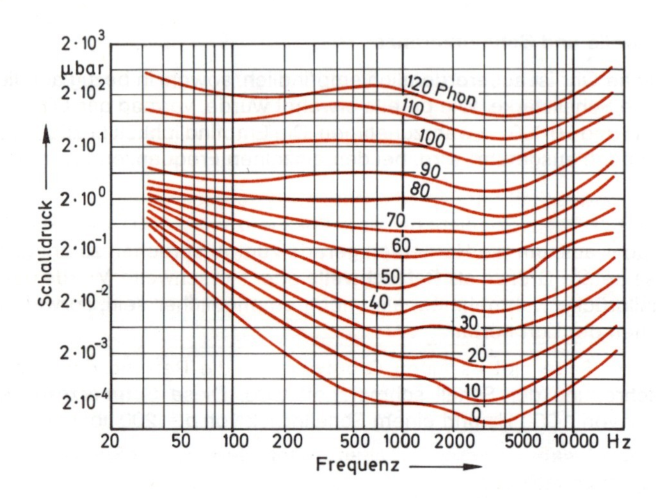

Bild 1.11
Lautstärke in Abhängigkeit von der Frequenz und vom Schalldruck (nach Fletcher und Munson)

Deshalb wird beim Übergang vom frequenzabhängigen Schallpegel auf die Lautstärke eine bestimmte Frequenz zugrunde gelegt. International hat man die mittlere Hörfrequenz von 1000 Hz festgelegt. So kann man für die Lautstärke folgenden formelmäßigen Zusammenhang aufstellen:

bei 1000 Hz gilt

$$L/\text{dB} = \Lambda/\text{phon}$$
$$\Lambda = 20 \lg \frac{p}{p_0}$$

L = absoluter Schallpegel in dB
Λ = Lautstärke in phon**
p = beliebiger Schalldruck
p_0 = Schalldruck der Hörschwelle $2 \cdot 10^{-4}$ μbar

**Λ = griech. Großbuchstabe lambda

Aus diesen Gleichungen erkennt man, daß die Lautstärke nur der Logarithmus des Faktors ist, um den der jeweilige Schalldruck größer als der Schalldruck der Reizschwelle ist. Die Maßeinheit der Lautstärke ist das Phon (phon).

Merke: Die Lautstärke in Phon entspricht dem absoluten Schallpegel in dB bei der Frequenz 1 000 Hz.

Daß alle diese Festlegungen sinnvoll sind, erkennt man aus der Tatsache, daß das menschliche Ohr Schalldruckunterschiede von 1 dB = 1 phon gerade eben als eine Lautstärkeänderung wahrnehmen kann. Bei der Hörschwelle hat man die Lautstärke 0 phon und bei dem gerade noch ohne Schmerzempfindung aufnehmenbaren Schalldruck die Lautstärke 120 phon (Schmerzgrenze). Weil der Mensch nur eine Lautstärkedifferenz von ± 1 phon unterscheiden kann, wäre es sinnlos, Lautstärken beispielsweise in Zehntelphon anzugeben.

Um eine Vorstellung von der Lautstärke zu erhalten, sind die Beispiele in der **Tabelle 1/4** angeführt.

Tabelle 1/4: Lautstärken verschiedener Schallquellen

Schallart	Lautstärke in Phon	Schalldruck auf 1 kHz bezogen in μbar
Hörschwelle	0	$2 \cdot 10^{-4}$
leises Flüstern in 3 m Abstand	10	$6{,}4 \cdot 10^{-4}$
Blättersäuseln im leichten Wind	20	$2 \cdot 10^{-3}$
nahes Flüstern in 1 m Abstand	30	$6{,}4 \cdot 10^{-3}$
ruhige Unterhaltungssprache, leiser Rundfunkempfang	40	$2 \cdot 10^{-2}$
mittlere Sprachwiedergabe	50	$6{,}4 \cdot 10^{-2}$
Bürolärm, Lautsprecherwiedergabe mit großer Lautstärke	60	$2 \cdot 10^{-1}$
Verkehrslärm, sehr laute Lautsprecherwiedergabe	70	$6{,}4 \cdot 10^{-1}$
Schreien, laute Fabrikhalle	80	2
Preßlufthammer	90	6,4
Niethammer, Motorrad ohne Auspufftopf	100	20
startendes Flugzeug in 5 m Abstand	110	64
feuerndes Geschütz	120	200
Schmerzschwelle	130	640

Die Empfindlichkeit des menschlichen Ohrs ist nicht nur frequenz- sondern auch schalldruckabhängig. Definitionsgemäß ist bei 1 000 Hz die Lautstärke in Phon gleich dem absoluten Schallpegel in dB.

Bei den tiefen und hohen Frequenzen ist ein wesentlich höherer Schalldruck erforderlich, um im Ohr das gleiche Lautstärkeempfinden wie bei 1 000 Hz hervorzurufen. So benötigt man für eine Lautstärke von 20 Phon bei 1 000 Hz einen Schalldruck von $2 \cdot 10^{-3}$ μbar, bei 60 Hz dagegen von $2 \cdot 10^{-1}$ μbar. Der Schalldruck muß hier also

40 dB = 100fach stärker sein. Bei einer Frequenz von 9000 Hz muß ein Schalldruck von $1 \cdot 10^{-2}$ µbar vorhanden sein, um die gleiche Lautstärkeempfindung hervorzurufen.

Aus dem Bild 1.11 kann weiter entnommen werden, daß die Frequenzabhängigkeit bei kleinen Lautstärken ausgeprägter ist als bei großen. Vor allem gegenüber tiefen Frequenzen hat das Ohr hier eine viel geringere Empfindlichkeit.

Diese Tatsache ist bei der Dimensionierung von Niederfrequenzverstärkern zu berücksichtigen. So reicht z. B. die Originallautstärke von Konzertmusik bis zu 70 Phon. Die 70-Phon-Kurve im Bild 1.11 weist einen annähernd geradlinigen Verlauf auf, d. h. der erforderliche Schalldruck für diese empfundene Lautstärke bei den tiefen, mittleren und hohen Frequenzen zeigt nur kleine Unterschiede. Die Lautstärke von 70 Phon ist jedoch für eine Lautsprecherwiedergabe in einem Zimmer viel zu hoch, so daß man „den Verstärker leiser" einstellt. Bei kleinerer Lautstärke müssen jedoch die tiefen und auch die hohen Frequenzen gegenüber den mittleren angehoben werden. Nur so wird erreicht, daß bei „Zimmerlautstärke" über den gesamten Frequenzbereich der gleiche Lautstärkeeindruck hervorgerufen wird, den man auch beim Abhören der Originallautstärke im Konzertsaal hätte. In der Praxis erreicht man das durch die sogenannte „physiologische" oder „gehörrichtige" Lautstärkeeinstellung (siehe Kapitel 6.3.1). Hierzu senkt man beim Verringern der Lautstärke die tiefen und hohen Frequenzen nicht so stark wie die mittleren. Ohne diese Korrektur würde eine zu leise wiedergegebene Konzertmusik dünn und flach, die Stimme eines Sprechers bei zu lauter Wiedergabe dagegen dumpf und dröhnend wirken.

Merke: Die Lautstärkeempfindung des menschlichen Ohrs ist frequenz- und schalldruckabhängig, was durch die gehörrichtige Lautstärkeeinstellung berücksichtigt wird.

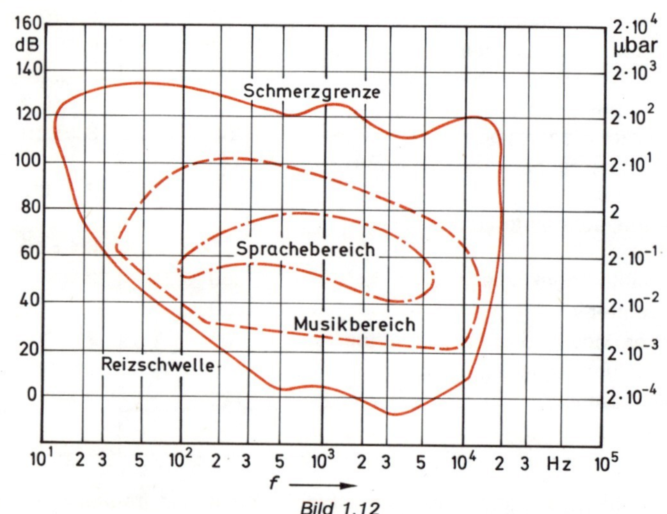

Bild 1.12
Fläche des Hörbereiches mit Sprach- und Musikbereich

Das **Bild 1.12** zeigt die Kurven der Hörschwelle und der Schmerzgrenze, die die Fläche des Hörbereichs abgrenzen. Der Musikbereich bildet dabei eine Teilfläche des gesamten Hörbereichs und der Sprachbereich wieder eine Teilfläche des Musikbereichs. Weiterhin ist aus dem Bild 1.12 zu entnehmen, daß die Schmerzgrenze wesentlich frequenzunabhängiger ist als die Hörschwelle.

1.2.4 Tonhöhe und Klangfarbe

Die Frequenz einer Schallschwingung wird vom Gehör als **Tonhöhe** empfunden. Die tiefste hörbare Frequenz liegt bei 16 Hz, die höchste bei 10 bis 20 kHz, im Mittel bei 16 kHz. Die obere Hörgrenze geht mit zunehmendem Lebensalter zurück **(Bild 1.13)**, weil sich das Trommelfell, die Gelenke von Hammer, Amboß, Steigbügel usw. verhärten.

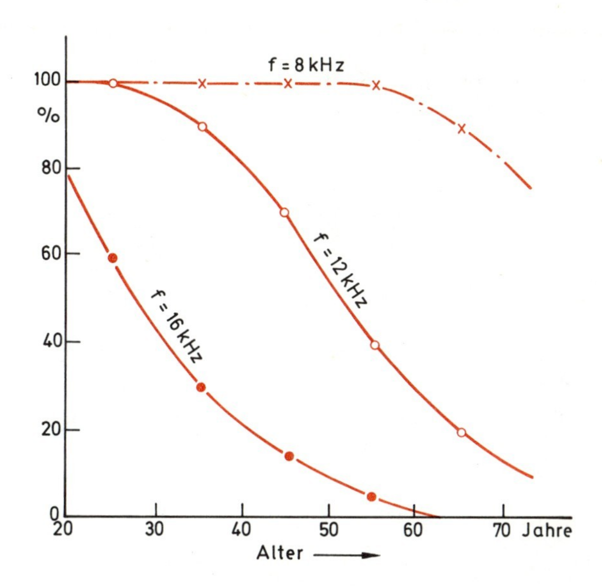

Bild 1.13
Abnahme der Hörempfindlichkeit für hohe Frequenzen mit zunehmendem Alter

Zwischen den Tonhöhenempfindungen und der Schallfrequenz besteht, genau wie zwischen der Lautstärkeempfindung und dem Schalldruck, ein logarithmischer Zusammenhang.

Merke: Zwischen der Tonhöhenempfindung und der Frequenz besteht ein logarithmischer Zusammenhang.

In der Akustik und in der Musik teilt man deshalb den gesamten Hörbereich von 16 Hz bis 16000 Hz in Teilbereiche ein, deren höchste und tiefste Frequenz sich wie 2 : 1 verhalten, und die man **Oktave** nennt. Die Anzahl η der Oktaven des Hörschalls ergibt sich zu

$$2^{\eta} = \frac{16000 \text{ Hz}}{16 \text{ Hz}} = 1000$$

$$\eta \lg 2 = \lg 1000$$

$$\eta = \frac{\lg 1000}{\lg 2} = \frac{3}{0{,}3}$$

$$\eta = 10$$

Merke: Das Hörvermögen des Menschen umfaßt 10 Oktaven.

Nun unterteilt man wiederum jede Oktave in 12 Intervalle, die sogenannten Halbtonschritte, deren Frequenzverhältnis x sich zu

$x^{12} = 2$
$x = \sqrt[12]{2}$
$x = 1,0595$ errechnet.

Diese Stufung nennt man die (chromatische) **Tonleiter.** Die 12 Halbtöne mit ihrem ungefähren Frequenzverhältnis bezogen auf *c* sind an Hand einer Klaviertastatur in **Bild 1.14** gezeigt. Ein Klavier umfaßt normalerweise etwa 7 Oktaven, mit der menschlichen Stimme werden etwa 4 Oktaven überstrichen.

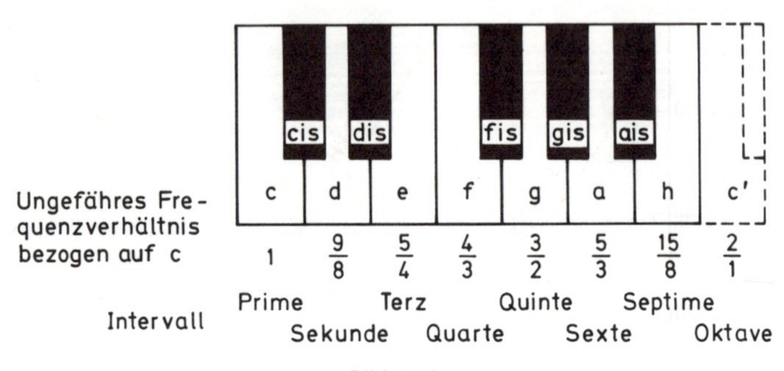

Bild 1.14
Oktave einer Klaviertastatur

Die absolute Lage der Tonskala im gesamten Frequenzband ist durch den Kammerton a^1 festgelegt, für den die Frequenz 440 Hz international vereinbart wurde.

Merke: Die Frequenz des Norm-Stimmtons ist $a^1 = 440$ Hz.

Aufbauend auf diesen Kammerton ergeben sich alle Frequenzen der Tonskala durch die Multiplikation für den nächsthöheren Halbton bzw. durch die Division für den nächsttieferen Halbton mit dem Zahlenwert 1,0595.

Aus dem **Bild 1.15** kann man die Frequenzen der gesamten Tonleiter, ihre Ton- und Notenbezeichnungen sowie die Frequenzumfänge einiger Musikinstrumente, der menschlichen Sprache und einiger Geräusche entnehmen.

Ein schwingender Körper versetzt die ihn umgebende Luft in die gleichen Schwingungen, die er selbst ausführt und gibt damit einen **Grundton** ab. Dieser hängt u. a. von den äußeren Abmessungen und dem Material des Körpers ab.

Neben diesem Grundton entsteht in der Regel noch eine Anzahl von **Obertönen** oder **Harmonischen.** Sie betragen das ganzzahlige Vielfache eines Grundtones.

Grundton	z. B.	500 Hz
1. Oberton	=	1000 Hz
2. Oberton	=	1500 Hz
3. Oberton		2000 Hz usw.

Grundton und Obertöne (Harmonische) ergeben zusammen den **Klang.** Der Charakter des Klanges, die sogenannte **Klangfarbe,** wird durch das Verhältnis der Amplituden der einzelnen Harmonischen zueinander, also durch das Frequenzspektrum des Schalls,

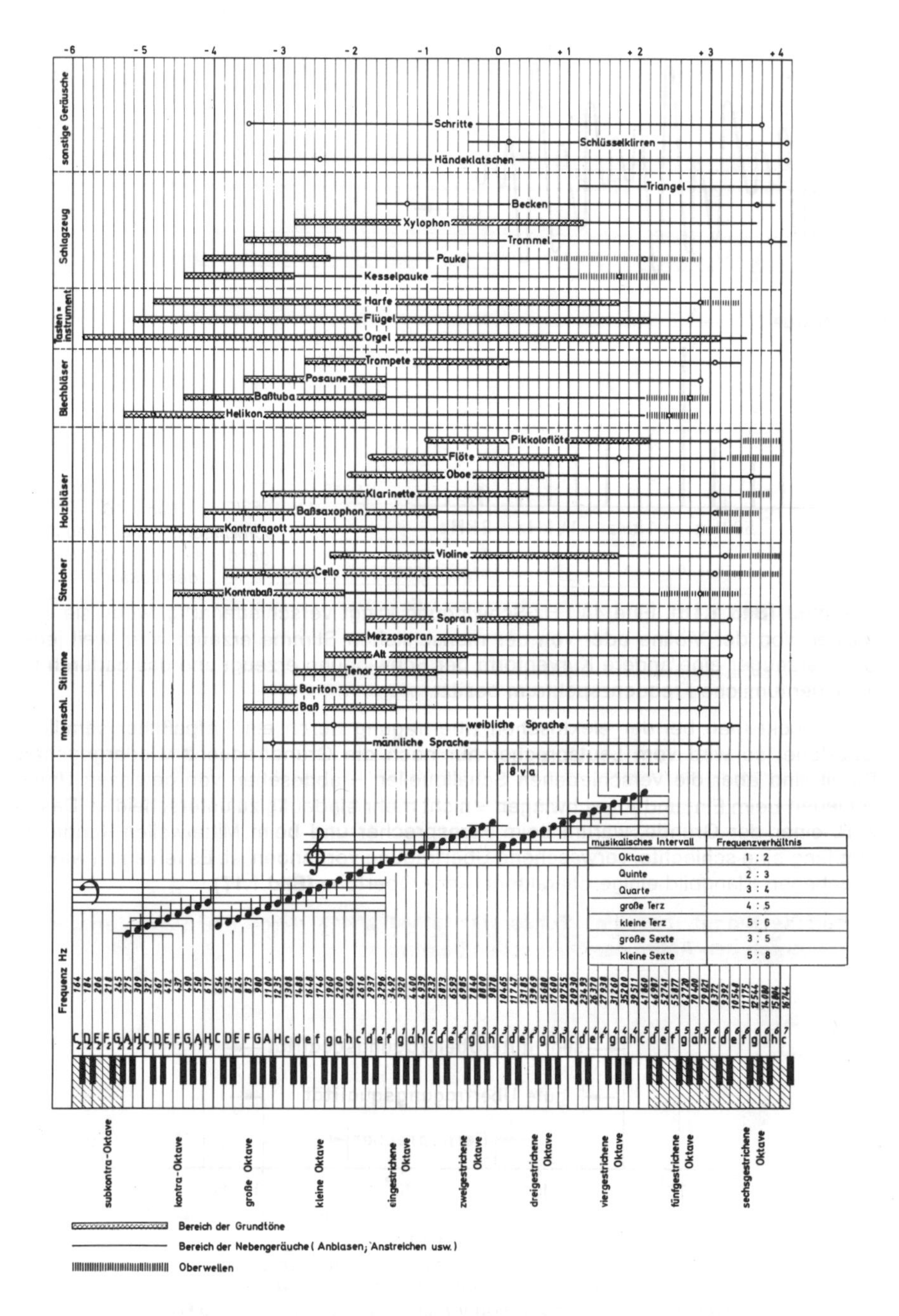

Bild 1.15
Frequenzbereiche einiger Schallerzeuger

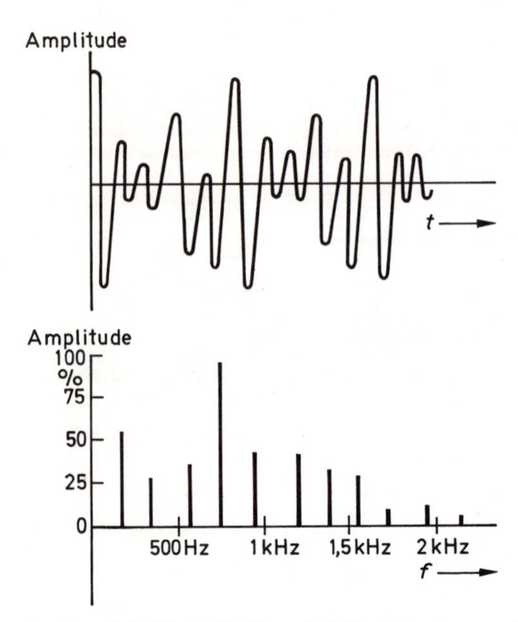

Bild 1.16
Schwingungsverlauf und dazugehöriges Frequenzspektrum des Vokals a

bestimmt **(Bild 1.16).** Eine 440 Hz-Schwingung klingt verschiedenartig, wenn sie vom Klavier, von der Violine oder von der menschlichen Stimme erzeugt wird, weil jeder Schallerzeuger eine andere Kurvenform der Schwingung erzeugt und das dadurch für ihn eigentümliche Frequenzspektrum besitzt.

Unterdrückt man bei der elektrischen Übertragung durch ein Tiefpaßfilter sämtliche Obertöne, so wird vom Lautsprecher nur noch die Grundfrequenz wiedergegeben. Damit sind aber die verschiedenen Schallquellen – abgesehen von gewissen Unterschieden beim Ein- und Ausschwingen – nicht mehr eindeutig zu unterscheiden. Das ist z. B. einer der Gründe, warum beim Fernsprecher und beim Mittelwellen-Rundfunkempfang eine schlechte, verwaschene Übertragung vorhanden ist. Es fehlen im wiedergegebenen Klangbild einige charakteristische Obertöne **(Bild 1.17).**

Merke: Die Klangfarbe eines Tones wird physikalisch durch die Kurvenform, d. h. durch den Anteil der Oberwellen bestimmt.

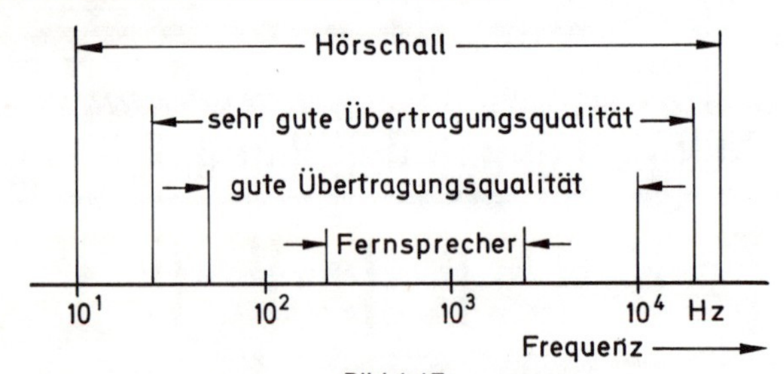

Bild 1.17
Frequenzbänder der elektroakustischen Übertragung
Frequenzband des Hörschalls: 16 Hz ... 20 kHz
Frequenzband für höchste Übertragungsqualität: 30 Hz ... 15 kHz
Frequenzband für gute Übertragungsqualität: 50 Hz ... 10 kHz
Frequenzband des Fernsprechers: 300 Hz ... 3400 Hz

1.2.5 Räumliches Hören

Mit den Ohren nimmt man nicht nur die Lautstärke und die Klangfarbe eines Schalles auf. Wegen der Paarigkeit des Hörorgans ist man ferner in der Lage, eine Schallquelle nach Richtung und Entfernung zu lokalisieren. Man nennt deshalb diese Fähigkeit das Lokalisierungsvermögen und spricht vom **räumlichen Hören.**

Die Lokalisierung einer Schallquelle ohne Unterstützung durch das Sehen erstreckt sich auf drei Hauptbereiche:

die Entfernung (Nah–Fern) Tiefenlokalisierung
die Richtung in senkrechter Ebene (Oben–Unten) Höhenlokalisierung
die Richtung in waagerechter Ebene (Rechts–Links) Seitenlokalisierung.

Die **Tiefenlokalisierung,** d. h. die Fähigkeit, die Entfernung einer Schallquelle zu bestimmen, ist nur schwach ausgeprägt und wird im wesentlichen durch tiefe Frequenzen hervorgerufen. Sie gründet sich auf der Erfahrung, daß sich die Klangfarbe eines Schalls mit zunehmender Entfernung im Freien oder in einem schalltoten Raum verändert. In einem Raum mit Reflexionen und dem dadurch hervorgerufenen diffusen Schall geht die Tiefenlokalisierung mehr oder weniger verloren.

Noch weniger ausgeprägt ist das **Höhenlokalisierungsvermögen.** Man kann beim Wahrnehmen eines Schalls, ohne den Kopf schräg zu stellen, kaum bestimmen, ob der Schall von oben, von vorne oder von unten kommt. Bei nur wenigen bevorzugten Frequenzen ist eine eindeutigere Richtungsempfindlichkeit in der senkrechten Ebene nachweisbar.

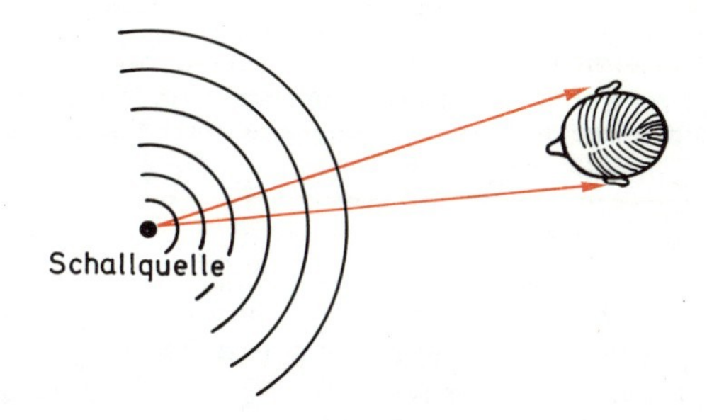

Bild 1.18
Seitenlokalisierungsvermögen mit Laufzeit- und Intensitätsunterschieden

Im Gegensatz dazu ist das **Seitenlokalisierungsvermögen** sehr gut entwickelt. Diese Rechts-Links-Orientierung kommt dadurch zustande, daß die beiden Ohren mit einem Abstand von ca. 21 cm den Schall gleichzeitig an zwei verschiedenen Punkten aufnehmen. Eine von links einfallende Schallwelle erreicht zuerst das linke Ohr und eine gewisse Zeit später das rechte, das sogar noch vom Kopf ‚abgeschattet' wird **(Bild 1.18).** Damit besteht bei der Wahrnehmung dieses Schallereignisses zwischen dem rechten und dem linken Ohr nicht nur ein *Laufzeitunterschied,* sondern auch ein Unterschied in der *Schallintensität.*

Die Lokalisierungsmöglichkeit hängt sehr von der Frequenz des wahrgenommenen Schalls ab. So ist die Wellenlänge von 21,5 m für eine Tonfrequenz von 16 Hz im Vergleich zum Ohrenabstand des Menschen von ca. 21 cm viel zu groß, um an beiden Ohren einen Schalldruckunterschied aufzunehmen. Erst bei Tonfrequenzen mit einer Wellenlänge von unter 21 cm kann man an beiden Ohren Laufzeit- und Intensitätsunterschiede registrieren. Das bedeutet, daß die Richtungsempfindung des Gehörs in waagerechter Ebene bei ca. 500 Hz beginnt und diese Peilschärfe mit höherer Frequenz immer mehr ansteigt. Der Einfallswinkel in der waagerechten Ebene kann bei den hohen Frequenzen sogar bis auf 3° genau bestimmt werden.

Merke: Das Lokalisierungsvermögen beruht in der Hauptsache auf der Richtungsempfindlichkeit des Gehörs in der waagerechten Ebene (Links-Rechts-Effekt). Physikalisch ist das bedingt durch die Laufzeit-, Intensitäts- und Klangfarbenunterschiede zwischen den von jedem Ohr aufgenommenen Schallschwingungen.

Das Raumempfinden beim zweiohrigen Hören in einem geschlossenen Raum, z. B. im Konzertsaal, wird aber nicht nur durch den ‚Links-Rechts-Effekt', sondern in mindestens gleichem Maße auch durch das Stärkeverhältnis von direktem zu indirektem Schall bestimmt. Es hängt von den akustischen Eigenschaften des Raumes ab.

Die **Stereofonie*** versucht hauptsächlich diesen ‚Links-Rechts-Effekt' bei der Schallaufnahme und Schallwiedergabe zu berücksichtigen, während die **Quadrofonie** neben dieser Seitenlokolisierung auch noch die räumlichen Eigenschaften zu übertragen versucht.

1.3 Schallquellen

1.3.1 Schallarten

Ein bestimmtes Schallereignis löst bei den verschiedenen Menschen gemäß deren physischer** und psychischer*** Veranlagung verschiedene Schalleindrücke aus. Um von den individuellen Besonderheiten der einzelnen Menschen unabhängig zu werden, hat man die verschiedenen Schallereignisse eingeteilt und definiert. Nach DIN 1320 und 5488 ergibt sich:

Ton:	sinusförmige Schallschwingungen im Hörbereich
Tongemisch:	aus Tönen beliebiger Frequenz zusammengesetzter Schall
Klang:	Hörschall, der aus Grund- und Obertönen besteht
Harmonischer Klang:	Hörschall, der aus einer Reihe von Teiltönen, deren Frequenz Vielfache einer Grundfrequenz sind, besteht. Diese Obertöne stehen in den einfachen Verhältnissen 2 : 1; 3 : 2; 4 : 3; 5: 4 usw. zueinander. Sie charakterisieren die musikalischen Intervalle: Oktave, Quinte, Quarte, Terz u. a.
Klanggemisch:	Hörschall, der aus harmonischen Klängen beliebiger Grundfrequenzen zusammengesetzt ist
Geräusch:	Schallsignal, das aus sehr vielen nicht harmonischen Einzeltönen zusammengesetzt ist
Knall:	Schallstoß (bei großer Schallintensität)
Lärm:	jede Art von Hörschall, die eine gewollte Schallaufnahme oder die Stille stört.

---

* Stereofonie (griech). = raumgetreue Wiedergabe, räumliches Hören
** physisch (griech.) = körperlich
*** psychisch (griech.) = geistig, seelisch

1.3.2 Zusammenwirken von Schallquellen

Betreibt man mehrere Schallquellen gleichzeitig, so ist die Gesamtintensität näherungsweise gleich der Summe der Einzelschallintensitäten. Damit erhöht sich im allgemeinen auch die empfundene Lautstärke. Bei zwei gleich starken Schallquellen ist die Gesamtintensität doppelt so groß und der Schallpegel damit um 3 dB höher als derjenige der einzelnen Schallquelle.

Merke: Zwei gleichlaute Schallquellen erzeugen eine Gesamtlautstärke, die um 3 Phon höher als die Einzellautstärke ist.

Dieses gilt nicht nur für leise Schallquellen (z. B. $\Lambda_1 = \Lambda_2 = 30$ phon, $\Lambda_{ges} = 33$ phon),* sondern auch für laute ($\Lambda_1 = \Lambda_2 = 80$ phon; $\Lambda_{ges} = 83$ phon).

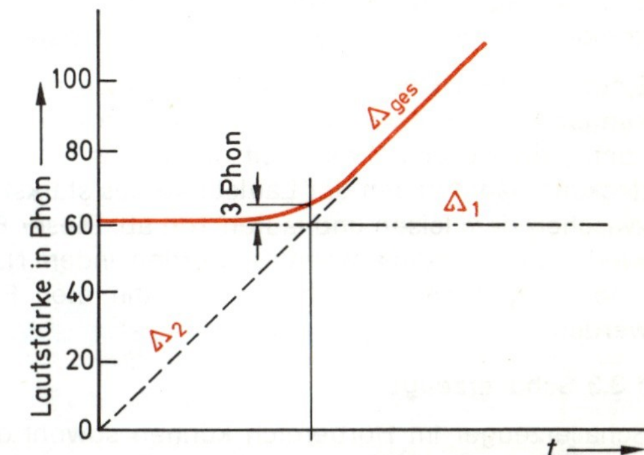

Bild 1.19
Gesamtlautstärke bei zwei verschiedenen Einzellautstärken

Das **Bild 1.19** zeigt die Gesamtlautstärke Λ_{ges} in Abhängigkeit von der Zeit *t*, wenn eine konstante Lautstärke Λ_1 und eine linear mit der Zeit ansteigende Lautstärke Λ_2 gleichzeitig wirksam sind. Am Schnittpunkt von Λ_1 und Λ_2 ist Λ_{ges} gerade um 3 Phon höher als die Einzellautstärke. Während der übrigen Zeit ist die Gesamtlautstärke kaum größer als die jeweils größere von beiden. Das **Bild 1.20** zeigt, um wieviel Phon sich die Lautstärke erhöht, wenn mehrere gleichstarke Schallquellen zusammen wirken.

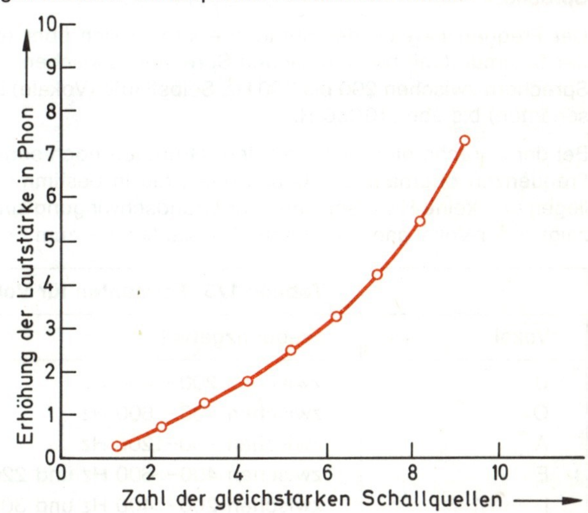

Bild 1.20
Erhöhung der Lautstärke bei gleichstarken Schallquellen

*Λ = Lambda (griech. Buchstabe)

Merke: Beim gleichzeitigen Wirken mehrerer Schallquellen verschiedener Lautstärken wird die Gesamtlautstärke im wesentlichen von der lautesten Schallquelle bestimmt.

Hieraus ergibt sich als Schlußfolgerung für die Lärmbekämpfung, daß Maßnahmen zur Absenkung der Gesamtlautstärke in einem Raum stets bei der Schallquelle mit der größten Lautstärke einzusetzen haben.

Aus den eben erwähnten Gründen wird sich auch die Gesamtlautstärke gegenüber einem Einzellautsprecher nicht wesentlich erhöhen, wenn man eine Wiedergabe über mehrere Lautsprecher mit gleichem Wirkungsgrad abstrahlt. Bei einer solchen Mehrfach-Lautsprecherwiedergabe liegen die Verhältnisse meistens so, daß sich alle Lautsprecher die Leistung teilen, die sonst nur einem Lautsprecher zugeführt wird.

In diesem Falle erreicht man keine Lautstärkeerhöhung, sondern je nach Lautsprecherkombination ggf. einen größeren Frequenzbereich.

Einer weiteren Ohreigenschaft sollte man noch Beachtung schenken, dem **Verdekkungseffekt.** Wird vom Gehör bereits ein Ton bestimmter Lautstärke wahrgenommen, dann geht die Empfindlichkeit des Ohres für leisere andere Töne zurück. Diese Verdeckung hängt neben der Lautstärke des stärksten Tones noch vom Frequenzabstand zwischen dem leisen und lauten Ton ab. Dieser Effekt kann z. B. bei der Schallplattenwiedergabe günstig ausgenutzt werden, indem Nadelgeräusche (Nadelrauschen) durch eine entsprechende Anhebung bestimmter Frequenzbereiche subjektiv verdeckt werden.

1.3.3 Schallerzeuger

Schallerzeuger im Hörbereich können sowohl die menschliche Stimme, Musikinstrumente als auch Motoren und zum Schwingen angeregte Gegenstände sein. Dabei nimmt die menschliche Stimme unter den natürlichen Schallquellen eine besondere Stellung ein.

Die menschliche Stimme

Sprache:

Der Frequenzbereich der Sprache erstreckt sich über einen weiten Bereich. So liegt der Stimmumfang bei männlichen Sprechern zwischen 100 bis 300 Hz, bei weiblichen Sprechern zwischen 200 bis 600 Hz, Selbstlaute (Vokale) bis ca. 4000 Hz, Mitlaute (Konsonanten) bis über 10000 Hz.

Bei der Sprache gibt es neben dem Grundton noch sogenannte Formanten. Das sind Frequenzen oberhalb des Grundtones, die in bestimmten festen Frequenzbereichen liegen und keine Harmonischen zur Grundschwingung sind. So hat, wie die **Tabelle 1/5** zeigt, jeder Vokal ganz bestimmte Formanten, die zum Erkennen notwendig sind.

Tabelle 1/5 Formanten für Vokale

Vokal	Frequenzgebiet
U	zwischen 200– 400 Hz
O	zwischen 400– 600 Hz
A	zwischen 800–1200 Hz
E	zwischen 400– 600 Hz und 2200–2600 Hz
I	zwischen 200– 400 Hz und 3000–3500 Hz

Die Vokale E und I besitzen zwei Formanten. Würde man bei der Übertragung des Vokals E alle Frequenzen über 2000 Hz nicht mit übertragen, so bliebe nur der Formant im Bereich 400–600 Hz erhalten, und man hört bei der Wiedergabe den Vokal O.

Damit sich ein gesprochenes Wort klanglich ausbilden kann, ist nur eine sehr kurze Zeit erforderlich. Ein Konsonant z. B. bildet sich in 4 ms aus. Bei der Überprüfung von Übertragungsanlagen, bei denen es auf gute Sprachverständlichkeit ankommt, benutzt man deshalb wahllos gesprochene Silben.

Die **Verständlichkeit** von 85 % aller gesprochenen Silben bezeichnet man als sehr gut, unter 60 % als mangelhaft. Da fast alle zur Verständlichkeit notwendigen Formanten unter 4000 Hz liegen, genügt es, diese Frequenzen als obere Grenze zu verwenden. Die untere Frequenzgrenze ist unkritisch. Man legt sie auf etwa 300 Hz. Hieraus erkennt man, daß der Fernsprecher mit einem Frequenzbereich zwischen 300 Hz bis 3400 Hz für die Sprachübertragung voll ausreicht (siehe Bild 1.17).

Gesang:

Der normale Frequenzbereich von Gesangsstimmen ist im **Bild 1.21** angegeben. Zu den Grundtönen, die den Notenwerten entsprechen, treten beim Gesang noch verschiedenartige harmonische Obertöne auf, die für jeden Sänger charakteristisch sind und seine persönliche Klangfärbung ergeben.

Bei mehrstimmigem Gesang wird häufig nicht die richtige Tonhöhe getroffen, so daß Unreinheiten beim Zusammenklang entstehen. Dieses stört meistens bei der Originaldarbietung noch nicht. Wenn jedoch eine Wiedergabe über Verstärker und Lautsprecher erfolgt, so entstehen aufgrund des zusätzlichen Verzerrungsgrades im Übertragungsweg noch zusätzliche Teiltöne, die im Originalton noch nicht vorhanden waren. Sie verleihen dem Klang Unsauberkeit, Rauheit oder Heiserkeit.

Musikinstrumente:

Bei den Musikinstrumenten wird der Klang entweder durch Saiten, Stäbe, Zungen, Membranen, Platten oder durch schwingende Luftmassen erzeugt. Allen Instrumenten ist gemeinsam, daß sie neben dem Grundton noch eine mehr oder weniger große Zahl von harmonischen Obertönen erzeugen. Gerade daraus ergibt sich ihr charakteristischer Eigenklang, so daß man die einzelnen Instrumente erkennen kann. Unterdrückt man die Oberschwingungen, so ist nur noch der Grundtonbereich wahrzunehmen, und es verändert sich ihr eigentümlicher Klangcharakter. Schneidet man z. B. bei der Übertragung einer Violine alle Frequenzen oberhalb 2 kHz ab, dann klingt sie wie eine Flöte. Aus dem Bild 1.15 kann man entnehmen, in welchen Frequenzbereichen die einzelnen Instrumente liegen.

1.3.4 Dynamik

Ein weiterer wichtiger Begriff ist die **Dynamik.** Darunter versteht man die Schalldruckdifferenz zwischen der leisesten und der lautesten Wiedergabe eines Schallvorganges. Die Dynamik des menschlichen Ohres, die Wahrnehmungsspanne zwischen dem leisesten und dem lautesten Ton beträgt:

$$\frac{P}{P_0} = \frac{200\ \mu\text{bar}}{2 \cdot 10^{-4}\ \mu\text{bar}} = 1\,000\,000 : 1$$

oder im logarithmischen Maßstab angegeben: 120 dB, d. h. der Schalldruck des Düsentriebwerkes (120 Phon) ist also 1 000 000mal stärker als der beim Herabfallen eines Stück Papiers entstehende Schalldruck (0 Phon).

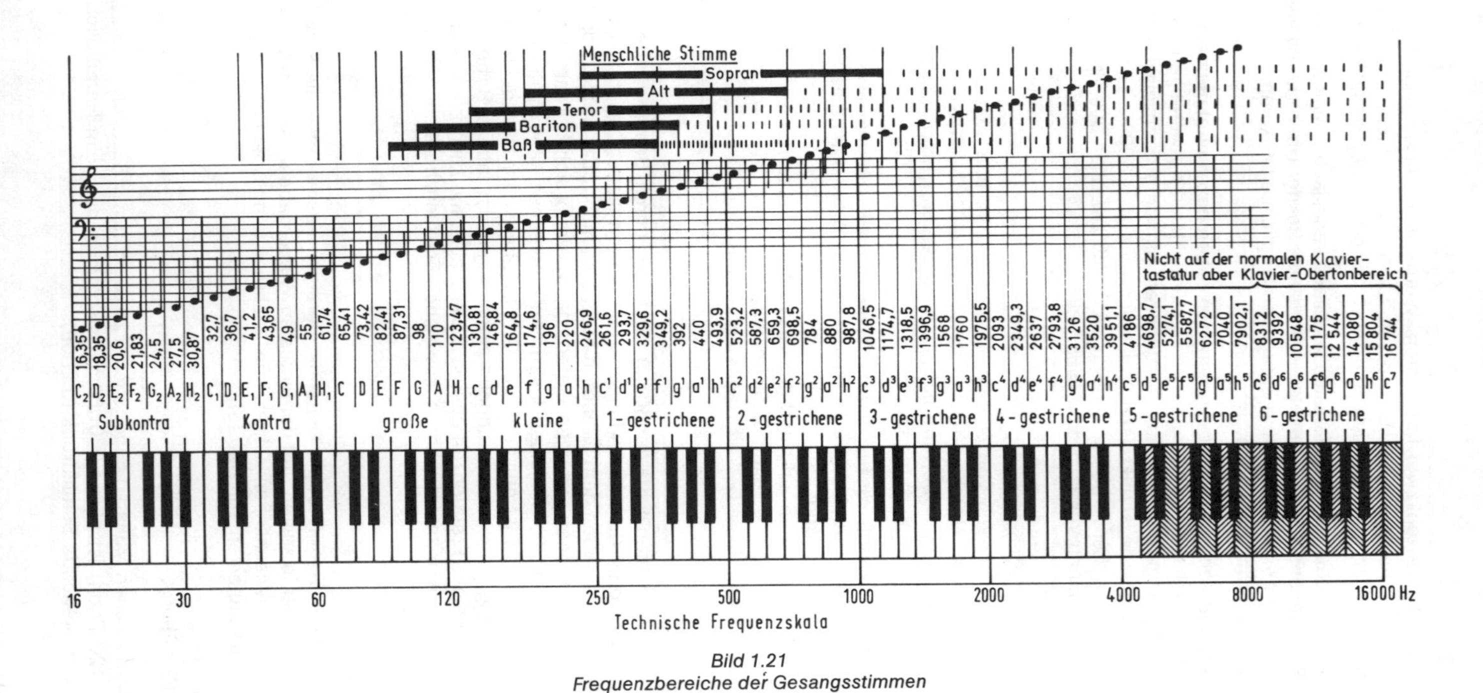

Bild 1.21
Frequenzbereiche der Gesangsstimmen

Die Dynamik wird stets als logarithmisches Maß in Dezibel (dB) angegeben. In der **Tabelle 1/6** sind einige Dynamikbereiche angegeben.

Tabelle 1/6 Dynamik einiger Klangkörper

Darbietung	Dynamik
Sprache	1 : 300 = 50 dB
Tanzkapelle	1 : 30 = 30 dB
Unterhaltungs-orchester	1 : 200 = 46 dB
großes Orchester	1 : 3000 = 70 dB

Zusammenfassung 1 b

Das menschliche Ohr wandelt eine Schallschwingung in ein körperliches Schallempfinden um. Die Gehörknöchelchen im Mittelohr setzen die Schallschwingungen in kleinere Hübe aber höhere Schalldrücke um. Damit ist auch eine Nichtlinearität bezüglich der Schallfortleitung bedingt. In der Schnecke im Innenohr wird die eigentliche Reizung der Hörnerven bewirkt.

Die Reizschwelle des menschlichen Gehörs liegt bei der Frequenz von 1000 Hz im Durchschnitt bei einem Schalldruck von $2 \cdot 10^{-4}$ μbar. Die Schmerzgrenze ist bei einer Frequenz von 1000 Hz bei einem Schalldruck von 200 μbar erreicht.

Der absolute Schallpegel gibt im logarithmischen Maßstab an, um wieviel mal höher ein beliebiger Schalldruck gegenüber dem Schalldruck der Hörschwelle ist. Die Maßeinheit des Schallpegels ist das Dezibel.

Zwischen der vom Gehör empfundenen Lautstärke und dem Schalldruck besteht ein näherungsweiser logarithmischer Zusammenhang (Weber-Fechnersches Gesetz).

Die Lautstärke in Phon ist zahlenmäßig dem absoluten Schallpegel bei der Frequenz 1000 Hz gleich. Das menschliche Ohr hat bei den verschiedenen Frequenzen ein unterschiedliches Lautstärkeempfinden. Die Empfindlichkeit ist bei kleinen Lautstärken im unteren und im oberen Frequenzbereich gering. Um diese frequenz- und schalldruckabhängige Lautstärkeempfindung in Niederfrequenzverstärkern auszugleichen, verwendet man gehörrichtige Lautstärkeeinsteller.

Zwischen der Tonhöhenempfindung und der Frequenz besteht ein logarithmischer Zusammenhang. Der Mensch hat ein Hörvermögen, das 10 Oktaven umfaßt. Die Klangfarbe eines Tones wird physikalisch durch die Kurvenform, d. h. durch den Anteil der Oberwellen bestimmt. Das Amplitudenverhältnis der einzelnen harmonischen Oberwellen zueinander charakterisiert jede Schallquelle.

Das räumliche Hören erstreckt sich auf 3 Bereiche:

1. die Tiefenlokalisierung (Nah–Fern)
2. die Höhenlokalisierung (Oben–Unten)
3. die Seitenlokalisierung (Links–Rechts).

Dabei ist die Seitenlokalisierung durch den Laufzeit- und Intensitätsunterschied am ausgeprägtesten. Bei der Stereofonie bezieht man sich in erster Linie auf diese Seitenlokalisierung, während man bei der Quadrofonie neben der Links-Rechts-Orientierung noch den Raumeinfluß mitberücksichtigt.

Um von den individuellen Besonderheiten der einzelnen Menschen bei der Beurteilung eines Schallereignisses unabhängig zu werden, hat man die verschiedenen Schallarten genormt.

Bei dem Zusammenwirken zweier gleichlauter Schallquellen wird die Gesamtlautstärke nur um 3 dB größer als die Einzellautstärke. Grundsätzlich wird beim gleichzeitigen Wirken mehrerer Schallquellen mit verschiedenen Lautstärken die Gesamtlautstärke im wesentlichen von der lautesten Schallquelle bestimmt.

Der Verdeckungseffekt beruht darauf, daß das Ohr beim gleichzeitigen Auftreten von einem lauten und einem leisen Ton hauptsächlich nur den lauten Ton wahrnimmt.

Für eine gute Sprachverständigung reicht ein Frequenzbereich von 300 Hz bis 3400 Hz aus. Die Charakteristik eines Musikinstruments beruht dagegen auf dem Vorhandensein ganz bestimmter harmonischer Oberwellen und erfordert größere Frequenzbereiche, die über den Hörbereich des Menschen hinausgehen müssen.

Die Dynamik ist das im logarithmischen Maßstab angegebene Verhältnis zwischen dem kleinsten und dem größten Schalldruck eines Klangkörpers.

Übungsaufgaben 1 b

1. Beschreiben Sie kurz, wie das menschliche Ohr eine Schallschwingung in ein Schallempfinden umwandelt.
2. Bei welchem Wert liegt die Hör- oder Reizschwelle, und bei welchem Wert liegt die Schmerzgrenze?
3. Was versteht man unter ‚absolutem Schallpegel'?
4. In welcher Maßeinheit gibt man den absoluten Schallpegel an?
5. Was ist die Lautstärke?
6. In welcher Maßeinheit gibt man die Lautstärke an?
7. Durch welche physikalischen Größen werden die Tonhöhe und die Klangfarbe bestimmt?
8. Welchen prinzipiellen Verlauf haben die Kurven gleicher Lautstärke in Abhängigkeit von der Frequenz?
9. Welche Schlußfolgerung kann man aus dem Hörempfinden des menschlichen Ohrs bezüglich der Verstärkertechnik ziehen?
10. Warum ist es sinnvoll, Schallereignisse stereofon oder sogar quadrofon zu übertragen?
11. Auf welche Schallquelle muß man sich bei der Lärmbekämpfung bezüglich der Lautstärke konzentrieren?
12. Was versteht man unter dem Verdeckungseffekt?
13. Welche Bedeutung haben die Formanten bei der Sprache?
14. Welchen Frequenzumfang hat eine Orgel?
15. Was versteht man unter dem Ausdruck „Dynamik"?

2. Grundlagen der Elektroakustik

2.1 Allgemeines

Die Elektroakustik umfaßt alle Gebiete, die mit der elektrischen Übertragung akustischer Vorgänge zusammenhängen. Hierzu gehören: Mikrofone, Verstärker, Nadelton-, Lichtton- und Magnettonspeicher sowie die Lautsprecher und Kopfhörer.

Man erwartet von elektrischen Wiedergabeeinrichtungen, daß die wiederzugebende Information nur unwesentlich vom Original abweicht. Diese Forderung ist schwer zu erfüllen, weil das akustische Erlebnis auch durch Faktoren beeinflußt wird, die außerhalb des Übertragungskanals liegen, z. B., die Größe des Wiedergaberaumes, die Nachhallzeit des Wiedergaberaumes, die meistens begrenzte Lautstärke der Wiedergabe sowie visuelle und psychologische Eindrücke, die bei der Originaldarbietung stets völlig anders sind. Wie schon erläutert wurde, wird das Klangbild bereits verfälscht und verzerrt, wenn in den elekrischen Übertragungsanlagen nicht alle Töne wiedergegeben werden.

2.2 Tonwiedergabeverfahren

Weil der Mensch zwei Hörorgane, d. h. 2 Ohren besitzt, ist er in der Lage, Richtung und Entfernung einer Schallquelle einwandfrei und schnell zu bestimmen. Wie das **Bild 2.1** zeigt, hört jeder Mensch mit zwei gesunden Ohren aufgrund der Lautstärke-, Intensitäts- und Frequenzunterschiede einen Originalschall stets räumlich. Wenn z. B. ein Zuhörer im Konzertsaal sitzt, wird er auch mit geschlossenen Augen feststellen können. daß die 1. Violine links und die Kontrabässe rechts im Orchester sitzen.

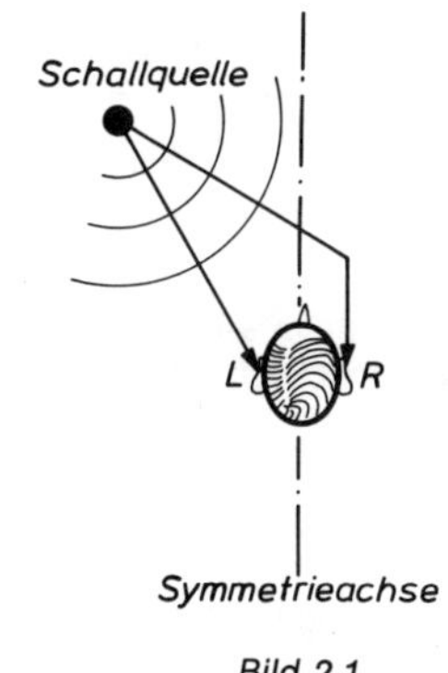

Bild 2.1
Räumliches Hören

2.2.1 Monaurales Hören

Monaural oder monophonisch bedeutet so viel wie einohrig. Jede akustische Übertragung zwischen 2 Orten ist dann monaural, wenn für die akustischen Informationen nur ein Übertragungsweg verwendet wird **(Bild 2.2)**. Hier werden alle einzelnen Schallquellen von einem nahezu punktförmigen Schallaufnehmer, etwa einem Mikrofon, zusammen aufgenommen, über einen einzigen Kanal weitergeleitet und dann von einem Lautsprecher abgestrahlt. Somit ist die räumliche Auflösung vollkommen verschwunden.

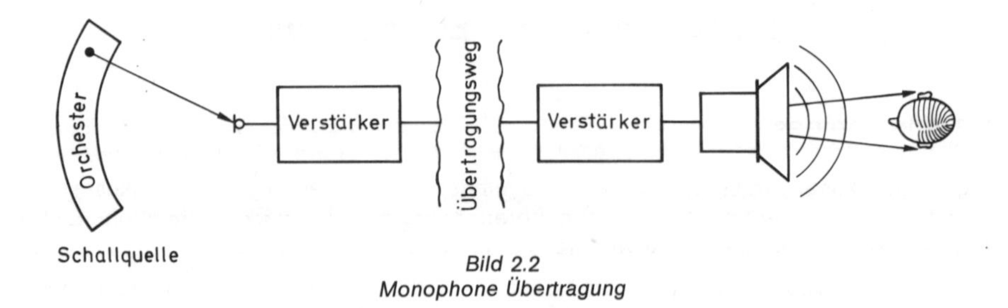

Bild 2.2
Monophone Übertragung

Man kann den Kopf vor dem Lautsprecher hin und her bewegen, das Klangbild wird sich in seiner monauralen Form nicht ändern. Durch die einkanalige Übertragung sind die Lautstärke-, Intensitäts- und Frequenzunterschiede unterdrückt worden. Dabei ist es gleichgültig, ob eine akustische Darbietung mit einem oder mit mehreren Mikrofonen aufgenommen oder mit einem oder mehreren Lautsprechern wiedergegeben wird **(Bild 2.3)**.

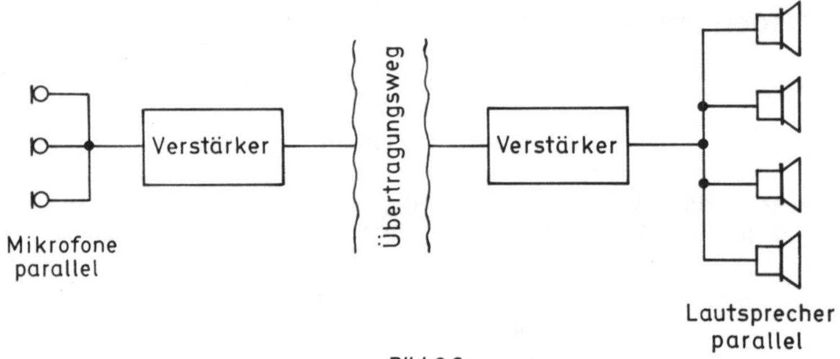

Bild 2.3
Monaurale Übertragung bei mehreren Mikrofonen und Lautsprechern

Das ist zweifellos ein Mangel, der jeder einkanaligen, monauralen Wiedergabe im Rundfunk oder auf der Platte selbst bei bester Hi-Fi-Qualität anhaftet.

2.2.2 3-D-Raumklang

Ursprünglich hat man Überlegungen angestellt, wie man eine monaurale Übertragung verbessern kann und kam so zu dem 3-D-Raumklang.

Man ging dabei von der Tatsache aus, daß bei jeder Originaldarbietung in einem geschlossenen Raum auch Reflexionen an den Wänden entstehen. Außer dem Direktschall erhält der Hörende also zusätzlich noch ein Schallgemisch von den Seiten oder von hinten.

In diesem Reflexionsignal sind überwiegend hohe oder mittlere Töne enthalten. Der Gedanke lag deshalb nahe, neben dem vorhandenen Lautsprecher 2 weitere zu verwenden, die diese hohen und mittleren Töne seitwärts nach links und rechts gegen die Wände strahlen **(Bild 2.3 und 2.4).** Diese seitlich angeordneten Lautsprecher strahlen nun im mittleren und hohen Frequenzbereich die Töne ab. Damit erreichte man in der

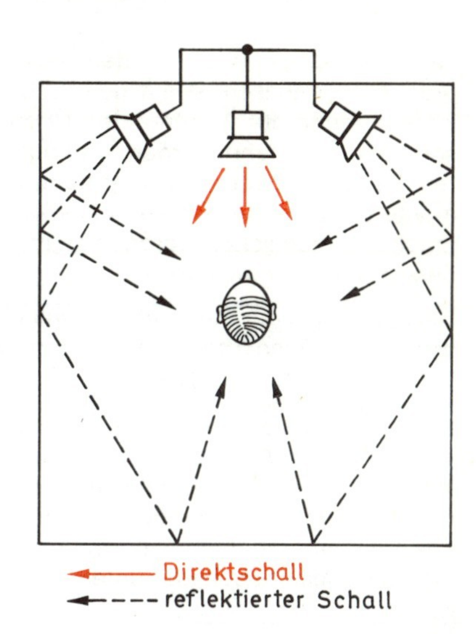

Bild 2.4
Prinzip des 3-D-Raumklanges

Tat eine Verbesserung der monauralen Wiedergabe. Der Hörende empfand infolge des Reflektionsschalls ein angenehmeres Klangbild. Im Vergleich mit der Wiedergabe ohne Seitenlautsprecher vermittelte es die Illusion, der Originaldarbietung beizuwohnen. Eine ausgesprochene Richtungsbestimmung einzelner Instrumente und damit eine höhere Durchsichtigkeit des Klangbildes konnte selbstverständlich mit dem einkanaligen 3-D-Raumklang jedoch nicht erreicht werden.

2.2.3 Stereophonie

Bei der stereophonen Wiedergabe werden elektrisch voneinander getrennte Mikrofone benutzt (2 elektrische Ohren). Beide Mikrofone nehmen ein Abbild der jeweils verschiedenen Schalldruckverhältnisse auf. Seitwärts versetzte Schallquellen ergeben verschiedene elektrische Spannungen an beiden Mikrofonen und zwar verschieden in der Intensität und in der Laufzeit. Wenn die Tonfrequenzen elektrischer Schwingungen über 2 vollkommen getrennte Kanäle auf 2 entsprechend **(Bild 2.5)** angeordnete

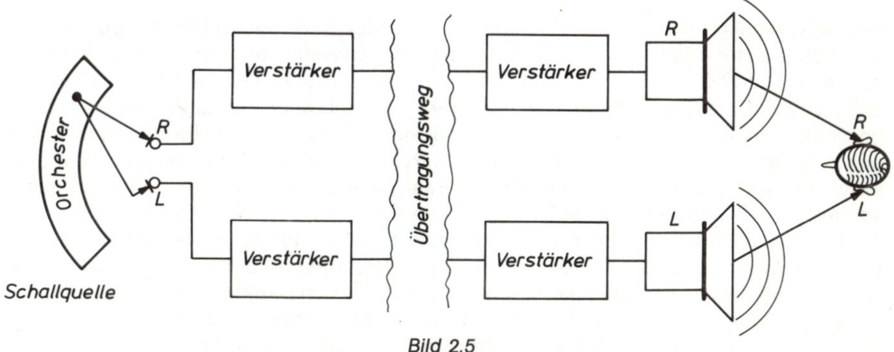

Bild 2.5
Prinzip einer stereophonen Übertragung

Lautsprecher gegeben werden, erzeugt jeder Lautsprecher wiederum einen Schalldruck, der identisch ist mit dem Schalldruck am entsprechenden Mikrofon. Wenn die Informationen auf 2 getrennten Übertragungswegen den zugehörigen R- und L-Lautsprechern zugeführt werden, wird automatisch auch die Richtungsinformation übermittelt. Im Wiedergaberaum liegt dann ein plastisches Klangbild vor und einzelne Instrumente eines Orchesters können lokalisiert werden. Damit der Hörer auch nun den Eindruck des räumlichen Hörens hat, müssen die Lautsprecher zueinander auch in einem bestimmten Abstand stehen.

Die Einführung der Stereophonie war ein bedeutender Schritt auf dem Gebiet der Musikwiedergabe, eine Tatsache, die darin zum Ausdruck kommt, daß heute alle hochwertigen Übertragungssysteme in 2-Kanal-Technik ausgeführt sind.

Mit der **Kunstkopfstereophonie** ist man noch einen entscheidenden Schritt weitergegangen. Denn mit dem Kunstkopf, es ist ein in allen Einzelheiten nachgebildeter menschlicher Kopf mit Ohrmuscheln und Gehörgängen, in denen an der Stelle der Trommelfelle die Membranen hochwertiger Kondensatormikrofone sitzen, gelingt es, die volle Akustik des Aufnahmeraumes zu übertragen. Durch diese Aufnahmetechnik wird es möglich, die Richtung, selbst oben und unten, sowie die Entfernung zu erkennen, aus der der Schall kommt.

Für die Kunstkopfstereophonie werden ebenfalls nur zwei getrennte Übertragungskanäle benötigt. So hat der Hörrundfunk die Produktion von Hörspielen in Kunstkopfstereophonie aufgenommen. Denn durch eine geschickte Hörspielregie und technische Tricks ist es möglich, mehrere Hörebenen aufzubauen. Die so hergestellten Aufnahmen haben ein hohes Maß an Naturtreue. Werden solche Produktionen mit einem Kopfhörer abgehört, so nimmt man die Klänge von Orchestern, Züge auf Bahnhöfen, einer Orgel im Seitenraum einer Kirche usw. deutlich auch „im" und „hinter" dem Kopf wahr. Trotzdem hat die Begeisterung für die Kunstkopfstereophonie, zumindest bei der Allgemeinheit, nachgelassen. Denn will man die Vorzüge der Kunstkopfstereophonie voll ausnutzen, so ist man grundsätzlich an Kopfhörer gebunden. Viele Zuhörer lehnen jedoch Kopfhörer ab, weil sie sich dadurch eingeengt fühlen und schließlich auch das „Klangbild" sich dreht, wenn man den Kopf unwillkürlich bewegt.

2.2.4 Quadrophonie

Bei der Quadrophonietechnik sind außer den beiden Stereokanälen noch 2 weitere Informationskanäle erforderlich. Es handelt sich hier also um eine 4-Kanal-Technik **(Bild 2.6).**

Hier wird nämlich neben dem Direktschall noch der Reflexionsschall mit übertragen. Man geht bei der quadrophonen Wiedergabe von den Reflexionsverhältnissen in einem Konzertsaal aus. Bei den Erläuterungen des 3-D-Raumklanges wurde erwähnt, daß der Zuhörer im Konzertsaal sowohl Direktschall von vorne als auch den sogenannten Reflexionsschall von allen Seiten erhält. Dieser Reflexionsschall trifft den Hörer jedoch immer etwas später als der Direktschall. Man hat durch Messungen festgestellt, daß die akustisch besten Sitzplätze in einem Konzertsaal nicht unmittelbar vor dem Orchester, sondern weiter hinten liegen. Hier ist die Intensität des Reflexionsschallfeldes wesentlich höher als die Intensität des direkten Schalls. Trotz der geringen Intensität des Direktschalls ist eine Ortung der Schallquelle möglich, denn das Gehör benutzt zur Richtungsbestimmung immer das zuerst kommende Signal, also den Direktschall. Um die Konzertsaalakustik nun annähernd naturgetreu in den Wiedergaberaum zu reproduzieren, ist es deshalb erforderlich, einen entsprechend dosierten Reflexionsschall mit zu übertragen. Die beiden zusätzlichen Kanäle übertragen deshalb die Reflexionsinformatio-

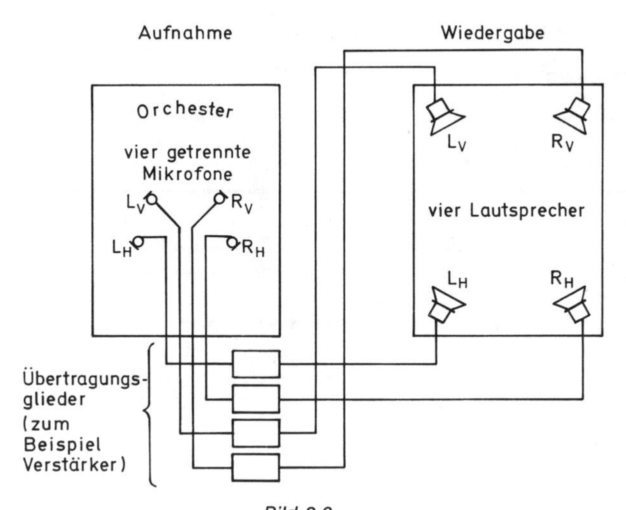

Bild 2.6
Quadrophone Übertragung mit 4 Übertragungswegen

nen, die von den beiden rückwärtigen Lautsprechern dann wiedergegeben werden. Über die beiden rückwärtigen Lautsprecher wird bei der Wiedergabe ein Schalldruck abgegeben, der den Reflexionssignalen proportional ist. Bei einer richtigen Dosierung der Intensität eines aufgenommenen Musikprogramms bestehen dann für den Zuhörer im Wiedergaberaum annähernd die gleichen akustischen Bedingungen wie an einem guten Platz im Konzertsaal. Für eine gute quadrophone Übertragung werden ähnliche Bedingungen wie bei einer stereophonen Übertragung gefordert. So müssen alle Übertragungsglieder der 4 Kanäle in technischer Hinsicht einwandfrei sein. Eine gegenseitige Beeinflussung der Kanäle untereinander darf nicht vorliegen. Bei einer Speicherung darf keine Verfälschung der Informationsinhalte erfolgen. Bei einer Aufnahme eines Musikprogramms sind die unterschiedlichen Intensitäts- und Laufzeiten sorgfältig aufeinander abzustimmen.

Grundsätzlich kann man sagen, daß man für die quadrophone Wiedergabe 4 getrennte Verstärker, d. h. 2 Stereogeräte und 4 Lautsprecherboxen benötigt. Läßt sich jeder Kanal getrennt wiedergeben, dann bezeichnet man das mit dem englischen Ausdruck „discret". Wird ein Quadroverfahren mit nur 2 Übertragungskanälen gewünscht, so muß man die erforderlichen dritten und vierten Informationen gezwungenermaßen in die beiden Kanäle einbauen, so daß 2 neue, speziell codierte Kanäle entstehen. Diese Systeme heißen dann „Matrix"-Systeme.

In den USA und in Japan ist die Quadrophonie trotz der Mehrkosten für insgesamt vier Verstärker und vier Lautsprecherboxen bereits in weiten Kreisen eingeführt. In Europa steht der allgemeinen Einführung der Kanalmangel in den UKW-Rundfunkbändern entgegen. Die beiden zusätzlich zu übertragenden Kanäle können nämlich nicht mit in das z. Z. benutzte Frequenzspektrum integriert werden. Aus diesem Grunde behilft man sich seit Jahren deshalb mit der **Pseudo-** oder **Quasi-Quadrophonie.** Sie beruht darauf, daß jedes Stereosignal nicht nur den Direktschall, sondern auch Raumschallanteile enthält. Die für die rückwärtigen Lautsprecher benötigten Raumschallanteile, genauer die Raumschallanteile aber lassen sich, wenigstens zu einem ausreichenden Teil, aus den Stereosignalen herauslösen und dann getrennt wiedergeben.

2.3 Hi-Fi-Technik

2.3.1 Allgemeines

Hi-Fi (ausgesprochen: haifi oder haifai) ist die Abkürzung der englischen Bezeichnung „High-Fidelity" und bedeutet „Hohe Wiedergabetreue". Dieser Begriff an sich ist sehr alt und entstand schon in den 30er Jahren. Er war allerdings recht verschwommen. Elektroakustische Einrichtungen, die mehr oder weniger gefühlsmäßig eine hohe Wiedergabequalität besaßen, nannte man Hi-Fi-Geräte. Heute hat man durch Normung (DIN 45500) die allgemeinen Mindestbedingungen für Geräte und Anlagen höherer Übertragungsqualität festgelegt. Alle Geräte, die die in den Normen geforderten Bedingungen erfüllen, dürfen als Hi-Fi-Geräte bezeichnet werden. So hat man z. B. bestimmt, welchen Frequenzumfang, Klirrfaktor, Intermodulationsfaktor, usw. die Wiedergabeanlagen mindestens besitzen müssen. Hi-Fi-Geräte benutzen die übliche Technik, erfordern jedoch einen höheren Schaltungsaufwand. So kann man eine bestimmte Ausgangsleistung mit geringerem Aufwand erreichen, muß dann aber einen hohen Klirrfakor in Kauf nehmen.

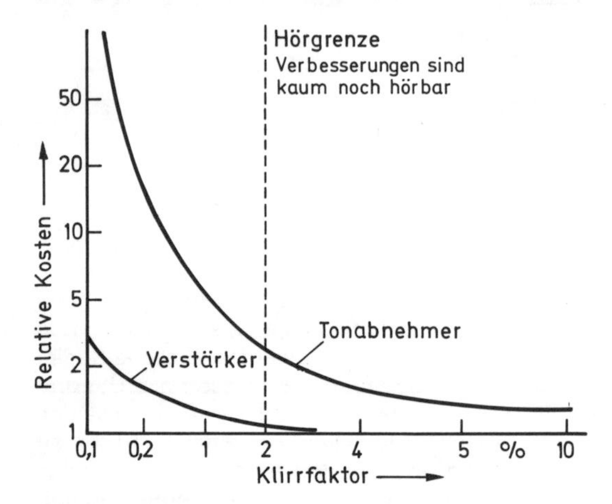

Bild 2.7
Relative Kosten in Abhängigkeit vom Klirrfaktor

Bei einem Verstärker mit wesentlich höherem Aufwand erreicht man zwar dieselbe Ausgangsleistung, aber wesentlich kleineren Klirrfaktor. Mehr Aufwand kostet natürlich mehr Geld. So versteht es sich von selbst, daß Hi-Fi-Geräte teurer als Normalgeräte sind **(Bild 2.7)**. Hi-Fi ist also eine reine Qualitätssache, was nicht oft genug betont werden kann. Sie hat zunächst auch nichts mit der Stereo- oder Quadrophonie zu tun. Sowohl Mono- als auch Stereogeräte können daher Hi-Fi-Geräte sein. Ein unmittelbarer Zusammenhang besteht höchstens darin, daß Stereogeräte in der überwiegenden Mehrzahl gleichzeitig Hi-Fi-Geräte sind. Wenn man schon den in der Stereo-Technik erforderlichen Aufwand treibt, lassen sich die Hi-Fi-Eigenschaften auch zusätzlich leicht erreichen.

In den Normblättern DIN 45500 sind die Mindestanforderungen an Geräte der Heimstudio-Technik, wie UKW-Empfangsteile (Tuner), Schallplatten-Abspielgeräte, Magnetbandgeräte, Mikrofone, Verstärker, Lautsprecher, Kopfhörer sowie Kombinationen und Anlagen genau beschrieben. Obwohl die technische Entwicklung die Qualität der Geräte inzwischen über die Norm hinaus erhöht hat, muß gesagt werden, daß das DIN-System doch in erheblichem Maße Ordnung in den Definitionsurwald gebracht hat. Da inzwischen selbst Mittelklasse-Geräte die DIN-Anforderungen ganz oder teilweise erreichen, oder sie sogar überschreiten, laufen zur Zeit in der IEC (International Electrotechnical Commission) Bemühungen, eine neue verbesserte Norm zu schaffen.

2.3.2 Hi-Fi-Norm DIN 45500

Die wichtigsten Mindestanforderungen der Hi-Fi-Norm DIN 45500 sind in der **Tabelle 2/1** zusammengestellt. Nur wenn ein Gerät oder eine komplette Anlage diese Mindestforderungen einhält, kann es zur Gruppe der Hi-Fi-Geräte gezählt werden. Bei einer flüchtigen Betrachtung, dieser nicht nur von Fachleuten umstrittenen Norm, erhält man den Eindruck von nicht gerade allerhöchster Qualitätsforderung. So soll z. B. der Klirrfaktor von Verstärkern zwischen 40 Hz und 12500 Hz kleiner als 1 % bleiben. Diese Forderungen erfüllen heute schon mittlere Anlagen, weil dieser Wert erst an den Leistungsgrenzen erreicht werden muß. Dagegen wird eine Kanalungleichheit von 3 dB gefordert, was bedeutet, daß ein Kanal nur die halbe Leistung abzugeben braucht. So etwas ist jedoch nicht zu überhören. Anders wiederum sind die Anforderungen zur Übersprechdämpfung zwischen den Stereokanälen, die schon recht hoch sind.

Problematisch sind aber auch die 3 % Klirrfaktor bei Lautsprechern und Magnetbandgeräten. Hier machen sich nämlich die sehr schwierigen Messungen bemerkbar, die zu keinen eindeutigen Ergebnissen führen. Anerkannte Hersteller geben deshalb ihre genauen Meßmethoden und Meßwerte an, die dann tatsächlich weitaus besser sind.

Unterzieht man alle in der Norm aufgeführten Qualitätsforderungen einer solchen kritischen Betrachtung, so könnte man meinen, daß viele Werte zu niedrig angesetzt sind. Betrachtet man jedoch die vielen Wechselbeziehungen der einzelnen Forderungen zueinander, so kommt man trotzdem zu Qualitäten, die nicht ohne weiteres zu erfüllen sind. Die heutigen Geräte der gehobenen Preisklasse erfüllen jedoch diese Anforderungen und sind meistens in ihren Werten besser. Zum anderen sollte man bedenken, daß nicht jeder ein absolutes Gehör besitzt, um noch die letzten Feinheiten und Unzulänglichkeiten seiner Anlage herauszuhören. Beim Kauf einer Anlage sollte man sich deshalb ruhig auf sein Gehör verlassen, obwohl die nüchternen Daten, die mit sterilen Meßmethoden erfaßt wurden, scheinbar mehr Auskunft und Unterscheidungskriterien einem an die Hand geben. Im praktischen Betrieb zu Hause in den eigenen Räumen, beurteilt man eine Anlage doch nach subjektiven Gesichtspunkten. Die technischen Daten sollte man stets dann zu Rate ziehen, wenn beim Kauf einer Anlage eine Vorselektierung vorgenommen werden soll.

2.3.3 Verzerrungen

Man spricht immer dann von Verzerrungen, wenn der Frequenzgang des Originalklanges nach dem Durchlaufen einer Übertragungsanlage in irgendeiner Weise Abweichungen aufweist. In einer elektroakustischen Übertragung können verschiedenartige Verzerrungen auftreten. Man unterscheidet lineare und nichtlineare Verzerrungen.

2.3.3.1 Lineare Verzerrungen

Für eine naturgetreue Wiedergabe muß möglichst ein breites Tonfrequenzband von 20 Hz bis 20000 Hz gleichmäßig übertragen werden. Besonders ältere Geräte zur Tonübertragung erfüllen diese Forderung nicht oder unvollkommen. Es fehlt dann meistens ein Teil der tiefen oder der hohen Frequenzen. Häufig ist das Frequenzband auch an beiden Enden zu stark beschnitten. Man spricht immer dann von linearen Verzerrungen, wenn das zu übertragende Frequenzband verändert wird, d. h. wenn bestimmte Frequenzen oder Frequenzgebiete verstärkt, geschwächt oder überhaupt nicht übertragen werden.

Hervorgerufen werden solche Verzerrungen durch frequenzabhängige Schaltelemente wie Kondensatoren und Induktivitäten, die einzeln oder in Kombinationsschaltungen verschiedenartige Frequenzgänge erzeugen. Heute haben lineare Verzerrungen keine

Tabelle 2/1 Wichtige Daten der Hi-Fi-Norm DIN 45 500

	UKW-Empfangsteil (Tuner) Blatt 2	Verstärker-Anlagen Blatt 6	Magnetband-geräte Blatt 4	Plattenspieler Blatt 3	Lautsprecher Blatt 7	Mikrofone Blatt 5
Klirrfaktor	$\leqq 2$ % bei 1 kHz u. 40 kHz Hub	$\leqq 1$ % 40–12500 Hz bei Leistungs-abfall auf 50 % an den Bereichs-enden	$\leqq 3$ % bei 333 Hz Voll-aussteuerung		$\leqq 3$ % 250–1000 Hz < 1 % ab 2 kHz	$\leqq 1$ % bei 10 Pa (= 100 µb) 250–8000 Hz
Übertragungsbereich	min. 40–12500 Hz	min. 40–16000 Hz	min. 40–12500 Hz	min. 40–12500 Hz	min. 50–12500 Hz	min. 50÷12500 Hz
Intermodulation		3 % mit 250 Hz und 8 kHz bei Vollaussteuerung Amplitudenverh. 4 : 1		< 1 % Frequenz-intermodulation bei – 6 dB		
Kanalungleichheit	$\leqq 3$ dB 250–6300 Hz	$\leqq 3$ dB 250–6300 Hz		$\leqq 2$ dB bei 1 kHz		$\leqq 3$ dB 250–8000 Hz
Übersprech-dämpfung	$\geqq 26$ dB 250–6300 Hz $\geqq 15$ dB 6300–12500 Hz	> 40 dB bei 1 kHz > 30 dB bei 250–10000 Hz	> 60 dB bei Mono-Doppel-spur > 25 dB bei Stereo (500–6300 Hz)	$\geqq 20$ dB bei 1 kHz $\geqq 15$ dB bei 500–6300 Hz		
Fremdspannungs-abstand	$\geqq 46$ dB	$\geqq 50$ dB bei 100 mW 40–15000 Hz	$\geqq 43$ dB	$\geqq 35$ dB bei 1 kHz		
Geräusch-spannungsabstand	$\geqq 54$ dB		$\geqq 48$ dB	Rumpeln $\geqq 55$ dB		
Geschwindigkeits-abweichung			$\leqq \pm 1{,}5$ %	$+ 1{,}5$ % $- 1{,}0$ %		
Gleichlauf-schwankungen			$\pm 0{,}2$ %	$\pm 0{,}2$ %		

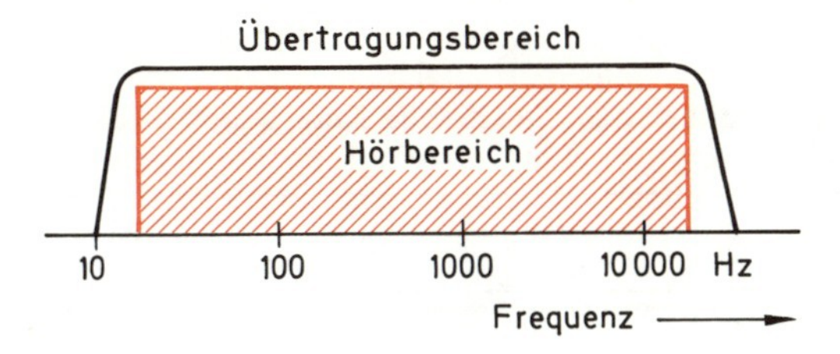

Bild 2.8
Das menschliche Ohr hört nur die Töne zwischen 16 Hz und höchstens 20000 Hz. Der Übertragungsbereich des Verstärkers muß auch mindestens diesen Bereich mit der gleichen Amplitude überstreichen, um auch die Oberwellen mit übertragen zu können

große Bedeutung mehr, denn die Übertragung des vollen Tonfrequenzbandes, bzw. noch größerer Frequenzbänder, bringen keinerlei technische Probleme mit sich. Lineare Verzerrungen sind also nicht vorhanden, wenn die Frequenzkurve das volle geforderte Tonfrequenzband bedeckt und innerhalb ihres Verlaufes keine Amplitudenschwankungen auftreten **(Bild 2.8).** Man führt übrigens lineare Verzerrungen künstlich herbei, um das Klangbild in vorbestimmter Weise zu ändern, z. B. bei den sogenannten Klang- oder Tonblenden (siehe Kapitel 6.3).

2.3.3.2 Nichtlineare Verzerrungen

Nichtlineare Verzerrungen werfen in der Praxis wesentlich größere Probleme auf als die linearen Verzerrungen.

Nichtlineare Verzerrungen treten immer dann auf, wenn in einem oder mehreren Gliedern der gesamten Übertragungskette neue Frequenzen entstehen, die im Originalsignal überhaupt nicht enthalten sind.

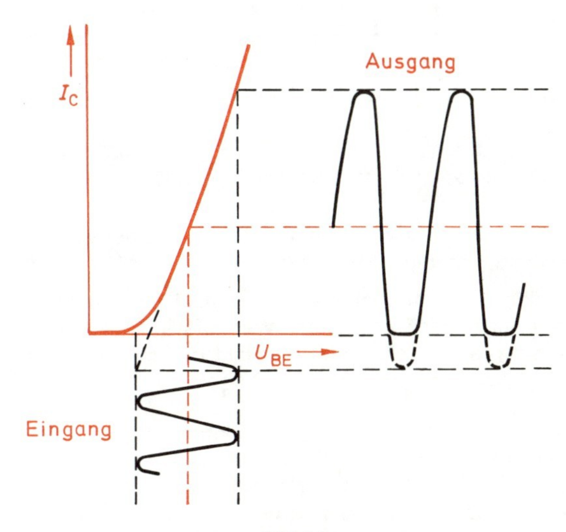

Bild 2.9
Wird eine gekrümmte Strom-Spannungskennlinie mit einer reinen Sinusschwingung angesteuert, so ist das Ausgangssignal verzerrt

Solche Verzerrungen entstehen in Bauteilen mit gekrümmter Kennlinien. Transistoren, Röhren, Lautsprecher, Ausgangsübertrager usw., haben solche gekrümmten (nichtlinearen) Kennlinien. Steuert man eine solche Kennlinie mit einer reinen Sinusschwingung an, wie es **Bild 2.2** zeigt, so ist die Ausgangsspannung nicht mehr sinusförmig. Eine von der Sinusform abweichende Ausgangsspannung wirkt jedoch so, als seien neue Spannungen mit anderen Frequenzen hinzuaddiert worden. Diese Zusatzspannungen sind vorzugsweise harmonische Obertöne, d. h. ganzzahlige Vielfache des Grundtones **(Bild 2.3).** Die Größe der Verzerrungen läßt sich durch das Verhältnis der Oberwellenspannung am Ausgang zur Gesamtausgangsspannung angeben, sofern am Eingang eine exakte Sinusspannung anliegt. Dieses Verhältnis wird **Klirrfaktor** genannt und meistens in % angegeben.

$$\text{Klirrfaktor} = \frac{\text{Effektivwert aller Oberwellen}}{\text{Effektivwert von Grundton + Oberwellen}}$$

$$k = \frac{\sqrt{U^2(2f) + U^2(3f) + \ldots + U^2(n \cdot f)}}{\sqrt{U^2(f) + U^2(2f) + U^2(3f) + \ldots + U^2(n \cdot f)}} \cdot 100\,\%$$

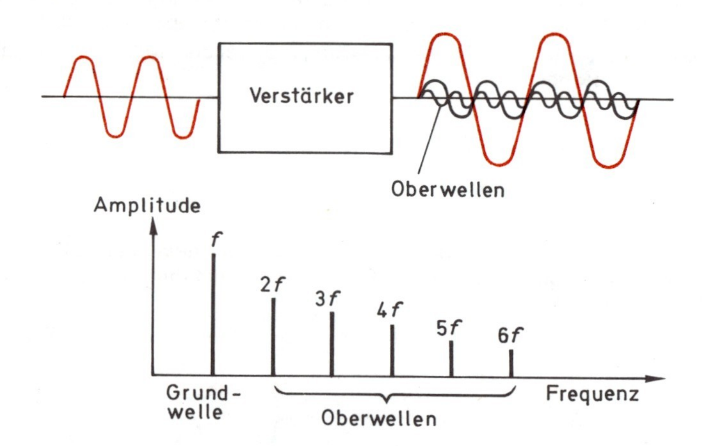

Bild 2.10
Prinzipdarstellung und Frequenzspektrum zur Erläuterung des Klirrfaktors

So bedeutet z. B. 10 % Klirrfaktor, daß der Anteil aller Oberwellenamplituden an der Amplitude der Gesamtspannung 10 % beträgt.

Der Ausdruck Klirrfaktor kommt daher, weil beim Hinzutreten solcher ungewollter Oberwellen ein verzerrter, klirrender Ton entsteht. Wer zufällig eine Musikübertragung durch das Telefon gehört hat, braucht den Begriff „Klirrfaktor" nicht mehr erklärt zu bekommen.

Wie wirkt sich nun der Klirrfaktor in der Praxis aus?

Verzerrungen werden um so besser hörbar, je größer der gesamte Übertragungsbereich ist. Geht der Frequenzbereich z. B. von 20 Hz bis 4000 Hz, dann wird erst ein Klirrfaktor von etwa 1,5 % hörbar. Bei Sprache und Musik kann man in diesem Übertragungsbereich sogar noch 8–10 % zulassen. Hat dagegen der Übertragungsbereich einen Wert von 20 Hz bis 15000 Hz, dann hört man bereits einen Klirrfaktor von 0,8 %, während 2–3 % gerade noch erträglich sind. Im allgemeinen kann man sagen, daß Klirrfaktoren unbedingt unter 1 % liegen sollten.

Die Ansprüche an die Wiedergabequalität sind im Laufe der Jahre sehr gestiegen. Deshalb reicht heute die Angabe des Klirrfaktors allein nicht mehr aus. Man gibt zusätzlich den Grad der sogenannten **Intermodulation** an. Wie bei der Besprechung des Klirrfaktors erwähnt wurde, bewirkt dieser eine Klangverfärbung des betreffenden Einzeltones.

Überträgt man jedoch, wie es bei Musikdarbietungen üblich ist, 2 oder mehrere verschiedene Frequenzen gleichzeitig, dann treten in einem mit einer gekrümmten Kennlinie behafteten Bauteil außer den Obertönen der beiden Frequenzen noch sogenannte Kombinationstöne auf. Dabei handelt es sich um Summen- und Differenztöne. Liegen z. B. die Grundtöne bei 4 kHz und 400 Hz, so treten zusätzlich noch die Töne mit Frequenzen 4 kHz plus 400 Hz = 4,4 kHz, bzw. 4 kHz minus 400 Hz = 3,6 kHz und deren Oberwellen auf **(Bild 2.4).**

Diese Frequenzen liegen unharmonisch, was eine erhebliche Verzerrung bedeutet. Man kennzeichnet diese Art von Verzerrungen mit dem Intermodulationsfaktor, der mit 2 Frequenzen zugleich gemessen wird.

Es ist:

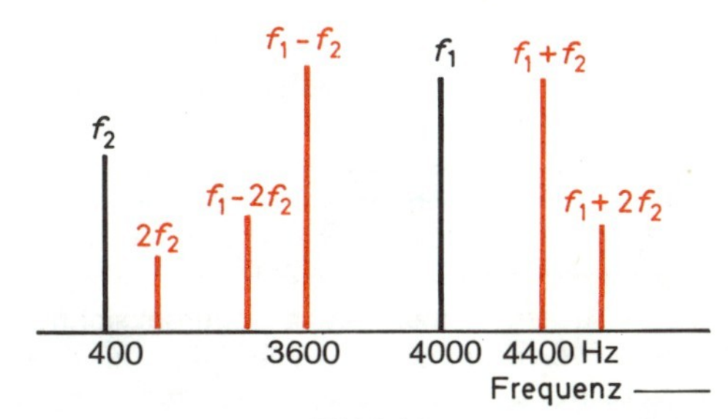

Bild 2.11
Frequenzspektrum bei der Intermodulation

$$\text{Intermodulationsfaktor} = \frac{\text{Effektivwert der Summe aller Mischprodukte}}{\text{Effektivwert der einen Meßspannung}}$$

$$m = \frac{\sqrt{[U(f_2 - f_1) + U(f_2 + f_1)]^2 + [U(f_2 - 2f_1) + U(f_2 + 2f_1)]^2}}{U(f_2)} \cdot 100\,\%$$

Man wird versuchen, den Intermodulationsfaktor ebenfalls klein zu halten. Das Ohr reagiert nämlich auf die Intermodulationserscheinungen in hochwertigen Anlagen schon bei etwa 0,8 %. Intermodulation liegt immer dann vor, wenn die Klänge rauh oder heiser klingen, bzw. wenn sich hohe Frequenzen bei gleichzeitig eintreffenden tiefen Frequenzen in ihrer Lautstärke ändern. Häufig treten auch zusätzliche Zischgeräusche auf.

Nichtlineare Verzerrungen im oberen Hörbereich werden durch den **Differenztonfaktor** angegeben. Man bestimmt ihn nicht wie beim Intermodulationsfaktor mit 2 festen, sondern mit 2 veränderbaren Frequenzen. Die Differenzfrequenz wird stets konstant gehalten, obwohl die absoluten Werte der Frequenzen über den ganzen Übertragungsbereich hinweg verändert werden. Mit dieser Meßmethode kann man gerade die Verzerrungen ermitteln, die man zwar schon hört, die sich aber durch den Intermodulationsfaktor noch nicht erfassen lassen und die besonders im oberen Tonfrequenzbereich liegen.

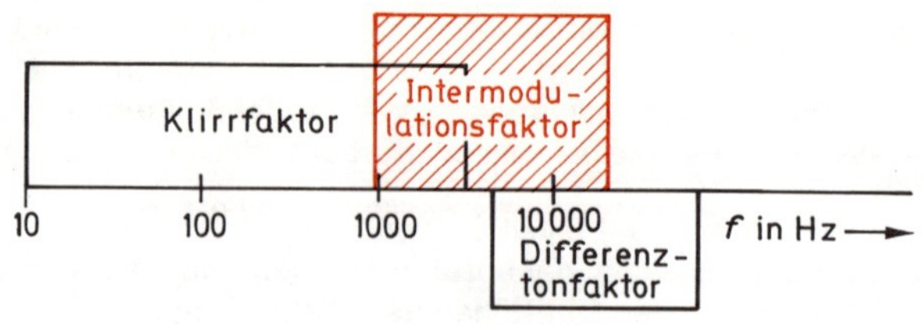

Bild 2.12
Frequenzbereiche der einzelnen Verzerrungsfaktoren

Das **Bild 2.12** zeigt, in welchen Tronfrequenzbereichen die einzelnen Verzerrungsfaktoren gemessen werden. Alle Glieder einer Übertragungskette verzerren das Signal mehr oder weniger stark, so daß am Schluß eine Summenwirkung auftritt. Nun addieren sich zum Glück die einzelnen Verzerrungswerte nicht linear, sondern geometrisch.

$$k_{ges} = \sqrt{k_1^2 + k_2^2 + k_3^2 + \ldots + k_n^2}$$

Weist eine Übertragungskette folgende Verzerrungsfaktoren auf: Tonabnehmer 4 %, Vorverstärker 1 %, Leistungsverstärker 3 %, Lautsprecher 2,5 %, dann ist der Gesamtverzerrungsfaktor insgesamt nicht 10,5 % (arithmetische Summe) sondern nur 6 % (geometrische Summe). Würde man den Leistungsverstärker durch einen verzerrungsärmeren, z. B. einen mit 0,5 % Verzerrung ersetzen, dann wäre der Gesamtfaktor immer noch 4,8 %. Man erkennt daraus, daß infolge der geometrischen Addition eben das Übertragungslied mit der größten Verzerrung auch am stärksten hervortritt. Kleinere Verzerrungen in anderen Gliedern können häufig unberücksichtigt bleiben. Es ist deshalb ziemlich sinnlos, einen verzerrungsarmen Verstärker mit einem Schallplattentonabnehmer, der große Verzerrungen hat, zusammenzuschalten, in der Hoffnung, die gesamte Übertragungsqualität damit zu verbessern.

2.4. Hi-Fi-Anlagen

2.4.1 Bausteine oder Kompaktanlage?

Eine komplette Phonoanlage besteht aus den in **Bild 2.13** wiedergegebenen Bausteinen. Bei der Anschaffung einer Anlage steht man nun vor der Wahl, sich entweder für eine aus Einzelgeräten zusammengestellte Anlage oder für eine Kompaktanlage zu entscheiden.

Bei einer Kompaktanlage sind in einem Gehäuse neben einem Tuner und Verstärker noch ein Plattenspieler oder ein Kassettenrecorder oder sogar beides eingebaut **(Bild 2.14)**. Einzelgeräte, wie auch Kompaktanlagen, sind in verschiedenen Qualitäts- und Preisklassen erhältlich. Qualitativ besteht zwischen einer guten Kompaktanlage und einer Kombination der entsprechenden einzelnen Bausteine kein wesentlicher Unterschied. Eine Kompaktanlage benötigt in der Regel jedoch weniger Platz als Einzelgeräte, ist übersichtlicher durch die Bedienung von nur einer Frontplatte aus, und es treten keine Probleme bei der Verbindung der einzelnen Geräte auf (Kabelgewirr, Anpassungsfehler).

Diesen Vorteilen steht der Nachteil entgegen, daß bei einer notwendigen Reparatur eines Teils der Kompaktanlage gleich das ganze Gerät in die Werkstatt muß. Weiterhin ist es bei einer Kompaktanlage nicht möglich sie zu erweitern, z. B. auf Quadrophonie oder vielleicht den eingebauten Kassettenrecorder gegen einen hochwertigeren auszutauschen.

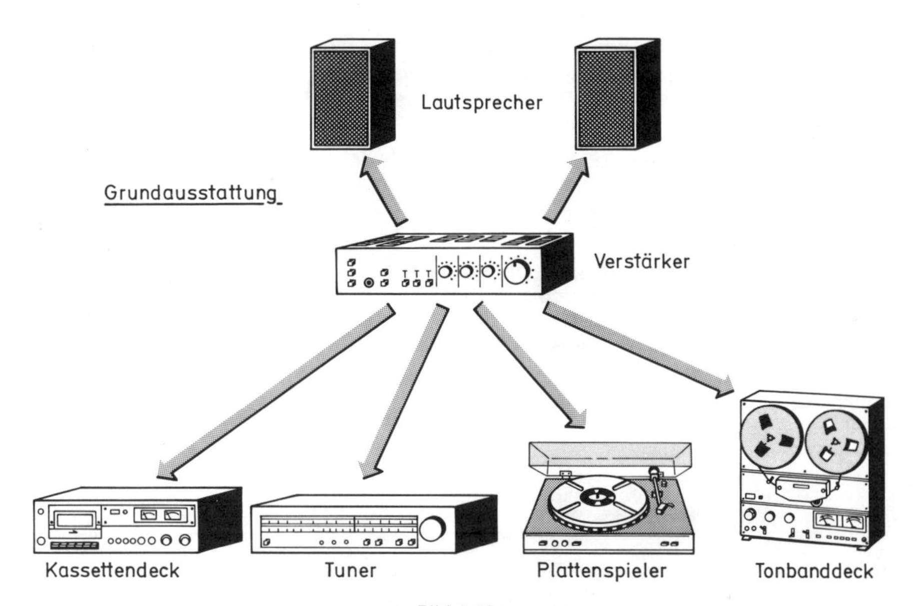

Bild 2.13
Bausteine einer Hi-Fi-Anlage

Bild 2.14
Kompaktanlage Stereo Compact System ST 20 von ITT

Der zukunftsorientierte Käufer wird sich deshalb für die Einzelgeräte entscheiden. Man kann sie bei einer notwendigen Reparatur besser transportieren und austauschen. Sie lassen sich nacheinander anschaffen, was vom finanziellen Standpunkt aus gesehen von Vorteil ist. Man hat aber auch die Möglichkeit, das eine oder andere Gerät im Laufe der Zeit durch ein besseres zu ersetzen, so daß sich seine Anlage immer auf dem letzten Stand der Technik befindet.

2.4.2 Hi-Fi-Turm

In der letzten Zeit ist es in Mode gekommen, die einzelnen Bausteine einer Phonoanlage, wie im professionellen Audiobetrieb seit langem üblich, vertikal übereinander anzuordnen. Solche Anordnungen werden als Hi-Fi-Türme bezeichnet **(Bild 2.15)**. Bei dieser Anordnungsweise war es erforderlich, nicht nur alle Geräte einer Serie auf die gleichen Breiten, und Tiefenmaße zu bringen, sondern auch die Kassettenrecorder mußten auf sogenannte „Frontlader" umentwickelt werden.

Bild 2.15
HiFi-Turm
Universal-Rack
HiFi 95 + 9515
(ITT)

Die Auswechselbarkeit der einzelnen Geräte und die Verbindungen untereinander sind durch den Turmaufbau erheblich vereinfacht worden.

Die Hi-Fi-Türme werden meistens auf dem Fußboden aufgestellt. Oft sind sie mit Rollen ausgerüstet, so daß man sie problemlos bewegen und umdrehen kann, z. B. um an die rückseitigen Anschlüsse und Steckverbindungen heranzukommen.

Die Reihenfolge der Bausteine im Turm ist nicht von Bedeutung. Es empfiehlt sich jedoch, den Plattenspieler wegen des Staubdeckels obenauf zu setzen und ebenfalls den Tuner möglichst hoch anzuordnen, um die Sendereinstellung gut ablesen zu können. Es empfiehlt sich weiterhin, in einem Fach eine Mehrfachsteckdose einzubauen, so daß für die Stromversorgung des gesamten Turmes nur eine Kabelverbindung zur Wandsteckdose erforderlich wird. In den unteren Regalen ist meistens Platz für Schallplatten, Kopfhörer, Plattentücher usw. Vielfach wird bei den Türmen das Schallplattenfach durch eine Glastür gegen Staub abgeschirmt.

2.4.3 Hi-Fi-Mini-Turm

Seit einiger Zeit gibt es sehr kleine Hi-Fi-Geräte auf dem Markt, die als Hi-Fi-Mini-Komponenten oder Hi-Fi-Mini-Türme bezeichnet werden **(Bild 2.16).** Wegen ihrer geringen Abmessungen lassen sich solche Geräte auch in verhältnismäßig engen Regalen mit geringen Tiefen unterbringen. Wegen ihrer Kompaktheit und kleinen Größe lassen sie sich auch unmittelbar am Zuhörerplatz aufstellen, so daß eine direkte Bedienung der Hi-Fi-Anlage vom Sessel aus möglich wird. Trotz ihrer kleinen Abmessungen besitzen die Hi-Fi-Mini-Türme die gleiche Leistungsfähigkeit und die gleichen Qualitätsmerkmale wie die „großen" Hi-Fi-Anlagen.

So besteht ein Hi-Fi-Mini-Turm grundsätzlich aus einem Tuner, der mindestens für den UKW-Bereich ausgelegt ist, einem Verstärker mit mehreren Eingängen und einem Kassettendeck.

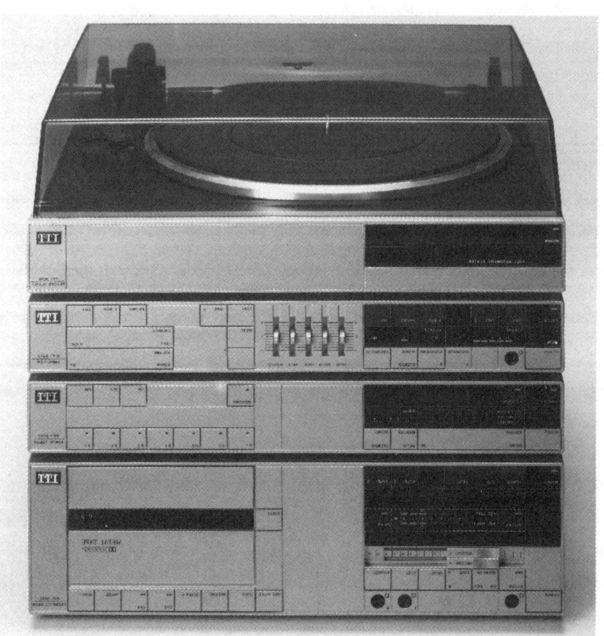

Bild 2.16
Component-System
HiFi 95 (ITT)

Um alle Komponenten einer Hi-Fi-Anlage in einem Hi-Fi-Mini-Turm zu integrieren, müßten auch die Plattenspieler und damit auch die Schallplatten verkleinert werden. Die ersten Schritte auf diesem Weg haben die Firmen Philips und Sony mit ihrer „Compact-Schallplatte" (Compact Disc) unternommen. Auf dieser neuen Schallplatte ist die Information in digitaler Form (PCM = Pulse Code Modulation) aufgezeichnet. Der dazu konstruierte Plattenspieler liest diese Digital-Information mit einem Laser-Abtaster berührungslos aus.

Die Firmen Telefunken und JVC haben ebenfalls eine „Digital-Schallplatte" herausgebracht, die jedoch nicht berührungslos abgetastet wird, aber in ihren Abmessungen der Compact-Disc ähnlich ist. Nähere Einzelheiten über diese neuen Schallplatten und ihre Abspielgeräte sind im Abschnitt 8.6 „Compact-Disc-Technik" enthalten.

Zusammenfassung 2:

Unter Elektroakustik versteht man die Lehre von den Zusammenhängen zwischen elektrischen und akustischen Vorgängen.

Unter Verzerrungen versteht man jede irgendwie geartete Abweichung vom Frequenzverlauf des Originalklanges.

Lineare Verzerrungen sind immer dann vorhanden, wenn das übertragene Frequenzband verändert wird, d. h. wenn bestimmte Frequenzen oder Frequenzgebiete verstärkt, geschwächt oder überhaupt nicht übertragen werden.

Nichtlineare Verzerrungen sind immer dann vorhanden, wenn bei der elektroakustischen Übertragung neue, im Original nicht vorhandenen Töne auftreten.

Man unterscheidet bei den nichtlinearen Verzerrungen zwischen dem Klirrfaktor, dem Intermodulationsfaktor und dem Differenztonfaktor.

Der Klirrfaktor ist für den unteren Tonfrequenzbereich, der Intermodulationsfaktor für den mittleren Tonfrequenzbereich, und der Differenztonfaktor für den oberen Tonfrequenzbereich maßgebend.

Hi-Fi-Technik bedeutet hohe Wiedergabequalität und ist nur ein Qualitätsmaßstab. Monaurale Wiedergabe bedeutet soviel wie einohrig.

3-D-Raumklang ist eine monaurale Wiedergabe, bei der man die tiefen Frequenzen direkt, die mittleren und höheren Frequenzen zu den Seiten hin abstrahlt.

Stereophonie bedeutet räumliches Hören. Hier wird in 2 getrennten Kanälen die rechte und linke Information übertragen. Dadurch erreicht man durch den Intensitäts- und Laufzeitunterschied bei der Wiedergabe ein räumliches Hören.

Bei der Quadrophonie überträgt man neben dem Direktschall noch den Reflexionsschall. Der Zuhörer hat dann im Wiedergaberaum annähernd die gleichen akustischen Bedingungen wie in einem Konzertsaal. Man unterscheidet beim Quadroverfahren das Discret- und das Matrix-System.

Wiederholungsfragen 2:

1. Was versteht man unter der Elektroakustik?
2. Was bezeichnet man als lineare Verzerrungen? Nennen Sie ein Beispiel.
3. Was versteht man unter nichtlinearen Verzerrungen?
4. Welche Meßgrößen für nichtlineare Verzerrungen gibt es?
5. Welche Verzerrungen erfaßt man mit dem Intermodulationsfaktor?
6. Weshalb gibt man neben dem Klirrfaktor noch den Intermodulationsfaktor an?
7. Geben Sie ungefähr die Frequenzbereiche an, in denen die verschiedenen Meßverfahren für die nichtlineare Verzerrung hauptsächlich angewendet werden.
8. Was versteht man unter dem Klirrfaktor?
9. Was versteht man unter dem Begriff Hi-Fi-Technik?
10. Was versteht man unter monauraler Wiedergabe?
11. Was versteht man unter 3-D-Raumklang?
12. Was bedeutet Stereophonie?
13. Durch welche 3 Effekte hört ein Mensch stereophon?
14. Was versteht man unter Quadrophonie?
15. Nennen Sie die beiden Quadroverfahren.

3. Mikrofone

3.1 Allgemeines

Mikrofone wandeln Schallenergie in elektrische Energie um und sind damit **Schallempfänger.** Lautsprecher dagegen wandeln elektrische Energie wieder in Schallwellen zurück und sind damit **Schallsender.** Mikrofone und Lautsprecher sind demnach **elektroakustische Wandler.**

Die der Umwandlung zugrunde liegenden physikalischen Gesetze sind zum Teil umkehrbar, so daß manche elektroakustischen Wandler im Prinzip gleichzeitig als Schallempfänger und Schallsender verwendbar sind. Gerade von dieser Möglichkeit wird z. B. bei den Wechselsprechanlagen Gebrauch gemacht. Der Schallwandler wird hier sowohl als Mikrofon wie auch als Lautsprecher benutzt.

Für die Umwandlung von akustischen Signalen in elektrische Schwingungen gibt es verschiedenartige physikalische Prinzipien:

1.) Schallwandler durch Widerstands-Steuerung z. B. bei Kohlemikrofonen
2.) Elektromagnetische Schallwandler z. B. magnetische Mikrofone
3.) Elektrodynamische Schallwandler z. B. Tauchspul- und Bändchenmikrofone
4.) Elektrostatische Schallwandler z. B. Kondensatormikrofone
5.) Piezoelektrische Schallwandler z. B. Kristallmikrofone

Jede Mikrofonart hat einen eigenen Anwendungsbereich. So wird beispielsweise das relativ einfache Kohlemikrofon noch vorwiegend in Fernsprechanlagen verwendet. Dagegen setzt man das Kondensatormikrofon überall dort ein, wo es auf höchste Klangtreue ankommt.

Grundsätzlich stellt man an ein Mikrofon folgende Anforderungen:

große Empfindlichkeit,

geradlinigen großen Frequenzgang und

möglichst geringe nichtlineare Verzerrungen.

3.2 Mikrofon-Kenngrößen

Empfindlichkeit:

Die Empfindlichkeit oder der „Feld-Leerlauf-Übertragungsfaktor" gibt an, welche effektive Wechselspannung am Ausgang des Mikrofons gemessen wird, wenn dieses im freien Schallfeld einem Schalldruck von 1 μbar ausgesetzt ist. Als Maßeinheit wird mV/μbar (Millivolt pro Mikrobar) angegeben. Da ein Mikrofon nicht alle Frequenzen gleich gut aufnimmt, d. h. die Empfindlichkeit frequenzabhängig ist, muß man stets die Frequenz angeben, bei der sie gemessen wird. Im allgemeinen bezieht man sich jedoch auf 1000 Hz.

Die Bezeichnung „Feld-Leerlauf" weist auf die Tatsache, daß dieser Faktor im freien Schallfeld bei Leerlauf des Mikrofons, also ohne Belastung durch einen Abschlußwiderstand, gemessen wird. Weil man heute das SI-System zugrunde legt, geht man dazu über, daß der Feld-Leerlauf-Übertragungsfaktor nicht mehr auf 1 μbar bezogen wird, sondern auf 1 N/m^2 (Newton pro Quadratmeter = 1 Pascal). Ein Vergleich der beiden Bezugswerte ist dann sehr einfach, wenn man sich merkt: 1 mV/μbar = 10 mV/Pa.

Frequenzbereich:

Unter dem Begriff Frequenz- oder Übertragungsbereich versteht man den Bereich, in dem ein Mikrofon ohne Empfindlichkeitsverlust und ohne Verzerrungen Schallwellen in elektrische Signale umwandeln kann. So sollte für Musikaufnahmen der Frequenzbereich von 40 Hz bis 15000 Hz möglichst ohne große Empfindlichkeitsveränderungen verlaufen. Für eine Sprachaufnahme reicht dagegen ein Übertragungsbereich von 200 Hz bis 5000 Hz aus.

Frequenzgang:

Der Frequenzgang oder die Frequenzkurve kennzeichnet die Frequenzabhängigkeit der Empfindlichkeit bzw. des Feld-Leerlauf-Übertragungsfaktors. Bei dieser Messung läßt man Schallwellen mit verschiedenen Frequenzen senkrecht von vorne auf die Membran[1]) des Mikrofones einfallen und mißt dessen Ausgangsspannung. Bei solchen Frequenzkurven wird meistens statt mV/µbar das Übertragungsmaß *a* in dB angegeben, weil sich dadurch Frequenzkurven, die mit unterschiedlichen Pegeln aufgenommen wurden, unmittelbar miteinander vergleichen lassen.

$a = 20 \lg \frac{B_0}{B}$ wobei B die jeweilige Empfindlichkeit in V/µbar und B_0 die Bezugsempfindlichkeit von 1 V/µbar ist.

Richtungsabhängigkeit:

Ein Mikrofon nimmt den Schall nicht von allen Seiten gleich auf, so daß die Ausgangsspannung von der Richtung des einfallenden Schalls abhängt. Diese Abhängigkeit wird durch die Richtcharakteristik[2]) veranschaulicht. Die Richtungsabhängigkeit bestimmt die Verwendungsmöglichkeit des Mikrofons.

Impedanz:

Für den Anschluß eines Mikrofons an eine Verstärkeranlage oder an ein Tonbandgerät ist es wichtig, die elektrische Impedanz (auch Innenwiderstand oder Quellenimpedanz genannt) zu kennen.

Da eine Impedanz stets frequenzabhängig ist, wird sie meistens bei einer Frequenz von 1000 Hz in Ohm angegeben.

Soll-Abschlußwiderstand:

auch Abschlußimpedanz genannt, ist der Scheinwiderstand, mit dem ein Mikrofon abgeschlossen werden soll. Bei einem kleinen Abschlußwiderstand verschlechtern sich die Mikrofon-Eigenschaften.

Übersteuerungsgrenze

Die Übersteuerungsgrenze gibt an, welche Schalldrücke das Mikrofon noch einwandfrei verarbeiten, d. h. noch ohne Verzerrungen in elektrische Schwingungen umwandeln kann. Dynamische Mikrofone können so hohe Schalldrücke verarbeiten, daß die Übersteuerungsgrenze nicht erreicht wird. Bei Kondensatormikrofonen ist jedoch eine solche Angabe erforderlich, da beim Überschreiten dieser zulässigen Grenze nichtlineare Verzerrungen auftreten und damit der Klirrfaktor ansteigt. Die Übersteuerungs- oder Aussteuerungsgrenze gibt man in µbar oder Pascal an.

---

1) Membran (lat.) = Haut
2) siehe Abschn. 3.9

3.3 Kohlemikrofon

Das Kohle- oder Kontaktmikrofon ist das älteste, einfachste und billigste Mikrofon, das heute noch vielfach im Telefon verwendet wird. **Bild 3.1** zeigt den Aufbau eines solchen Mikrofons. Zwischen einer als Außenelektrode dienenden Membran und einer geriffelten Innenelektrode, die aus Glanzkohle (Anthrazit) gepreßt ist, befinden sich Kohlekörner von einigen Zehntelmillimeter Durchmesser. Gelangen Schallwellen auf die Membran, so werden die Kohlekörner im Takte dieser Schwingung mehr oder wendiger fest aneinander gedrückt. Dabei ändern sich die Übergangswiderstände der vielen Berührungskontakte und damit der Gesamtwiderstand der Mikrofonkapsel.

Merke: Kohlemikrofone wandeln Schallwellen in Widerstandsänderungen um.

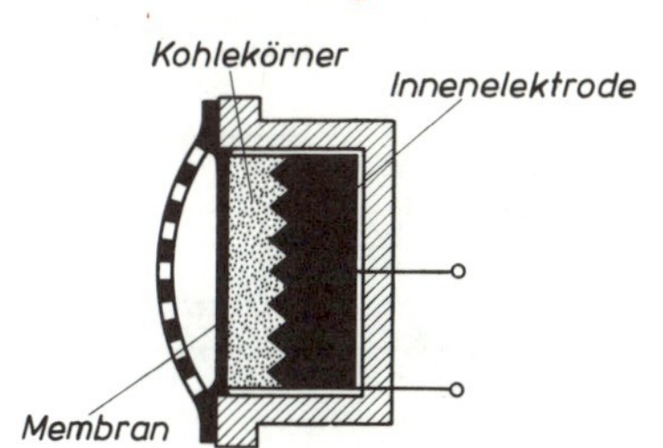

Bild 3.1
Schematischer Aufbau eines Kohlemikrofons

Der von einer Batterie gelieferte Gleichstrom wird durch diese Widerstandsänderungen im Takte der Schallschwingungen geändert und erhält damit einen Sprechwechselstrom überlagert. Zur Trennung der niederfrequenten Stromänderung vom Ruhegleichstrom ist im Stromkreis ein Übertrager (Transformator) eingeschaltet. An seiner Ausgangsseite kann eine reine Wechselspannung abgenommen werden, die hinsichtlich ihrer Amplitude und Frequenz den Schallwellen entspricht **(Bild 3.2)**.

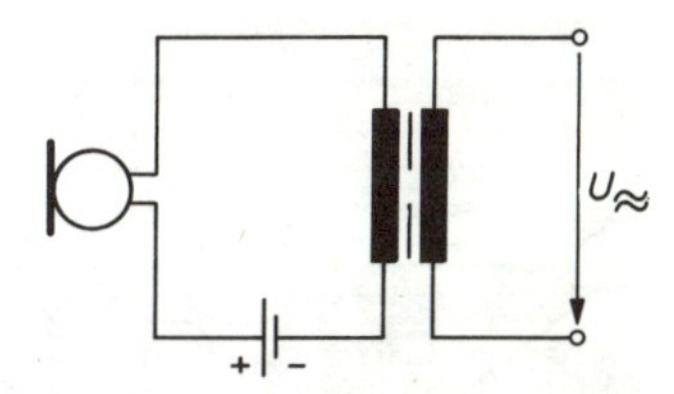

Bild 3.2
Prinzipschaltung eines Kohlemikrofons

Der Übertrager besitzt bei einer Hilfsspannung von 2–10 V ein Übersetzungsverhältnis von 1 : 15 bis 1 : 30. Bei Hilfsspannungen zwischen 10 V und 60 V wird die Empfindlichkeit des Mikrofons größer, so daß ein Übersetzungsverhältnis von 1 : 1 ausreicht.

Wenn die Widerstandsänderungen des Kohlemikrofons den Schalldruckschwingungen verhältnisgleich sind, so muß auch der dem Ruhestrom überlagerte Wechselstrom nach dem Ohmschen Gesetz dem Schalldruck umgekehrt proportional sein. Schwankt der Druck z. B. um + 50 %, so ändert sich der Mikrofonwiderstand ebenfalls um + 50 %, der Strom aber von $\frac{1}{1{,}5} = 0{,}67$ bis $\frac{1}{0{,}5} = 2$, also um – 33 % bzw. + 100 %. Eine sinusförmige Schallschwingung ergibt demnach keinen sinusförmigen Mikrofonstrom und damit auch keine sinusförmige Ausgangsspannung.

Merke: Kohlemikrofone haben erhebliche nichtlineare Verzerrungen, d. h. sie arbeiten mit großem Klirrfaktor.

Kohlemikrofone dürfen, um kleine Verzerrungen zu erhalten, nicht stark ausgesteuert werden. Trotzdem lassen sich keine Qualitätsübertragungen damit erreichen, weil der Übertragungsfaktor stark frequenzabhängig ist **(Bild 3.3).**

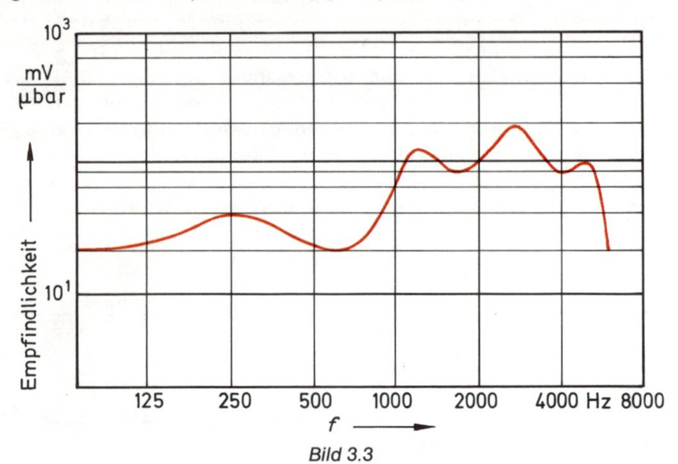

Bild 3.3
Frequenzgang eines Kohlemikrofons

Kohlemikrofone besitzen jedoch eine sehr hohe Empfindlichkeit von etwa 100 mV/µbar. Neben der starken Frequenzabhängigkeit und dem hohen Klirrfaktor von bis zu 25 % weist das Kohlemikrofon noch ein starkes Eigenrauschen auf. Es entsteht dadurch, daß die Übertragungswiderstände der Kohlekörner sich auch ohne Druckschwankungen ändern. Verwendet wird ein solches Mikrofon nur zur reinen Sprachübertragung z. B. in der Fernsprechtechnik **(Bild 3.3 a).**

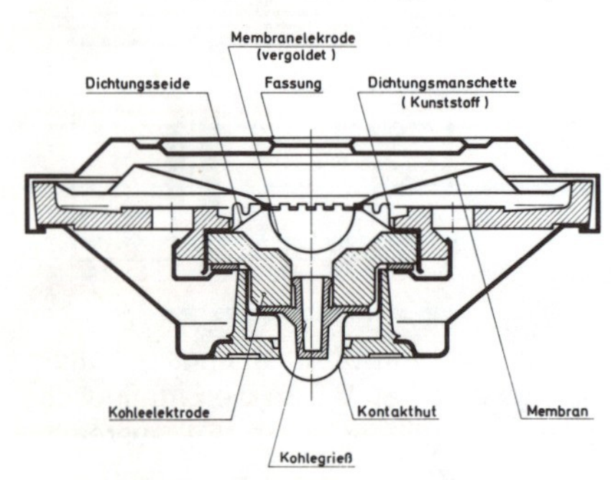

Bild 3.3 a
Schnitt durch eine Telefonsprechkapsel

Merke: Kohlemikrofone sind billig. Sie haben eine große Empfindlichkeit aber schlechte Übertragungseigenschaften.

Technische Daten:

Innenwiderstand: 30 bis 500 Ω
Feld-Leerlauf-Übertragungsfaktor: 100 mV/µbar = 1 V/Pa bei 1000 Hz
Frequenzbereich: 800 Hz bis 4000 Hz
Klirrfaktor: etwa 20 %
Hilfsspannung: Zwischen 4 V und 60 V
Nachteile: starkes Eigenrauschen, großer Klirrfaktor, große Fertigungsstreuungen, stark klimaabhängig.

3.4 Elektromagnetisches Mikrofon

Bei einem elektromagnetischen Mikrofon befindet sich zwischen den mit einem Spulenpaar bewickelten Polschuhen eines Dauermagneten und der Membran ein Luftspalt **(Bild 3.4)**. Beim Besprechen dieses Mikrofons verändert sich der Luftspalt zwischen der Membran und den Spulen. Das bewirkt eine magnetische Felddichteänderung in den Spulen, so daß in diesen eine Spannung induziert wird. Die Spannung verhält sich zwar

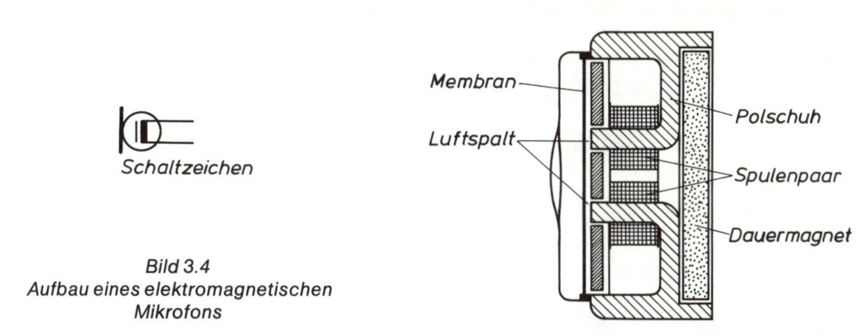

Bild 3.4
Aufbau eines elektromagnetischen Mikrofons

proportional zur Felddichteänderung pro Zeiteinheit, d. h. verhältnisgleich zu den Schallschwingungen, sie ist jedoch sehr gering. Eine zusätzliche Verstärkung ist unerläßlich. In elektromagnetische Mikrofone baut man deshalb gerne einen Transistorverstärker ein **(Bild 3.5)**.

Merke: Bei elektromagnetischen Mikrofonen wird auf Grund der Luftspaltänderung eine Spannung induziert.

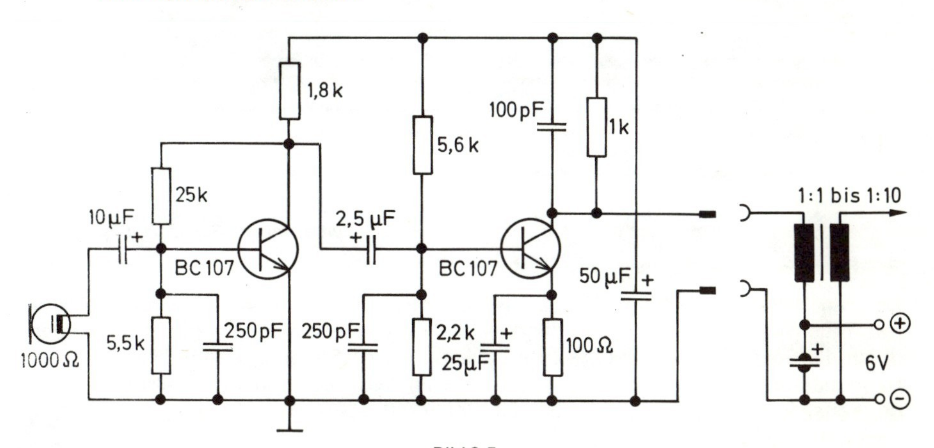

Bild 3.5
Vorverstärker für ein magnetisches Mikrofon

Elektromagnetische Mikrofone besitzen einen etwas breiteren Übertragungsbereich **(Bild 3.6)** und geringere Verzerrungen als Kohlemikrofone. Aus diesem Grunde setzt man sie mehr und mehr in Telefonanlagen und Wechselsprechanlagen ein. Ihre Überlegenheit gegenüber Kohlemikrofonen zeigen sie gerade in Räumen mit hohem Geräuschpegel. Sie werden deshalb bevorzugt in Hörgeräte und Diktiergeräte eingebaut. Heute werden elektromagnetische Mikrofone in Alarmanlagen als Glasbruchmelder und in der Industrie als Melder eingesetzt. Das **Bild 3.7** zeigt ein magnetisches Knopflochmikrofon sowie eine Einbaukapsel.

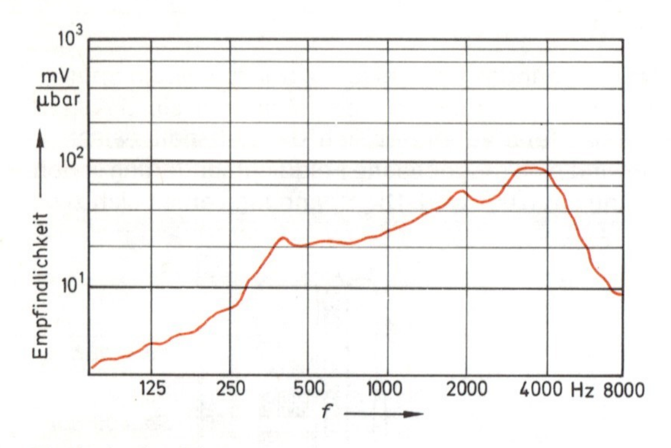

Bild 3.6
Frequenzgang eines elektromagnetischen Mikrofons

Technische Daten:

Innenwiderstand: 2000 Ω
Feld-Leerlauf-Übertragungsfaktor: mit Transistorverstärker 100 mV/µbar = 1 V/Pa bei 1000 Hz
Übertragungsbereich: 300 Hz bis 6000 Hz
Klirrfaktor: etwa 10 %

Bild 3.7
Magnetisches Knopflochmikrofon und magnetische Einbaukapsel (Sennheiser)

3.5 Dynamische Mikrofone

Bei den dynamischen* Mikrofonen gibt es zwei verschiedene Ausführungsformen: Das Tauchspulmikrofon und das Bändchenmikrofon. Bei ihnen bewegt sich entweder, durch die Schallwellen angeregt, eine Spule oder eine Leiterschleife in einem starken Dauermagnetfeld. Dadurch wird im Leiter eine Wechselspannung induziert, die von der Schalldruckänderung pro Zeiteinheit (Schallschnelle) abhängt.

Merke: Bei dynamischen Mikrofonen wird durch Induktion eine Wechselspannung erzeugt, die sich proportional zur Membranschnelle verhält.

3.5.1 Tauchspulmikrofon

In **Bild 3.8** ist der prinzipielle Aufbau des heute meistbenutzten Tauchspulmikrofons gezeigt. Eine leichte Membran aus Aluminium oder aus Kunststoff trägt an ihrer Rückseite eine Spule, die in den ringförmigen Spalt eines Dauermagneten eintaucht.

---

* dynamisch (griech.) = bewegt

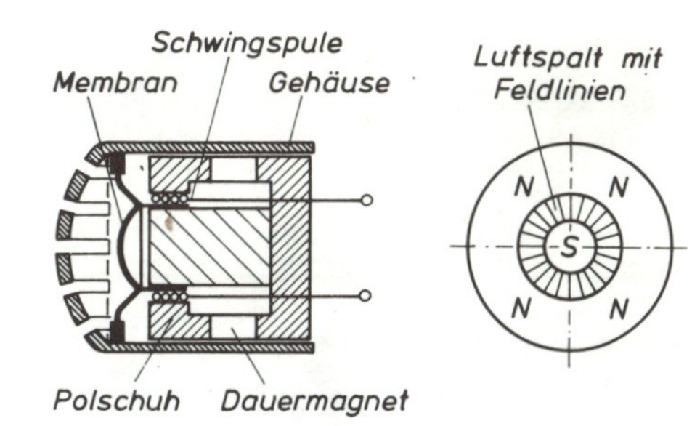

Bild 3.8
Schematischer Aufbau und Blick auf das Magnetsystem eines Tauchspulmikrofons sowie das Schaltzeichen

Gelangen Schallwellen auf die Membran, so schwingt diese mit der Frequenz der Schallschwingungen. Die Windungen der Spule bewegen sich senkrecht zur Feldrichtung. Hierdurch wird nach dem Induktionsgesetz

$$E = N \cdot \frac{\Delta \Phi}{\Delta t}$$

eine Spannung induziert, die der Geschwindigkeit der Bewegung proportional ist.

Merke: Bei einem Tauchspulmikrofon taucht die an der Membran befestigte Spule im Rhythmus der Schallwellen in ein Magnetfeld. Es wird eine Wechselspannung induziert.

Der Scheinwiderstand eines Tauchspulmikrofons beträgt üblicherweise 200 Ω. Infolge dieser niederohmigen Impedanz ist dieser Mikrofontyp und seine Anschlußleitung unempfindlich gegen elektrische Störfelder, denn die Störspannungen werden durch den kleinen Widerstand kurzgeschlossen. Aus diesem Grunde kann man Tauchspulmikrofone über lange Leitungen (bis zu 100 m) an Verstärker anschließen.

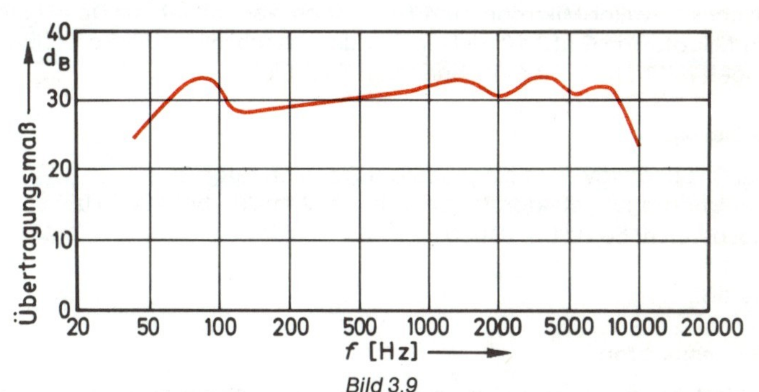

Bild 3.9
Frequenzgang eines Tauchspulmikrofons

Vorteilhaft ist weiterhin, daß Tauchspulmikrofone ohne Hilfsspannung und fast verzerrungsfrei über einen großen Frequenzbereich **(Bild 3.9)** arbeiten. Zum anderen sind sie mechanisch unempfindlich, besitzen eine lange Lebensdauer und sind relativ billig.

Das sind auch die Gründe, weshalb man heute in vielen Bereichen Tauchspulmikrofone einsetzt, z. B. zur Schallaufnahme bei Diktier- und Tonbandgeräten und für Rundfunkreportagen, selbst bei hochwertigen Musikaufnahmen in Studios sind sie zu finden. In Wechselsprechanlagen verwendet man Tauchspulmikrofone grundsätzlich sowohl als Mikrofon wie als Lautsprecher.

a)

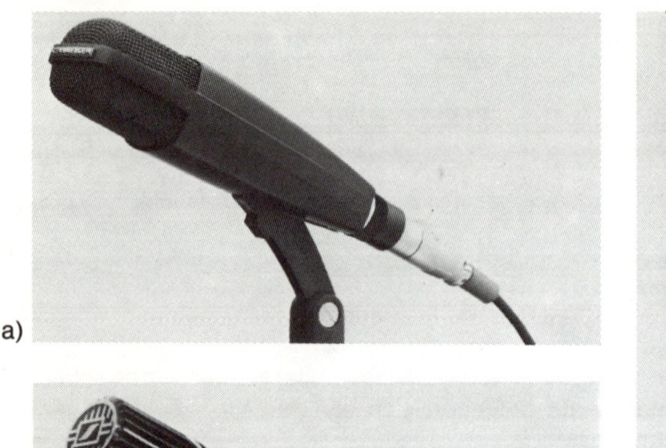

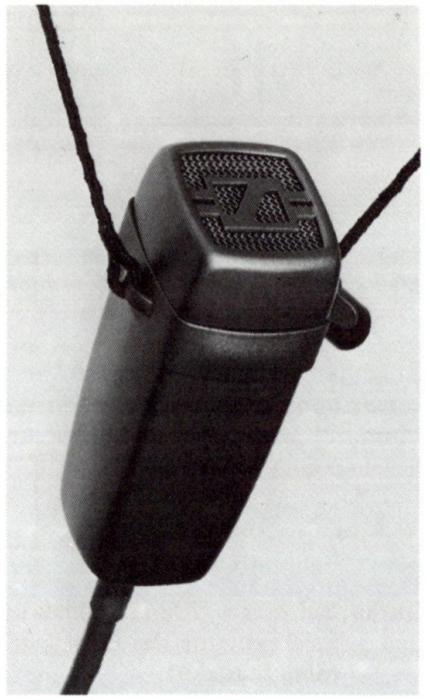

c) b)

Bild 3.10
Ausführungen dynamischer Mikrofone
a) Studio-Richtmikrofon MD 421, b) Lavalier-Mikrofon MD 214,
c) Kommando-Mikrofon MD 430 (Sennheiser)

Das **Bild 3.10 a** zeigt ein dynamisches Studio-Richtmikrofon, während in **Bild 3.10 b** ein dynamisches Lavalier-Mikrofon zum Umhängen abgebildet ist. Das Handmikrofon (Kommando-Mikrofon) in **Bild 3.10 c** ist ein Typ, der ausschließlich für Sprachübertragung in Umgebungen mit hohem Geräuschpegel gedacht ist.

Technische Daten:

Impedanz: 200 Ω (induktiv); mit eingebautem Transformator: 30 kΩ
Feld-Leerlauf-Übertragungsfaktor: 0,2 mV/μbar = 2 mV/Pa bei 1000 Hz
Übertragungsbereich: 50 Hz bis 12000 Hz
Klirrfaktor: < 1 %
Dynamik: 60 dB.

3.5.2 Bändchenmikrofon

Bei einem Bändchenmikrofon hat man zwischen die Polschuhe eines starken Dauermagneten ein dünnes gewelltes Aluminiumbändchen (2 ... 5 μm dick, 3 ... 4 mm breit) ausgespannt **(Bild 3.11).** Dieses Bändchen dient als Membran und ist Leiter zugleich.

Treffen Schallschwingungen auf das als Membran wirkende Bändchen, so wird dieses im Magnetfeld bewegt. In ihm wird dabei eine Induktionsspannung erzeugt. Sie hängt von der Geschwindigkeit ab, mit der das Bändchen im Magnetfeld bewegt wird (Schallschnelle). Die erzeugte Spannung ist kleiner als bei einem Tauchspulmikrofon, weil das Bändchen nur eine einzige Windung darstellt.

Merke: Bei einem Bändchenmikrofon bewegt sich ein Aluminiumstreifen in einem Dauermagnetfeld. Es wird eine Wechselspannung induziert.

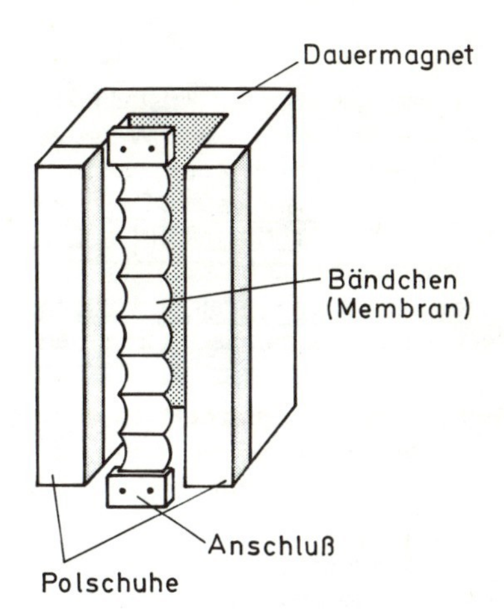

Bild 3.11
Aufbau eines Bändchenmikrofons

Der Scheinwiderstand des Bändchens hat etwa 0,1 Ω. Ein im Mikrofon eingebauter Übertrager transformiert diese Impedanz auf 200 Ω, so daß sich ungefähr die gleiche Empfindlichkeit und derselbe Innenwiderstand wie bei einem Tauchspulmikrofon ergeben.

Da beim Bändchenmikrofon wesentlich kleinere Massen bewegt werden müssen, ergeben sich günstigere Übertragungseigenschaften. Auch Resonanzerscheinungen, wie sie bei einfachen Tauchspulmikrofonen oft vorkommen, treten hier kaum auf. Sehr klein sind schließlich die nichtlinearen Verzerrungen.

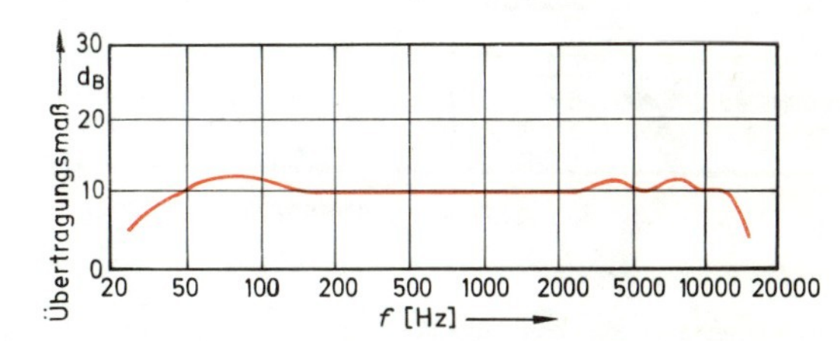

Bild 3.12
Frequenzgang eines Bändchenmikrofons

Der Übertragungsfaktor ist über den ganzen Frequenzbereich nahezu konstant **(Bild 3.12).** Wie alle dynamischen Mikrofone sind auch die Bändchenmikrofone unempfindlich gegen Klima- und Temperatureinflüsse, jedoch sehr empfindlich gegen starke Erschütterungen.

Merke: Bändchenmikrofone sind stoßempfindlich.

Bändchenmikrofone sind größer und auch teurer als Tauchspulmikrofone, jedoch diesen qualitätsmäßig überlegen, so daß sie gerade für hochwertige Sprach- und Musikaufnahmen eingesetzt werden können.

Technische Daten:

Innenwiderstand: 0,1 Ω (induktiv), mit Transformator: 200 Ω
Feld-Leerlauf-Übertragungsfaktor: 0,08 bis 0,2 mV/μbar = 0,8 bis 2 mV/Pa bei 1000 Hz
Übertragungsbereich: 50 Hz bis 18000 Hz
Klirrfaktor: $<$ 0,5 %
Dynamik: 50 dB.

3.6 Kristallmikrofon

Die Wirkungsweise der Kristallmikrofone beruht auf dem im Jahre 1880 entdeckten **piezoelektrischen* Effekt:** Wenn auf einen Kristall eine Kraft ausgeübt wird, bilden sich an seiner Oberfläche elektrische Ladungen und damit eine Potentialdifferenz zwischen den Anschlüssen. Die mechanische Spannung ruft demnach eine elektrische Spannung hervor. Umgekehrt erfährt ein solcher Kristall eine Deformation, d. h. eine Änderung seiner Abmessungen, wenn er einem elektrischen Feld ausgesetzt wird. Im piezoelektrischen Kristall wird also mechanische in elektrische Energie oder umgekehrt elektrische in mechanische Energie umgewandelt.

Merke: Unter dem piezoelektrischen Effekt versteht man die bei manchen Kristallen beobachtete Erscheinung, daß sie durch Krafteinwirkung Spannungen abgeben bzw. sich durch elektrische Spannnungen deformieren.

Diese piezoelektrischen Erscheinungen sind bei manchen Kristallen stärker als bei anderen. Besonders geeignet sind Turmalin, Quarz, Seignettesalz und Bariumtitanat. Am empfindlichsten ist das in Mikrofonen verwendete Seignettesalz (Natriumkaliumsalz der Weinsäure, Kaliumnatriumtartrat), das aber sehr wasseranziehend (hygroskopisch) ist und nur geringe Temperaturen (+ 75 °C) verträgt.

Bei einem Kristallmikrofon klebt man zwei etwa 0,25 mm dicke Kristallplättchen zu einer Kristallzelle zusammen. Auf beiden Seiten versieht man eine solche Zelle mit einer Metallfolie zur Abnahme der Wechselspannung. Ein Steg verbindet die Membran mechanisch mit dem Kristall, wobei dieser einseitig eingespannt ist **(Bild 3.13).**

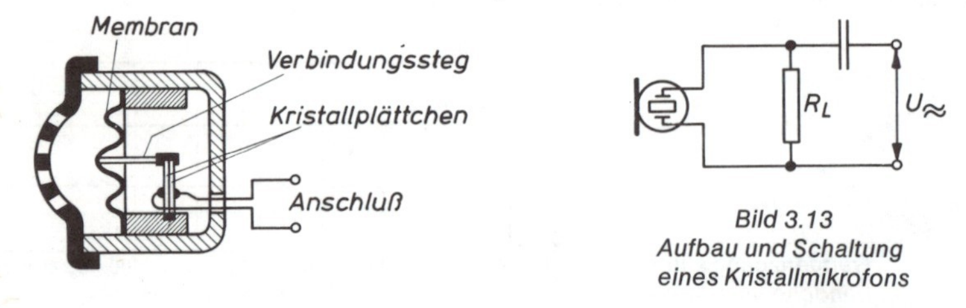

Bild 3.13
Aufbau und Schaltung eines Kristallmikrofons

Infolge der durch den Schall hervorgerufenen Druckänderungen wird der Kristall entsprechend dem Schalldruck gebogen und erzeugt eine proportionale Ladung bzw. Spannung. Der Abgriff erfolgt an einem Lastwiderstand.

Merke: Bei einem Kristallmikrofon werden Wechselspannungen mit dem piezoelektrischen Effekt erzeugt.

Der Innenwiderstand der Kristallmikrofone wird vorwiegend durch die zwischen den metallisierten Kristallplättchen wirkende Kapazität C_i (üblicher Wert etwa 1000 pF) gebildet. Es ist also ein rein kapazitiver Blindwiderstand. Er hat bei der unteren Grenzfrequenz f_u = 30 Hz einen Wert von:

$$X_c = \frac{1}{2\,\pi\, f \cdot C} = \frac{1}{2\,\pi \cdot 30\text{ Hz} \cdot 1000\text{ pF}} = \mathbf{5{,}3\ M\Omega}$$

---

*Piezo (sprich: Pi-ezo) von piedein (griech.) = drücken

Ein Kristallmikrofon ist also bei tiefen Frequenzen sehr hochohmig und schließt elektrische Störfelder nicht kurz. Man kann deshalb zwischen Mikrofon und nachgeschaltetem Verstärker nur kurze Leitungen schalten, die gut, aber kapazitätsarm abgeschirmt sein müssen. Der hochohmige Innenwiderstand macht weiterhin hohe Verstärkereingänge erforderlich, damit die vom Mikrofon gelieferten Spannungen nicht bei tiefen Frequenzen kurzgeschlossen werden.

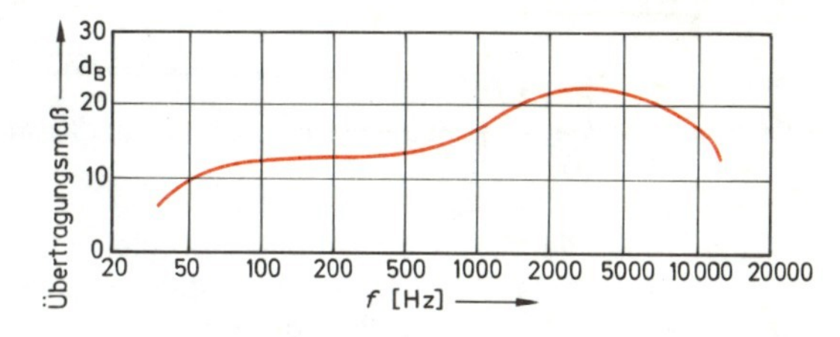

Bild 3.14
Frequenzgang eines Kristallmikrofons

Der Frequenzgang handelsüblicher Kristallmikrofone ist ziemlich unausgeglichen **(Bild 3.14)**. Im Frequenzbereich zwischen 30 Hz und 10000 Hz streut die Empfindlichkeit um etwa 10 dB. Nachteilig ist weiterhin die beträchtliche Temperaturabhängigkeit der Kapazität und somit auch der gelieferten Ausgangsspannung. Hinzu kommt ein recht großer Klirrfaktor.

Merke: Kristallmikrofone sind vor Feuchtigkeit und Wärme zu schützen.

Kristallmikrofone sind klein, leicht und relativ billig. Sie finden bei Funk- und Tonbandamateuren und als Kleinstmikrofone Anwendung.

Technische Daten:

Innenwiderstand: 2 bis 5 MΩ (kapazitiv)
Feld-Leerlauf-Übertragungsfaktor: 2 mV/μbar = 20 mV/Pa bis 1000 Hz
Übertragungsbereich: 30 Hz bis 10000 Hz
Klirrfaktor: 1 bis 2 %
Dynamik 60 dB

3.7 Kondensatormikrofon

Bei den Kondensatormikrofonen bildet die Membran zusammen mit einer Gegenelektrode einen Kondensator mit veränderbarer Kapazität (etwa 100 pF). Die Membran ist aus Metall oder Kunststoff mit einem Metallüberzug. Die feststehende Gegenelektrode besteht ebenfalls aus Metall und ist mit Bohrungen versehen, damit bei den Membranbewegungen Luft zwischen Membran und Gegenelektrode strömen kann **(Bild 3.15)**. Durch eine entsprechende Anordnung dieser Löcher läßt sich sogar der Frequenzgang beeinflussen.

Merke: Ein Kondensatormikrofon wandelt durch Kapazitätsänderungen Schallschwingungen in elektrische Schwingungen um.

3.7.1 Niederfrequenzschaltung bei Kondensatormikrofonen

Bei der Niederfrequenzschaltung legt man, wie das **Bild 3.16** zeigt, an das Kondensatormikrofon über einen hochohmigen Vorwiderstand (etwa 50 MΩ) eine Gleichspannung (auch Polarisationsspannung genannt) von 80 bis 120 V. Befindet sich die Membran

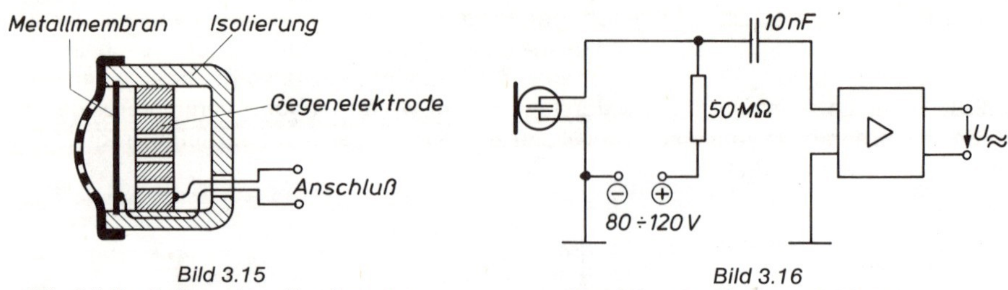

Bild 3.15
Prinzipieller Aufbau eines Kondensatormikrofons

Bild 3.16
Kondensatormikrofon in Nf-Schaltung

in Ruhe, so ist die Spannung am Mikrofon gleich der Betriebsspannung. Es fließt kein Strom, und deshalb fällt auch am Belastungswiderstand *R* keine Spannung ab. Wird jetzt die Membran von einfallenden Schallschwingungen bewegt, so ändert sich der Plattenabstand *d* und damit der Kapazitätswert des Kondensatormikrofones nach der Gleichung:

$$C = \varepsilon_0 \cdot \varepsilon_r \cdot \frac{A}{d}$$

A = Plattenfläche
d = Plattenabstand
ε_0 = Dielektrizitätskonstante = $8{,}85 \cdot 10^{-12} \frac{\text{As}}{\text{Vm}}$
ε_r = Dielektrizitätszahl

Während der Zeit der Kapazitätsänderung fließt durch den Widerstand *R* ein Strom, dessen Richtung davon abhängt, ob sich die Kapazität des Kondensators vergrößert (Aufladung) oder verkleinert (Entladung). Der Strom ist ein Wechselstrom und verhält sich proportional zum Schalldruck. Am Vorwiderstand entsteht so eine den Schallwellen entsprechende Wechselspannung. Sie wird über einen Kondensator ausgekoppelt.

Fordert man eine untere Frequenz des Übertragungsbereiches von f = 30 Hz, so ergibt sich ein maximaler Innenwiderstand (kapazitiver Blindwiderstand) von:

$$X_c = \frac{1}{2\pi \cdot f \cdot C} = \frac{1}{2\pi \cdot 30\ \text{Hz} \cdot 100\ \text{pF}}$$

$$X_c = \mathbf{53\ M\Omega}$$

Dieser hochohmige Innenwiderstand bewirkt, daß die Niederfrequenzschaltung eines Kondensatormikrofons und vor allem die Anschlußleitungen zum Verstärker sehr störempfindlich sind. Deshalb dürfen keine langen Leitungen zwischen Mikrofon und Verstärker benutzt werden. Ihre Leitungskapazität würde zudem das Mikrofon belasten.

Wegen dieser Besonderheit gilt für Kondensatormikrofone noch mehr als für Kristallmikrofone die Forderung, daß die erste Verstärkerstufe in unmittelbarer Nähe der Mikrofonkapsel angeordnet sein muß. Man baut sie deshalb in das Mikrofon ein. Dieser Vorverstärker muß einen Eingangswiderstand in der Größenordnung um 100 MΩ aufweisen. Das wird z. B. mit Feldeffekttransistoren erreicht. Nachteilig ist ferner die Notwendigkeit einer hohen konstanten Gleichspannung. Die Hochfrequenzschaltung weist diese Nachteile nicht auf.

3.7.2 Hochfrequenzschaltung

Das **Bild 3.17** zeigt das Blockschaltbild einer Hochfrequenzschaltung. Hier nutzt man die Kapazitätsänderung des Kondensatormikrofons aus, um die Resonanzfrequenz eines Schwingkreises im Rhythmus der Schallschwingung zu ändern. Dadurch wird die Hochfrequenz phasenmoduliert.

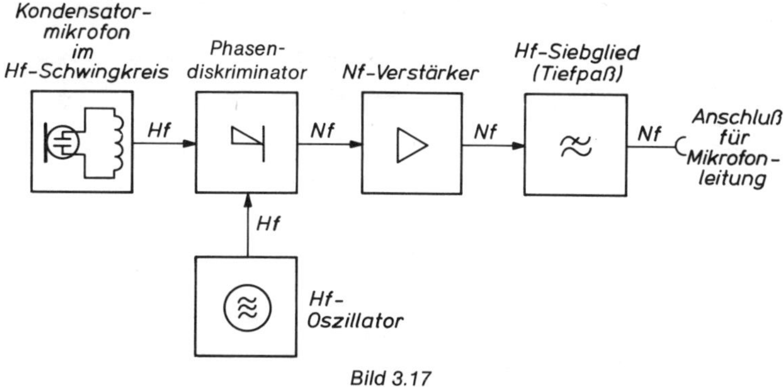

Bild 3.17
Blockschaltbild der Hf-Schaltung eines Kondensatormikrofons

In einem nachgeschalteten FM-Demodulator gewinnt man aus der phasenmodulierten Hochfrequenzspannung die Niederfrequenzspannung, die in einem Vorverstärker weiter verstärkt wird.

Das **Bild 3.18** zeigt eine praktische Ausführung einer solchen Hochfrequenzschaltung. An den Elektroden des Mikrofons liegt anstelle der hohen Gleichspannung nur eine Hochfrequenzspannung von einigen Volt. Diese Hochfrequenz gewinnt man in einer Quarz-Oszillatorschaltung mit dem Transistor T 1.

Der Oszillator arbeitet üblicherweise bei einer Frequenz von f = 8 MHz. Die Kapazität der Mikrofonkapsel beträgt etwa $C = 25$ pF. Dadurch ergibt sich ein kapazitiver Widerstand der Kapsel von

$$X_C = \frac{1}{2\pi \cdot f \cdot C} = \frac{1}{2\pi \cdot 8\,\text{MHz} \cdot 25\,\text{pF}}$$

$$X_C = 796\ \text{Ohm}$$

Dieser Widerstand ist nicht von der Frequenz des Schalls abhängig. Er ist im Vergleich zum Kondensatormikrofon in Niederfrequenzschaltung sehr niedrig.

Kondensatormikrofone mit Hochfrequenzschaltung sind daher gegenüber solchen mit Niederfrequenzschaltung aufgrund der niederohmigen Schaltungstechnik besonders unempfindlich gegenüber klimatischen Einflüssen und eignen sich deshalb für den Einsatz im Freien.

Durch die Kapazitätsänderung der Mikrofonkapsel ändert sich die Phase der Hochfrequenzspannung entsprechend dem Schalldruck. Diese phasenmodulierte Hochfrequenzspannung wird durch die Dioden D 1 bis D 4 in eine Niederfrequenzspannung umgewandelt (demoduliert), die hinsichtlich ihrer Amplitude und Frequenz dem Druck bzw. der Frequenz der Schallwellen entspricht. Die Transistoren T 2 und T 3 verstärken

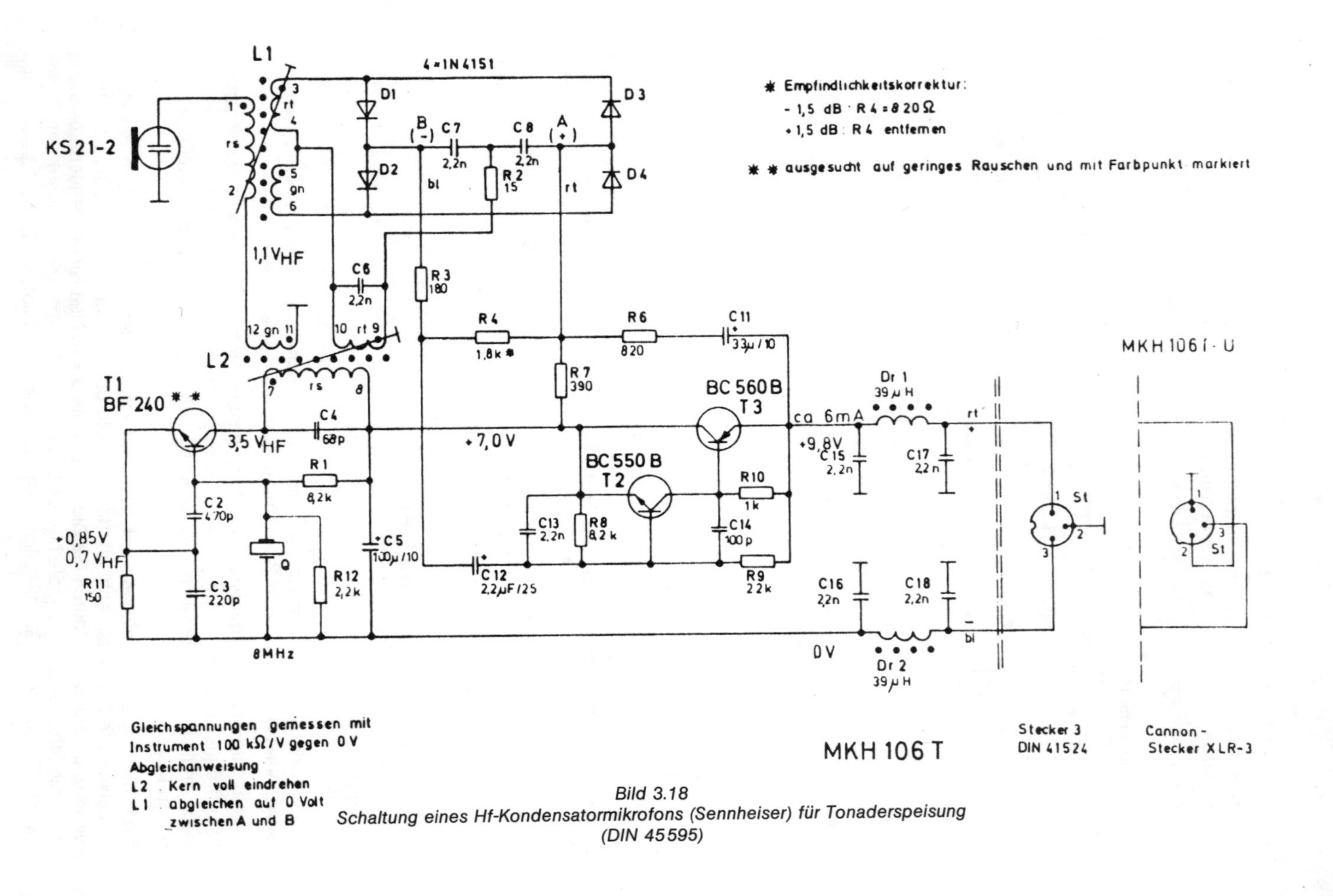

Bild 3.18
Schaltung eines Hf-Kondensatormikrofons (Sennheiser) für Tonaderspeisung (DIN 45595)

die Niederfrequenzspannung, so daß die Ausgangsspannung an einem niederohmigen Ausgang zur Verfügung steht. Die Anschlüsse sind zur Sicherheit gegen Störungen mit Hf-Siebgliedern versehen. **Bild 3.19** zeigt die praktische Ausführung eines solchen Mikrofons.

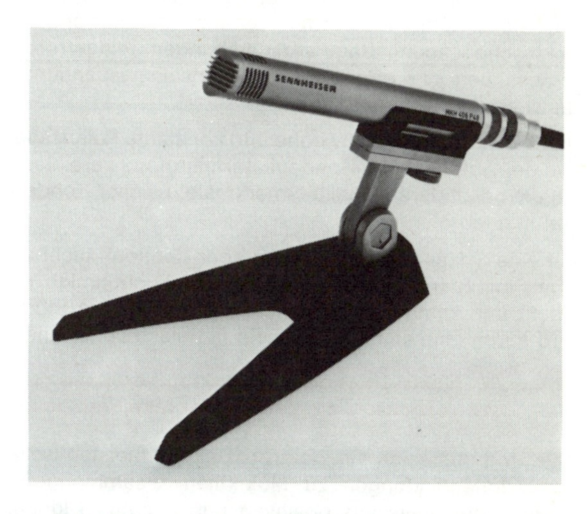

Bild 3.19
Hf-Kondensatormikrofon Studio-Richtmikrofon MKH 406 P 48 (Sennheiser)

Da der Innenwiderstand niederohmig ist, kann man diese Mikrofone über längere Leitungen an einen Verstärker anschließen. Kondensatormikrofone weisen einen besonders ausgeglichenen Frequenzgang auf **(Bild 3.20)**.

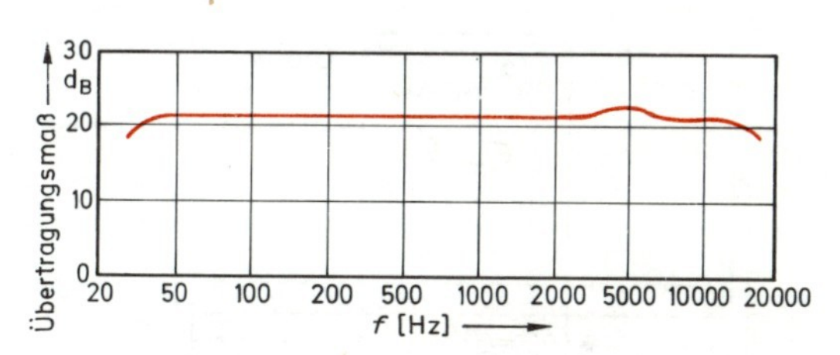

Bild 3.20
Frequenzgang eines Kondensatormikrofons

Wegen der überwiegend guten Eigenschaften bevorzugt man Kondensatormikrofone für hochwertige Studioaufnahmen und für Schallmeßgeräte als Schallaufnehmer. Aber auch viele Amateure gehen heute immer mehr dazu über, diesen Mikrofontyp einzusetzen.

Merke: Für hochwertige Aufnahmen benutzt man Kondensatormikrofone.

Technische Daten:

Innenwiderstand: 10 Ω bis 250 Ω
Feld-Leerlauf-Übertragungsfaktor: 2 mV/μbar ≙ 20 mV/Pa bei 1000 Hz
Übertragungsbereich: 20 Hz bis 20000 Hz
Dynamik: 75 dB
Aussteuerungsgrenze: 500 μbar ≙ 50 Pa

3.8 Elektret-Kondensatormikrofon

Die Hochfrequenzschaltung hat den Nachteil des erhöhten Schaltungsaufwands. Sie ist damit teuer. Bei der Niederfrequenzschaltung benötigt man dagegen eine relativ hohe und konstante Polarisationsspannung. Beim Elektret-Kondensatormikrofon kann auf beides verzichtet werden. Bei ihm hat man analog zum Permanentmagnetismus, elektrische Ladungsträgerverschiebungen „eingefroren", so daß in der einfacheren Nf-Schaltung die erforderliche Polarisationsspannung innerhalb des Mikrofons gespeichert zur Verfügung steht.

Damit kann auf die relativ hohe und konstante Polarisationsspannung verzichtet werden, und der Aufbau eines Kondensatormikrofons vereinfacht sich entscheidend, ohne daß auf die besonderen Qualitätsmerkmale üblicher Kondensatormikrofone verzichtet werden müßte.

Auf eine Spannungsquelle kann aber dennoch nicht verzichtet werden. Man benötigt einen Impedanzwandler, der die sehr hochohmige Kondensatorkapsel niederohmig macht und somit unempfindlicher gegen äußere Störfelder. Dieser Impedanzwandler wird durch eine einfache Batterie mit elektrischer Energie versorgt.

Merke: Bei Elektret-Kondensatormikrofonen kann man auf zusätzliche Vorspannungen verzichten, da diese in der Membran gespeichert sind.

Wie wirkt nun solch ein Elektret? Bei den meisten Isolierstoffen haben sich die Atome durch Ionenbindungen zu Molekülen zusammengefügt. Eine solche Ionenbindung besteht aber stets aus positiven und negativen Ionen, d. h. hier hat man getrennte positive und negative Schwerpunkte der elektrischen Ladungen, die man als Dipole bezeichnet.

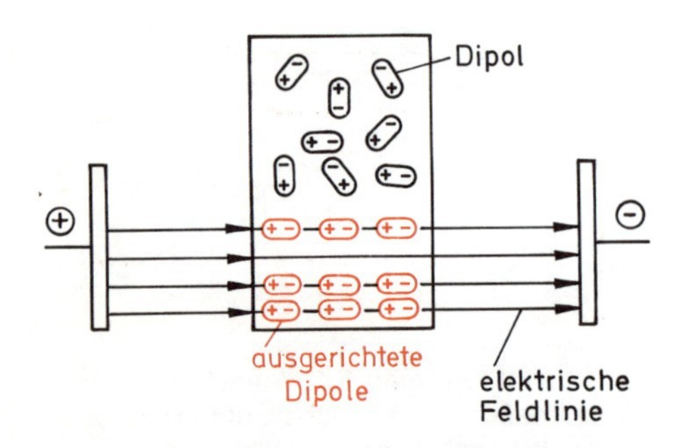

Bild 3.21
Bringt man einen Isolierstoff in ein elektrisches Feld, so richten sich die Dipole entsprechend dem von außen angelegten Feld aus.

Wird dieser Isolierstoff in ein elektrisches Feld gebracht, so richten sich diese Dipole entsprechend dem von außen angelegten Feld aus **(Bild 3.21).** Beim Entfernen des Feldes gehen die Dipole aus dieser ausgerichteten Stellung in ihre unregelmäßige Verteilung zurück.

Bringt man dagegen eine Mischung aus Wachs und bestimmten Harzen, die man durch Erwärmung dünnflüssig gemacht hat, in ein starkes elektrisches Feld, so zwingt dieses Feld die Dipole größtenteils in seine Richtung. Läßt man die Substanz unter Einwirkung des Feldes erstarren, so wird die Bewegungsmöglichkeit der Dipole eingeschränkt; die Ausrichtung der Ladungen ist somit „eingefroren". Eine Substanz mit dieser Eigenschaft bezeichnet man nach O. Heaviside*, in Analogie zum Magneten, als **Elektret**

* O. Heaviside, engl. Physiker und Mathematiker, 1850–1925

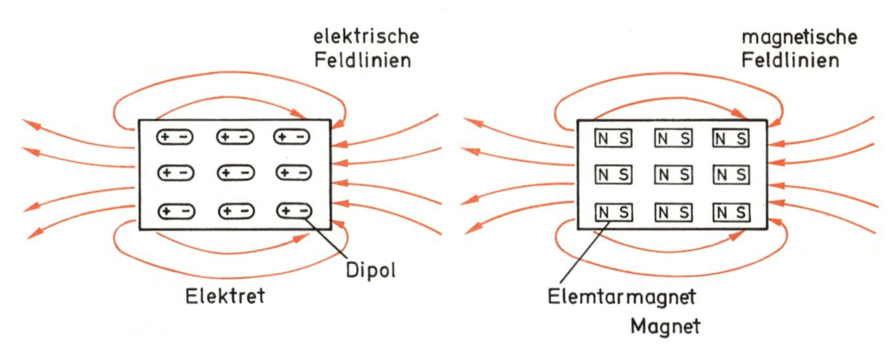

Bild 3.22
Vereinfachte Darstellung eines Elektrets und eines Magnets

(Bild 3.22). Beim Magneten richten sich die Elementarmagnete ebenfalls durch ein von außen einwirkendes magnetisches Feld aus.

Die Beständigkeit eines solchen Harz-Wachs-Elektreten ist allerdings nicht groß, weil er sich im Laufe der Zeit durch die Ionisation der Luft so mit Ladungen jeweils entgegengesetzten Vorzeichens überzieht, daß seine Wirkung nach außen verlorengeht. Um das zu verhindern, schützt man den Stoff durch eine metallische Hülle. Heute liefert die moderne Kunststoffchemie eine große Zahl von Materialien, die sich für Elektretzwecke eignen.

Elektret-Kondensatormikrofone waren bislang wie folgt aufgebaut: Wegen der größeren erzielbaren Kapazität und aus technologischen Gründen wurde die Membran als Elektret ausgebildet. Dabei befand sich die positive Flächenladung des Elektrets der metallischen Gegenelektrode gegenüber **(Bild 3.23)**. Beim Auftreffen der Schallwellen auf die Elektretmembran ändert sich der Abstand *d*. Da die Ladung Q konstant ist und die Kapazität sich mit den Schallwellen ändert, muß sich nach der Gleichung

$$U = \frac{Q}{C}$$

die Spannung an den Anschlußklemmen ändern. Damit tritt an den Elektroden eine Spannung auf, die, wie beim Nf-Kondensatormikrofon mit äußerer Polarisationsspannung, der Membranauslenkung proportional ist.

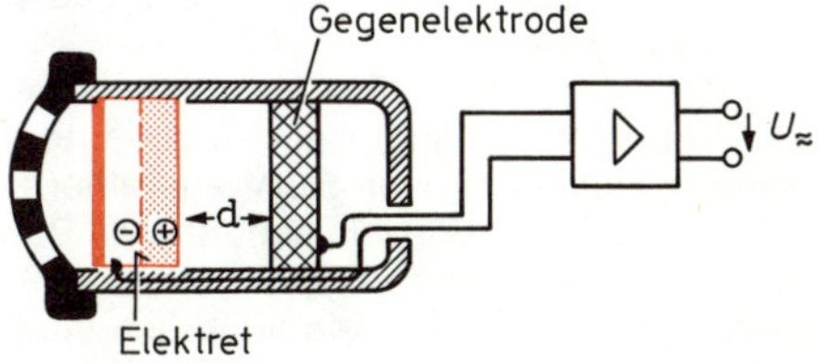

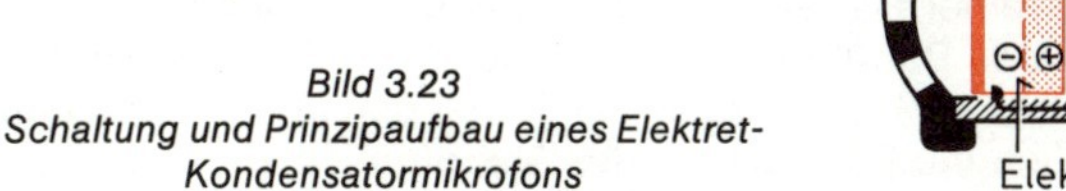

Bild 3.23
Schaltung und Prinzipaufbau eines Elektret-Kondensatormikrofons

Der Aufbau der Elektretmikrofone hat sich heute dahingehend geändert, daß man den Elektreten auf die Gegenelektrode bringt und somit für die Membran kein relativ schweres Elektretmaterial mehr verwenden muß. Dadurch wurde es möglich, leichtere Membranen zu verwenden und die Mikrofone gegen Körperschall unempfindlicher zu machen. Mikrofone,die nach diesem Prinzip aufgebaut sind, heißen Back-Elektret-Mikrofone.

Die Instabilität der früheren bekannten Elektretmaterialien dürfte die Ursache gewesen sein, weshalb den Anwendern, trotz einleuchtender Theorie und brauchbarer Muster, keine nach diesem Prinzip arbeitenden Mikrofone angeboten wurden. Heute fertigt die Kunststoffchemie hochpolymere Folien, die sich als Elektreten gut eignen und die Gefahr des Ausfalles von Elektretmikrofonen verringern.

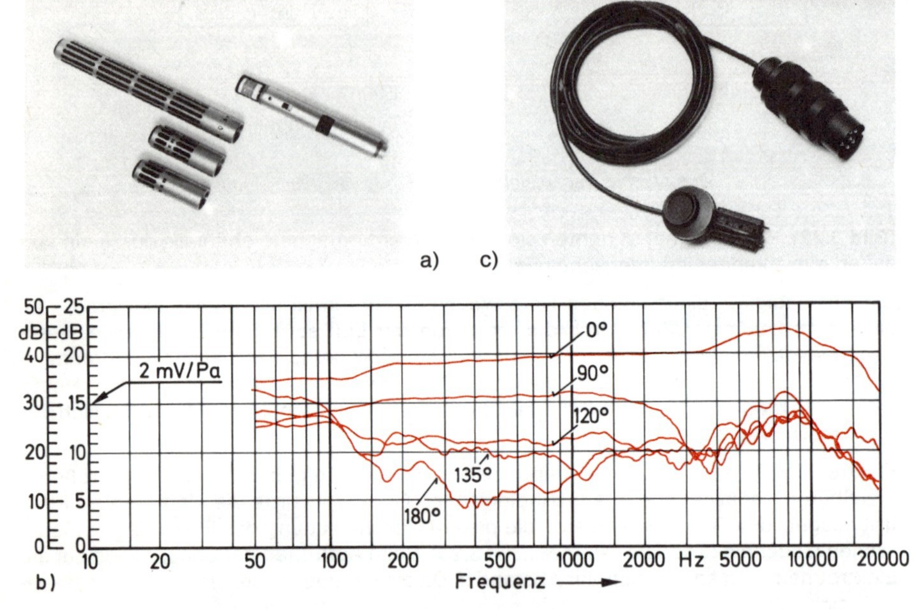

Bild 3.24 a:
Elektret-Kondensatormikrofone von oben nach unten
Griff u. Speise-Modul M 3N zur Spannungsversorgung der Mikrofonkapseln
Richtrohr-Mikrofonkopf ME 80
für die Aufnahme leiser und entfernter Schallereignisse
Mikrofonmodul ME 40 mit Richtcharakteristik
Mikrofonkopf ME 20 mit Kugelcharakteristik

Bild 3.24 b:
Frequenzkurven des Richtrohr-Mikrofons ME 80 mit K 3N

Bild 3.24 c:
Miniatur-Ansteck-Elektret-Mikrofon

Die im **Bild 3.24** dargestellten Mikrofone sind praktische Beispiele für Elektret-Kondensatormikrofone.

Der in den Mikrofonkapseln eingebaute Vorverstärker bezieht seine notwendige Versorgungsspannung von 5,6 V aus einer Batterie mit mehr als 600 Stunden Betriebsdauer. Diese Batterie, ein schaltbares Baßfilter und der Ein- und Aus-Schalter sind im Griff + Speise-Modul eingebaut. Dieses Modul wird an den jeweiligen Mikrofonkopf angeschroben und stellt rein äußerlich die Fortsetzung des Mikrofonkopfes dar.

Technische Daten:

elektrische Impedanz: 15 kΩ
Abschlußimpedanz: 1,5 kΩ oder 600 Ω
Feld-Leerlauf-Übertragungsfaktor: 0,3 mV/μbar = 3 mV/Pa bei 1000 Hz
Übertragungsbereich: 50 Hz bis 15000 Hz

3.9 Richtcharakteristik

Die Richtcharakteristik eines Mikrofons hängt weitgehend von der mechanischen Konstruktion ab. Vor allem der Raum hinter der Membrane ist dafür maßgebend. So besitzen alle Mikrofone mit einem abgeschlossenen Innenraum eine annähernd **kugelförmige Charakteristik.** Bei ihnen kann der Schalldruck nur von außen auf die Membrane einwirken. Sie können demzufolge die Schallwellen aus allen Richtungen nahezu gleichmäßig gut empfangen **(Bild 3.25 a).** Man nennt sie auch Druckempfänger.

Ist der Raum hinter der Membrane nicht geschlossen **(Bild 3.25 b),** so gelangen die Schallwellen nicht nur von vorn auf die Membrane, sondern gleichzeitig auch von hinten durch eine Öffnung im Mikrofongehäuse. Diese Mikrofone sprechen dadurch auf den Druckunterschied, das Schalldruckgefälle (Druckgradient*), an. Gemeint ist hier der Druckunterschied zwischen Vorder- und Rückseite der Membrane.

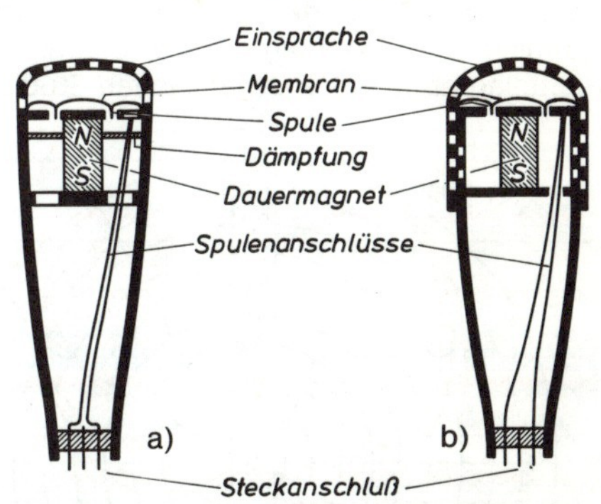

Bild 3.25
Aufbau eines dynamischen Mikrofons mit
a) Kugelcharakteristik
b) Richtcharakteristik

Ein solches Mikrofon besitzt die maximale Empfindlichkeit, wenn die Membrane quer zur Schallausbreitungsrichtung steht, so daß die Membrane von den schwingenden Luftteilchen mitgenommen werden kann. Dagegen ist die Empfindlichkeit für Schallrichtungen, die quer zur Membrane liegen, sehr gering. Damit ergibt sich die sogenannte **Achtercharakteristik.**

Durch geeignete Kombination der beiden extremen Konstruktionsmerkmale überlagern sich die Kugel- und die Achtercharakteristik so, daß sich auf der einen Seite die Empfindlichkeit addiert, auf der anderen Seite dagegen subtrahiert. Daraus ergeben sich alle bekannten Richtcharakteristiken wie Nierenform, Keulenform und Super-Kardioide* **(Bild 3.26).**

Alle Mikrofone, die keine Kugelcharakterisitik besitzen und damit bestimmte Richtungen bevorzugen, bezeichnet man als Richtmikrofone.

Dabei verliert die Achtercharakteristik heute immer mehr an Bedeutung.

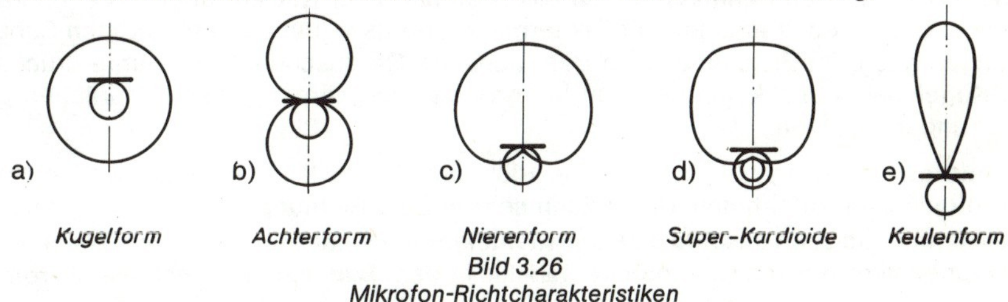

Bild 3.26
Mikrofon-Richtcharakteristiken
a) Kugel, b) Achterform, c) Nierenform, d) Super-Kardioide, e) Keulenform

---

* Gradient (lat.) = Gefälle * Kardioide (griech.) = Herzform, Herzlinie

Die Richtwirkung von Mikrofonen kann durch ein Richtdiagramm anschaulich dargestellt werden. Es zeigt unmittelbar die Form der Richtcharakteristik eines Mikrofons, wie zum Beispiel Kugel, Niere und Keule. Ein solches Richtdiagramm erhält man dadurch, daß man das zu untersuchende Mikrofon mit einer festen Frequenz beschallt, und es dann vor dem Lautsprecher um 360° dreht. Auf das sich synchron mitdrehende Schreibpapier wird der Übertragungsfaktor in Abhängigkeit von dem Einfallswinkel des Schalls aufgezeichnet. Bezogen wird die so entstehende Kurve auf den Wert 1,0 bei dem Schalleinfallswinkel 0°.

Um die Richtcharakteristik bei verschiedenen Frequenzen zeigen zu können, werden getrennte Aufnahmen für einige bestimmte Frequenzen gemacht und auf einem gemeinsamen Kurvenblatt dargestellt. Damit möglichst viele Frequenzen in einem solchen Polarkoordinatenkreuz* übersichtlich dargestellt werden können, werden auf beiden Seiten jeweils nur drei verschiedene Frequenzen aufgezeichnet, die sich selbstverständlich auf der anderen Seite spiegelsymmetrisch fortsetzen. Das **Bild 3.27** zeigt das Richtdiagramm eines dynamischen Studio-Richtmikrofons.

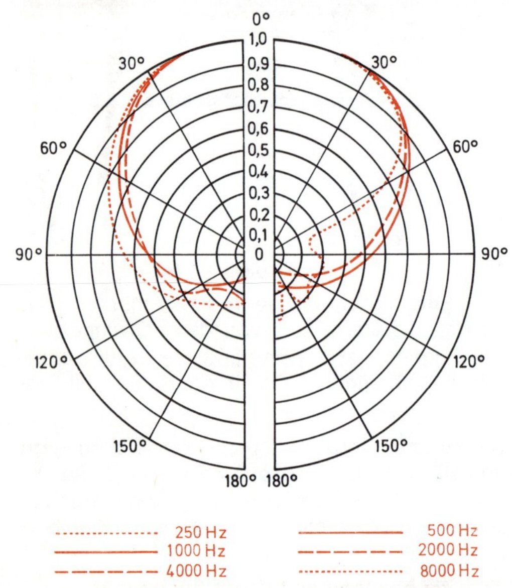

Bild 3.27
Richtungs- und Frequenzabhängigkeit eines Mikrofons im Polarkoordinatenkreuz (Sennheiser)

Auf den jeweiligen Einsatz des Mikrofons bezogen, wählt man die entsprechende Richtcharakteristik aus. So benutzt man ein Mikrofon mit einer Keulen- oder Nierencharakteristik z. B. für Redneranlagen, für Diktiermikrofone usw., um die rückwärtigen Schallstörungen aus dem Zuschauerraum oder sonstige Geräuschquellen zu unterdrücken. Eine Kugelcharakteristik wendet man bei großen Klangkörpern oder Gesprächen um einen runden Tisch an.

Besondere Bedeutung hat natürlich die Richtcharakteristik bei stereofonischen oder quadrofonischen Aufnahmen, da es dann sehr auf die Richtung ankommt, aus der der Schall eintrifft. So zeigt das **Bild 3.28** das Richtdiagramm eines für Stereozwecke benutzten Doppelmikrofons mit Nierencharakteristik. In dem **Bild 3.28 a** können die Mikrofon-

* In einem Polarkoordinaten kann man einen beliebigen Punkt durch eine Strecke und einen Winkel bestimmen

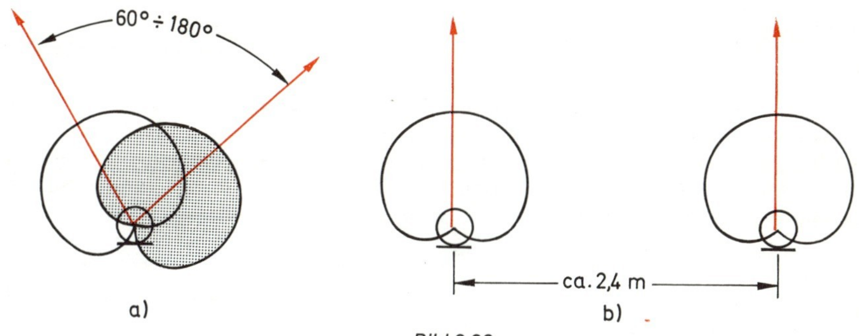

Bild 3.28
Richtcharakteristik von Stereomikrofonen

kapseln in ihrer Richtung zueinander verdreht werden, im **Bild 3.28 b** stellt man die beiden Mikrofone in einem Abstand von einigen Metern auf. In beiden Fällen wird der Stereoeffekt erreicht.

In der Regel stellt man ein Stereomikrofon so auf, daß der aufzunehmende Schall in einem Winkel von etwa 90° nach **Bild 3.29** auftrifft. In einem solchen Fall erreicht man eine sehr natürliche Wiedergabe, da sich die Stimmen gleichmäßig auf die Mikrofone verteilen. Will man dagegen eine Überbetonung der seitlichen Stimmen erreichen, so ist es angebracht, die Mikrofone bis zu 180° nach **Bild 3.30** zu verdrehen.

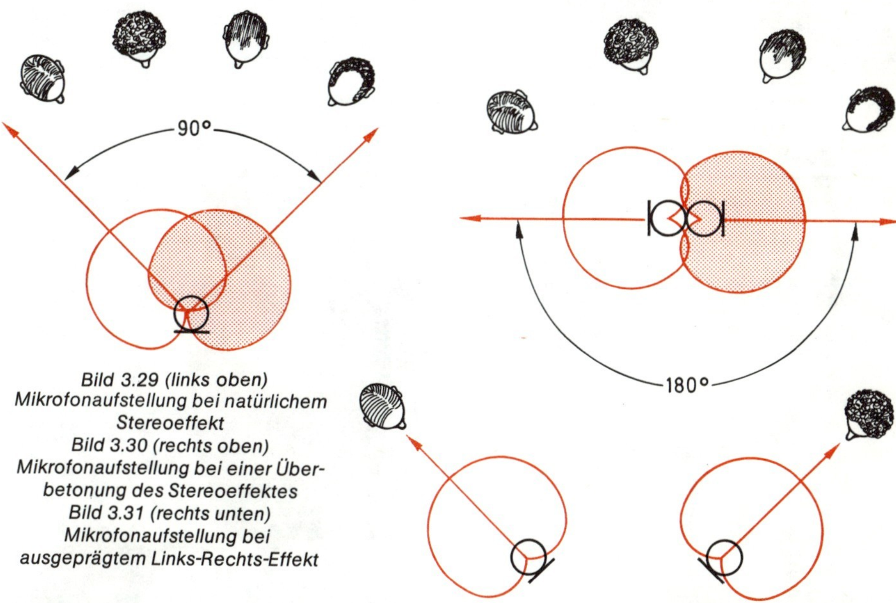

Bild 3.29 (links oben)
Mikrofonaufstellung bei natürlichem Stereoeffekt
Bild 3.30 (rechts oben)
Mikrofonaufstellung bei einer Überbetonung des Stereoeffektes
Bild 3.31 (rechts unten)
Mikrofonaufstellung bei ausgeprägtem Links-Rechts-Effekt

Um den Links-Rechts-Effekt besonders hervorzuheben, kann man die Mikrofone auch nach **Bild 3.31** aufstellen. Man sollte dabei stets bedenken, daß bei der Vergrößerung des Winkels und des Abstands die Gefahr besteht, daß die Schallereignisse in der Mitte nicht mehr mit voller Amplitude übertragen werden. Zwar erhält man dann einen ausgeprägteren Links-Rechts-Effekt, der aber einer stereofonen Aufnahme noch lange nicht gerecht wird.

3.10 Kunstkopf-Stereofonie

In der Elektroakustik ist man bestrebt, durch entsprechende Aufnahme- und Wiedergabeverfahren einen vollendeten Raumklang zu erreichen, was man mit der zweikanaligen Lautsprecher-Stereofonie nur teilweise erreicht. Bei diesem Übertragungsverfahren kann man lediglich nur Schallereignisse orten, die auf der Verbindungslinie zwischen den Lautsprechern liegen.

Diesen noch unbefriedigenden Höreindruck versuchte man durch das Einführen von zwei weiteren Übertragungskanälen, die die Raumakustik mit übertragen, und kam so zu der Quadrofonie. Aber selbst die beste vierkanalige Übertragung erlaubt es allenfalls, die Schallortung nur zweidimensional auf der Verbindungslinie zwischen den vier Lautsprechern vorzunehmen. Ein vollendeter Raumklang ist stets dreidimensional. Man erhält ihn, wenn man selbst im Konzertsaal sitzt. So war es naheliegend, einem Zuhörer an die Stelle der Ohren Mikrofone zu setzen, um eine dreidimensionale Übertragung natürlicher Schallereignisse zu erreichen. Man nennt das Verfahren Kopf-Stereofonie. Aus verständlichen Gründen benutzt man dafür einen Kunstkopf.

Das Prinzip der Kunstkopf-Stereofonie besteht darin, die Schalldrücke, die an den nachgebildeten Ohren eines Kunstkopfes auftreten, mit Mikrofonen aufzunehmen, zu übertragen und dann über Kopfhörer so genau wie möglich an die Ohren des Zuhörers zu reproduzieren. Das gelingt natürlich nur in dem Maße, wie der Kunstkopf in akustischer Hinsicht die gleichen Eigenschaften aufweist wie ein natürlicher Kopf.

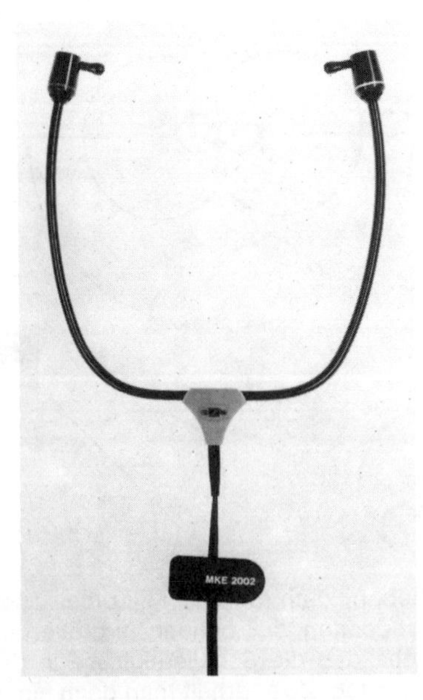

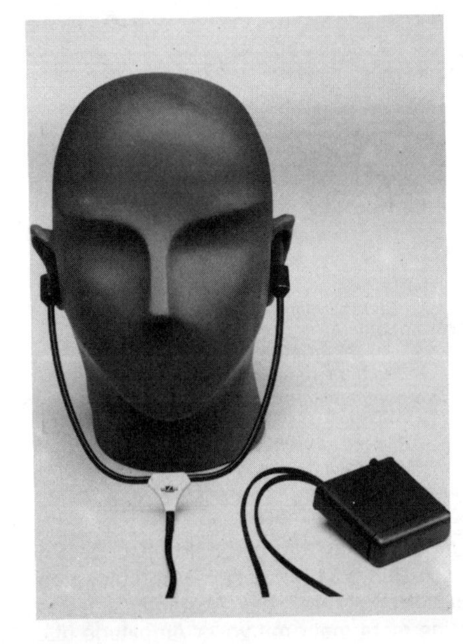

Bild 3.32
a) Kopf-Stereomikrofon (Sennheiser)
b) Kopf-Stereomikrofon mit Kunstkopf (Sennheiser)

So werden sämtliche für das Schallfeld wichtigen Kopfpartien bei diesem Kunstkopf naturgetreu nachgebildet. Selbst die Weichheit des Materials für die Ohrmuscheln ist dem menschlichen Original durch sogenanntes Kunstfleisch angeglichen. Auch der Gehörgang ist naturgetreu nachgeformt.

Es gibt Firmen, die anstelle der Trommelfelle Mikrofone einbauen, die genau den am Trommelfell auftretenden Schalldruckverlauf aufnehmen. Messungen haben aber gezeigt, daß man gleiche Ergebnisse erreicht, wenn man das Mikrofon etwa 10 mm vor dem Eingang des Ohrkanals anbringt. Damit wird die Mikrofoninstallierung einfacher, und man kann sogar Stereoaufnahmen ohne den Kunstkopf mit seinem eigenen Kopf fahren, was für Amateuraufnahmen sehr interessant ist.

Das **Bild 3.32** zeigt ein handelsübliches Kopf-Stereomikrofon. Hier handelt es sich um zwei Elektret-Kondensatormikrofonkapseln mit sehr geringem Gewicht, die an den Enden einer ebenfalls sehr leichten Gabel angebracht sind. Sie können einfach in den äußeren Gehörgang so eingehängt werden, daß die Membranen an der zuvor festgelegten Stelle liegen. Dabei fällt der Schall von oben auf die Mikrofone ein, was sich ebenfalls in Versuchen als besonders vorteilhaft erwies.

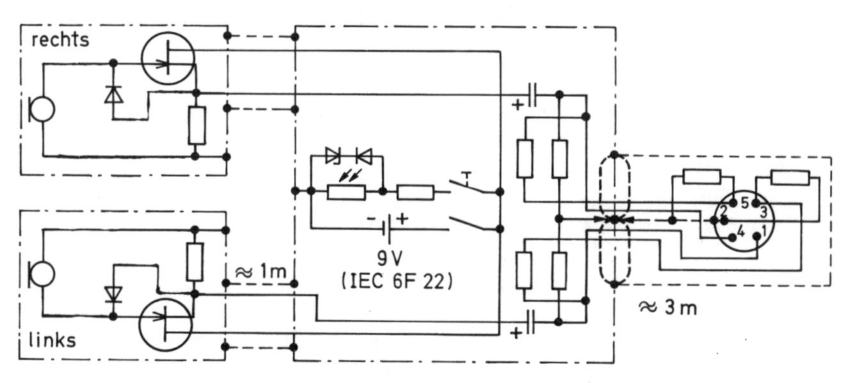

Bild 3.33
Schaltung des Kopf-Stereomikrofons mit Stromversorgungsteil (Sennheiser)

Die Schaltung in **Bild 3.33** zeigt, daß die Mikrofone einen eingebauten Feldeffekttransistor als Impedanzwandler besitzen, um damit auf eine niederohmige Ausgangsimpedanz zu kommen. Die eingebaute 9-Volt-Batterie kann mit einer Leuchtdiode überprüft werden.

3.11 Mikrofon-Anschlüsse

Die Mikrofon-Anschlüsse hat man nach DIN 45594 genormt, wie im **Bild 3.34** dargestellt. So bedeutet das Schaltschema N, daß das Mikrofon mit einem Normstecker versehen und niederohmig-symmetrisch an den Stiften 1 und 3 angeschlossen ist. Solche Mikrofone können mit bis zu 200 m langen zweiadrig abgeschirmten Leitungen an Tonbandgeräte oder Verstärker mit niederohmigen Eingängen angeschlossen werden. Bei einem hochohmigen Eingang muß ein Eingangsübertrager am Ende der Leitung zwischengeschaltet werden. Die symmetrische Schaltung wird, wegen der geringen Störeinstrahlungen, bevorzugt in Studios angewendet.

Die LM-Bezeichnung kennzeichnet Mikrofone, die für niederohmige und mittelohmige Anschlüsse zu verwenden sind. Hier handelt es sich um eine unsymmetrische Schaltung, die bei nicht zu großen Leitungslängen noch ausreichend störungsfrei ist.

Kennzeichnung	Kontakt-Belegung Ansicht auf Lötösen des Steckers	Bemerkung
N niederohmig-symmetrisch 50 Ω bis 300 Ω	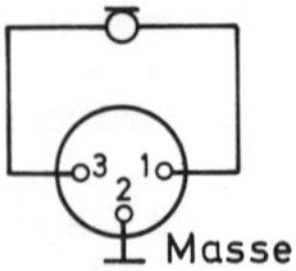	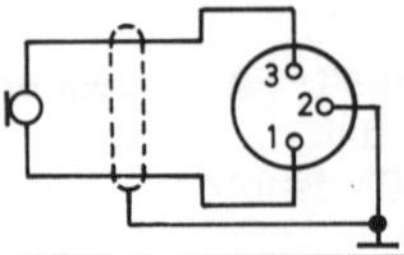
LM mittel- und niederohmig unsymmetrisch L: 50 Ω bis 500 Ω M: 500 Ω bis 5 kΩ	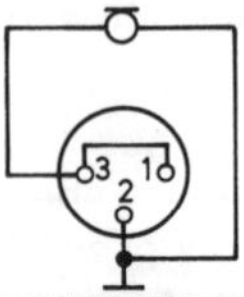	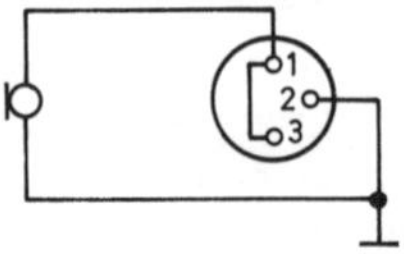
HL hoch- und niederohmig L: 50 Ω bis 500 Ω M: 25 kΩ bis 150 kΩ	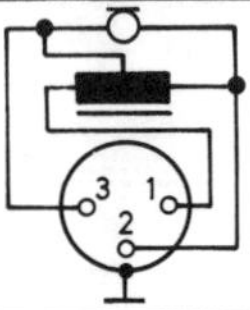	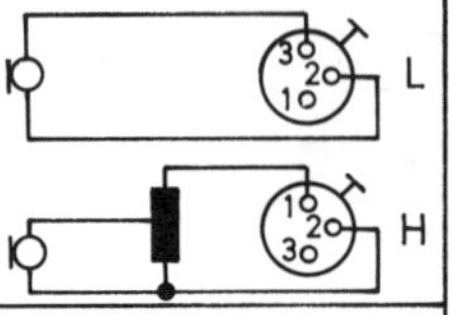
HLM hoch-, mittel- und niederohmig L: 50 Ω bis 500 Ω M: 500 Ω bis 5 kΩ H: 25 kΩ bis 150 kΩ	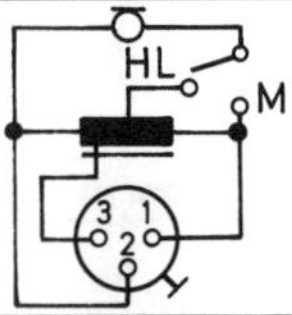	
SN Stereo niederohmig symmetrisch 50 Ω bis 300 Ω je System	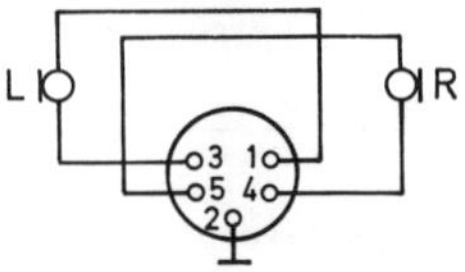	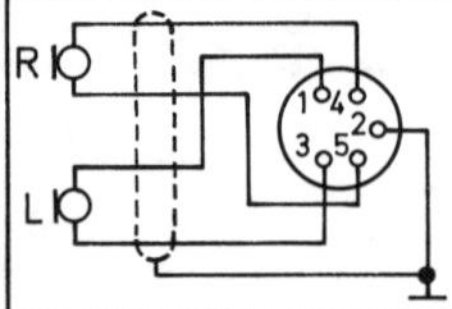
SM/SH Stereo mittelohmig/hochohmig M: 500 Ω bis 5 kΩ je System H: 25 kΩ bis 150 kΩ je System unsymmetrisch	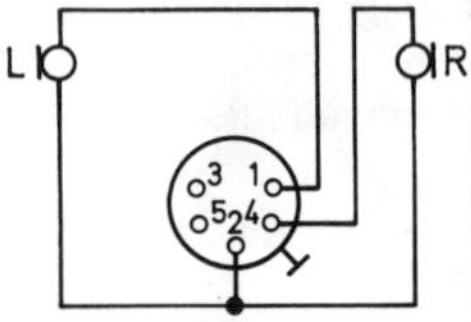	

Bild 3.34
Mikrofonanschlüsse nach DIN 45594

Ein Mikrofon in der HL-Schaltung bedeutet, daß dieses Mikrofon hochohmig und niederohmig (high-low) anzuschließen ist. In diese Mikrofone ist bereits ein Übertrager eingebaut. Niederohmig symmetrisch wirkt es zwischen den Anschlüssen 3 und 2, hochohmig an den Kontakten 1 und 2. Liegt der Anschluß 2 im Tonbandgerät oder im Verstärker an Masse, was meistens der Fall ist, so wird aus den symmetrischen Schaltungen eine unsymmetrische.

Bei der Bezeichnung HLM handelt es sich um ein Mikrofon mit eingebautem Übertrager für hoch-, mittel- und niederohmigen Ausgang. Hier hat man ein HL-Mikrofon mit einem Schalter versehen, mit dem man einen mittelohmigen (M) Ausgang wählen kann. Diese Ausgangsimpedanz ist besonders für mittelohmige Mikrofoneingänge bei Transistor-Tonbandgeräten vorgesehen. Ein solches Mikrofon kann damit ohne zusätzliche Hilfsmittel an alle handelsüblichen Tonbandgeräte angeschlossen werden.

Auch bei den Stereo-Mikrofonen unterscheidet man nieder-, mittel- und hochohmige, sowie symmetrische und unsymmetrische Ausgänge (Bild 3.34). Nach der Norm legt man zwischen die Kontakte 1,3 den linken und zwischen die Kontakte 4,5 den rechten Kanal.

Benötigt das Mikrofon oder der eingebaute Mikrofonverstärker eine Betriebsspannung, so führt man diese meistens über die Tonfrequenzader zu **(Bild 3.35).**

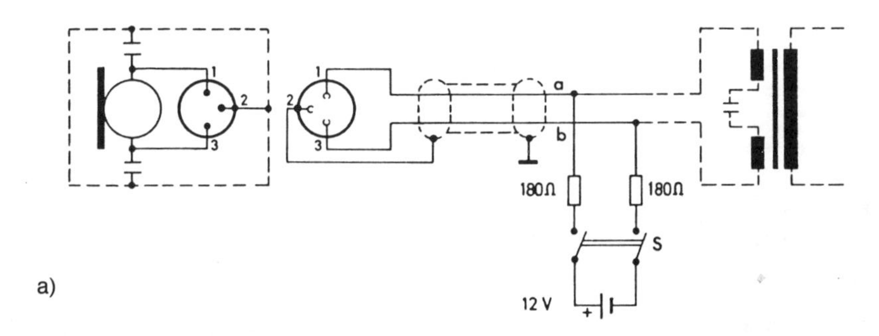

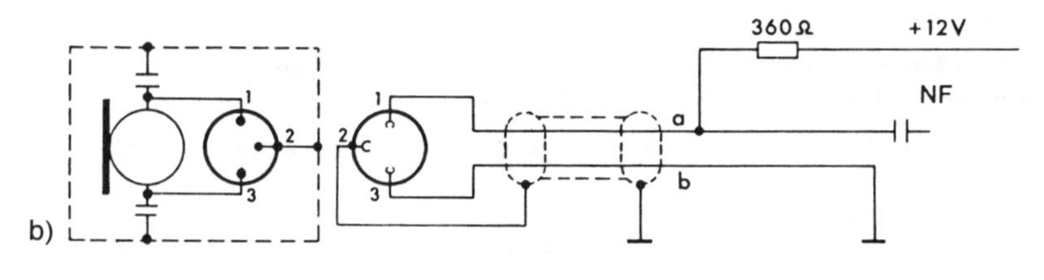

Bild 3.35
Tonaderspeisung für
a) symmetrischen
b) unsymmetrischen Anschluß (Sennheiser)

Zusammenfassung 3

Mikrofone sind Schallempfänger und wandeln Schallwellen in elektrische Schwingungen um.

Kohlemikrofone sind Kontaktmikrofone, die Schallwellen in Widerstandsänderungen umwandeln. Sie sind zwar billig und besitzen eine große Empfindlichkeit. Sie haben aber schlechte Übertragungseigenschaften und ein großes Eigenrauschen.

Bei einem elektromagnetischen Mikrofon wird eine Spannung erzeugt, die auf Grund einer Luftspaltänderung entsteht.

Der heute meistbenutzte Mikrofontyp ist das dynamische Mikrofon. Bei ihm wird durch Induktion eine Wechselspannung erzeugt, die proportional den Schallschwingungen ist.

Bei den dynamischen Mikrofonen unterscheidet man Tauchspul- und Bändchenmikrofone. Beim Tauchspulmikrofon taucht eine an der Membran befestigte Spule im Rhythmus der Schallwellen in ein Dauermagnetfeld. Beim Bändchenmikrofon bewegt sich ein Aluminiumstreifen in einem Dauermagnetfeld. Bändchenmikrofone sind stoßempfindlich.

Kristallmikrofone beruhen auf dem piezoelektrischen Effekt. Sie sind vor Wärme und vor Feuchtigkeit zu schützen.

Kondensatormikrofone wandeln durch Kapazitätsänderungen Schallschwingungen in elektrische Signale um.

Man unterscheidet die Niederfrequenz- und die Hochfrequenzschaltung. Gerade für hochwertige Aufnahmen benutzt man Kondensatormikrofone.

Bei einem Elektret-Kondensatormikrofon kann man auf die zusätzliche Vorspannung verzichten, da diese bereits in der Membran gespeichert ist.

Die Richtcharakteristik eines Mikrofons bestimmt seinen Anwendungsbereich. Die Richtwirkung wird weitgehend von der mechanischen Konstruktion bestimmt. Die Richtcharakteristik bei Mikrofonen muß besonders bei stereofonen Aufnahmen beachtet werden.

Die Mikrofon-Anschlüsse hat man genormt. Man unterscheidet zwischen niederohmigen, mittelohmigen und hochohmigen Ausgängen, sowie zwischen symmetrischen und unsymmetrischen Anschlüssen.

Übungsaufgaben 3

1. Welche Aufgabe fällt den Mikrofonen in der elektroakustischen Übertragungskette zu?
2. Was gibt der Feld-Leerlauf-Übertragungsfaktor an?
3. Worauf beruht bei einem Kohlemikrofon die Umwandlung von Schallwellen in elektrische Schwingungen?
4. Wo werden heute elektromagnetische Mikrofone eingesetzt?
5. Erklären Sie das Prinzip eines Tauchspulmikrofons!
6. Welchen Nachteil haben Bändchenmikrofone?
7. Beschreiben Sie die Wirkungsweise eines Kondensatormikrofons in Niederfrequenzschaltung!
8. Welchen Vorteil besitzen Kondensatormikrofone in Hochfrequenzschaltung?
9. Worin unterscheidet sich ein Kondensatormikrofon in Nf-Schaltung von einem Elektret-Kondensatormikrofon?
10. Nach welchem Grundprinzip arbeitet ein Kristallmikrofon?
11. Weshalb kann man Kristallmikrofone nicht über längere Leitungen an einen Verstärker anschließen?
12. Beschreiben Sie kurz, wie man die Richtcharakteristik eines Mikrofons aufnehmen kann.
13. Wie erreicht man bei einem Mikrofon eine achterförmige Charakteristik?
14. Welche Mikrofonschaltungsart verwendet man in Studios?
15. Welche grundsätzlichen Mikrofonausgangsimpedanzen verwendet man laut DIN?

4. Kopfhörer

4.1 Allgemeines

Unter einem Kopfhörer versteht man im allgemeinen Sprachgebrauch eine elektroakustische Wiedergabeeinrichtung (Energiewandler), die im wesentlichen aus einem Kopfbügel und zwei elektroakustischen Wandlern bestehen. Kopfhörer haben, wie Lautsprecher, die Aufgabe, tonfrequente elektrische Schwingungen in entsprechende Schallschwingungen umzusetzen. Damit ist ein Kopfhörer ein **Schallsender** mit der besonderen Eigenschaft, den Schall auf kürzestem Wege direkt an die Ohren zu bringen.

Der Höreindruck bei Kopfhörerwiedergabe unterscheidet sich grundsätzlich von dem bei Lautsprecherwiedergabe. Wird nämlich beiden Kopfhörersystemen das gleiche Signal zugeführt, das entspricht einem Monosignal oder einem Stereomittensignal, empfindet der Zuhörer bei der Kopfhörerwiedergabe den Ort der Schallquelle **im Kopf,** während bei Lautsprecherwiedergabe die Schallquelle bekanntlich im Lautsprecher bzw. zwischen den Lautsprechern, also vor dem Zuhörer, geortet wird. Bei einer reinen Intensitätsstereofonie und Kopfhörerwiedergabe werden die Schallquellen unmittelbar an den beiden Ohren lokalisiert. Besteht zwischen den beiden Stereokanälen außer dem Intensitätsunterschied noch ein Laufzeitunterschied, so kann es auch zu Ortungen außerhalb des Kopfes in völlig unkontrollierter Weise kommen.

Diese Phänomene der „Im-Kopf-" und „Außen-Kopf-Lokalisierung" stellen entscheidende Fehlortungen gegenüber der Lautsprecherwiedergabe dar, so daß der Einsatz von Kopfhörern anstelle von Regielautsprechern bei einer Stereo-Produktion nicht möglich ist. Dabei sind die modernen dynamischen Kopfhörer bezüglich Frequenzumfang, Verzerrungsfreiheit und Volumen besser als die meisten weitaus teureren Lautsprecherboxen. In der Kunstkopf-Stereofonie ist allerdings die Anwendung von Kopfhörern für die richtige Wiedergabe Voraussetzung.

Trotz des Nachteils der Fehlortung eines Höreindrucks erfreuen sich die Kopfhörer immer größerer Beliebtheit. So haben sie gerade bei der Wiedergabe von Stereo-Sendungen wieder stark an Bedeutung gewonnen. Mit einem Kopfhörer kann man zu Schlafenszeiten noch Musik in gewohnter Lautstärke hören.

In der Meßtechnik spielten die Kopfhörer aufgrund ihrer Empfindlichkeit immer eine Rolle, denn sie ermöglichen die Wahrnehmung von Schalleistungen in der Größenordnung von einigen Mikrowatt. Verwendet werden sie ferner zu Kontrollzwecken, z. B. bei Tonbandaufnahmen, ferner zum probeweisen Abhören von Schallplatten (Phonobar), als Wiedergabeinstrument für Schwerhörigengeräte, zur Aufnahme von Telegrafie und in Diktiergeräten. Hörer mit magnetischen Systemen finden in der Fernsprechtechnik verbreitete Anwendung. Als Wandlersysteme dienen in Kopfhörern magnetische, elektrostatische und besonders häufig dynamische Systeme. Eine spezielle Bauform ist der orthodynamische Kopfhörer. Bei ihm hat man nach Art einer gedruckten Schaltung die Schwingspule als Leiterbahn auf die Membran aufgebracht. Ein weiteres Wandlersystem für Kopfhörer besteht aus hochpolymerem Kunststoff oder aus einem Kristallplättchen und arbeitet nach dem piezoelektrischen Prinzip.

Bei den Kopfhörern unterscheidet man zwischen einem **offenen** (supra-auralen) und einem **geschlossenen** (circum-auralen) System. Bei einem **offenen Kopfhörer (Bild 4.1)** werden die Wandler durch sogenannte Ohrkissen, einer akustisch voll durchlässigen Schaumstoffzwischenlage, in einem definierten Abstand zu den Ohrmuscheln gehalten. Diese Hörer tragen sich angenehm, sie sind leicht, und man schwitzt darunter auch nach längerem Tragen nicht. Der Benutzer offener Kopfhörer ist jedoch gegen Umweltgeräusche nicht völlig abgeschirmt.

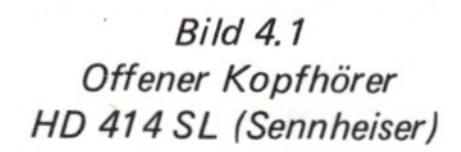

Bild 4.1
Offener Kopfhörer
HD 414 SL (Sennheiser)

Bild 4.2
Geschlossener HiFi-Stereo-Kopfhörer
HD 230 (Sennheiser)

Bei einem **geschlossenen Kopfhörer (Bild 4.2)** ist das Luftvolumen zwischen Wandler und Ohr weitgehend nach außen abgeschlossen. Damit arbeitet das Wandlersystem gegen ein definiertes Volumen, und man erreicht einen geradlinigen Frequenzgang über den gesamten Übertragungsbereich. Mit einem solchen geschlossenen System lassen sich die Bässe gut wiedergeben. Außerdem werden von außen kommende Störgeräusche nahezu völlig abgeschirmt, was aber nicht unbedingt immer erwünscht ist. Bei einem offenen Hörer strahlt das System mehr oder weniger frei die Schallwellen ab. Durch Anpressen der Wandler gegen die Ohrmuschel wird deshalb beim offenen Hörer der Frequenzgang des Übertragungsmaßes erheblich verändert. So werden die tiefen Frequenzen bei einem größeren Andruck stärker wiedergegeben.

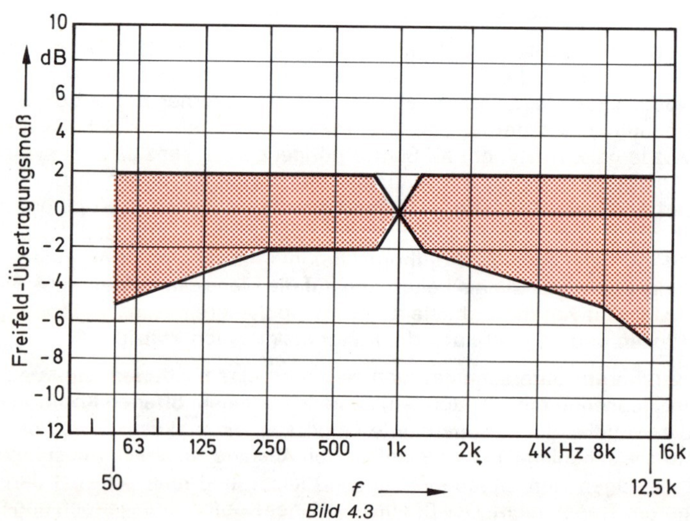

Bild 4.3
Der Kopfhörer-Frequenzgang muß innerhalb dieses Toleranzfeldes liegen

In der Hi-Fi-Norm DIN 45500 sind für Kopfhörer folgende Werte gefordert:

Übertragungsbereich:	mind. 50 . . . 12500 Hz
Frequenzgang:	siehe Toleranzfeld **(Bild 4.3)**
Kennschalldruckpegel:	mind. 94 dB
Klirrfaktor zwischen 100 Hz . . . 2000 Hz	max. 1 %
Andruckkraft an den Kopf:	max. 5 N

4.2 Magnetische Kopfhörer

Die elektromagnetischen Systeme sind im Prinzip nach **Bild 4.4** aufgebaut. Die Membrane besteht aus einem dünnen Eisenblech, das dauernd durch einen Dauermagneten vorgespannt und damit immer etwas durchgebogen ist. Um die Polenden des Permanentmagneten liegen zwei Spulen, die vom Sprechwechselstrom durchflossen werden. Bei der positiven Halbwelle des Sprechwechselstroms wird um die Spulen ein Magnetfeld aufgebaut, das die gleiche Polung wie der Dauermagnet aufweist. Somit wird das Magnetfeld verstärkt und die Membran stärker angezogen. Bei der negativen Halbwelle des Sprechwechselstroms wird das Magnetfeld geschwächt und die Membran losgelassen. Im Takte der Wechselspannung verstärkt bzw. schwächt man die magnetische Kraft, so daß die Membran im gleichen Takte schwingt. Die Membran wiederum regt die Luft zu entsprechenden Schwingungen an, die man als Schall wahrnimmt.

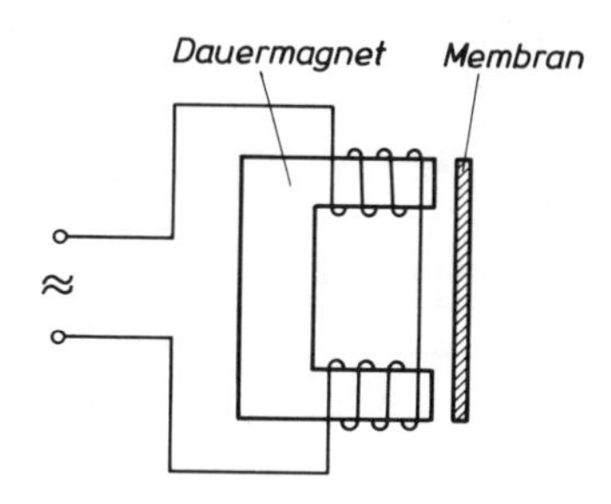

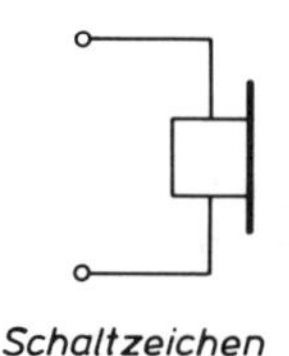

Schaltzeichen

Bild 4.4
Prinzip eines magnetischen Kopfhörers und Schaltzeichen

Würde der Kopfhörer keinen Dauermagneten enthalten, so würde bei jeder Halbwelle ebenfalls in den Spulen ein Magnetfeld aufgebaut und jedesmal die Membran angezogen. Statt z. B. 100 Hz hört man dann ohne magnetische Vorspannung 200 Hz. Der ursprüngliche Ton würde eine Oktave höher liegen **(Bild 4.5).** Ferner steigt die Empfindlichkeit des Kopfhörers durch einen Dauermagneten. Bei der praktischen Ausführung eines magnetischen Kopfhörers, wie ihn **Bild 4.6** zeigt, ordnet man die Spulen auf besondere an den Enden des Permanentmagneten angebrachte Weicheisenstücke an, die man Polschuhe nennt. Sie bieten dem Wechselfluß einen kleineren magnetischen Widerstand als der aus Stahl bestehende Permanentmagnet. Davor befindet sich in geringem Abstand die dünne Membran aus Stahlblech. Das ganze wird in eine Schutzkapsel eingebaut.

Derartige Systeme haben heutzutage infolge ihrer relativ schlechten Übertragungseigenschaften (unausgeglichene Frequenzkurve, ausgeprägte Resonanzen, fehlende Tiefen und Höhen) außer in Fernsprechapparaten, Hörhilfen und Diktiergeräten, keine nennenswerte Bedeutung mehr. Das **Bild 4.7** zeigt den Schnitt durch einen magnetischen

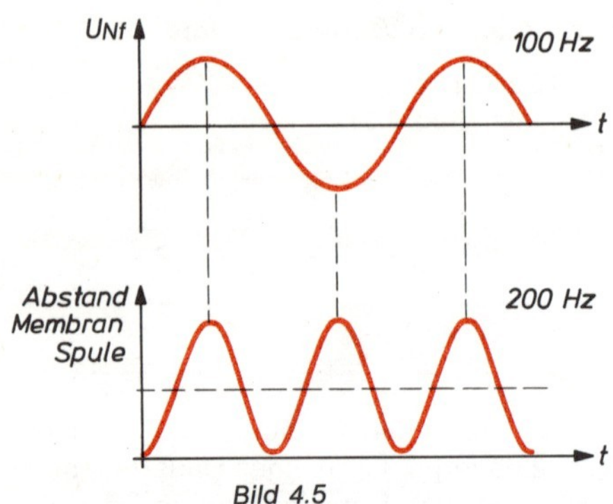

Bild 4.5
Ohne magnetische Vorspannung würde ein magnetischer Kopfhörer die doppelte Frequenz abgeben

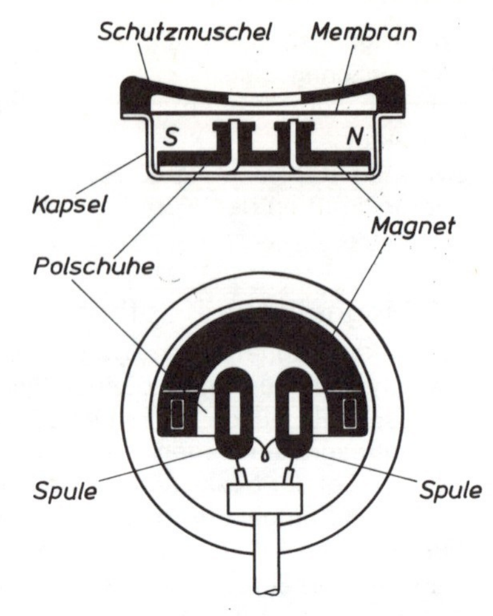

Bild 4.6 (rechts)
Magnetisches Kopfhörersystem

Kleinhörer für Hörhilfen. Er ist robust und einfach konstruiert. Magnetische Kleinhörer, wie sie bei Diktiergeräten Verwendung finden, werden zur besseren Handhabung meistens mit einem sogenannten Stetoclip oder einem Ohrbügel ausgestattet **(Bild 4.8).**

Technische Daten:

Übertragungsbereich:	100 Hz . . . 4000 Hz
Nennbelastbarkeit:	25 mW
Klirrfaktor:	
bei 25 mW und 1000 Hz:	3,5 %
Nennimpedanz bei 1000 Hz:	500 Ω und 5 kΩ (steigt bei 5 kHz auf ca. 40 Ω an)

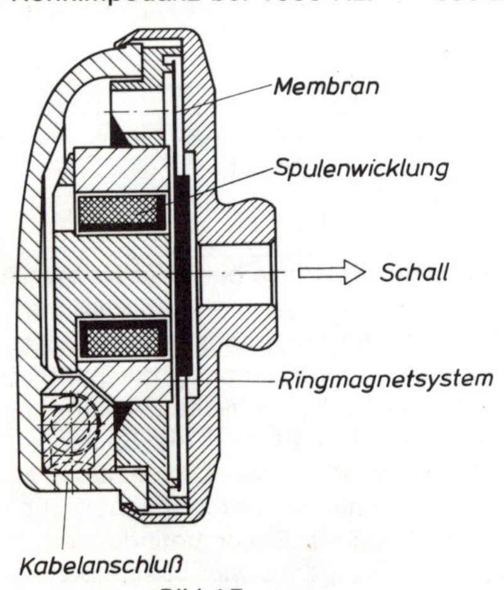

Bild 4.7
Schnitt durch einen magnetischen Kleinhörer für Hörhilfen

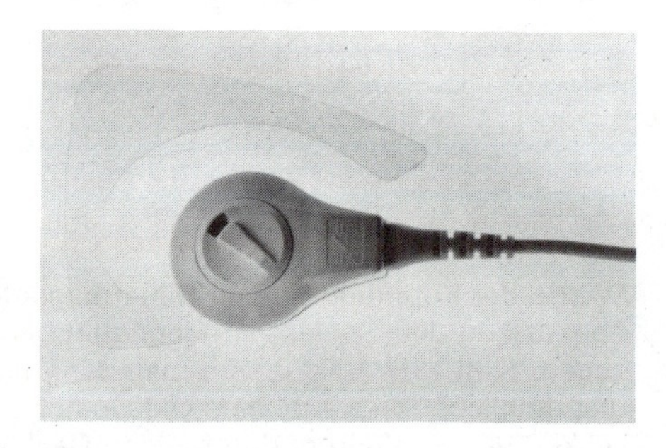

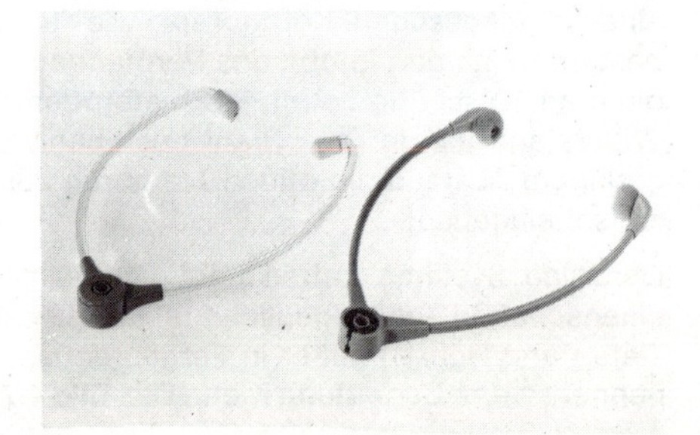

Bild 4.8 (rechts)
Magnetischer Kleinhörer mit Stetoclip und Ohrbügel (Sennheiser)

4.3 Dynamischer Kopfhörer

Die weiteste Verbreitung bei Kopfhörern haben die dynamischen Wandlersysteme gefunden. Den Aufbau eines damit ausgerüsteten Kopfhörers zeigt das **Bild 4.9.** Er entspricht dem eines kleinen permanentdynamischen Lautsprechers, der hier in einer Hörmuschel untergebracht ist. Die Wirkungsweise entspricht derjenigen von dynamischen Konus- bzw. Kalottenlautsprechern. Fließt durch die Schwingspule ein Sprechwechselstrom, so bewegt das sich ändernde Magnetfeld die Spule und die damit verbundene Membran im Luftspalt hin und her.

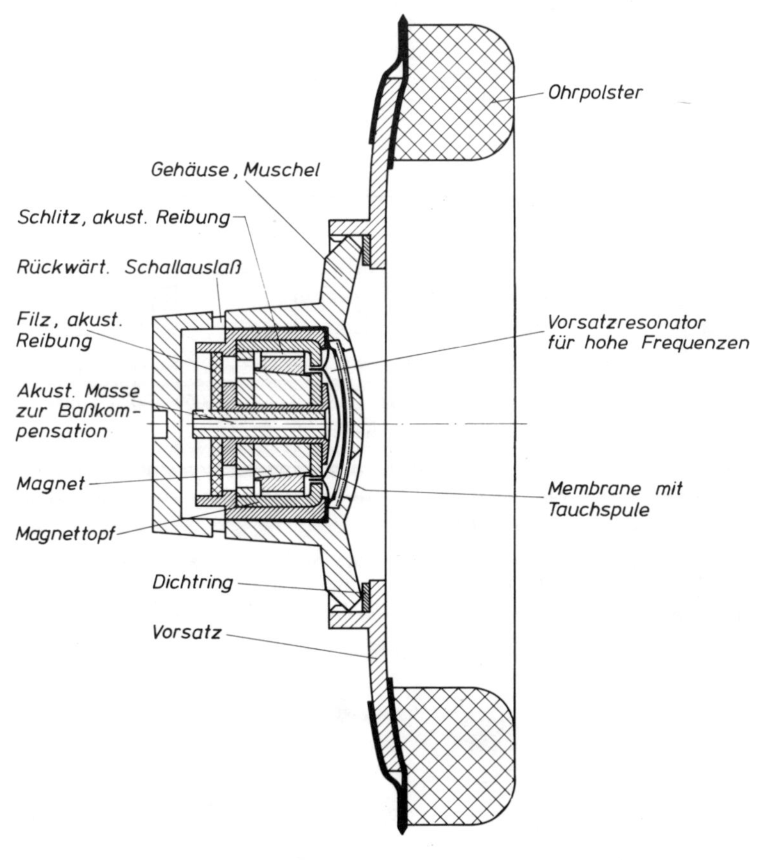

Bild 4.9
Schnitt durch einen dynamischen Kopfhörer

Ein solches dynamisches Kopfhörersystem ist hinsichtlich Verzerrungsfreiheit, breitbandiger resonanzfreier Übertragungsgüte, Wirkungsgrad sowie einfacher Anschlußtechnik wohl allen anderen Systemen überlegen. Mit sehr kleinen elektrischen Leistungen lassen sich bereits große Lautstärken bei geringen Verzerrungen erzeugen.

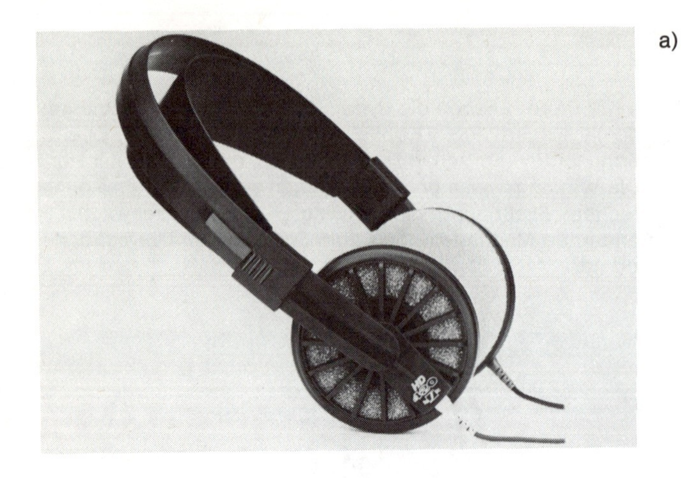

a)

Bild 4.10
a) Offener HiFi-Stereo-Kopfhörer HD 420
b) Frequenzgang dieses Kopfhörers (Sennheiser)

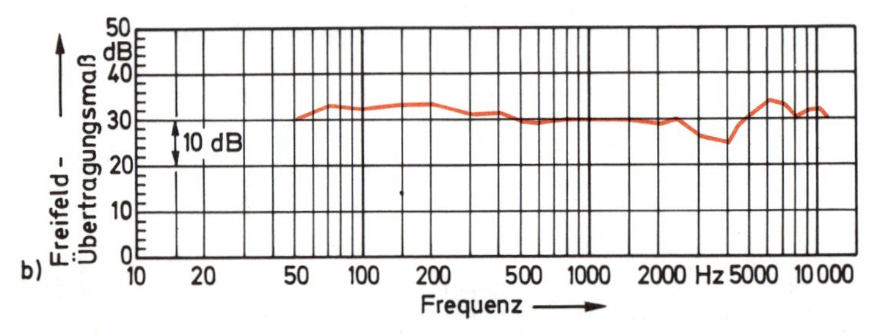

Bereits mit 1 mW elektrischer Leistung kann bei einem geschlossenen Kopfhörersystem ein Schalldruck von 100 bis 115 dB am Ohr erreicht werden. Die Belastbarkeit liegt je nach Typ zwischen 100 mW und 1 W.

Das **Bild 4.10** zeigt die Ausführungsform eines offenen dynamischen Kopfhörers mit seinem Frequenzgang. Im **Bild 4.11** ist ein dynamischer Ohrhörer mit Baß und Lautstärkeeinstellung wiedergegeben.

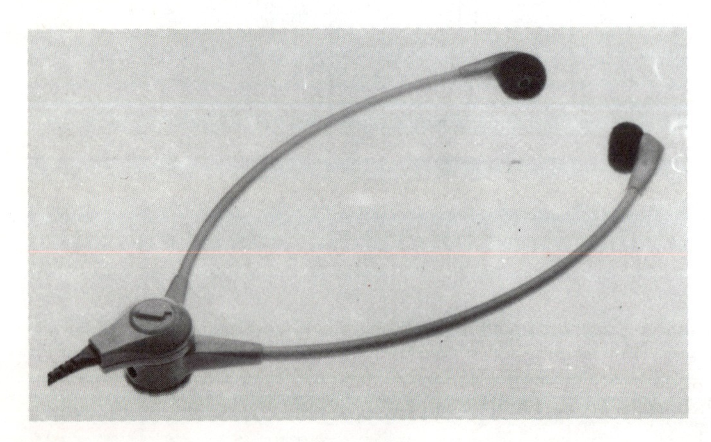

Bild 4.11
Dynamischer Hörer mit Baßeinstellung und Lautstärkeregelung (Sennheiser HD 4004)

Technische Daten:

Übertragungsbereich:	16 ... 20000 Hz
Kennschalldruck bei 1000 Hz:	102 dB bei 1 mW
Nennbelastbarkeit:	0,1 W (max. Dauerbelastbarkeit)
Klirrfaktor:	≦ 1 %
Nennimpedanz:	niederohmig: 15 ... 600 Ω hochohmig: 2 kΩ
Andrückkraft:	2 ... 10 N

4.4 Orthodynamischer Kopfhörer

Orthodynamische[1]) Kopfhörer besitzen spezielle dynamische Kopfhörerwandlersysteme, bei denen die Schwingspule in Form einer gedruckten Schaltung auf der Membran aufgebracht ist. Das **Bild 4.12** zeigt den Schnitt durch ein solches Kopfhörersystem. Zwischen den beiden etwa 3 mm dicken, perforierten Ferritmagnetscheiben (c und g im Bild 4.12) mit einem Durchmesser von ca. 46 mm liegt die etwa 0,012 mm dicke Membran. Sie besteht aus einer Mylarfolie (f), auf der in gleicher Ebene die etwa 0,019 mm hohe „Wicklung" aufgebracht ist. Durch diese Bauweise ist die Schwingspule sehr hoch belastbar. Die beiden Ferritmagnetscheiben sind mehrfach lateral[2]) magnetisiert, so daß durch die Lage zueinander, dort wo sich die Membran befindet, eine hohe magnetische Felddichte entsteht. Durch diesen Aufbau kombiniert man die guten Eigenschaften des elektrostatischen mit dem des dynamischen Prinzips.

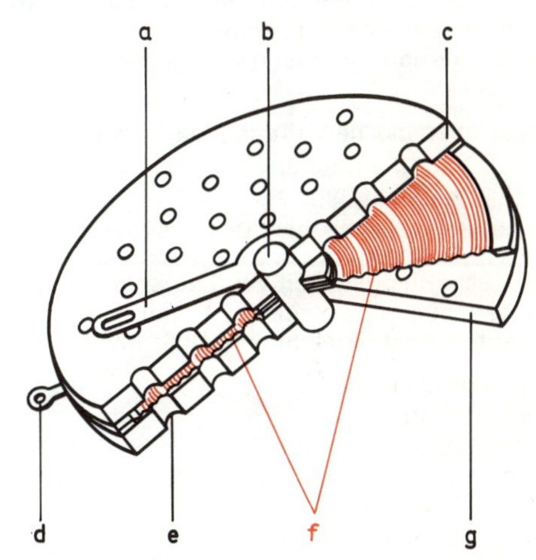

Bild 4.12
Schnitt durch einen orthodynamischen Kopfhörer
a) Lötkontakt; b) Zentralbefestigung; c) Magnetplatte; d) Lötkontakt; e) Schallöffnungen; f) Membran mit Schwingspule; g) Magnet. (Peerless)

Kopfhörer mit diesem System in halboffener Bauform und rückseitigen Schlitzen begünstigen die naturgetreue Baßwiedergabe. Durch ein Spezialdämpfungsmaterial schirmt man die unerwünschten Umgebungsgeräusche ab.

Technische Daten:

Übertragungsbereich:	16 ... 20000 Hz
Kennschalldruck:	95 ... 110 dB
Nennbelastbarkeit:	0,1 ... 2 W
Klirrfaktor:	kleiner als 1 %
Nennimpedanz:	100 ... 400 Ω

[1]) ortho: gerade, aufrecht, richtig, recht

[2]) lateral: seitlich, nach außen

4.5 Kristall-Kopfhörer

In ganz billigen Hörsystemen, beispielsweise in Einsteckhörern, findet man piezoelektrische Wandler, die ein genaues Gegenstück des Kristallmikrofons sind. Hier nutzt man die Kraftwirkung aus, die ein elektrisches Feld in einem Kristallgefüge hervorruft (indirekter Piezoeffekt). Der Frequenzbereich und die Verzerrungen sind größer als bei den magnetischen und dynamischen Hörern. Kristallhörer können jedoch sehr klein hergestellt werden, so z. B. in Erbsengröße für Schwerhörigengeräte.

Nachteilig sind Temperaturabhängigkeit und mechanische Empfindlichkeit. Ferner zerbricht der Kristall bei zu hoher Wechselspannung. Um diese Nachteile auszugleichen, werden statt des Kristalls hochpolymere Kunststoffe verwendet, die nach dem gleichen Wandlerprinzip arbeiten, jedoch bessere elektrische Eigenschaften haben. Anwendung finden solche Kristall-Kopfhörer wegen ihres niedrigen Preises heute noch vereinzelt in Hörhilfen und Diktiergeräten.

Technische Daten:

Übertragungsbereich:	50 . . . 10 000 Hz	Klirrfaktor:	4 % (bei 1 kHz, 50 mW)
Nennbelastbarkeit:	10 . . . 100 mW	Nennimpedanz:	1 MΩ

4.6 Elektrostatische Kopfhörer

Die elektrostatischen Kopfhörersysteme arbeiten nach dem gleichen Prinzip wie die elektrostatischen Lautsprecher. Die Übertragungseigenschaften sind ausgezeichnet. Es ist aber eine Kondensatorvorspannung von mehreren hundert Volt erforderlich. Bei diesen Kopfhörern ist daher, gegenüber den anderen Systemen, ein erheblich größerer technischer Aufwand erforderlich, und sie sind deshalb auch wesentlich teurer.

Um aber die hervorragenden Wiedergabeeigenschaften von Elektrostat-Kopfhörern trotzdem zu erhalten, baut man in die Kopfhörer mit gutem Erfolg Elektret-Wandler ein **(Bild 4.13).** Hiermit lassen sich vollendete, natürliche Klangübertragungen erreichen. Durch eine zusätzliche Regieeinrichtung (HER 2000 im Bild 4.13) wird der Bedienungskomfort erweitert:

Umschaltmöglichkeit von Lautsprecher auf Kopfhörer
Übersteuerungsanzeige je Kanal
Lautstärkeeinstellung in drei Stufen.

Technische Daten:

Wandlerprinzip:	elektrostatisch (Elektret)
Übertragungsbereich:	16 ... 22 000 Hz
Schalldruckpegel bei 5 V (= 6 W an 4 Ω):	103 dB
max. Schalldruck bei 11,2 V:	110 dB
Anpassungs-Impedanz:	4 ... 8 Ω (Lautsprecher-Ausgang)
Klirrfaktor bei 1 kHz und 110 dB:	0,1%
max. Spannung:	25 V

Bild 4.13
Elektrostatischer Kopfhörer (Elektret-Kopfhörer)
Unipolar 2000 (Sennheiser)

4.7 Kopfhörer-Anschlüsse

4.7.1 Kopfhörer-Impedanzen

Der handelsübliche Kopfhörer mit zwei Systemen kann sowohl an ein Stereogerät als auch an ein Monogerät angeschlossen werden. Bei Stereo arbeitet das eine System für den rechten Kanal (rot gekennzeichnet) und das andere für den linken Kanal (gelb gekennzeichnet). Bei Monobetrieb schaltet man einfach beide Systeme parallel an den Monoausgang des Verstärkers. Bei sehr niederohmigen Kopfhörern müssen manchmal die Systeme auch in Reihe geschaltet werden, um den Verstärkerausgang nicht zu überlasten.

Die Nennimpedanz eines Kopfhörers ist gerade für den Anschluß an einen Verstärker von großer Bedeutung. Der Hersteller gibt deshalb stets die Nennimpedanz des betreffenden Kopfhörers an. Die Nennimpedanz ist der Wechselstromwiderstand eines Kopfhörersystems, der bei 1 kHz gemessen wird. Nach DIN 45500 sind folgende Nennimpedanzen zulässig:

Niederohmig:	8 Ω, 16 Ω, 32 Ω
Mittelohmig:	200 Ω, 400 Ω, 600 Ω
Hochohmig:	1 kΩ, 2 kΩ, 4 kΩ

4.7.2 Mittel- und hochohmige Kopfhörer

Mittel- und hochohmige dynamische Kopfhörer mit einer Nennimpedanz zwischen 200 Ω und 4000 Ω sind gegenüber den meisten sehr niederohmigen Verstärkerausgängen (4 Ω bis 16 Ω) verhältnismäßig hochohmig. Beim Anschluß an einen solchen Verstärkerausgang arbeiten diese im Leerlauf (Außenwiderstand groß gegenüber dem Innenwiderstand). Hierdurch entstehen folgende Anschlußvorteile: Der niederohmige Verstärkerausgang bei Transistor-Verstärkern wird nur geringfügig belastet. Wo Kopfhörer-Normbuchsen fehlen, kann der Anschluß direkt am Lautsprecher-Leistungsausgang vorgenommen werden.

Eine Überlastung des Hörers ist weitgehend ausgeschlossen. Die maximale Dauerbelastbarkeit eines hochohmigen Hörers liegt bei ca. 0,1 W. Für einen 2 kΩ-Hörer würde es bedeuten, daß pro System $U = \sqrt{P \cdot R} = \sqrt{0{,}1\ \text{W} \cdot 2000\ \Omega} = \mathbf{14{,}1\ V}$ nötig sind, um diese Leistung zu erreichen. Ein Verstärker, dessen Leistungsausgang eine Impedanz von 4 Ω besitzt, könnte demnach eine Leistung von

$P = \frac{U^2}{Z} = \frac{(14{,}1\ \text{V})^2}{4\ \Omega} = \mathbf{49{,}7\ W}$ Sinus haben, ohne daß der Hörer überlastet würde.

4.7.3 Niederohmige Kopfhörer

Bei niederohmigen Kopfhörern mit Nennimpedanzen zwischen 8 Ω und 32 Ω erhält man beim Anschluß an niederohmige Verstärkerausgänge fast immer annähernd Leistungsanpassung. Damit können sie beim direkten Anschluß an Lautsprecherausgänge überlastet werden. Die Gefahr wird noch dadurch erhöht, daß durch eine niederohmige Tauchspule ein wesentlich größerer Strom als durch eine hochohmige fließen kann. Die maximale Dauerbelastbarkeit ist im allgemeinen schon bei Verstärkerleistungen von weniger als 1 W erreicht. Niederohmige Kopfhörer sollten daher nie direkt an die Leistungsausgänge von Verstärkern angeschlossen werden, sondern immer an die dafür vorgesehenen Kopfhörerbuchsen. Diese Buchsen beinhalten entsprechende Spannungsteiler oder führen die vor der Leistungsendstufe vorhandenen geringeren Leistungen nach außen. Man kann aber auch einfach einen Widerstand mit einem Wert von $R \approx 500\ \Omega$ in Reihe mit dem niederohmigen Kopfhörer schalten.

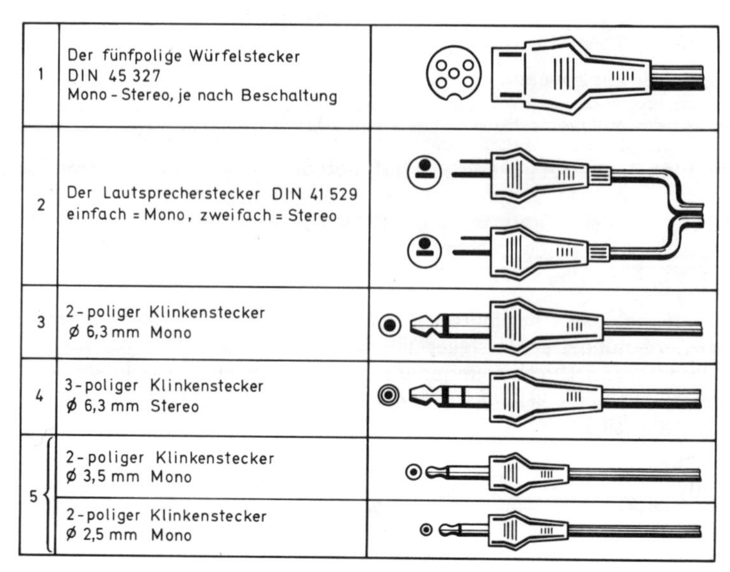

1	Der fünfpolige Würfelstecker DIN 45 327 Mono - Stereo, je nach Beschaltung	
2	Der Lautsprecherstecker DIN 41 529 einfach = Mono, zweifach = Stereo	
3	2-poliger Klinkenstecker ∅ 6,3 mm Mono	
4	3-poliger Klinkenstecker ∅ 6,3 mm Stereo	
5	2-poliger Klinkenstecker ∅ 3,5 mm Mono	
	2-poliger Klinkenstecker ∅ 2,5 mm Mono	

Bild 4.14
Genormte Kopfhörer-Anschlußstecker (Sennheiser)

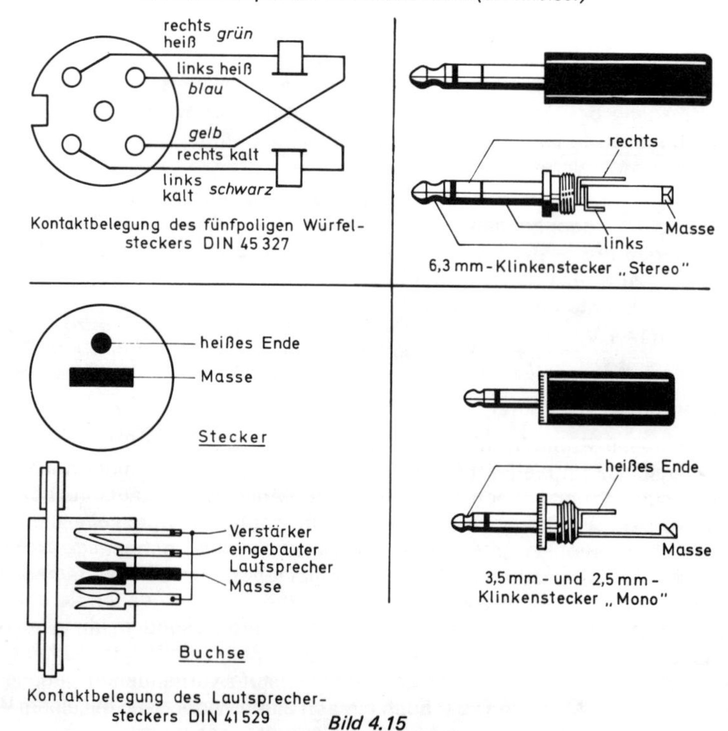

Bild 4.15
Kontaktbelegungen der Kopfhörer-Anschlußstecker (nach Oppermann)

4.7.4 Anschlußstecker

Die elektrische und mechanische Verbindung zwischen Kopfhörer und dem Kopfhörer- oder Lautsprecherausgang eines Verstärkers wird durch den Anschlußstecker hergestellt. Die Steckverbindungen sind heute weitgehend genormt und aus der früher bekannten unübersichtlichen Typenvielfalt haben sich fünf Systeme herauskristallisiert **(Bild 4.14).** Im **Bild 4.15** ist die jeweilige Kontaktbelegung wiedergegeben. Während auf dem mitteleuropäischen Markt der 5polige Würfelstecker und der Lautsprecherstecker dominieren, werden für Geräte aus dem angloamerikanischen Raum sowie aus Fernost vorwiegend Klinkenstecker zum Kopfhöreranschluß benutzt. Die meisten Hersteller von Kopfhörern bieten deshalb ihre Hörermodelle wahlweise mit einem dieser am häufigsten vorkommenden Steckerarten an.

4.7.5 Besondere Anschlußmöglichkeiten

Für Schallplatten-Vorführanlagen, auf Ausstellungen oder Messen ist es häufig erforderlich, daß mehrere Kopfhörer an die gleiche Tonquelle angeschlossen werden müssen. Bei gleichen Kopfhörertypen werden diese einfach parallel an den Verstärkerausgang angeschlossen. Die größtmögliche Hörerzahl errechnet man nach der Formel:

$$\text{maximale Hörerzahl} = \frac{\text{Ohm-Zahl eines Kopfhörersystems}}{\text{Ohm-Zahl des Verstärkerausganges}}$$

Man nähert sich hiermit der Leistungsanpassung. An einem 4-Ω-Ausgang eines Verstärkers können demnach 500 Kopfhörer mit einer Nennimpedanz von je 2 kΩ angeschlossen werden. Die vom Verstärker aufzubringende Leistung ergibt sich aus der Summe der Kopfhörer-Einzelleistungen. Bei Kopfhorern mit einem Leistungsbedarf von 1 mW pro System müßte der Verstärker bei 500 Kopfhörern nur eine Leistung von 0,5 W je Kanal aufbringen.

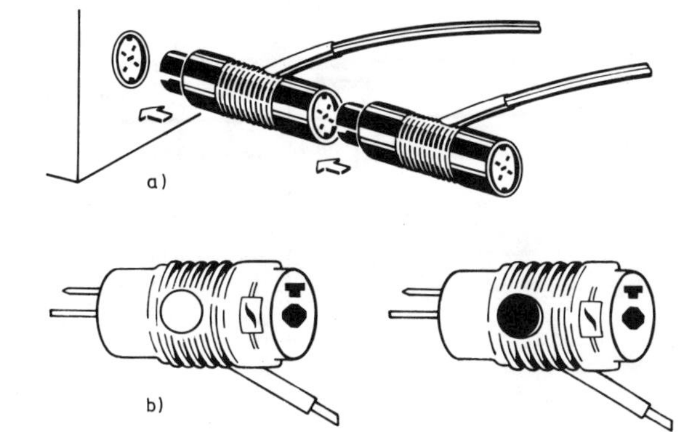

Bild 4.16
Familienstecker
a) Fünfpoliger Würfelstecker
b) Lautsprecherstecker
(Sennheiser)

Die meisten Verstärker besitzen nur eine Anschlußmöglichkeit für ein Kopfhörerpaar Um an diesen Ausgang mehrere Hörer anschließen zu können, hat die Industrie den sogenannten Familienstecker entwickelt. Das **Bild 4.16** zeigt den fünfpoligen Würfelstecker und den Lautsprecherstecker in Familienausführung. Dabei ist zu beachten, daß man über solche Familienstecker immer nur Kopfhörer gleicher Impedanz und gleichen Wandlerprinzips zusammenschalten darf. Nur so vermeidet man Anpassungsschwierigkeiten und Lautstärkeunterschiede zwischen den einzelnen Hörern. Sind dagegen viele Kopfhörer unterschiedlicher Fabrikate und Impedanzen vorhanden, so können diese über ein sogenanntes Kopfhörer-Anschlußkästchen mit eingebauten Vorwiderständen angeschlossen werden **(Bild 4.17).**

a)

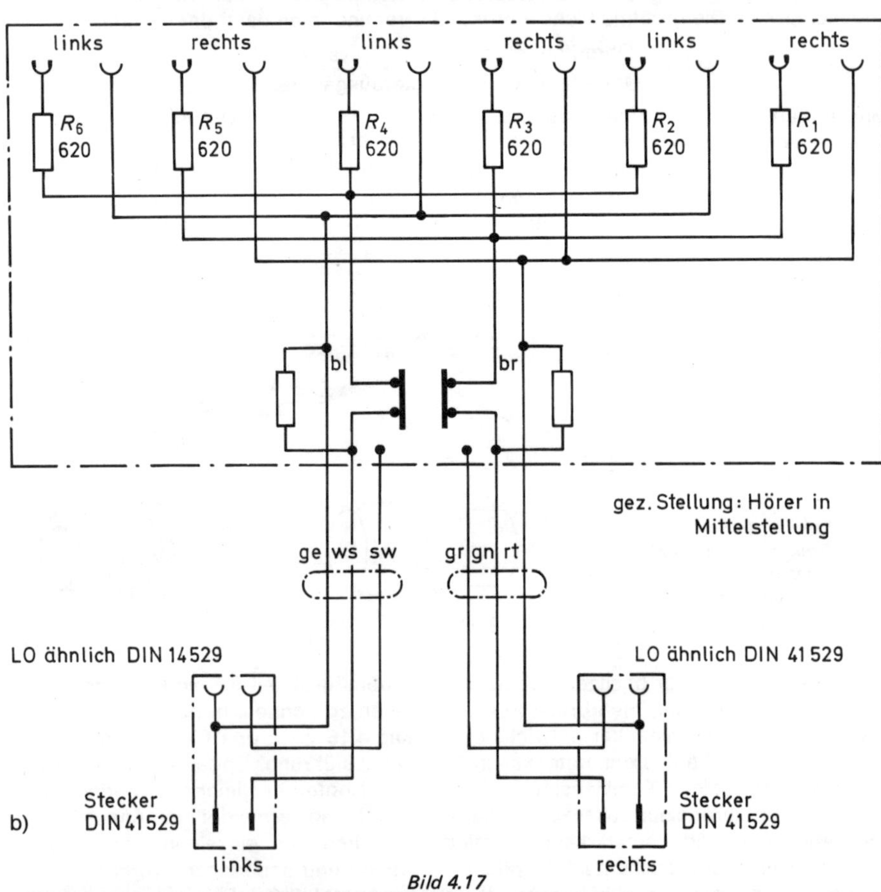

b)

Bild 4.17
Kopfhörer-Anschlußkästchen (Sennheiser HZA 414)
a) Ansicht, b) Schaltbild

Die meisten europäischen Fernsehgeräte sind schaltungstechnisch leitend mit dem Energieversorgungsnetz verbunden, so daß das Gerätechassis Phasenpotential führt. Beim Anschluß eines Kopfhörers oder eines zweiten Lautsprechers müssen daher besondere Sicherheitsvorschriften beachtet werden. Hat das Fernsehgerät bereits eine serienmäßig eingebaute Kopfhörer- oder Zweitlautsprecherbuchse und trägt es das VDE-Zeichen, so kann ein Kopfhörer bedenkenlos angeschlossen werden.

Fehlt jedoch ein entsprechender Anschluß, dann muß ein solcher eingebaut werden. Die Geräte-Hersteller liefern für ihre Geräte Nachrüstsätze, die alle erforderlichen Teile enthalten. Das Kernstück des Nachrüstsatzes ist ein Trenntransformator nach VDE, der die Buchse galvanisch vom Fernseh-Chassis trennt und damit berührungssicher macht. Das **Bild 4.18** zeigt das Schaltbild eines solchen Nachrüstsatzes.

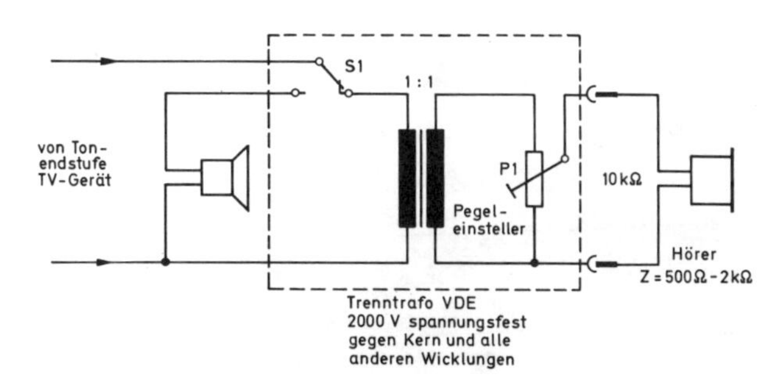

Bild 4.18
Schaltbild eines Nachrüstsatzes für einen Kopfhöreranschluß an einen Fernsehempfänger

4.7.6 Infrarot-Kopfhörer

Bei diesem drahtlosen Kopfhörer-Übertragungsverfahren für Sprache und Musik wird statt eines Kabels das unsichtbare Infrarot-Licht als Träger benutzt.

Im netzbetriebenen Infrarotsender (**Bild 4.19 a**) wird die Toninformation des linken Kanals auf einen 95-kHz-Träger, die des rechten Kanals auf einen 250-kHz-Träger aufmoduliert. Es wird hierzu die Frequenzmodulation mit einem Frequenzhub von ± 50 kHz benutzt. Bei einer Monoübertragung wird nur der 95-kHz-Träger frequenzmoduliert. Diese modulierten Träger werden dann über Infrarot-Licht mit einer Wellenlänge von etwa 950 nm in den Raum abgestrahlt.

Die im batteriebetriebenen Kopfhörer (**Bild 4.19 b**) eingebauten Fotodioden (Infrarot-Empfänger) empfangen das Infrarot-Licht. Da in diesen Kopfhörern FM-Demodulatoren und Verstärker eingebaut sind, erfolgt hier die Rückwandlung der Toninformation mit einem Übertragungsbereich von 20 ... 20000 Hz. Lautstärke-Schiebeeinsteller, getrennt für rechts und links, ermöglichen eine Balance-Einstellung bei einem solchen Stereo-Kopfhörer. Ein Schalter ermöglicht die Umschaltung von Stereo- auf Mono-Betrieb. Beim Infrarot-Stereo-Übertragungsverfahren wird außerdem ein Rauschunterdrückungssystem benutzt. Dabei werden die leisen Töne mit Hilfe eines Kompressors erheblich verstärkt, so daß der Abstand zum Rauschen erheblich vergrößert wird. Bei der Wiedergabe werden diese Passagen dann durch einen Expander wieder auf den ursprünglichen Wert abgesenkt (siehe auch Kapitel 7.10).

Da das Infrarotlicht, wie sichtbares Licht, keine Wände durchdringen kann, bleibt die Übertragung auf einen Raum beschränkt. Es können dort jedoch beliebig viele Kopfhörer gleichzeitig eingesetzt werden. Eine solche Tonübertragung für Kopfhörer wird für den Rundfunk- und Fernsehton (**Bild 4.20**) sowie zur Informationsübertragung im Rahmen von Schulungen und Konferenzen eingesetzt. Auch in einigen Theatern wird das auf der Bühne gesprochene Wort mit diesem Infrarot-Verfahren in den Zuschauerraum übertragen.

a)

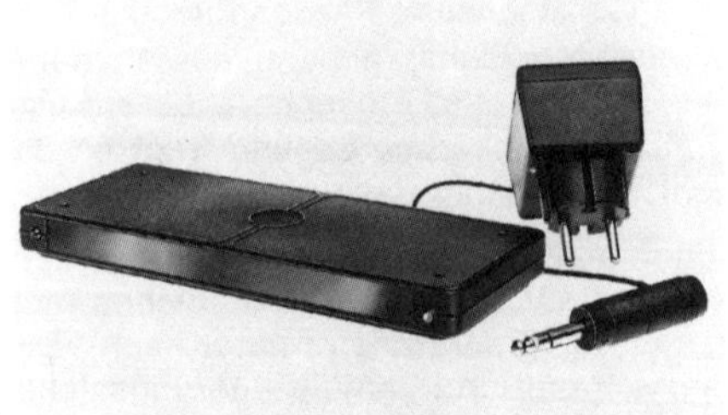

b)

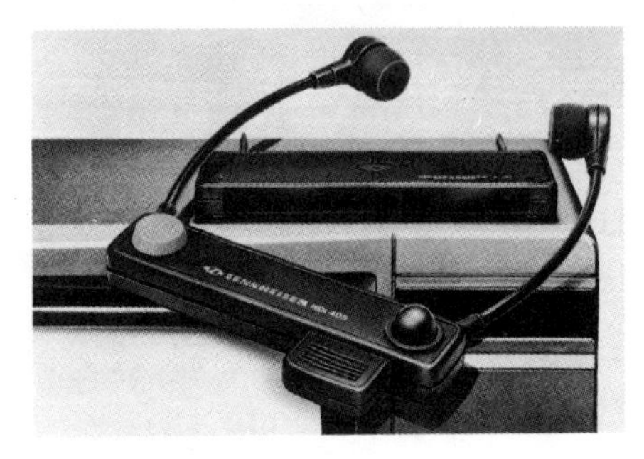

Bild 4.19 a:
Infrarot-Sender SI 234 (Sennheiser)

Bild 4.19 b:
Drahtloser-Infrarot-Stereo Kopfhörer HDI 234 (Sennheiser)

Bild 4.20: (links):
Infrarot-Sender und -Hörer für Mono-Tonübertragung (HDI/SI 405 Set von Sennheiser)

Zusammenfassung 4

Kopfhörer wandeln tonfrequente elektrische Schwingungen in naturgetreue Schallschwingungen um. Der Höreindruck bei Kopfhörerwiedergabe unterscheidet sich grundsätzlich von dem der Lautsprecherwiedergabe. Das Phänomen der „Im-Kopf-" und „Außen-Kopf-Lokalisierung" stellt bei der Kopfhörerwiedergabe entscheidende Fehlortungen gegenüber der Lautsprecherwiedergabe dar. Bei einem offenen Kopfhörer befindet sich der Wandler in einem definierten Abstand vom Ohr. Umweltgeräusche werden nur wenig abgeschirmt. Die Baßwiedergabe ist nicht gut, und je nach Andruck ändert sich der Frequenzgang.

Bei einem geschlossenen Kopfhörer ist das Luftvolumen zwischen Wandler und Ohr weitgehend nach außen abgeschlossen. Man erreicht einen geradlinigen Frequenzgang und gute Baßwiedergabe. Das Tragen eines solchen Systems ist jedoch unangenehmer.

Die Hi-Fi-Norm schreibt in der DIN 45500 für Kopfhörer bezüglich Übertragungsbereich, Frequenzgang, Betriebsleistung und Klirrfaktor minimale bzw. maximale Werte vor.

Bei einem magnetischen Kopfhörer wird die Membran dauernd durch einen Permanentmagneten vorgespannt. Durch den in den Spulen fließenden Sprechwechselstrom erfolgt eine Anziehung und Abstoßung der Membran, wodurch die elektrischen Schwingungen in Schallschwingungen umgewandelt werden.

Die weiteste Verbreitung bei Kopfhörern haben die dynamischen Wandlersysteme gefunden. Der Aufbau eines dynamischen Kopfhörers entspricht dem eines kleinen permanentdynamischen Lautsprechers, der lediglich in eine Hörmuschel eingebaut ist. Ein solches dynamisches System ist hinsichtlich der Verzerrungsfreiheit, der breitbandigen resonanzfreien Übertragungsgüte sowie der einfachen Anschlußtechnik anderen Kopfhörersystemen überlegen.

Für ganz billige Hörsysteme benutzt man piezoelektrische Wandler. Man verwendet entweder Kristalle oder hochpolymere Kunststoffe. Die Übertragungseigenschaften sind schlechter als die von dynamischen Kopfhörern.

Elektrostatische Kopfhörersysteme arbeiten nach dem gleichen Prinzip wie die elektrostatischen Lautsprecher. Die Übertragungseigenschaften sind sogar besser als die von dynamischen Kopfhörern. Jedoch erfordert die notwendige Kondensatorvorspannung einen erheblich größeren technischen Aufwand und damit auch höhere Kosten, so daß diese Kopfhörerart nur selten anzutreffen ist.

Mittel- und hochohmige Kopfhörer mit Nennimpedanzen zwischen 200 Ω und 4000 Ω können direkt am Lautsprecher-Leistungsausgang von Verstärkern angeschlossen werden. Eine Überlastung solcher Kopfhörer ist weitgehend ausgeschlossen.

Niederohmige Kopfhörer müssen grundsätzlich an die dafür vorgesehenen Kopfhörerbuchsen angeschlossen werden, da sonst eine Überlastung erfolgen kann.

Will man viele Kopfhörer unterschiedlicher Fabrikate und Impedanzen an einen Verstärker anschließen, so können diese nur über einen Kopfhörer-Anschlußkasten mit eingebauten Vorwiderständen angekoppelt werden.

Heute werden zur drahtlosen Tonübertragung immer häufiger Infrarotstrahler benutzt. Die Toninformation wird vom Rundfunk-, Fernsehgerät oder Verstärker durch infrarotes Licht diffus in den Raum abgestrahlt. Die im Kopfhörer eingebauten Fotodioden empfangen dieses infrarote Licht. In einer Infrarot-Empfängerschaltung, die sich im Kopfhörer befindet, wird das Licht in elektrische Ströme umgewandelt, demoduliert, verstärkt und den Wandlersystemen zugeführt.

Übungsaufgaben 4

1. Welche Aufgaben haben Kopfhörer?
2. Wodurch unterscheidet sich die Kopfhörerwiedergabe von der Lautsprecherwiedergabe?
3. Nennen Sie vier verschiedene Kopfhörersysteme!
4. Wodurch unterscheidet sich ein offenes von einem geschlossenen Kopfhörersystem?
5. Welchen Übertragungsbereich schreibt die Hi-Fi-Norm nach DIN vor?
6. Wofür benutzt man heute noch magnetische Kopfhörersysteme?
7. Welches Wandlersystem ist heute am verbreitetsten?
8. Welche Vorteile haben dynamische Kopfhörer?
9. Wie ist ein orthodynamischer Kopfhörer aufgebaut?
10. Wofür wendet man Kristallkopfhörer an?
11. Welche Vor- und Nachteile haben elektrostatische Kopfhörer?
12. Nennen Sie die nach DIN genormten Kopfhörerimpedanzen!
13. Welche Anschlußvorteile bringen mittel- und hochohmige Kopfhörer?
14. Aus welchem Grunde sollte man einen niederohmigen Kopfhörer nicht unmittelbar an den Lautsprecherausgang eines Verstärkers anschließen?
15. Beschreiben Sie die drahtlose Tonübertragung mit Infrarotstrahlen!

5. Lautsprecher

5.1 Allgemeines

Lautsprecher sollen wie Kopfhörer elektrische Signalströme in Schallschwingungen naturgetreu umwandeln und gehören damit zur großen Gruppe der **Schallsender.** An die Lautsprecher stellt man eine Reihe von Forderungen, die zwar in den letzten Jahren auch annähernd erreicht wurden. Trotzdem ist der Lautsprecher bzw. die Lautsprecherbox heute noch das schwächste Glied in der gesamten Übertragungskette. Mag der Verstärker, der HiFi-Plattenspieler oder das Tonbandgerät noch so hervorragende Übertragungseigenschaften besitzen, der Lautsprecher bestimmt am Ende doch die Qualität der gesamten Anlage. So ist es verständlich, daß man im Laufe der Jahre verschiedene Lautsprecher-Systeme entwickelte, um folgende Eigenschaften zu erzielen:

1. großer Übertragungsbereich
2. günstige Schallabstrahlungseigenschaften
3. kleine Ein- und Ausschwingzeiten
4. geringe Verzerrungen
5. großer Wirkungsgrad
6. hohe Betriebssicherheit.

Ganz zu Anfang setzte man vor ein übliches Kopfhörersystem einen Trichter. Man hatte somit den ersten, allerdings recht unvollkommenen, Lautsprecher. Nach der Entwicklung großflächiger Membranen entstanden elektromagnetische Lautsprecher. Eine weiterentwickelte Sonderform war der Freischwinger. Die heute gestellten Anforderungen an Lautsprecher werden nur noch von den dynamischen und elektrostatischen Lautsprechern erfüllt. Für einige Sondergebiete stehen piezoelektrische Lautsprecher zur Verfügung. Heute ist der dynamische Lautsprecher der gebräuchlichste Typ.

5.1.1 Elektroakustische Kenndaten

Für die Beurteilung eines Lautsprechers gibt der Hersteller wie für Mikrofone und Kopfhörer eine Reihe von Kenndaten an, die z. T. durch die DIN 45500 Blatt 7 genormt sind.

Der **Übertragungsbereich** wird durch die untere und obere Grenzfrequenz gekennzeichnet und sollte von 50 Hz bis 12500 Hz gehen. Das ist also der zur Schallabstrahlung ausnutzbare Frequenzbereich eines Lautsprechers. Die Abweichungen vom Bezugswert können aus dem Toleranzfeld im **Bild 5.1** entnommen werden.

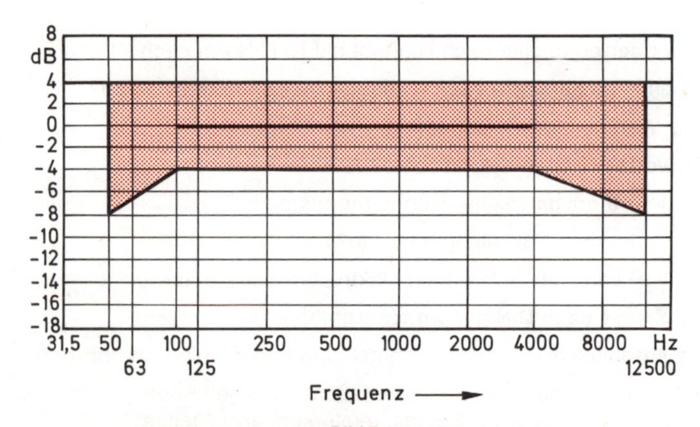

Bild 5.1
Die Lautsprecher-Frequenzgangkurve muß innerhalb dieses Toleranzfeldes liegen

Die **Resonanzfrequenz** ist wichtig für die untere Übertragungsgrenze des Frequenzbereiches. Die Resonanzfrequenz eines Lautsprechers hängt von der akustischen Belastung, den klimatischen Verhältnissen und der Schwingungsamplitude ab. Sie wird unter Freifeldbedingungen und ohne zusätzliche Schallführung gemessen. Die Grundresonanz wird ermittelt durch Bestimmen der Frequenz, bei der, von niedrigen Frequenzen ausgehend, der Scheinwiderstand das erste Maximum erreicht.

Der abgebbare **Schalldruck** eines Lautsprechers wird im freien Schallfeldraum im Abstand von 1 m ermittelt. Ein Lautsprecher sollte einen Schalldruck von mindestens 12 µbar – entsprechend einem Schalldruckpegel von 96 dB – in 1 m Abstand erzeugen können. Die dazu erforderliche elektrische Leistung wird **Betriebsleistung** genannt.

Die **Nennbelastbarkeit** (Dauerbelastbarkeit) ist die höchstzulässige Terzrauschleistung, die im Betrieb nicht überschritten werden darf. Sie wird dadurch ermittelt, daß in regelmäßiger Folge jeweils der Lautsprecher 1 Minute ein- und 2 Minuten lang abgeschaltet wird und das 300 Stunden lang. Bei Musikwiedergabe kann der Lautsprecher etwa mit dem doppelten Wert der Nennbelastung angesteuert werden.

Die **Grenzbelastbarkeit** (Musikbelastbarkeit) ist die Spitzenbelastbarkeit eines Lautsprechers, die bei der Wiedergabe von Sprache und Musik unter normalen Einbaubedingungen auftreten kann. Bei der Grenzbelastbarkeit dürfen noch kein Anschlag der Schwingspule an den Magneten oder andere auffällige Verzerrungen auftreten. Diese Belastbarkeit wird dadurch ermittelt, daß 1 Minute lang ein Sinuston mit Frequenzen zwischen der Resonanzfrequenz und 250 Hz auf den Lautsprecher gegeben wird. Eine solche Angabe ist daher nur für Tieftöner wichtig.

Der **Scheinwiderstand** ist eine wichtige Größe für die Anpassung des Lautsprechers an den Verstärker. Er ist der Betrag des Wechselstromwiderstandes für eine bestimmte Frequenz. Als Nennscheinwiderstand sollten folgende Werte bevorzugt werden: 4 Ω, 8 Ω, 16 Ω. Der Scheinwiderstand hängt von der Frequenz und der akustischen Belastung des Lautsprechers ab. Der ermittelte Scheinwiderstand eines Lautsprechers darf bei keiner Frequenz innerhalb des Übertragungsbereiches mehr als 20 % unter dem angegebenen Nennscheinwiderstand liegen.

Der **Wirkungsgrad** eines Lautsprechers ist das Verhältnis der abgegebenen Schallleistung zur aufgenommenen elektrischen Leistung. Er ist bei allen Lautsprechertypen sehr klein und liegt in der Größenordnung von 1 % bis 5 %. Eine Orgel hat im Vergleich dazu einen Wirkungsgrad von 0,15 %, beim Klavierspielen erreicht man einen Wirkungsgrad von 0,2 %.

5.1.2 Anforderungen der Hi-Fi-Norm

Die Hi-Fi-Norm nach DIN 45500 fordert bei Lautsprechern folgende Werte:

Übertragungsbereich: min. 50 . . . 12500 Hz

Bei Lautsprechern gleichen Typs für Stereoanlagen dürfen sich die Übertragungsmaße untereinander im Frequenzbereich 250 Hz bis 8000 Hz um nicht mehr als 3 dB unterscheiden.

Frequenzgang: siehe Toleranzfeld **(Bild 5.1)**

Abgebbarer Schalldruck:
in 1 m Abstand: min. 12 µb (≙ 96 dB)
in 3 m Abstand: min. 4 µb (≙ 86 dB)

Klirrfaktor bei Betriebsleistung
von 250 bis 1000 Hz: max. 3 %
über 1000 Hz bis 2000 Hz: von max. 3 % auf 1 % stetig abfallend
über 2000 Hz: max. 1 %

Grenzbelastbarkeit: min. 10 W

5.2 Dynamischer Lautsprecher

5.2.1 Grundprinzip

Dynamische Lautsprecher beruhen in ihrer Wirkungsweise auf der Kraftwirkung, die ein stromdurchflossener Leiter in einem Magnetfeld erfährt. Diese Kraftwirkung wird zur Anregung von Membranen oder anderen zur Schallerzeugung geeigneten Gebilden benutzt. Hieraus erkennt man, daß die sogenannte Schwingspule direkt mit der Membran verbunden sein muß und sich im Luftspalt eines Magneten frei hin und her bewegen kann. Ein dynamischer Lautsprecher ist demnach wie ein Tauchspulmikrofon aufgebaut. Das **Bild 5.2** zeigt den prinzipiellen Aufbau eines dynamischen Lautsprechers.

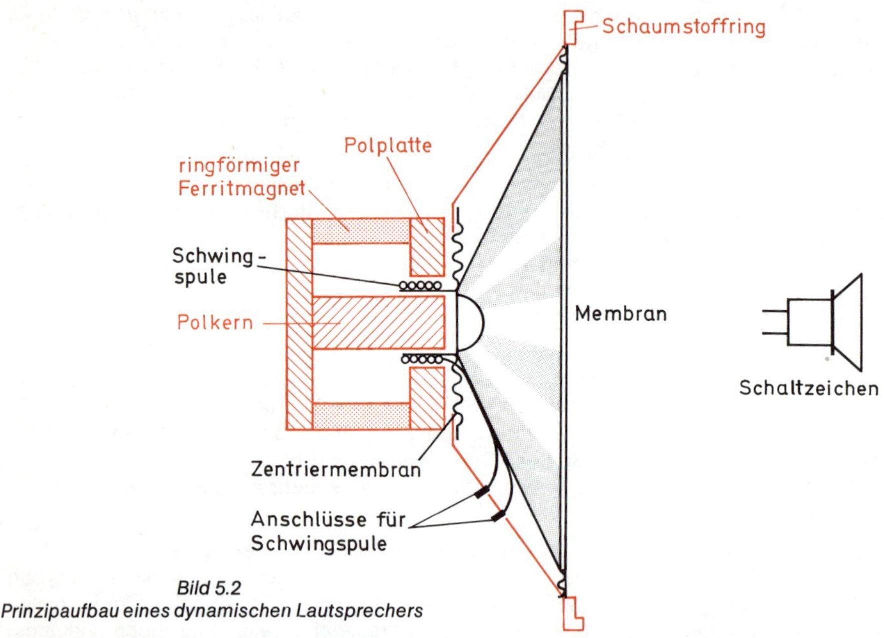

Bild 5.2
Prinzipaufbau eines dynamischen Lautsprechers

Bei den heute üblichen **permanentdynamischen Lautsprechersysteme**n wird das Magnetfeld durch einen Dauermagneten z. B. aus dem hochpermeablen Magnetstahl „Ticonal" oder aus dem keramischen Magnetwerkstoff „Ferroxdure" gewonnen. Bei alten **elektrodynamischen Lautsprechersystemen** wurde es durch einen vom Gleichstrom durchflossenen Elektromagneten erzeugt.

Die nur aus wenigen Windungen bestehende leichte Schwingspule ist auf eine rohrförmigen Verlängerung der Membran gewickelt. Durch eine Zentriermembran, auch Zentrierspinne genannt, wird diese Schwingspule genau in der Mitte des ringförmigen Luftspalts des Dauermagneten gehalten. Diese Befestigungsart liefert gleichzeitig die Rückstellkraft und schließt den Luftspalt vollkommen von der Außenwelt ab. Damit können Staub und sonstige Verunreinigungen nicht in den Luftspalt eindringen. Bei neuesten Typen ist der „Luftspalt" nicht mehr vorhanden, sondern mit einer magnetischen Flüssigkeit (Magneto-Fluid) gefüllt.

Fließt durch die Schwingspule ein tonfrequenter Wechselstrom, so baut sich um die Schwingspule ein Magnetfeld auf, das mit dem Dauermagnetfeld in eine Wechselwirkung tritt. Ändert der Strom seine Richtung, so ändert sich auch das Magnetfeld um die Spule.

Das Magnetfeld des Dauermagneten und das der Spule wirken nun derart aufeinander ein, daß die Pole sich gegenseitig anziehen (ungleichnamige Pole) und abstoßen (gleichnamige Pole). Die Folge ist eine im Takte der Tonfrequenz stattfindende Bewegung der Membran, die mit der Schwingspule starr verbunden ist. Da die Membran in der Ruhelage völlig entspannt ist, folgt sie beiden Halbwellen des Sprechwechselstromes sehr genau und ermöglicht so eine unverfälschte Wiedergabe.

Die Geschwindigkeit, mit der diese Bewegung vor sich geht, bestimmt die Tonhöhe; die Größe der Auslenkung der Membran bestimmt die Lautstärke.

Weil die Membran leichtgängig sein muß, darf die Schwingspule nur wenige Windungen aufweisen. Deshalb sind solche Lautsprecher niederohmig. Die üblichen Schwingspulimpedanzen liegen zwischen 4 Ω und 16 Ω. Diese niederohmigen Werte erfordern meistens eine entsprechende Anpassung an die Endstufe des Niederfrequenzverstärkers.

Der Scheinwiderstand eines dynamischen Lautsprechers setzt sich aus dem Scheinwiderstand der Schwingspule und dem Strahlungswiderstand der Membran zusammen, wobei praktisch der reine Kupferwiderstand der Wicklung bei mittleren Frequenzen den Hauptanteil darstellt. Wenn der Nennscheinwiderstand nicht angegeben ist, rechnet man für die Anpassung mit einem Wert, der das Produkt des Gleichstromwiderstandes R mit dem Erfahrungswert 1,25 ist.

Merke: Der elektrische Nennscheinwiderstand eines dynamischen Lautsprechers beträgt bei 1000 Hz im Mittel $Z \approx 1{,}25 \cdot R$.

Bei dynamischen Lautsprechern wird die abgestrahlte Leistung und der bevorzugte Übertragungsbereich hauptsächlich von der Membranfläche und dem Membranhub bestimmt. Man unterscheidet Tieftonlautsprecher mit einem Übertragungsbereich von 50 Hz bis 6000 Hz, Mitteltonlautsprecher (200 Hz bis 12000 Hz) und Hochtonlautsprecher (2000 Hz bis 16000 Hz). Tieftonlautsprecher besitzen meistens große Membranen, Hochtonlautsprecher haben kleine.

Zur Gruppe der dynamischen Lautsprecher gehören die Konus-, Kalotten- und Druckkammerlautsprecher. Um die schwingende Masse weiter zu verringern, hat man auch Bändchenlautsprecher entwickelt, bei denen eine dünne Metallfolie zwischen den Polen eines Permanentmagneten gelagert ist. Dieser Lautsprechertyp findet heute, wenn überhaupt, nur noch als Hochtonsystem Anwendung.

Der dynamische Lautsprecher mit Schwingspule ist seit einigen Jahrzehnten der am weitesten verbreitete Wandler zur Wiedergabe von Musik und Sprache. Mit ihm lassen sich im Gegensatz zu anderen Systemen verhältnismäßig einfach und wirtschaftlich große Schallpegel bei relativ geringen Verzerrungen breitbandig erzeugen.

Merke: Dynamische Lautsprecher benutzt man am häufigsten, weil sie einen großen Übertragungsbereich besitzen und geringe Verzerrungen verursachen.

Dynamische Lautsprecher können ansonsten folgende **technische Daten** aufweisen:

Musikbelastbarkeit:	bis 300 W
Nennbelastbarkeit:	bis 200 W
Nennscheinwiderstand:	2 Ω bis 16 Ω
Übertragungsbereich:	30 Hz bis 20000 Hz
Resonanzfrequenz:	unter 50 Hz
Klirrfaktor:	kleiner 1 %
Anwendungsbereich:	Rundfunk-, Fernseh- und Phonogeräte sowie in fast allen Ela-Anlagen

5.2.2 Konuslautsprecher

Die Bestandteile eines Konuslautsprechers* zeigt das **Bild 5.3.** Dieser Lautsprechertyp verdankt seinen Namen der konisch geformten Membran (10). Der Topfmagnet besteht aus dem Permanentmagneten (1), dem Joch (2), der Polplatte (3) und dem Polkern (4). Im Luftspalt, der sich zwischen dem Polkern und der Polplatte bildet, befindet sich die auf den Schwingspulenträgern (5) zweilagig gewickelte Schwingspule (6), die von dem tonfrequenten Wechselstrom durchflossen wird. Hierdurch wird in der Spule ein magnetisches Wechselfeld erzeugt, das im Zusammenwirken mit dem permanenten magnetischen Gleichfeld im Luftspalt eine Bewegung der Schwingspule analog der Wechselspannung in Pfeilrichtung zur Folge hat.

Die Schwingspule wird durch die Zentriermembran (7), eine radial steife, axial jedoch sehr weiche und nachgiebige Federmembran geführt und in der Ruhelage gehalten. Die aus dünnem Pappenguß geformte Membran (10) ist mit dem Schwingspulenträger fest verbunden und am äußeren Rand über konzentrisch verlaufende Sicken (11) oder über einen weichen Balg aus hochelastischem Material im Lautsprecherkorb (13), der mit großen Durchbrüchen versehen ist, eingespannt. Eine Staubschutzkalotte (8) und der Schutzring (9) verhindern das Eindringen von Fremdkörpern in den Luftspalt. Über die sehr weichen Litzen (12) wird der Sprechwechselstrom der Schwingspule zugeführt.

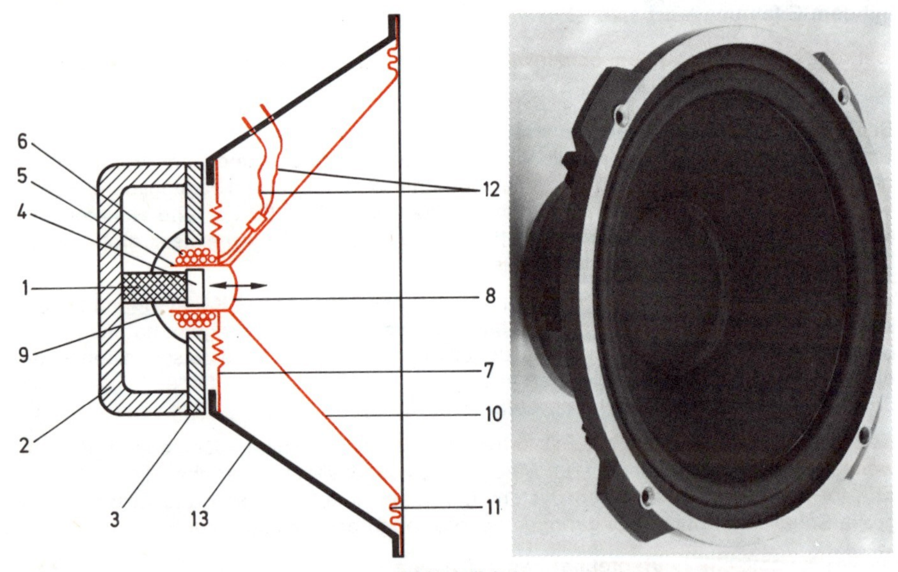

Bild 5.3 (links)
Bestandteile eines dynamischen Konuslautsprechers
1: Permanentmagnet; 2: Joch; 3: Polplatte; 4: Polkern; 5: Schwingspulenträger; 6: Schwingspule; 7: Zentriermembran; 8: Kalotte als Staubschutz; 9: Schutzring; 10: Membran; 11: Membraneinspannung mit Sicken oder Scharnier; 12: Zuführungslitzen; 13: Lautsprecherkorb

Bild 5.4 (rechts)
Konuslautsprecher (Isophon). Dieser Großlautsprecher strahlt eine Musikleistung bis zu 400 W ab.

Der Frequenzbereich des abgestrahlten Schalls ist zu den tiefen Frequenzen hin durch die Resonanzfrequenz der kolbenförmig schwingenden Membran begrenzt. Die Reso-

---

* Konus (gr.-lat.): Kegel

nanz- oder Eigenfrequenz des Lautsprechers muß deshalb am unteren Ende des Übertragungsbereiches liegen. Dieses wird z. B. durch eine sehr weiche Membraneinspannung und durch eine hohe bewegte Masse erreicht.

Bei höheren Frequenzen schwingt die Membran nicht mehr in ihrer Gesamtheit. Die Schwingspule regt vielmehr zu Biegeschwingungen an, die vom Membranrand teilweise reflektiert werden, und es bildet sich eine komplizierte Schwingungsverteilung aus. Bei sehr hohen Frequenzen schwingt praktisch nur noch der innerste Kegel. Man begünstigt dies durch eine zum Rand hin dünner werdende Membran („Nawimembran" = nichtabwickelbare Membran) oder durch eine spezielle Formgebung.

Der Wirkungsgrad kleiner und mittlerer Konuslautsprecher beträgt im allgemeinen bis 5 %. Das **Bild 5.4** zeigt einen Konuslautsprecher, dessen Frequenzgang im **Bild 5.5** wiedergegeben ist. Hieraus ist zu entnehmen, daß dieser Lautsprecher für den Tief- und Mitteltonbereich einzusetzen ist.

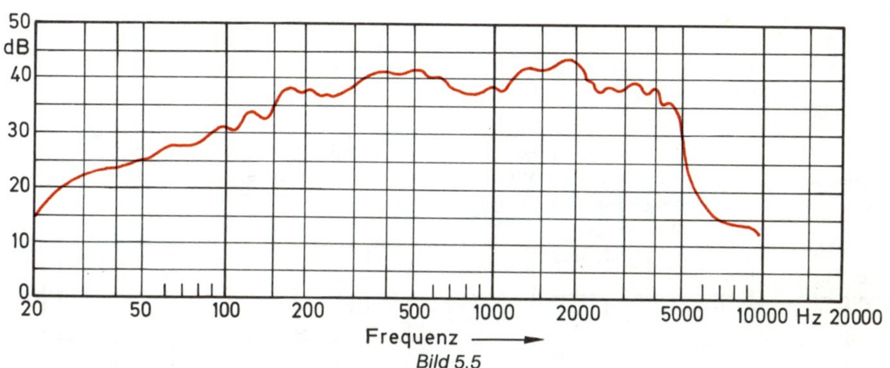

Bild 5.5
Frequenzgang eines Konuslautsprechers

Technische Daten von gebräuchlichen Konuslautsprechern:

Musikbelastbarkeit:	je nach Einbau bis 300 W
Nennbelastbarkeit:	je nach Einbau bis 200 W
Nennscheinwiderstand:	2 Ω bis 16 Ω
Übertragungsbereich:	30 Hz bis 20000 Hz
Resonanzfrequenz:	kleiner als 50 Hz
Anwendungsbereiche:	Tief-, Mittel- und Hochtöner

5.2.3 Kalottenlautsprecher

Ein Kalottenlautsprecher* **(Bild 5.6)** entspricht im wesentlichen hinsichtlich Aufbau und Funktion einem Konuslautsprecher. Es fehlt bei einem Kalottenlautsprecher nur der Lautsprecherkorb und die Konusmembran. Der Schall wird hier lediglich nur über die Kalotte abgestrahlt. Das **Bild 5.7** zeigt einen Schnitt durch einen derartigen Lautsprechertyp.

Die Kalotte mit angepreßten Sicken (7) ist aus einem hinreichend steifen Material mit hoher innerer Dämpfung hergestellt. Ihr Durchmesser ist in den meisten Fällen kleiner als die zu übertragende Wellenlänge. Die Kalotte schwingt im gesamten Übertragungsbereich kolbenförmig. Partialschwingungen treten praktisch nicht auf. Die Abstrahlung der Schallwellen erfolgt in einem breiten Winkelbereich gleichmäßig. Derartige Lautsprecher bündeln den Schall wenig und werden deshalb bevorzugt als Hochtonlaut-

---

* Kalotte (fr.): gekrümmte Fläche eines Kugelabschnittes, flache Kuppe

Bild 5.6 (links)
Verschiedene Ausführungsformen eines Kalottenlautsprechers (Isophon)

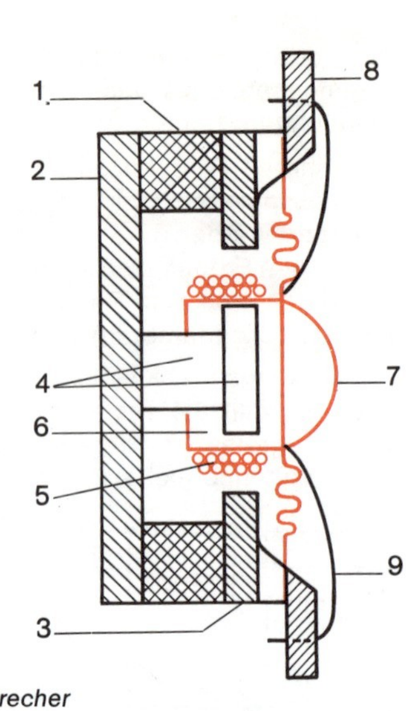

Bild 5.7 (rechts)
Schnitt durch einen Kalottenlautsprecher
1: Ringmagnet; 2: Grundplatte; 3: Polplatte; 4: Polkern; 5. Schwingspule; 6: Schwingspulenträger; 7: Kalotte mit Sicken; 8: Montageplatte; 9: Schallführung

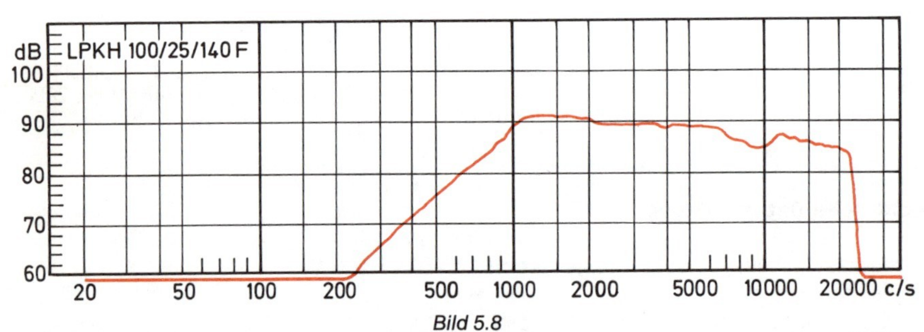

Bild 5.8
Frequenzgang eines Kalottenlautsprechers (ITT). Schalldruck im Abstand von 1 m bei P = 1 W Sinus aufgenommen

sprecher bei einem Kalottendurchmesser von etwa 20 bis 25 mm eingesetzt. Aber auch im Mitteltonbereich bis herunter zu 400 Hz benutzt man Kalottenlautsprecher mit einem Kalottendurchmesser von etwa 60 mm. Wegen der relativ kleinen Abmessungen des schwingenden Gebildes und der großen Luftspaltlänge sind besonders starke Permanentmagnete, die vorwiegend als Ringmagnete ausgebildet sind, zur Erzeugung einer großen Luftspaltinduktion notwendig, um einen dem Konuslautsprecher entsprechenden Wirkungsgrad zu erzielen. Im **Bild 5.8** ist der Frequenzgang eines Kalottenlautsprechers wiedergegeben.

Technische Daten von Kalottenlautsprechern:

Nennbelastbarkeit:	bis 100 W
Nennscheinwiderstand:	4 Ω bis 8 Ω
Übertragungsbereich:	400 Hz bis 20000 Hz
Resonanzfrequenz:	400 Hz (bei Mitteltöner)
Anwendungsbereich:	Hoch- und Mitteltöner

5.2.4 Druckkammerlautsprecher

Ein Druckkammerlautsprecher **(Bild 5.9)** ist im wesentlichen ein Kalottenlautsprecher, dessen Membran nicht frei in den Raum abstrahlt, sondern auf einen sehr kleinen Raum, die sogenannte Druckkammer, arbeitet.

Bild 5.9
Druckkammerlautsprecher (Isophon)

Bei Membranlautsprechern, wie z. B. beim Konuslautsprecher, ist der Strahlungswiderstand des Schallfeldes klein gegenüber dem Widerstand der Schwingspule. Das wirkt sich in der Weise aus, daß der größte Teil der vom Verstärker abgegebenen elektrischen Sprechwechselleistung im Wicklungswiderstand der Schwingspule in Wärme umgesetzt und nicht durch die Membran in Schalleistung umgewandelt und in den Raum abgestrahlt wird. Wegen dieser schlechten akustischen Anpassung haben solche Membranlautsprecher nur einen kleinen Wirkungsgrad von 1 bis 5 %, d. h. nur 1 bis 5 % der elektrischen Energie wird in Schallenergie umgewandelt und abgestrahlt. Der Rest ist Wärmeenergie in der Schwingspule. Durch Druckkammerlautsprecher verbessert man diesen schlechten Wirkungsgrad, indem man die erwähnte akustische Anpassung herstellt.

In **Bild 5.10** ist die Wirkungsweise eines Druckkammerlautsprechers dargestellt. Die Membran (1) mit ihrer Fläche A_1 wird von der Schwingspule eines dynamischen Lautsprechersystems angetrieben. Die Membran arbeitet auf den Druckraum und verschiebt durch ihre Bewegung bei einer Amplitude x das mittlere Luftvolumen $A_1 \cdot x$. Dieses Luftvolumen wird durch die Druckkammer (2) in die enge Halsöffnung gedrückt und dadurch auf die Abmessungen $A_2 \cdot y$ umgesetzt. Die Luftteilchen legen also, weil der Querschnitt kleiner geworden ist, den größeren Weg y in der gleichen Zeit zurück. Damit wird die Geschwindigkeit der Luftteilchen im Verhältnis $A_1 : A_2$ größer (Strömungsgesetz; Hydrodynamik). Diese **Geschwindigkeitstransformation** wirkt sich akustisch so aus, daß der Antriebsmembran ein höherer Strahlungswiderstand entgegenwirkt.

Der Strahlungswiderstand ist durch diese Querschnittsveränderung um das Quadrat des Flächenverhältnisses A_1/A_2 herauftransformiert worden. Die abgegebene Schallleistung und damit auch der Wirkungsgrad sind entsprechend größer geworden. Mit Druckkammerlautsprechern erreicht man einen Wirkungsgrad bis zu 20 %, der durch das Verhältnis A_1/A_2 bestimmt wird. Man ist bestrebt, A_1/A_2 möglichst groß zu machen,

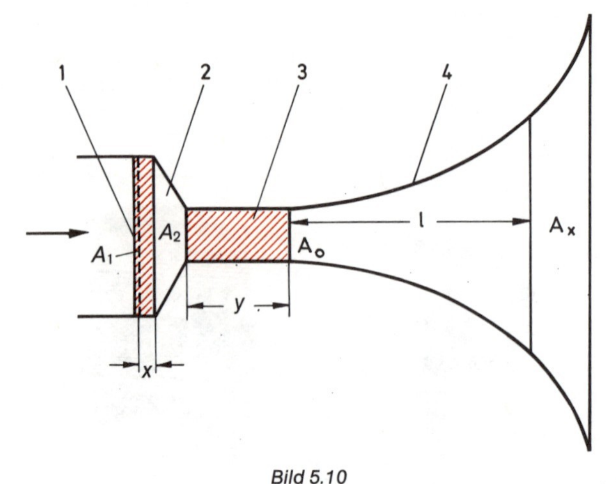

Bild 5.10
Prinzipdarstellung eines Druckkammerlautsprechers mit Exponentialtrichter
1: Membran; 2: Druckkammer; 3: Hals; 4: Exponentialtrichter

um den Wirkungsgrad noch zu erhöhen. Dem sind aber Grenzen gesetzt. Die Betrachtung setzt nämlich voraus, daß die Luft sich wie Flüssigkeiten verhält, d. h. sich nicht komprimieren läßt. Dieses ist aber nicht der Fall. Außerdem muß die Druckkammer in jeder Richtung kleiner als die zu übertragenden Wellenlängen sein, was besonders im Hochtonbereich zu sehr kleinen Membranflächen A_1 führt. Damit wird der Druckkammerraum klein. Das Luftvolumen soll nun in den noch engeren Halsraum hineingepreßt werden. Damit ergeben sich bald wieder Grenzen durch die erhöhten Reibungsverluste der strömenden Luft an den Wandungen. Trotz des schon erreichten guten Wirkungsgrades im Hals besteht immer noch das Problem der Anpassung an den niedrigen Strahlungswiderstand des Wiedergaberaumes. Um hier richtig anzupassen, setzt man dem Druckkammersystem noch ein Horn auf. Der Querschnitt des Horns (4) kann sich konisch, hyperbolisch oder exponentiell erweitern. Besonders günstige Abstrahlungseigenschaften hat das Exponentialhorn. Hier ist bemerkenswert, daß ein solches technisch durchgerechnetes System bereits vor Jahrtausenden intuitiv im Prinzip der Blasinstrumente erschaffen wurde. Die Mundhöhle ist die Druckkammer, in dem engen Rohrstück hinter dem Mundansatz erfolgt die Geschwindigkeitstransformation, und die Posaunen- bzw. Trompetenöffnung bewirkt die Anpassung an den Strahlungswiderstand des freien Raumes. Dies ergibt einen ganz beträchtlich besseren Wirkungsgrad, als wenn der Mensch nur mit Hilfe des Mundes alleine Töne von sich gäbe.

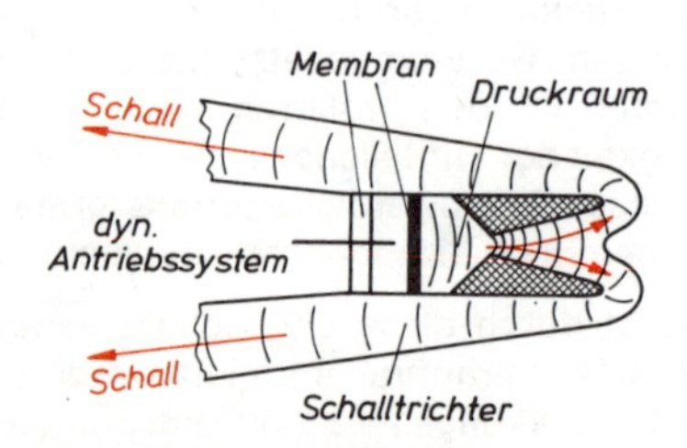

Bild 5.11
Prinzip eines gefalteten Druckkammerlautsprechers

Die tiefste abstrahlbare Frequenz mit einem Druckkammerlautsprecher ist von der Größe des Trichters abhängig: je tiefer die Grenzfrequenz desto größer der Trichter. Man versucht deshalb, den Trichter entsprechend dem **Bild 5.11** umzubiegen, um so noch zu handlichen Größen **(Bild 5.12)** für Frequenzen bis 300 Hz noch hinabzukommen.

Bild 5.12
Durch das Umbiegen des Exponential-Trichters kommt man bei einem Druckkammerlautsprecher zu handlichen Größen (Isophon)

Man baut deshalb Druckkammersysteme hauptsächlich für mittlere und hohe Frequenzen. Während sich Membranlautsprecher vor allem für Übertragungsanlagen hoher Qualität eignen, setzt man den Druckkammerlautsprecher dann ein, wenn es auf einen hohen Wirkungsgrad ankommt. Er eignet sich daher für die Beschallung großer Flächen in transportablen ELA-Anlagen.

Technische Daten:

Musikbelastbarkeit:	bis 80 W
Nennbelastbarkeit:	bis 60 W
Nennscheinwiderstand:	4 Ω bis 16 Ω
Übertragungsbereich:	500 Hz bis 12000 Hz
Reichweite:	150 bis 500 m
Anwendungsbereich:	hauptsächlich im Freiluftbereich

5.3 Elektrostatischer Lautsprecher

Elektrostatische Lautsprecher (Kondensator-Lautsprecher) beruhen auf dem Prinzip der gegenseitigen Anziehung der Platten eines geladenen Kondensators. Einer feststehenden, durchlochten Metallplatte gegenüber ist eine bewegliche Membran angeordnet. Um Kurzschlüsse zwischen den beiden Platten zu verhindern, isoliert man sie durch eine Kunststoffolie **(Bild 5.13).** Durch eine dauernd vorhandene Gleichspannung von einigen hundert Volt wird die Membran vorgespannt. Je nach Polarität der zugeschalteten Sprechwechselspannung wird die Anziehung der Platten durch die Addition der beiden Spannungen vergrößert. Durch Verkleinerung der Gesamtspannung verringert sich die Anziehung, und die Membran wird entlastet. Die Bewegungen der beweglichen Platte (Membran) infolge der Ladungsänderung entsprechen somit genau der Wechselspannung. Ohne Vorspannung würde die Membran bei jeder Halbwelle angezogen werden und damit einen Ton doppelter Frequenz abstrahlen **(Bild 5.14)**. Die Empfindlichkeit dieses Lautsprechertyps richtet sich nach der Größe der Vorspannung.

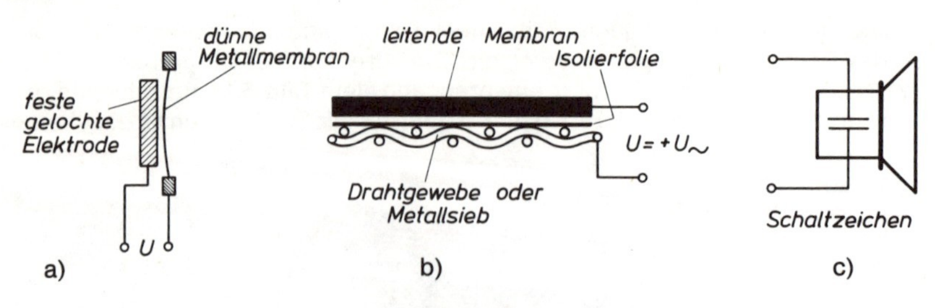

Bild 5.13
Elektrostatischer Lautsprecher
a) Prinzip, b) einfache Ausführung, c) Schaltzeichen

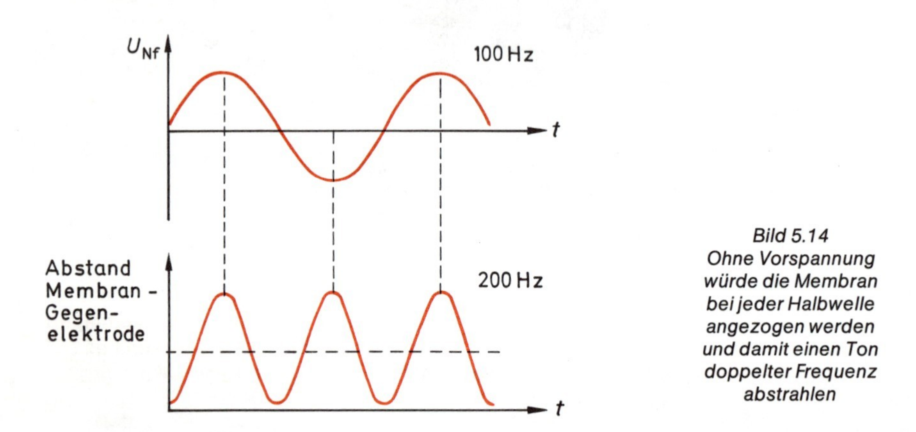

Bild 5.14
Ohne Vorspannung würde die Membran bei jeder Halbwelle angezogen werden und damit einen Ton doppelter Frequenz abstrahlen

Für die übertragene Tonhöhe ist die Membranfläche verantwortlich. Um auch tiefe Frequenzen gut wiedergeben zu können, müßte die Lautsprechermembran recht groß sein. Damit man dann noch eine ausreichende Empfindlichkeit hat, braucht man eine Vorspannung von ca. 6000 V. Aufgrund dieser Tatsache verzichtet man auf einen großen Übertragungsbereich bei diesem Lautsprechertyp und benutzt ihn meistens nur als Hochtonlautsprecher mit kleinen Abmessungen. Die erforderliche Vorspannung kann vielfach direkt der Betriebsspannung des Gerätes entnommen werden **(Bild 5.15).**

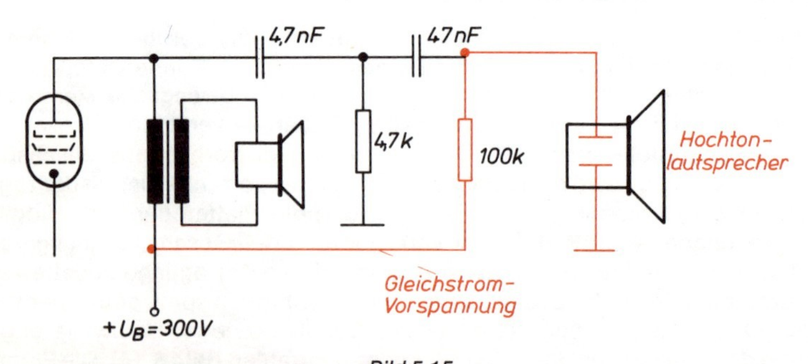

Bild 5.15
Ankopplung eines elektrostatischen Lautsprechers an einen Verstärker

Eine Ausnahme bildet der von *Quad* entwickelte elektrostatische Lautsprecher, der den gesamten Hörbereich abstrahlt. Er weist von allen Lautsprechertypen die höchste Wiedergabequalität auf, ist aber leider sehr teuer und störanfällig. Seine Membranfläche beträgt 80 cm x 90 cm = 0,72 m² und ist ein Dreiwegsystem.

Merke: Elektrostatische Lautsprecher benötigen eine Gleichspannung für die Vorspannung. Sie werden meistens als Hochtonlautsprecher eingesetzt.

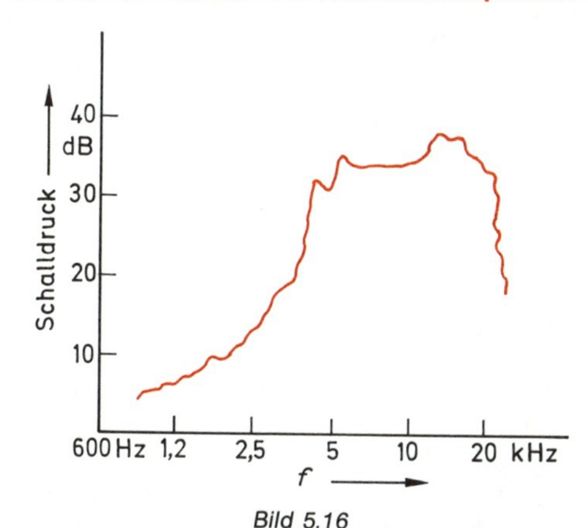

Bild 5.16
Frequenzgang eines elektrostatischen Hochton-Lautsprechers

Bild 5.16 zeigt den typischen Frequenzgang eines elektrostatischen Hochtonlautsprechers:

Technische Daten:

Nennbelastbarkeit:	bis 5 W
Nennscheinwiderstand:	1 MΩ (kapazitiv)
Übertragungsbereich:	1,2 kHz bis 20 kHz
Vorspannung:	100 V bis 300 V
Anwendungsbereich:	vorwiegend als Hochtonlautsprecher

5.4 Piezoelektrische Lautsprecher

Beim piezoelektrischen Lautsprecher (Kristall-Lautsprecher) nutzt man den bei einigen Kristallen z. B. Quarz, Turmalin, Bariumtitanat, Seignettesalz auftretenden (indirekten) piezoelektrischen Effekt aus. Ein längliches rechteckiges Kristall-Biegeelement wird an einem Ende eingespannt, das andere ist mit dem Mittelpunkt einer Konusmembran verbunden **(Bild 5.17).**

Legt man eine tonfrequente Wechselspannung an die Elektroden des Kristalls, dann schwingt das freie Ende und treibt die Membran an. Das Kristallelement darf dabei nicht zu stark belastet werden, sonst wird die Wiedergabe verzerrt. Oberhalb einer bestimmten Leistung zerbricht es. Für tiefe Frequenzen sind so große Amplituden notwendig, daß man an die Bruchgrenze des Kristalls herankommt. Solche Lautsprecher werden deshalb nur als ergänzende Hochtonlautsprecher gebaut oder als kleine Systeme für geringe Sprechleistungen in tragbaren Geräten **(Bild 5.18).**

Piezoelektrische Lautsprecher haben folgende Eigenschaften: kleine Belastbarkeit, starke Betonung der hohen Frequenzen, die Leistung wird durch die Elastizität des Kristalls begrenzt.

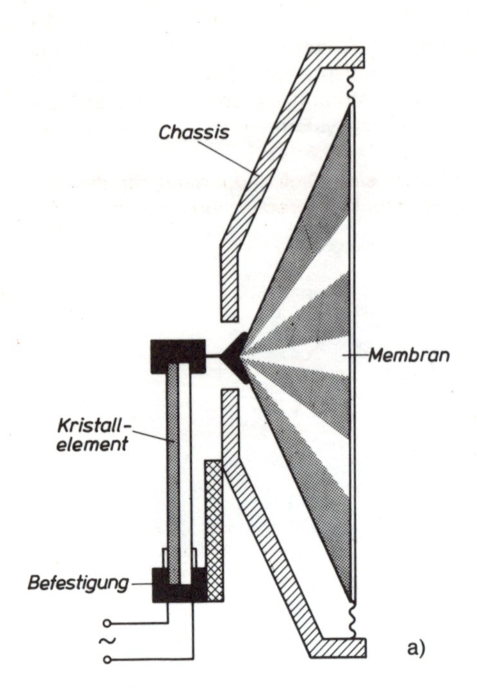

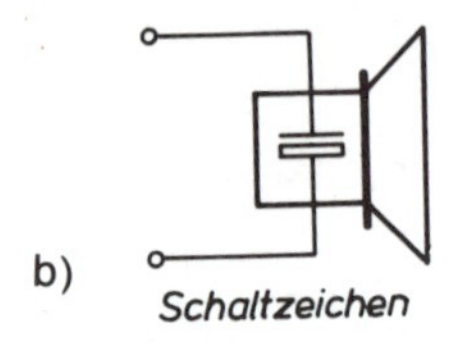

Bild 5.17
Aufbau eines piezoelektrischen Lautsprechers (a); Schaltzeichen (b)

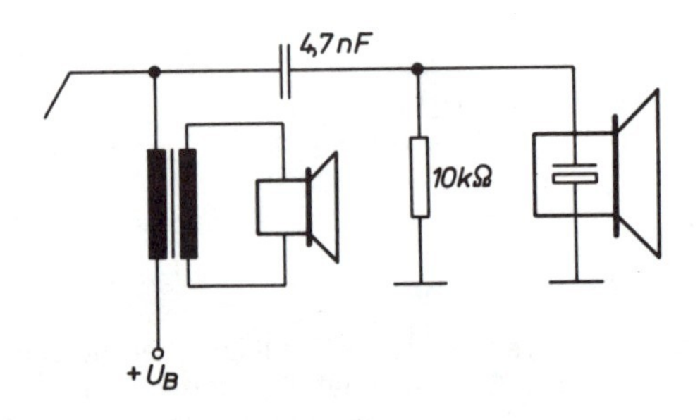

Bild 5.18
Anschluß eines Hochton-Kristall-Lautsprechers an einen Verstärker

Merke: Piezoelektrische Lautsprecher werden als Hochton-Lautsprecher und für kleine Leistungen verwendet.

Technische Daten:

Nennbelastbarkeit:	bis 2 W
Nennscheinwiderstand:	ca. 50 kΩ (kapazitiv)
Übertragungsbereich:	2 kHz bis 18 kHz
Anwendungsbereich:	Hochtonlautsprecher, Kissenlautsprecher in Krankenhäusern.

Zusammenfassung 5 a

Lautsprecher sollen elektrische Schwingungen in Schallschwingungen umwandeln und sind damit Schallsender.

Zur Beurteilung eines Lautsprechers gibt der Hersteller eine Anzahl Kenndaten an, z. B. die Nennbelastbarkeit, die Musikbelastbarkeit, den Nennscheinwiderstand, die Resonanzfrequenz und den Übertragungsbereich. Durch die Hi-Fi-Norm werden an Lautsprecher bestimmte Mindestanforderungen gestellt.

Der permanentdynamische Lautsprecher ist heute der gebräuchlichste Lautsprechertyp. Er besitzt einen großen Übertragungsbereich und geringe Verzerrungen. Dynamische Lautsprecher mit einer Konusmembran legt man als Tief-, Mittel- und als Hochtonlautsprecher aus. Kalottenlautsprecher sind dynamische Lautsprecher für die mittleren und hohen Frequenzbereiche. Um den Wirkungsgrad dynamischer Lautsprecher zu verbessern, entwickelte man Druckkammerlautsprecher. Durch eine Geschwindigkeitstransformation wird der Wirkungsgrad bis auf ca. 20 % erhöht. Druckkammerlautsprecher werden immer dort eingesetzt, wo es auf einen hohen Wirkungsgrad und eine große Nennbelastbarkeit ankommt.

Elektrostatische Lautsprecher beruhen auf dem Prinzip der gegenseitigen Anziehung geladener Platten eines Kondensators. Elektrostatische Lautsprecher benötigen eine Gleichspannung als Vorspannung. Sie werden, trotz ihrer hervorragenden Übertragungseigenschaften, nur als Hochtonlautsprecher verwendet, da sie für die tiefen Frequenzbereiche zu groß sind und eine zu hohe Vorspannung benötigen.

Beim Kristallautsprecher nutzt man den piezoelektrischen Effekt aus. Kristallautsprecher werden für kleinere Leistungen als Hochtonlautsprecher verwendet. Sie sind aber stark hygroskopisch.

Übungsaufgaben 5 a

1. Warum zählt man die Lautsprecher zu den Schallsendern?
2. Nennen Sie verschiedene Lautsprechertypen!
3. Warum ist der Nennscheinwiderstand eine wichtige Kenngröße?
4. Was sagt die Nennbelastbarkeit und die Musikbelastbarkeit aus?
5. Beschreiben Sie die grundsätzliche Wirkungsweise eines dynamischen Lautsprechers!
6. Welcher Unterschied besteht zwischen einem Konus- und einem Kalottenlautsprecher?
7. Welchen Vorteil haben Druckkammerlautsprecher gegenüber permanentdynamischen Lautsprechern?
8. Wozu verwendet man Druckkammerlautsprecher?
9. Wofür verwendet man Kristall- und Kondensatorlautsprecher hauptsächlich?
10. Warum benötigen elektrostatische Lautsprecher eine Vorspannung?

5.5 Richtcharakteristik

5.5.1 Richtwirkung bei Lautsprechern

Die Richtcharakteristik von Lautsprechern ist stark frequenzabhängig und entspricht dem **Bild 5.19.** Diese Abhängigkeit des Schalldrucks vom Abstrahlungswinkel wird ähnlich wie bei den Mikrofonen im Polarkoordinatensystem dargestellt.

Sie zeigt, daß ein Lautsprecher Schallwellen bis etwa 300 Hz nahezu kugelförmig abstrahlt. Bei höheren Frequenzen tritt allmählich eine Richtwirkung in Achsrichtung auf. Diese ist dadurch bedingt, daß nur der innere Teil der Membran schwingt und der Rand dabei als Trichter wirkt. Die Richtwirkung ist auch von dem Durchmesser, der Tiefe und der Form der Membran abhängig. So haben Ovallautsprecher eine günstigere Breitenwirkung für die hohen Töne als entsprechende Rundkonus-Lautsprecher.

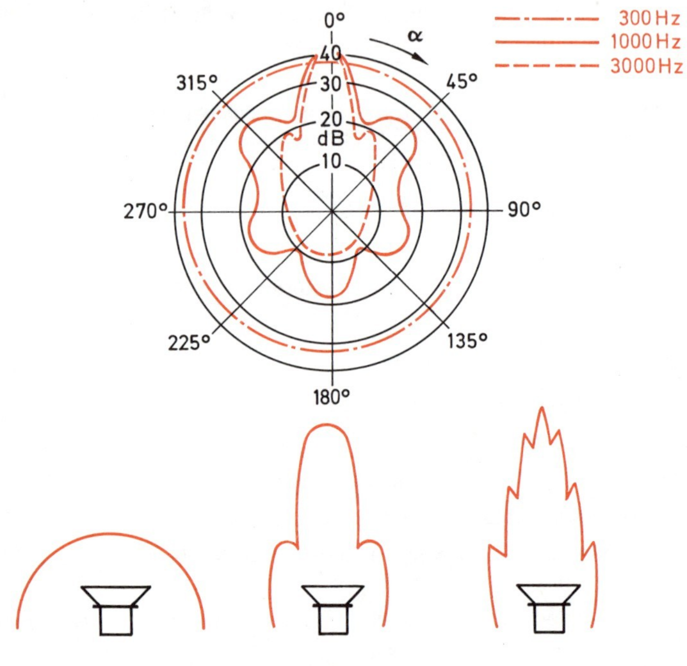

Bild 5.19
Richtcharakteristik eines Lautsprechers
(gilt nur für einen bestimmten Membrandurchmesser z. B. Tieftöner)

Merke: Bei Lautsprechern erfolgt die Ausbreitung der Schallwellen bei tiefen Frequenzen kugelförmig, bei hohen Frequenzen dagegen keulenförmig!

Um die störende Richtwirkung, die gerade bei den hohen Frequenzen auftritt, zu mildern, haben die Lautsprecherhersteller vieles versucht. So hat man beim sogenannten Universallautsprecher in die Mitte der Membran einen kleinen „Hochtonkonus" oder „Klangzerstreuer" angebracht. Er kann entweder fest auf dem Kern des Magnetsystems montiert sein, oder er wird mit der Membran verbunden, so daß er mitschwingt und die hohen Frequenzen beim Abstrahlen zerstreut.

5.5.2 Hochtonkugel

Um die Richtungswirkung aufzuheben, entwickelte man verschiedene Verfahren. So ordnete man mehrere Spezial-Hochtonlautsprecher außerhalb des eigentlichen Hauptlautsprechers winklig zueinander an, um so die hohen Tonfrequenzen nach allen Richtungen zu zerstreuen. Im Extremfall gelangt man so zu einer „Hochtonkugel", die aus mehreren Hochtonlautsprechersystemen, die auf einem regelmäßigen Vielflächner angeordnet sind, besteht. Für annähernd exakte Kugelstrahlung mittlerer und hoher Frequenzen brachte man z. B. 12 kleine Lautsprecher im Inneren eines Pentagon-Dodekaeders an. Das ist ein „Zwölfflächner", also ein Körper, dessen Oberfläche sich aus 12 regelmäßigen Fünfecken zusammensetzt **(Bild 5.20).** Ihre Hauptstrahlungsrichtungen werden damit gleichmäßig im Raum verteilt. Hochtonkugeln werden frei im Raum angeordnet und ergeben eine wirkliche Rundumstrahlung, wie im Raum gespielte Musikinstrumente.

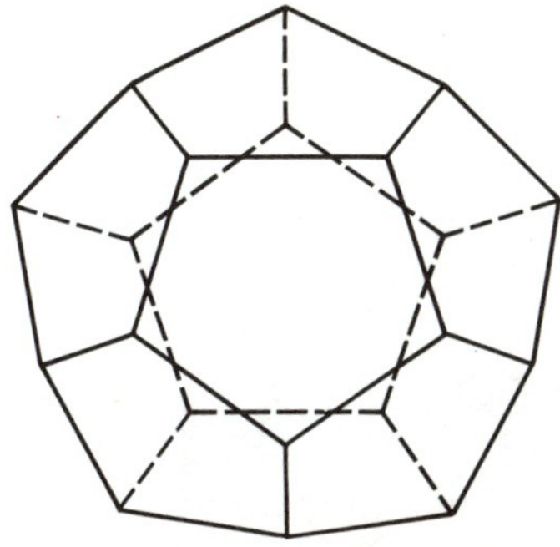

Bild 5.20
Hochtonkugel; Pentagon-Dodekaeder (Zwölfflächner)

5.5.3 Lautsprechergruppen

Werden mehrere gleichartige Lautsprecher mit nahezu gleichem Frequenzgang zusammengeschaltet, so bezeichnet man diese Anordnung als Lautsprechergruppe, auch Strahlergruppe oder „Tonsäule" genannt. Besonders im Freien, in Räumen mit starkem Hall und großen Sälen benutzt man sie gerne. Sie liefern eine ausgeprägte Richt-

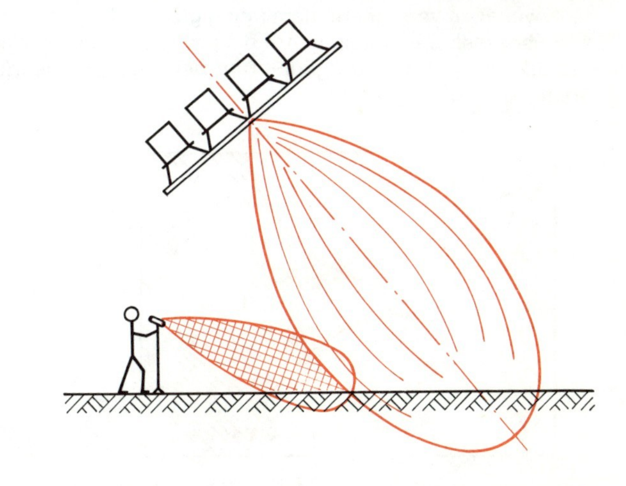

Bild 5.21
Durch Neigen einer Strahlergruppe lassen sich große Flächen gleichmäßig beschallen

strahlung, die jedoch frequenzabhängig ist, wenn mehrere gleichartige Lautsprechertypen senkrecht übereinander in die gleiche Abstrahlungsrichtung angeordnet sind und werden parallel und gleichphasig gespeist **(Bild 5.21)**. Diese Betriebsweise bringt, wie bei übereinander angeordneten Fernsehantennen, eine Bündelung der abgestrahlten Schallenergie in der vertikalen Ebene. Das Richtdiagramm hat einen großen Öffnungswinkel in horizontaler Richtung, was für viele Beschallungsaufgaben von Vorteil ist. Stellt man das Mikrofon in den entstehenden schalltoten Winkel auf, so kann die akustische Rückkopplung vermieden werden.

5.5.4 Lautsprecheranordnung bei Stereo

Der Stereoeffekt kann nur dadurch erreicht werden, daß zwei Übertragungskanäle für getrennte Schallwiedergabe geschaffen werden. Soll der Stereofonie-Effekt vollkommen sein, so muß man bei der Lautsprecheranordnung die Höreigenschaften berücksichtigen. Das Gehör wertet aus dem Lautsprecherschallfeld einmal den Intensitätsunterschied, zum anderen den Laufzeitunterschied der beiden Schallanteile aus.

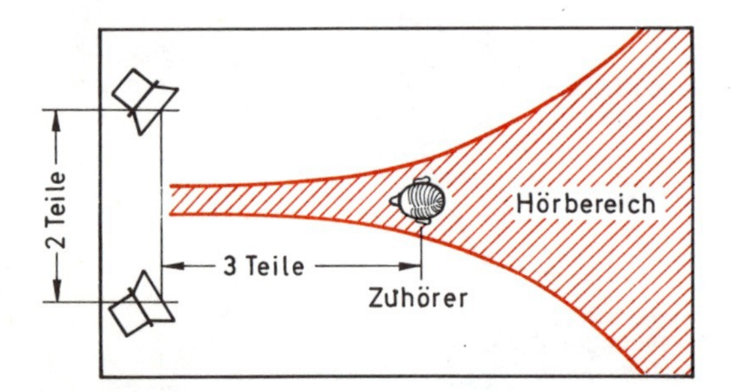

Bild 5.22 Entfernungsverhältnisse bei Stereo-Wiedergabe

Das **Bild 5.22** zeigt, wie die grundsätzliche Anordnung der Lautsprecher sein sollte. Werden für den Abstand zwischen dem rechten und linken Lautsprecher zwei Entfernungseinheiten angenommen, so sollte die Entfernung zum Zuhörer drei Entfernungseinheiten betragen. Die sich ergebene Hörfläche, in der sich der stereofone Eindruck ergibt, wird, wie das Bild zeigt, zur rückwärtigen Wand hin größer. Um die Hörfläche noch weiter zu vergrößern, damit eine größere Personenzahl erfaßt werden kann, muß man über mehrere Lautsprecher die jeweilige Kanalinformation abstrahlen, wie es das **Bild 5.23** zeigt. Dabei tritt jedoch an den Wänden mehrfache Reflexion auf, und die Ortung kann diffus werden.

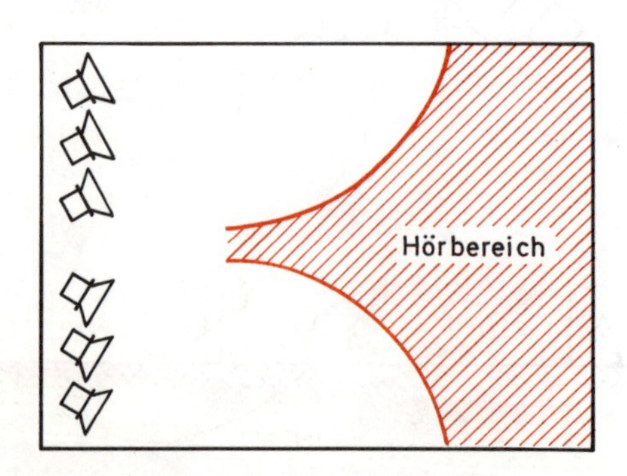

Bild 5.23 Bei indirekter Beschallung vergrößert sich die Hörfläche, in der man den Stereoeffekt wahrnehmen kann

5.6 Lautsprecherboxen

5.6.1 Schallwand

Wird ein Tiefton-Lautsprecher ohne Schallwand oder Gehäuse betrieben, so klingt die Wiedergabe dünn. Tiefe Töne werden völlig ungenügend wiedergegeben. Der Grund hierfür ist der sogenannte **akustische Kurzschluß.**

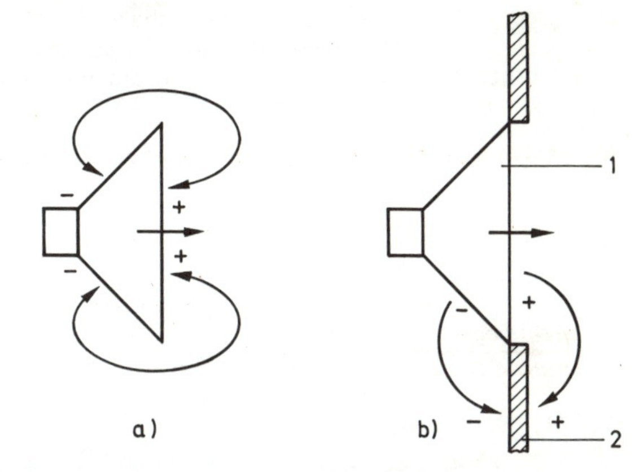

Bild 5.24
Akustischer Kurzschluß (a). Durch eine Schallwand wird der akustische Kurzschluß verhindert (b).
1: Lautsprechermembran;
2: Schallwand

Bewegt sich nämlich die Lautsprechermembran während einer Halbwelle nach vorne **(Bild 5.24),** so entsteht vor dem Lautsprecher eine Überdruckzone und auf der Rückseite eine Unterdruckzone. Ist der Weg von vorne über den Membranrand hinweg kleiner als die Wellenlänge des abzustrahlenden Schalls, so erfolgt ein völliger Druckausgleich über den Rand des Lautsprechers (a). Der Schall löscht sich für diese Frequenz aus, und man erhält einen akustischen Kurzschluß. Dadurch wird bei tiefen Frequenzen praktisch kein Schall abgestrahlt. Bei hohen Frequenzen tritt diese Wirkung

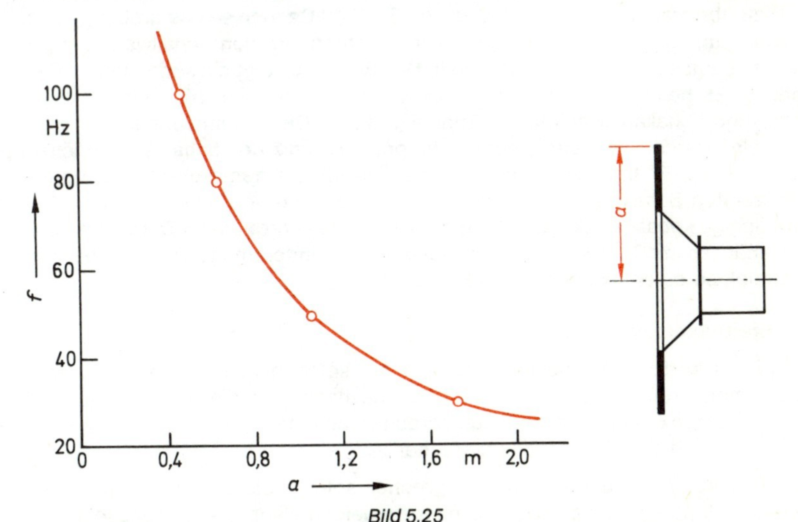

Bild 5.25
Grenzfrequenz einer Lautsprecherschallwand in Abhängigkeit vom Abstand a

nicht auf. Für sie entsteht kein Druckausgleich, weil die Wegstrecke um den Rand des Lautsprechers herum größer ist als ihre Wellenlängen.

Um den akustischen Kurzschluß für tiefe Frequenzen zu verhindern, müssen Lautsprecher auf eine Schallwand oder in ein Gehäuse montiert werden. In der einfachsten Form besteht die Schallführung aus einer Schallwand, die bei ausreichender Größe den Druckausgleich verhindert **(Bild 5.24 b).** Je niedriger die zu übertragende Frequenz der Schallschwingung sein soll, um so größer müssen die Schallwand oder das Gehäuse sein **(Bild 5.25).** Die gebräuchlichsten Schallführungen sind hinten offene Gehäuse, die als abgeknickte Schallwände aufgefaßt werden können (Rundfunk- und Fernsehgeräte), allseitig geschlossene Gehäuse (Hi-Fi-Lautsprecherboxen) und Exponentialtrichter (Druckkammerlautsprecher).

Merke: Lautsprecher benötigen zum Abstrahlen tiefer Frequenzen eine Schallwand!

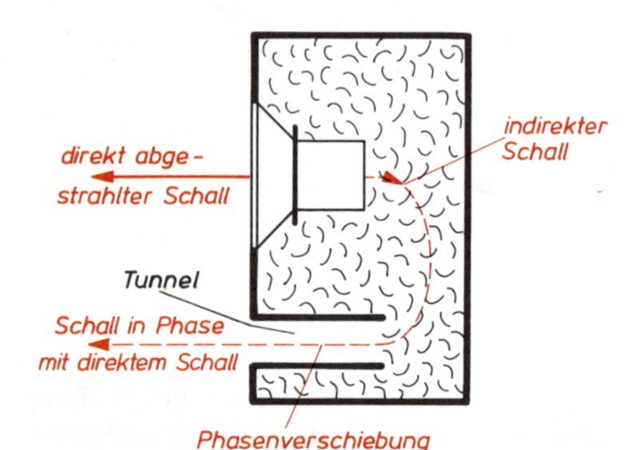

Bild 5.26
Baßreflexgehäuse

Beim Einbau eines Lautsprechers in eine sehr große Schallwand, sind die zwei Schallfelder auf beiden Membranseiten völlig getrennt; die abgestrahlte Leistung ist bis zur Eigenfrequenz des Lautsprechers hinab frequenzunabhängig. So benötigte man, um 40 Hz zu übertragen, eine Schallwand von 3 x 3 m! Da man solche großen Schallwände in Wohnräumen kaum unterbringen kann, hat man, um den Schallweg lang genug zu machen, Lautsprecherboxen entwickelt. Das **Bild 5.26** zeigt ein sogenanntes Baßreflexgehäuse. Es besitzt für den von der Lautsprechermembran rückwärts abgestrahlten Schall, eine Schallaustrittsöffnung, Tunnel genannt. Die in dem Tunnel befindliche Luftsäule wird durch den Lautsprecher komprimiert, und der Schall phasenverschoben herausgeführt. Er tritt dann nahezu phasengleich mit dem von der Membran direkt abgestrahlten Schall heraus. Die Wellen addieren sich und bringen so eine frequenzunabhängige konstante Schalleistung, auch bei tiefen Frequenzen. Durch das Auskleiden des Gehäuses mit Steinwolle oder Polsterwatte verhindert man Resonanzüberhöhungen und erzielt so einen gleichmäßigen Frequenzgang.

5.6.2 Breitbandlautsprecher

Eine gute Übertragungsqualität wird man mit solchen Lautsprechern erreichen, die selbst einen großen Übertragungsbereich besitzen und die in eine entsprechende Lautsprecherbox eingebaut sind. Lautsprecher mit einem großen Übertragungsbereich bezeichnet man als „Breitbandlautsprecher".

Nach DIN 45570 sind Breitbandlautsprecher solche, die in einem Frequenzbereich von mindestens 90 Hz bis 11200 Hz nahezu gleichmäßige Übertragungseigenschaften besitzen.

Bild 5.27
Breitbandlautsprecher (Isophon)
(koaxiales Zweiwegsystem)

Hi-Fi-Lautsprecher sollen dagegen nach DIN 45500 einen Frequenzbereich von mindestens 50 Hz bis 12500 Hz aufweisen. In Übertragungsanlagen mit hoher Wiedergabequalität verwendet man solche Hi-Fi-Lautsprecher. Um einen solchen geforderten Frequenzbereich mit nur einem Lautsprecher übertragen zu können, sind Breitbandlautsprecher meistens Kombinationssysteme. Man ordnet zusätzlich kleine dynamische Systeme innerhalb der Hauptmembran an **(Bild 5.27).** Sie werden über elektrische Weichen nur mit den Spannungen höherer Frequenz gespeist, damit sie von den großen Amplituden tiefer Töne nicht übersteuert werden und Intermodulationsverzerrungen erzeugen.

5.6.3 Lautsprecherkombinationen

In qualitativ besseren Lautsprecherboxen wird anstelle eines einzelnen Breitbandlautsprechers eine Lautsprecherkombination verschiedener, nur in bestimmten Frequenz-

Bild 5.28
HiFi-Lautsprecherboxen (Dual)

bereichen optimal arbeitender Lautsprecher eingesetzt. Moderne Lautsprecherboxen sind meistens mit drei Lautsprechern ausgestattet, einem ungerichtet strahlenden Tieftonsystem, einem Mitteltöner und einem Hochtonsystem **(Bild 5.28).** Solche Lautsprecherkombinationen weisen einen gleichmäßigen Frequenzgang in einem breiten Übertragungsbereich auf.

Merke: Lautsprecherkombinationen bestehen aus mehreren Lautsprechern mit verschiedenen sich überlappenden Frequenzbereichen.

Bei den Hi-Fi-Boxen muß man zwischen dem Zweiweg- und Dreiwegsystem unterscheiden. Beim **Zweiwegsystem** wird der gesamte Frequenzbereich auf zwei Bereiche aufgeteilt und dann einem Tiefton- und einem Hochtonlautsprecher zugeführt **(Bild 5.29).** Bei einem **Dreiwegsystem** teilt man den Übertragungsbereich in drei Frequenzbereiche auf und führt dann den entsprechenden Lautsprechern, dem Tiefton-, dem Mittelton- und dem Hochtonsystem die Signale zu.

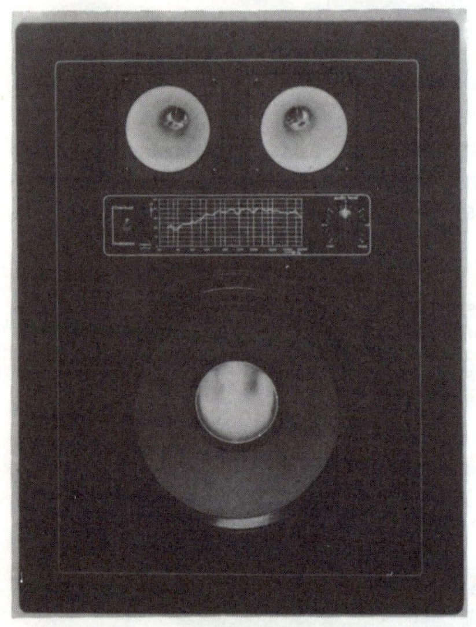

Bild 5.29
Lautsprecherbox mit einem Tieftonlautsprecher und zwei Exponential-Hochtonstrahlern. Die Hochtonstrahler sind um einige Grade voneinander versetzt und bewirken so eine breitwinklige Höhenabstrahlung. Die Höhen können mittels integrierter Regeleinheit abgesenkt werden (Isophon)

Bild 5.30
Lautsprecherbox mit einem Tiefton-, einem Mittelton- und zwei Hochtonlautsprechern. Zwischen dem Hochton- und Mitteltonlautsprecher sichtbar die Frequenzweichen (Isophon)

Die Aufteilung in die verschiedenen Frequenzbereiche geschieht meist passiv über **Frequenzweichen** (Filterschaltungen) **(Bild 5.30).** Damit bekommen die Lautsprecher dann nur Wechselspannungen der Frequenz zugeführt, die sie bevorzugt abstrahlen.

Merke: Lautsprecher einer Lautsprecherkombination werden über Frequenzweichen zusammengeschaltet!

Die technisch brillanteste Lösung ist jedoch, die Frequenzweichen vor den Verstärker einzufügen. Dies nennt man dann eine **aktive Frequenzweiche.** Hierbei benötigt man selbstverständlich für jeden Kanal (hoch, mittel, tief) einen separaten Verstärker. Konsequenterweise baut man dann gleich **aktive Lautsprecherboxen.** Solche Boxen enthalten z. B. bei einem Dreiwegsystem neben den drei entsprechenden Lautsprechern noch die drei Verstärker mit Frequenzweichen. Zum Ansteuern dieser Lautsprecherbox genügt dann schon ein Vorverstärker.

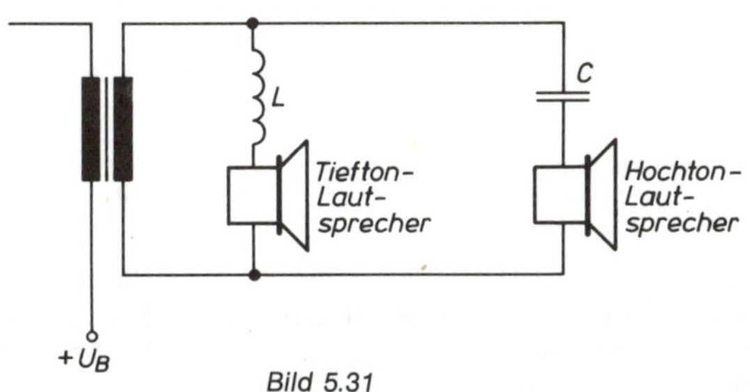

Bild 5.31
Einfache Frequenzweiche erster Ordnung zur Speisung eines Tiefton- und eines Hochtonlautsprechers

Im einfachsten Fall einer **passiven Frequenzweiche,** nämlich bei der Parallelschaltung von Lautsprechern **(Bild 5.31),** koppelt man den Hochtonlautsprecher kapazitiv und den Tieftonlautsprecher induktiv an. Tiefe Frequenzen, für die der induktive Blindwiderstand der Vorschaltspule vernachlässigbar ist, gelangen ungehindert an das Tieftonsystem. Mit höher werdender Frequenz geht infolge der wachsenden Sperrwirkung der Spule ein zunehmender Anteil der Leistung auf den Hochtonlautsprecher über, was durch den abnehmenden Blindwiderstand des Kondensators noch unterstützt wird.

Damit keine Lücke im abgestrahlten Frequenzband eintritt, müssen die obere Grenzfrequenz des Tieftonzweiges und die untere Grenzfrequenz des Hochtonzweiges zusammenfallen. Man nennt diese Frequenz **Überlappungs- oder Trennfrequenz** $f_{ü}$, siehe **Bild 5.32.** Sie liegt gewöhnlich bei einem Zweiwegsystem zwischen 400 Hz und 1200 Hz. Wenn die Schwingspulenimpedanz beider Lautsprecher gleich groß ist, hat die Parallelschaltung im gesamten Frequenzbereich einen konstanten Scheinwiderstand.

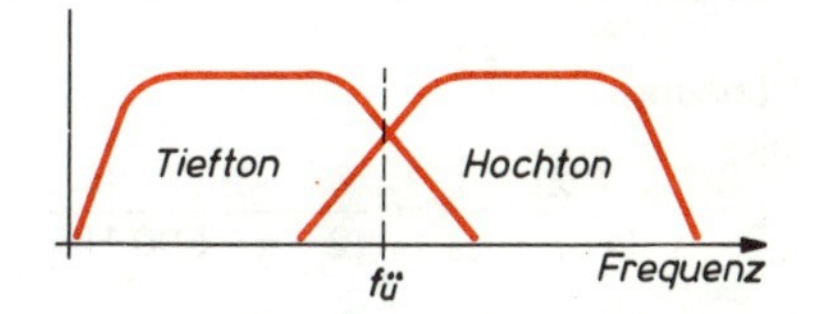

Bild 5.32
Abgestrahlte Frequenzbänder des Tiefton- und des Hochtonlautsprechers bei einem Zweiwegsystem mit richtig gewählter Überlappungsfrequenz

Eine schärfere Trennung zwischen Tiefton- und Hochtonfrequenzband ist mit der Schaltung nach **Bild 5.33** möglich. Ein parallel zum Tieftonlautsprecher liegender Kondensator schließt die Restspannungen hoher Frequenz kurz. Eine zum Hochtonlautsprecher parallel geschaltete Spule bewirkt entsprechendes bei tiefen Frequenzen.

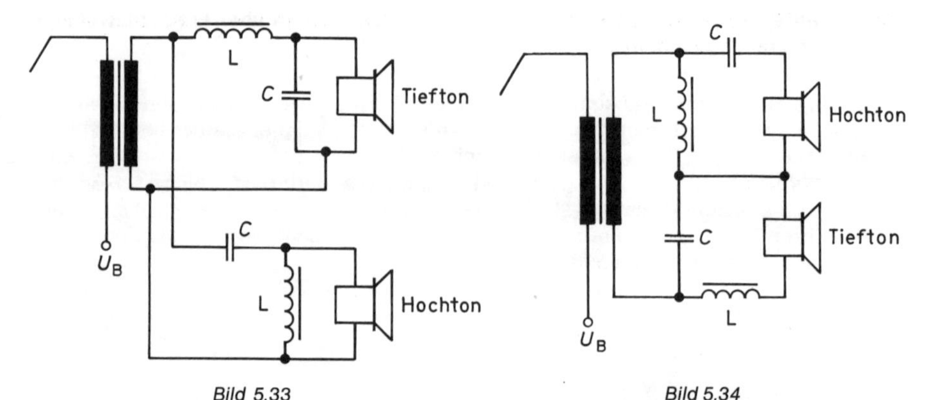

Bild 5.33
Frequenzweiche (zweiter Ordnung) mit besserer Selektion zur Ankopplung eines Tiefton- und eines Hochtonlautsprechers

Bild 5.34
Frequenzweiche bei zwei in Reihe geschalteten Lautsprechern

Auch in dieser Schaltung ist der Belastungswiderstand für die Endstufe konstant, weil die Schwingspulenwiderstände, die Induktivitäten und die Kapazitäten beider Zweige gleich groß sind. Lautsprecher mit kleinen Scheinwiderständen kann man auch in Reihe schalten. Hierfür benötigt man ebenfalls eine Frequenzweiche, die für die Wechselströme hoher und niedriger Tonfrequenz zwei getrennte Stromkreise bildet **(Bild 5.34).**

Für die Berechnung wird die Überlegung zugrundegelegt, daß bei der Grenz- oder Trennfrequenz $f_ü$ die Blindwiderstände gleich sind:

$$X_L = X_C = Z_L$$

Damit benötigt die Spule eine Induktivität von:

$$L = \frac{Z_L}{2 \cdot \pi \cdot f_ü}$$

Die Kapazität des Kondensators muß folgenden Wert haben:

$$C = \frac{1}{2 \cdot \pi \cdot f_ü \cdot Z_L}$$

Beispiel:

Ein Tiefton- und ein Hochtonlautsprecher sollen mit einer Frequenzweiche zusammengeschaltet werden. Für die Trennfrequenz von $f_ü = 500$ Hz sind die Werte von Spule und Kondensator zu berechnen. Die Lautsprecher haben eine Impedanz von je 5 Ω.

Lösung:

$$L = \frac{Z_L}{2 \cdot \pi \cdot f_ü} = \frac{5\,\Omega}{2 \cdot \pi \cdot 500\text{ Hz}}$$

$$L = \mathbf{1{,}59\ mH}$$

$$C = \frac{1}{2 \cdot \pi \cdot f_ü \cdot Z_L} = \frac{1}{2 \cdot \pi \cdot 500\text{ Hz} \cdot 5\,\Omega}$$

$$C = \mathbf{63{,}7\ \mu F}$$

5.7 Lautsprecheranpassung

Endstufen mit Transistoren oder Röhren müssen im Interesse eines kleineren Klirrfaktors und wegen der Gefahr der Überlastung mit einem vom Hersteller vorgeschriebenen Lastwiderstand arbeiten. Meistens stimmen die Widerstandswerte des erforderlichen Lastwiderstandes nicht mit dem Scheinwiderstand des Lautsprechers überein. Zwischen Endstufe und Lautsprecher muß dann ein Ausgangsübertrager geschaltet werden, der mit seinem Übersetzungsverhältnis die erforderliche Anpassung schafft. Bei den heute üblichen Komplementärendstufen liegt der erforderliche Lastwiderstand bereits in der Größenordnung von handelsüblichen Lautsprecherimpedanzen, so daß man auf Anpassungsübertrager verzichten kann.

Bei Endstufen mit Transistoren ist zu beachten, daß mit niederohmig werdendem Lastwiderstand zwar die Ausgangsleistung steigt, aber damit auch der Strom durch die Transistoren. Bei einer solchen Unteranpassung fließen sehr große Ströme, die die Transistoren überlasten.

Merke: Transistorbestückte Endstufen dürfen nicht kurzgeschlossen oder durch Unteranpassung überlastet werden!

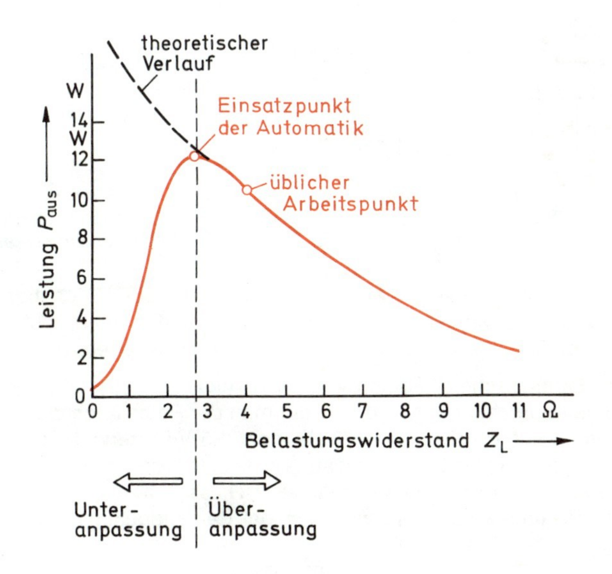

Bild 5.35
Ausgangsleistung eines Transistor-Verstärkers in Abhängigkeit vom Lastwiderstand

Man baut deshalb in viele Transistorverstärker eine Abschaltautomatik ein, die bei zu großem Strom die Endstufentransistoren abschaltet. Die Grafik in **Bild 5.35** zeigt, in welchen Bereich man den Arbeitspunkt legt. Man nimmt also lieber eine geringfügig kleinere Leistung und einen etwas größeren Klirrfaktor in Kauf, um eine Überlastung zu vermeiden. Beim Anschluß mehrerer Lautsprecher an einen Verstärker ist darauf zu achten, daß der Gesamtscheinwiderstand aller angeschlossenen Lautsprecher ungefähr dem Anpassungswiderstand des Verstärkers entsprechen oder größer sein soll (Überanpassung). Dabei muß man stets einer Parallelschaltung oder einer gemischten Schaltung vor einer Reihenschaltung den Vorzug geben. Weiterhin sollte man möglichst Lautsprecher mit gleichem Scheinwiderstand zusammenschalten. Die Nennbelastbarkeit der gesamten Lautsprecherbox sollte dann möglichst mit der Nennleistung – oft auch Sinusleistung genannt – des Verstärkers übereinstimmen.

Beispiel:

An einen 6-Ω-Verstärker sollen je ein Lautsprecher mit 5 Ω, 7 Ω und 15 Ω angeschlossen werden.

Lösung:

Wird die Reihenschaltung von den Lautsprechern 5 Ω und 7 Ω mit dem Lautsprecher von 15 Ω parallel geschaltet **(Bild 5.36),** so ergibt sich ein Gesamtwiderstand von

$$\frac{(Z_{L1} + Z_{L2}) \cdot Z_{L3}}{Z_{L1} + Z_{L2} + Z_{L3}} = \frac{(5\ \Omega + 7\ \Omega) \cdot 15\ \Omega}{5\ \Omega + 7\ \Omega + 15\ \Omega} = \mathbf{6{,}66}\ \Omega$$

Man erhält eine zulässige Überanpassung!

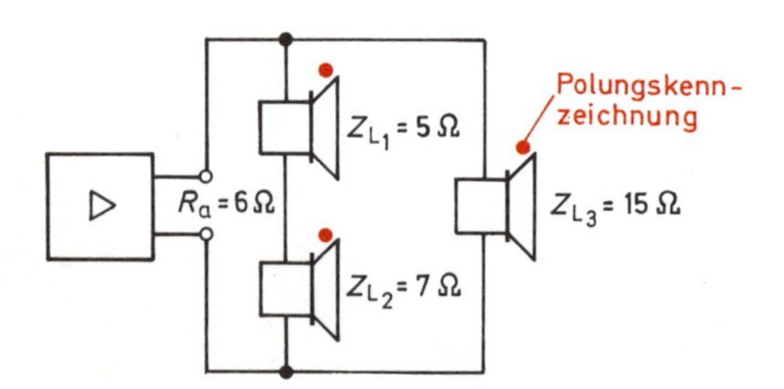

Bild 5.36
Anpassung von Lautsprechern an einen Verstärker

Schaltet man mehrere Lautsprecher zusammen, so ist auf gleichphasige Schallabstrahlung zu achten. Schwingen die Membranen der Lautsprecher nicht gleichphasig, so würden sich die Schallwellen zum Teil gegenseitig auslöschen.

Die Polung der Lautsprecher läßt sich leicht wie folgt feststellen: Legt man alle Lautsprechersysteme nebeneinander, und schließt man der Reihe nach die Schwingspulenanschlüsse dieser Lautsprecher an die Pole einer 1,5 V-Batterie, so müssen die Lautsprechermembranen bei gleicher Polung stets in dieselbe Richtung auswandern. Bewegt sich die Membran nach vorne ist es der Plus-Pol. Diese Polung markiert man sich, z. B. durch Farbpunkte, und weiß dann, wie man bei der endgültigen Montage die Lautsprecher anzuschließen hat.

Merke: Achte beim Zusammenschalten mehrerer Lautsprecher auf die richtige Polung!

Genormte Endverstärker haben bei ihrer Nennleistung 100 V am Ausgang stehen. Infolge einer Gegenkopplung im Verstärker erreicht man, daß der Wechselstromausgangswiderstand des Verstärkers so klein wird, daß diese Ausgangsspannung nahezu belastungsunabhängig wird. Jeder Lautsprecher, der an diesen Verstärker angeschlossen werden soll, muß mit einem Anpaßtransformator ausgerüstet sein.

Die Lautsprecher werden parallel geschaltet **(Bild 5.37).** Ihre Gesamtleistung darf dabei die Nennleistung des Verstärkers nicht unterschreiten. Aus Sicherheitsgründen sind für solche Anlagen die VDE-Bestimmungen für Spannungen über 65 V zu beachten.

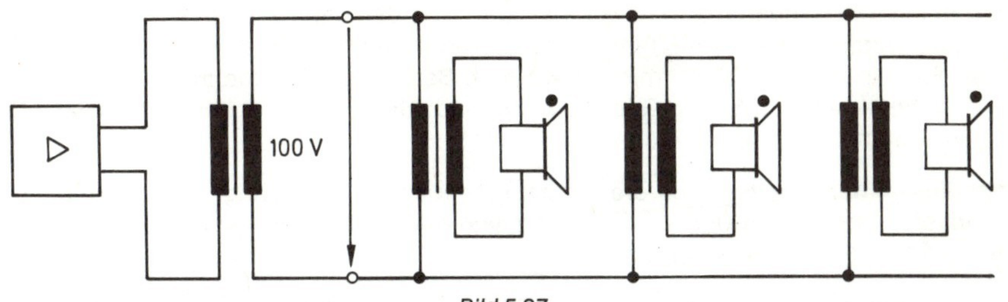

Bild 5.37
Lautsprecheranschluß beim 100 V-Normausgang

Merke: In Endverstärkern mit 100-V-Normausgang sind die durch Übertrager angepaßten Lautsprecher parallel geschaltet.

Die Übersetzungsverhältnisse dieser Anpassungstransformatoren errechnen sich nach folgenden Formeln:

$$ü = \frac{U_p}{U_L}$$

U_p = 100 V genormt

$$U_L = \sqrt{P_L \cdot Z_L}$$

damit wird $ü = \frac{100\ \text{V}}{\sqrt{P_L \cdot Z_L}}$

Beispiel:

An einen Verstärker mit 100-V-Normausgang sind 3 Lautsprecher angeschlossen:
1. Lautsprecher 75 W/10 Ω Schwingspulimpedanz
2. Lautsprecher 5 W/15 Ω Schwingspulimpedanz
3. Lautsprecher 1 W/20 Ω Schwingspulimpedanz

Berechnen Sie die Übersetzungsverhältnisse der erforderlichen Lautsprecherübertrager!

Lösung:

$ü_1$ = 3,65 : 1, $ü_2$ = 11,55 : 1, $ü_3$ = 22,36 : 1

Zusammenfassung 5 b

Die Schallabstrahlungseigenschaften von Lautsprechern sind sehr frequenzabhängig. Die Ausbreitung der Schallwellen von Lautsprechern erfolgt bei tiefen Frequenzen kugelförmig, bei hohen Frequenzen dagegen keulenförmig.

Breitbandlautsprecher sind Lautsprecher mit einem großen Übertragungsbereich. Ein großer Übertragungsbereich läßt sich auch erreichen, wenn man eine Lautsprecherkombination verwendet, bei der man zusätzlich kleine dynamische Systeme für die hohen Frequenzen innerhalb der Hauptmembran anordnet. Hochtonkugeln sind spezielle Anordnungen von Hochtonlautsprechern, um die Richtwirkung der hohen Frequenzen aufzuheben.

Um keinen akustischen Kurzschluß entstehen zu lassen, benötigen Lautsprecher zum Abstrahlen tiefer Frequenzen eine Schallwand. Aus räumlichen Gründen geht man von der Schallwand zu Lautsprecherboxen über. Zur Beschallung größerer Flächen verwendet man Lautsprechergruppen. Das sind mehrere gleichartige Lautsprecher mit nahezu gleichem Frequenzgang. Um den Stereo-Effekt mit Lautsprechern vollkommen zu erreichen, müssen die Lautsprecher und der Zuhörer in einem bestimmten Abstandsverhältnis zueinander stehen.

Die Lautsprecherimpedanz muß stets an den erforderlichen Ausgangswiderstand der Endstufe angepaßt sein. Bei Transistor-Verstärkern muß eine Unteranpassung und auf jeden Fall ein Kurzschluß vermieden werden. Beim Anschluß mehrerer Lautsprecher an den Verstärker muß der Gesamtwiderstand aller Lautsprecherimpedanzen dem Lastwiderstand des Verstärkers entsprechen.

Beim Zusammenschalten mehrerer Lautsprecher ist auf die richtige Polung zu achten. In Endverstärkern mit 100-V-Normausgang sind die durch Übertrager angeschlossenen Lautsprecher parallel zu schalten.

Eine Lautsprecherkombination ist eine Zusammenschaltung mehrerer Lautsprecher mit verschiedenen sich überlappenden Frequenzbereichen. Man schaltet die verschiedenen Lautsprecher durch Frequenzweichen zusammen.

Übungsaufgaben 5 b

1. Warum strahlen Lautsprecher tiefe bzw. hohe Frequenzen unterschiedlich ab?
2. Was ist ein Breitbandlautsprecher?
3. Warum verwendet man Hochtonkugeln?
4. Was versteht man unter einem akustischen Kurzschluß?
5. Was ist eine Lautsprechergruppe, und wann setzt man sie ein?
6. In welchem ungefähren Abstandsverhältnis müssen Zuhörer und Lautsprecher stehen, um den Stereo-Effekt voll zu erreichen?
7. Welche Anpassungsart soll man bei Transistor-Endstufen vermeiden?
8. Welche Folge würde eintreten, wenn man beim Zusammenschalten von Lautsprechern nicht auf die Polung achten würde?
9. Weshalb ist es sinnvoll, bei Kraftverstärkern einen100-V-Normausgang zu benutzen?
10. Welche Aufgaben haben Frequenzweichen bei einer Lautsprecherkombination?
11. Was versteht man unter einem Zweiweg- und einem Dreiwegsystem?
12. Nennen Sie den Unterschied zwischen einer aktiven und einer passiven Frequenzweiche.
13. Welche Baugruppen enthält eine aktive Lautsprecherbox?
14. Was versteht man unter dem Begriff „Überlappungs- oder Trennfrequenz"?
15. Welche Bedingung legt man bei der Berechnung der Trenn- oder Grenzfrequenz einer passiven Frequenzweiche zugrunde?

Dieser Aufsatz ist ein Auszug aus dem Buch Peter Zastrow „Phonotechnik", das gerade erschienen ist und zum Preis von 34,– DM (einschließlich Versandspesen) geliefert wird. Bestellung bitte durch Vorauszahlung auf unser Postscheckkonto.

6. Verstärkertechnik

6.1 Allgemeines

6.1.1 Aufgaben eines Verstärkers

Übertragungsanlagen setzen sich aus einer Anzahl von Baugruppen zusammen: Auf der Eingangsseite die Signalquellen z. B. Tonabnehmer, Mikrofon, Tonbandgerät, Rundfunk-Empfänger. Dann folgt der Verstärker, auf dessen Ausgangsseite sich Lautsprecher oder Kopfhörer befinden. Die Signalquellen geben Spannungspegel ab, die selten die 10-mV-Grenze unterschreiten aber auch nicht mehr als 1 V abgeben. Damit sind sie nicht in der Lage, die am Ende der Übertragungskette befindlichen Kopfhörer oder Lautsprecher mit der zu ihrem Betrieb erforderlichen Leistung zu versorgen. Der Verstärker hat nun die Aufgabe, die an seinem Eingang liegenden kleinen Signalleistungen derart zu verstärken, daß mit der Ausgangsleistung Lautsprecher oder Kopfhöher angetrieben werden können. Dabei soll die Signalspannung trotz ausreichender Verstärkung weitgehend unverzerrt an den Ausgang des Vestärkers gelangen. Darüber hinaus hat der Verstärker auch noch die Aufgabe, etwaige Mängel einer Aufnahme, eines Wiedergabegerätes bzw. eines Wiedergaberaumes möglichst weitgehend zu kompensieren.

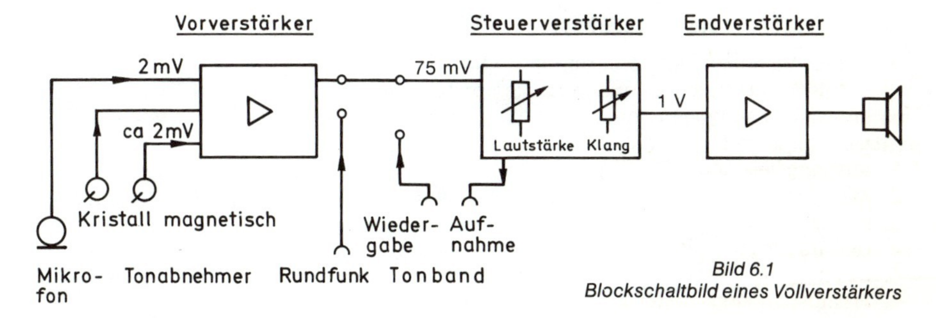

Bild 6.1
Blockschaltbild eines Vollverstärkers

Um diese Aufgaben erfüllen zu können, ist es zweckmäßig den Verstärker, der in der DIN-Norm Vollverstärker genannt wird, in drei einzelne Funktionseinheiten zu unterteilen **(Bild 6.1).**

Der **Vorverstärker** soll

1. die Spannungen der Signalquellen verstärken
2. unterschiedliche Pegel ausgleichen
3. lineare Verzerrungen kompensieren
4. verschiedene Signalquellen mischen

Der **Steuerverstärker** hat folgende Aufgaben:

1. die in dem Vorverstarker aufbereiteten Signale weiter zu verstärken,
2. durch Einstell- und Schaltorgane eine willkürliche Veränderung des Klangcharakters entsprechend den Hörerwünschen zu ermöglichen.

Der **Endverstärker** hat die Aufgabe:

bei einem angemessenen Wirkungsgrad eine über den gesamten Übertragungsbereich konstante Leistungsverstärkung bei möglichst geringen linearen und nichtlinearen Verzerrungen zu bringen.

Diese einzelnen Baugruppen befinden sich durchweg auf einem gemeinsamen Chassis bzw. in einem gemeinsamen Gehäuse. Im **Bild 6.2** ist ein handelsüblicher HiFi-Stereo-

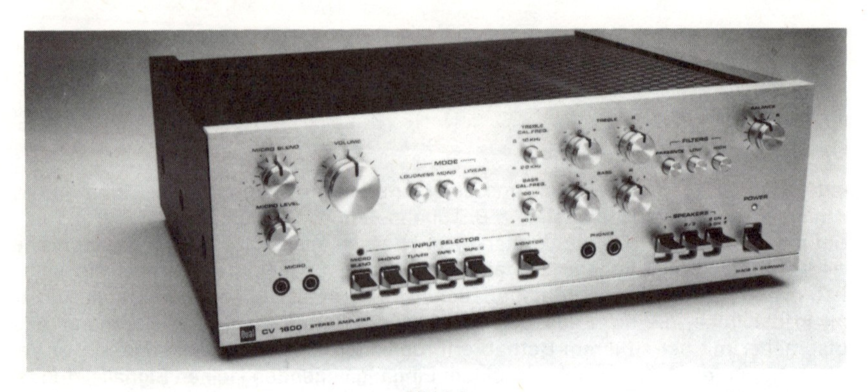

Bild 6.2
HiFi-Stereo-Verstärker (Dual)

Verstärker wiedergegeben, der alle diese Baugruppen enthält, wie aus der Frontplattenbeschriftung zu ersehen ist. Es werden jedoch auch Anlagen angeboten, bei denen Steuer- und Leistungsverstärker mechanisch getrennte Einheiten bilden. Das ist meistens bei Bausätzen der Fall.

6.1.2 Kenndaten eines Verstärkers

Um einen Verstärker einwandfrei einer Qualitätsklasse zuordnen zu können, reichen verhältnismäßig wenige Kriterien aus. Die Hersteller geben trotzdem eine Reihe von Kenndaten an, die nachfolgend erläutert werden sollen. Bei jedem Verstärker werden grundsätzlich folgende Daten angegeben:

1. Ausgangsleistung
2. Klirrfaktor
3. Intermodulationsfaktor
4. Übertragungsbereich
5. Leistungsbandbreite
6. Fremdspannungsabstand
7. Übersprechen
8. Eingangsempfindlichkeit
9. Wirksamkeit der Einsteller und Filter

Die Ausgangsleistung

Eine wichtige Kenngröße eines Verstärkers ist die Ausgangsleistung. Man unterscheidet jedoch zwei Leistungsbegriffe:

Die **Nennausgangsleistung,** auch Sinusleistung, Sinusdauerleistung oder Dauerleistung genannt, ist die Ausgangsleistung, die ein Verstärker bei 1 000 Hz und bei Aussteuerung bis zum Nennklirrfaktor abgibt. Diese Leistung muß mindestens über 10 Minuten bei einer Umgebungstemperatur von 15 bis 30 °C gehalten werden. Die Versorgungsspannung muß dabei auf 1 % genau eingehalten werden.

Die **Musikleistung,** auch Spitzenleistung genannt, ist die maximale Leistung, die der Verstärker kurzzeitig liefert und bei der der Nennklirrgrad nicht überschritten wird. Dabei wird eine konstante Versorgungsspannung vorausgesetzt. Das bedeutet, daß je nach Größe des Innenwiderstandes des Versorgungsteils, die Musikleistung etwa 20 bis 50 % über der Nennausgangsleistung liegt. Die Musikleistung ist also die höchste Leistung eines Verstärkers, die er bei einer Impulsbelastung abgeben kann. Ein Paukenschlag innerhalb leiser Konzertmusik ist eine solche Impulsbelastung. Die Musikleistung kann nur mit Labormethoden exakt festgestellt werden.

Der Klirrfaktor

Der Klirrfaktor ist ein Maß für die in einem Übertragungsglied entstandenen Verzerrungen und wird in Prozent angegeben. 1 % Klirrfaktor kann gehörmäßig gerade erkannt werden. (Siehe auch Abschnitt 2.1.2 „Nichtlineare Verzerrungen").

Bei der Angabe des Klirrfaktors müssen stets die Ausgangsleistung und der Frequenzbereich angegeben werden. Das ist schon deshalb wichtig, weil der Klirrfaktor bei steigender Leistung auch ansteigt **(Bild 6.3).** Aber auch die Frequenzabhängigkeit des Klirrfaktors **(Bild 6.4)** darf man nicht unberücksichtigt lassen.

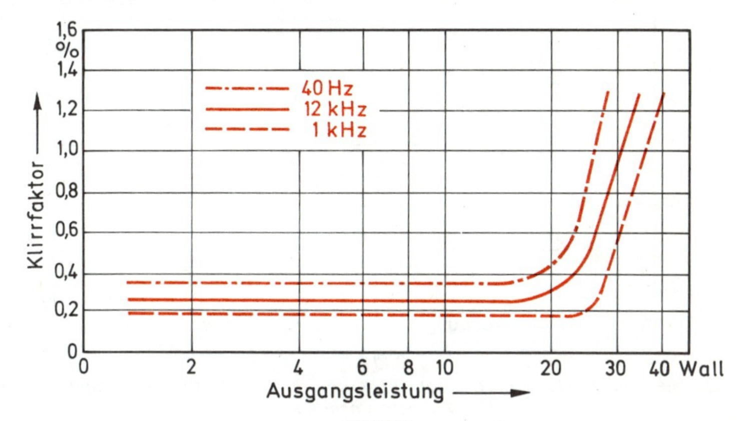

Bild 6.3
Klirrfaktor in Abhängigkeit von der Ausgangsleistung

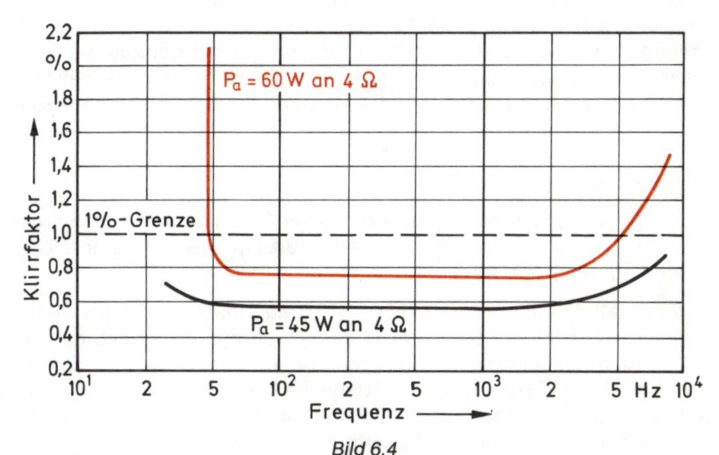

Bild 6.4
Klirrfaktor in Abhängigkeit von der Frequenz und von der Ausgangsleistung

Eine zuverlässige Angabe des Klirrfaktors schließt immer die Grenzbereiche ein, bis zu denen der Klirrfaktor auf einem bestimmten, angegebenen Wert gehalten wird. Eine Angabe wie „0,1 % bei 1000 Hz, 0,3 % von 40 bis 15000 Hz" sagt eindeutig, was von diesem Verstärker zu erwarten ist. Bis zur Nennleistung bleibt der Klirrfaktor innerhalb des Übertragungsbereiches von 40 Hz bis 15000 Hz unter 0,3 %. Bei 1000 Hz bleibt der Klirrfaktor sogar bei allen Leistungspegeln unter 0,1 %.

Der Intermodulationsfaktor

Der Intermodulationsfaktor, abgekürzt IM, ist ein Maß für das unerwünschte Entstehen von neuen Frequenzen in einem elektroakustischen Gerät. Da diese Summen- und Differenztöne im Klangbild ursprünglich nicht vorhanden waren, ergibt sich ein verzerrtes Klangbild. (Siehe auch Abschnitt 2.1.2 „Nichtlineare Verzerrungen").

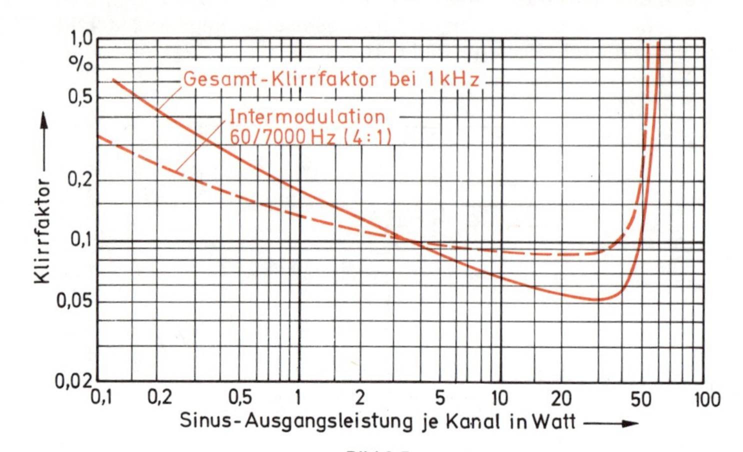

Bild 6.5
Gegenüberstellung von Gesamtklirrfaktor und Intermodulationsfaktor in Abhängigkeit von der Ausgangsleistung

Ein Intermodulationsfaktor in der Größenordnung von 1 % kann wegen des unharmonischen Verhaltens hörbar werden oder zumindest undefinierbare Verwaschungen und Verschleierungen bewirken. Deshalb soll der Intermodulationsfaktor besonders genau angegeben werden. Er wird stets in Verbindung mit der zugehörigen Leistung und den beiden Meßfrequenzen angegeben. Wie das **Bild 6.5** zeigt, hängt genau wie der Klirrfaktor auch der Intermodulationsfaktor stark von der Leistung ab. Eine Angabe wie „IM = 0,8 %" oder ähnlich genügt deshalb in keinem Fall.

Der Übertragungsbereich

Der Übertragungsbereich eines Verstärkers ist der Frequenzbereich, den der Verstärker ohne nennenswerte lineare Verzerrungen überträgt. Bei den Grenzfrequenzen ist die Verstärkung um 3 dB (ca. 30 %) abgesunken.

Angestrebt wird natürlich immer ein großer Übertragungsbereich. Obwohl der Mensch nur bis ca. 15 kHz hört, ist es doch sinnvoll, den Übertragungsbereich bis 30 000 Hz zu erweitern. Den Klang eines Instrumentes bestimmen nämlich gerade die Oberwellen. Bei einem Ton von 10 000 Hz liegt die 1. Oberwelle bei 20 kHz, die 2. Oberwelle bereits schon bei 30 kHz. Obwohl man diese Obertöne nicht mehr hört, liegen ihre Differenzfrequenzen wieder im Hörbereich und bestimmen den Klang.

Die Leistungsbandbreite

Als Leistungsbandbreite bezeichnet man den Frequenzbereich, innerhalb dessen bei angegebenem Klirrfaktor die halbe Nennausgangsleistung erreicht wird. Die beiden Frequenzen, bei denen der Verstärker nur noch die Hälfte seiner Nennleistung erreicht, begrenzen die Leistungsbandbreite. Ist die Leistung auf 50 % abgesunken, so ist die Ausgangsspannung auf 70,7 % zurückgegangen **(Bild 6.6)**.

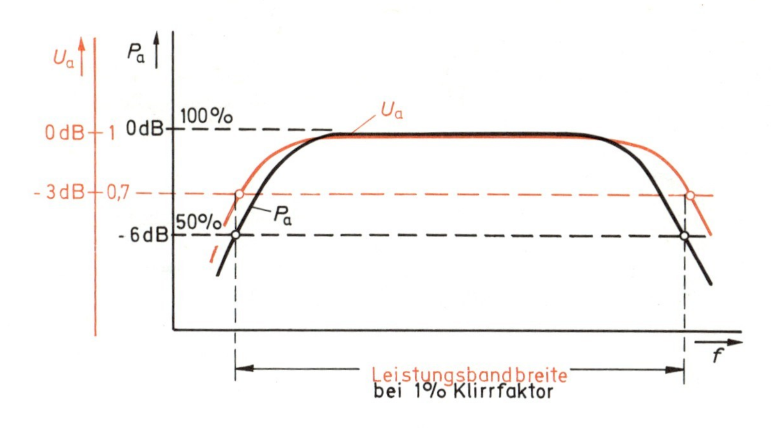

Bild 6.6
Ausgangsleistung und Ausgangsspannung eines Verstärkers bei der Leistungsbandbreite

Der Fremdspannungsabstand

Der Fremdspannungsabstand ist das Verhältnis zwischen dem größtmöglichen Nutzsignal zum maximal hörbaren Störgeräusch und wird in dB angegeben. Die Störgeräusche setzen sich aus Brumm- und Rauschanteilen zusammen.

Bei der Beurteilung des Fremdspannungsabstandes darf nicht die dB-Zahl isoliert betrachtet werden. Es muß vielmehr der Zusammenhang zwischen der Eingangsempfindlichkeit und der auf die Eingangsempfindlichkeit bezogenen Ausgangsleistung einbezogen werden. Wie die Messung für den Fremdspannungsabstand zeigt, wird zunächst aus einem Generator eine solch große Eingangsspannung auf den Verstärker gegeben, daß die entsprechende Ausgangsleistung erreicht wird. Dann wird der Generator abgeklemmt und der Verstärkereingang normmäßig abgeschlossen. Jetzt mißt man die vom Verstärker selbst erzeugten Störspannungen (Brummen, Rauschen) am Ausgang und bildet das Verhältnis:

$$\text{Fremdspannungsabstand in dB} = 20 \cdot \log \frac{U_a}{U_{Stör}}$$

Das Übersprechen

Die gegenseitige Beeinflussung mehrerer Übertragungskanäle nennt man Übersprechen. Dabei unterscheidet man zwei Möglichkeiten:

1. Übersprechen zwischen den Kanälen bei Stereogeräten
Beide Kanäle werden mit ohmschen Widerständen abgeschlossen. Ein Kanal wird durch einen Tongenerator auf Nennausgangsspannung ausgesteuert. Der andere Kanal wird am Eingang normmäßig abgeschlossen. Jetzt mißt man die Ausgangsspannungen beider Kanäle und bildet das logarithmische Verhältnis:

$$\text{Übersprechdämpfung in dB} = 20 \log \cdot \frac{U_1}{U_2}$$

Je weniger vom besprochenen Kanal in den unbesprochenen Kanal hinüberstrahlt, um so besser ist der Stereo-Effekt und um so höher ist die Übersprechdämpfung, bzw. um so geringer ist das Übersprechen.

2. Übersprechen zwischen verschiedenen Eingängen
Hierbei untersucht man, wie stark ein besprochener Eingang auf die unbesprochenen Eingänge strahlt. Auch hier setzt man die jeweiligen Ausgangsspannungen ins Verhältnis. Die Angabe erfolgt ebenfalls in dB.

Die Eingangsempfindlichkeit

Für den Anwender ist die Eingangsempfindlichkeit von besonderer Bedeutung. So kann er entscheiden, ob er für seine zu verwendende Signalquelle noch einen extra Vorverstärker benötigt, oder ob die Eingangsempfindlichkeit des Verstärkers ausreicht. Die Hersteller geben deshalb bei den Verstärkern für die jeweiligen Eingänge stets die minimale Eingangsspannung an, die dieser Verstärker am betreffenden Eingang störungsfrei verarbeiten kann. Die Kenntnis über die Eingangsspannung alleine reicht nicht aus, man muß auch den entsprechenden Eingangswiderstand des Verstärkers kennen, damit eine entsprechende Anpassung erreicht werden kann. Die Hersteller geben deshalb neben der Eingangsspannung auch stets die Eingangsimpedanz mit an.

Die Wirksamkeit der Einsteller und Filter

Jeder Hörer möchte das Klangbild entsprechend seinem Geschmack, durch Einstell- und Schaltorgane individuell verändern können. Welche Einflußmöglichkeiten diese Einsteller am Verstärker haben, und wie stark sie den Frequenzbereich beeinflussen können, muß in den technischen Daten angegeben sein. Vielfach geben die Hersteller auch Frequenzgangkurven an, aus denen unmittelbar abzulesen ist, welchen Einfluß die jeweiligen Organe haben **(Bild 6.7)**.

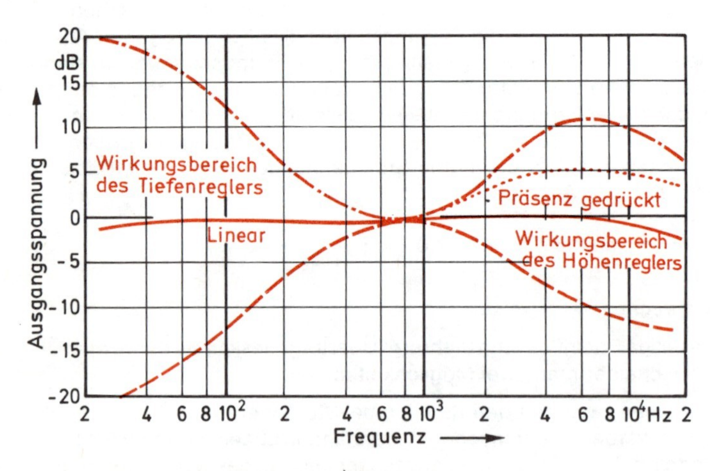

Bild 6.7
Wirkungsweise des Höhen- und Tiefeneinstellers sowie der Präsenztaste

Neben den üblichen Klangeinstellern, mit denen man die Amplitude tiefer und hoher Frequenzen verändern kann, verfügen aufwendige Vollverstärker noch über Einsteller und Filter, mit denen man lediglich nur bestimmte Frequenzbereiche beeinflussen kann, wie z. B. Präsenz-, Rumpel- und Rauschfilter. In besonders komfortabler Ausführung werden sie *Equalizer* genannt. Bei Stereoverstärkern ist es erforderlich, die Balance zwischen den Kanälen einzustellen und gegebenenfalls die Basisbreite zu beeinflussen.

6.1.3 Anforderungen der HiFi-Norm

Die HiFi-Norm nach DIN 45500 fordert für Verstärker folgende Werte:

Übertragungsbereich	mind. 40 bis 16000 Hz
zulässige Abweichungen bezogen auf 1 kHz	
für lineare Eingänge	max. ± 1,5 dB
für entzerrende Eingänge	max. ± 2 dB
Unterschiede der Übertragungsmaße der Kanäle bei Stereogeräten	
Unterschied	max. 3 dB
mit Balanceeinsteller,	max. 6 dB
der eine Änderung des Übertragungsmaßes	> 8 dB erlaubt
Klirrfaktor	
Bei Vollverstärkern zwischen 40 Hz und 12500 Hz	max. 1 %
Intermodulationsfaktor	
bei Vor- und Leistungsverstärkern	max. 2 %
bei Vollverstärkern	max. 3 %
Leistungsbandbreite	40 Hz bis 12500 Hz
Fremdspannungsabstand	
bei Leistungs- und Vollverstärkern bis 20 W bezogen auf eine Ausgangsleistung von Mono 100 mW oder Stereo 2 x 50 mW	mind. 50 dB
Übersprechdämpfung	
zwischen 250 Hz und 10 kHz	mind. 30 dB
bei 1000 Hz	mind. 40 dB
Ausgangsleistung	
für Nennleistung (Sinuston von 1 kHz mind. 10 Minuten)	
Mono	mind. 10 W
Stereo	mind. 2 x 6 W
Ausgangswiderstände	
für Lautsprecheranschlüsse	4 oder 8 Ohm
für Kopfhöreranschlüsse	200 oder 400 Ohm.

6.1.4 Daten eines handelsüblichen Verstärkers

Das **Bild 6.8** zeigt einen handelsüblichen HiFi-Stereo-Verstärker, von dem nachfolgend die Daten aufgelistet werden sollen, um zu zeigen, welche Kenndaten die Hersteller angeben und daß diese Daten die von der Norm geforderten Anforderungen erfüllen.

Technische Daten

Dual CV 1600

Bild 6.8
Frontansicht eines HiFi-Stereo-Verstärkers (Dual)

Ausgangsleistung (an 4 Ohm)	
Musikleistung W	2 x 120
Dauertonleistung W	2 x 80
Übertragungsbereich Hz ± 1,5 dB	10–40000
Klirrfaktor % bzg. auf Nenn-leistung, 40 Hz – 12,5 kHz	< 0,5
bei 2 x 50 W, 1000 Hz	< 0,15
Leistungsbandbreite Hz	5–20000
Fremdspannungsabstände	
bezogen auf 2 x 50 mW	
Niederohmige Eingänge:	
typischer Wert dB	61
Hochohmige Eingänge:	
typischer Wert dB	62
bezogen auf Nennleistung	
Eingang Phono-Magnet:	
typischer Wert dB	68
Hochohmige Eingänge:	
typischer Wert dB	88
Eingänge	
Mikrofon mV/kOhm	0,3/4,7
Phono-Magnet mV/kOhm	1,5/47
Radio mV/kOhm	150/470
Band mV/kOhm, min.	2 x 150/470
Monitor mV/kOhm, min.	150/470
Ausgänge	
Lautsprecher	6
Kopfhörer	2 1/4 inch
Baßregler	± 10 dB bei 50 oder 100 Hz
Höhenregler	± 10 dB bei 10 oder 20 kHz

Balanceregler (Regelbereich) dB	+ 3/– 11
Präsenztaste	+ 4 dB bei 4 kHz
Dämpfungsfaktor	> 50
Abschaltbare physiologische Lautstärkeregelung	ja
Stereo/Mono-Schalter	ja
Rumpelfilter (Steilheit)	12 dB/Oktav
Rauschfilter (Steilheit)	12 dB/Oktav
Übersprechdämpfung dB	> 50
Bestückung	
Transistoren/Integrierte Schaltkreise	52/14
Dioden/Thermoschalter/Sicherungen	29/2/6
Leistungsaufnahme W	370
Abmessungen und Gewicht	
Maße (Breite x Höhe x Tiefe) mm	440 x 150 x 360
Gewicht kg	13,2

6.1.5 Ausgangsleistung eines Verstärkers

Jeder Käufer eines Verstärkers stellt sich zunächst die Frage nach der erforderlichen Ausgangsleistung. Welche Leistungen für ein „normales" Wohnzimmer erforderlich sind, ist nicht eindeutig zu beantworten. Das hängt einmal von den Hörgewohnheiten des Musikfreundes ab, zum anderen aber auch von der Raumakustik (Anhall, Nachhall, Dämpfung) und vom Wirkungsgrad der Lautsprecher.

Für eine mittlere Lautstärke in einem Wohnzimmer würde, wenn man einen Lautsprecherwirkungsgrad von 4 % zugrunde legt, eine Leistung von etwa 0,25 W ausreichen. Soll allerdings der Originalschalldruck eines großen Orchesters erzeugt werden, so muß man eine Dynamik von 60 dB anstreben. Hier ist für die lautesten Musikstellen eine Verstärkerleistung von:

$$1000 \cdot 0{,}25\ W = 250\ W$$

bereitzustellen.

Derartige Schalldrücke können zwar in einem Konzertsaal, nicht aber in einem normalen Wohnzimmer abgestrahlt werden. Bei eingeengter Dynamik von 40 dB, so wie sie der Rundfunk überträgt, ist für die Wiedergabe von Spitzenlautstärken immer noch eine Leistung von 25 W erforderlich. Wenn die Endstufe des Verstärkers nun keine Reserven hat, fängt sie an zu begrenzen. Die dadurch auftretenden Verzerrungen werden vom Ohr besonders unangenehm aufgenommen. Weiterhin empfindet man ein verzerrtes Signal psychisch viel lauter als ein gleich lautes aber unverzerrtes Signal.

So wäre für einen Verstärker, den man in einem „normalen" Wohnzimmer einsetzen will, eine Nennleistung von vielleicht 20 bis 25 W ausreichend, der allerdings eine entsprechende Musikleistung von vielleicht 100 W gegenüberstehen sollte. Als Faustregel sollte man je 1 m^2 Fläche 1 W Nennausgangsleistung für den Verstärker wählen.

Beim Verstärkerkauf ist noch zu beachten, daß eine 10fache Leistungserhöhung (z. B. von 10 W auf 100 W) nur als Verdoppelung der Lautstärke wahrgenommen wird. Eine Verdoppelung der Verstärkerleistung (z. B. von 50 W auf 100 W) hat gerade eine hörbare Lautstärkeänderung zur Folge. (Siehe Abschnitt 1.2.3) Eine Diskussion, ob ein Verstärker eine Ausgangsleistung von 30 W oder 50 W haben muß, ist nach diesen Erkenntnissen unnütz, denn den Lautstärkeunterschied kann man kaum wahrnehmen.

6.2 Vorverstärker

Vorverstärker sollen mehrere Aufgaben erfüllen. So sollen sie

1. die Spannungen der Signalquellen verstärken,
2. die unterschiedlichen Signalpegel aneinander angleichen,
3. lineare Verzerrungen kompensieren, z. B. bei Tonabnehmern
4. verschiedene Signalquellen miteinander mischen.

Um diese vielfältigen Aufgaben lösen zu können, baut man spezielle Vorverstärker. Da die Eingangsstufen fast ausschließlich den Stör- oder Fremdspannungsabstand des gesamten Verstärkers bestimmen, muß man die Schaltung besonders rausch- und brummfrei auslegen. Man benutzt deshalb rauscharme Epitaxial-Planar-Transistoren und glättet die Versorgungsspannung sorgfältig mit zusätzlichen Siebgliedern. Der Arbeitspunkt der allerersten Verstärkerstufe wird so gewählt, daß sie Rauschminimum erhält.

6.2.1 Mikrofonverstärker

Dynamische Mikrofone ohne Übertrager geben im Betrieb bei einem linearen Frequenzgangverhalten Spannungen von nur ca. 0,5 mV bis 2 mV ab. Hier hat der Vorverstärker lediglich die Aufgabe, den Pegel anzuheben. Das **Bild 6.9** zeigt die Schaltung eines zweistufigen Mikrofonverstärkers mit direkt gekoppelten Transistoren, während das **Bild 6.9 b** eine bestückte Platine dieses Mikrofon-Vorverstärkers in Stereo-Ausführung zeigt. Die Basisvorspannung des Transistors T 1 wird dynamisch erzeugt, indem die Emitterspannung des Transistors T 2 über den Widerstand *R* 2 an die Basis von T 1 geführt wird. Man erreicht dadurch eine bessere Rauschanpassung und eine größere Aussteuerbarkeit. Zur Erhöhung des Aussteuerbereiches dient auch der Widerstand *R* 4, der eine Gegenkopplung bewirkt. Der Kondensator C 4 liegt zwischen Kollektor und Basis des Transistors T 1. Er bildet mit seinem kleinen Kapazitätswert eine Gegenkopplung für hohe Frequenzen und verhindert so eine eventuell auftretende Schwingneigung. In dieser Vorverstärkerschaltung

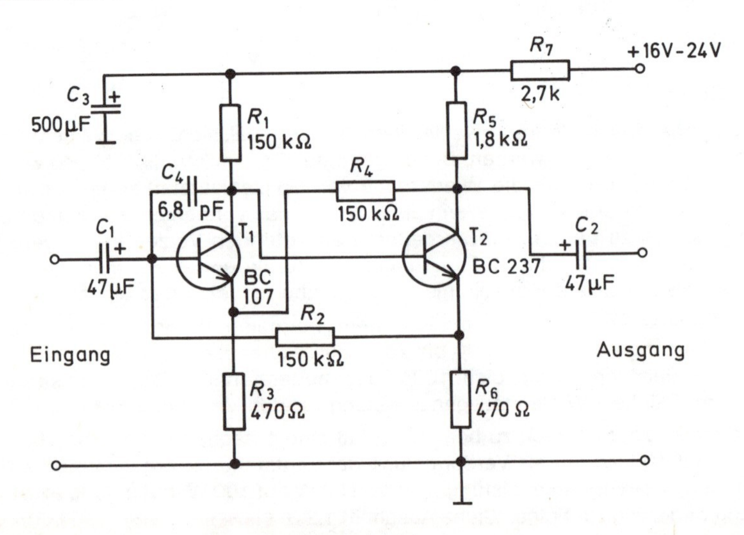

Bild 6.9 a
Zweistufiger Mikrofonvorverstärker (Conrad Electronic)

Bild 6.9 b
Bestückte Platine eines zweistufigen Mikrofon-Vorverstärkers in Stereo-Ausführung (Conrad Electronic)

befinden sich sonst keine Bauelemente, die den Frequenzgang beeinflussen. Damit ergibt sich ein Übertragungsbereich von 4 Hz bis 40 kHz. Man erreicht eine Verstärkung von 126. Die maximale Ausgangsspannung von 1,4 V erhält man bei einer Eingangsspannung von 10,5 mV. Durch die optimale Auslegung der Schaltung erhält man einen Rauschabstand von mehr als 70 dB. Um Brummstörungen gering zu halten, siebt man seine Betriebsspannung zusätzlich.

Mikrofone mit eingebautem Übertrager weisen einen so hohen Pegel auf, daß nur noch eine geringere Verstärkung erforderlich ist. So kann man entweder bei einem zweistufigen Verstärker eine stärkere Gegenkopplung einbauen oder nur eine einstufige Schaltung nach **Bild 6.10** verwenden.

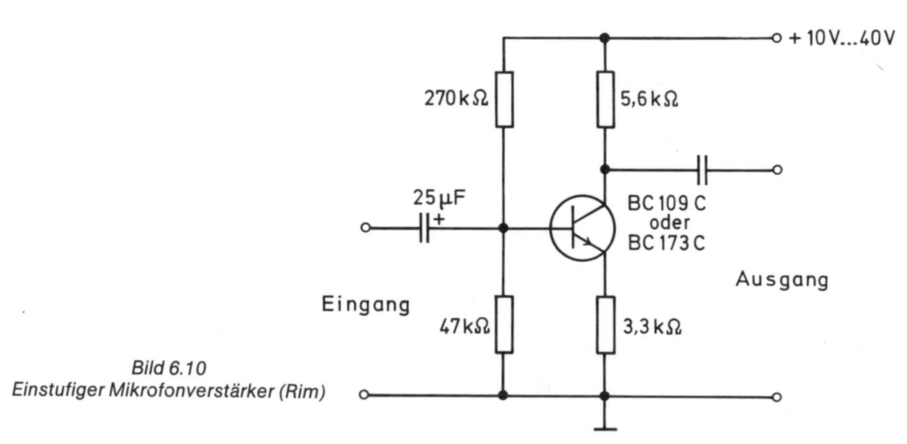

Bild 6.10
Einstufiger Mikrofonverstärker (Rim)

Die Ausgangsspannung von Kondensatormikrofonen ist groß genug, um auf zusätzliche Vorverstärker verzichten zu können. Die Versorgungsspannung des integrierten Mikrofonverstärkers wird meistens aus dem stabilisierten Netzgerät des gesamten Verstärkers bezogen.

6.2.2 Phonoverstärker

Beim Schneiden einer Schallplatte würden sich, wenn man keine Korrektur vornimmt, bei tiefen Frequenzen zu große Rillenauslenkungen ergeben, so daß man mit dem vorhandenen Platz nicht auskommt. Andererseits würde sich bei steigender Frequenz die Rillenauslenkung so verkleinern, daß das Nutzsignal bei der Wiedergabe im Rauschen unterginge. Diese Zusammenhänge führten dazu, den Schneidfrequenzgang nach den Empfehlungen der R.I.A.A. (*R*ecord *I*ndustrie *A*ssociation of *A*merica) sowie der deutschen Norm DIN 45541 festzulegen. Danach wird eine Schneidfrequenzkurve der Schallplatte nach **Bild 6.11** gefordert. Unterhalb der Übergangsfrequenz f_2 = 500 Hz (τ = 318 µs) nimmt die Kurve mit einer Steilheit von 6 dB/Oktave ab, um dann bei der Übergangsfrequenz von f_1 = 50 Hz (τ = 3180 µs) wieder etwas anzusteigen. Diese Anhebung unterdrückt niederfrequenzte Störungen (Rumpeln). Ähnlich versucht man, auch höherfrequente Störungen (Rauschen) zu unterdrücken, indem man den Frequenzgang ab der Übergangsfrequenz f_3 = 2120 Hz (τ = 75 µs) mit 6 dB/Oktave ansteigen läßt.

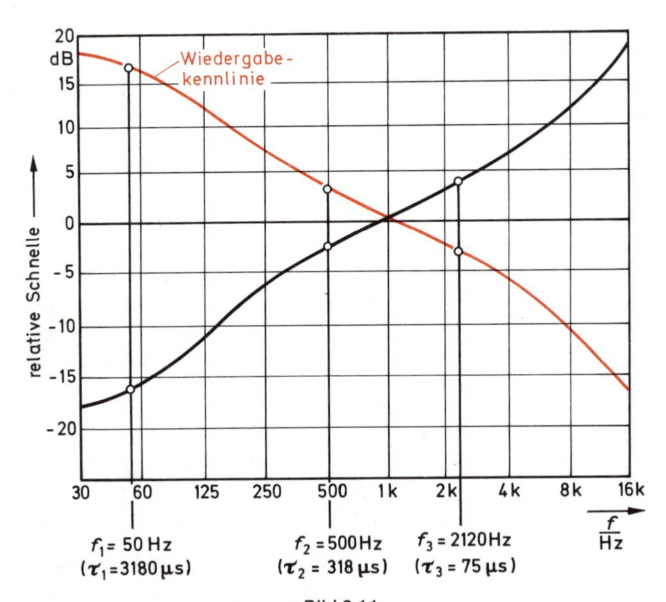

Bild 6.11
Genormter Tonabnehmer-Schneidfrequenzgang und erforderlicher Wiedergabefrequenzgang

Magnetische Tonabnehmer geben eine Ausgangsspannung ab, die sich proportional zur Geschwindigkeit der Rillenauslenkung (Schnelle), verhält. Diese nimmt aber nach tiefen Frequenzen ab. Um wieder einen linearen Frequenzgang zu erhalten, muß der Vorverstärker nicht nur den geringen Ausgangspegel anheben, sondern vor allem diese lineare Verzerrung rückgängig machen. Er muß deshalb einen Frequenzgang aufweisen, wie er in Bild 6.11 rot eingezeichnet ist.

Der Phonoverstärker soll danach bei tiefen Frequenzen eine höhere Verstärkung besitzen als bei hohen Frequenzen. Dieses Frequenzgangverhalten erreicht man bei der in **Bild 6.12** wiedergegebenen einstufigen Schaltung in der Weise, daß man über ein *RC*-Glied vom Kollektor auf die Basis eine frequenzabhängige Gegenkopplung

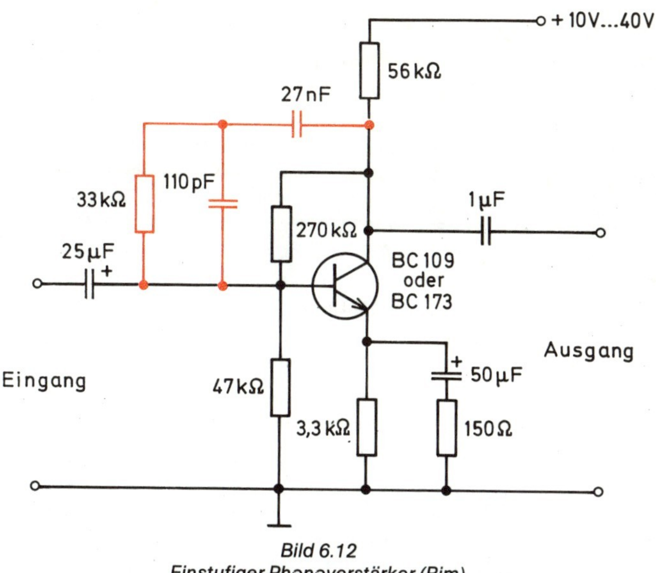

Bild 6.12
Einstufiger Phonoverstärker (Rim)

schaltet. Das *RC*-Glied ist so ausgelegt, daß bei hohen Frequenzen ein höherer Anteil des Ausgangssignals gegenphasig auf die Basis zurückgegeben wird als bei tiefen Frequenzen. Mit abnehmender Frequenz wird die Gegenkopplung immer unwirksamer, und die Verstärkung steigt dementsprechend an. Auf diese Weise kann man die tiefen, im Schneidfrequenzgang der Platte vernachlässigten Frequenzen sehr gut anheben und schafft so einen ausgeglichenen Gesamtfrequenzgang. Die durch diese Transistorstufe erreichte Spannungsverstärkung von 10 dB ist ausreichend, um am Ausgang

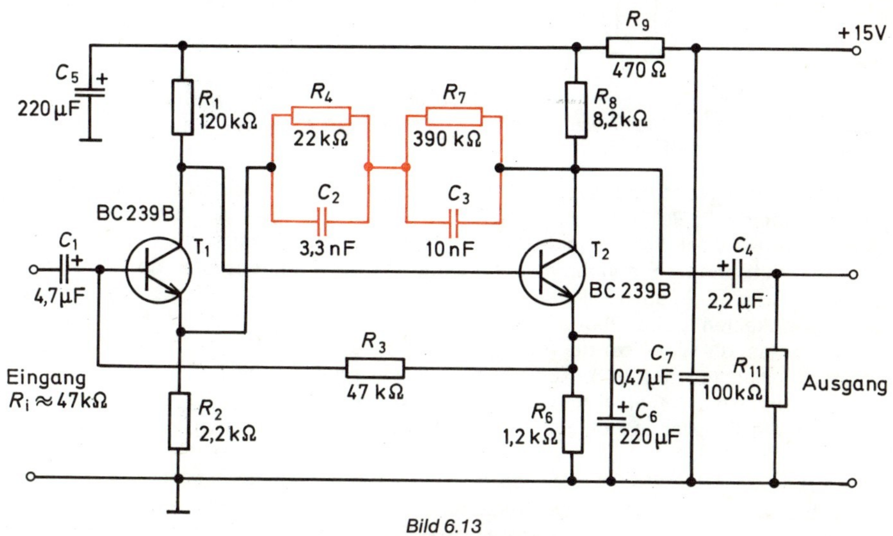

Bild 6.13
Zweistufiger Phonoverstärker

eine Spannung zu gewinnen, mit der man die üblichen Vorverstärker ohne Schwierigkeiten ansteuern kann. Sie hat eine Eingangsimpedanz von 2,5 kΩ und einen Frequenzbereich von 30 Hz bis 20 kHz.

Das **Bild 6.13** zeigt einen zweistufigen Phonovorverstärker, bei dem die beiden Transistoren galvanisch gekoppelt sind. Der Transistor T 1 erhält durch den Widerstand *R* 3 eine dynamische Basisvorspannung, so daß der Verstärker auch bei sehr empfindlichen magnetischen Tonabnehmern nicht übersteuert werden kann. Das für die RIAA-Schneidkurve erforderliche Entzerrer-Netzwerk liegt auch bei dieser Schaltung im Gegenkopplungszweig. Die Widerstände *R* 4 und *R* 7 sowie die Kondensatoren *C* 2 und *C* 3 bilden die frequenzabhängige Gegenkopplung, die vom Kollektor des Transistors T 2 auf den Emitter des Transistors T 1 wirkt. Die Betriebsspannung wird dem Vorverstärker über ein zusätzliches Siebglied (*R* 9/*C* 5) zugeführt. Hochfrequente Störungen werden mit dem induktionsarmen Kondensator *C* 7 kurzgeschlossen.

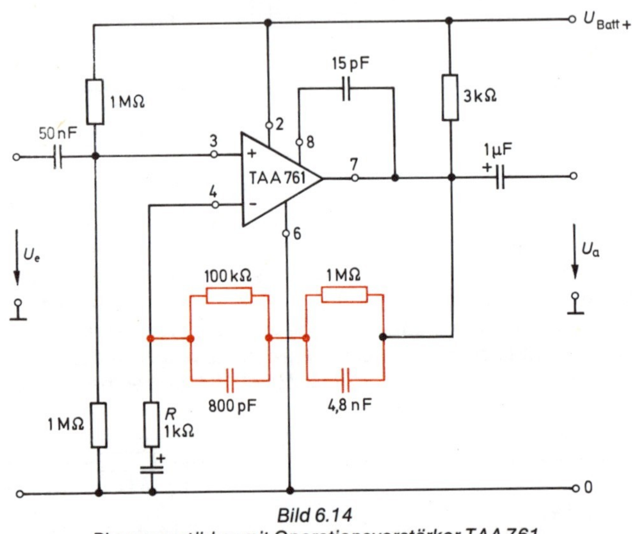

Bild 6.14
Phonoverstärker mit Operationsverstärker TAA 761

Im **Bild 6.14** ist ein Entzerrer-Verstärker mit einem Operationsverstärker wiedergegeben. Durch die beiden in Reihe geschalteten *RC*-Glieder vom Ausgang auf den invertierenden Eingang, erhält diese Schaltung den im **Bild 6.15** gezeigten Frequenzgang. Er hat einen dem magnetischen Tonabnehmer entgegengesetzten Frequenzgang, so daß sich im Endeffekt wieder ein ausgeglichener Gesamtfrequenzgang ergibt. Kristalltonabnehmer benötigen keinen extra Phonovorverstärker. Wegen ihrer speziellen Eigenschaften entzerren sie die vorverzerrte Schallplatte von selbst, wenn sie hochohmig abgeschlossen sind (etwa 1 MΩ). Aus praktischen Gründen wurde bei der Normung der Schneidkurven die Vorverzerrung nämlich so gewählt, daß sie etwa entgegengesetzt verläuft wie die Frequenzgangkurve der meisten Kristalltonabnehmer. Nun sind jedoch Kristalltonabnehmer nicht frei von Verzerrungen. Sie geben die Bässe „brummend" wieder, und die Höhen klingen mehr oder weniger schrill. Dies beruht auf der Neigung des Kristalls zu Eigenschwingungen Diese Verzerrungen lassen sich nur mindern, wenn man den Kristall kräftig dämpft. Der Konstrukteur tut das bereits dadurch, daß er den Raum um den Kristall mit einer gallertartigen Masse füllt, die die unerwünschten Schwingungen mecha-

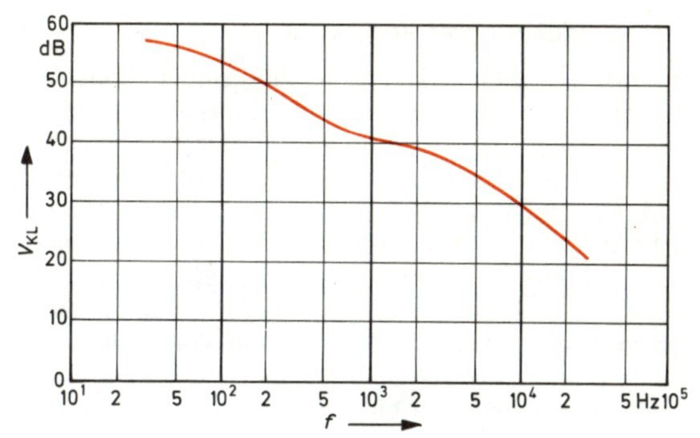

Bild 6.15
Frequenzgang der Spannungsverstärkung der Schaltung nach Bild 6.14

nisch dämpft. Eine wirkungsvollere Dämpfung erreicht man bei einem Kristalltonabnehmer durch eine elektrische Maßnahme, bei der man seinen Ausgang mit einem verhältnismäßig niederohmigen Widerstand abschließt. Allerdings wird dadurch die Ausgangsspannung stark herabgesetzt und das Klangbild verändert (geringere Spannung bei tiefen Frequenzen). Die Wiedergabe klingt nun viel zu dünn und zu leise. Es fehlen die Bässe, und die Höhen klingen überlaut. Das Kristalltonabnehmersystem gibt dann genau das wieder, was auf die Schallplatte geschnitten ist. Durch den zu klein bemessenen Abschlußwiderstand ähnelt die Frequenzgangkurve derjenigen eines magnetischen Systems. Durch einen Entzerrer-Verstärker für einen magnetischen Tonabnehmer könnte man auch den Frequenzgang eines zu niederohmig abgeschlossenen Kristalltonabnehmers wieder begradigen. Noch verbleibende Ungleichmäßigkeiten lassen sich mit einem Kondensator, der in Reihe mit dem Abschlußwiderstand liegt, ausgleichen. Damit wird aus einem Kristalltonabnehmer noch kein „magnetischer", aber die Wiedergabequalität wird auf jeden Fall verbessert.

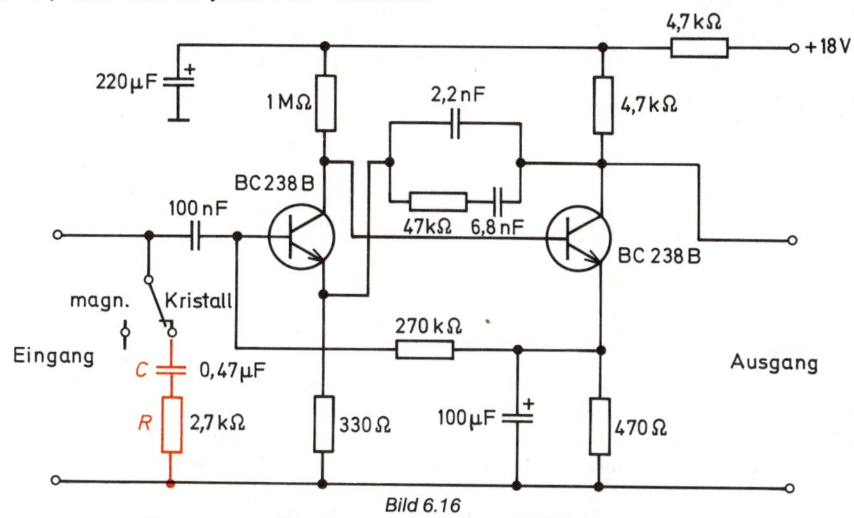

Bild 6.16
Phonovorverstärker für magnetischen und Kristall-Tonabnehmer

Die Schaltung im **Bild 6.16** zeigt einen zweistufigen Phonoverstärker für ein magnetisches Tonabnehmersystem, bei dem durch einen Schalter ein *RC*-Glied eingeschaltet werden kann, um so einem Kristalltonabnehmer eine höhere Wiedergabequalität zu geben.

6.2.3 Umschaltbarer Vorverstärker

Die meisten HiFi-Verstärkeranlagen sind so konstruiert, daß man mit dem Vorverstärker verschiedene Signalquellen verarbeiten kann. Mit der Wahl der Quelle wird zugleich auch die Arbeitsweise des Vorverstärkers bestimmt. So erkennt man in der Schaltung nach **Bild 6.17,** wie durch das Umschalten des Gegenkopplungszweiges die Eingangsstufen an den jeweiligen Verwendungszweck angepaßt werden. Diese Schaltung ermöglicht es, durch zwei entsprechende Umschalter einen magnetischen Tonabnehmer, ein dynamisches Mikrofon ohne Übertrager, sowie ein Tonbandgerät, einen Rundfunk-Tuner oder einen Kristall-Tonabnehmer an die Verstärkeranlage anzukoppeln. Für den magnetischen Tonabnehmer ist ein Vorverstärker mit einem Entzerrernetzwerk erforderlich, um die RIAA-Schneidkurve zu entzerren. Bei dynamischen Mikrofonen ohne Übertrager wird noch ein Vorverstärker mit linearem Frequenzgang benötigt. Deshalb muß das frequenzabhängige Gegenkopplungsnetzwerk zwischen den ersten beiden Transistorstufen ausgeschaltet werden, wenn Mikrofonbetrieb eingeschaltet ist.

An den Ausgangsbuchsen von Tonbandgeräten, Rundfunk-Tunern und Kristall-Tonabnehmern steht eine entzerrte und vergleichsweise hohe Spannung zur Verfügung. Diese Signale brauchen deshalb nicht die beiden ersten Transistorstufen zu durchlaufen, sondern gelangen direkt auf die Basis des Transistors T 3, der als Impedanzwandler (Kollektorschaltung) geschaltet ist. Diese Kollektorschaltung besitzt einen hochohmigen Eingangswiderstand und belastet damit die Signalquellen nur wenig. Der Ausgangswiderstand dieser Stufe ist dagegen sehr niederohmig und bietet somit die richtige Anpassung zum nachfolgenden Steuerverstärker mit seinen Klang- und Lautstärke-Einstellern. Die Verstärkung dieses Impedanzwandlers ist 1, so daß die Eingangssignale in ihrer ursprünglichen Größe zum Steuerverstärker gelangen, was bei den vergleichsweise hohen Spannungen nicht nachteilig ist.

Die Vorwiderstände in den Zuleitungen vom Tonband, Tuner und vom Kristall-Tonabnehmer bilden mit dem hochohmigen Eingangswiderstand des Impedanzwandlers einen Spannungsteiler, der entsprechend ausgelegt ist, um die unterschiedlichen Pegel (z. B. von Rundfunk- und Tonbandgeräten) einander anzupassen. Damit entsteht beim Umschalten auf eine andere Eingangsquelle kein Lautstärkesprung.

Um mit einem angeschlossenen Tonbandgerät ohne lästiges Umstecken aufnehmen zu können, wird das am Emitter des Transistors T 3 stehende Signal an den Kontakt 1 der Tonbandbuchse geführt. Somit hat man auch die Möglichkeit, von anderen Signalquellen ein Überspielen auf ein Tonband vorzunehmen.

6.2.4 Mischstufen

Das Mischen verschiedener Signalspannungen ergibt reizvolle Effekte und ist daher bei Phono-Amateuren sehr beliebt. Man kann in eine Musikdarbietung einen eigenen Sprachtext oder Geräusche einblenden. Hierfür sind Mischeinrichtungen erforderlich, deren Aufwand recht verschieden sein kann. Das **Bild 6.18** zeigt das Blockschaltbild einer Mischeinrichtung. Jeder Kanal besitzt, sofern erforderlich, einen Vorverstärker, so daß zum Mischen ein hinreichend hoher Pegel zur Verfügung steht. Dadurch wird ein großer Störspannungsabstand sichergestellt. Nach der Pegeleinstellung folgt in jedem Kanal eine Entkopplungsstufe, mit der erreicht wird, daß die einzelnen Eingänge rückwirkungsfrei miteinander gemischt werden können. Die Ausgänge der verschiedenen Kanäle werden einfach dadurch gemischt, daß man sie über die Entkopplungsstufen parallelschaltet. Dann erhält man am Ausgang dieser Parallelschaltung ein Signal-

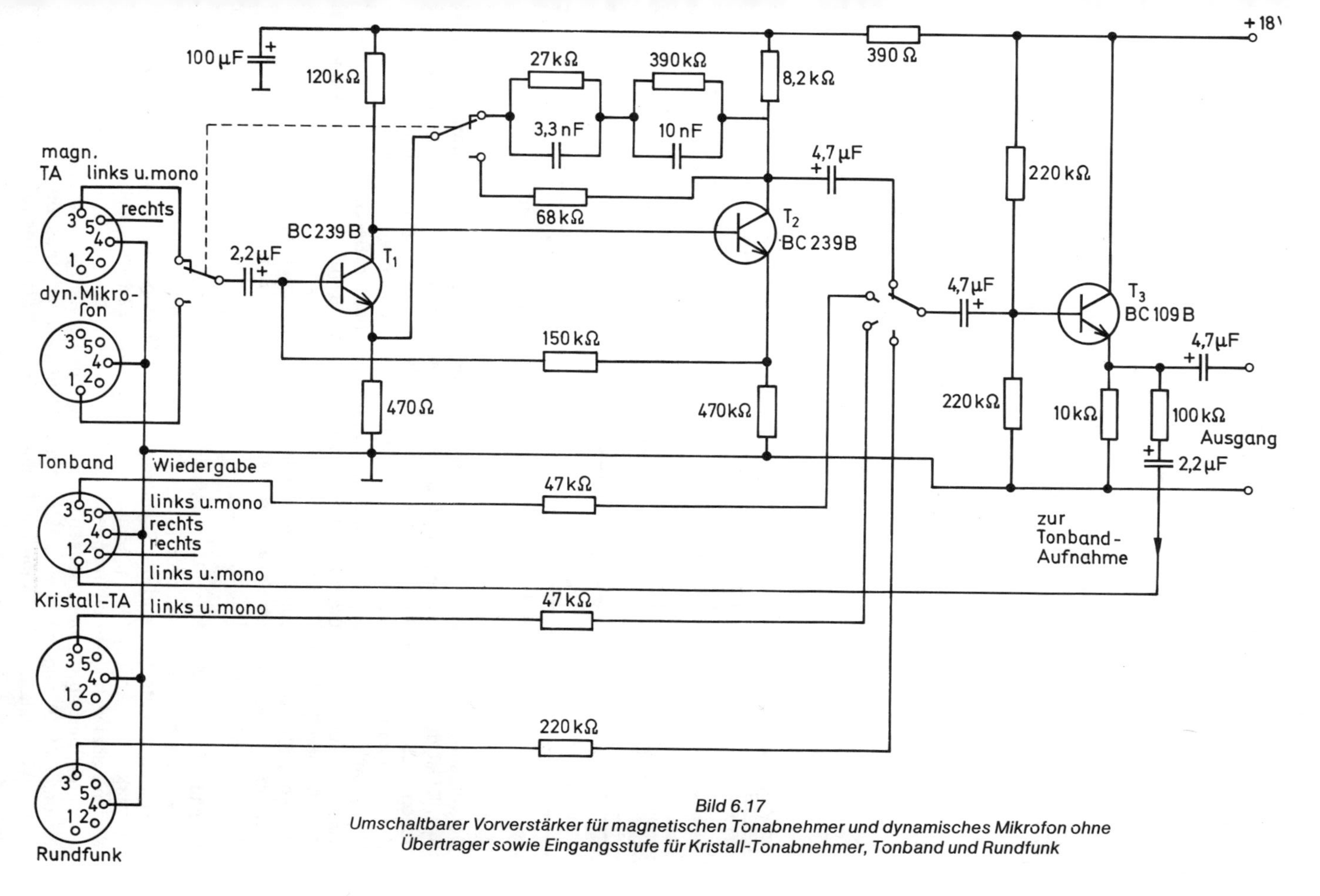

Bild 6.17
Umschaltbarer Vorverstärker für magnetischen Tonabnehmer und dynamisches Mikrofon ohne Übertrager sowie Eingangsstufe für Kristall-Tonabnehmer, Tonband und Rundfunk

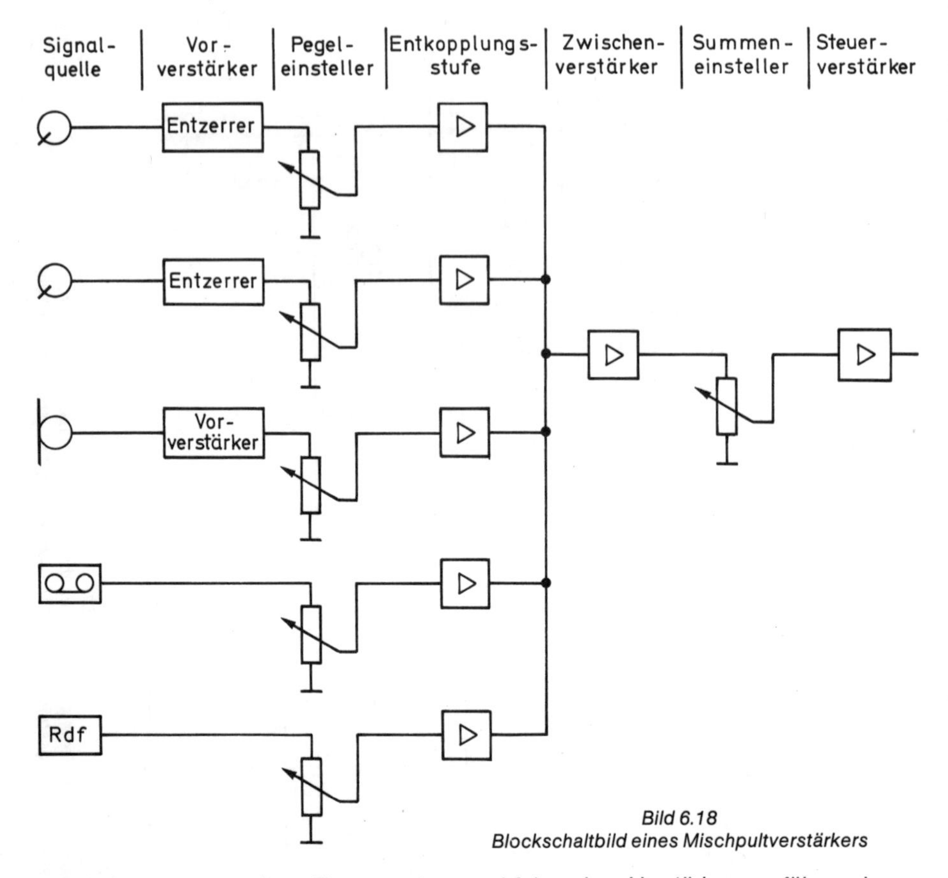

Bild 6.18
Blockschaltbild eines Mischpultverstärkers

gemisch, das man dem Eingang des nachfolgenden Verstärkers zuführen kann. Der folgende Zwischenverstärker soll intern nur einen zu niedrigen Pegel wieder anheben. Er ist daher ein breitbandiger linearer Verstärker. Mit dem am Ausgang des Zwischenverstärkers liegenden Potentiometer wird die Gesamtlautstärke eingestellt. Im Steuerverstärker erfolgt dann die Klangeinstellung der miteinander gemischten Signale. Der 5-Kanal-Mischverstärker in Bild 6.18 dient für Monobetrieb. Bei Stereo müssen alle Verstärker und Potentiometer doppelt vorhanden sein. Hinzu kommen dann noch Schalter und Einsteller für die Balance und Basisbreite. So erkennt man, daß ein mehrkanaliges Stereo-Mischpult sehr aufwendig wird. Aus wirtschaftlichen Gründen kombiniert man Eingänge mit Umschaltern für verschiedene Signalquellen und kommt dann meistens mit drei Kanälen völlig aus.

Im **Bild 6.19** ist ein Drei-Kanal-Mischverstärker für Monobetrieb wiedergegeben. An den Kanal 1 kann ein magnetischer Tonabnehmer angeschlossen werden. Der Entzerrerverstärker ist entsprechend der Schaltung im Bild 6.13 aufgebaut. Wird in diesen Vorverstärker ein Umschalter eingebaut, wie es im Bild 6.17 dargestellt ist, so kann an diesen Kanal wahlweise ein magnetischer Tonabnehmer oder ein dynamisches Mikrofon ohne Übertrager angeschlossen werden. Der Kanal 2 besitzt einen Vorverstärker, wie ihn das Bild 6.9 zeigt, für den direkten Anschluß eines Mikrofones. Der Kanal 3 besitzt keinen Vorverstärker. Hier kann ein Tonbandgerät, ein Kristall-Tonabnehmer oder ein

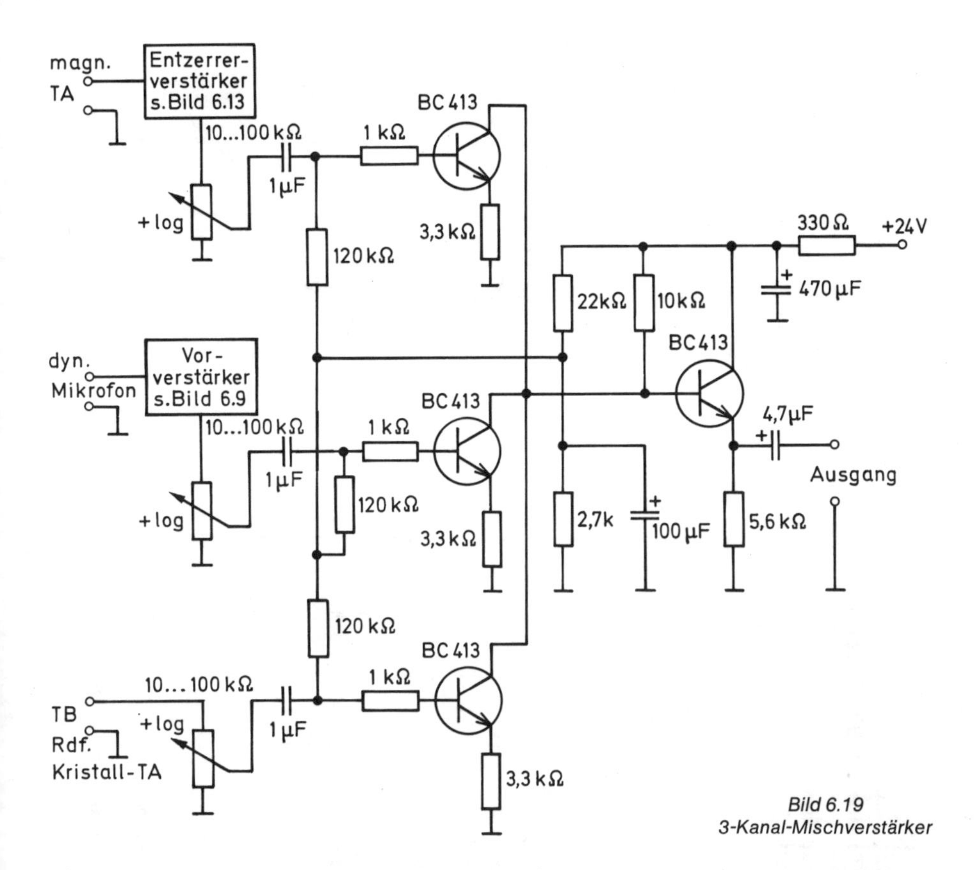

Bild 6.19
3-Kanal-Mischverstärker

Rundfunkgerät angeschlossen werden. Die zu jedem Kanal gehörenden Potentiometer sollen nicht zu hochohmig sein, damit kein Übersprechen bei zurückgedrehtem Schleifer auftritt. Jeder Kanal enthält ferner einen Entkopplungsverstärker. Die Kollektoren der drei Transistoren arbeiten auf einen gemeinsamen Kollektorwiderstand von 10 kΩ, wodurch die Eingangssignale zusammen gemischt werden. Der den Entkopplungsverstärkern nachgeschaltete Impedanzwandler soll nur die entsprechende Anpassung zwischen den Entkopplungsverstärkern und der nachfolgenden Klangeinstellerstufe bringen.

6.2.5 Typische Daten von Signalquellen

In der **Tabelle 6/1** (nach Telefunken) sind die typischen elektrischen Werte für Mikrofone, Tonabnehmer, Magnettongeräte und Rundfunkempfänger aufgelistet. Angegeben sind die Urspannung, der Quellen- oder Innenwiderstand bzw. die Kapazität oder die Induktivität, der erforderliche Soll-Abschlußwiderstand der Signalquelle, die im Betrieb von der Signalquelle abgegebene Nenneingangsspannung für den angeschlossenen Verstärker, die maximal abgebbare Spannung, und der Frequenzbereich der einzelnen Signalquellen. Dieser Tabelle kann man also mit einem Blick alle besonders wichtigen und typischen Daten für die einzelnen Signalquellen entnehmen, was bei der Auswahl für einen Vorverstärker nützlich sein kann. Bei diesen Werten handelt es sich selbstverständlich um Mittelwerte der auf dem Markt befindlichen Geräte.

Tabelle 6/1 Signalquellen

Signalquelle	Urspannung, Effektivwert	Quellwiderstand bzw. Kapazität oder Induktivität	Soll-Abschluß-widerstand der Signalquelle	Verstärker-Nenn-Eing.-Span. i. Betr. Effektivwert	von Signalquelle max. abgebbare Spannung, Effektivwert	Frequenz-Bereich für ± 3 dB höchst-zulässige Abweichung
Mikrofon						
Kohle	100 mV	30 ... 500 Ω	500 Ω	500 mV	25 V	200 ... 4000 Hz
Seignette-Kristall	2 mV	1000 pF	500 kΩ	5 mV	250 mV	100 ... 7000 Hz
Magnetisch	0,5 mV	300 mH	10 kΩ	1 mV	50 mV	100 ... 7000 Hz
Tauchspule	0,15 mV	200 Ω	1 kΩ	0,5 mV	25 mV	30 ... 12000 Hz
Bändchen mit Transformator	0,1 mV	200 Ω	1 kΩ	0,3 mV	15 mV	30 ... 14000 Hz
Kondensator mit Vorstufe	1,5 mV	200 Ω	1 kΩ	5 mV	75 mV	30 ... 16000 Hz
Tonabnehmer						
Dynamisch	1,3 ... 8 mV	2 ... 15 Ω	50 ... 5000 Ω	1 mV	4 ... 25 mV	30 ... 12000 Hz
Magnetisch	10 ... 20 mV	16 Ω ... 3 kΩ	30 ... 100 kΩ	8 mV	30 ... 60 mV	30 ... 12000 Hz
Keramisch	0,4 ... 1 V	0,4 ... 1 nF	1 ... 2 MΩ	250 mV	1,8 ... 2,5 V	30 ... 10000 Hz
Seignette-Kristall	0,8 ... 1,6 V	0,6 ... 1,2 nF	0,5 ... 1 MΩ	500 mV	2,5 ... 3 V	30 ... 10000 Hz
Magnettonköpfe						
Heimgerät	1 ... 2 V	10 ... 30 kΩ	500 kΩ	500 mV	2 V	40 ... 10000 Hz
Studiogerät	1,5 V	< 200 Ω	> 200 Ω	1 V	3 V	30 ... 16000 Hz
Rundfunkempfänger						
Diodenausgang	5 ... 50 mV	beliebig	50 kΩ ‖ 250 pF	5 mV	150 mV	30 ... 16000 Hz

Einschlägige Normen: Kraftverstärker DIN 45560, Vorverstärker DIN 45565, Leistungsverstärker DIN 45566.

6.3 Steuerverstärker

Auf den Steuerverstärker gelangt über einen Umschalter (Eingangswahlschalter), sowohl die Signalspannung des Vorverstärkers als auch die der Signalquellen mit hohem Pegel z. B. Rundfunkempfänger, Tonbandgerät oder Kristall-Tonabnehmer. (Siehe auch Bild 6.1 und Bild 6.17). Damit der Steuerverstärker die angeschalteten Signalquellen nicht durch seinen Eingangswiderstand belastet, besitzt dieser bei den meisten Fabrikaten einen Eingangswiderstand von mindestens 200 kΩ. Aufgabe des Steuerverstärkers ist es zunächst, über mehrere hintereinander geschaltete Verstärkerstufen, die am Eingang stehende Signalspannung so zu erhöhen, daß die nachgeschaltete Leistungsendstufe voll ausgesteuert werden kann. Als weitere Aufgabe fällt ihm die Korrektur eventueller Wiedergabemängel zu. Durch Einstell- und Schaltorgane hat man die Möglichkeit, den Klangcharakter entsprechend dem Hörerwunsch zu verändern.

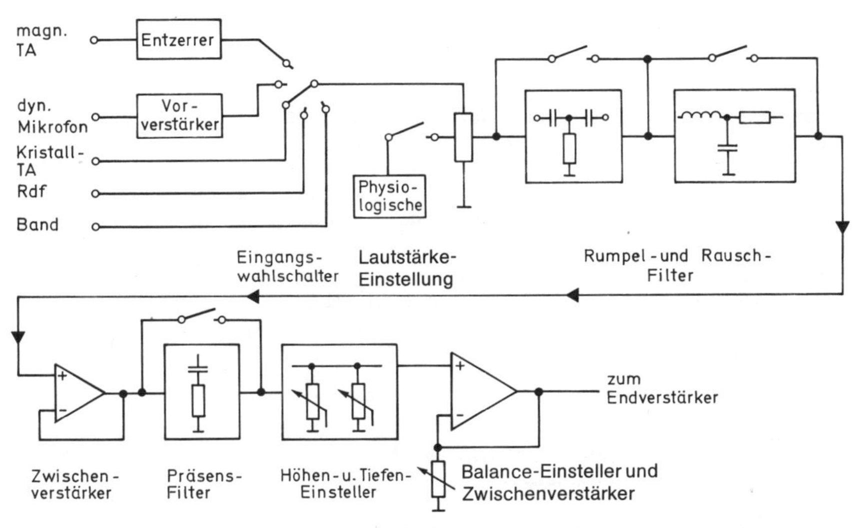

Bild 6.20
Blockschaltbild eines Steuerverstärkers mit möglichen Klangeinstellelementen

Es beginnt beim Lautstärkeeinsteller und geht über die Klangfilter bis hin zum Balance- und Basisbreiten-Einsteller bei Stereo. Das **Bild 6.20** zeigt in einem Blockschaltbild eines Steuerverstärkers die mögliche Anordnung der einzelnen Klangeinstellelemente und Filter.

6.3.1 Lautstärkeeinstellung

Das wichtigste Einstellorgan in jedem Verstärker ist das Lautstärkepotentiometer. Es wird als einfacher Spannungsteiler nach **Bild 6.21** angeschlossen, an dessen Abgriff man die eingestellte Spannung abnimmt. Zwischen der vom Gehör empfundenen Lautstärke und dem vom Lautsprecher abgestrahlten Schalldruck besteht ein näherungsweise logarithmischer Zusammenhang (Weber-Fechnersches Gesetz, siehe Kapitel 1.2.3 „Lautstärke"). Damit nun die vom Gehör empfundene Lautstärke proportional zum Drehwinkel des Lautstärkepotentiometers ist, muß man einen Einstellwiderstand mit

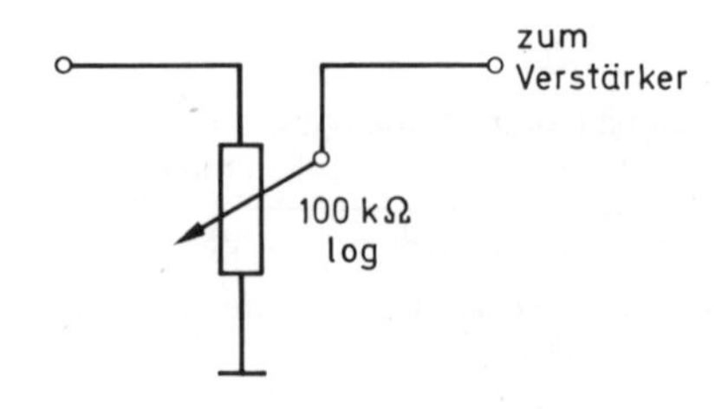

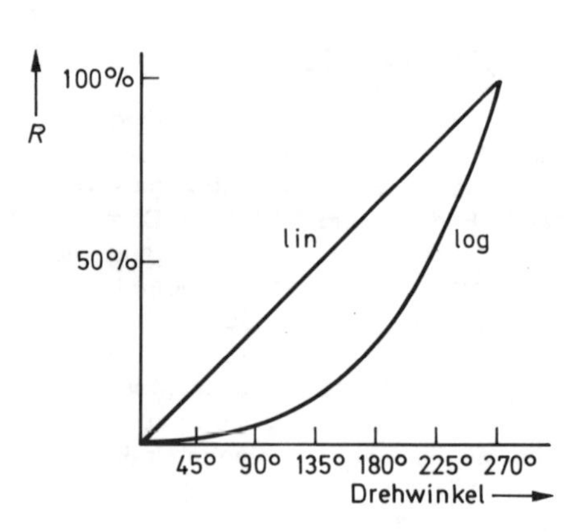

Bild 6.21 (links)
Einfachste Lautstärkeeinstellung

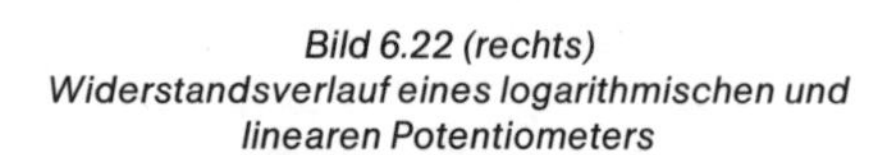

Bild 6.22 (rechts)
Widerstandsverlauf eines logarithmischen und linearen Potentiometers

logarithmischem Widerstandsverlauf nach **Bild 6.22** verwenden. Die Lautstärkeempfindung des menschlichen Ohres ist nicht nur stark vom Schalldruck, sondern auch von der Frequenz abhängig. Aus dem **Bild 6.23** ist zu entnehmen, je kleiner die Lautstärke einer Schallquelle ist, um so stärker muß der Schalldruck der tiefen und hohen Frequenzen werden, um einen „linearen" Klangeindruck im Ohr hervorzurufen. Erst bei sehr großer Lautstärke z. B. 90 Phon wird das Hörempfinden über den gesamten Frequenzbereich fast linear. Um eine gewisse Anpassung an die im Bild 6.23 gezeigte Gehörkurve des menschlichen Ohres zu erzielen, verwendet man eine **gehörrichtige Lautstärkeeinstellung,** auch physiologische Lautstärkeeinstellung genannt. Diese gehörrichtige Lautstärkeeinstellung hat die Aufgabe, die bei niedriger Lautstärke verminderte Empfindlichkeit für tiefe und hohe Frequenzen auszugleichen. Da diese Entzerrung von Wohnraum und Lautsprechern abhängig ist, gibt es dafür verschiedene Ausführungsmöglichkeiten.

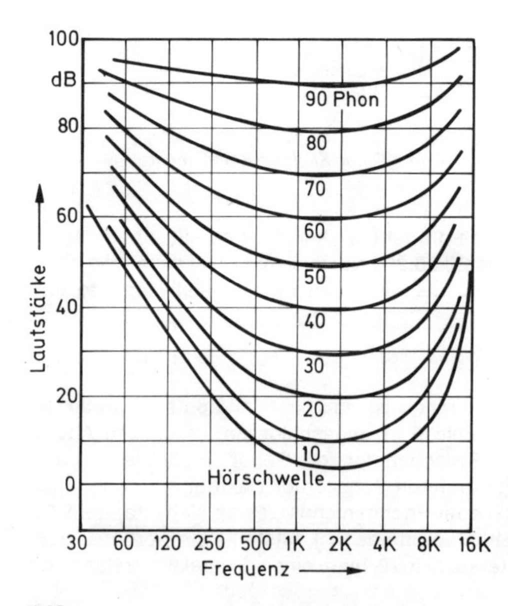

Bild 6.23
Das menschliche Gehör hat keine lineare Funktion. Je kleiner die Lautstärke einer Schallquelle ist, um so stärker muß der Schalldruck der tiefen und hohen Frequenzen sein, um einen „linearen" Klangeindruck im Ohr hervorzurufen. Erst bei sehr großer Lautstärke wird das Hörempfinden fast linear

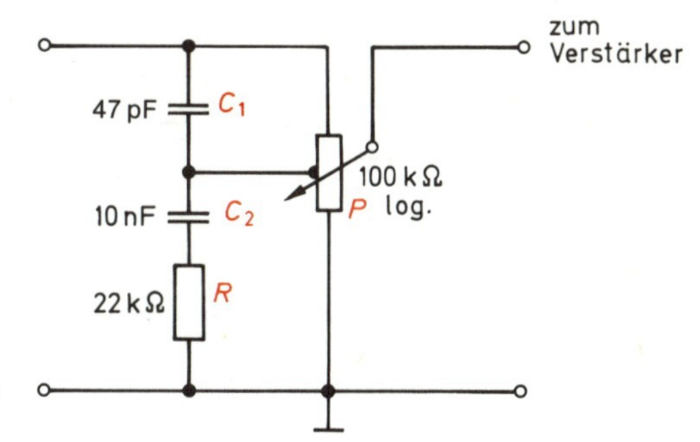

Bild 6.24
Gehörrichtige Lautstärkeeinstellung

Bild 6.24 zeigt eine Schaltung eines gehörrichtigen Lautstärkeeinstellers. Die Frequenzgangkorrektur erfolgt in Abhängigkeit von der Schleiferstellung des Potentiometers P. Der Kondensator *C* 1 bewirkt eine Anhebung der Ausgangsspannung bei höheren Frequenzen. Der Kondensator *C* 2 und der Widerstand *R* heben tiefe Frequenzen an.

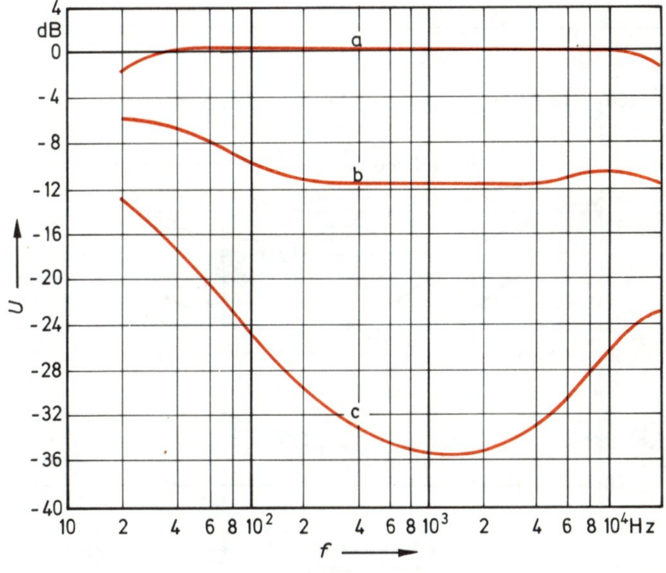

Bild 6.25
Frequenzgang einer gehörrichtigen Lautstärkeeinstellung (a) volle, (b) mittlere, (c) geringe Lautstärke
Drehwinkel: (a) 270°; (b) 135°; (c) 65°

Bei niedrig eingestellter Lautstärke ist sowohl die Höhen- als auch die Tiefenanhebung am wirksamsten. Nur bei voll aufgedrehtem Lautstärkeeinsteller wird der Frequenzgang linear. Das **Bild 6.25** zeigt den Frequenzgang dieses gehörrichtigen Lautstärkeeinstellers. Eine noch bessere Angleichung an die Gehörkurve des menschlichen Ohres erreicht man mit der physiologischen Lautstärkeeinstellung nach **Bild 6.26.** Hier benutzt man ein Potentiometer mit drei Anzapfungen. Die Frequenzkurve dieser Lautstärkeeinstellung zeigt das **Bild 6.27.** Da die Beschaffung eines logarithmischen Potentiometers mit drei Anzapfungen schwierig ist, bemüht man sich in der Praxis, mit einer einzigen Anzapfung auszukommen.

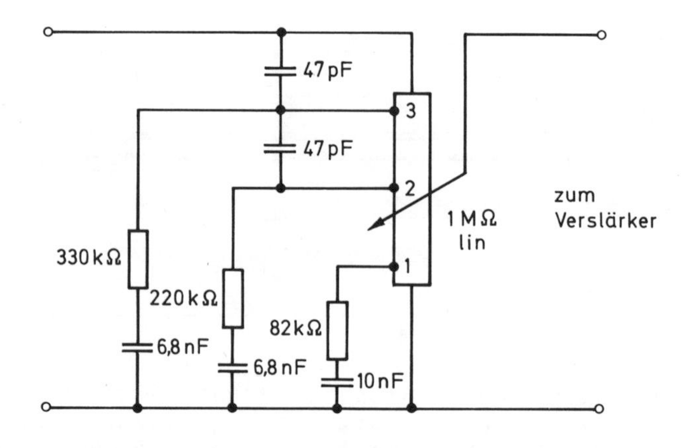

Bild 6.26
Physiologischer Lautstärkeeinsteller mit drei Anzapfungen

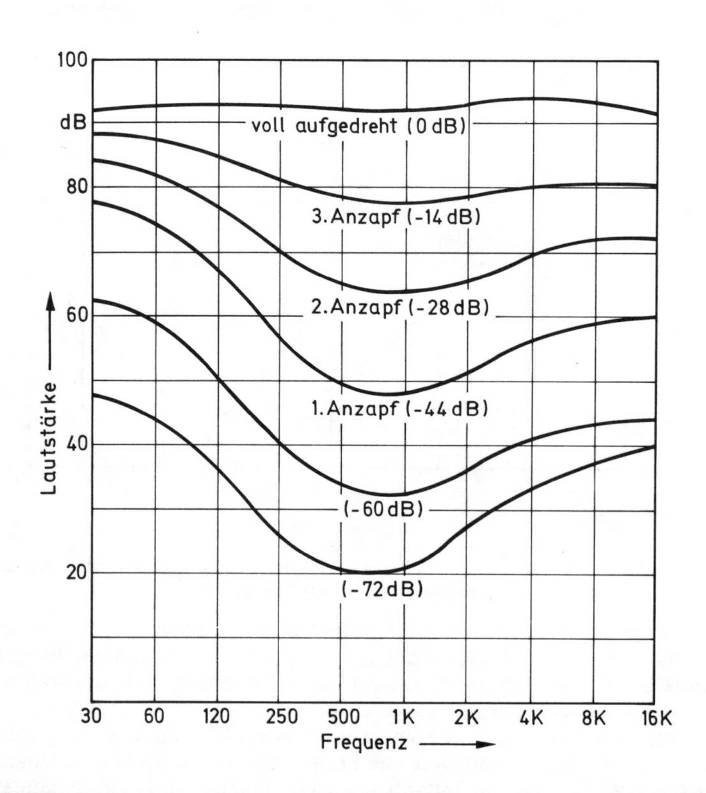

Bild 6.27
Frequenzgang der physiologischen Lautstärkeeinstellung nach der Schaltung in Bild 6.26

6.3.2 Klangeinsteller

Klangeinsteller dienen dazu, den Klangcharakter dem Hörergeschmack so anzupassen, daß der Eindruck eines ausgewogenen Klangbildes entsteht. Da die verschiedenen Programmquellen mit unterschiedlichen Frequenzgängen arbeiten, bei der Aufnahme im Studio eine subjektive Frequenzgangkorrektur vorgenommen wird, die Wiedergabe nicht nur von der Lautstärke, sondern auch vom Wiedergaberaum und von den Lautsprechern abhängig ist, besteht der Wunsch beim Hörer, bestimmte Frequenzbereiche anzuheben oder abzusenken. Mit Rücksicht auf die vielfältigen Faktoren sind die Klangeinsteller stufenlos einzustellen und besitzen einen großen Einstellungsbereich. Meistens reicht es, getrennte Einsteller für die hohen und tiefen Frequenzen vorzusehen.

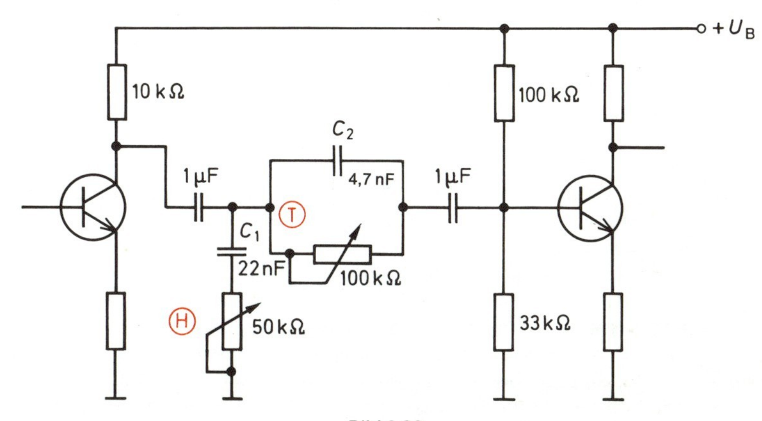

Bild 6.28
Einfachste Klangeinstellung durch Höhen- und Tiefenabsenkung

Die einfachste Form, wie man sie mitunter in einfachen und billigen Rundfunkgeräten vorfindet, zeigt die Schaltung im **Bild 6.28.** Über den Kondensator *C* 1 gelangen nur hohe Frequenzen auf das Potentiometer *H* und werden hierdurch mehr oder weniger gegen Masse kurzgeschlossen. Über den Kondensator *C* 2 gelangen dagegen höhere Frequenzen ungehindert zur folgenden Stufe. Für tiefe Frequenzen, z. B. um 50 Hz, ist hauptsächlich der eingestellte Widerstandswert des Potentiometers *T* wirksam. Dadurch ergibt sich mit dem Basisspannungsteiler ein Spannungsteiler, mit dem tiefe Töne wirksam abgeschwächt werden.

In HiFi-Verstärkern genügen solche einfachen Klangeinsteller nicht, da sie sich gegenseitig beeinflussen und die Lautstärke mit verändern. Zum anderen schwächt diese einfache Klangeinstellung nur den Signalpegel. Vielfach möchte man sogar den Signalpegel beschnittener Grenzfrequenzbereiche gegenüber den mittleren Frequenzen anheben. Die Schaltung eines Klangeinstellers, mit dem sich Höhen und Tiefen getrennt und unabhängig von der Lautstärke abschwächen oder anheben lassen, zeigt das **Bild 6.29.** Diese Schaltung enthält im Eingang eine Impedanzwandlerstufe *T* 1 zur Anpassung des relativ niederohmig aufgebauten Klangeinstell-Netzwerkes an den Ausgang der vorhandenen Stufe. Das Klangeinstell-Netzwerk, das an den Emitter des Eingangstransistors *T* 1 angeschlossen ist, enthält zwei Potentiometer, mit denen die Höhen und Tiefen getrennt beeinflußt werden können. Ein weiteres Potentiometer dient zur gehörrichtigen Einstellung der Lautstärke.

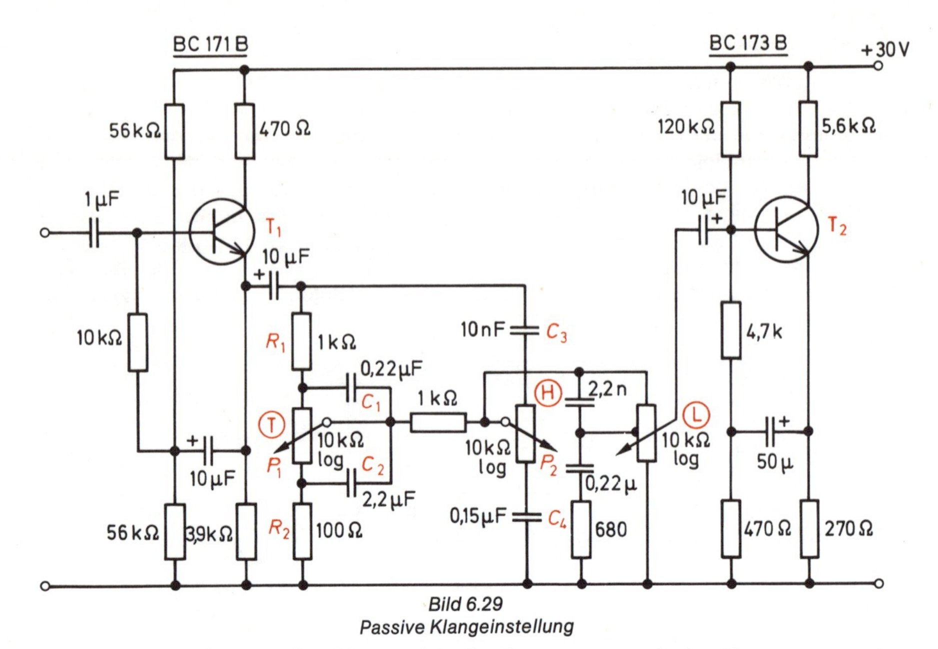

Bild 6.29
Passive Klangeinstellung

Mit dem Potentiometer *P* 1 lassen sich die Spannungen mit den Frequenzen unterhalb von 1 kHz anheben bzw. absenken. Das Potentiometer *P* 2 wirkt auf Frequenzen oberhalb von 1 kHz. Sind die beiden Schleifer in Mittelstellung, wird der Frequenzgang linear. Das **Bild 6.30** zeigt den Frequenzgang dieses Netzwerkes bei verschiedenen Stellungen der Höhen- und Tiefeneinsteller.

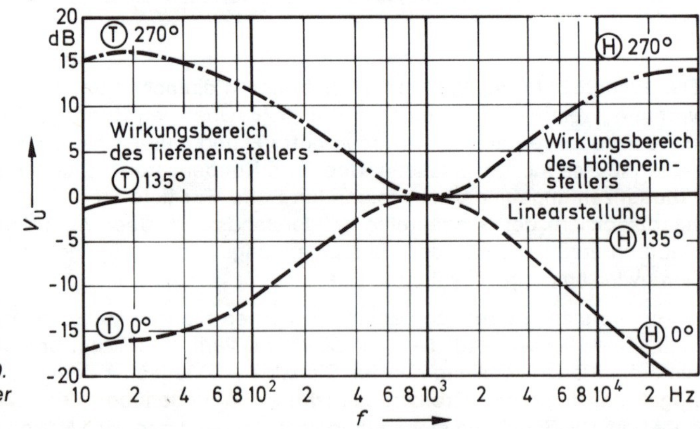

Bild 6.30
Wirkungsweise des Höhen- und Tiefeneinstellers nach der Schaltung im Bild 6.29. in Abhängigkeit von der Frequenz

Bei Mittelstellung der Potentiometer *P* 1 und *P* 2 beträgt die Dämpfung des Klangeinstellnetzwerkes etwa 20 dB. Das bedeutet, daß die Ausgangsspannung des Netzwerkes nur noch 10 % der Eingangsspannung beträgt. Diese Dämpfung wird durch den nachfolgenden Spannungsverstärker mit dem Transistor *T* 2 wieder ausgeglichen. So hat diese Schaltung bei Potentiometer-Mittelstellung eine gesamte Verstärkung von 0 dB und durch die entsprechend dimensionierten Kondensatoren *C* 1 bis *C* 4 einen linearen Frequenzgang. Werden die beiden Potentiometer so verstellt, daß der gesamte Wider-

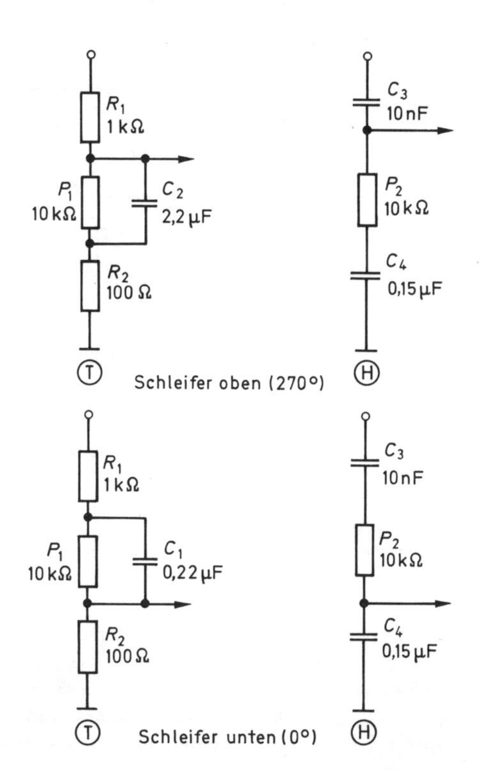

Bild 6.31
Wirkungsweise des Klangeinstellers in Abhängigkeit von der Schleiferstellung

standswert eingestellt ist, so kann jetzt eine größere Ausgangsspannung gegenüber der Mittelstellung abgegriffen werden **(Bild 6.31).** Das bedeutet, daß für die Tiefen und Höhen die Ausgangsspannung angehoben wird. Stehen die Schleifer am unteren Anschlag, so werden nur kleine Spannungen abgegriffen. Bei dieser Stellung wird eine Absenkung der Ausgangsspannung bei hoher und tiefer Frequenz erreicht. Mit einer solchen Schaltung lassen sich Absenkungen und Anhebungen bis maximal 20 dB erreichen. Durch die verschiedenen Einstellmöglichkeiten des Höhen- und Tiefeneinstellers lassen sich mit dieser Schaltung beliebig viele Formen des Frequenzgangverlaufes einstellen. Das hat auch zu dem Jargonausdruck **„Kuhschwanz-Klangeinsteller"** geführt. Manchmal findet man dafür auch die Bezeichnung **„Fächerentzerrer".**

Die in Bild 6.29 wiedergegebene Schaltung des Klangeinstell-Netzwerkes schwächt grundsätzlich den Signalpegel Deshalb nennt man sie auch **passive Klangeinsteller.** Der große Nachteil einer solchen Schaltung ist, daß die vorhergehenden Stufen eine solch große Verstärkung bringen müssen, daß man die scheinbare Anhebung in den Grenzfrequenzbereichen in dem gewünschten Umfang erreichen kann. Dadurch treten in den Vorverstärkerstufen leicht Übersteuerungen auf, die den Klirr- und Intermodulationsfaktor ansteigen lassen. Man benutzt deshalb lieber **aktive Klangeinsteller,** bei denen ein aktives Bauelement (z. B. ein Transistor) in das Netzwerk einbezogen wird. Bei diesem Konzept wird der Signalpegel nicht einfach abgeschwächt, sondern der Verstärkungsfaktor durch eine frequenzabhängige Gegenkopplung reduziert. Eine stärkere Gegenkopplung verursacht eine Absenkung, eine verringerte Gegenkopplung eine Anhebung des jeweiligen Frequenzbereichs. In der Schaltung nach **Bild 6.32** liegt die frequenzabhängige Gegenkopplung zwischen Kollektor und Basis des Transistors. Die beiden Frequenzgebiete teilt man auch hier auf und gibt sie auf die beiden

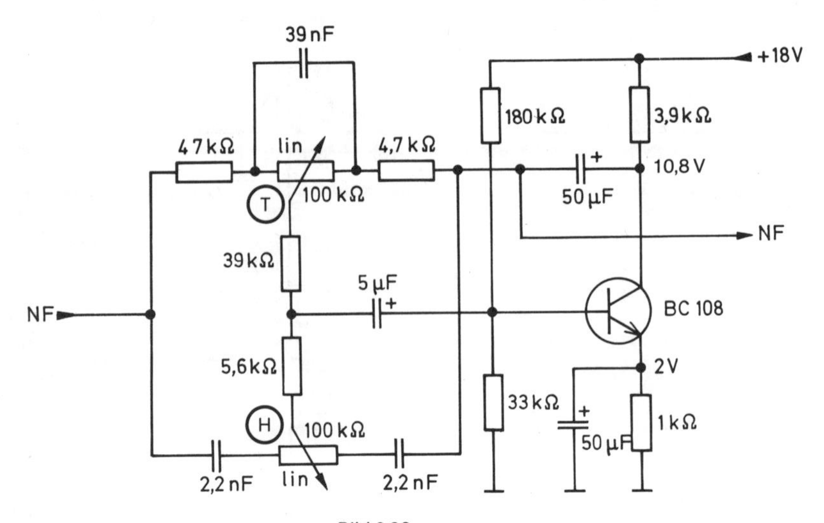

Bild 6.32
Aktiver Klangeinsteller mit Transistorverstärker (Valvo)

frequenzabhängigen Spannungsteiler. Die Potentiometerschleifer schaltet man über zwei Entkopplungswiderstände zusammen und legt sie an die Basis des Transistors. Stehen beide Schleifer am linken Ende, so wird nur ein geringer Anteil des Ausgangssignals gegengekoppelt, und die Anhebung des jeweiligen Frequenzbereiches ist am größten. Im entgegengesetzten Fall werden Höhen und Tiefen stark gegengekoppelt und damit abgesenkt.

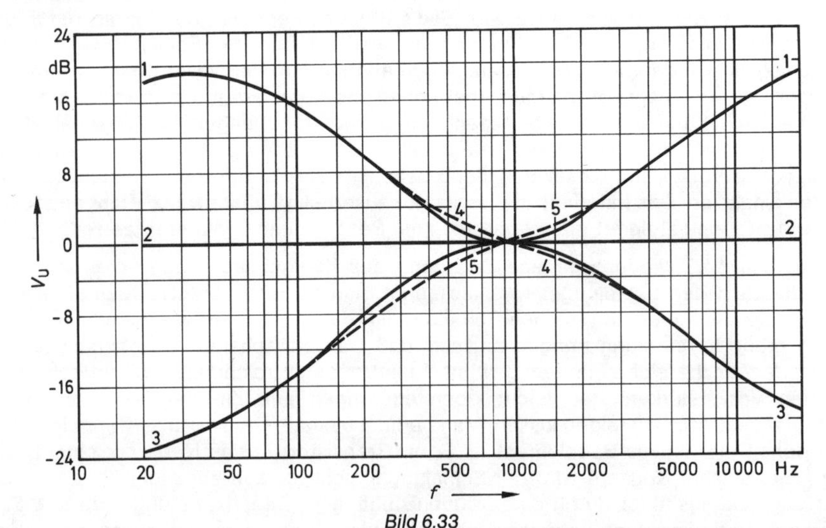

Bild 6.33
Einstellmöglichkeiten des aktiven Klangeinstellers. Kurve 1: maximale Tiefen- und Höhenanhebung; Kurve 2: Mittelstellung (linearer Frequenzgang); Kurve 3: maximale Tiefen- und Höhenabsenkung; Kurve 4: maximale Tiefenanhebung, maximale Höhenabsenkung; Kurve 5: maximale Tiefenabsenkung, maximale Höhenanhebung

Den Einstellumfang dieses aktiven Klangeinstellers zeigt das **Bild 6.33** mit + 19,5 dB bis – 22 dB bei 30 Hz und + 19,5 dB bis – 19 dB bei 20 kHz. Der lineare Frequenzgang (Kurve 2) ergibt sich bei der Mittelstellung der beiden Potentiometer. Die Spannungsverstärkung ist dann etwa 0,9fach.

6.3.3 Präsenzeinsteller

Bei der Übertragung von Sprache ist es unter Umständen erwünscht, die mittleren Frequenzen gegenüber den Höhen und Tiefen zu bevorzugen. Eine Anhebung der Amplitude im Frequenzbereich um 2 kHz schiebt die Schallquelle scheinbar in den Vordergrund und macht sie so „präsent". Ein Präsenzeinsteller verändert also die Frequenzkurve in dem Frequenzbereich, in dem die höchste Empfindlichkeit des menschlichen Ohres liegt. Man will auf diese Weise die bei HiFi-Verstärkern häufig zu schwach wiedergegebenen Solostimmen, Sprache und Chorgesang zwischen 600 Hz und 3000 Hz hervorheben. Viele HiFi-Verstärker sind deshalb entweder mit einem Präsenzschalter oder einem Präsenzeinsteller ausgerüstet.

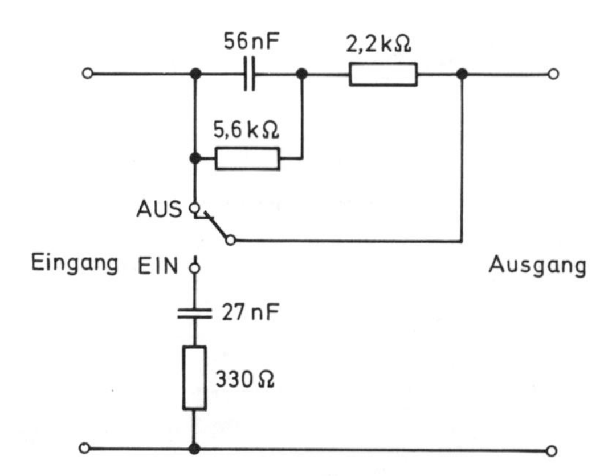

Die Schaltung im **Bild 6.34** zeigt einen einfachen Präsenzschalter. Es ist eine passive Schaltung, bei der durch Einschalten von RC-Gliedern tiefe und hohe Frequenzen abgesenkt werden, so daß nur die mittleren Frequenzen durchgelassen werden.

Die Schaltung eines gut für Sprachübertragungen geeigneten **aktiven Präsenzeinstellers** zeigt das **Bild 6.35.** Zum Anheben der mittleren Frequenzen dient das gleiche Schaltungsprinzip wie bei der aktiven Klangeinstellung. Im Gegenkopplungszweig des Transistors liegt ein für 2 kHz dimensioniertes Doppel-T-Glied. Wenn der Schleifer des Potentiometers am oberen Anschlag steht, werden die hohen und tiefen Frequenzen stärker gegengekoppelt und damit abgeschwächt. Durch das Doppel-T-Glied hat man in den Gegenkopplungszweig eine Bandsperre für 2 kHz gelegt. Damit fehlen diese Frequenzen im Gegenkopplungszweig, können nicht gegengekoppelt und damit nicht abgeschwächt werden. Die maximale Anhebung bei 2 kHz beträgt in dieser Schaltung 13 dB. Steht der Schleifer dagegen am unteren Anschlag, erzielt man einen nahezu linearen Frequenzgang. Das **Bild 6.36** zeigt den Frequenzgang des Präsenzeinstellers für volle und halbe Anhebung. Mit einer entsprechenden Dimensionierung des Doppel-T-Gliedes läßt sich der Präsenzeinsteller auch für den Ausgleich raumakustischer oder übertragungsbedingter Mängel bei Musikübertragungen einsetzen.

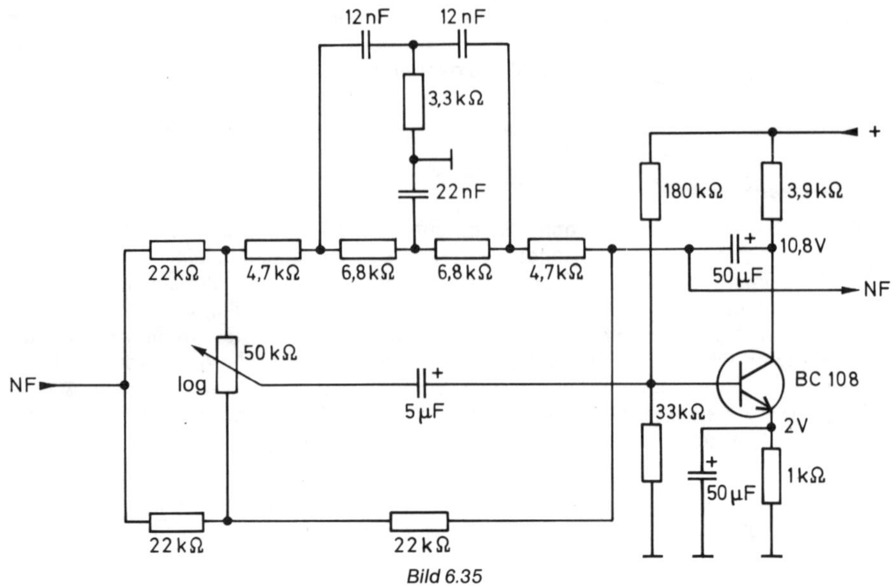

Bild 6.35
Aktiver Präsenzeinsteller mit Transistorverstärker (Valvo)

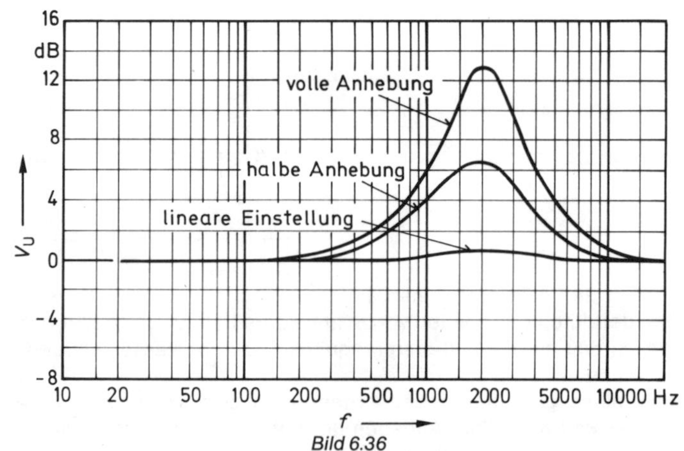

Bild 6.36
Einstellmöglichkeiten des aktiven Präsenzeinstellers

6.3.4 Filter

Filter sind in einem HiFi-Verstärker unentbehrlich. Mitunter sind die Signalspannungen mit hohen und tiefen Störfrequenzen überlagert (z. B. Brummen, Trittschall, Rauschen, Klirr- und Intermodulationsverzerrungen), die man ausblenden möchte. Mit den Klangeinstellern hat man zwar die Möglichkeit den Störpegel abzusenken, dämpft aber meistens auch gleichzeitig den mittleren Frequenzbereich. Diese Einsteller sind für diesen Zweck nicht steil genug. Man benötigt daher Filter, die ab einer bestimmten Grenzfrequenz alle Spannungen mit höheren oder tieferen Frequenzen abschneiden, sie müssen also steile Durchlaßkurven besitzen. Verwendung finden Filter für tiefe Frequenzen (Rumpelfilter) und für sehr hohe Frequenzen (Rauschfilter).

6.3.4.1 Rumpelfilter

Als Rumpeln bezeichnet man Störungen im Bereich sehr tiefer Frequenzen (etwa um 40 Hz). Hervorgerufen werden solche Rumpelstörungen bei der Wiedergabe älterer Schallplatten oder durch einen ungleichförmigen Gang eines Plattenspielers mit einfachem Laufwerk. Zu ihrer Unterdrückung schaltet man Rumpelfilter nach **Bild 6.37** ein. Es ist ein aus zwei RC-Gliedern bestehender Hochpaß, der durch einen Tastendruck ein- und ausgeschaltet wird. Um noch steilere Flanken zu erhalten, kann man auch drei RC-Glieder oder LC-Glieder zusammenschalten.

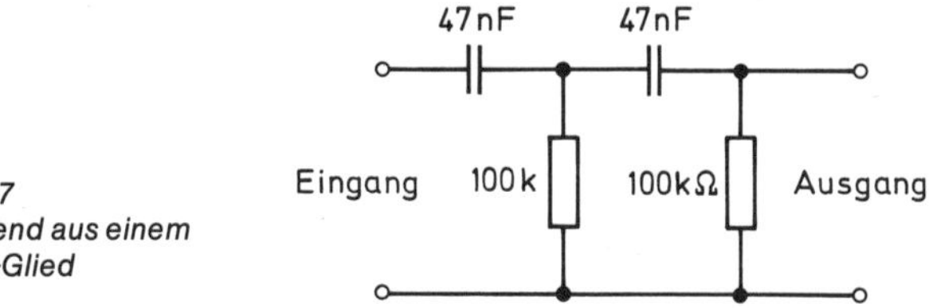

Bild 6.37
Rumpelfilter bestehend aus einem Doppel-RC-Glied

6.3.4.2 Rauschfilter

Mit Rauschfiltern unterdrückt man hohe Störfrequenzen, wie sie insbesondere bei AM-, Tonband- und Schallplattenwiedergabe auftreten können. Gerade, wenn alte oder vielbenutzte Platten abgespielt werden, treten Rauschstörungen auf. Ebenso können mit Rauschfiltern bei Mikrofonaufnahmen störende Zischlaute weggedämpft werden. Diese Filter sind ebenfalls normalerweise fest eingestellt und werden durch Tastendruck ein- und ausgeschaltet. Das **Bild 6.38** zeigt ein Rauschfilter, das ein aus zwei RC-Gliedern bestehender Tiefpaß ist.

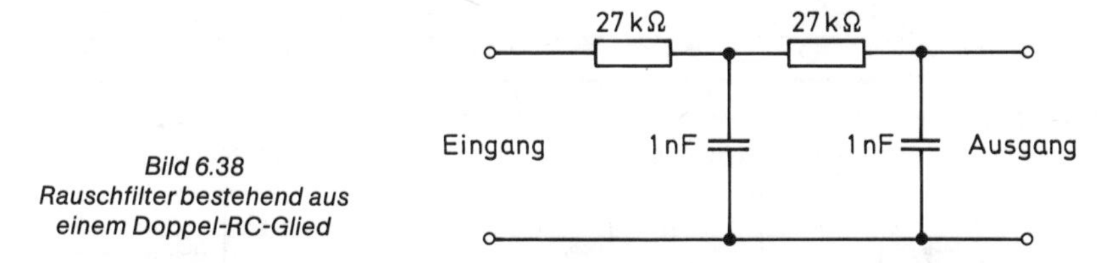

Bild 6.38
Rauschfilter bestehend aus einem Doppel-RC-Glied

6.3.4.3 Kombinierte Schaltung

Die Grenzfrequenzen eines Rauschfilters (6 kHz) und die eines Rumpelfilters (50 Hz) liegen so weit auseinander, so daß man die für die Filter erforderlichen Hoch- und Tiefpaßschaltungen ohne störende gegenseitige Beeinflussung kombinieren kann. Beachten muß man jedoch, daß sich die beiden RC-Glieder der Filterhälften nicht gegenseitig beeinflussen. Entweder dimensioniert man die beiden RC-Glieder eines Filters unterschiedlich, oder man schaltet zwischen die beiden Teilfilter einen Transistor als Entkopplungsverstärker. Meistens benutzt man dann aber lieber den Transistor für ein aktives Filter.

Das **Bild 6.39** zeigt die Schaltung eines passiven kombinierten Rausch- und Rumpelfilters. Hier sind die jeweiligen RC-Glieder unterschiedlich dimensioniert. Die Wirkung des Rumpel- und Rauschfilters auf den Frequenzgang zeigt das **Bild 6.40.** Mit dem Schalter S 1 wird das Rumpelfilter, mit dem Schalter S 2 das Rauschfilter ein- und ausgeschaltet.

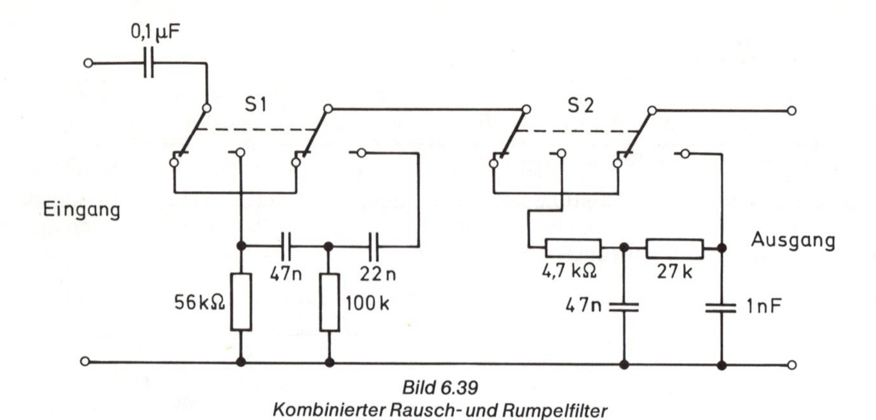

Bild 6.39
Kombinierter Rausch- und Rumpelfilter

20 dB
15
10
5
0
-5
-10
-15
-20
$\frac{U_a}{U_e}$
Linearstellung
Rumpeltaste gedrückt
Rauschtaste gedrückt
10 2 4 6 8 10 2 4 6 8 10 2 4 6 8 10 Hz 2 3
f

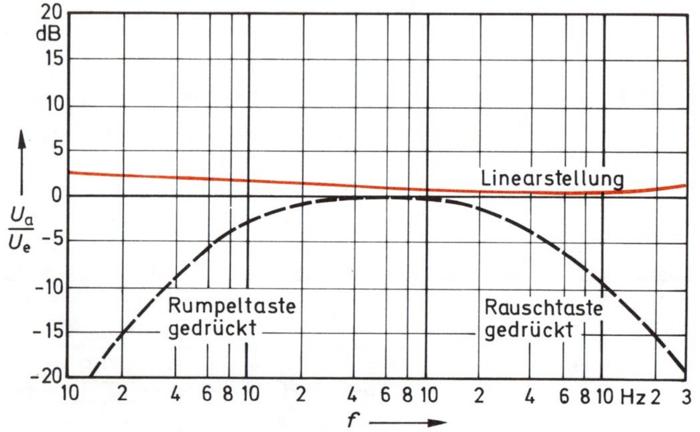

Bild 6.40
Wirkung des Rumpel- und Rauschfilters auf den Frequenzgang

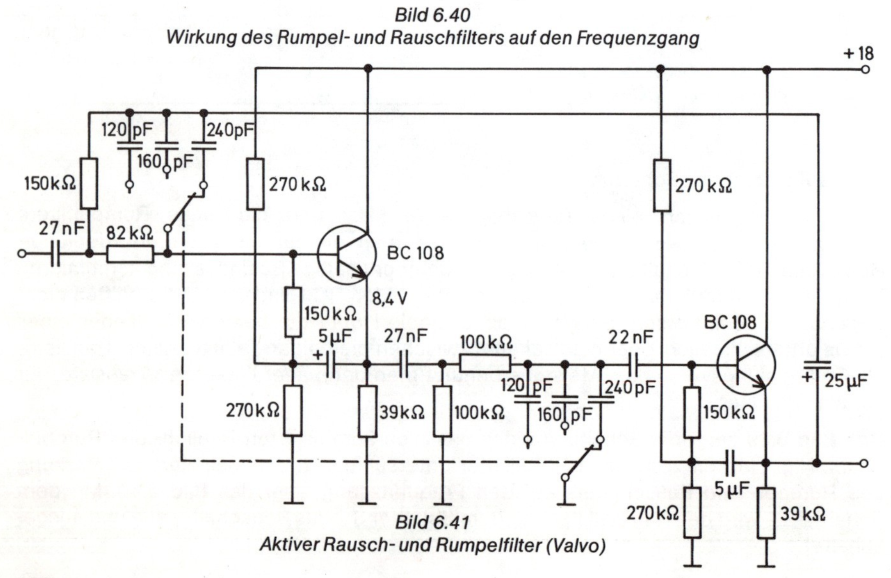

Bild 6.41
Aktiver Rausch- und Rumpelfilter (Valvo)

Die Schaltung im **Bild 6.41** zeigt ein aktives Rausch- und Rumpelfilter. Die Tiefen- und Höhenabsenkung erfolgt durch RC-Glieder, die zwischen zwei Kollektorschaltungen angeordnet sind. Dabei koppelt man das Ausgangssignal der zweiten Stufe auf den Eingang zurück. Damit wird eine hohe Flankensteilheit von etwa 13 dB/Oktave erreicht. Die Grenzfrequenz des Rumpelfilters ist fest auf 45 Hz eingestellt. Das Rauschfilter kann durch den Umschalter auf die Grenzfrequenzen 7 kHz, 12 kHz und 16 kHz umgeschaltet werden. Die sich ergebenden Frequenzgänge zeigt das **Bild 6.42.**

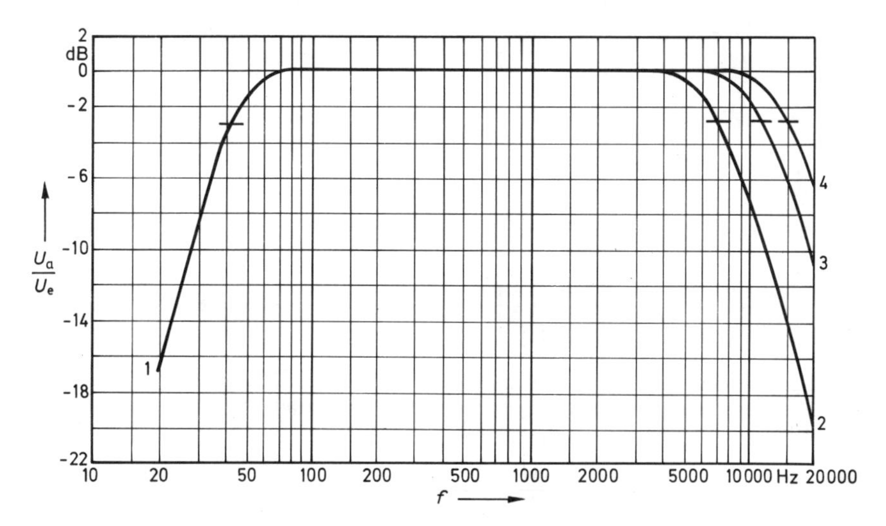

Bild 6.42
Einstellbare Frequenzgänge des Rausch- und Rumpelfilters

6.3.5 Balance-Einsteller

Ein HiFi-Stereo-Verstärker besitzt alle schon besprochenen Filter und Einstellmöglichkeiten verständlicherweise für jeden Kanal getrennt. Es ist jedoch erforderlich, beide Kanäle absolut gleichartig einzustellen. Das setzt das Vorhandensein von **Tandempotentiometern** voraus, bei denen zwei Einstellwiderstände mit einer Achse bedient werden. Darüber hinaus ist bei Stereo-Verstärkern der **Balance-Einsteller** das wichtigste

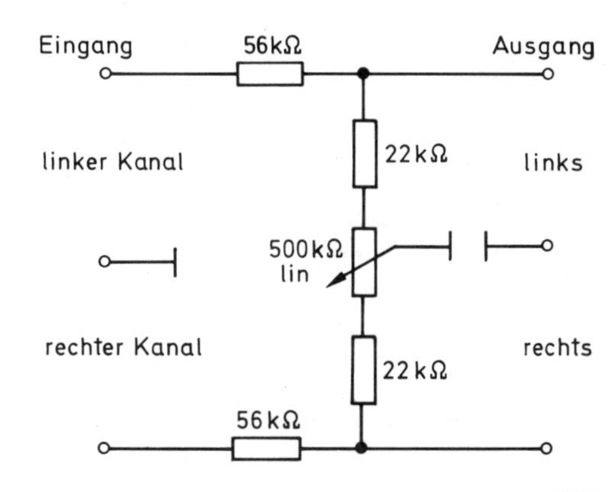

Bild 6.43
Passive Schaltung zur Balance-Einstellung

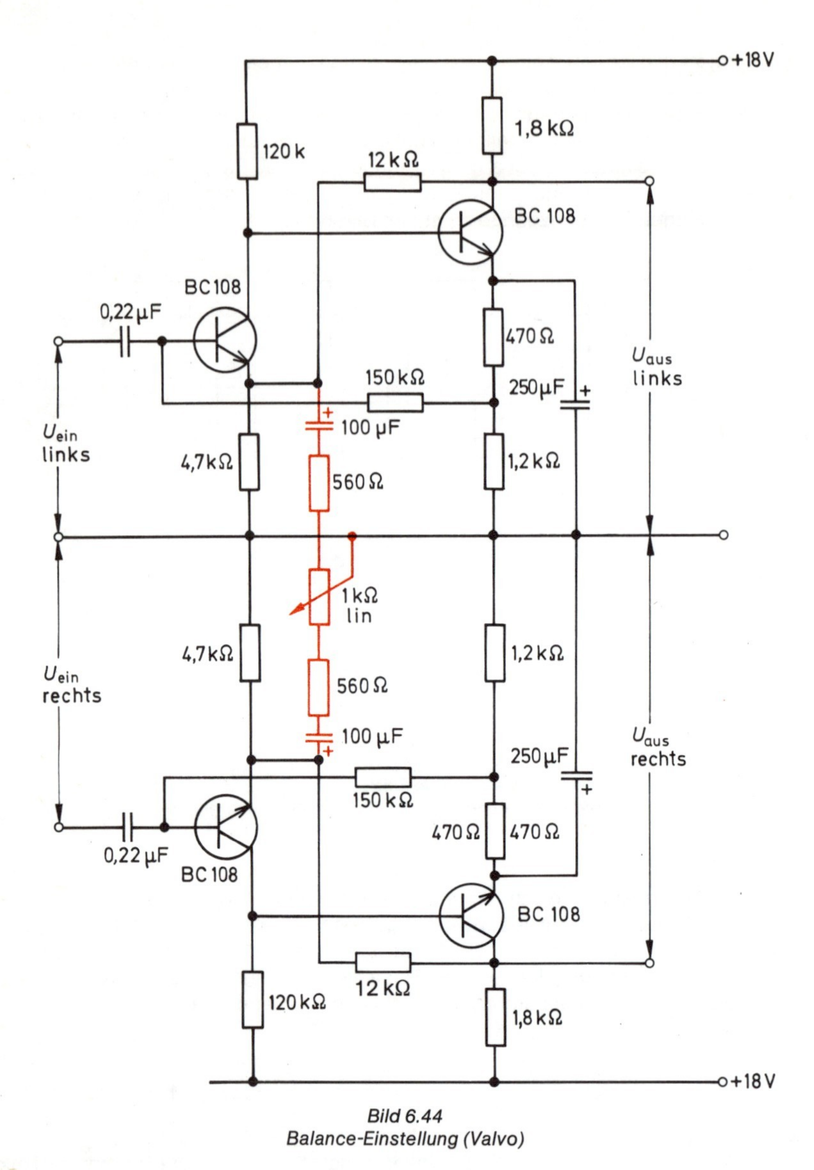

Bild 6.44
Balance-Einstellung (Valvo)

Einstellorgan. Er gestattet bei ungünstigen Raumverhältnissen und bei unterschiedlichen Lautsprecherboxen, beide Kanäle auf gleiche Lautstärke einzustellen. Meistens benutzt man dafür einfach ein Potentiometer, das zwischen beiden Kanälen liegt und mit dem man die Lautstärke in beiden Kanälen gegenläufig einstellen kann **(Bild 6.43).**

Die Schaltung im **Bild 6.44** zeigt eine Möglichkeit der Balanceeinstellung in einer Stereo-Anlage durch eine gegenläufige Änderung der Spannungsverstärkung beider Kanäle um 6 dB. Das Einstellpotentiometer liegt im Gegenkopplungszweig, so daß hierdurch eine sehr wirkungsvolle und klirrfaktorarme Balanceeinstellung vorgenommen werden kann.

6.3.6 Basisbreiten-Einsteller

Vielfach ist durch die räumliche Gegebenheit der erforderliche Abstand zwischen dem Hörer und den beiden Lautsprechern einer Stereoanlage nicht vorhanden. Stehen die beiden Lautsprecher zu dicht beieinander, so verringert sich der stereofone Effekt. Bei zu großem Abstand ergibt sich ein solch übertriebener Links-Rechts-Effekt, daß man von einem „Zerfallen" des Klangbildes spricht. So besteht der Wunsch, die räumlichen Unzulänglichkeiten wieder auszugleichen, was durch elektronische Mittel möglich ist. Eine elektronische Einrichtung, die diese Aufgabe löst, bezeichnet man als Basisbreiten-Einsteller.

Das Grundprinzip eines Basisbreiten-Einstellers beruht darauf, daß man einen Teil des linken Kanalsignals in den rechten Kanal und einen Teil des rechten Kanalsignals in den linken Kanal einspeist. Durch diese Maßnahme verstärkt man das ungewollte Übersprechen zwischen den beiden Kanälen. Je stärker das Übersprechen ist, um so mehr rücken akustisch die beiden Kanäle zusammen, bis sie sich überdecken und man nur ein Monosignal hört.

Das Prinzip einer Basisbreiten-Einstellung geht aus dem Blockschaltbild **(Bild 6.45)** hervor. Über den Einstellwiderstand *P* 1 greift man einen Teil des linken Kanalsignals ab und führt es über den Widerstand *R* 3 dem rechten Kanal zu. Über *P* 2 koppelt man aus dem rechten Kanal ein Signal aus und speist es über *R* 2 in den linken Kanal ein. Je nach Schleiferstellung der Potentiometer wird das Übersprechen mehr oder weniger verstärkt. Mittels dieser einfachen elektrischen Schaltung kann man den hörbaren räumlichen Abstand zwischen dem linken und rechten Kanal kontinuierlich verändern.

Eine in der Praxis angewendete Schaltung, mit der sich die Basisbreite einstellen läßt, ist im **Bild 6.46** wiedergegeben. Hier wird jeweils ein Teil der Signalspannung des einen Kanals über das Potentiometer, den 150 kΩ-Widerstand und den 0,22 µF-Kondensator dem anderen Kanal zugeführt. Sind die Basisbreiten-Einsteller voll aufgedreht, d. h.

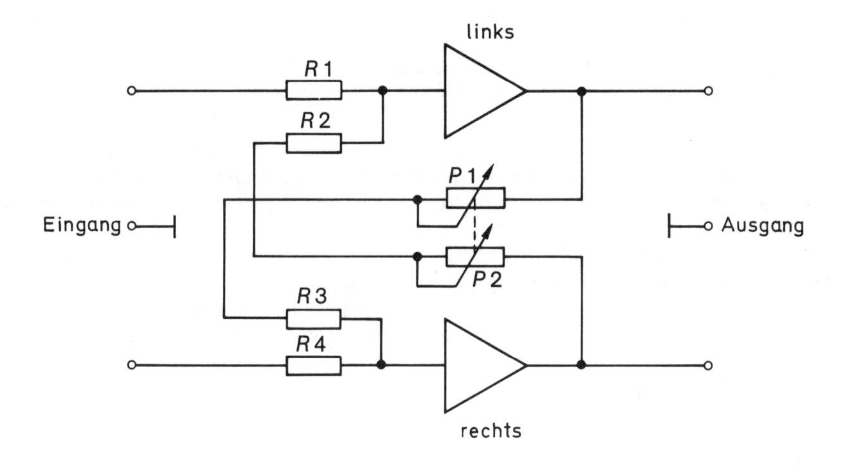

Bild 6.45
Prinzipschaltung zur Basisbreiten-Einstellung

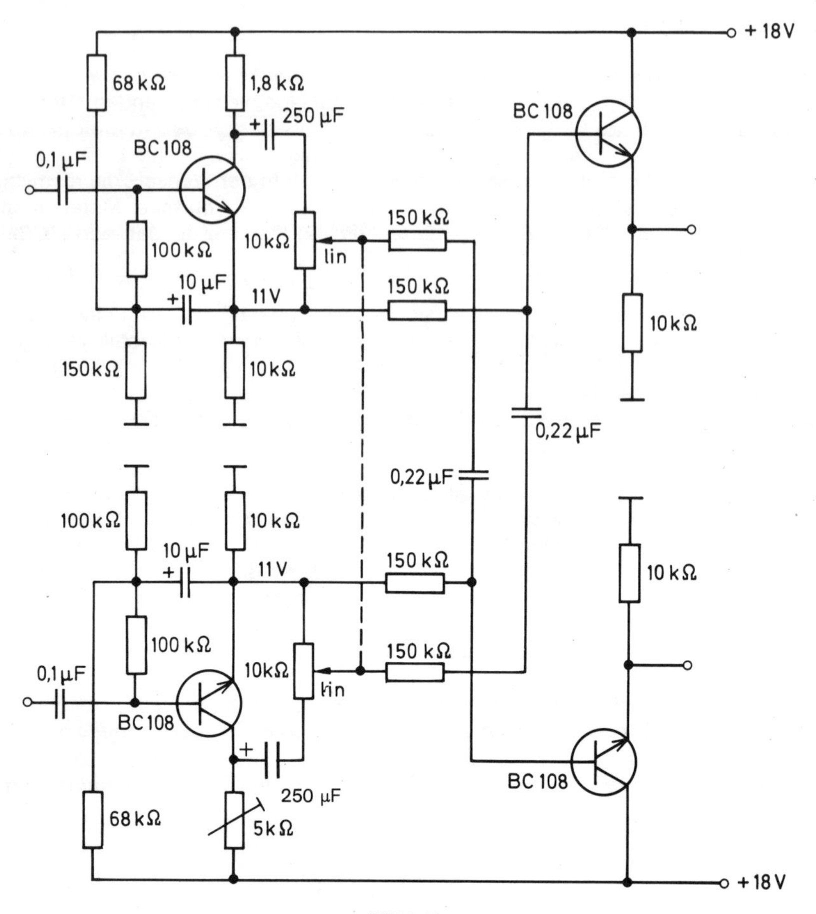

Bild 6.46
Basisbreiten-Einstellung (Valvo)

stehen die Schleifer am unteren Ende der Potentiometer, so wird das Signal des linken Kanals in voller Höhe gleichphasig in den rechten Kanal eingespeist und umgekehrt. Man erreicht so ein Übersprechen von 100 %. Das entspricht dem Mono-Betrieb, bei dem die Kanäle akustisch zur Deckung gekommen sind. Stehen die Schleifer am oberen Ende der Einsteller, so erreicht man ein Übersprechen von 24 %; denn nun wird in den anderen Kanal ein gegenphasiges Signal eingekoppelt und das Übersprechen vermindert. Ein noch stärkeres gegenphasiges Übersprechen vorzunehmen ist unzweckmäßig, da dann die beiden Kanäle sich immer mehr voneinander entfernen, und das Klangbild zerfällt.

6.4 Endverstärker

Endverstärker haben die Aufgabe, das angebotene Signal bei einem angemessenen Wirkungsgrad soweit zu verstärken, daß an ihrem Ausgang die geforderte Leistung zur Verfügung steht. Das setzt einen linearen Frequenzgang und geringstmögliche Verzerrungen voraus. Diese qualitativen Forderungen an einen Endverstärker lassen sich mit den heute zur Verfügung stehenden technischen Mitteln relativ leicht und preiswert erfüllen. Transistor-Endstufen arbeiten als übertragerlose Gegentakt-B-Endstufen in Komplementär- oder bei größeren Ausgangsleistungen in Quasikomplementär-Schaltung. Aber auch die linearen integrierten Schaltungen setzen sich immer mehr durch, mit denen schon Ausgangsleistungen bis etwa 20 W erreicht werden.

6.4.1 Komplementär-Endverstärker

Eine Komplementär-Endstufe ist ein Gegentakt-B-Verstärker, der mit zwei Transistoren unterschiedlicher Schichtung aufgebaut ist. Die verwendeten NPN- und PNP-Transistoren liegen, wie das Prinzipschaltbild **(Bild 6.47)** zeigt, gleichspannungsmäßig in Reihe und wechselspannungsmäßig parallel. Da die beiden in ihrem Dotierungsaufbau unterschiedlichen Transistoren jeweils bei einer anderen Halbwelle der Signalwechselspannung leitend werden, kann bei einer Komplementär-Endstufe auf die sonst bei einer Gegentakt-Endstufe erforderliche Phasenumkehrstufe verzichtet werden.

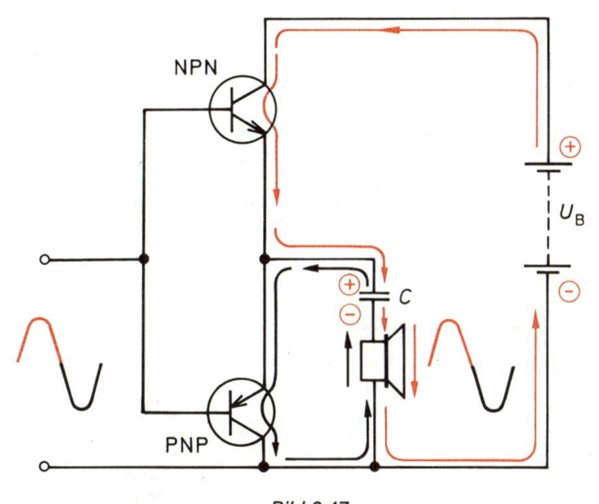

Bild 6.47
Prinzipschaltung einer Komplementär-Endstufe

Bei der positiven Halbwelle der Signalwechselspannung wird der NPN-Transistor leitend. Es fließt aus der Batterie, durch den Transistor und durch den Lautsprecher ein Strom. Der Kondensator *C* wird dabei mit der eingezeichneten Polarität aufgeladen. Bei der negativen Halbwelle des Wechselspannungssignals ist der PNP-Transistor leitend, während der NPN-Transistor sperrt. Es fließt gegenüber vorher ein Strom in entgegengesetzter Richtung durch den Lautsprecher. Da der NPN-Transistor gesperrt ist, kann der aufgeladene Kondensator *C* nur als Batterie für den PNP-Transistor wirken. Während

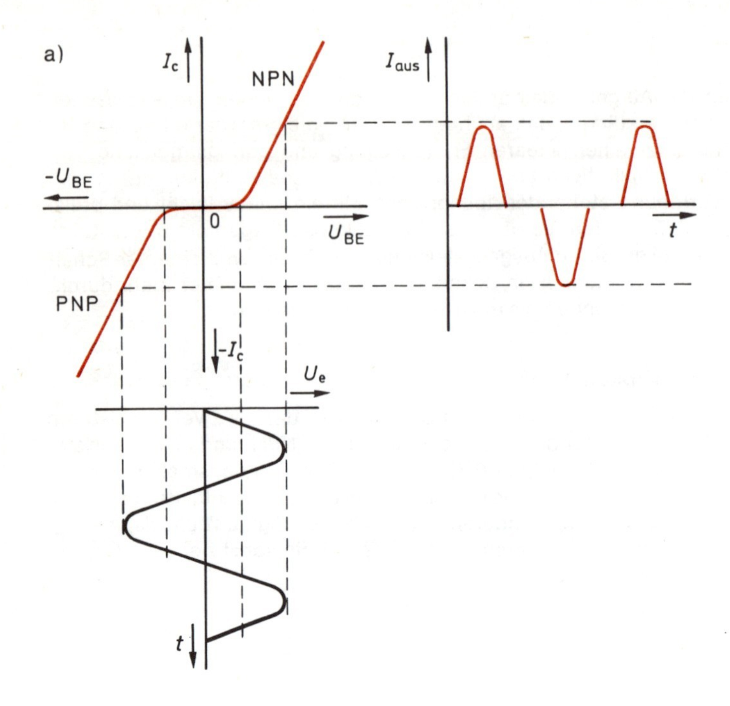

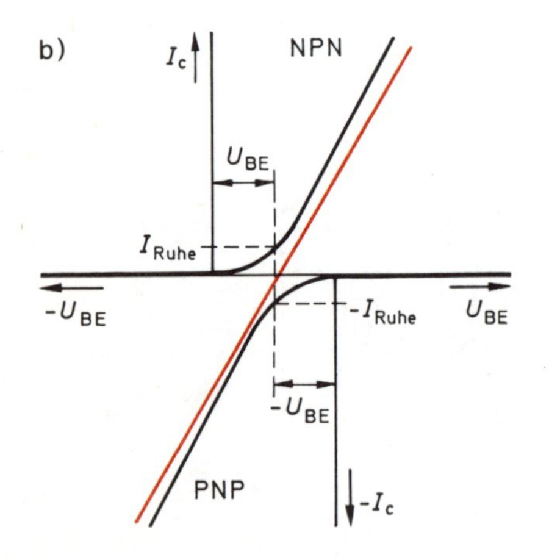

Bild 6.48
a) Entstehung der Übernahmeverzerrungen
b) durch Addition der Einzel-Kennlinien und Ruhestromeinstellung ergibt sich eine gerade Arbeitskennlinie

dieser Halbwelle wird deshalb der Kondensator entladen. Im Lautsprecher erhält man ein vollständiges Wechselsignal mit entsprechend großer Leistung.

Transistoren benötigen, um leitend zu werden, eine kleine Basisvorspannung. Würde man den beiden Transistoren keine Basisvorspannung geben, so ergäben sich hier sogenannte Übernahmeverzerrungen nach **Bild 6.48 .** Durch eine entsprechend gewählte Basis-Emitter-Vorspannung stellt man einen kleinen Ruhestrom ein, so daß die Verzerrungen, die durch den Kennlinienknick im unteren Bereich verursacht werden, vermieden werden. Durch diesen kleinen Ruhestrom ergibt sich beim Zusammensetzen der beiden Kennlinien eine begradigte Arbeitskennlinie nach **Bild 6.48 b.**

In **Bild 6.49** ist die Schaltung einer 2-W-Komplementär-Endstufe mit ihren entsprechenden Vorverstärkerstufen angegeben. Der Transistor T 1 ist ein in Emitterschaltung arbeitender PNP-Transistor und dient als Vorverstärker. Der Transistor T 2 arbeitet als Treiber-Transistor für die beiden Endstufentransistoren. Der Arbeitspunkt des über alle Stufen direkt gekoppelten Verstärkers wird durch eine Gleichstromgegenkopplung vom Ausgang über den Widerstand *R* 4 auf den Emitter der Vorstufe stabilisiert. Wechselstrommäßig wird diese Gegenkopplung durch den Kondensator *C* 3 und den Widerstand *R* 1 auf den gewünschten Wert begrenzt. Da die beiden Endstufentransistoren in der Polarität unterschiedliche Basisvorspannungen haben müssen, liegt zwischen ihren Basisanschlüssen der Transistor T 3 in Verbindung mit dem 1-kΩ-Potentiometer. Durch diesen Transistor T 3 in Verbindung mit dem Einsteller des Potentiometers werden für die Endstufen-Transistoren die erforderlichen Arbeitspunkte und damit die Ruheströme bestimmt. Durch T 3 wird der Ruhestrom zugleich gegen Schwankungen der Umgebungstemperatur und der Versorgungsspannung stabilisiert.

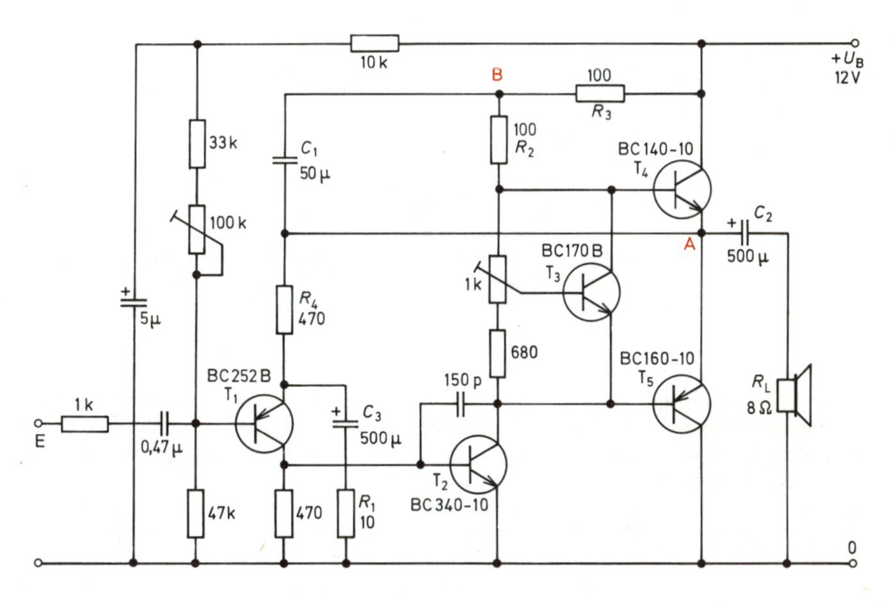

Bild 6.49
Schaltung einer 2-W-Komplementärendstufe (ITT)

Durch die sogenannte Bootstrap-Schaltung (Kondensator *C* 1 vom Ausgang Punkt A zum Teilerpunkt B zwischen den Widerständen *R* 2 und *R* 3) wird der Aussteuerbereich der Endstufe vergrößert, so daß die positive Aussteuerungsgrenze nur noch durch die Sättigungsspannung des Transistors T 4 bestimmt ist. Der 1-kΩ-Widerstand im Eingang und der 150-pF-Kondensator vom Kollektor zur Basis des Transistors T 2 verhindern Hochfrequenz-Schwingungen des Verstärkers.

6.4.2 Quasi-Komplementär-Endverstärker

Will man die Ausgangsleistung eines Komplentär-Endverstärkers erhöhen, so müssen leistungsstarke Endtransistoren eingesetzt werden, damit sie einen großen Sprechwechselstrom durch den Lautsprecher treiben. Solche Endstufen mit hohen Ausgangsleistungen erfordern auch aufwendige Vor- und Treiberstufen, die den notwendigen höheren Basisstrom für die Endtransistoren liefern können.

Eine andere Möglichkeit, die Leistung der Endstufe zu erhöhen, besteht darin, daß die schon beschriebene Komplementär-Endstufe in direkter Kopplung zwei völlig in den Daten und Dotierung übereinstimmende Leistungstransistoren gegenphasig ansteuert.

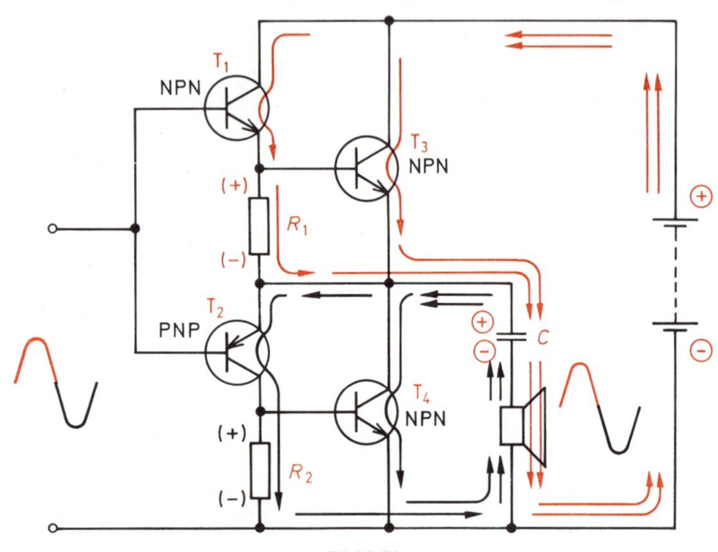

Bild 6.50
Prinzipschaltung einer Quasi-Komplementär-Endstufe

Die Schaltung nach **Bild 6.50** bezeichnet man als quasi-komplementäre Endstufe. Aus dem Schaltbild erkennt man, daß die Transistoren T 1 und T 2, der Kondensator *C* und der Lautsprecher wie die Komplementär-Endstufe aus dem Bild 6.47 geschaltet sind. In der Quasi-Komplementär-Endstufe nach Bild 6.50 steuern die Komplementär-Transistoren je einen Leistungstransistor. Während der positiven Halbwelle der Sprechwechselspannung wird nämlich der Transistor T 1 leitend, und durch den Spannungsabfall am Widerstand *R* 1 wird gleichzeitig der Transistor T 3 mit stromführend. Beide Transistoren treiben jetzt einen entsprechend großen Strom durch den Lautsprecher und laden den Kondensator *C* auf. Bei der negativen Halbwelle der Eingangswechselspannung leitet der Transistor T 2. Der dadurch entstehende Spannungsabfall am Widerstand *R* 2 steuert den Transistor T 4 durch. Jetzt fließt durch den Lautsprecher ein von den Transistoren T 2 und T 4 getriebener Strom jedoch in umgekehrter Richtung. Der Kondensator *C* wird dabei entladen. Aus der Funktionsweise erkennt man, daß die beiden Widerstände *R* 1 und *R* 2 gleiche Werte haben müssen, damit die Leistungstransistoren gleichförmig angesteuert werden.

Bild 6.51 zeigt die Schaltung eines 20-W-HiFi-Verstärkers in Quasi-Komplementär-Schaltung. Die Endstufe wird durch die beiden Komplementär-Transistoren T 6 und T 7, die die Transistoren T 8 und T 9 ansteuern, gebildet. Der Endstufe vorgeschaltet sind die

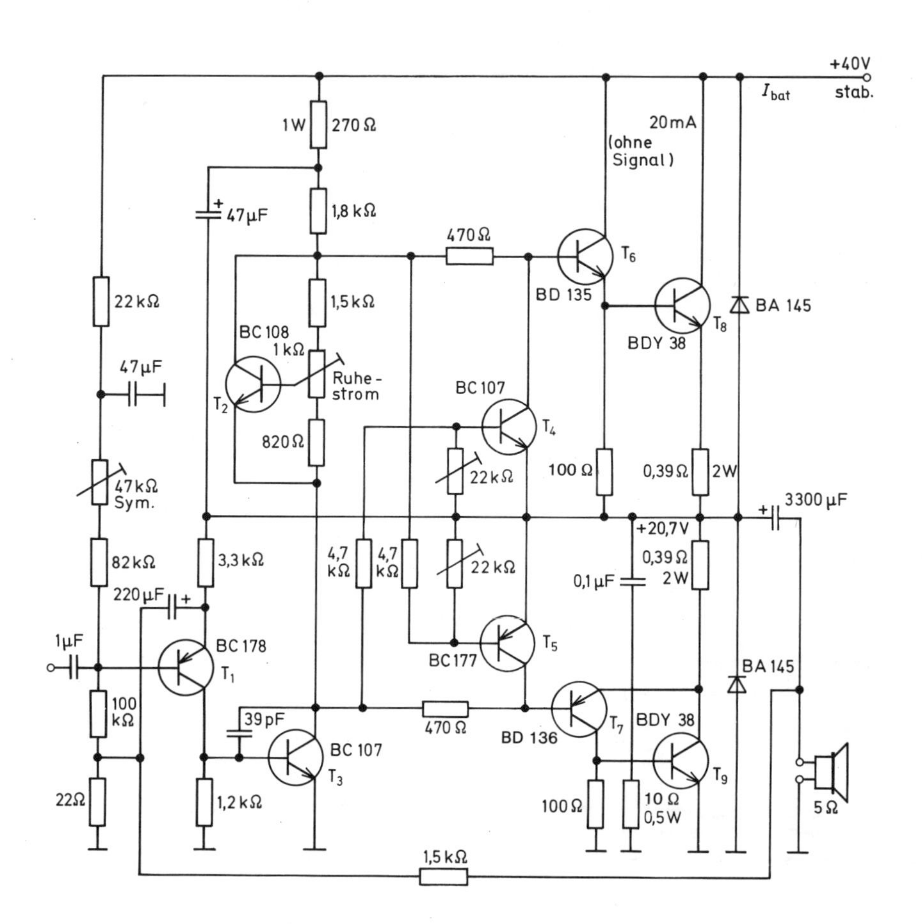

Bild 6.51
Schaltung eines 20-W-HiFi-Verstärkers in Quasi-Komplementärschaltung (Valvo)

Vorstufe T 1 und eine Treiberstufe T 3. Der zwischen den Basen der Komplementär-Transistoren liegende Transistor T 2 stabilisiert die Ruheströme der Endtransistoren gegen Schwankungen der Speisespannung und der Umgebungstemperatur. Mit zunehmender Umgebungstemperatur steigt der Kollektorstrom dieses Stabilisierungstransistors bei festgehaltener Basis-Emitter-Spannung an. Dadurch verringern sich die Kollektor-Emitterspannung am Transistor und damit die Basisvorspannungen der Komplementär-Transistoren. Die Ruheströme werden auf ihrem Sollwert gehalten. Bei einer Speisespannungsschwankung ändert sich die Basisvorspannung und damit gleichfalls der Kollektorstrom des Stabilisierungstransistors.

Eine Schutzschaltung mit den Transistoren T 4 und T 5 verhindert eine Überlastung der Endtransistoren bei Übersteuerung und Kurzschluß am Ausgang. Nach Überschreiten des mit den 22-kΩ-Potentiometern einzustellenden Schwellwertes werden die Schutztransistoren leitend und setzen das Steuersignal an der Basis der Komplementärtransistoren herab. Dadurch wird der Kollektorstrom der Endstufe auf einen ungefährlichen Wert verringert. Er kann sogar bis auf den Ruhestromwert zurückgehen.

Am Ausgang sind noch zusätzlich zwei schnelle Schaltdioden vom Typ BA 145 zur Begrenzung von Überspannungen eingefügt. Das ist sinnvoll, weil die Frequenzweichen in Lautsprecherboxen meistens mit Induktivitäten aufgebaut sind und Selbstinduktionsspannungen hervorrufen können.

Dieser 20-W-HiFi-Verstärker liefert an den 5-Ω-Lastwiderstand bei 1 kHz eine maximale Ausgangsleistung von rund 31 W mit einem Klirrfaktor von 1 %. Im **Bild 6.52** sind die Abhängigkeiten des Klirrfaktors von der Ausgangsleistung und der Leistungsfrequenzgang dieses Verstärkers wiedergegeben.

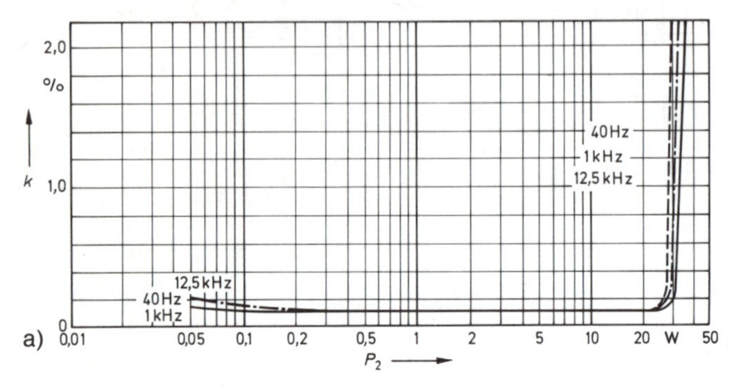

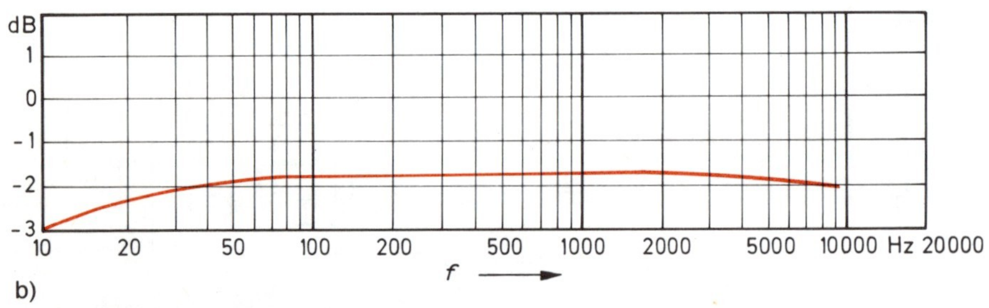

Bild 6.52
a) Klirrfaktor in Abhängigkeit von der Ausgangsleistung und Frequenz der Schaltung aus Bild 6.51
b) Leistungsbandbreite für einen Klirrfaktor k = 1 % und eine Ausgangsleistung P = 31 W ≙ 0 dB

Bild 6.53
Bestückte Platine eines 35 W Endverstärkers mit Darlington-Transistoren. Deutlich sind die Endtransistoren auf den erforderlichen Kühlkörpern zu sehen (Conrad-Electronic)

6.4.3 Integrierter Endverstärker

Mit integrierten Bausteinen lassen sich heute einfache und funktionssichere Leistungsendstufen aufbauen. Es werden nur noch wenige externe Bauelemente benötigt. Eine Strombegrenzungsschaltung für Überlastung und Kurzschluß ist vielfach in der integrierten Schaltung mit enthalten. Die Schaltung eines Nf-Leistungsverstärkers mit der integrierten Schaltung TBA 810 T von AEG-Telefunken zeigt das **Bild 6.54.** Diese Schaltung liefert bei einer Betriebsspannung von 20 V 10 W Ausgangsleistung. Um diese relativ hohe Ausgangsleistung aus einer integrierten Schaltung zu erhalten, muß für ausreichende Kühlung gesorgt werden. Die an dem IC befestigten Kühlfahnen müssen deshalb unmittelbar mit dem Chassis verbunden werden. Weitere technische Daten dieses Endverstärkers sind aus der folgenden Tabelle zu entnehmen.

Versorgungsspannung	Pin 1	U_S	4 . . . 25	V
Ausgangsleistung R_L = 4 Ω, f = 1 kHz, k = 10 %, U_S = 20 V U_S = 14,4 V U_S = 6 V		 P_q P_q P_p	 10 6 1	 W W W
Bandbreite (−3) U_S = 14,4 V, R_L = 4 Ω, C_3 = 420 pF		B	40 . . . 20000	Hz
Klirrfaktor U_S = 14,4 V, R_L = 4 Ω, P_q = 0,05 . . . 3 W		k	0,3	%

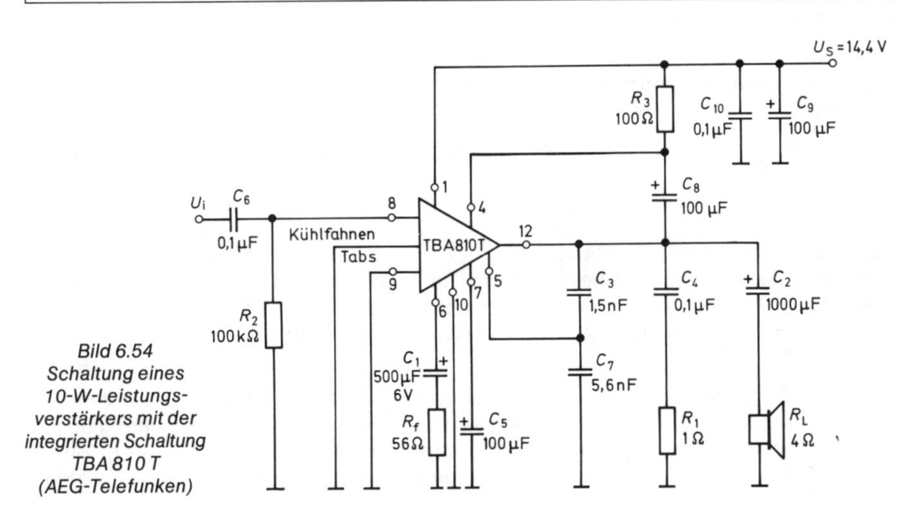

Bild 6.54 Schaltung eines 10-W-Leistungsverstärkers mit der integrierten Schaltung TBA 810 T (AEG-Telefunken)

20 W Ausgangsleistung aus einer integrierten Schaltung kann man mit dem IC TDA 2020 erzielen, wenn nicht nur für eine ausreichende Betriebsspannung, sondern auch für richtige Kühlung gesorgt wird. Das **Bild 6.55** zeigt eine solche Schaltung. Bei einer Betriebsspannung von ± 18 V erreicht man an einem 4-Ω-Lautsprecher bei 1 % Klirrfaktor 20 W Ausgangssprechleistung. Der Übertragungsbereich geht von 40 Hz bis 15 kHz, und bei 260 mV Eingangsspannung gibt der Verstärker 15 W ab.

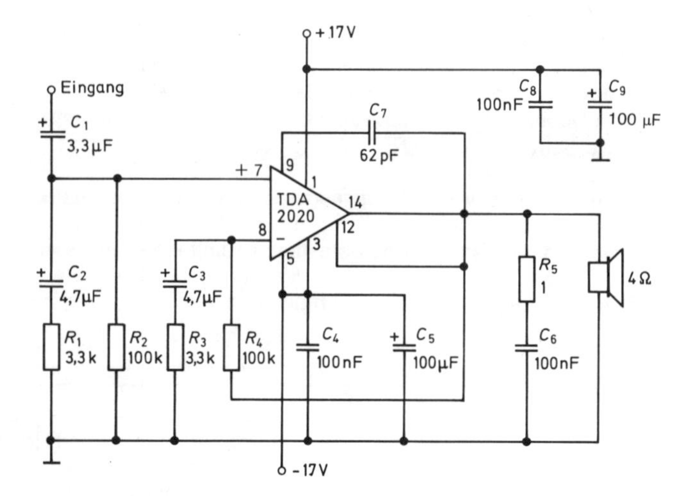

Bild 6.55 Integrierter 20-W-Leistungsverstärker (Oppermann)

Zusammenfassung 6

Ein Vollverstärker setzt sich aus den Baugruppen Vorverstärker, Steuerverstärker und Endverstärker zusammen. Dabei fallen dem Vorverstärker die Aufgaben zu, die Signale der Programmquellen zu verstärken, unterschiedliche Pegel auszugleichen, lineare Verzerrungen zu kompensieren und verschiedene Signalquellen zu mischen.

Der Steuerverstärker soll die in dem Vorverstärker aufbereiteten Signale weiter verstärken und durch Einstell- und Schaltorgane eine willkürliche Veränderung des Klangcharakters entsprechend den Hörerwünschen ermöglichen.

Der Endverstärker soll bei einem angemessenen Wirkungsgrad eine über den gesamten Übertragungsbereich konstante Leistungsverstärkung und noch möglichst geringe lineare und nichtlineare Verzerrungen bringen.

Die Hersteller von Verstärkern geben eine Reihe von Kenndaten an, um so einen besseren Vergleich zu erhalten. Dabei ist es wichtig, daß eine genaue Definition, d. h. die Bedingungen zur Ermittlung dieser Kenndaten vorliegt. Die HiFi-Norm nach DIN 45500 fordert für Verstärker bestimmte Werte, die eingehalten werden müssen. Die Ausgangsleistung eines Verstärkers für ein „normales" Wohnzimmer sollte etwa 25 W betragen. Da das menschliche Ohr in der Lautstärkeempfindung ein logarithmisches Verhalten hat, ist es unnütz sich über Ausgangsleistungen zu streiten, wenn die Diskussion sich um 30 W oder 50 W dreht, da man diese Lautstärkeunterschiede kaum wahrnehmen kann.

Da in den Eingangsstufen eines Vorverstärkers fast ausschließlich der Stör- und Fremdspannungsabstand des gesamten Verstärkers bestimmt wird, muß die Schaltung besonders rausch- und brummfrei sein. Man benutzt deshalb rauscharme Epitaxial-Planar-Transistoren und siebt die Versorgungsspannung sorgfältig durch zusätzliche Siebglieder aus.

Mikrofonverstärker sind lineare Verstärker, die die Ausgangsspannungen von dynamischen Mikrofonen ohne Übertrager verstärken sollen. Phonovorverstärker dagegen sollen den Schneidfrequenzgang der Schallplatte wieder ausgleichen. Dabei sind solche Phonovorverstärker nur für dynamische und magnetische Tonabnehmer erforderlich, da Kristalltonabnehmer den Frequenzgang entsprechend ihren Übertragungseigenschaften selbständig ausgleichen und auch größere Ausgangsspannungen liefern.

In Mischstufen will man verschiedene Signalquellen miteinander mischen, um reizvolle Effekte zu erzielen. Mehrere Vorverstärker arbeiten z. B. auf einen gemeinsamen Arbeitswiderstand und ermöglichen so das Zusammenmischen der verschiedenen Tonquellen. Nachdem das Signal im Vorverstärker entsprechend im Pegel angehoben ist, können jetzt im Steuerverstärker nicht nur die Lautstärke und der Klang eingestellt werden, sondern man baut noch Einrichtungen ein, wie einen Präsenzeinsteller, Rumpel- und Rauschfilter, um den Frequenzgang entsprechend dem Hörerwunsch zu beeinflussen. Bei einem Stereoverstärker muß in dem Steuerverstärker noch die Balance-Einstellung und gegebenenfalls eine Basisbreiten-Einstellung vorgenommen werden.

Der Endverstärker wird heute grundsätzlich als Gegentakt-Verstärker geschaltet, um eine ausreichende Sprechwechselleistung zu erreichen. Da man Transistoren unterschiedlicher Schichtung mit gleichen Daten herstellen kann, verwendet man stets eine Komplementärendstufe. Um jedoch noch eine größere Ausgangsleistung zu erzielen, baut man die sogenannte Quasi-Komplementär-Endstufe. Hier schaltet man den Komplementär-Transistoren noch Leistungstransistoren gleichen Typs nach. Immer mehr setzen sich die integrierten Schaltungen für Nf-Anwendungen durch. Mit ihnen kann man bis zu 20 W Ausgangsleistung erreichen.

Übungsaufgaben 6

1. Nennen Sie alle Aufgaben eines Vorverstärkers.
2. Nennen Sie die Aufgaben eines Steuerverstärkers und die eines Endverstärkers.
3. Was versteht man unter einem Vollverstärker?
4. Nennen Sie die wichtigsten Kenndaten eines Verstärkers.
5. Nennen Sie den Unterschied zwischen Sinusleistung und Musikleistung!
6. Welche Bedeutung hat das Übersprechen?
7. Welche Nennleistung fordert die Norm nach DIN 45500 für einen Verstärker?
8. Machen Sie eine Aussage über die von der Norm geforderten Daten und die von Verstärkern tatsächlich erreichten Daten.
9. Welche Vorverstärkertypen unterscheidet man, und nennen Sie die jeweiligen Hauptmerkmale.
10. Wie kann man schaltungstechnisch erreichen, daß die Wiedergabequalität eines Kristalltonabnehmers verbessert wird?
11. Erklären Sie den Begriff „physiologische Lautstärkeeinstellung"
12. Geben Sie eine Schaltung für eine passive Klangeinstellung an.
13. Was ist ein Präsenzeinsteller, und wo wird er eingesetzt?
14. Welche Aufgaben haben Rumpel- und Rauschfilter?
15. Geben Sie eine Schaltung für einen Rauschfilter an.
16. Welche Aufgabe hat ein Balance-Einsteller?
17. Was soll ein Basisbreiten-Einsteller in einem Verstärker?
18. Geben Sie eine Prinzipschaltung einer Komplementär-Endstufe an, und nennen Sie die Vorteile dieser Schaltung gegenüber einer Gegentakt-Endstufe!
19. Erklären Sie das Prinzip einer Quasi-Komplementär-Endstufe.
20. Welche Sprechwechselleistungen kann man mit integrierten Schaltungen erreichen?

7. Magnetbandtechnik

7.1 Allgemeines

7.1.1 Einleitung

Schallereignisse aufzuzeichnen, sie damit für praktisch unbegrenzte Zeit zu konservieren und zu speichern, ist das Bemühen der Menschen seit langer Zeit. Erst zwischen den Jahren 1877 und 1910 gelang es, die Grundlagen für die drei heute gebräuchlichen Schallaufzeichnungsverfahren zu finden.

Diese drei Verfahren sind:

1. Das Nadeltonverfahren bei der Schallplatte.
   Es ist eine mechanische Speicherung auf einer bewegten Platte, bei der die Schallwellen in gewellte Rillen umgesetzt werden.
2. Das Lichttonverfahren beim Kinofilm.
   Es ist eine fotografische Speicherung auf einem bewegten Film durch Umsetzen der Schallwellen in unterschiedliche Lichtdurchlässigkeitszonen.
3. Das Magnettonverfahren beim Tonband.
   Es ist eine magnetische Speicherung auf einem bewegten Magnetband durch Umwandlung der Schallwellen in remanenten[1]) Magnetismus.

Die ursprünglich hierfür entwickelten technischen Aufzeichnungs- und Wiedergabeprinzipien sind heute nicht mehr unbedingt an einen bestimmten Tonträger gebunden. Zum Beispiel wird heute beim Film nicht mehr mit Lichtton, sondern mit Magnetton gearbeitet. Es sind auch schon magnetisch wirkende Schallplatten und nach dem Nadeltonprinzip abzutastende Tonbänder entwickelt worden.

Es soll in diesem Kapitel ausschließlich das Magnetbandverfahren behandelt werden. Das Prinzip der magnetischen Schallaufzeichnung wurde am Ende des vorigen Jahrhunderts von dem Dänen Valdemar Poulsen erfunden, der das erste Magnettongerät 1898 „Telegraphon" nannte. In den ersten Jahrzehnten der Magnettontechnik verwendete man Stahldrähte oder Stahlbänder als Tonträger. Im Jahre 1928 erfand der Dresdner Fritz Pfleumer das mit Eisenpulver beschichtete Magnetband, mit dem die AEG 1935 das sogenannte „Magnetophon"-Verfahren entwickelte, das bald beim Rundfunk Eingang fand. Wenig später gelang H. J. von Braunmühl und W. Weber durch Einführung der Hochfrequenzvormagnetisierung eine entscheidende Qualitätsverbesserung, durch die sich das Magnettonverfahren an die Spitze aller Schallaufzeichnungsverfahren setzte.

Seitdem die magnetische Schallaufzeichnungs- und Schallwiedergabetechnik ihren heutigen hohen Stand erreicht hat, sind elektroakustische Direktübertragungen (Mikrofon-Verstärker-Lautsprecher) verhältnismäßig selten geworden. Sie kommen fast nur noch für die Übertragungen aktueller Informationen in Frage, wenn es also den Vorteil der gleichzeitigen Verbindung zwischen Nachrichtensender und Nachrichtenempfänger zu wahren gilt. Das trifft beim Rundfunk wie auch beim Fernsehen auf die Übertragung aktueller politischer, kultureller oder sportlicher Ereignisse und selbstverständlich für die kommerzielle[2]) Nachrichtentechnik zu. Der weitaus größte Teil aller Rundfunksendungen setzt sich jedoch aus der Wiedergabe von magnetischen Schallaufzeichnungen zusammen. Aber auch beim Fernsehen geht man heute immer mehr dazu über, magnetische Bildaufzeichnung zu verwenden.

---

[1]) remanere (lat.) = zurückbleiben. [2]) kommerziell (lat.) = handelsgewerblich

7.1.2 Grundprinzip der Aufnahme und Wiedergabe

Die prinzipielle Wirkungsweise des Magnettonverfahrens wird durch die schematische Darstellung in **Bild 7.1** veranschaulicht. Bei der Aufnahme werden die sich in der Luft fortpflanzenden Schallwellen durch ein Mikrofon in elektrische Schwingungen umgewandelt und über einen elektrischen Verstärker einem Aufnahme-Magnetknopf zugeführt. Fließt durch die Spule des Aufnahmekopfes ein niederfrequenter Signalstrom, so baut sich in diesem Elektromagneten ein wechselndes Magnetfeld auf. Der ringförmige Tonkopf besitzt aber einen Luftspalt, an dem die magnetischen Feldlinien austreten und sich durch das mit konstanter Geschwindigkeit vorbeibewegte Magnetband fortsetzen. Dabei richten sich die kleinen Molekularmagnete im Magnetband aus und verharren in dieser Richtung. Damit verbleibt im Tonband ein remanenter Magnetismus, dessen Felddichte dem NF-Signal proportional ist.

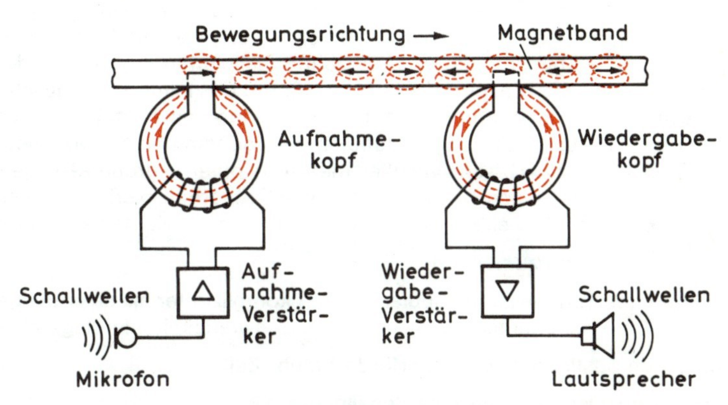

Bild 7.1
Prinzip der Schallaufnahme und -wiedergabe beim Tonbandgerät

Bei der Wiedergabe läuft das magnetisierte Band mit gleicher Geschwindigkeit wie bei der Aufnahme an der Induktionsspule des Wiedergabekopfes vorbei. Dabei schneiden die aus der Oberfläche des Bandes austretenden magnetischen Feldlinien die Windungen des Wiedergabekopfes und induzieren eine Spannung. Das NF-Signal wird damit durch elektromagnetische Induktion wiedergewonnen. Die kleine Induktionsspannung verstärkt der Wiedergabeverstärker. Sie wird dem Lautsprecher zugeführt, der diese elektrischen Schwingungen wieder in Schallschwingungen zurück verwandelt.

7.1.3 Vor- und Nachteile

Das Magnettonverfahren hat gegenüber dem Nadel- und Lichttonverfahren wesentliche Vorteile, die seine bevorzugte Anwendung erklären:

1. Die Aufzeichnung kann während der Aufnahme (Hinterband-Kontrolle) sofort abgehört werden.
2. Die Aufzeichnung kann spurlos entfernt (gelöscht) werden. So lassen sich Tonbänder beliebig häufig für neue Aufnahmen wiederverwenden. Eine Qualitätsminderung tritt dabei nicht ein.
3. Tonbänder lassen sich ebenso wie Kinofilme schneiden und kleben. Von diesem Vorteil macht man bevorzugt beim Zusammenstellen von Hörszenen, zum Entfernen von Versprechern und Schaltgeräuschen usw. Gebrauch.

4. Die Aufnahme- und Wiedergabegeräte sind leicht zu transportieren und unempfindlich gegen äußere Einflüsse, wie z. B. Temperatur.
5. Lange Spieldauer gegenüber Schallplatten.
6. Großer Frequenzbereich.
7. Geringes Rauschen und damit großer Lautstärkeumfang.
8. Geringer Verschleiß.
9. Geringe Verzerrung.
10. Einfaches Aufnahmeverfahren.
11. Einfaches Umspulverfahren.

Als Nachteil des Magnettonverfahrens ist zu nennen, daß die Vervielfältigung einer Aufzeichnung aufwendiger als bei den beiden anderen Verfahren ist. Beim Nadeltonverfahren kann mit einer Matrize eine große Anzahl Schallplatten gepreßt werden. Beim Lichttonverfahren wird die Tonspur durch das Kopieren des Films automatisch mit vervielfältigt. Beim Magnettonverfahren wird die Anfertigung von Tonträgerkopien durch Überspielen*) vom Tonband der Originalaufnahme vorgenommen. Obwohl heute beim Kopiervorgang mit 32facher Geschwindigkeit mehrere Kopien in großen Anlagen gleichzeitig hergestellt werden können, bleibt das genannte Grundprinzip erhalten. Neuerdings gibt es , vor allem zum Vervielfältigen von Videoaufnahmen, Kontaktkopierverfahren.

Als weitere Nachteile sind zu nennen:

1. Das Einlegen des Bandes ist bei Spulengeräten komplizierter als das Auflegen einer Schallplatte. Die Kassettentechnik kennt diese Schwierigkeit allerdings nicht mehr!
2. Das Aufsuchen bestimmter Stellen erfordert mehr Zeit.
3. Das Bandmaterial ist teurer als eine Schallplatte.

7.1.4 Grundsätzlicher Aufbau von Tonbandgeräten

Neben der Aufnahme- und Wiedergabeeinrichtung besitzt jedes Tonbandgerät eine Löschvorrichtung. Zum Löschen wird das Tonband durch ein starkes Wechselfeld, das man allmählich bis auf Null abklingen läßt, vollständig entmagnetisiert. Dazu ist eine dritte Spule erforderlich, an der man den Tonträger vorbeiführt.

Merke: Die zur Aufnahme und zum Löschen benutzten Elektromagneten sowie die zur Wiedergabe vorgesehenen Induktionsspulen bezeichnet man als Magnetköpfe. Sie heißen: Aufnahmekopf, Aufsprechkopf oder kurz Sprechkopf; Wiedergabekopf oder Hörkopf; Löschkopf.

Jeder Punkt des Tonbandes durchläuft zuerst das magnetische Feld des Löschkopfes, wobei eine etwa vorhandene Aufnahme entfernt wird (Löschen). Danach wird es im magnetischen Feld des Sprechkopfes magnetisiert (Aufnahme). Anschließend passiert es den Hörkopf, in dessen Wicklung eine der Aufzeichnungen proportionale Wechselspannung induziert wird (Wiedergabe) **(Bild 7.2).**

Merke: Jedes Tonbandgerät enthält die zum Löschen, zur Aufnahme und zur Wiedergabe erforderlichen Einrichtungen.

---

*) Statt überspielen wird gelegentlich noch der Ausdruck Umschneiden benutzt, der seinen Ursprung in der Nadeltontechnik hat, aber nicht mehr korrekt ist.

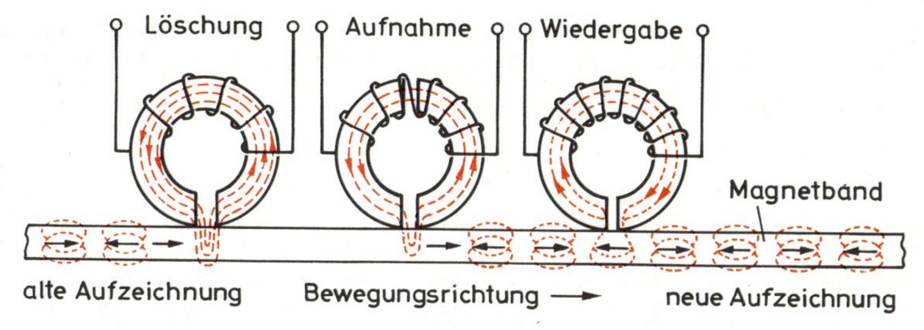

Bild 7.2
Löschung, Aufnahme und Wiedergabe bei einer magnetischen Schallaufzeichnung

Um Kosten zu sparen, sind häufig Wiedergabe- und Aufnahmekopf zu einem Kombikopf zusammengefaßt.

Der grundsätzliche Aufbau eines Tonbandgerätes ist in **Bild 7.3** schematisch dargestellt. Man kann hieraus folgende mechanische Funktion entnehmen. Das magnetisierbare, sehr dünne Band (siehe Abschnitt 7.6, Magnetbänder) läuft von links nach rechts über zwei Umlenkrollen UR und Halterungen, die für eine präzise Bandführung sorgen, an den drei Magnetköpfen vorbei. Dabei wird es von der linken Spule abgewickelt und auf die rechte Spule aufgewickelt. Eine mit Gummi belegte Andruckrolle AR preßt das Tonband gegen die Tonwelle TW. Die mit gleichförmiger Drehzahl umlaufende Tonwelle wird von einem präzise gearbeiteten Elektromotor angetrieben. Die Reibung zwischen Tonband und Tonwelle bewirkt nicht nur, daß das Band in Bewegung gesetzt, sondern auch, daß es mit konstanter Geschwindigkeit am Löschkopf, Sprechkopf und Hörkopf vorbeigezogen wird.

Die Drehzahlen der Auf- und Abwickelspulen, die über eine geeignete Mechanik ebenfalls vom Motor angetrieben werden, sind nicht konstant, denn sie müssen sich während des Bandablaufes ständig den sich ändernden Außendurchmessern der Wickel anpassen.

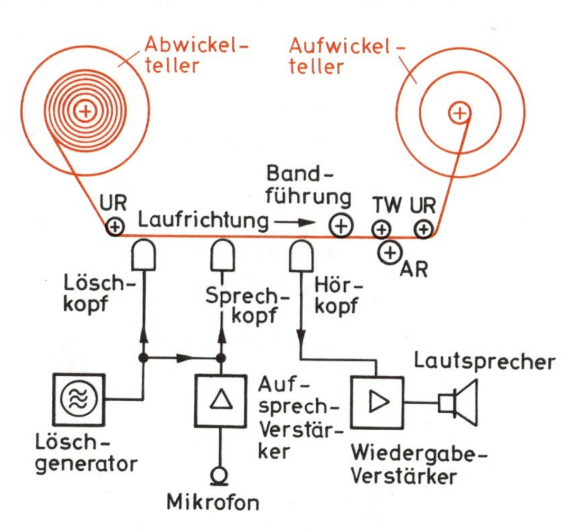

Bild 7.3
Prinzipieller Aufbau eines Tonbandgerätes

Dieses Problem, sowie viele weitere aus der Abbildung nicht hervorgehenden mechanisch-elektrischen Besonderheiten (z. B. Rücklauf, schneller Vorlauf, Stopp), bedingen verhältnismäßig komplizierte Konstruktionen.

Zur elektrischen Funktion entnimmt man dem Bild 7.3 folgendes: Das Tonbandgerät benötigt zum Betrieb einen Löschgenerator, der die zum Löschen und Vormagnetisieren des Tonbandes erforderliche Hochfrequenzspannung erzeugt. Der Aufsprechverstärker verstärkt das niederfrequente Signal des Mikrofones und liefert den zur Erregung der Sprechkopfwicklung erforderlichen Niederfrequenzstrom. Der Wiedergabeverstärker verstärkt die vom Hörkopf abgegebene kleine Induktionsspannung soweit, daß ein Lautsprecher damit betrieben werden kann.

Die ursprünglich angewendete Tonbandgeschwindigkeit betrug 30 Zoll je Sekunde. Das sind im metrischen Maßsystem 76,2 cm/s. Als man lernte, auch mit niedrigeren Geschwindigkeiten brauchbare Aufnahmen zu machen, legte man sich auf jedesmaliges Halbieren des vorhergehenden Wertes fest. Auf diese Weise sind folgende Geschwindigkeiten entstanden.

76,2 cm/s; 38,1 cm/s und 19,05 cm/s bei Studiogeräten; 19,05 cm/s; 9,53 cm/s; 4,75 cm/s (und 2,38 cm/s) bei Heimtonbandgeräten.

Nach dem heutigen Stand der Technik lassen sich mit 9,53 cm/s und 4,75 cm/s Bandgeschwindigkeiten bereits hochwertige Aufnahmen erzielen.

7.1.5 Magnetische Grundlagen

Um die elektromagnetischen Vorgänge bei der Aufnahme, Wiedergabe und beim Löschen eines Tonbandes verstehen zu können, muß man einige grundlegende Gesetze des Magnetismus kennen. Sie sollen hier kurz gestreift werden.

Das Wesentliche des Magnettonverfahrens besteht darin, auf einem Tonträger ein magnetisches Abbild des Signals zu erzeugen und den verbleibenden Magnetismus bei der Wiedergabe in ein möglichst naturgetreues Signal zurückzuverwandeln. Drei physikalische Gesetze ermöglichen dies:

1. Jeder stromdurchflossene elektrische Leiter (Spule) erzeugt um sich ein Magnetfeld. Die Stärke dieses Feldes ist dabei abhängig:
   a) von der Stromstärke;
   b) von der Windungszahl;
   c) von der Spulenlänge, d. h. davon, ob diese Windungen weit auseinander liegen oder ob die gesamte Spule auf engem Raum gewickelt ist.

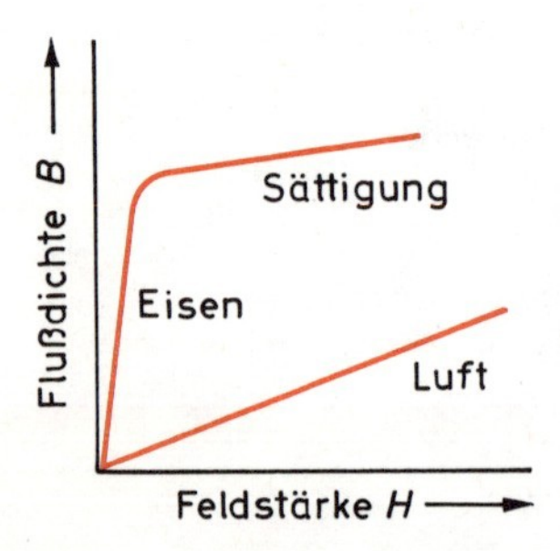

Bild 7.4
Flußdichte B in Abhängigkeit der Feldstärke H bei einer Luft- und Eisenspule

2. Ein magnetisierter Körper behält einen Restmagnetismus (Remanenz), auch wenn das einwirkende Magnetfeld nicht mehr vorhanden ist.

Steigert man den Strom in einer Luftspule, so nimmt die magnetische Flußdichte B in gleichen Verhältnissen zu **(Bild 7.4).** Durch den Eisenkern einer stromdurchflossenen Spule erhöht sich die Magnetfelddichte wesentlich. Die magnetischen Feldlinien bevorzugen nämlich den Weg durch das Eisen. Demnach wird die magnetische Flußdichte B einer stromdurchflossenen Spule mit Eisenkern viel größer als diejenige einer Luftspule (Bild 7.4).

Merke: Ein Eisenkern erhöht die magnetische Flußdichte einer stromdurchflossenen Spule.

Sind alle Molekularmagnete im Eisenkern ausgerichtet, so ist das Eisen magnetisch gesättigt, und die magnetische Flußdichte steigt trotz zunehmender Feldstärke nicht mehr merklich an. Um wieviel mal größer die Flußdichte B einer Spule mit Kern bei gleicher Feldstärke H ist als ohne Eisenkern, gibt die Permeabilität μ_r*) an. Die Permeabilitätszahl der Luft ist 1, bei magnetischen Stoffen liegt sie bei einigen Tausend.

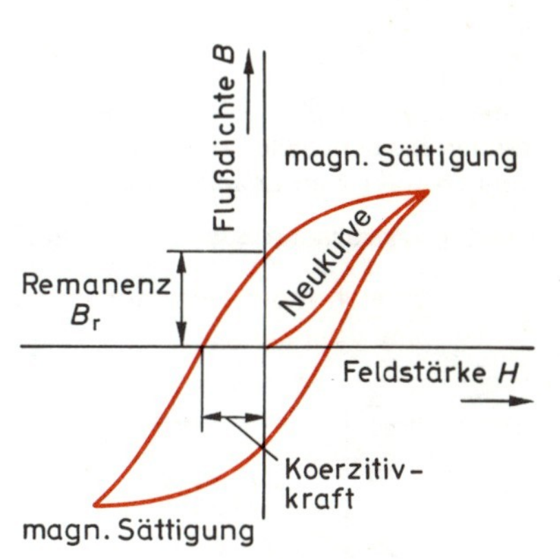

Bild 7.5
Hysteresisschleife

Steigert man den Strom in einer Spule mit Eisenkern, so nimmt die magnetische Flußdichte B entsprechend zu. Geht man dabei von nichtmagnetisiertem Eisen aus, so erhält man die Neukurve **(Bild 7.5).** Wird der Strom wieder vermindert, so nimmt die Flußdichte weniger ab, da nicht alle Molekularmagnete in ihre Ausgangslage zurückklappen, Bei der magnetischen Feldstärke Null ist noch eine magnetische Remanenz (Restmagnetismus) im Eisen vorhanden.

Kehrt man die Stromrichtung in der Spule um, so verschwindet die Remanenz schon bei einem schwachen Strom. Die Feldstärke bei der magnetischen Flußdichte Null wird Koerzitivfeldstärke**) genannt.

Bei weiterer Steigerung des Stromes nimmt die magnetische Flußdichte in umgekehrter Richtung wieder zu. Vermindert man wiederum den Strom, so nimmt die Flußdichte ab, und es bleibt wieder eine Remanenz im Eisenkern.

---

*) μ = griechischer Kleinbuchstabe mü.

**) koerzibel (lat.) = bezwingbar

Wird die Stromrichtung erneut umgekehrt, so verschwindet die Remanenz bei der Koerzitivfeldstärke und bei weiterer Steigerung des Stromes nimmt die magnetische Flußdichte zu. Die Hysteresisschleife[1]) schließt sich (Bild 7.5). Der unmagnetische Zustand des Eisens bei der Feldstärke Null wird nicht mehr erreicht.

Die verschiedenen Eigenschaften ferromagnetischer[2]) Werkstoffe gehen aus der Form der Hysteresisschleife hervor. Magnetisch harte Werkstoffe, wie man sie für die Tonbänder verwendet, haben eine große Remanenz **(Bild 7.6).** Für die Magnetköpfe benutzt man dagegen weiches Eisen mit kleiner Remanenz.

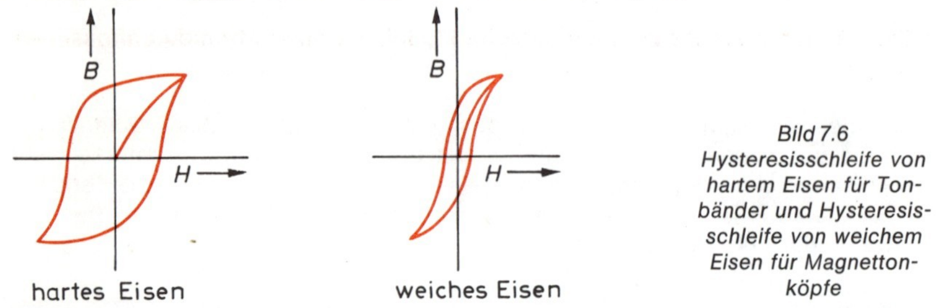

Bild 7.6
Hysteresisschleife von hartem Eisen für Tonbänder und Hysteresisschleife von weichem Eisen für Magnettonköpfe

Beim Entmagnetisieren eines Gegenstandes wird entweder der Wechselstrom durch die Spule verkleinert oder der Gegenstand aus dem Wechselfeld der Spule langsam entfernt. Die Hysteresisschleife des magnetischen Werkstoffes wird dadurch immer kleiner, bis schließlich der unmagnetische Zustand erreicht ist **(Bild 7.7).** Dieses Prinzip benutzt man zum Löschen einer Tonaufnahme.

Das 3. physikalische Gesetz, das hier ausgenutzt wird, lautet:

Ein sich änderndes oder bewegtes Magnetfeld induziert[3]) in einem Leiter (Spule) eine Spannung.

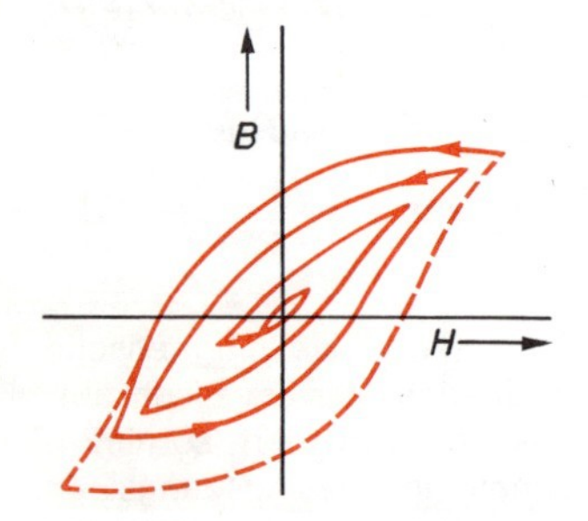

Bild 7.7
Hysteresisschleife beim Entmagnetisierungsvorgang

Die Größe dieser Induktionsspannung hängt von der Änderungszeit Δt, von der sich ändernden Feldlinienzahl $\Delta \Phi$ sowie von der Anzahl der Windungen der Spule ab.

Die 1. Erscheinung wird bei der Aufnahme im Magnetkopf ausgenutzt.

Die 2. Erscheinung bewirkt, daß auf dem Tonträger, dem Tonband, ein Magnetismus zurückbleibt.

Bei der Wiedergabe schließlich wird das 3. Gesetz ausgenutzt und im Wiedergabekopf ein elektrisches Signal zurückgewonnen.

---

[1]) Hysterese (griech.) = das Zurückbleiben.
[2]) ferromagnetisch = magnetisch wie Eisen.
[3]) inducere (lat.) = hineinführen, einführen, veranlassen

7.2 Aufnahme

7.2.1 Aufnahmevorgang

Der Aufnahme- oder Sprechkopf in einem Tonbandgerät ist ein Elektromagnet, bestehend aus einer Spule und einem meist ringförmigen Kern, der an der Vorderseite einen Spalt besitzt. Fließt durch diese Spule ein Strom, so wird der Eisenkern magnetisch. An seinen Enden entstehen magnetische Pole, aus denen magnetische Feldlinien austreten. Der Eisenkern ist so gestaltet, daß sich die beiden Pole dicht gegenüberliegen **(Bild 7.8).** Aus dem so gebildeten Spalt treten die Feldlinien aus.

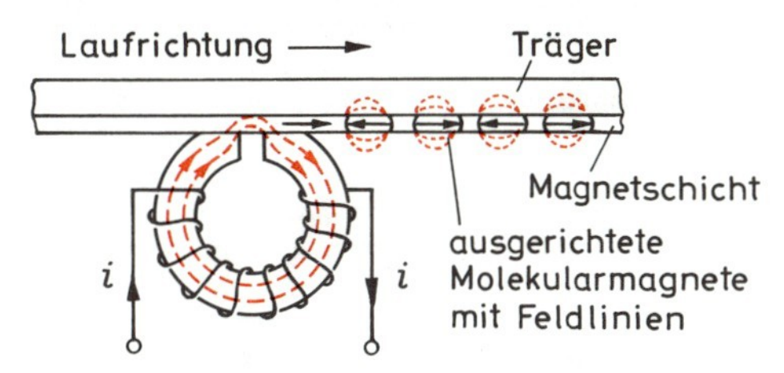

Bild 7.8.a
Schematische Darstellung des Aufsprechvorganges

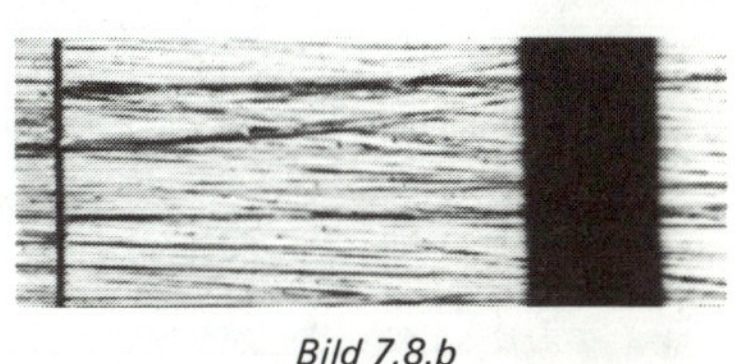

Bild 7.8.b
Nicht einmal Haaresbreite hat der Spalt eines Tonkopfes bei einem Tonbandgerät. Diese Mikro-Aufnahme zeigt einen solchen Spalt, durch den die Magnetisierung des daran vorbeigeführten Tonbandes erfolgt. Der dicke dunkle Balken rechts ist ein menschliches Haar, das zu Vergleichszwecken dazugelegt wurde. (BASF).

Führt man nun an diesem Spalt ein mit einer magnetisierbaren Eisenoxidschicht versehenes Tonband vorbei, so durchdringen die Feldlinien dieses Band und hinterlassen auf ihm eine dem Rhythmus des Signals entsprechende Magnetisierung wechselnder Polarität und Stärke. Jedes Molekularmagnetchen, das für sich allein in magnetisch neutraler Masse eingebettet ist, passiert den Spalt des Sprechkopfes und besitzt nach dem Austritt eine Remanenz. Das Band ist in Längsrichtung, also in Laufrichtung, magnetisiert worden.

In **Bild 7.9** sind die Schallwellen als Sinuskurve dargestellt. Bei jeder Schwingung der Schallwellen verbleiben bei der Aufnahme auf dem Tonband zwei kleine Magnete mit je einem magnetischen Nord- und Südpol, die sich, wie aus dem Bild zu erkennen, aneinanderreihen. Auf dem Scheitelpunkt einer Schwingung stehen sich jeweils zwei gleichartige Magnetpole gegenüber. An dieser Stelle erfolgt die stärkste Magnetisierung. Wie unten auf dem Bild 7.9 gezeigt, erscheinen die Stoßpunkte der Pole als Sprossen. Je kleiner die Wellenlänge – je höher die Frequenz – desto kürzer sind die Magnetstäbe, und um so dichter rücken die Sprossen aneinander.

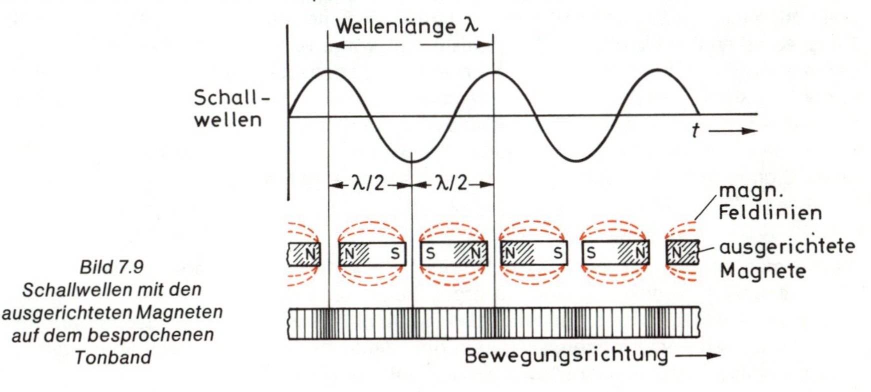

Bild 7.9
Schallwellen mit den ausgerichteten Magneten auf dem besprochenen Tonband

In **Bild 7.10** wurde eine Aufzeichnung auf einem Tonband mit Hilfe von fein verteiltem Eisenpulver sichtbar gemacht. Setzt man voraus, daß die drei Aufzeichnungen mit der gleichen Bandgeschwindigkeit aufgenommen worden sind, so wurde – von oben nach unten gesehen – die Frequenz jeweils verdoppelt. Dabei rücken die Sprossen also jeweils um die Hälfte aneinander. Würde man die gleiche Frequenz mit drei verschiedenen Bandgeschwindigkeiten 19, 9,5 und 4,75 cm/s aufzeichnen, so ergäbe es das gleiche Bild. Frequenz und Bandgeschwindigkeit bestimmen damit den Abstand der Sprossen voneinander.

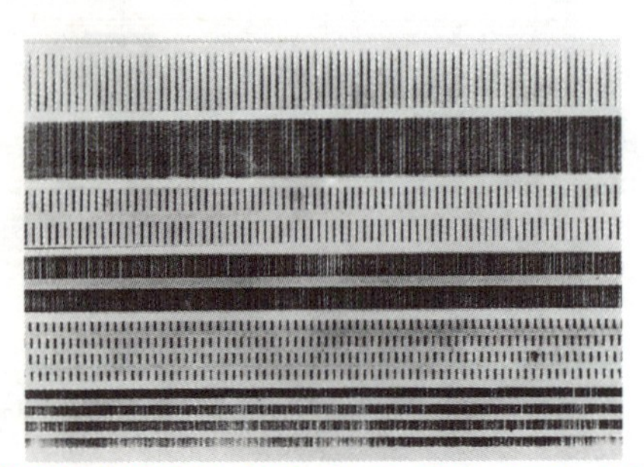

Bild 7.10
Tonbandspuren – sichtbar gemacht
Die magnetisierten Stellen bespielter Tonbänder halten den darauf gestreuten feinsten Eisenstaub fest. Von oben nach unten drei Tonbandpaare: Jeweils zwei Vollspur-, zwei Halbspur- und zwei Viertelspuraufzeichnungen, davon jeweils oben die Aufzeichnung eines gleichmäßigen Tones und darunter eine Musikaufzeichnung. Jeder Strich ist eine Schwingung eines Tones. Beim Abspielen tastet der Wiedergabekopf des Tonbandgerätes diese magnetisierten Stellen ab. (BASF).

Merke: Bei der Aufnahme wird durch das im Sprechkopf entstehende Magnetfeld eine remanente Aufzeichnung auf dem Tonband erzeugt.

Die Tonhöhe der aufzuzeichnenden Schwingung bestimmt die Anzahl der mit wechselnder Polarität ausgerichteten Molekularmagnete auf dem Band pro Bandlänge.
Die Lautstärke des aufzuzeichnenden Signals bestimmt die Magnetisierungstiefe in der Tonbandschicht. Das Wort „Schicht“ darf natürlich nicht mechanisch verstanden werden.

7.2.2 Vormagnetisierung

Die bisher geschilderten Vorgänge bei der Aufnahme sind recht einfach und übersichtlich. Ohne besondere Maßnahmen aber ist eine magnetische Aufzeichnung mit starken Verzerrungen behaftet. Schuld daran ist die Tatsache, daß man den Molekularmagneten eine Mindestfeldstärke zuführen muß, um sie in eine neue Richtung zu drehen. Bei zu kleiner Feldstärke, d. h. bei zu schwachem Signalstrom durch die Wicklung des Sprechkopfes würden sich die Magnetchen nicht ausrichten. Es gäbe keinen verbleibenden Magnetismus auf dem Band.

Betrachtet man deshalb den Zusammenhang zwischen der magnetischen Feldstärke H des Luftspaltes im Sprechkopf und der daraus im Band entstehenden Remanenz **(Bild 7.11)**, so erkennt man, daß der Magnetisierungsvorgang nach einer stark gekrümmten Kennlinie verläuft. Wird bei der Aufnahme das magnetische Feld im Spalt von Null auf 1 oder 1′ verstärkt, dann entsteht keine Magnetisierung im Tonband. Das heißt, es ist beim Abfall des Feldes auf Null im Band kein verbleibender Magnetismus mehr feststellbar. Erst wenn die Feldstärke über 1 hinausgeht, wird das Band magnetisiert. Bei der Feldstärke 2 erreicht die im Tonband entstehende Remanenz ihren Maximalwert. An diesem Punkt sind alle im Band befindlichen Molekularmagnete ausgerichtet. Es ist dann magnetisch gesättigt und kann keine weitere Aufzeichnung mehr aufnehmen.

Würde man den Aufsprechstrom und damit die Aufsprechfeldstärke sinusförmig um den Nullpunkt schwanken lassen, so ergäbe sich nach **Bild 7.12** infolge der Anfangskrümmung der Magnetisierungskennlinie eine stark verzerrte Magnetflußschrift auf dem Band. Dieselben Verzerrungen würden in der Wiedergabespannung enthalten sein. Ein derart verfälschtes Signal ist aber praktisch unbrauchbar.

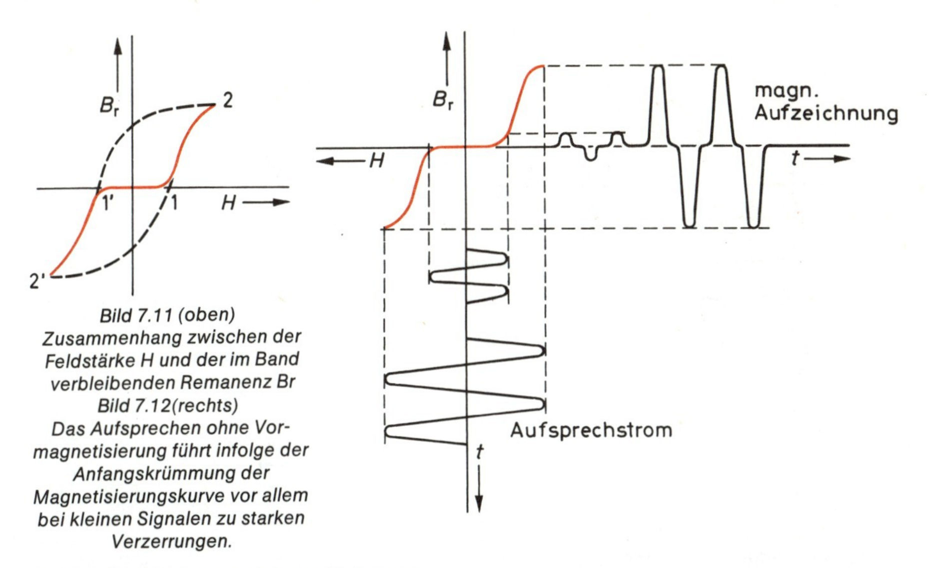

Bild 7.11 (oben)
Zusammenhang zwischen der Feldstärke H und der im Band verbleibenden Remanenz Br
Bild 7.12 (rechts)
Das Aufsprechen ohne Vormagnetisierung führt infolge der Anfangskrümmung der Magnetisierungskurve vor allem bei kleinen Signalen zu starken Verzerrungen.

7.2.2.1 Gleichstromvormagnetisierung

Es erweist sich deshalb als notwendig, den Arbeitspunkt in die Mitte des annähernd geradlinigen Teils der Magnetisierungskurve (Bild 7.11) zu verlegen. Dazu muß der Tonträger positiv oder negativ vormagnetisiert werden. Diese ursprünglich ausschließlich angewendete Gleichstromvormagnetisierung **(Bild 7.13)** hat den Nachteil, daß auch in Modulationspausen alle Teilchen magnetisiert sind. Die ungleichmäßige Verteilung und die schwankenden Werkstoffeigenschaften der magnetischen Teilchen haben zur Folge, daß der Vormagnetisierungsfluß um seinen Mittelwert unregelmäßig schwankt, was sich als Rauschspannung bei der Wiedergabe bemerkbar macht.

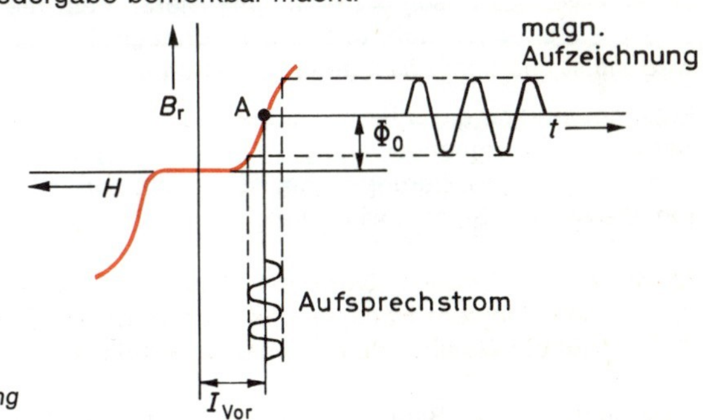

Bild 7.13
Der Aufsprechvorgang bei Gleichstromvormagnetisierung

Merke: Durch die Gleichstromvormagnetisierung wird der Klirrfaktor verringert, aber der Rauschpegel heraufgesetzt!

7.2.2.2 Hochfrequenz-Vormagnetisierung

Eine erhebliche Verbesserung der magnetischen Tonaufzeichnung brachte die Hochfrequenzvormagnetisierung. Dem niederfrequenten Aufsprechstrom wird ein Hochfrequenzstrom mit konstanter Amplitude überlagert (nicht moduliert!). Die Größe des Hochfrequenzstromes wird so gewählt, daß die Amplitude des erzeugten magnetischen Feldes mit 1 und 1′ übereinstimmt **(Bild 7.14).**

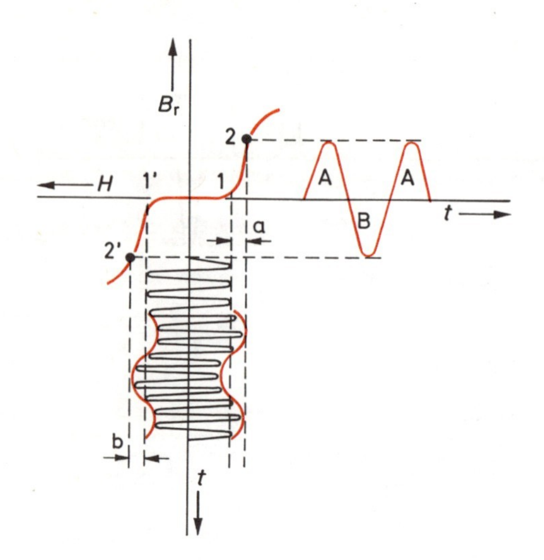

Bild 7.14
Der Aufsprechvorgang bei Hf-Vormagnetisierung

Durch die Addition der Augenblickswerte beider Schwingungen entsteht eine Summenkurve. Beachtet man den Abschnitt a der Überlagerungsspannung, dann sieht man, daß die rechten Spitzenwerte zwischen 1 und 2 liegen. Die Folge davon ist eine in positiver Richtung ansteigende Magnetisierung, wie sie im oberen Teil der Kurve durch A wiedergegeben wird. Der linke Teil der Periode a erzeugt im Band keine Remanenz. Im Teil b verläuft die Magnetisierungskurve, wie B angibt, in negativer Richtung. Damit entsteht im Band eine verzerrungsfreie Aufzeichnung, die dem ursprünglichen NF-Signalstrom entspricht.

In den Modulationspausen wirkt das Magnetfeld der Hochfrequenzvormagnetisierung ebenso wie das Löschfeld entmagnetisierend auf die Molekularmagnete, so daß kein Gleichfeldrauschen auftritt. Der zur Vormagnetisierung benötigte Hochfrequenzstrom wird meist aus dem Löschgenerator entnommen.

Entscheidend für die Güte der Aufnahme ist die Größe des Vormagnetisierungsstromes. Bei kleinem Vormagnetisierungsstrom erscheinen schwache Signale stark verzerrt. Bei hohem Vormagnetisierungsstrom ist der Sättigungswert der Aufnahmekurve überschritten, die starken Signale werden verzerrt.

Merke: Die Hochfrequenzvormagnetisierung arbeitet mit geringsten Verzerrungen und sehr kleinem Rauschpegel. Ihre Einstellung ist von entscheidendem Einfluß auf die Qualität des Magnettonverfahrens!

Als Maßstab für die Beurteilung der Qualität eines Schallaufzeichnungsverfahrens dient hauptsächlich der Störspannungsabstand. Das ist das in Dezibel (dB) ausgedrückte Verhältnis der größten Lautstärke, die ein Tonträger bei einem festgelegten Klirranteil verarbeiten kann, zu den unvermeidlichen Störspannungen, die vornehmlich vom Band, aber auch von Geräteeigenschaften abhängen.

In der Magnettontechnik ist die Amplitude des Bandflusses nach oben durch die Länge des annähernd geradlinigen Teils der Magnetisierungskennlinie und nach unten durch den Rauschpegel begrenzt. Das hat zur Folge, daß ein Tonband mit Gleichstromvormagnetisierung nicht soweit ausgesteuert werden kann, es besitzt damit einen schlechteren Rauschabstand als ein Band mit Hf-Vormagnetisierung. Bei der Vormagnetisierung mit Gleichstrom steht nur ein Kurventeil, z. B. der positive Teil, zur Verfügung, außerdem verbleibt in den Modulationspausen ein Rauschen auf dem Band.

Merke: Bei der Gleichstromvormagnetisierung ist der Störabstand kleiner als 40 dB (100 : 1), bei der Hochfrequenzvormagnetisierung lassen sich über 60 dB (1000 : 1) erreichen.

Die Hochfrequenzvormagnetisierung besitzt damit gegenüber der Gleichstromvormagnetisierung folgende Vorteile:

1. **geringerer Klirrfaktor;**
2. **kleinerer Rauschpegel;**
3. **größerer Aussteuerbereich und damit größere Dynamik**

und wird heute fast ausschließlich angewendet.

7.2.3 Aufsprechfrequenzgang

Bei richtig eingestellter Vormagnetisierung ist die wirksame Magnetisierung auf dem Tonband dem Signalstrom proportional. Jedoch weist der Sprechkopf einen induktiven, also mit der Frequenz ansteigenden Widerstand auf. Mit Rücksicht auf ein gutes Verhältnis zwischen Signal- und Störspannung ist man aber bestrebt, das Tonband bei allen Frequenzen gleich stark zu magnetisieren. Man sorgt daher für einen gleichbleibenden Signalstrom, indem man dem Sprechkopf eine mit der Frequenz ansteigende Spannung zuführt. Das geschieht am einfachsten durch einen ohmschen Vorwiderstand oder Verwendung einer Aufsprech-Endstufe mit hohem Innenwiderstand.

Weiterhin treten Verluste auf, die sich im oberen Frequenzbereich besonders störend bemerkbar machen. Es sind dies u. a. Wirbelstrom- und Ummagnetisierungsverluste des Magnetkopfes, Selbstentmagnetisierungsverluste des Bandes und Verluste, die durch mangelhaften Kontakt zwischen Kopf und Tonträger entstehen. Eine weitere, nicht zu vernachlässigende Erscheinung ist der Spalteffekt, der die Aufzeichnung bei hohen Frequenzen abschwächt.

Auf der Aufnahmeseite kann man die hier aufgezeichneten Verluste durch eine sogenannte Vorverzerrung (teilweise) ausgleichen. In der Praxis wird dabei die dem Sprechkopf zugeführte Signalspannung bei höheren Frequenzen stärker angehoben, als es im Hinblick auf das induktive Verhalten des Aufnahmekopfes erforderlich wäre. Damit erhält man ein günstigeres Verhältnis zwischen der Nutz- und der Störspannung. Das **Bild 7.15** zeigt den typischen Frequenzgang eines Aufsprechverstärkers.

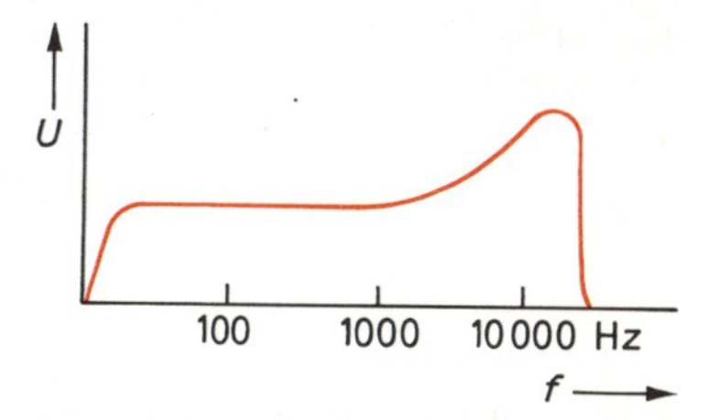

Bild 7.15
Typischer Frequenzgang eines Aufsprechverstärkers

Merke: Durch den induktiven Charakter des Sprechkopfes und die im Band und im Magnetkopf auftretenden Verluste werden hohe Frequenzen bei der Aufnahme geschwächt. Der Aufsprechverstärker muß deshalb mit steigender Frequenz eine größere Spannung abgeben!

7.2.4 Aufsprechverstärker

Der Aufsprechverstärker hat die Aufgabe, die von einem Mikrofon oder Rundfunkgerät kommenden kleinen Spannungen zu verstärken und sie dem Sprechkopf zuzuführen.

Weiterhin verlangt man vom Aufsprechverstärker, daß er bei konstanter Eingangsspannung einen bei hohen Frequenzen ansteigenden, sonst aber frequenzunabhängigen Ausgangsstrom liefert.

In Aufsprechverstärkern wendet man üblicherweise Transistorverstärker an, jedoch setzen sich heute immer mehr integrierte Schaltungen durch.

7.2.4.1 Ankopplung des Sprechkopfes

Die Ankopplung des Sprechkopfes an die letzte Transistorstufe muß so erfolgen, daß durch den Sprechkopf ein frequenzunabhängiger Signalstrom fließt. Würde man an den Sprechkopf eine konstante Spannung anlegen, so würde der Kopfstrom, der ja für die Magnetisierung des Bandes maßgebend ist, mit zunehmender Frequenz kleiner werden. Der Sprechkopf besitzt eine Induktivität, deren Impedanz mit steigender Frequenz wächst.

Legt man nun einen rein ohmschen Widerstand in Reihe zum Kopf, dessen Widerstandswert groß gegenüber der Kopfimpedanz ist, so bestimmt nicht mehr der Kopf den Strom, sondern nur noch der Vorwiderstand. In einer solchen Weise nimmt man auch die Ankopplung des Sprechkopfes an die letzte Transistorstufe vor. Hierzu ein Beispiel:

Ein Sprechkopf mit einer Induktivität von 0,1 H hat bei der tiefsten zu übertragenden Frequenz einen gegenüber dem Vorwiderstand vernachlässigbaren Scheinwiderstand. Der Strom wird nur durch den Vorwiderstand bestimmt. Bei 100 Hz errechnet sich eine Kopfimpedanz von:

$X_L = 2\pi \cdot f \cdot L$

$X_L = 2\pi \cdot 100\ \text{Hz} \cdot 0{,}1\ \text{H} = 2\pi \cdot 10^2\ \text{Hz} \cdot 1 \cdot 10^{-1}\ \text{H} = \mathbf{62{,}8\ \Omega}$

Für die höchste zu übertragende Frequenz von 16 kHz ergibt sich ein Blindwiderstand:

$X_L = 2\pi \cdot f \cdot L = 2\pi \cdot 16\ \text{kHz} \cdot 0{,}1\ \text{H} = 2\pi \cdot 1{,}6 \cdot 10^4\ \text{Hz} \cdot 1 \cdot 10^{-1}\ \text{H} = \mathbf{10\ k\Omega}$

Um einen frequenzunabhängigen Sprechstrom zu erhalten, muß der Vorwiderstand mindestens 20 kΩ betragen **(Bild 7.16).**

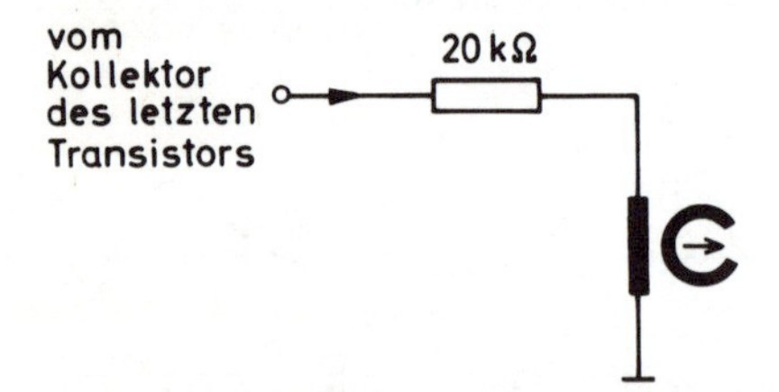

Bild 7.16
Ankopplung des Aufsprechverstärkers an den Sprechkopf

7.2.4.2 Schaltung eines Aufsprechverstärkers

Bild 7.17 zeigt ein vereinfachtes Schaltbild eines Aufsprechverstärkers für die Bandgeschwindigkeit 9,53 cm/s. Rundfunk- oder Mikrofonanschluß können wahlweise auf den Verstärkereingang geschaltet werden. Die Schaltung besteht aus einem dreistufigen Verstärker, der bei 1 kHz eine Spannungsverstärkung von etwa 700 hat.

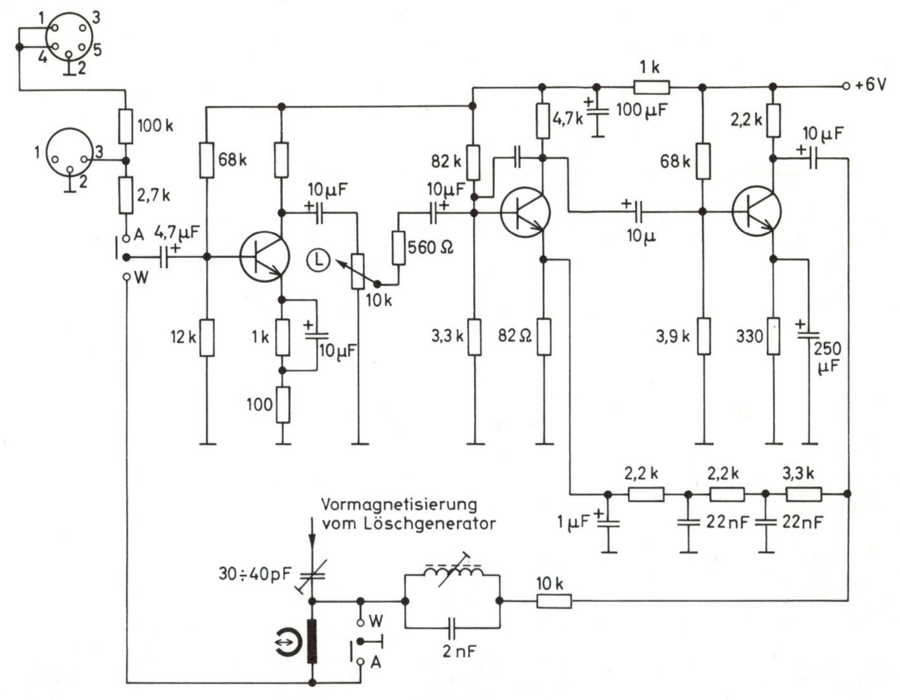

Bild 7.17
Schaltungsbeispiel für einen Aufsprechverstärker

Um die erforderliche Höhenanhebung für die Aufsprechentzerrung zu erhalten, liegt eine dreigliedrige RC-Kette vom Kollektor der dritten zum Emitter der zweiten Stufe. Dadurch erreicht man, daß die tiefen Frequenzen gegengekoppelt, die hohen jedoch nicht gegengekoppelt werden. Damit erscheinen sie im Ausgang mit einer größeren Amplitude.

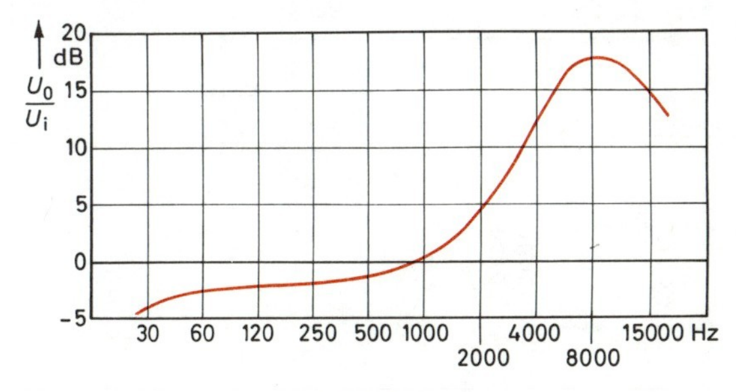

Bild 7.18
Frequenzgang des Aufsprechverstärkers aus Bild 7.17

Der Aufsprechfrequenzgang **(Bild 7.18)** zeigt dieses Verhalten noch einmal ganz deutlich. Vom Kollektor der letzten Verstärkerstufe gelangt das NF-Signal über den 10 kΩ-Vorwiderstand und einen Sperrkreis auf den Aufsprechkopf. Der Sperrkreis ist vorgesehen, damit keine Hochfrequenzenergie in den Aufsprechverstärker gelangt.

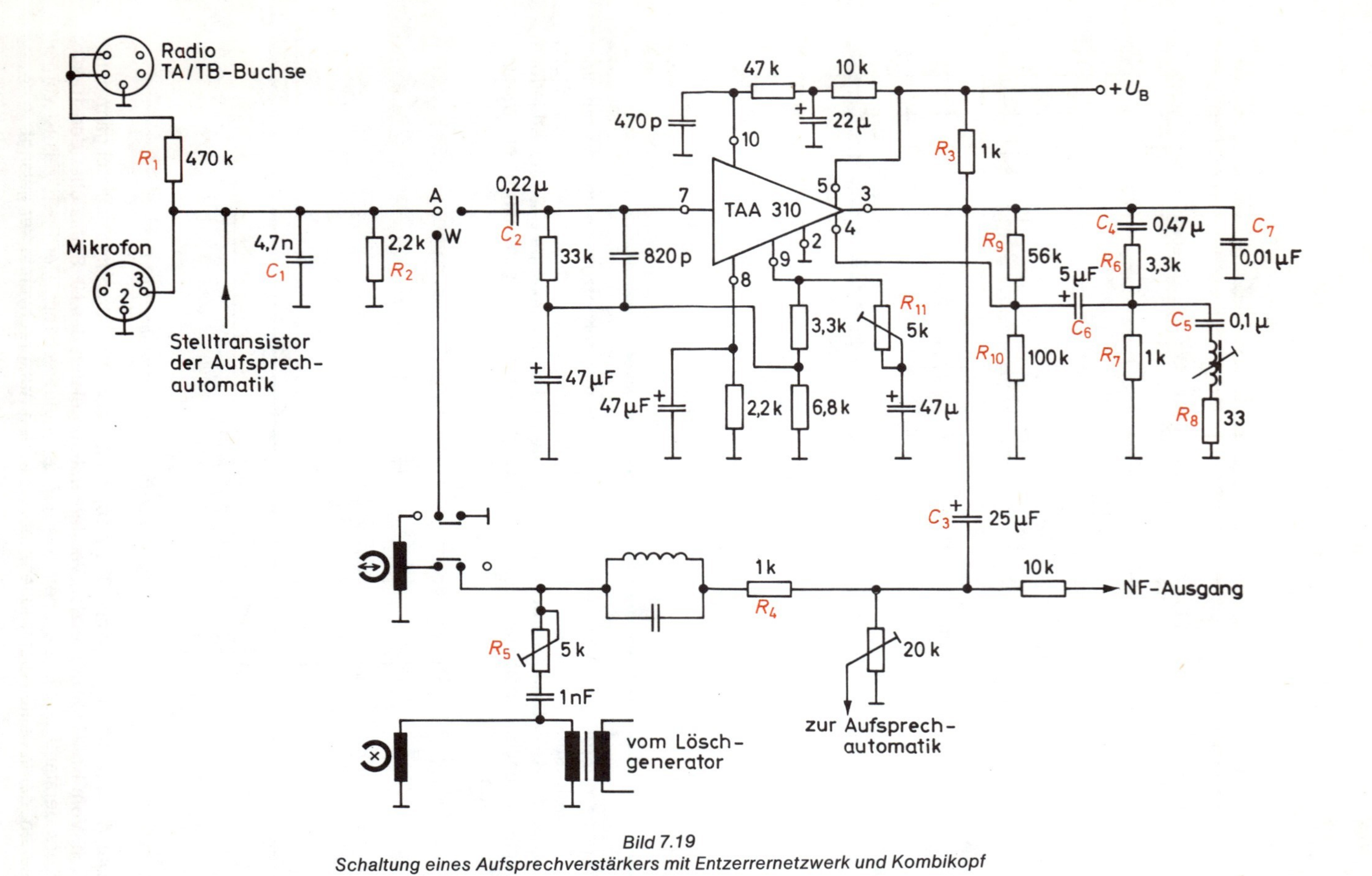

Bild 7.19
Schaltung eines Aufsprechverstärkers mit Entzerrernetzwerk und Kombikopf

Im **Bild 7.19** ist die Schaltung eines Aufsprechverstärkers mit einer integrierten Schaltung wiedergegeben. Hier wird die erforderliche Verstärkung mit der monolithischen integrierten Schaltung TAA 310, einem rauscharmen NF-Vorverstärker, erreicht.

Die Einspeisung der verschiedenen Signale in den Aufnahmeverstärker erfolgt vom Rundfunkvorsatz, von der TA/TB-Buchse und beim Mikrofon über den Kontakt 3 der Mikrofonbuchse. Die am Widerstand *R* 2 abfallende Mikrofonspannung erreicht über den Aufnahme/Wiedergabe-Schalter und den Kondensator *C* 2 den Eingang der integrierten Schaltung (Pkt 7). Die eingespeiste NF-Spannung vom Rundfunkteil wird mit *R* 1 und *R* 2 auf das Mikrofonspannungsniveau heruntergeteilt. Der Kondensator *C* 1 hat dabei die Aufgabe, hohe NF-Frequenzen, z. B. den bei Stereo-Sendungen anfallenden 19-kHz-Pilotton, zu unterdrücken.

Am Arbeitswiderstand *R* 3 (Pkt. 3) wird das in der integrierten Schaltung verstärkte und entzerrte NF-Signal abgenommen und über *C* 3 dem Aufnahmekreis zugeführt. Der Aufnahmekreis besteht aus dem Widerstand *R* 4, dem Parallelschwingkreis und der Aufnahmewicklung des kombinierten Aufnahme/Wiedergabe-Kopfes.

Über den Einsteller *R* 5 wird die hochfrequente Vormagnetisierungsspannung in den Aufnahmekreis eingespeist. Der Scheinwiderstand des Sperrkreises ist für den aufzuzeichnenden NF-Frequenzbereich vernachlässigbar klein. Erst bei der Resonanzfrequenz, die bei ca. 52 kHz liegt, ist der Scheinwiderstand sehr groß, so daß eine unzulässige Belastung der hochfrequenten Vormagnetisierung durch den niederohmigen Ausgangswiderstand des Aufnahmeverstärkers verhindert wird. Außerdem unterbindet dieser Sperrkreis das Eindringen von Hochfrequenz in die NF-Schaltung.

Am Arbeitswiderstand *R* 3 der integrierten Schaltung ist neben dem Aufsprechkreis auch das Entzerrernetzwerk angeschlossen. Die bei Aufnahme geforderte Höhenanhebung wird durch eine frequenzabhängige Gegenkopplung zwischen Punkt 3 und Punkt 4 erreicht. Das Entzerrernetzwerk besteht aus den Kondensatoren *C* 4 und *C* 5, den Widerständen *R* 6 bis *R* 10 und der Spule. Der Kondensator *C* 6 dient nur zur Abtrennung der Gleichspannungsgegenkopplung von der Wechselspannungsgegenkopplung. Dabei hat dieser Kondensator keinen Einfluß auf den zu verarbeitenden Frequenzbereich.

Bei tiefen Frequenzen entspricht der Wechselstromwiderstand von *C* 4 dem ohmschen Widerstand von *R* 6. Der obere Teil des Spannungsteilers besteht nun aus der Parallelschaltung von *R* 9 mit der Reihenschaltung von *C* 4 und *R* 6. Der untere Teil des Spannungsteilers wird im wesentlichen durch *R* 7 bestimmt, weil der Widerstand *R* 10 und auch der Scheinwiderstand des Reihenschwingkreises groß gegenüber *R* 7 sind.

Oberhalb von 1 kHz werden die Scheinwiderstände des Kondensators *C* 4 und des Reihenschwingkreises kleiner, so daß bei der Resonanzfrequenz, die bei 6,5 kHz liegt, nur noch der Widerstand *R* 8 mit 33 Ω wirksam ist. Damit bestimmt dieser Widerstand die Spannungsaufteilung zwischen dem oberen und unteren Teil des Entzerrernetzwerkes mit dem Ergebnis, daß der Gegenkopplungsgrad für die hohen Frequenzen

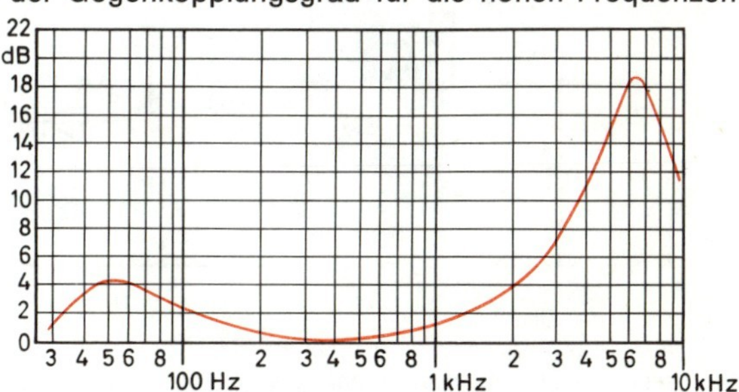

Bild 7.20
Frequenzgang des Aufsprechverstärkers

stark verkleinert und die Verstärkung dieser Frequenzen damit heraufgesetzt wird. Den durch diese Maßnahme erreichten Frequenzgang des Aufsprechverstärkers zeigt das **Bild 7.20.**

Bei dieser Schaltung findet man keinen Pegeleinsteller für die Aufnahme. Er ist hier nicht erforderlich, denn man arbeitet mit einer Aufsprechautomatik. Mit dem Stellwiderstand *R* 11 kann lediglich die Grundverstärkung der integrierten Schaltung eingestellt werden. Der Kondensator *C* 7 am Ausgang verhindert mögliche Hf-Schwingungen.

7.2.5 Aussteuerungsanzeige

Während einer Tonbandaufnahme muß die Bandaussteuerung sehr sorgfältig überwacht werden. Man sollte das Band bei den lautstarken Stellen der Aufnahme möglichst voll aussteuern, um eine gute Dynamik zu erzielen. Andererseits muß man sich davor hüten, das Band zu übersteuern, denn dabei können erhebliche Verzerrungen auftreten. Aus diesen Gründen ist es wichtig, in Tonbandgeräten eine Kontrollmöglichkeit für die Bandaussteuerung vorzusehen. Nun kann die Aussteuerungsanzeige entweder vor oder hinter dem Lautstärkeeinsteller vorgenommen werden. Beide Anzeigearten haben Vor- und Nachteile. Erfolgt die Überwachung vor dem Lautstärkeeinsteller, so setzt sie möglichst geeichte Lautstärkeeinsteller voraus. Jedoch lassen sich aber wegen der großen Zeigerausschläge die Signalverhältnisse in den überwachten Kanälen gut verfolgen. Bei der Anzeige hinter dem Laufstärkeeinsteller wird direkt angezeigt, wie weit die Endstufen ausgesteuert werden. Die Ausschläge der Zeigerinstrumente werden jedoch dann bei niedrigen Spannungspegeln nur sehr klein und sind kaum auszuwerten.

7.2.5.1 Anzeige mit Instrument

In vielen Tonbandgeräten verwendet man zur Aussteuerungsanzeige kleine Drehspulinstrumente. Das Drehsystem mit Zeiger ist sehr leicht, so daß die Ansprechzeit genügend kurz ist und es dadurch sehr kurze Lautstärkespitzen in voller Höhe anzeigt. Bei netzunabhängigen Tonbandgeräten benutzt man sie zusätzlich zur Batteriekontrolle.

Bild 7.21 zeigt die Schaltung einer Aussteuerungsanzeige mit einem Instrument. Das aus der letzten Verstärkerstufe kommende NF-Signal gelangt zur Basis des Anzeigeverstärkers. Dieser Transistor arbeitet in Kollektorschaltung und erhält keine Basisvor-

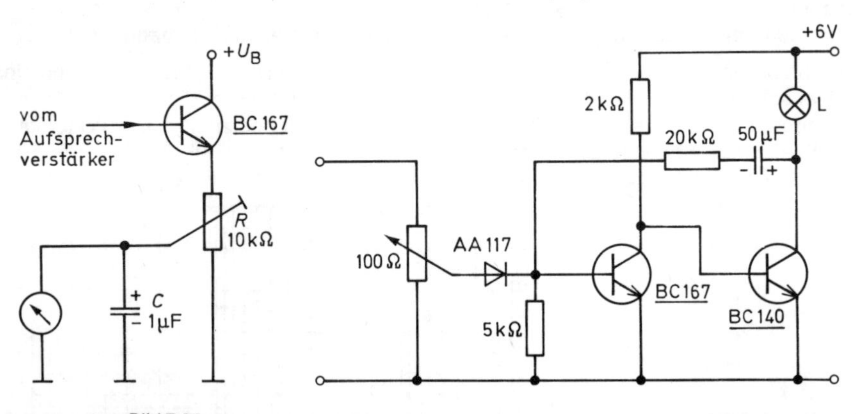

Bild 7.21
Schaltung einer Aussteuerungsanzeige mit einem Drehspulinstrument

Bild 7.22
Aussteuerungsanzeige mit Glühlampe

spannung, so daß er nur während der positiven Halbwellen leitend ist. In der Emitterleitung liegt das Anzeigeinstrument. Mit dem Stellwiderstand justiert man den Anzeigebereich. Der parallel zum Instrument liegende Kondensator dämpft die auftretenden Impulsspitzen.

Auch in Studio-Tonbandgeräten verwendet man zur Aussteuerungskontrolle Instrumente. Hier sind es Lichtzeigerinstrumente, die einen getrennten Anzeigeverstärker besitzen. Lichtzeigerinstrumente arbeiten nahezu trägheitslos und zeigen daher auch sehr kurze Lautstärkespitzen in voller Höhe an.

7.2.5.2 Anzeige mit Lampe

Vielfach benutzt man aus Preisgründen oder wegen der Erschütterungsfestigkeit statt eines µA-Instrumentes eine Glühlampe. Das **Bild 7.22** zeigt eine Schaltung einer Aussteuerungsanzeige mit Transistoren und einer Glühlampe. In dieser Schaltung ist die Glühlampe zunächst dunkel. Erst wenn die Eingangsspannung den eingestellten Wert (> 250 mV) überschritten hat, spricht die monostabile Kippstufe an und läßt die Lampe für kurze Zeit aufleuchten. Sie bleibt so lange leuchtend, bis die Kippstufe nach Ablauf der Verzögerungszeit (etwa 0,3 s) wieder in die Ausgangslage zurückkippt. Diese Impulsverlängerung ist erforderlich, damit auch kurze Aussteuerungsspitzen registriert werden. Wenn das Eingangssignal etwa gleich groß ist wie der eingestellte Schwellwert, so flackert das Lämpchen. Es wird also hier auch ein Zwischenwert angezeigt.

Bei einer solchen Aussteuerungsanzeige muß man versuchen, den Pegeleinsteller bei der Aufnahme nur soweit aufzudrehen, daß die Glühlampe niemals voll aufleuchtet.

7.2.5.3 VU-Meter

VU-Meter (engl. Volume Unit Meter) sind Zeigerinstrumente mit einer logarithmischen Skaleneinteilung für die Aussteuerungskontrolle. VU-Meter zeigen den dynamischen Wert der komplexen Schwingungsformen von Sprache und Musik an. Vielfach wird es durch eine Spitzenaussteuerungsanzeige in Form einer Leuchtdiode (LED) ergänzt.

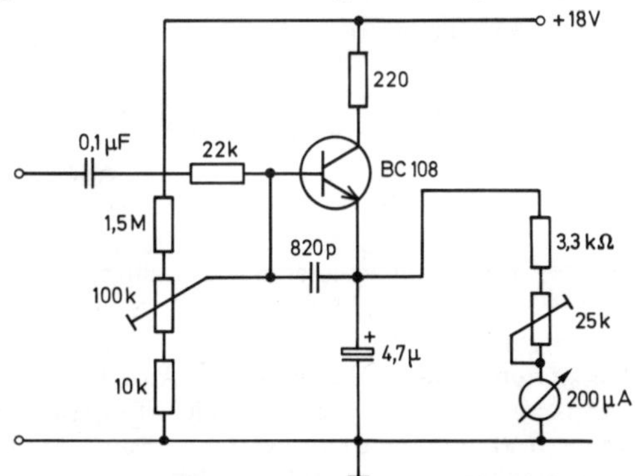

Bild 7.23
Schaltung eines VU-Meters

Im **Bild 7.23** ist eine Schaltung für ein VU-Meter mit einem einstellbaren Ausschlag auf 0 dB bei 0,5 bis 1 V Eingangsspannung dargestellt. In dieser Schaltung liegt das VU-Meter in der Emitterleitung des Transistors und zeigt somit den Emitterstrom an. Er ist der arithmetische Mittelwert des Aussteuerungssignals, und somit zeigt das Instrument den dynamischen Wert des Signales an. Mit dem 100 kΩ-Potentiometer des Basisspannungsteilers kann der Nullpunkt des Instrumentes bei fehlendem Eingangssignal eingestellt werden. Das 25 kΩ-Potentiometer erlaubt die Einstellung „+ 3 dB-Anzeige" beim Instrument, bei 0,5 V bis 1 V sinusförmiger Eingangsspannung. Damit erreicht man, daß bei einer Musikwiedergabe auch kurzzeitige Spannungsspitzen etwa mit ihrem richtigen Wert angezeigt werden.

7.2.6 Aussteuerungsautomatik

Nur bei sorgfältiger Aussteuerung sind einwandfreie Tonbandaufnahmen möglich. Das setzt einige Übung und Fingerspitzengefühl voraus. Bei magnetischen Tonaufzeichnungen ist nämlich wichtig, daß der durch den Sprechkopf fließende NF-Strom an den lautesten Stellen der aufzuzeichnenden Darbietung das Band gerade voll aussteuert.

Wird dieser für die Aussteuerung wichtige Wert überschritten, treten nichtlineare Verzerrungen auf, wird er nicht erreicht, so nutzt man die mögliche Dynamik nicht voll, und der Störabstand vermindert sich unnötig.

Um auch technisch Unbegabten einwandfreie Tonbandaufnahmen zu ermöglichen, hat die Industrie Automatikschaltungen entwickelt, die Tonaufnahmen selbsttätig aussteuern können. Besonders bei Stereoaufnahmen ist die Automatik von großem Vorteil, da sie nicht nur richtig aussteuert, sondern auch beide Kanäle richtig einpegelt.

Die NF-Spannungen können bei sehr großen Lautstärken sehr hohe Pegelwerte erreichen. Um die dadurch entstehenden Übersteuerungen der Verstärker und des Bandes zu verhindern, ist in den Eingangskreis des Aufsprechverstärkers ein veränderlicher Widerstand (Innenwiderstand eines Stelltransistors) geschaltet **(Bild 7.24),** der dafür sorgt, daß die Eingangsspannung nicht über einen Grenzwert ansteigen kann, den man mit dem 20-kΩ-Einstellwiderstand festgelegt.

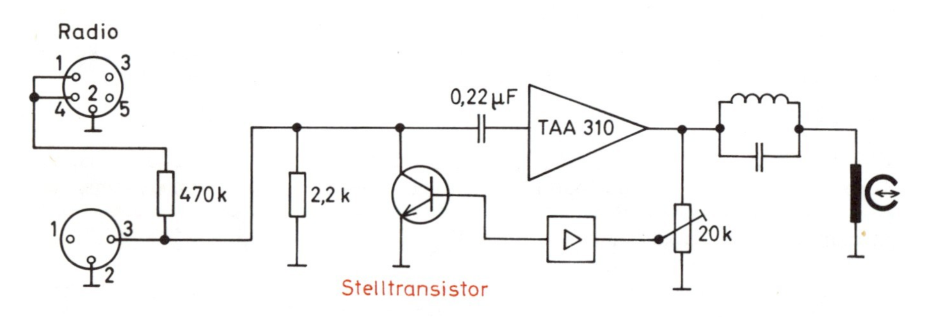

Bild 7.24
Prinzipschaltung einer Aufsprechautomatik

Im **Bild 7.25** ist die vollständige Schaltung der Aufsprechautomatik wiedergegeben. Ein Teil der Ausgangsspannung (Pkt 3 der integrierten Schaltung) gelangt über den Einstellwiderstand *R* 1 und den Kondensator *C* 1 an die Basis des Transistors *T* 1 (BC 262 B). Steigt nun diese NF-Spannung am Arbeitswiderstand *R* 2 über den Pegel der Aussteuerungsgrenze, so überschreitet die NF-Spannung den Schwellwert der Diode BA 100 (ca. 0,6 V), und die Diode wird vom Sperr- in den Durchlaßbereich gesteuert. Sie wirkt jetzt als Gleichrichter und lädt den Kondensator *C* 2 entsprechend der NF-Amplitude auf. Die Gleichspannung des Kondensators *C* 2 schiebt den Transistor *T* 2 mehr oder weniger in den Durchlaßbereich.

Die am Emitterwiderstand *R* 3 abfallende Spannung dient zur Steuerung des Stelltransistors *T* 3. Der Kollektor dieses Transistors ist mit dem Eingang des Aufsprechverstärkers verbunden.

Im Sperrzustand des Stellltransistors *T* 3 ist dessen Innenwiderstand sehr hochohmig und trägt somit zum Gesamtbelastungswiderstand des NF-Eingangskreises nicht bei. Wird jedoch der Stelltransistor ganz ausgesteuert, so sinkt sein Innenwiderstand vom hochohmigen Wert auf etwa 100 Ω ab.

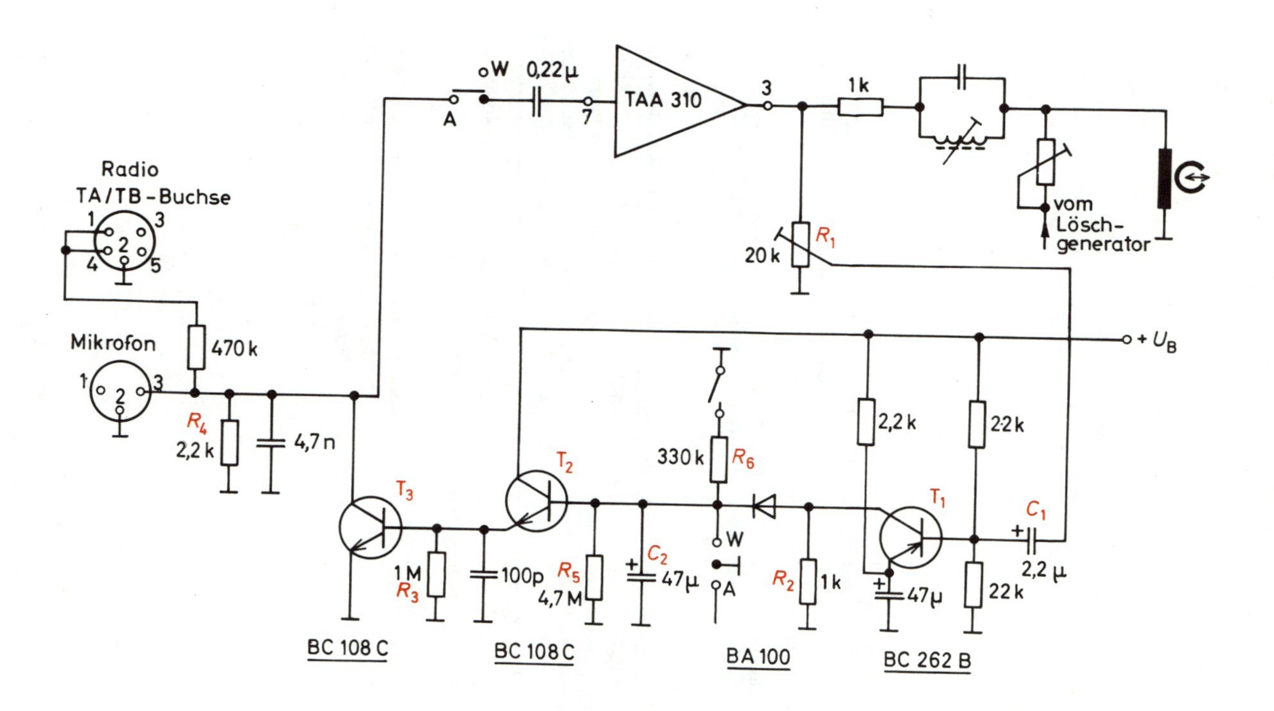

Bild 7.25
Gesamtschaltung einer Aufsprechautomatik

Da der Innenwiderstand parallel zu *R* 4 wirkt, wird die Amplitude der NF-Eingangsspannung durch den niederohmigen Gesamtwiderstand der Parallelschaltung bestimmt, und damit auf den höchstzulässigen Grenzwert heruntergezogen.

Die Ansprechsteilheit der Automatik ist recht groß, da der Kondensator *C* 2 aus einer niederohmigen Gleichrichterstrecke gespeist wird. Die Entladezeitkonstante wird durch *C* 2, *R* 5, *R* 3 und den Widerstand der Basis-Emitterstrecke des Transistors *T* 2 bestimmt. Diese Zeitkonstante wählt man so, daß bei Musikaufnahmen keine störende Dynamikkompression, also keine Nivellierung des Pegels auftritt. Da bei Mikrofonbetrieb mit raschen Schallpegeländerungen zu rechnen ist, wird durch die Parallelschaltung von *R* 6 die Entladezeitkonstante verkürzt und so ein kurzzeitiges Zuregeln des Aufsprechverstärkers verhindert. Der Schalter ist ein Teil des Mikrofonbuchsenschalters.

Bei der Wiedergabe wird die Basis des Transistors *T* 2 auf Massenpotential geschaltet und die Aufsprechautomatik außer Funktion gesetzt.

7.2.7 Cross-Field-Verfahren

Beim herkömmlichen Tonaufzeichnungsverfahren ist es üblich, daß man das Nutzsignal zusammen mit der Vormagnetisierungsfrequenz dem Sprechkopf zuführt. Dabei ist es leider nicht zu vermeiden, daß bestimmte Teile des Frequenzspektrums durch das gemischte Signal beeinflußt bzw. nicht aufgezeichnet werden.

Die Erklärung liegt darin, daß das magnetische Feld der Hochfrequenzvormagnetisierung tiefer in die Tonträgerschicht eindringt und auch breiter als das Nutzfeld ist. Dadurch wird ein Teil der gewollten Aufzeichnung wieder gelöscht. Diese Löschung betrifft vor allem die hohen Frequenzen.

Um diesen Effekt zu vermeiden, haben Entwicklungsingenieure in den fünfziger Jahren zum ersten Male diese beiden Magnetfelder getrennt, und zwar so, daß jetzt zwei Köpfe statt des einen verwendet werden. Beim Cross-Field[1])-Aufnahmeverfahren läuft das Band zwischen den zwei sich gegenüberliegenden Magnetköpfen hindurch **(Bild 7.26).** Die Aufnahme findet durch die sich gegenüberliegenden Magnetfelder statt, die von den beiden Köpfen erzeugt werden. Der Vormagnetisierungsknopf muß dabei soweit entfernt vom Sprechkopf liegen, daß das Vormagnetisierungsfeld das Aufzeichnungsfeld an der ablaufenden Kante des Sprechkopfes gerade nicht mehr stört.

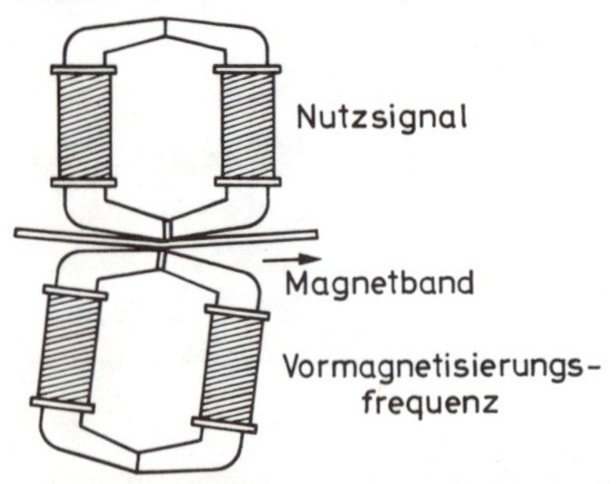

Merke: Beim Cross-Field-Verfahren werden Vormagnetisierung und Nutzfeld durch zwei getrennte Aufnahmeköpfe erzeugt.

Bild 7.26
Anordnung der Magnetköpfe beim Cross-Field-Verfahren

Als Nachteil sei einerseits die aufwendigere Mechanik für die beiden exakt einzustellenden Magnetköpfe genannt. Zum anderen muß eine elektronische Motorsteuerung vorhanden sein, damit man bei geringen Bandgeschwindigkeiten einen konstanten Bandzug erzielt. Im allgemeinen kann gesagt werden, daß das Cross-Field-Verfahren in der Praxis problematisch ist.

---

[1]) cross-field (engl.) = kreuzende Felder

7.3 Wiedergabe

7.3.1 Wiedergabevorgang

Bei der Wiedergabe läuft das magnetisierte Tonband mit der gleichen Geschwindigkeit wie bei der Aufnahme an dem Wiedergabe- oder Hörkopf vorbei. Der Hörkopf ähnelt in seinem Aufbau dem Sprechkopf. Auch er besteht aus einer Spule und einem meist ringförmigen Kern, der einen Spalt besitzt, an dem das besprochene Magnetband vorübergleitet.

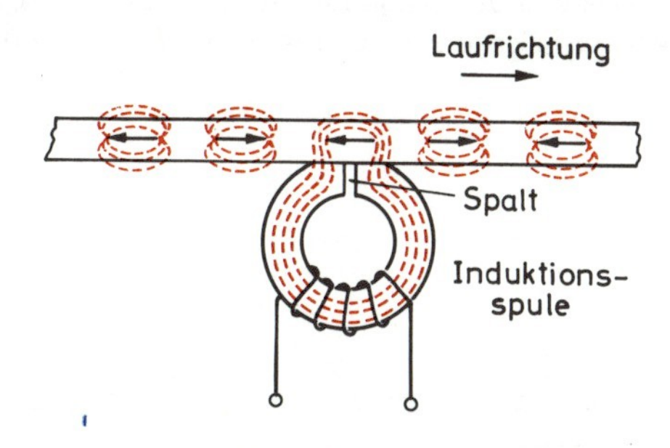

Bild 7.27
Prinzip des Wiedergabevorganges: Der Kopfspalt verhindert einen magnetischen Kurzschluß für den äußeren Bandfluß, so daß die Feldlinien durch die Induktionsspule geleitet werden

Die aus der Oberfläche des Tonbandes austretenden Feldlinien verlaufen vorerst im freien Raum, sie dringen jedoch bei der Annäherung in den Hörkopf ein **(Bild 7.27).** Der Luftspalt setzt ihnen einen Widerstand entgegen, so daß sie das magnetisch sehr gut leitfähige Material des Kerns und damit die Spule durchsetzen. Infolge der Bewegung des Bandes verändert sich die Feldlinienzahl einer Wechelstrom-Aufzeichnung ständig und induziert in einer Spule eine Spannung, die entsprechend der aufgezeichneten Frequenz schwankt. Diese Induktionsspannung ist nach dem Induktionsgesetz:

$$u_0 = N \frac{\Delta \Phi}{\Delta t} .$$

Diese kleine in der Hörkopfspule induzierte Spannung wird zur Wiedergabe über einen Verstärker einem Lautsprecher zugeführt.

Merke: Bei der Wiedergabe wird aufgrund des Induktionsgesetzes im Hörkopf eine Spannung erzeugt!

7.3.2 Frequenzabhängigkeit der Hörkopfspannung

Wie schon beim Aufsprechfrequenzgang in Abschnitt 7.2.3 erläutert wurde, tritt bei einer magnetischen Tonaufzeichnung nicht nur bei der Aufnahme, sondern auch bei der Wiedergabe eine Frequenzabhängigkeit auf. Bevor man sich mit dem Wiedergabefrequenzgang näher befaßt, muß man die Störerscheinungen kennenlernen, die die theoretisch zu erwartende Frequenzabhängigkeit bei der Aufnahme auf dem Tonband und bei der Wiedergabe beeinträchtigen.

7.3.2.1 Frequenzabhängigkeit der Wiedergabespannung

Wird die Aufzeichnung einer konstanten Frequenz abgespielt (gleiche und konstante Bandgeschwindigkeit bei Aufnahme und Wiedergabe vorausgesetzt), so entsteht an der Hörkopfspule eine konstante Wechselspannung.

Ändert sich aber die aufgezeichnete Frequenz (konstanter Sprechstrom vorausgesetzt), so ändert sich auch die am Wiedergabekopf entstehende Wechselspannung. Diese wird proportional mit der Frequenz höher, denn nach dem Induktionsgesetz bestimmt die Schnelligkeit der Änderung des Magnetfeldes die Höhe der induzierten Spannung **(Bild 7.28).** Verdoppelt man also die Frequenz, so erhält man ebenfalls die doppelte Spannung.

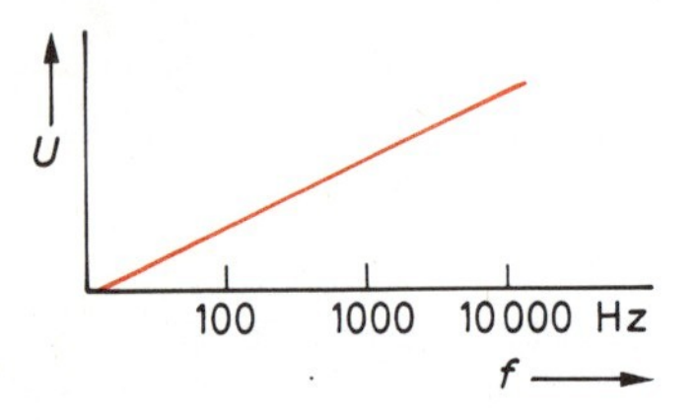

Bild 7.28
Die Hörkopfspannung steigt linear mit der Frequenz an, was man mit Omega-Gang bezeichnet

Allerdings trifft das nicht für den gesamten Tonfrequenzbereich zu, vielmehr sind noch weitere Eigenarten der magnetischen Schallaufzeichnung zu berücksichtigen.

7.3.2.2 Selbstentmagnetisierungseffekt

Je höher die Frequenz, d. h. je kürzer die aufgezeichnete Wellenlänge bei einer bestimmten Bandgeschwindigkeit ist, desto kleiner sind die sich in der magnetischen Schicht ausbildenden Stabmagnete und desto weniger Feldlinien treten aus dem Tonträger aus **(Bild 7.29).** Man erklärt sich diese Erscheinung so, daß sich die Magnetisierung der magnetischen Teilchen mit wachsender Frequenz gegenseitig mehr und mehr aufhebt und spricht deshalb von einem *Selbstentmagnetisierungseffekt* oder von der Banddämpfung des Tonbandes.

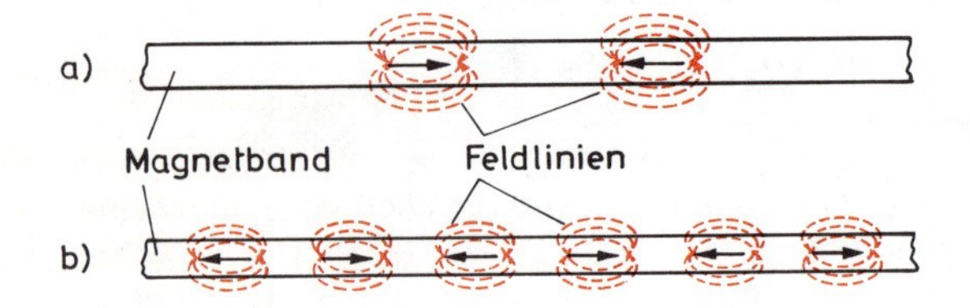

Bild 7.29
Erklärung des Selbstentmagnetisierungseffektes:
a) tiefe Frequenz (lange Welle),
b) hohe Frequenz (kurze Welle)

Merke: Der Selbstentmagnetisierungseffekt ist die physikalische Ursache für den Frequenzgang des Magnetbandes!

Durch diesen Effekt wird die Aufzeichnung der hohen Frequenzen geschwächt. Ferner kommt für die hohe Frequenz noch ein weiterer Einfluß zum Tragen, den man mit Spalteffekt bezeichnet.

7.3.2.3 Spalteffekt

Eine Schwingung auf dem Tonband besteht aus je zwei Magnetstäben (Bild 7.9). Der Spalt des Wiedergabekopfes muß damit kleiner als eine Wellenlänge sein, weil sich sonst Nord- und Südpole der Magnetstäbe vor dem Kopfspalt aufheben und somit keine Spannung mehr induziert wird.

Aus der Bandgeschwindigkeit und der Frequenz des aufgezeichneten Signals ergibt sich die Wellenlänge eines Schwingungszuges auf dem Band nach der Formel:

$$\text{Wellenlänge } \lambda \text{ *)} = \frac{\text{Bandgeschwindigkeit}}{\text{Frequenz}}$$

Hier ein Beispiel: Bei 9,5 cm/s Bandgeschwindigkeit soll ein geradliniger Frequenzgang bis 15 kHz erreicht werden.

$$\text{Wellenlänge} = \frac{9{,}5 \text{ cm/s}}{15 \text{ kHz}}$$

$$\text{Wellenlänge} = 6{,}3\ \mu\text{m}$$

Eine brauchbare Aufnahme oder Wiedergabe ist aber nur so lange zu erwarten, wie die Spaltbreite des Magnetkopfes noch beträchtlich kleiner ist als die kleinste vorkommende Wellenlänge auf dem Band. Es ist leicht einzusehen, daß sich beispielsweise bei der Wiedergabe positive und negative Halbwellen aufheben, wenn die Spaltbreite des Hörkopfes genauso groß ist wie die Wellenlänge.

Man ist daher bestrebt, Magnetköpfe mit möglichst kleinen Spaltbreiten herzustellen. In der Praxis ist die Spaltbreite etwa 0,6 bis 0,7 mal der kleinsten Wellenlänge. Beispielsweise besitzen die in den meisten Tonbandgeräten verwendeten Tonköpfe eine Spaltbreite von 3 bis 4 µm. Mit solchen Tonköpfen lassen sich bei 9,53 cm/s Bandgeschwindigkeit Frequenzen bis etwa 15 kHz wiedergeben.

Merke: Für die Wiedergabe hoher Frequenzen ist die Spaltbreite des Wiedergabekopfes von entscheidender Bedeutung!

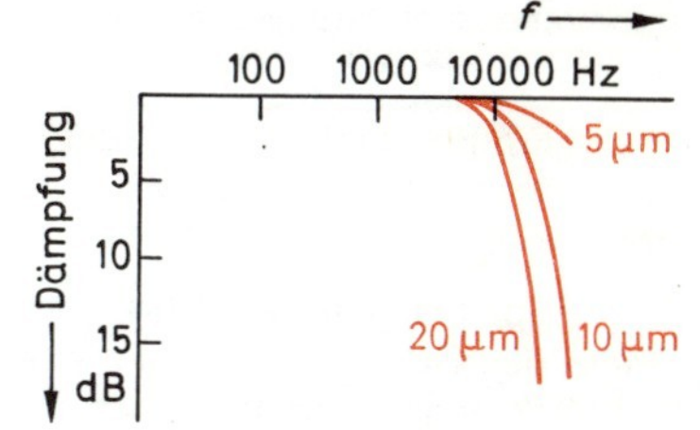

Bild 7.30
Die Dämpfung durch den Spalteffekt für drei verschiedene Spaltbreiten

In **Bild 7.30** ist die Dämpfung durch den Spalteffekt für drei verschiedene Spaltbreiten grafisch dargestellt.

7.3.2.4 Zusammenfassung

Wird ein Tonband abgespielt, das zuvor mit konstantem Strom bei steigender Frequenz aufgesprochen wurde, so ergibt sich eine Frequenzcharakteristik nach **Bild 7.31.** Sie zeigt zunächst den frequenzproportionalen Anstieg bis ungefähr 3 kHz bis 4 kHz durch die Frequenzabhängigkeit der Wiedergabe-EMK (im Laborjargon: Omega-Gang). Bei etwa 5 kHz erreicht die Kurve ein Maximum und fällt dann anschließend ab. Der Grund zu diesem Abfall ist im Selbstentmagnetisierungseffekt, Spalteffekt des Wiedergabekopfes sowie Wirbelstrom- und Ummagnetisierungsverlusten im Magnetkopf zu suchen. Bei den Geschwindigkeiten von Heimtongeräten beginnt dieser Abfall bereits bei 2 kHz.

---

*) λ = griechischer Kleinbuchstabe lambda.

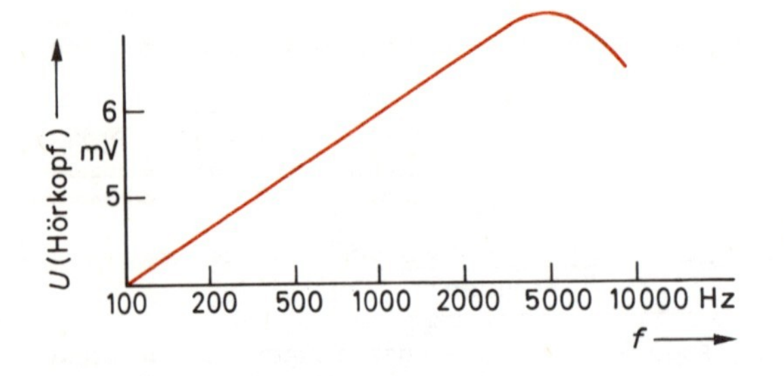

Bild 7.31
Die Frequenzabhängigkeit der Hörkopfspannung unter Berücksichtigung des Kopfspaltes und der Bandflußdämpfung

In **Bild 7.32** ist aufgezeichnet, wie sich die Frequenzgangkurve der Hörkopfspannung aus Frequenzabhängigkeit der Wiedergabe-EMK, Bandfluß- oder Selbstentmagnetisierungseffekt und Spalteffekt ergibt.

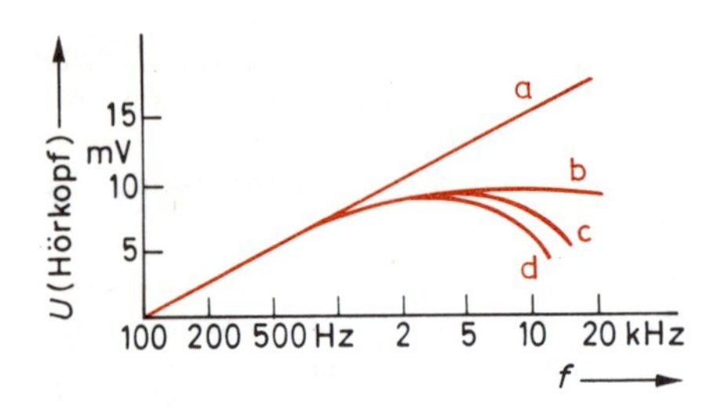

Bild 7.32
Konstruktion einer Hörkopfspannungskurve aus Omega-Gang, Bandfluß und Spalteffekt
Kurve a: Omega-Gang;
Kurve b: Bandfluß-Frequenzgang;
Kurve c: Spaltverluste;
Kurve d: resultierender Kurvenverlauf aus Kurve a, b und c

7.3.3 Wiedergabefrequenz

Auch die Hörkopfspannung ist frequenzabhängig. Diese Abhängigkeit muß, um einen geraden Gesamtfrequenzgang des Gerätes zu erzielen, hauptsächlich im Wiedergabeverstärker ausgeglichen werden. Dessen Frequenzgang muß daher berücksichtigen:

1. Die Frequenzabhängigkeit der Wiedergabe-EMK (Omega-Gang nach Bild 7.28), d. h. seine Verstärkung muß mit steigender Aufzeichnungsfrequenz zurückgehen. Die höchste Verstärkung liegt hiernach bei der unteren Grenzfrequenz von z. B. 40 Hz.

2. Die Spaltverluste des Hörkopfes. Je mehr sich die aufgezeichnete Wellenlänge der Breite des wirksamen Hörkopfspaltes nähert, je weniger also von dem vorhandenen Bandfluß ausgenutzt wird, um so mehr muß die Verstärkung wieder ansteigen. Für diesen Anteil des erforderlichen Wiedergabeverstärker-Frequenzganges benötigt man oberhalb der unteren Grenzfrequenz (also z. B. 40 Hz) mit steigender Frequenz zunächst eine konstante Verstärkung. Sobald aber die Bandwellenlänge in die Größenordnung der Spaltbreite kommt, muß die Verstärkung ansteigen. Dieses gilt selbstverständlich nur bis zur oberen Grenzfrequenz des Gesamtfrequenzganges, z. B. bis 12 kHz.

3. Die Bandflußdämpfung oder den Selbstentmagnetisierungseffekt. Je kleiner die aufgezeichnete Wellenlänge ist, um so enger liegen die kleinen Molekularmagnete wechselnder Polarität nebeneinander. Sie zeigen die Neigung, sich gegenseitig wieder zu entmagnetisieren. Ebenso wie die Verluste des Hörkopfes beeinflußt dieser Effekt auch das Gebiet der hohen Frequenzen. Die Maßnahme im Wiedergabeverstärker muß daher entsprechend sein.

Die Einflüsse 1 und 2 sind verfahrensbedingt, während sich die Bandflußdämpfung als Eigenschaft des Tonbandes ausdrückt. In **Bild 7.33** wird als Beispiel der Verlauf

Bild 7.33
*Kurve a:
Hörkopf-Spannungsverlauf bei der Wiedergabe einer mit konstantem Strom hergestellten Aufnahme;
Kurve b: erforderlicher Frequenzgang des Wiedergabeverstärkers;
Kurve c: resultierender Frequenzgang am Ausgang des Wiedergabeverstärkers gebildet aus der Kurve a und b*

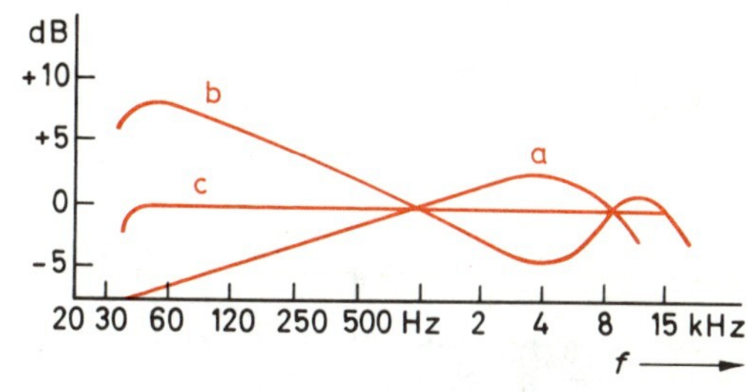

der Hörkopfspannung gezeigt, d. h. der Frequenzgang, der vorhanden ist, wenn nicht entzerrt wird (Kurve a). Zur Linearisierung ist es daher erforderlich, dem Wiedergabeverstärker einen entsprechend entgegengesetzten Frequenzgang zu verleihen (Kurve b).

7.3.4 Schaltung eines Wiedergabeverstärkers

Nachstehend wird ein Schaltungsbeispiel für einen Wiedergabeverstärker behandelt. Die von einem bespielten Tonband in den Hörkopf eintretenden Kraftlinien erzeugen in der Hörkopfspule Spannungen, deren Frequenzabhängigkeit schon behandelt wurde. Die tiefen und die hohen Frequenzen müssen also im Verstärker stark angehoben werden. Für diese Entzerrung kommen grundsätzlich zwei Möglichkeiten in Betracht:

Bild 7.34
Prinzip einer Wiedergabeschaltung mit entzerrendem Filter vor dem frequenzlinearen Abhörverstärker

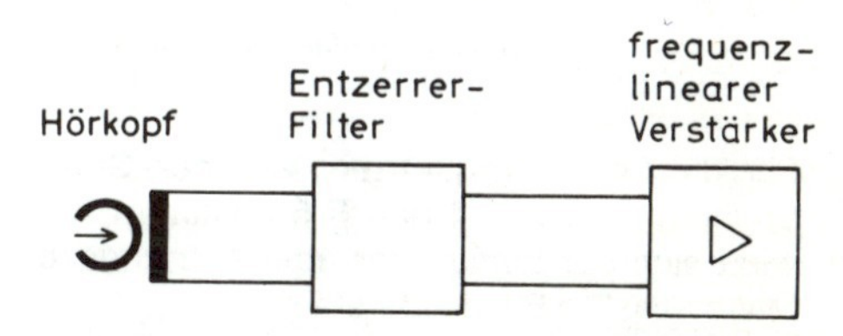

Entweder ordnet man direkt hinter dem Hörkopf **(Bild 7.34)** bzw. im Verstärker **(Bild 7.35)**, ein Filter an, oder der Hörkopf wird mit einem gegenüber seinem induktiven Widerstand niederohmigen Widerstand abgeschlossen. Heute macht man meistens von der ersten Möglichkeit Gebrauch, den Hörkopf direkt an einen Entzerrerverstärker anzuschließen.

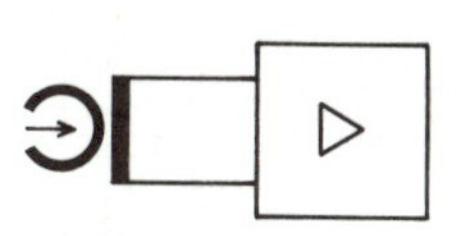

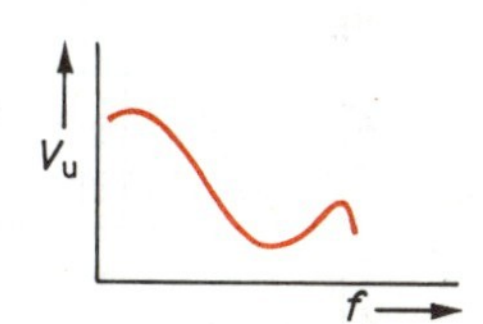

Bild 7.35
Der Hörkopf arbeitet auf einen Entzerrerverstärker. Sein Frequenzgang ist angedeutet

Das **Bild 7.36** zeigt die Schaltung eines Wiedergabeverstärkers mit einer integrierten Schaltung TAA 310. Bei dieser Schaltung handelt es sich um einen rauscharmen Nf-Vorverstärker. Die im Hörkopf induzierte Spannung gelangt über den Aufnahme-Wiedergabe-Umschalter und den Koppelkondensator *C* 1 an den Eingang des ICs. Wie bei der Aufnahme wird am Punkt 3 der integrierten Schaltung die verstärkte Nf-Spannung abgenommen und über *C* 2 und *R* 1 dem Endverstärker zugeführt. Die erforderliche Gegenkopplung für die Entzerrung liegt zwischen den Punkten 3 und 4 der integrierten Schaltung. Das Entzerrernetzwerk besteht bei der Wiedergabe aus *C* 3, *R* 2, *R* 3, *C* 4. Für Gleichspannung wirken *R* 4 und *R* 5 als Gegenkopplung. Um eine Anhebung der tiefen Frequenzen zu erreichen, muß in diesem Bereich die Gegenkopplung gering sein und mit steigender Frequenz zunehmen.

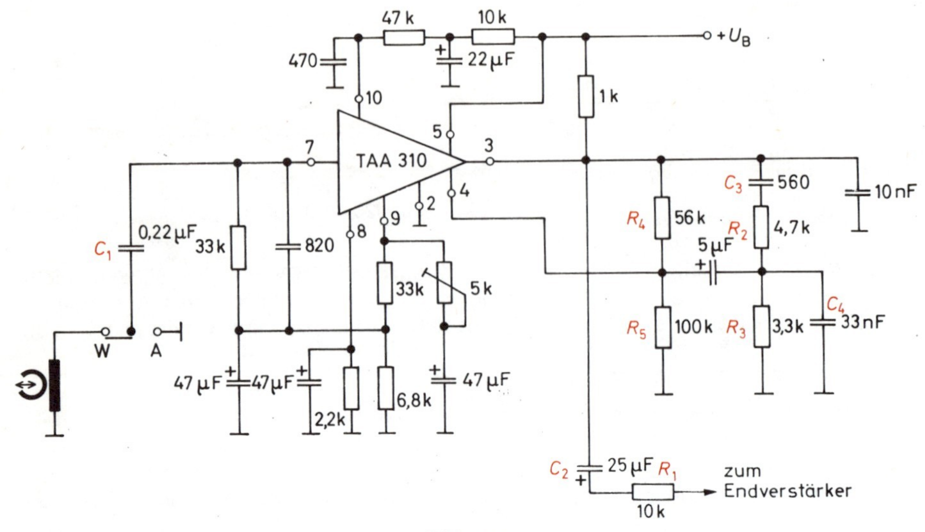

Bild 7.36
Schaltung eines Wiedergabeverstärkers mit Entzerrernetzwerk

Für die tiefen Frequenzen wird der Gegenkopplungsgrad hauptsächlich durch den Spannungsteiler *R* 4 und *R* 5 bestimmt. Mit zunehmender Frequenz, ab etwa 100 Hz, wirkt sich der Einfluß der über *C* 3 angeschlossenen Reihenschaltung in steigendem Maße aus. Die Blindwiderstände von *C* 3 und *C* 4 sind bei hohen Frequenzen sehr klein, so daß *R* 2 mit 4,7 kΩ und der kleine Blindwiderstand des Kondensators *C* 4 das Spannungsteilerverhältnis bestimmen.

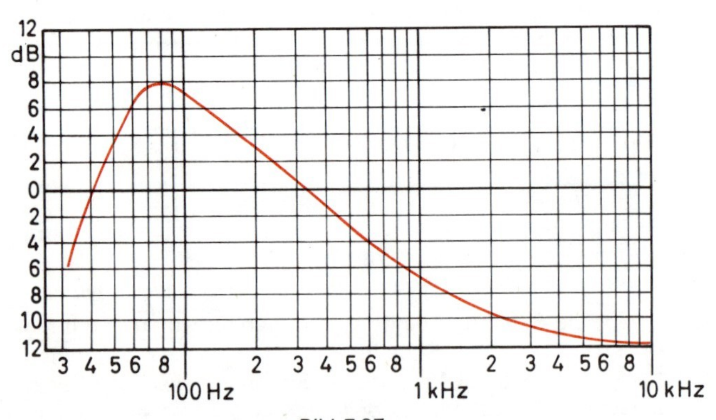

Bild 7.37
Frequenzgang des Wiedergabeverstärkers

Da der Widerstand *R* 4 wesentlich größer als der Widerstand *R* 2 ist, ist der Gegenkopplungsgrad für hohe Frequenzen größer und die Verstärkung für diesen Frequenzbereich damit kleiner. Somit kommt die gewünschte Anhebung der tiefen Frequenzen zustande **(Bild 7.37).**

7.4 Löschen

7.4.1 Löschvorgang

Voraussetzung für eine Magnetbandaufnahme ist ein völlig entmagnetisiertes Tonband. Jeder Aufnahme geht deshalb die restlose Beseitigung einer etwa noch vorhandenen Aufnahme voraus. Hierzu werden alle magnetischen Teilchen des Bandes bis zur Sättigung magnetisiert und unter mehrmaligem Durchlaufen der Hysteresisschleife mit sinkender Wechselfeldstärke allmählich bis auf Null entmagnetisiert **(Bild 7.38)**.
Zur Löschung wird demnach ein Wechselfeld gebraucht.

Löschen läßt sich selbstverständlich auch ein Band durch ein magnetisches Gleichfeld, das ein Permanentmagnet oder eine gleichstromerregte Spule liefert. Die Aufnahmen werden zwar völlig beseitigt, aber die Qualitätsminderung übersteigt das zulässige Maß für gute Tonwiedergabe. Störend ist weniger der Rauschpegel (er wird durch die nachfolgende Hf-Vormagnetisierungseinwirkung geschwächt), als vielmehr der Verzerrungsanstieg, wenn die Aufzeichnung bei gesättigtem Band anstelle von unmagnetisiertem Band erfolgt. Deshalb kann man an Tonbandgeräte mit Permanent-Löschmagneten keine hohen Ansprüche stellen.

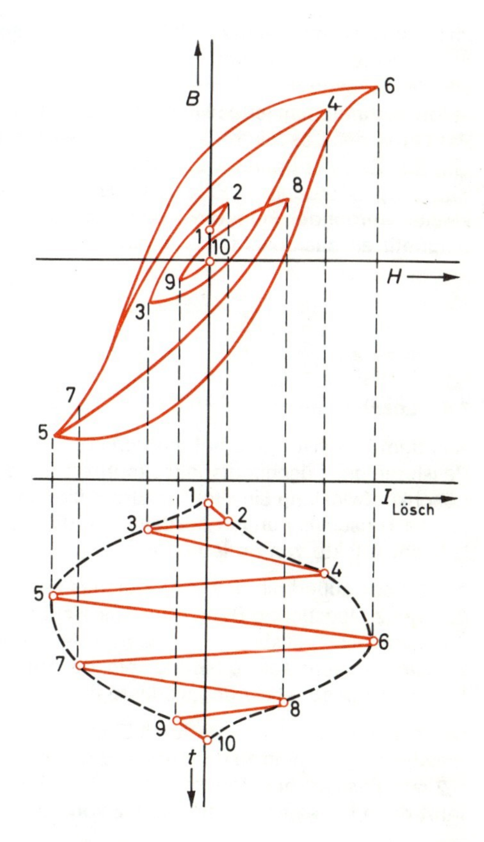

Bild 7.38
Der Löschvorgang dargestellt auf der Hysteresisschleife

Um die Bedienung des Gerätes zu vereinfachen und Fehlaufnahmen zu vermeiden, wird bei Aufnahmebetrieb der Löschvorgang über einen besonderen Löschkopf automatisch mit eingeschaltet. Den Löschstrom entnimmt man zusammen mit der Hochfrequenzvormagnetisierung dem gleichen Generator.

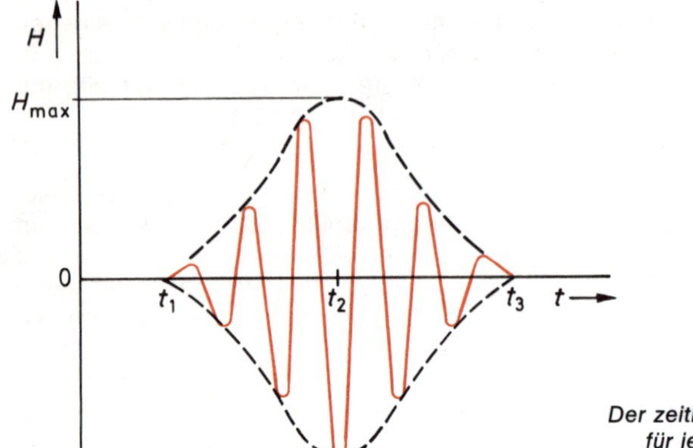

Bild 7.39
Der zeitliche Verlauf der Löschfeldstärke für jedes einzelne Magnetteilchen

Im Löschkopf arbeitet man mit hoher magnetischer Dichte und breitem Luftspalt, so daß die Feldlinien auch in der Umgebung des Spaltes austreten und die Bandschicht vollständig durchdringen können. In **Bild 7.39** ist der zeitliche Verlauf der Löschfeldstärke aufgezeichnet, dem jedes Molekularmagnetchen auf dem vorübergleitenden Band beim Passieren des Löschkopfes ausgesetzt wird. Es tritt zum Zeitpunkt *t* 1 in das Löschfeld ein. Zur Zeit *t* 2 befindet es sich in der Mitte des Feldes, wo die zur magnetischen Sättigung erforderliche Feldstärke H_{max} herrscht, und wird von da ab mehrmals mit kleiner werdender Feldstärke ummagnetisiert, so daß es zur Zeit *t* 3 vollständig entmagnetisiert das Löschfeld verläßt.

Merke: Beim Löschen wird das vorübergleitende Band zuerst einer bis zur Sättigung ansteigenden und dann abfallenden magnetischen Wechselfeldstärke ausgesetzt!

7.4.2 Löschfrequenz

Aus dem Löschvorgang hat man erkannt, daß die Molekularmagnete des Bandes beim Passieren des Löschkopfspaltes mehrere Male gedreht werden. Demzufolge muß in der Löschkopfwicklung ein Wechselstrom fließen, der eine wesentlich höhere Frequenz hat als die Tonschwingungen besitzen. Für die Höhe der Löschfrequenz sind also folgende Gesichtspunkte von Bedeutung:

1. Sie soll außerhalb des Hörbereiches liegen.
2. Das zu löschende Band muß ausreichend viele Ummagnetisierungen erfahren, um tatsächlich vollständig entmagnetisiert zu werden.
3. Die Frequenz soll so niedrig sein, daß die im Löschkopf entstehenden Wirbelstrom- und Ummagnetisierungsverluste in tragbaren Grenzen bleiben.

Die zweite Bedingung wird durch Einhalten der ersten von selbst erfüllt. Bei einer Bandgeschwindigkeit von 19,05 cm/s und einem wirksamen Luftspalt des Löschkopfes von 0,2 mm passiert ein Magnetteilchen den Spalt in 2/1905 Sekunde. Dieses Teilchen erfährt dann bei einer Löschfrequenz von 40 kHz:

$$\frac{40000\ s^{-1} \cdot 2 \cdot 10^{-2}\ cm}{19{,}05\ cm/s} = \frac{800}{19} = 42$$ Ummagnetisierungen, was völlig ausreicht.

Bei niedrigeren Bandgeschwindigkeiten ergibt sich sogar eine noch größere Anzahl von Wechseln.

Wie aus der dritten Bedingung hervorgeht, ist die Löschfrequenz nach oben dadurch begrenzt, daß die mit der Frequenz zunehmenden Wirbelstrom- und Ummagnetisierungsverluste im Löschkopf zu groß werden und den Löschstrom verringern. Die Löschfrequenz liegt deshalb meist zwischen 40 kHz und 100 kHz und erfüllt alle drei Bedingungen.

Aus dem Löschgenerator entnimmt man auch gleichzeitig den Vormagnetisierungsstrom für die Aufnahme. Nun gilt aber, daß die Vormagnetisierungsfrequenz groß genug gegenüber der höchsten aufzuzeichnenden Niederfrequenz sein muß, da sonst nichtlineare Verzerrungen in der Aufzeichnung entstehen.
Allgemein fordert man, daß die Vormagnetisierungsfrequenz mindestens das Fünffache der oberen Grenzfrequenz des aufzunehmenden Niederfrequenzbereiches ist.
Das wäre also für ein bis 15 kHz reichendes Tonbandgerät:

$5 \cdot 15\ kHz = 75\ kHz.$

Das ist wichtig, weil die Oberwellen der Niederfrequenzspannung an der nichtlinearen Kennlinie des Tonbandes Differenztöne zur Löschfrequenz bilden können, die unter Umständen bei der Wiedergabe als Pfeiftöne wahrnehmbar sind. Je höher man die Frequenz der Vormagnetisierung wählt, um so geringer wird der Einfluß der Nf-Oberwellen, deren Amplitude mit wachsenden Abständen von der Grundwelle mehr und mehr abnehmen.

Deshalb legt man die Lösch- und Vormagnetisierungsfrequenz auch nicht auf Frequenzen, die ein Vielfaches des 19-kHz-Pilottones der Hf-Stereofonie sind. Bei der Tonaufzeichnung von Rundfunk-Stereosendungen können sonst Interferenztöne*) mit aufgezeichnet werden.

Die geforderte Vormagnetisierungsfrequenz liegt in der gleichen Größenordnung wie die Löschfrequenz. Deshalb kann man beide Signale aus einem gemeinsamen Generator entnehmen.

7.4.3 Löschgeneratoren

7.4.3.1 Allgemeines

Zum Löschen und Vormagnetisieren des Bandes muß in einem Tonbandgerät ein Oszillator vorhanden sein, der eine Hochfrequenzspannung mit einer Frequenz von 40 kHz bis 100 kHz erzeugt. Zum Löschen würde eine Frequenz von etwa 40 kHz ausreichen. Für die Vormagnetisierung sollte die Hochfrequenz jedoch mindestens fünfmal so hoch wie die höchste vorkommende Tonfrequenz sein.

Um mit einem einzigen Oszillator auszukommen, legt man in der Praxis die Löschfrequenz auf etwa 60 bis 90 kHz fest und verwendet dann die gleiche Frequenz auch für die Vormagnetisierung. Sie wird in einem Generator erzeugt, der als Eintakt- oder Gegentaktoszillator ausgeführt sein kann.

---

*) interferre (lat.) = sich überlagern

Bei der Dimensionierung eines Eintaktoszillators muß auf möglichst sinusförmigen Strom geachtet werden, dessen Anteil geradzahliger Oberwellen sehr klein sein soll. Jede Unsymmetrie des Hf-Stromes im Löschkopf oder im Sprechkopf erhöht sonst das Bandrauschen. Bei Gegentaktschaltungen werden die geradzahligen Oberwellen, durch die Schaltung bedingt, unterdrückt. Ungeradzahlige Harmonische stören nicht, da sie die Sinuskurvenform nur symmetrisch verändern. Aus diesem Grund verwendet man sehr gerne Gegentaktoszillatoren.

7.4.3.2 Eintaktoszillator

Der in **Bild 7.40** wiedergegebene Eintakt-LC-Generator schwingt auf ca. 85 kHz und liefert den Lösch- und Vormagnetisierungsstrom. Er arbeitet in Hartleyschaltung. Der eigentliche Schwingkreis wird durch die Sekundärwicklung N 2 und den 8,2 nF-Kondensator gebildet. Der Löschkopf liegt an einer Anzapfung, um den Schwingkreis einerseits nicht zu belasten und zum anderen den Kreis nicht zu sehr zu verstimmen. Damit diese Oszillatorschaltung weitgehendst belastungsunabhängig wird, liegt in der Emitterleitung ein unüberbrückbarer Widerstand. Die Gesamtschaltung wird mit einer stabilisierten Betriebsspannung betrieben.

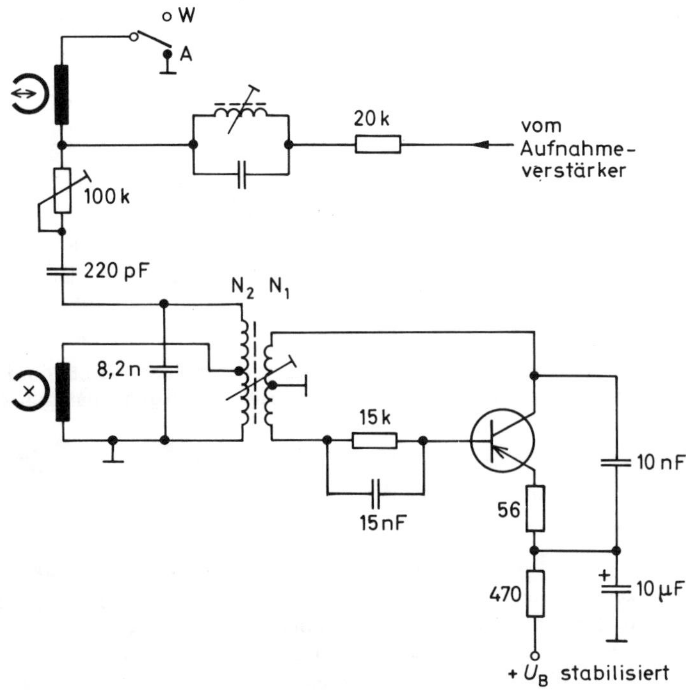

Bild 7.40
Schaltungsbeispiel eines Eintakt-LC-Oszillators

Den Vormagnetisierungsstrom koppelt man über einen 220 pF-Kondensator direkt am Schwingkreis aus und gibt ihn über den Einstellwiderstand, der zur Vormagnetisierungseinstellung dient, auf den Aufsprechkopf. Die Konstanz der Oszillatorspannung ist besonders wichtig, weil schon relativ geringe Änderungen Auswirkungen auf Dynamik- und Über-Band-Frequenzgang haben.

7.4.3.3 Gegentaktoszillator

Ein Hf-Generator zur Erzeugung der Hf-Vormagnetisierungs- und Löschspannung in Gegentakt-Hartley-Schaltung zeigt das **Bild 7.41.** Oszillatoren dieser Art haben den Vorteil, daß sie einen sehr geringen Anteil an Oberwellen erzeugen. Beim vorliegenden Hf-Generator handelt es sich um eine Schaltung, die von bestimmten Eigenschaften einer bistabilen Kippstufe Gebrauch macht. Sie zeichnet sich durch hohe Frequenzkonstanz und Belastungsfestigkeit aus. Die Rückkopplungswege werden durch *C* 1, *R* 1 und *C* 2, *R* 2 gebildet. Für das sichere Anschwingen sind die Kondensatoren *C* 3 und *C* 4 parallel zu den Basis-Emitterstrecken der beiden Transistoren geschaltet.

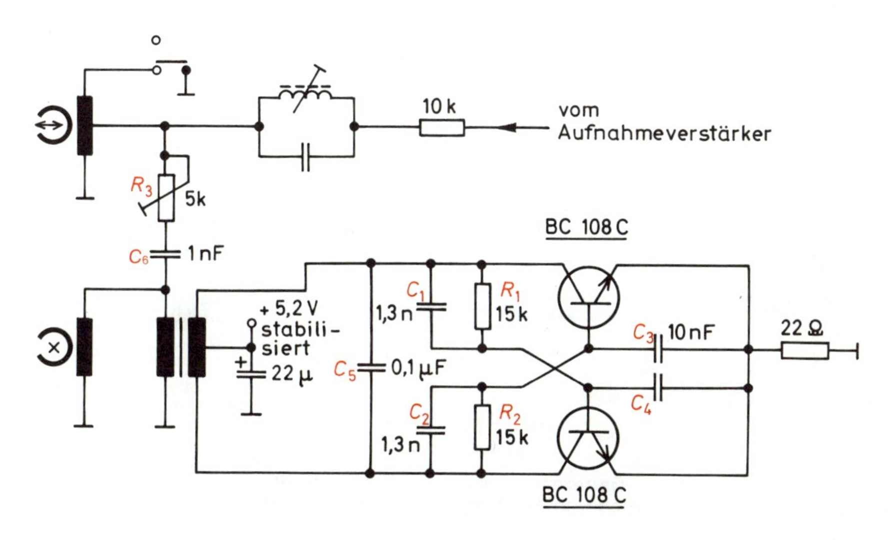

Bild 7.41
Schaltungsbeispiel eines Gegentaktoszillators

Der frequenzbestimmende Parallelschwingkreis besteht aus der Primärwicklung des Transformators und dem Kondensator *C* 5. Über den Mittelabgriff des Transformators erfolgt die Einspeisung der stabilisierten Betriebsspannung. Die Schwingfrequenz liegt bei 52 kHz.

Die erforderliche Löschspannung $U_{ss} \approx 30$ V wird über die Sekundärwicklung des Übertragers ausgekoppelt. Über *C* 6 und *R* 3 gelangt ein Teil dieser Löschspannung an die Aufnahmewicklung des Kombikopfes. Mit dem Einstellwiderstand *R* 3 wird der Vormagnetisierungsstrom des Aufnahmekopfes mit 1,2 mA justiert.

7.4.3.4 Gegentaktoszillator in Komplementärschaltung

Meistens betreibt man Tonbandgeräte in der Nähe von Rundfunkgeräten. Dieses kann dazu führen, daß die Oberwellen des Löschgenerators Interferenztöne mit einzelnen Sendern des Lang- und Mittelwellenbereiches bilden. Als Störstrahler kommt neben dem Löschkopf hauptsächlich die Oszillatorspule in Frage. Deshalb hat man eine Oszillatorschaltung entwickelt, in der man auf Spulen verzichtet. Als einzige Induktivität eines Gegentaktoszillators dient der Löschkopf. Die Komplementärtransistoren in **Bild 7.42** speisen einen Reihenschwingkreis, der auf etwa 60 kHz abgestimmt ist.

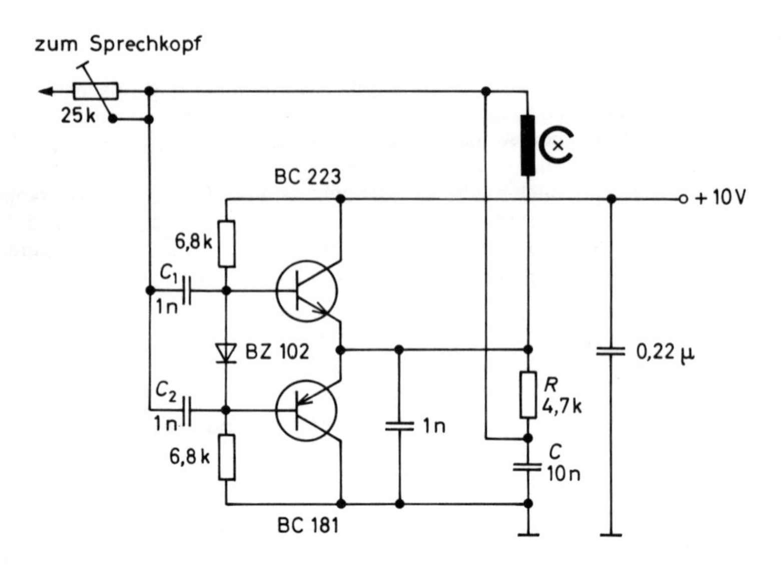

Bild 7.42
Gegentaktoszillator mit Komplementärtransistoren (Grundig)

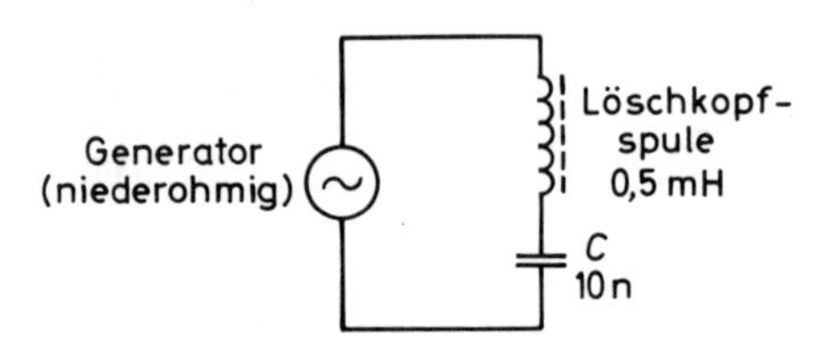

Bild 7.43
Prinzipschaltung des Hf-Oszillatorkreises der Schaltung nach Bild 7.42

Er wird aus dem Ferrit-Löschkopf mit einer Induktivität von 0,5 mH und dem 10-nF-Kondensator gebildet **(Bild 7.43).** Über die Kondensatoren *C* 1 und *C* 2 führt man einen Teil der Spannung als Rückkopplung auf die Basen der Transistoren. Der Widerstand *R* mit 4,7 kΩ bedämpft den Löschkopf so, daß sich Gütestreuungen auf die Vormagnetisierungsspannung kaum noch auswirken. Mit dem 25-kΩ-Trimmpotentiometer kann der Vormagnetisierungsstrom eingestellt werden. Während die positive Halbwelle an den Basen der Transistoren liegt, wird der NPN-Transistor leitend und treibt einen Strom durch den Reihenschwingkreis. Dieser Stromimpuls stößt den Schwingkreis zum Schwingen an. Beim Durchschwingen wird die negative Halbwelle über die beiden Kondensatoren *C* 1 und *C* 2 auf die Basen der Transistoren gegeben. Bei dieser Halbwelle wird jetzt der PNP-Transistor leitend und läßt einen Strom in umgekehrter Richtung durch den Schwingkreis fließen. Auf diese Weise stößt man den Reihenschwingkreis während jeder Halbwelle an. Durch die Verwendung von Komplementärtransistoren kann man bei dieser Schaltung auf die Phasendrehung durch einen Transformator, wie sie im Bild 7.44 erfolgte, verzichten.

7.5 Magnetköpfe

7.5.1 Grundsätzlicher Aufbau

Jedes Tonbandgerät benötigt für die Aufnahme einen *Sprechkopf,* für die Wiedergabe einen *Hörkopf* und zum Löschen einen *Löschkopf.* Bei Heimmagnettongeräten wird für die Aufnahme und Wiedergabe meistens derselbe Kopf, ein sogenannter Sprech-Hör-Kopf oder *Kombikopf,* benutzt.

Wiedergabegüte und Frequenzgang eines Tonbandgerätes bestimmt in erster Linie der Aufbau des Magnetkopfes. Zum Aufsprechen, Abhören und Löschen sind Ringkern- oder Halbringkernköpfe mit Wicklungen üblich, deren magnetischer Kreis auf der dem Tonband zugewandten Seite durch einen schmalen Spalt unterbrochen ist.

Um eine genau definierte *Spaltbreite* des Kopfes zu erhalten, legt man in den Spalt ein hartes, unmagnetisches Material, wie Kupfer-Beryllium, Glimmer, Siliziumoxid. Durch diese unmagnetische Spalteinlage werden die magnetischen Feldlinien stärker nach außen gedrängt und erzeugen somit an der Kontaktstelle zwischen Kopf und Band ein noch stärkeres Feld als im Kopf selbst. Das Band wird damit besser durchmagnetisiert. Ferner ist z. B. Berylliumkupfer ein harter Werkstoff, der im Idealfall die gleiche Verschleißfestigkeit hat wie das Mu-Metall des Kerns. So wird verhindert, daß der Spalt sich mit abgeriebenen Eisenteilchen füllt, und damit einen magnetischen Kurzschluß bildet.

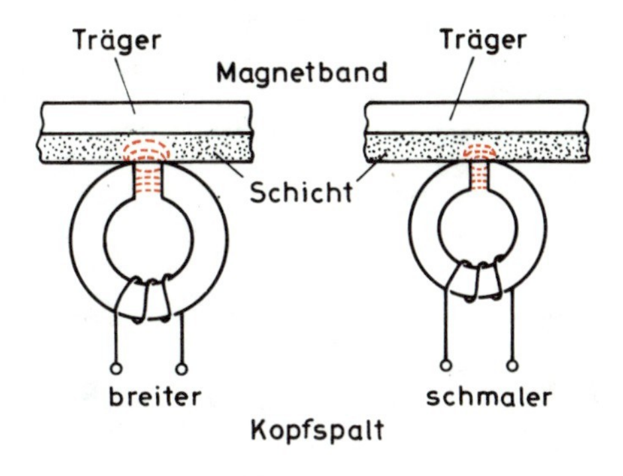

Bild 7.44
Aus einem schmalen Kopfspalt treten die Kraftlinien nicht so weit heraus wie bei einem breiten

Je geringer die Spaltbreite eines Magnetkopfes ist, um so höhere Frequenzen kann man bei gleicher Bandgeschwindigkeit aufnehmen und wiedergeben. Leider besitzt ein Tonkopf mit einem extrem schmalen Kopfspalt bei der Schallaufzeichnung auch Nachteile. Wie **Bild 7.44** zeigt, treten aus einem schmalen Kopfspalt die Feldlinien weniger weit aus, als bei einem breiten. Bei einer zu geringen Spaltbreite würde also die Schicht des Bandes nicht mehr genügend durchmagnetisiert. Bei der Wiedergabe erhält man eine geringe Dynamik.

Bei der Aufnahme und Wiedergabe einer Schallinformation sollen die magnetischen Feldlinien nur aus dem Kopfspalt austreten und das vorübergleitende Tonband durchsetzen. Man wählt daher die magnetische Leitfähigkeit (Permeabilität) des Magnetkopfes wesentlich größer als die des Bandes. Bei gleicher Band- und Kopfpermeabilität würden die Feldlinien nicht nur direkt am Spalt, sondern weiter daneben austreten und das Band durchsetzen. Hohe Frequenzen könnten, wegen des scheinbar verbreiterten Spaltes, nicht aufgezeichnet werden.

Zur Herstellung der Sprech- und Hörköpfe verwendet man ausschließlich hochpermeables, weichmagnetisches Material, z. B. Mu-Metall oder Nickeleisen. Damit die Wirbelstromverluste klein bleiben, wird der Kern aus dünnen, gegeneinander isolierten Blechen geschichtet (lamelliert).

Löschköpfe fertigt man meist aus Ferriten (z. B. Ferroxcube), weil dieses Material extrem geringe Hochfrequenzverluste hat. Man kommt mit Löschgeneratoren kleinerer Leistungen aus. Außerdem sind Ferritköpfe besonders verschleißfest.

Die *Wicklungen* der Magnetköpfe sind aus Kupferdraht hergestellt und gewöhnlich in Reihe geschaltet. Je nach Windungszahl unterscheidet man zwischen hoch- und niederinduktiven Köpfen.

Hochinduktive Köpfe sind mit sehr vielen Windungen dünnen Drahtes bewickelt. Sie werden über kurze Leitungen direkt an den Aufsprech- bzw. Wiedergabeverstärker angeschlossen. Durch ihre große Windungszahl erzeugen die Feldlinien bei der Wiedergabe eine hohe Induktionsspannung. Die an den Verstärkereingang gelangende Spannung ist groß. Für magnetische Streufelder, die z. B. von Motoren oder von Netztransformatoren herrühren können, ist eine gute Abschirmung erforderlich.

In Studiogeräten wendet man ausschließlich *niederinduktive Magnetköpfe* an, die wegen ihrer kleinen Ausgangsspannungen durch Übertrager an den Verstärker angepaßt werden müssen. Die Leitungslänge zwischen den Köpfen und den Verstärkern ist verhältnismäßig unkritisch.

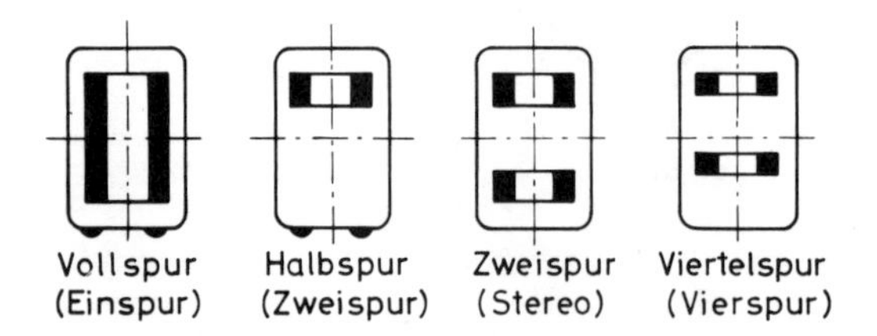

Bild 7.45
Kopfausführungen

In der *konstruktiven Ausführung* der Magnetköpfe unterscheidet man zwischen Vollspur-, Halbspur- und Viertelspurköpfen **(Bild 7.45)**. Neuerdings werden auch Vierspurköpfe für quadrofone Aufnahmen gebaut, deren prinzipielle Gestaltung im Abschnitt 7.5.6 erläutert wird.

Der grundsätzliche Aufbau der Sprech-, Hör- und Löschköpfe ist ähnlich, doch ergeben sich auf Grund ihrer verschiedenen Aufgaben recht unterschiedliche Dimensionierungen.

7.5.2 Sprechkopf

Der Sprechkopf soll die Niederfrequenzspannung als Magnetisierung auf das Tonband übertragen. Wegen der nichtlinearen Magnetisierungskennlinie der Bandschicht (siehe Bild 7.11) ist für den Aufsprechvorgang eine Vormagnetisierung erforderlich. Dem Sprechkopf führt man deshalb neben der Niederfrequenz- noch Hochfrequenzspannung zur Vormagnetisierung zu. Diese Hochfrequenz wird gar nicht oder nur sehr schwach aufgezeichnet, sie ist bei der Wiedergabe im Hörkopf kaum noch feststellbar. Sie dient lediglich dazu, den richtigen Arbeitspunkt für die Niederfrequenz auf der Magnetisierungskennlinie einzustellen.

Für die Dimensionierung des Sprechkopfes gelten folgende Gesichtspunkte:

1. Das aus dem Spalt des Sprechkopfes austretende magnetische Feld soll möglichst scharf gebündelt sein, andererseits aber auch tief genug in die magnetische Schicht des Bandes eindringen, um eine gute Durchmagnetisierung der ganzen Schichtdicke zu erzielen. Aus dieser Forderung ergibt sich für den Sprechkopf eine Spaltbreite, die je nach Bandgeschwindigkeit zwischen 10 und 30 μm liegt.

2. Die frequenzabhängigen Verluste, wie Wirbelstrom- und Ummagnetisierungsverluste, sollen möglichst klein sein. Gerade bei einem Mu-Metallkern sind die Ummagnetisierungsverluste gering. Um die Wirbelstromverluste klein zu halten, wird der Kopfkern aus dünnen Lamellen geschichtet.

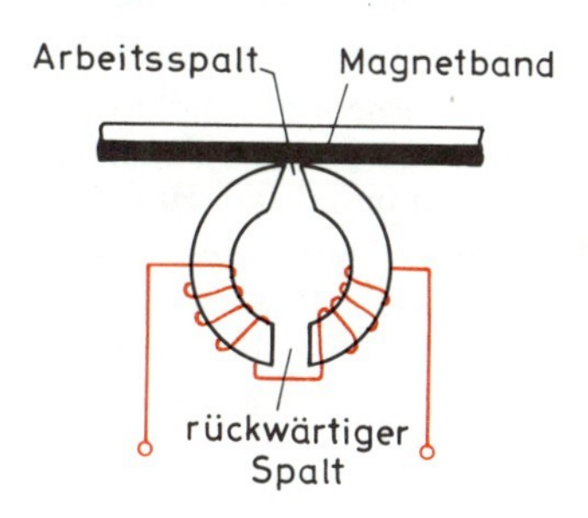

Bild 7.46
Sprechkopf (schematisch) mit rückwärtigem Luftspalt

3. Durch einen rückwärtigen, breiten Luftspalt von etwa 500 μm **(Bild 7.46)** erreicht man, daß Unterschiede im magnetischen Widerstand des am Arbeitsspalt vorbeilaufenden Bandes sich in geringerem Maße auf das aus dem Spalt austretende Magnetfeld auswirken. Der breite Spalt bestimmt die magnetischen Eigenschaften des gesamten Tonkopfes. Wenn jetzt für einen kurzen Moment das Tonband am vorderen, schmaleren Arbeitsspalt nicht ganz innig anliegt, ändern sich die magnetischen Flußverhältnisse durch den Kopf praktisch überhaupt nicht mehr. Die Aufzeichnung wird durch ein kurzzeitiges Abheben des Bandes vom Tonkopf bei weitem nicht so beeinträchtigt, wie es ohne den rückwärtigen Luftspalt, den sogenannten Scherspalt, der Fall wäre.

4. Die Wicklung des Sprechkopfes soll hochohmig sein. Damit kommt man mit kleinen Drahtquerschnitten, geringen Windungszahlen und dadurch mit kleinen räumlichen Abmessungen aus. Gebräuchlich sind deshalb Sprechkopfinduktivitäten von 5 bis 10 mH. Bei kombinierten Hör-Sprechköpfen in Heimtonbandgeräten findet man auch Induktivitäten in der Größenordnung bis zu 1 H.

7.5.3 Hörkopf

Der Hörkopf tastet das von einem Sprechkopf magnetisierte Band ab. Er ist daher ähnlich wie ein Sprechkopf aufgebaut, jedoch mit einigen Abweichungen.

1. Der dem Tonband zugewandte Kopfspalt muß schmaler als derjenige des Sprechkopfes sein. Damit der Hörkopf bei hohen Frequenzen alle vom Sprechkopf ausgerichteten Molekularmagnete einer Halbwelle einzeln erfassen kann, muß seine Spaltbreite im Idealfall unendlich klein sein. Die Luftspalte der Hörköpfe heutiger Serien-Tonbandgeräte liegen zwischen 2 µm und 4 µm.

2. Um die frequenzabhängigen Verluste (Wirbelstrom-, Ummagnetisierungsverluste und Kupferverluste) klein zu halten, baut man auch die Kerne der Hörköpfe aus dünnen lamellierten Mu-Metallblechen.

3. Von einem reinen Hörkopf wird eine große Empfindlichkeit gefordert, so daß man eine hohe vom Kopf abgegebene Spannung erhält. Durch eine hohe Windungszahl ließe sich diese Forderung erfüllen, jedoch begrenzt die dann erforderliche Abmessung des Kopfes diese Windungszahl einerseits, zum anderen müßte die Kopfwicklung eine geringe Eigenkapazität aufweisen, damit sich die Resonanz aus der Induktivität und der Wicklungskapazität des Kopfes erst außerhalb des übertragenen Frequenzbereiches auswirkt.

4. Eine gute magnetische Abschirmung sorgt dafür, den Einfluß von Störfeldern klein zu halten.

5. Für Studiogeräte werden in der Regel niederohmige Hörköpfe mit Induktivitäten zwischen 70 und 100 mH verwendet, um den kapazitiven Einfluß langer Anschlußleitungen zu den Verstärkergestellen unwirksam zu machen. Im Eingang der Wiedergabeverstärker transformiert man dann die vom Kopf abgegebene Spannung mit einem Übertrager herauf.

Um die richtige Anpassung zu Transistoreingangsstufen zu erhalten, benutzt man hier ebenfalls niederohmige Hörköpfe; unabhängig davon, ob Zwei- oder Vierspurköpfe verwendet werden.

7.5.4 Kombikopf

Bei Heimtonbandgeräten wird für die Aufnahme und Wiedergabe meistens ein- und derselbe Kopf benutzt. Man nennt ihn Kombi- oder Sprech-Hörkopf.

Bei solchen Kombiköpfen dominiert die Hörkopfeigenschaft, so daß man im Prinzip jeden Hörkopf auch als Sprechkopf verwenden kann. Ausgenommen sind die sehr hochohmigen Wiedergabeköpfe mit Induktivitäten über 2 H, weil hier die Wicklungskapazität die Hf-Vormagnetisierung kurzschließen würde. Trotzdem geht man aus preislichen Gründen mit einem solchen Kombikopf stets einen Kompromiß zwischen einem idealen Hör- und Sprechkopf ein.

Kombiköpfe müssen folgende Bedingungen erfüllen:

1. Die Spaltbreite muß zwischen der eines idealen Hör- und Sprechkopfes liegen, also zwischen 3 . . . 10 µm.

2. Um die frequenzabhängigen Verluste (Wirbelstrom-, Ummagnetisierungs- und Kupferverluste) klein zu halten, enthalten die Kombiköpfe ebenfalls dünne lamellierte Mu-Metallkerne.

3. Für eine gute Abschirmung muß gesorgt werden, damit keine nennenswerten Fremdspannungen induziert werden.

4. Die Induktivitäten der Kombikopfwicklungen müssen natürlich den Bedingungen für Sprech- und Hörköpfe gleichzeitig genügen. Hier sind etwa 100 mH gebräuchlich.

Für denjenigen, dem es auf besonders gute Wiedergabequalität ankommt, sind Tonbandgeräte mit getrennten Aufnahme- und Wiedergabeköpfen zu empfehlen. Diese Bauart findet man vor allem bei Geräten mit Studioqualität. Vorteilhaft ist dabei, daß während der Aufnahme die Aufzeichnung durch die sogenannte Hinterbandkontrolle vom Band abgehört werden kann. Natürlich sind dann getrennte Aufnahme- und Wiedergabeverstärker erforderlich. Damit lassen sich fehlerhafte Aufzeichnungen direkt erkennen und korrigieren.

Das Abhören einer bestehenden Aufnahme ist gerade bei dem Playback- und Multiplayback-Betrieb sehr wichtig, denn Mehrfachaufzeichnungen müssen synchron[1]) zueinander erfolgen. Aus diesem Grunde benutzt man bei Multiplay zum Mithören den Wiedergabekopf.

Sind getrennte Tonköpfe und Verstärker im Tonbandgerät vorhanden, so kann man durch Rückführen des soeben aufgenommenen Signals vom Hörkopf auf den Sprechkopf Echoeffekte erzielen. Schon durch den räumlichen Abstand zwischen Aufnahme- und Wiedergabekopf sind Echos möglich, weil das durch den Sprechkopf aufgezeichnete Signal erst den Bruchteil einer Sekunde später den Hörkopf passiert.

7.5.5 Löschkopf

Zum Löschen von Tonaufzeichnungen verwendet man heute fast ausnahmslos das Hochfrequenzverfahren. Ein im Tonbandgerät vorhandener Oszillator speist den Löschkopf und liefert außerdem dem Aufnahmekopf den erforderlichen Vormagnetisierungsstrom. Man wählt eine Löschfrequenz von etwa 40 bis 100 kHz (siehe Abschnitt 7.4.2).

An den Löschkopf stellt man folgende Bedingungen:

1. Damit das austretende Hf-Wechselfeld stark genug ist, um über die ganze Schichtdicke des Tonbandes eine Magnetisierung bis weit in das Gebiet der Sättigung zu erzielen, besitzt der Löschkopf eine relativ große Spaltbreite von 0,1 bis 0,4 mm.

2. Löschköpfe sollen einen guten Wirkungsgrad haben, damit einerseits ihre Erwärmung nicht zu hoch wird und andererseits die Oszillatorleistung nicht unnötig groß zu werden braucht. Um die Kopfverluste klein zu halten, wählt man eine möglichst kleine Bauform mit geringer Eisenweglänge des Ferrit-Kerns. Mu-Metall, wie es bei Sprech- und Hörköpfen benutzt wird, wird für Löschköpfe nicht verwendet, weil Ferritköpfe infolge des geringeren Leistungsbedarfes günstiger sind.

3. Damit durch einen Löschkopf ein großer Löschstrom fließen kann, benutzt man gerne niederinduktive Ausführungen mit etwa 2 mH Induktivität. Solche Köpfe werden meist durch Transformatoren an den Oszillator angekoppelt.

Merke: Die Spaltbreite beträgt etwa bei

Sprechköpfen	**10 µm**
Hörköpfen	**5 µm**
Kombiköpfen	**7 µm**
Löschköpfen	**200 µm**

---

[1]) synchron (griech.) = gleichzeitig, gleichlaufend

7.5.6 Köpfe für quadrofone Aufnahmen und Wiedergaben

Unter quadrofoner Aufzeichnung versteht man eine Vierspur-Aufzeichnung. Die Technik ist im Prinzip einfach. Zwei Kanäle übertragen wie üblich die Links-Rechts-Information, zwei weitere Kanäle fügen Rauminformationen ein, die mit zwei Mikrofonen im Rücken etwaiger Konzertbesucher aufgenommen werden, also zeitverzögerte Schallrückwürfe, deren Frequenz und Phasenzusammensetzung den Studio- oder Saalgegebenheiten entsprechen. Der Hörer zu Hause muß vier Verstärker mit vier Lautsprechern bzw. Lautsprechergruppen betreiben, wobei die beiden Hauptkanäle über zwei üblich aufgestellte Lautsprecherboxen geleitet werden, während die Hilfskanäle drei und vier im Rücken des Hörers die Rauminformationen erzeugen.

Vier Programme auf einem 6,30 mm breiten Tonband zu speichern, wird bereits seit Einführung der Vierspurtechnik (siehe Abschnitt 7.7) zu Beginn der 60er Jahre durchgeführt. Die anfänglichen Mängel der Vierspurtechnik sind heute soweit herabgesetzt, daß diese Geräte auch hohen Ansprüchen genügen. Mit guten Magnetköpfen und rauscharmen Bändern (Low-Noise-Bändern) läßt sich heutzutage ein geringer Störpegel und ein Frequenzgang von 20 Hz bis 20 kHz bei 19,05 cm/s Bandgeschwindigkeit erreichen. Trotzdem ist die Herstellung solcher Vierspur-Magnetköpfe nicht einfach, weil alle vier Spuren vom Magnetkopf gleichzeitig aufgezeichnet und dann gleichzeitig wieder abgetastet werden müssen. Bei einer nur 1 mm großen Spurbreite und einem 0,75 mm breiten Zwischenraum muß die Übersprechdämpfung hinreichend sein. Die kleine Spurbreite begrenzt die verfügbare Wickelhöhe der Spulen auf insgesamt 0,25 bis 0,3 mm. Ein Abschirmblech zwischen den Systemen muß deshalb entfallen. Der realisierbaren Magnetkopfinduktivität sind ferner durch den Raummangel für die Wicklungen Grenzen gesetzt. So liegen die Kopfinduktivitäten für Kombiköpfe bei etwa 80 bis 100 mH.

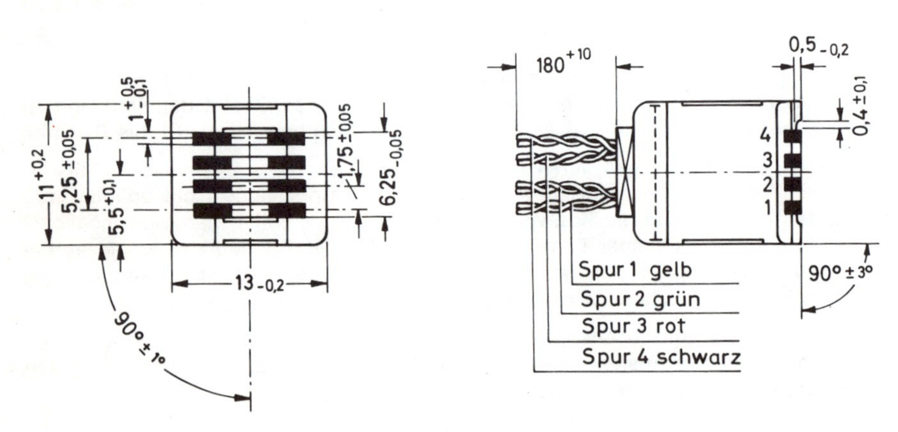

Bild 7.47
Konstruktionszeichnung eines Vierspur-Kombikopfes (Bogen, Berlin)

Die heute auf dem Markt vertriebenen Vierspurköpfe besitzen Spaltbreiten von 7 μm bei der Aufnahme und von 3 μm bei der Wiedergabe. Damit sind die schmalen Spaltbreiten den dünneren Schichten angepaßt und ersparen Höhenanhebungen bei der Wiedergabe. Das **Bild 7.47** zeigt die Abmessungen eines solchen Vierspurkopfes.

7.6 Magnetbänder

Beim Magnetbandverfahren zeichnet man bei der Aufnahme auf einen bandförmigen Träger ein magnetisches Abbild des Signals auf. Den auf dem Band gespeicherten Magnetismus wandelt man dann bei der Wiedergabe in ein möglichst naturgetreues Signal zurück. Ein Magnetband muß deshalb eine große Remanenz besitzen, damit die Feldstärke bei der Wiedergabe eine hohe Induktionsspannung in der Hörkopfspule erzeugt. Aber auch eine große Koerzitivfeldstärke sollte ein Tonband aufweisen, damit der aufgezeichnete Restmagnetismus nicht so leicht durch Fremdfelder ausgelöscht wird. Deshalb besteht die Magnetschicht eines Tonbandes aus einem harten magnetischen Material. Im Gegensatz dazu müssen die Köpfe aus weichem magnetischen Material mit kleiner Koerzitivfeldstärke hergestellt werden. Das **Bild 7.48** zeigt die Hysteresisschleife eines Tonbandes und eines Magnettonkopfes.

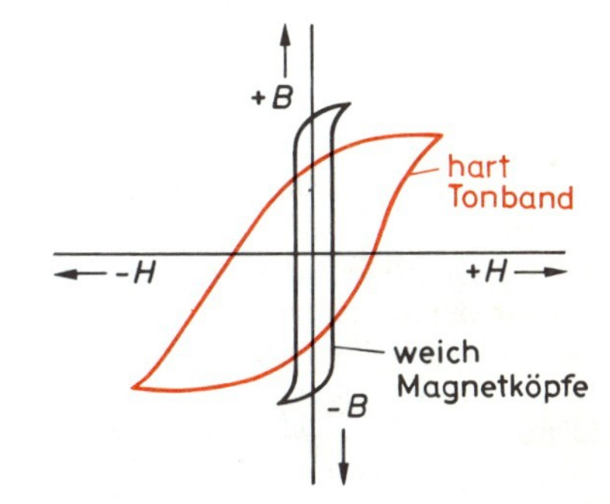

Bild 7.48
Hysteresisschleife für magnetisch hartes Material, wie es für die Tonbänder und für magnetisch weiches Material, wie es für die Magnetköpfe verwendet wird

7.6.1 Aufbau

Die heute gebräuchlichen und bevorzugten Schichtbänder bestehen aus einem unmagnetischen Träger (Kunststoffband), auf dem mit einem Lackbindemittel eine Schicht des Magnetpulvers aufgebracht ist. Als ferromagnetisches Material wird Eisenoxid oder heute auch Chromdioxid verwendet. Schichtbänder kann man nur mit der Schichtseite zum Arbeitsspalt hin bespielen.

Die genormte Breite von Magnetbändern ist 6,3 mm – 0,06 mm (1/4 Zoll) und 3,81 mm ± 0,06 mm (0,15 Zoll) bei Kassetten. Ihre Dicke beträgt bis zu 60 μm.

Für die mechanische Qualität der Schichttonbänder ist die Unterlage (Träger) von außerordentlich großer Bedeutung. Heute verwendet man ausschließlich Kunststoffe als neutralen Träger, auf den die Magnetschicht aufgegossen ist. Dabei unterscheidet man Bänder mit Acetylcellulose (AC), Polyvinylchlorid (PVC) und Polyäthylen (PE) als Träger. AC-Bänder werden für Heimtonbandgeräte nicht mehr verwendet. Heute findet man als Trägermaterial PVC und für dünne Materialien das mechanisch außerordentlich feste Polyäthylen (PE). Letzteres herrscht auch in der Studiotechnik vor.

Je dünner das Trägermaterial mit Beschichtung gewählt wird, um so größere Bandlängen lassen sich auf einer Spule unterbringen. Dünne Träger haben aber auch andere Vorteile: Sie schmiegen sich viel besser an die Magnetköpfe an und bilden so einen innigeren magnetischen Kontakt, der besonders bei den kleinen Bandgeschwindigkeiten mit Rücksicht auf die hohen Frequenzen sehr wichtig ist.

Der wichtigste Bestandteil für die magnetischen Eigenschaften eines Tonbandes ist das Pigment, also das magnetische Eisenoxid bzw. das magnetische Chromdioxid. Dieses wird in einem sehr komplizierten Fabrikationsvorgang gewonnen. Dieses Eisenoxid γ-Fe_2O_3 wie auch das Chromdioxid CrO_2 und das Reineisen bestehen aus feinsten nadelförmigen Molekularmagneten, die noch während der Beschichtung in Längsrichtung zum Band magnetisch ausgerichtet werden. Dadurch kommen die magnetischen Eigenschaften des Pigments voll zur Geltung **(Bild 7.49).**

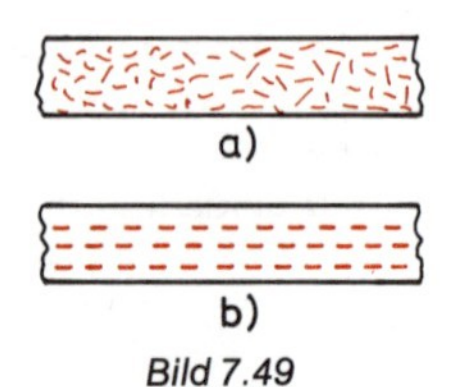

Bild 7.49
a) Tonband ohne magnetische Ausrichtung der Kristalle
b) Tonband nach der Ausrichtung der nadelförmigen Kristalle

Die einzelnen Kristalle sind sehr klein. Auf einem einzigen Quadratmillimeter Tonband befinden sich 40 Millionen davon. Ähnlich wie ein besonders feinkörniger Film auch bei starker Vergrößerung eine geschlossene Oberfläche ergibt, zeichnen sich die Magnetbänder durch die feinteiligen Oxide auch bei geringer Wiedergabe-Lautstärke durch ein besonders geringes Eigenrauschen aus. Schließlich hängt die Bandqualität wesentlich von der Gleichmäßigkeit der Beschichtung ab. Auf weniger als einen halben Mikrometer genau wird heute die Magnetschicht auf die Folie aufgetragen, und das auf einer Länge von vielen tausend Kilometern.

7.6.2 Eigenschaften

Die Magnettonbänder müssen bestimmte elektroakustische und mechanische Eigenschaften aufweisen, die im folgenden definiert bzw. kurz erläutert werden sollen.

Die Empfindlichkeit sollte möglichst groß sein. Man versteht darunter das in dB ausgedrückte Verhältnis der Wiedergabespannung bei einem bestimmten Aufsprechstrom zur Wiedergabebespannung eines Bezugsbandes. Ein empfindlicheres Band ergibt gegenüber einem unempfindlicheren bei gleicher Aufsprechintensität eine größere Lautstärke. Die Empfindlichkeit hängt nicht allein von der Remanenz des Bandes ab, sondern auch von der Größe der Vormagnetisierung.

Der Frequenzgang ist der Unterschied in der Wiedergabeintensität zwischen hohen und tiefen Tönen. Bei einer guten Tonbandanlage soll der Frequenzgang geradlinig von 40 bis 12500 Hz sein, d. h. bei konstanter Aufsprechstärke soll bei allen Frequenzen am Wiedergabeverstärker die gleiche Ausgangsspannung gemessen werden. Die Ursache für den sogenannten Bandfluß-Frequenzgang sind die mit zunehmender Frequenz beim Aufnahme- und Wiedergabevorgang entstehenden Verluste. So werden sich z. B. die Molekularmagnete bei hohen Frequenzen gegenseitig entmagnetisieren.

Der Klirrfaktor ist der prozentuale Anteil der Oberwellen zur Grundwelle; er sollte verständlicherweise klein sein. Das heute verwendete Prinzip der Hf-Vormagnetisierung ergibt eine symmetrische Aussteuerkennlinie. Dadurch treten bei Übersteuerung des linearen Kennlinienteils nur ungeradzahlige Harmonische (3.,5. Harmonische) auf. Für die Beurteilung eines Bandes genügt es deshalb, nur die 3. Harmonische zu messen und ihre Amplitude mit der Grundwelle ins Verhältnis zu setzen.

Bei Studiogeräten sind für $k_3 = 2$ % zulässig, bei Heimtonbandgeräten $k_3 = 3$ %.

Die Löschdämpfung gibt die Größe der Dämpfung in dB an, die ein Signal beim Löschen des Bandes am Löschkopf des Gerätes erfährt. Sie soll mindestens 60 dB (1000 : 1) betragen.

Die Kopierdämpfung dient als Maß des Kopiereffektes. Hierunter versteht man die Erscheinung, daß jedes auf ein Tonband aufgesprochene Signal eine Magnetisierung erzeugt, deren Feldlinien beim aufgewickelten Band in der Nachbarwindung ebenfalls eine Magnetisierung – allerdings wesentlich schwächer, eventuell aber hörbar (Echo bzw. Kopie) – erzeugen können. Die Intensität ist abhängig vom Abstand der Nachbarwindung – also von der Schichtdicke, von der Temperatur (wird bei Wärme größer), der Frequenz und der Zeit (steigt auf einen Endwert). Durch mehrmaliges Umspulen vor der Wiedergabe schwächt sich oft das kopierte Signal ab, so daß es nicht mehr stört.

Das Ruherauschen entsteht durch unvermeidbare Gleichfeldeinflüsse im Gerät. Aber auch die Magnetfelder in der Magnetschicht sind unregelmäßig verteilt und erzeugen auch beim unbesprochenen Band kleine Spannungsstöße im Hörkopf, deren Summe das Ohr als Rauschen wahrnimmt. Der Ruhegeräuschspannungsabstand bezogen auf Vollaussteuerung des Gerätes soll mindestens 50 dB betragen.

Die Vollaussteuerung eines Tonbandes ist erreicht, wenn bei einer Frequenz von 333 Hz auf den höchstzulässigen Klirrfaktor (der 3. Harmonischen) von 3 % bei Heimgeräten und 2 % im Studio ausgesteuert wurde.

Die Dehnbarkeit des Bandes soll möglichst klein sein, damit die Aufzeichnung nicht durch Längenänderung beeinflußt wird. Es kommt sonst zu Jaultönen bei der Wiedergabe.

Die Beständigkeit bezieht sich auf das Trägermaterial. Hierunter versteht man die Unempfindlichkeit der Abmessungen und Eigenschaften des Tonbandes gegenüber wechselnden klimatischen Beanspruchungen. Das Band darf durch Erwärmung weder schrumpfen noch spröde werden.

An die Zerreißfestigkeit des Bandes werden wegen der beim Anfahren auftretenden Beschleunigungskräfte hohe Anforderungen gestellt. Der Mindestwert beträgt ≈ 25 N bei Studiobändern und ≈ 12 N bei Heimgerätebändern.

Eine gute Oberflächenglätte auf der Schichtseite des Bandes ist die Voraussetzung für eine lange Lebensdauer der Tonköpfe (Schmirgelwirkung bei rauher Oberfläche) und für die Wiedergabe hoher Frequenzen.

Die leichte Klebbarkeit des Bandes ist die Voraussetzung für das sogenannte Cuttern (Schneiden zur Tonmontage).

Für die Entflammbarkeit bestehen besondere Sicherheitsvorschriften.

7.6.3 Ausführungsformen

Die Bandbreite der in der Magnettontechnik am häufigsten verwendeten Tonbänder beträgt, wie schon erläutert, 6,30 mm, oder bei Kassetten 3,81 mm. Bänder dieser Breite werden bei Tonbandgeräten aller Klassen von 76,2 cm/s bis 2,38 cm/s verwendet, Kassetten haben 3,81 mm breite Bänder und arbeiten mit 4,76 cm/s Bandgeschwindigkeit. Weniger einheitlich ist die Gesamtdicke der einzelnen Magnetbänder. Um die Spieldauer bei vorgegebenem Wickeldurchmesser zu erhöhen, entstanden bezüglich der Gesamtdicke nachfolgende Klassifizierungen:

Standardband

Das Normal- oder Standardband hat eine mittlere Gesamtdicke von 52 μm. Die Dicke der Magnetschicht liegt in dieser Klasse zwischen 10 und 21 μm. Bänder dieser Dicke werden bevorzugt für die hohe Bandgeschwindigkeit 76,2 und 38,1 cm/s verwendet. Die Bandlänge beträgt bei einem Spulendurchmesser von 25 cm etwa 730 m, das ergibt bei einer Bandgeschwindigkeit von 38,1 cm /s eine Spielzeit von 32 Minuten, bezogen auf einen Durchlauf.

Langspielband

Das Langspielband ist ein Tonband mittlerer Dicke von 36 μm. Die Schichtdicke besitzt einen Streubereich von 8 bis 16 μm. Dieses Band besitzt bei gleichem Wickeldurchmesser gegenüber dem Standardband etwa die eineinhalbfache Bandlänge.

Doppelspielband

Das Doppelspielband, auch Duoband genannt, hat gegenüber dem Standardband bei gleichem Wickeldurchmesser die doppelte Bandlänge und damit auch die doppelte Spieldauer. Die Gesamtdicke liegt im Mittel bei 26 μm. Die Schichtdicke entspricht der des Langspielbandes. Doppelspielbänder und Bänder mit noch geringerer Banddicke werden gern in den Geräteklassen mit niedrigen Bandgeschwindigkeiten (≦ 9,53 cm/s) verwendet. Diese Geräte haben niedrige Bandzüge, die der geringeren mechanischen Belastbarkeit Rechnung tragen.

Dreifachspielband

Das Dreifachspielband, auch Tripleband genannt, besitzt gegenüber dem Standardband eine dreifache Laufzeit. Die Gesamtdicke beträgt im Mittel 18 μm; die Schichtdicke liegt bei etwa 6 μm. Als Nachteil dieser Triplebänder sei genannt, daß sie sich nicht bis zu einem beliebigen Durchmesser glatt wickeln lassen. Als Kunststoffunterlage wird ausschließlich das mechanisch widerstandsfähigere Polyäthylen PE verwendet.

Vierfachspielband

Das Vierfachspielband oder Quadrupleband besitzt die vierfache Laufzeit gegenüber einem Standardband. Die Gesamtdicke liegt im Mittel bei etwa 13 μm, die Schichtdicke unter 6 μm. Diese Bandklasse wird nur in Compact-Kassetten geliefert.

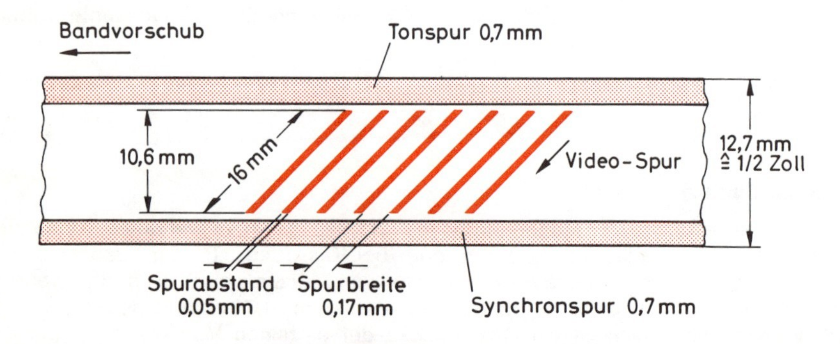

Bild 7.50
Beispiel einer Spurlage bei einem 1/2 Zoll-Video-Recorder

7.6.3.1 Abweichende Bandbreiten

Außer den Magnetbändern für die Heimtonbandgeräte mit 6,3 mm und die Kassetten mit 3,18 mm Breite sind noch verschiedene Sonderbreiten in Verwendung, die den speziellen Aufgaben angepaßt sind. So werden die Bandbreiten 12,7 mm (1/2 Zoll) und 25,4 mm (1 Zoll) für Heim-Bildbandgeräte (Video-Recorder) benutzt. Die Breite von 50,8 mm (2 Zoll) wird vorwiegend bei Video-Magnetband-Aufzeichnungen im Studio verwendet, wobei bestimmte Zonen des Bandes für die Bildspeicherung und andere für die Ton- und Impulsspeicherung vorgesehen sind **(Bild 7.50).**

7.6.3.2 Spulengrößen

Magnetbänder für Studiogeräte werden vorwiegend auf flanschlosen Wickelkernen geliefert, während die Bänder für Heimtonbandgeräte ausschließlich auf Doppelflanschspulen konfektioniert werden. Gebräuchlich sind folgende Spulengrößen nach DIN 45 514:

Nenndurchmesser in cm: 8, 9, 10, 11, 13, 15, 18, 22, 25 und 26,5. Aus diesen Spulendurchmessern ergeben sich die Fassungsvermögen der einzelnen Spulen: 45 m, 65 m, 90 m, 135 m, 180 m, 270 m, 360 m, 540 m, 730 m und 1080 m.

Die **Tabelle 7/1** zeigt zusammenfassend die Werte der einzelnen Bänder:

Tabelle 7/1 Tonbänder

Magnetband	Gesamtdicke in µm	Schichtdicke in µm	Bandlänge 18er-Spule	Spieldauer bei 9,53 cm/s in Minuten
Standardband	52	15	360 m	60
Langspielband	36	13	540 m	90
Doppelspielband	26	10	730 m	120
Dreifachspielband	18	6	1080 m	180

In der **Tabelle 7/2** sind die Werte für Kompakt-Kassetten wiedergegeben.

Tabelle 7/2 Kompakt-Kassetten

Bezeichnung	Bandtyp	Bandbreite mm	Bandlänge m	Spielzeit
C 60	Dreifachspielband	3,81	90	2 x 30 = 60 min
C 90	Vierfachspielband	3,81	135	2 x 45 = 90 min
C 120	Sechsfachspielband	3,81	172	2 x 90 = 180 min

Kassettengeräte arbeiten mit 4,75 cm/s Bandgeschwindigkeit.

7.6.4 Bandsorten

Zur Zeit gibt es vier grundsätzlich verschiedene Bandsorten auf dem Markt:

1. das **Eisenoxid-Band** (γ-Fe_2O_3)
2. das **Chromdioxid-Band** (CrO_2)
3. das **Ferro-Chrom-Band** auch Zweischichtband genannt (γ-$Fe_2O_3 + CrO_2$)
4. das **Reineisen- oder Metallpulverband** (Fe).

Das Chromdioxid-Band, das Ferro-Chrom-Band und das Reineisenband wurden entwickelt, um auch mit Kassettengeräten Qualitätsaufnahmen herzustellen, die der Norm DIN 45500 entsprechen.

Zunächst gab es nur das Eisenoxid-Band, das mit dem Eisenoxid Gamma-Fe_2O_3 beschichtet ist. Mit dieser Bandsorte können mit einem Tonbandgerät bei 9,53 cm/s Bandgeschwindigkeit in Halbspurtechnik befriedigende Aufnahmen gefahren werden. Um jedoch das unvermeidliche Bandrauschen weiter zu vermindern und um Hi-Fi-Qualitätsaufnahmen mit einem Kassettengerät zu erreichen, wurden die folgenden Bandsorten entwickelt.

7.6.4.1 LH-Band

Diese Bandsorte ist ein Eisenoxidband, das sich bei Tonband- und Kassettengeräten für normale Ansprüche bewährt hat. Das L steht hier für „Low-Noise" (engl.: niedriges Grundrauschen) und das H für „High Output" (engl.: hohe Aussteuerbarkeit).

Bei diesen Bändern wird das Grundrauschen so weit herabgesetzt, daß man mit ihnen Hi-Fi-Qualität bei entsprechenden geräteseitigen Voraussetzungen bereits bei 9,53 cm/s Bandgeschwindigkeit in Vierspurtechnik erreichen kann.

Als Trägermaterial wird das bei den konventionellen Bändern bereits bewährte Polyäthylen (PE) verwendet. Wichtigste Voraussetzung für die elektroakustischen Kennwerte bildet die Beschaffenheit der Magnetschicht, insbesondere des verwendeten Oxids. Bei den rauscharmen Bändern wird im Vergleich zu den üblichen Bändern eine neue Kristallmodifikation des Eisenoxids verwendet, die für das verringerte Grundrauschen verantwortlich ist. So hat man bei dem rauscharmen Oxid nicht nur die absolute Teilchengröße verringert, sondern auch das Verhältnis von Länge zu Breite der Eisenoxidstäbchen geändert. Damit wird das Grundrauschen gerade in den signalfreien Pausen besonders gering. Es liegt auf der Hand, daß das verminderte Bandrauschen sich mindestens im gleichen Verhältnis auch auf die Störabstandsverbesserung auswirkt. Mit rauscharmen Bändern lassen sich daher Störabstände mit der Vierspurtechnik und 9,53 cm/s Bandgeschwindigkeit erreichen, wie sie die DIN 45500 fordert.

7.6.4.2 Chromdioxid-Band

Kassetten-Tonbandgeräte arbeiten mit niedrigen Bandgeschwindigkeiten (4,76 cm/s) und mit einer Spurbreite von nur 3,81 mm. Mit den bisher üblichen Eisenoxid-Bändern (Fe_2O_3-Band) konnte man mit Kassettengeräten keine Qualitätsaufnahmen herstellen. Deshalb entwickelte man das Chromdioxid-Band (CrO_2-Band). Die Chromdioxid-Partikelchen haben nämlich annähernd die Form des Idealbildes eines Magnetpigments, nämlich der Stäbchenform. Damit ergibt sich eine bessere Aussteuerbarkeit und eine größere Empfindlichkeit bei den hohen Frequenzen. Aber auch die Koerzitivfeldstärke läßt sich relativ einfach über eine breite Skala variieren. Mit Chromdioxid-Bändern erreicht man daher trotz niederer Geschwindigkeit und verminderter Spurbreite eine Qualität, die man mit Eisenoxid-Bändern zur Zeit erst bei 9,53 cm/s Bandgeschwindigkeit und normaler Spurbreite erzielt. Diese Chromdioxid-Cassetten-Bänder zählen zur Hi-Fi-Klasse. Sie zeichnen sich durch einen erweiterten Frequenzbereich und eine durchsichtigere Höhenwiedergabe aus.

Weil das Chromdioxid-Cassettenband eine wesentlich höhere Koerzitivfeldstärke besitzt als ein herkömmliches Eisenoxid-Band, ist für die richtige Ausnutzung dieses Bandtyps ein ca. 1,3fach höherer Vormagnetisierungsstrom erforderlich. Aus diesem gleichen Grund muß auch der Löschstrom um 35 bis 40 % erhöht werden. Bei Aufnahmen mit CrO_2-Bändern muß der Nf-Aufsprechstrom bei 333 Hz um ca. 1,3fach gegenüber dem Eisenband erhöht werden. Bei 8000 Hz muß die Verstärkung des Aufnahmeverstärkers um die Hälfte herabgesetzt werden, weil das CrO_2-Band bei hohen Frequenzen eine größere Empfindlichkeit besitzt. Berücksichtigt man diese Änderungen im Frequenzgang des Aufnahmeverstärkers, so stimmt die Vollaussteuerung des CrO_2-Bandes wieder mit der Vollaussteuerungsanzeige des Aufnahmeinstruments überein.

Will man mit einem Kassettengerät sowohl Eisenoxid- als auch Chromdioxid-Bänder bespielen, so muß man die geänderten Werte für Vormagnetisierungs- und Löschstrom sowie die Werte des Aufsprechverstärkers bei CrO_2-Bändern berücksichtigen, um die Vorteile dieses Bandtyps voll ausnutzen zu können. Im Gerät müssen deshalb Umschaltkontakte betätigt werden, wenn eine Chromdioxid-Kassette eingelegt wird. Mit Hilfe einer an der Kassettenrückwand angebrachten Lasche können diese Gerätefunktionen automatisch eingeschaltet werden. Das wird genau in der gleichen Weise durchgeführt, wie z. B. das Nichtlöschen von Musik-Kassetten mittels einer ausgebrochenen Löschlasche in der Kassettenrückwand. Sonst muß der am Kassettengerät angebrachte Umschalter „Cr" oder „CrO_2" betätigt werden.

7.6.4.3 Ferro-Chrom-Band

Chromdioxid-Bänder benötigen andere Einstellungen bei der Aufnahme- und Wiedergabeentzerrung sowie wesentlich höhere Löschleistungen. Dagegen zeichnen sie auch mehr Höhen auf als die Eisenoxidbänder. Die Eisenoxidbänder sind wiederum bei den tiefen Frequenzen besser. Diese unterschiedlichen Eigenschaften im Frequenzverhalten

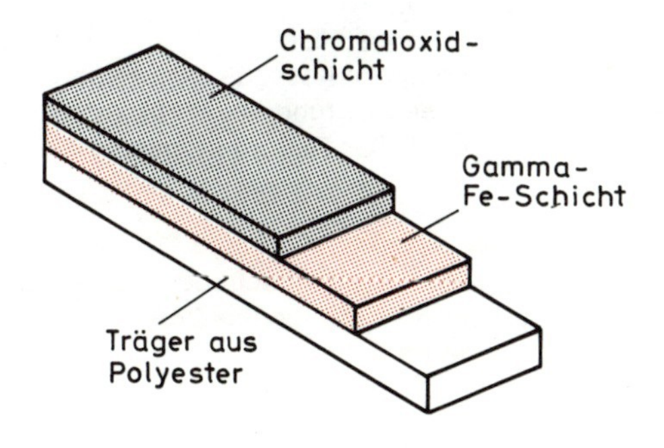

Bild 7.51
Schichtaufbau eines Zweischichtbandes

führten zwangsläufig dazu, Ferro-Chrom-Bänder herzustellen. Ein solcher Bandtyp wird auch Zweischicht- oder Doppelschichtband genannt. Bei solchen Ferro-Chrom-Bändern, die vorwiegend bei Kassetten angewendet werden, wird auf den Träger aus Polyester zunächst eine dicke Schicht aus Eisenoxid (γ-Fe_2O_3) aufgebracht. Darauf kommt eine dünne Schicht aus Chromdioxid (CrO_2) **(Bild 7.51).**

Die tiefen Frequenzen dringen bei der Aufzeichnung nämlich durch die Chromdioxidschicht hindurch und werden vorwiegend im Eisenoxid gespeichert. Die hohen Frequenzen dringen nicht so tief in das Band ein und werden deshalb vorwiegend im Chromdioxid aufgezeichnet. Die volle Tonqualität kann natürlich nur mit einem Kassettengerät erreicht werden, das noch eine dritte Band-Umschaltung auch für solche Ferro-Chrom-Bänder besitzt. Bei Geräten mit nur einer Handumschaltung für Eisenoxid- und Chromdioxid. Kassetten, sollte man die Aufnahme in der Stellung für Eisenoxid-Kassetten und die Wiedergabe in der Stellung Chromdioxid vornehmen.

7.6.4.4 Reineisen- oder Metallpulverband

Eisenoxid und Chromdioxid können nur kleinere magnetische Energien speichern als reines metallisches Eisen aufzunehmen imstande ist. Diese Tatsache war zwar schon immer bekannt. Erst durch langjährige Forschungsarbeit hat man heute einen Weg gefunden, reines Eisen in feinster nadelförmiger Verteilung herzustellen, und es schließlich zu dünnen Magnetschichten zu verarbeiten. Damit war das Reineisen-, Metallpulver- oder Metallpigment-Band geboren. Diese neue Bandsorte hat im Vergleich zum DIN-Referenzband Chromdioxid bei 315 Hz eine um 3 bis 4 dB höhere Aussteuerbarkeit, bei 10 kHz wird die Aussteuerbarkeit um 6 dB und bei 20 kHz sogar um 10 dB höher. Eine höhere Aussteuerbarkeit bedeutet aber eine höhere Lautstärke bei gleicher Klangqualität. Damit bringt diese Bandsorte, eine bei Kassettensystemen dringend gewünschte Verbesserung im Bereich höchster Frequenzen. Reineisenbänder sind also in der Lage, auch sehr oberwellenreiche Musik – Schlagzeug, Glocken, Synthesizer-Klänge –, die bisher nur von Spulentonbändern bei Studiogeschwindigkeiten weitgehend originalgetreu klangen, klar und durchsichtig wiederzugeben. Auch der Kopiereffekt ist bei den Metallpigmentbändern eher noch geringer als bei hochkopierfesten Studiobändern. Die Homogenität der Beschichtung der Trägerfolie mit den Reineisenpartikeln ist wesentlich besser und schafft dadurch große Sicherheit gegen „drop outs".

Obwohl das Reineisenband „kopffreundlich" ist, d. h. es verursacht keinen Abrieb an den Tonköpfen, sind wegen der besonderen magnetischen Eigenschaften des Metallpigments neue besonders leistungsfähige Lösch- und Aufnahmeköpfe unumgänglich. Diese neuen Tonköpfe sind in den meisten Kassettenrecordern der neuen Generation schon eingebaut. Da die Wiedergabeentzerrung bei Chromdioxid auf 70 µs festgelegt wurde, können Metallpulverbänder auf allen Recordern mit der CrO_2-Umschaltung optimal abgespielt werden.

Auf allen herkömmlichen Recordern können Reineisen- oder Metellpulverbänder zwar abgespielt, aber kaum gelöscht oder neu bespielt werden, da z. B. die Vormagnetisierung um + 3 dB gegenüber der Einstellung für Chromdioxidbänder geändert sein muß.

7.7 Spurlagen

Die Breite der Tonbänder ist international festgelegt. Sie beträgt bei den Amateur- und Normal-Studiobändern 6,3 mm (1/4 Zoll-Band). Das genaue Maß 1/4 Zoll = 6,35 mm weisen die Bandführungen auf, während das Band selbst etwas schmäler ist. Bei anderen Bandbreiten 1/2″ = 12,7 mm; 1″ = 25,4 mm und 2″ = 50,8 mm, die man z. B. für Videobänder benutzt, haben die Maße keine Minustoleranz. Vielfach findet man für die Angabe Zoll auch die englische Bezeichnung „inch".

Die volle Ausnutzung der gesamten Breite des Tonbandes bezeichnet man als Vollspur **(Bild 7.52 a)**. Man hat damit den Vorteil der geringen Störanfälligkeit durch Übersprechen und die beste Schneidemöglichkeit. Bei Heimtonbandgeräten ist man vor allem aus Wirtschaftlichkeitsgründen zur Halbspur (Stereo) und zur Viertelspur übergegangen.

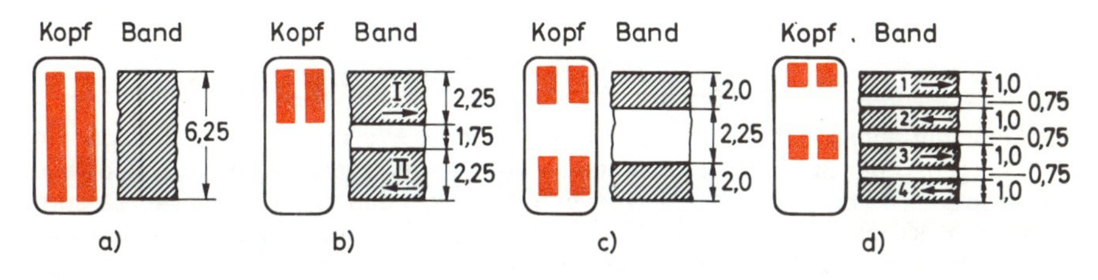

Bild 7.52
a) Vollspuraufzeichnung, b) Mono-Halbspuraufzeichnung,
c) Stereo-Halbspuraufzeichnung, d) Vierspuraufzeichnung

Bei der Halbspur wird bei einem 1/4 Zoll-Band (6,3 mm) erst die obere Hälfte und dann, nach Vertauschen und Umdrehen der Spulen, die untere Hälfte des Bandes besprochen **(Bild 7.52 b).** Nach DIN beträgt die Breite der beiden Spuren bei Monoaufzeichnung je 2,25 mm. Der Zwischenraum, der auch neutrale Zone oder „Rasen" genannt wird, hat demnach etwa 1,75 mm Breite. Damit ergibt sich doppelte Spielzeit gegenüber dem Einspurbetrieb.

Um noch längere Spielzeiten auch bei Stereobetrieb zu erhalten, geht man gerne zum Vier- oder Viertelspurbetrieb über. So bringt man hier auf einem 6,3 mm breiten Magnetband vier Tonspuren unter **(Bild 7.52 d).** Die einzelnen Spuren besitzen nun eine Breite von 1 mm. Damit beim Mehrspurbetrieb ein magnetisches Übersprechen verhindert wird, muß zwischen den benachbarten Tonspuren ein Abstand von 0,75 mm als neutrale Zone freigehalten werden.

Bei diesem Betrieb zeichnet man also vier sehr schmale Tonspuren nebeneinander auf, die in der angeschriebenen Reihenfolge 1–4–2–3 aufgenommen oder abgetastet werden. Dazu sind zwei in verschiedener Höhe angeordnete Magnetkopfsätze erforderlich, wie in dem Bild 7.52 d angedeutet. Der obere Tonkopf ist für Außenspuren 1 und 4, der untere Kopf für die Innenspuren 2 und 3 vorgesehen.

Die durch die Mehrspurtechnik erreichte Verlängerung der Spieldauer wird durch die Einengung der verfügbaren Dynamik um etwa 2 dB (1,26-fach) erkauft, weil die Wiedergabespannung des Hörkopfes um so kleiner wird, je weniger Teilchen magnetisiert wurden.

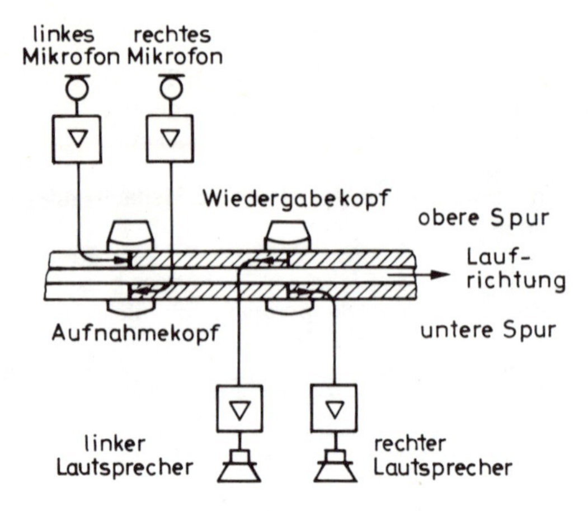

Bild 7.53
Grundprinzip der Stereo-Tonbandaufzeichnung

Die Mehrspurtechnik ermöglicht jedoch in einfacher Weise Stereo-Magnetbandaufzeichnungen. Unter Stereobetrieb versteht man die zweikanalige Übertragung, obwohl im Prinzip auch mehr als zwei Kanäle verwendet werden können wie z. B. bei der Quadrofonie mit vier Kanälen (siehe Abschnitt 7.5.6). Die zwei Stereoinformationen zeichnet man auf dem Band durch zwei parallel zueinander verlaufende Spuren auf. Die Magnetköpfe bestehen aus zwei völlig gleichartigen Systemen, deren Arbeitsspalte übereinander angeordnet sind. **Bild 7.53** zeigt das Grundschema der Stereo-Magnetbandaufzeichnung.

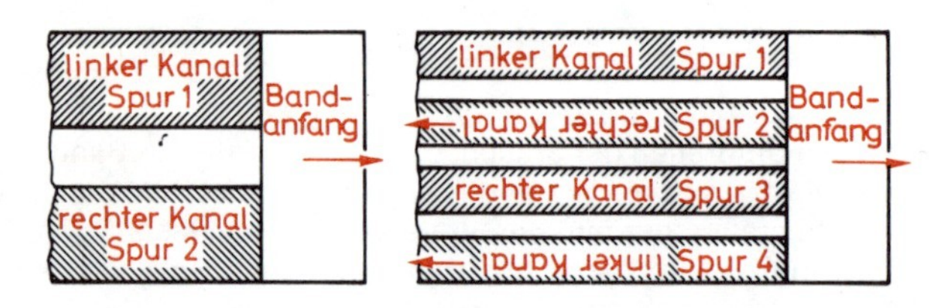

Bild 7.54
Lage der Kanäle auf dem Band für stereofone Aufzeichnung nach dem Halb- und Viertelspurverfahren

Um einen Austausch der bespielten Bänder zu ermöglichen, ist die Lage der Kanäle nicht nur bei Zweispur- sondern auch bei der Vierspurstereofonie durch DIN genormt und damit festgelegt. **Bild 7.54** zeigt die Lage der Kanäle auf dem Band. Damit beim Mehrspurbetrieb ein magnetisches Übersprechen verhindert wird, vergrößert man den Zwischenraum, wodurch sich die eigentliche Spurbreite auf 2,00 mm bei der Halbspur-Stereotechnik verkleinert **(Bild 7.52 c).**

Vielfach besteht der Wunsch, eine fremde Tonbandaufnahme mit seinem eigenen Gerät wiederzugeben. Solange die Bandaufnahme und das Wiedergabegerät in der gleichen Spurtechnik arbeiten, steht einer solchen Wiedergabe nichts im Wege. Will man jedoch eine Vierspur-Monoaufnahme mit einem in Vollspurbetrieb arbeitenden Gerät abspielen, so ist dies nicht möglich. Da die meisten Heimgeräte entweder in Zwei- oder Vierspurtechnik arbeiten, so kann dieser eben genannte Fall wohl kaum auftreten.

Eine Zweispuraufnahme kann man jedoch, wie **Bild 7.55** zeigt, mit einem Pegelverlust der unteren Spur wiedergeben. Aus diesem Bild geht hervor, daß der untere Spalt eines Vierspurtonkopfes nicht auf seiner gesamten Breite eine Halbspuraufzeichnung abdeckt. Bei der Wiedergabe von Monoaufnahmen ist dies nicht sonderlich kritisch, wenn man von einem leichten Pegelverlust absieht, der ohne weiteres ausgeglichen werden kann. Stereoaufnahmen geben jedoch in dem rechten Kanal eine geringere Lautstärke wieder, wenn die Anlage nicht mit Hilfe des Balanceeinstellers neu eingepegelt wird. Hinzu kommt noch, daß bei der Viertelspur-Aufzeichnung Störungen durch „drop-outs" (Aussetzer durch Lücken auf dem Band) sich stärker bemerkbar machen.

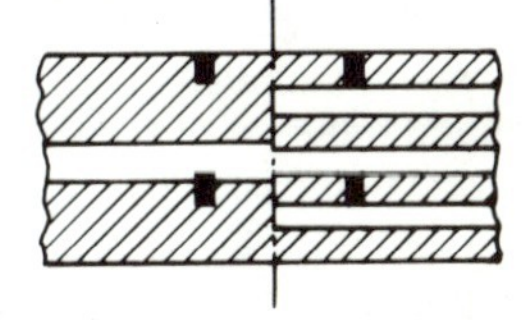

Bild 7.55
Der untere Spalt eines Viertelspurkopfes tastet bei einem zweispurig bespielten Band die untere Spur nicht voll ab. Daraus ergibt sich ein Pegelverlust, der besonders bei Stereoaufnahmen stören kann

Neben den normalen Spulentonbandgeräten kommen in den letzten Jahren immer mehr die Kassettengeräte auf den Markt. Das **Bild 7.56** zeigt die Spurbreiten und die Spurlagen des Kassettenbandes für Doppelspur-Mono und Doppelspur-Stereo. Mit 3,81 mm Bandbreite ist ein Halbspur-Monobetrieb oder ein Viertelspur-Stereobetrieb vorgesehen, nicht jedoch ein Viertelspur-Monobetrieb. Deshalb konnte man die zusammengehörigen Stereospuren so nahe zusammenlegen, denn die notwendige Übersprechdämpfung von mindestens 25 dB (= 17,78fach) läßt sich auch bei so geringem Abstand noch einhalten.

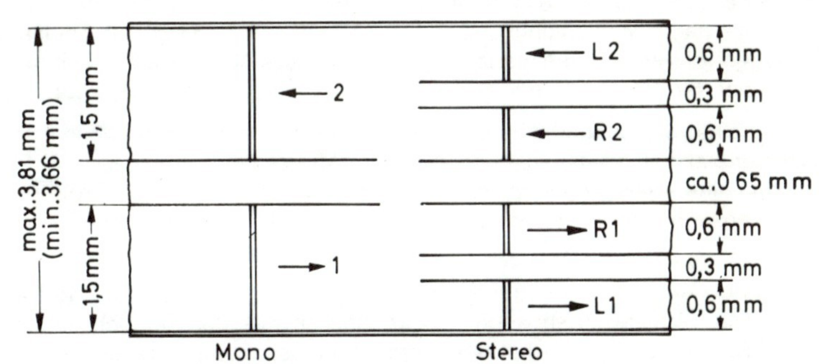

Bild 7.56
Spurbreiten und -lagen eines Kassettenbandes

Im Gegensatz zu den Spulengeräten ist bei den Kassettengeräten jedoch die wechselweise Benützung von Mono- und Stereobändern möglich. Wie aus dem Bild 7.56 hervorgeht, sind die Stereospuren kompatibel*) mit den Monospuren, so daß auch auf Monogeräten aufgenommene Kassetten ohne Einschränkung und ohne Dynamikeinbuße wiedergegeben werden können. Umgekehrt lassen sich Stereokassettenaufnahmen (z. B. die handelsüblichen Musikkassetten) auch auf allen Monogeräten abspielen.

Die Kassettenbänder werden häufig auch als 1/8 Zoll-Band bezeichnet, was aber falsch ist, denn 1/8 Zoll sind nämlich nur 3,17 mm, die Bänder haben jedoch eine Breite von 3,81 mm.

---

*) kompatibel (lat.) = verträglich, vereinbar ≙ austauschbar

7.8 Frequenzgänge, Störabstand und Klirrfaktor

7.8.1 Frequenzgänge beim Magnetbandverfahren

7.8.1.1 Grundsätzliches

Wie schon beim Aufnahmefrequenzgang (Abschnitt 7.2.3) und beim Wiedergabefrequenzgang (Abschnitt 7.3.3) erläutert wurde, ist das Magnetbandverfahren nicht frequenzunabhängig. Die Beeinflussung der hohen Frequenzen kann man wie folgt zusammenfassen:

Der Selbstentmagnetisierungseffekt schwächt die Aufzeichnung der hohen Frequenzen. Maßgebend dafür ist das Verhältnis der Größe der Molekularmagnete zur Wellenlänge des Aufzeichnungssignals.

Der Spalteffekt schwächt die Wiedergabe der hohen Frequenzen. Maßgebend dafür ist das Verhältnis der wirksamen Spaltbreite zur Wellenlänge der Aufzeichnung.

Die Kopfverluste schwächen die Wiedergabe der hohen Frequenzen. Maßgebend dafür sind die im Hör- und Sprechkopf auftretenden Wirbelstrom- und Ummagnetisierungsverluste. Sie werden jedoch durch Lamellierung des Eisenkerns und durch Verwendung von Kernmaterialien wie Mu-Metall klein gehalten.

Eine Beeinflussung der sehr tiefen Frequenzen kann bei der Wiedergabe auftreten, wenn die Länge der Berührungsfläche zwischen Kopf und Band (der sogenannte Kopfspiegel) kürzer als eine halbe Wellenlänge ist. Dadurch wird nur ein Teil der Feldlinien vom Hörkopf aufgenommen, und die induzierte Spannung ist klein. Diese Störung macht sich naturgemäß bei der größten Bandgeschwindigkeit am stärksten bemerkbar.

Im Grund scheint es gleichgültig zu sein, an welcher Stelle die Schwächung der hohen Frequenzen entzerrt, d. h. ausgeglichen wird. Bei näherer Betrachtung ist aber leicht einzu sehen, daß eine Anhebung im Aufsprechkanal die Verzerrungen vergrößert, weil die Magnetisierungskennlinie weiter durchgesteuert wird, d. h. bei den hohen Frequenzen übersteuert man das Tonband.

Legt man die gesamte Aufsprechüberhöhung (die sogenannte Entzerrung) nur in die Wiedergabe, so verstärkt man auch das im oberen Frequenzbereich liegende Verstärker- und Bandrauschen, so daß der Störspannungsabstand verkleinert wird. Durch die Anhebung im Wiedergabekanal wird also der Störspannungsabstand, d. h. der Unterschied zwischen der Nutz- und Störspannung eingeengt. Es liegt auf der Hand, daß man die Anhebung auf die Aufsprech- und Wiedergabeseite verteilt.

Es gibt verschiedene Entzerrungen: nach CCIR (**C**omité **C**onsultatif **I**nternational des **R**adiocommunications) für die europäischen Rundfunkanstalten und nach NAB (**N**ational **A**ssociation of Radio and Television **B**roadcasters-Norm) für die amerikanischen Rundfunksendestudios. Nach CCIR werden etwa 25 % der Höhen im Aufsprechverstärker und 75 % im Wiedergabeverstärker angehoben, während nach NAB die Höhen etwa je zur Hälfte im Aufsprech- und Wiedergabeverstärker angehoben werden **(Bild 7.57).**

7.8.1.2 Entzerrungsnormen für Tonbandgeräte

Damit man bespielte Tonbänder auf verschiedenen Geräten abspielen kann und die Wiedergabequalität beim Austausch von bespielten Bändern gleich ist, hat man die Frequenzgänge der nach dem Aufsprechvorgang auf dem Band verbleibenden Magnetisierung (den sogenannten Bandfluß) durch Normung festgelegt.

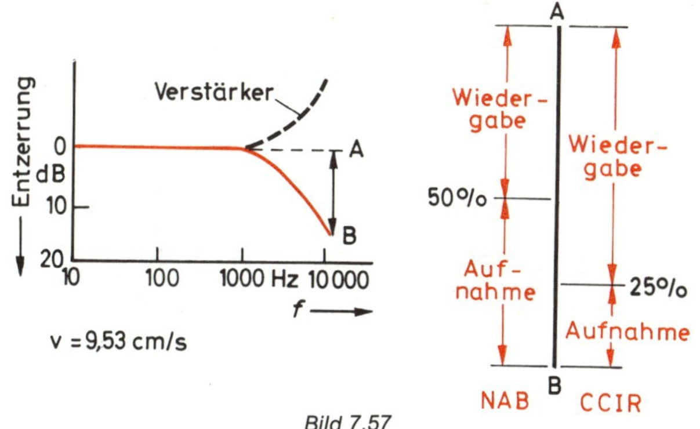

Bild 7.57
Höhenanhebung im Aufnahme- und Wiedergabeverstärker bei den Normen NAB und CCIR

Um eine möglichst einfache Definition der Norm zu finden, wählte man den Scheinwiderstandsverlauf eines RC-Gliedes **(Bild 7.58).** Bei der sogenannten Grenzfrequenz f_{gr}, bei der der Wirkwiderstand R gleich dem Blindwiderstand X_C des Kondensators ist, ergibt sich eine Phasenverschiebung von 45°. Oberhalb der Grenzfrequenz geht der Kurvenverlauf in eine frequenzabhängige Gerade über, die sich mit 6 dB (2fach) je Oktave oder 20 dB (10fach) je Dekade ändert.

Das Produkt $R \cdot C$, das man als Zeitkonstante τ (griech. Kleinbuchstabe tau) bezeichnet, bestimmt die Grenzfrequenz. Es hat die Einheit einer Zeit z. B. Mikrosekunden (µs). Die einzelnen Bandgeschwindigkeiten können durch Zeitkonstanten gekennzeichnet werden, aus denen sich dann der Kurvenverlauf bestimmen läßt **(Bild 7.59).**

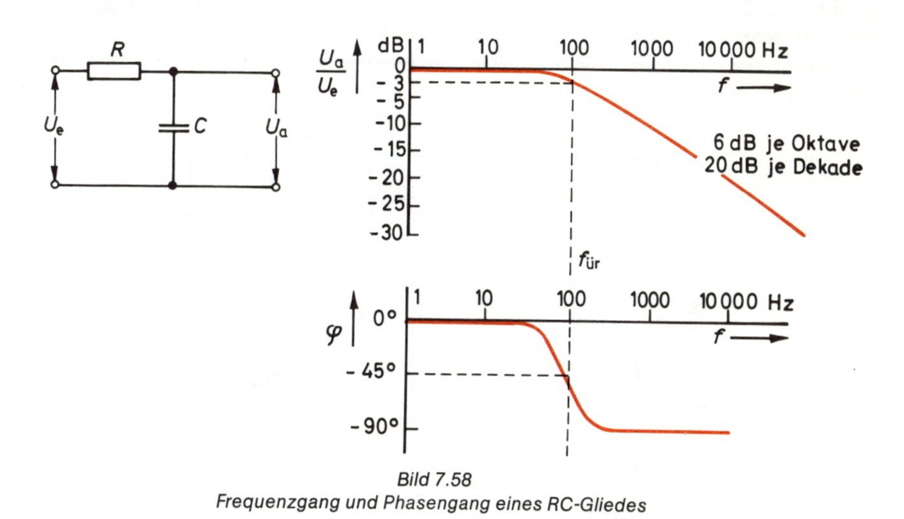

Bild 7.58
Frequenzgang und Phasengang eines RC-Gliedes

Wird zum Beispiel die Zeitkonstante τ = 100 µs durch die Reihenschaltung von R = 1 MΩ und C = 100 pf oder R = 10 kΩ und C = 10 nF gebildet, so ergibt sich folgende Grenzfrequenz:

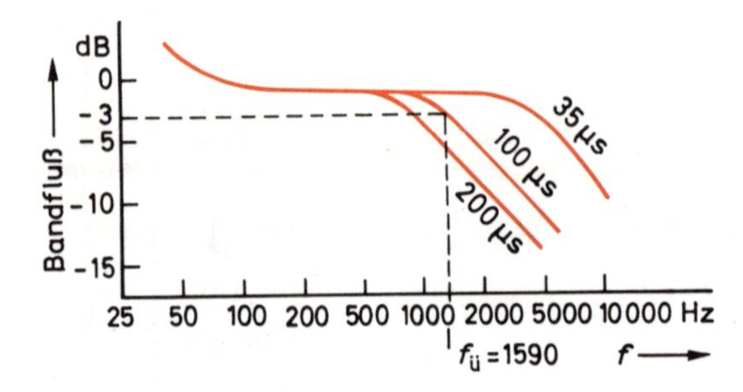

Bild 7.59
Der Frequenzgang des Bandflusses bei verschiedenen Zeitkonstanten

$$\tau = R \cdot C$$

$$R = X_C$$

$$f_{gr} = \frac{1}{2\pi \cdot \tau}$$

$$R = \frac{1}{2\pi \cdot f_{gr} \cdot C}$$

$$f_{gr} = \frac{1}{2\pi \cdot 100\ \mu s}$$

$$f_{gr} = \frac{1}{2\pi \cdot R \cdot C}$$

$$f_{gr} = 1590\ \text{Hz}$$

Bei dieser Frequenz ist der Scheinwiderstand der Reihenschaltung auf 70,7 % oder um 3 dB gegenüber dem Wert bei tiefen Frequenzen abgesunken. Er fällt von da an mit zunehmenden Frequenzen gleichmäßig ab (siehe Bild 7.59).

Außer der Entzerrung der hohen Frequenzen hat man auch die für die tiefen Frequenzen genormt **(Bild 7.60).** Denn, wie schon im Abschnitt 7.8.1.1 erläutert, treten Beeinflussungen der sehr tiefen Frequenzen durch den sogenannten Kopfspiegel auf. Im Laufe der Jahre hat man immer wieder die Entzerrungsnormen für Magnettongeräte geändert, weil durch

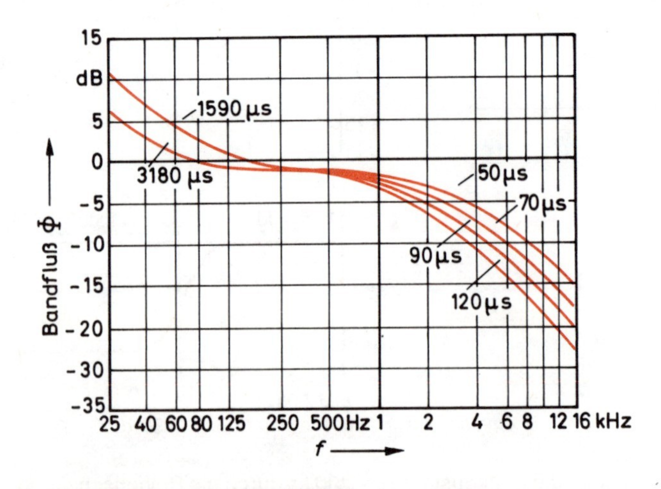

Bild 7.60
Bandflußkurven der neusten Norm. Die Zeitkonstante 50 µs gilt für die Bandgeschwindigkeit von 19,05 cm/s, 90 µs für 9,53 cm/s und für 4,76 cm/s sind 120 µs festgelegt

die Verbesserung der Bänder eine immer bessere Höhenaufzeichnung möglich wurde. Es genügt also nicht zu sagen: „Mein Gerät hat eine NAB-Norm" oder „mein Gerät hat eine CCIR-Norm", wenn man nicht gleichzeitig das Baujahr des Gerätes angibt.

Wie schon bei der Schallplattentechnik, so hat sich auch bei der Tonbandtechnik, zumindest auf dem Amateursektor, eine Weltnorm gebildet.

Heute ist die DIN-Heimtonnorm (DIN 45513) für 9,5 und 19 cm/s Bandgeschwindigkeit völlig identisch mit den beiden amerikanischen Normen NAB (früher NARTB) und RIAA (Record Industry Association of America).

In den deutschen Normen besteht bei der Geschwindigkeit 19 cm/s noch der Unterschied zwischen Heimton- und Studionorm. Die Heimtonnorm, mit der alle Amateurgeräte arbeiten, weist eine Tiefenanhebung entsprechend einer Zeitkonstante von 3180 µs und einen Höhenabfall entsprechend der Zeitkonstante von 50 µs auf. Die Studionorm, mit der alle Studiotonbandgeräte arbeiten, weist dagegen keine Tiefenanhebung auf und nennt einen Höhenabfall bei einer Zeitkonstante von 70 µs.

Jeder Zeitkonstante entspricht eine bestimmte Grenzfrequenz:

3180 µs = 50 Hz
1590 µs = 100 Hz
120 µs = 1320 Hz
100 µs = 1590 Hz
90 µs = 1760 Hz
79 µs = 2270 Hz
50 µs = 3180 Hz
35 µs = 4500 Hz

Hierbei sollte man sich merken, daß sich die genormten Anhebungen und Absenkungen stets auf die nach dem Aufzeichnungsvorgang auf dem Tonband verbleibende Magnetisierung (sogenannter Bandfluß Φ) beziehen. Danach werden die Entzerrer dimensioniert. Ein Beispiel soll dies verdeutlichen.

Die DIN-Heimtonnorm nennt für 9,5 cm/s Bandgeschwindigkeit einen Bandfluß entsprechend den Zeitkonstanten 3180 µs und 90 µs. Das bedeutet: Die Tiefenanhebung beträgt + 3 dB bei $f_{ü1}$ = 50 Hz (entsprechend 3180 µs); der Höhenabfall beträgt – 3 dB bei $f_{ü2}$ = 1760 Hz (entsprechend 90 µs).

Über f_{gr} hinaus verlaufen die Kurven annähernd frequenzproportional, also um 6 dB je Oktave, d. h. um 6 dB je Frequenzverdopplung (vergl. **Bild 7.61)**.

Bedingt durch die begrenzte Höhenaufzeichnung bei niedrigen Bandgeschwindigkeiten ist die Zeitkonstante des Höhenabfalls relativ hoch, die Grenzfrequenz also niedrig. Bei höheren Bandgeschwindigkeiten lassen sich hohe Frequenzen besser aufzeichnen, so daß für die Zeitkonstante kleinere Werte festgelegt werden konnten.

Um die Normkurven zu erreichen, werden im Aufnahmeverstärker entsprechend dieser Zeitkonstanten Höhenanhebungen angewandt. Der Verlauf der Höhenanhebung hängt dabei weitgehend von den Sprechkopf- und Hf-Vormagnetisierungsdaten ab. Wiedergabeseitig bestimmt der Hörkopf wesentlich die Verstärkerfrequenzgänge. Deshalb können geräteseitige Frequenzgänge auch nicht genormt werden, sondern immer nur der auf dem Band zurückbleibende Bandfluß Φ.

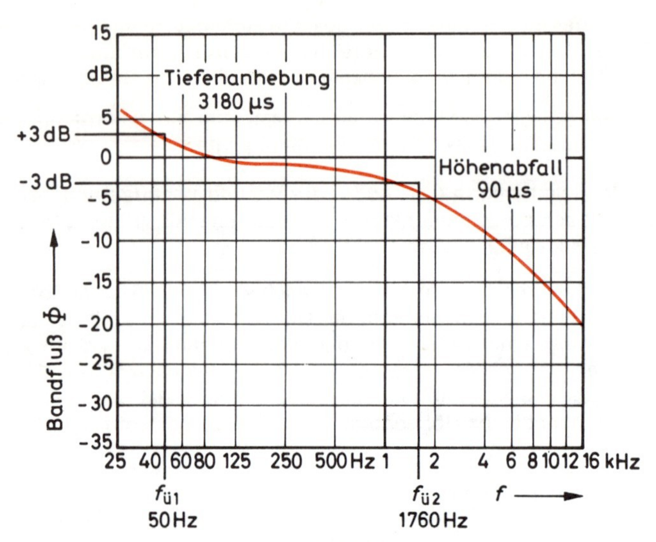

Bild 7.61
Bandflußkurve für die Bandgeschwindigkeit von 9,53 cm/s

Abschließend sei eine Übersicht der derzeit gültigen Bandflußnormen für Heimtonbandgeräte gegeben **(Tabelle 7/3).**

Tabelle 7/3 Bandflußnorm

Bandgeschwindigkeit Norm	4,76 cm/s Tiefen	Höhen	9,53 cm/s Tiefen	Höhen	19,05 cm/s Tiefen	Höhen
DIN Heimton	1590 µs	120 µs	3180 µs	90 µs	3180 µs	50 µs
DIN Studio	–	–	–	–	–	70 µs
NAB	–	–	3180 µs	90 µs	3180 µs	50 µs
RIAA	–	–	3180 µs	90 µs	3180 µs	50 µs
IEC[1])	1590 µs	120 µs	3180 µs	90 µs	–	70 µs
Kassetten Fe_2O_3	3180 µs	120 µs	–	–	–	–
Kassetten CrO_2	3180 µs	70 µs	–	–	–	–
Kassetten Fe_2O_3 + CrO_2	3180 µs	70 µs	–	–	–	–
Kassetten Fe	3180 µs	70 µs	–	–	–	–

[1]) IEC = International Electrotechnical Commission

7.8.1.3 Gesamtverlauf des Frequenzganges

In **Bild 7.62** ist der prinzipielle Verlauf sämtlicher Frequenzgänge des Magnetbandgerätes bei der Aufnahme und Wiedergabe in übersichtlicher Form nebeneinandergestellt.

Am Eingang des Aufsprechverstärkers liegt die Eingangsspannung u_1. Durch die im Sprechkopf vorhandene Induktivität und seine Verluste sowie die im Band auftretenden Verluste bei den hohen Frequenzen, muß der Aufsprechverstärker einen Frequenzgang

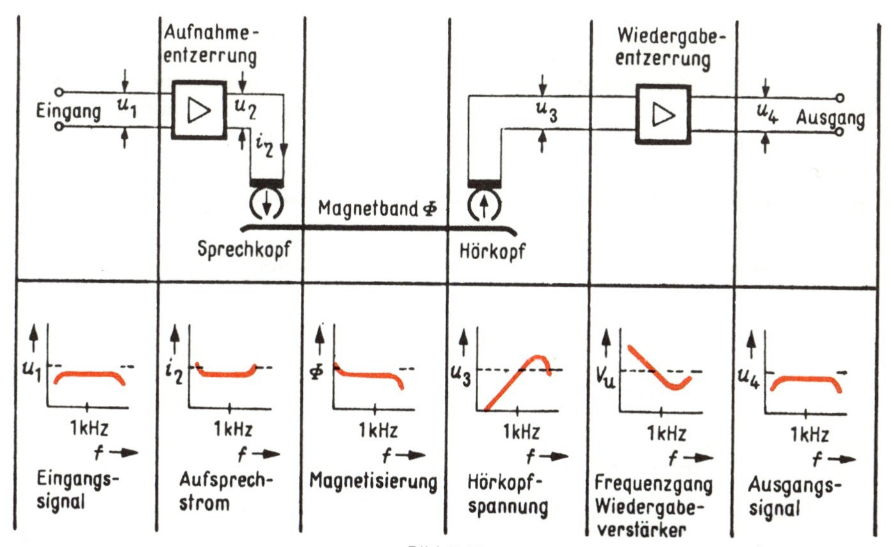

Bild 7.62
Frequenzgänge beim Magnettonverfahren

entsprechend u_2 besitzen. Der Frequenzgang des Aufsprechstromes i_2 steigt nach tiefen Frequenzen, bleibt bei mittleren Frequenzen konstant und wird bei hohen Frequenzen wieder angehoben. Der remanente Bandfluß Φ hat den genormten Frequenzgang nach Bild 7.60.

Die im Hörkopf induzierte Spannung u_3 steigt zunächst frequenzproportional an, hat aber bei den hohen Frequenzen wieder einen Abfall, der durch denjenigen Teil des Selbstentmagnetisierungseffekts, der in der genormten Bandflußkurve enthalten ist, und durch den Spalteffekt sowie die Kopfverluste hervorgerufen wird. Der Frequenzgang des Wiedergabeverstärkers verläuft zur Induktionsspannung u_3 entgegengesetzt. Damit ist die Ausgangsspannung u_4 wieder frequenzunabhängig.

7.8.2 Störabstand und Dynamik

Unter Störabstand eines Aufzeichnungsverfahrens, auch oft Störspannungsabstand genannt, versteht man das Verhältnis zwischen der maximalen Amplitude, die noch verzerrungsfrei verarbeitet werden kann, in Bezug auf den Eigenstörpegel des Kanals.

Die größte Amplitude, die ein Tonbandgerät aufzeichnen kann, ist durch die Aussteuerfähigkeit des Tonbandes selbst gegeben (siehe Magnetisierungskurve). Versucht man etwa das Band mit Hilfe eines noch höheren, durch den Sprechkopf fließenden Magnetisierungsstromes weiter durchzumagnetisieren, so ist rasch das dem Ohr zumutbare Verzerrungsmaß überschritten.

Die untere störspannungsbedingte Grenze des Aufzeichnungsbereiches ist durch die unvermeidlichen elektronischen Eigengeräusche bestimmt. Das Band, die Transistoren oder die integrierten Schaltungen weisen ein gewisses Eigenrauschen auf. Hinzu kommen noch Brummeinstreuungen vom Motor und vom Netztransformator. Diese unvermeidbaren Eigengeräusche sollen niedriger sein als die kleinste aufzuzeichnende Nutzspannung. Aus diesen Überlegungen ist abzuleiten, daß der Störspannungsabstand stets größer sein muß als die Dynamik des Gerätes.

Unter Dynamik versteht man die Wahrnehmungsspanne zwischen dem leisesten und dem lautesten Ton. Die Reizschwelle des menschlichen Ohres liegt bei einem Schalldruck von $2 \cdot 10^{-4}$ µbar, was dem Herabfallen einer Stecknadel entspricht. Der Lärm der Strahltriebwerke einer Düsenmaschine in unmittelbarer Nähe verursacht in unserem Gehör einen Schmerz. Die Schmerzgrenze des menschlichen Ohres liegt bei etwa 1000 µbar Schalldruck. Setzt man diese Schalldrücke ins Verhältnis, so kommt man zu:

$$\frac{p}{p_0} = \frac{1000\ \mu\text{bar}}{2 \cdot 10^{-4}\ \mu\text{bar}} = 5 \cdot 10^6.$$

Dieses Verhältnis gibt man gerne in dB (Dezibel) an. So rechnet man:

$$\frac{p}{p_0} \triangleq 20 \cdot \log 5 \cdot 10^6 = 134\ \text{dB}.$$

Das bedeutet also, daß die Dynamik des menschlichen Ohres, d. h. die Wahrnehmungsspanne zwischen dem leisesten und dem lautesten Ton 134 dB (etwa Eins zu 5 Millionen) beträgt. Zum Vergleich sei angeführt: Die Dynamik der menschlichen Sprache beträgt ungefähr 50 dB, Musik hat eine Dynamik von etwa 40 bis 80 dB.

Es muß jetzt noch beachtet werden, daß unser Ohr Schalldruckunterschiede nicht linear wahrnimmt, sondern logarithmisch. Das bedeutet zum Beispiel, daß die Verzehnfachung des Schalldruckes von unserem Ohr nur etwa als eine Verdoppelung der Lautstärke empfunden wird. Das ist der Grund, weshalb man die Dynamik und den Störabstand in einem logarithmischen Maßstab in dB angibt. Der Störabstand soll stets um einige dB größer als die aufzuzeichnende Dynamik sein, damit die leisen Stellen nicht im Störpegel untergehen. Bei Hi-Fi-Übertragungen fordert man gegenüber der Dynamik einen um 10 dB besseren Störabstand.

Es ist zweifellos wünschenswert, daß ein Tonbandgerät die Dynamik natürlicher Schallereignisse weitgehend naturgetreu aufnehmen und wiedergeben kann. Leider sind Tonbandgeräte nicht so gut wie das menschliche Ohr. Ihre Dynamik ist nach oben und unten durch die Technik begrenzt.

Glücklicherweise ist es jedoch gar nicht erforderlich, daß ein Tonbandgerät eine gleich große Dynamik wie das menschliche Ohr hat. Schließlich hat die menschliche Sprache nur eine Dynamik von 50 dB, ein Unterhaltungsorchester etwa 46 dB.

Die heute auf dem Markt befindlichen Heimtonbandgeräte besitzen eine Dynamik von etwa 55 dB, bei einem Klirrfaktor von 3 % (nach DIN 45500) bei 333 Hz gemessen. Damit ist die Dynamik der heutigen Tonbandgeräte ausreichend, um Schallereignisse im richtigen Verhältnis wiederzugeben. Beachtet man, daß Aufnahmen von Tanz- und Unterhaltungsmusik auf Schallplatten oft nur eine Dynamik von 26 dB haben, so liegen Tonbandgeräte in der Qualität wesentlich höher. Allerdings sind bei Schallereignissen mit sehr großer Dynamik, z. B. ein großes Sinfonieorchester mit bis zu 80 dB stets Aussteuerungsverstellungen während der Aufnahme nötig. Bei den Tonbandgeräten mit einer Aussteuerautomatik wird deshalb immer eine gewisse Dynamikkompression auftreten.

7.8.3 Klirrfaktor

Der Klirrfaktor ist ein Maß für die Verzerrungen eines Verstärkers, die durch die unlineare Kennlinie der Verstärkerbandelemente entstehen. Dieser Faktor gibt das Verhältnis der ungewollt hinzukommenden Oberwellen zur Gesamtspannung an.

Jedes Mikrofon, jeder Verstärker, jeder Magnetbandkopf, jedes Magnetband und jeder Lautsprecher haben die unerwünschte, aber unvermeidliche Eigenschaft, neben den

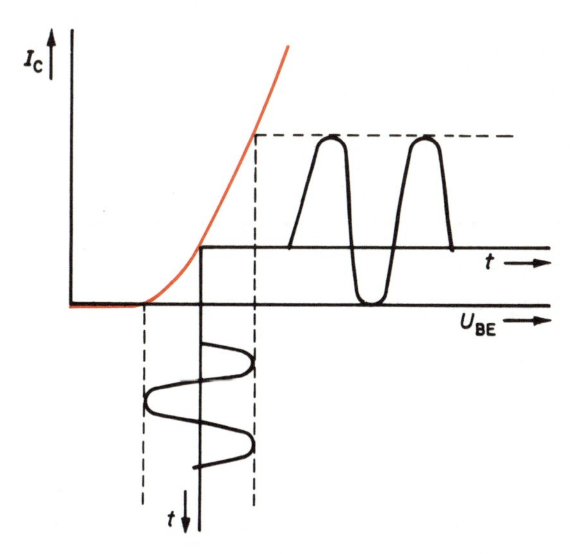

Bild 7.63
Eine unverzerrte Sinusschwingung erscheint am Ausgang durch eine gekrümmte Kennlinie verzerrt.

zugeführten Tönen die weitergegeben bzw. weiterverarbeitet werden, auch Vielfache dieser Töne, die Oberwellen, hinzuzubringen. Durch die gekrümmte Kennlinie von Transistoren werden reine Sinusschwingungen verzerrt. In einer solchen verzerrten Schwingung **(Bild 7.63)** sind jedoch Vielfache der Grundschwingung enthalten, die sogenannten Oberwellen. Eine solche verzerrte Schwingung nimmt das Ohr aber als Klirren wahr.

Der Klirrfaktor wird heute nahezu ausschließlich durch das Magnetband bestimmt. Die Verstärker, Mikrofone usw. weisen durchweg Klirrfaktoren unter 1 % auf (Verstärkerstufen meist unter 0,5 %). Wie schon im Kapitel 7.6 erläutert wurde, bevorzugen die Tonbänder gerade die 3. Oberwelle. Man gibt deshalb den Klirrfaktor für diese 3. Oberwelle an und zwar stets bei Vollaussteuerung. So hat man in der Norm für Studiogeräte $k_3 = 2$ % und für Heimtonbandgeräte $k_3 = 3$ % festgelegt.

Kleinere Klirrfaktoren erkauft man sich nur durch einen kleineren Störabstand und durch eine kleinere Dynamik. Deshalb stellt man bei den Heimtonbandgeräten, die sich auf dem deutschen Markt befinden, die Aussteuerungsanzeige so ein, daß bei Vollaussteuerung ein Klirrfaktor von 3 % erreicht wird.

7.8.4 Anforderungen der Norm

In der Norm DIN 45 500 Blatt 4 werden an Magnetbandgeräte folgende Mindestanforderungen gestellt:

Übertragungsbereich:	40 bis 12 500 Hz
Klirrfaktor k_3 bei 333 Hz und Vollaussteuerung	$\leqq 3$ %
Ruhegeräuschspannungsabstand bei Vollaussteuerung	min 50 dB
Fremdspannungsabstand bei Vollaussteuerung	min 45 dB
Übersprechdämpfung bei 1 kHz	
gegensinnige Doppelspuraufzeichnung	min 60 dB
Stereoaufzeichnung	min 25 dB
Löschdämpfung bei 1 kHz	min 60 dB

7.9 Schaltbildbesprechung

Nachdem die wichtigsten elektrischen Teile des Tonbandgerätes im einzelnen behandelt wurden, soll jetzt deren Zusammenwirken betrachtet werden. Als Beispiele sollen ein Transistor- und ein Kassetten-Tonbandgerät dienen. In Heimtonbandgeräten mit Kombiköpfen findet man stets einen gemeinsamen Aufnahme-/Wiedergabe-Verstärker. Für die Umschaltung auf beide Betriebsfälle ist eine Anzahl Schaltkontakte erforderlich, mit denen u. a. der Frequenzgang für den Aufsprech- bzw. Wiedergabefall umgeschaltet wird.

7.9.1 Transistor-Tonbandgerät

Das **Bild 7.64** zeigt die Gesamtschaltung eines Transistor-Halbspur-Tonbandgerätes für Netzanschluß. Bei dieser Schaltung arbeitet man mit einem kombinierten Aufnahme- und Wiedergabeverstärker (Seite 225).

7.9.1.1 Aufnahme

Über die gewählte Eingangsbuchse (Rundfunk, Mikrofon, Tonabnehmer) mit entsprechender Dimensionierung der Eingangsimpedanz gelangt das aufzuzeichnende Signal an den dreistufigen Aufnahmeverstärker (3 x AC 151). Über den Widerstand *R* 131 wird das Signal für die Mithörkontrolle entnommen und der Diodenbuchse zugeleitet (Anschlußwert etwa 3 bis 5 kΩ).

Der bei Aufnahme geschlossene Kontakt 6 leitet das vom Aufnahmeverstärker gelieferte Signalgemisch über verschiedene RC-Glieder zurück zum Emitter des zweiten Transistors. Diese Gegenkopplung sowie der im Entzerrer eingeschaltete Reihenschwingkreis sorgen für das Anheben der höheren Frequenzen entsprechend der Kurven nach **Bild 7.65.**

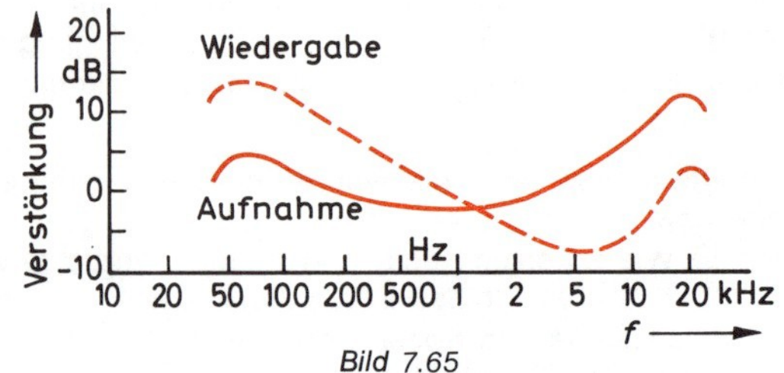

Bild 7.65
Frequenzgang bei Aufnahme und Wiedergabe

Über den Parallelschwingkreis V 102/C 114, der verhindert, daß die Hf-Vormagnetisierung in den Nf-Verstärker gelangen kann, führt man das aufzuzeichnende Signal dem Kombikopf zu. Die Vormagnetisierung speist man über den Einstellwiderstand *R* 204 in den Kopf ein.

Nach dem Anschluß eines hochohmigen Kopfhörers (3 kΩ bis 5 kΩ) an die Diodenbuchse kann man das aufzunehmende Programm abhören. Zum Mithören kann außerdem der eingebaute Lautsprecher dienen. Bei Mikrofonaufnahmen ist der Lautstärkeeinsteller an den Linksanschlag zu drehen, falls die Aufnahme mit Mikrofon und Tonbandgerät in einem Raum vorgenommen wird. Anderenfalls würden akustische Rückkopplungen auftreten.

7.9.1.2 Wiedergabe

Vom Kombikopf gelangt das Signal über die Kontakte 4 und 1 direkt an den jetzt relativ hochohmigen Eingang des Verstärkers. Der Widerstand *R* 106 im Emitterzweig der ersten Verstärkerstufe bildet durch den geöffneten Kontakt 2 eine zusätzliche Gegenkopplung,

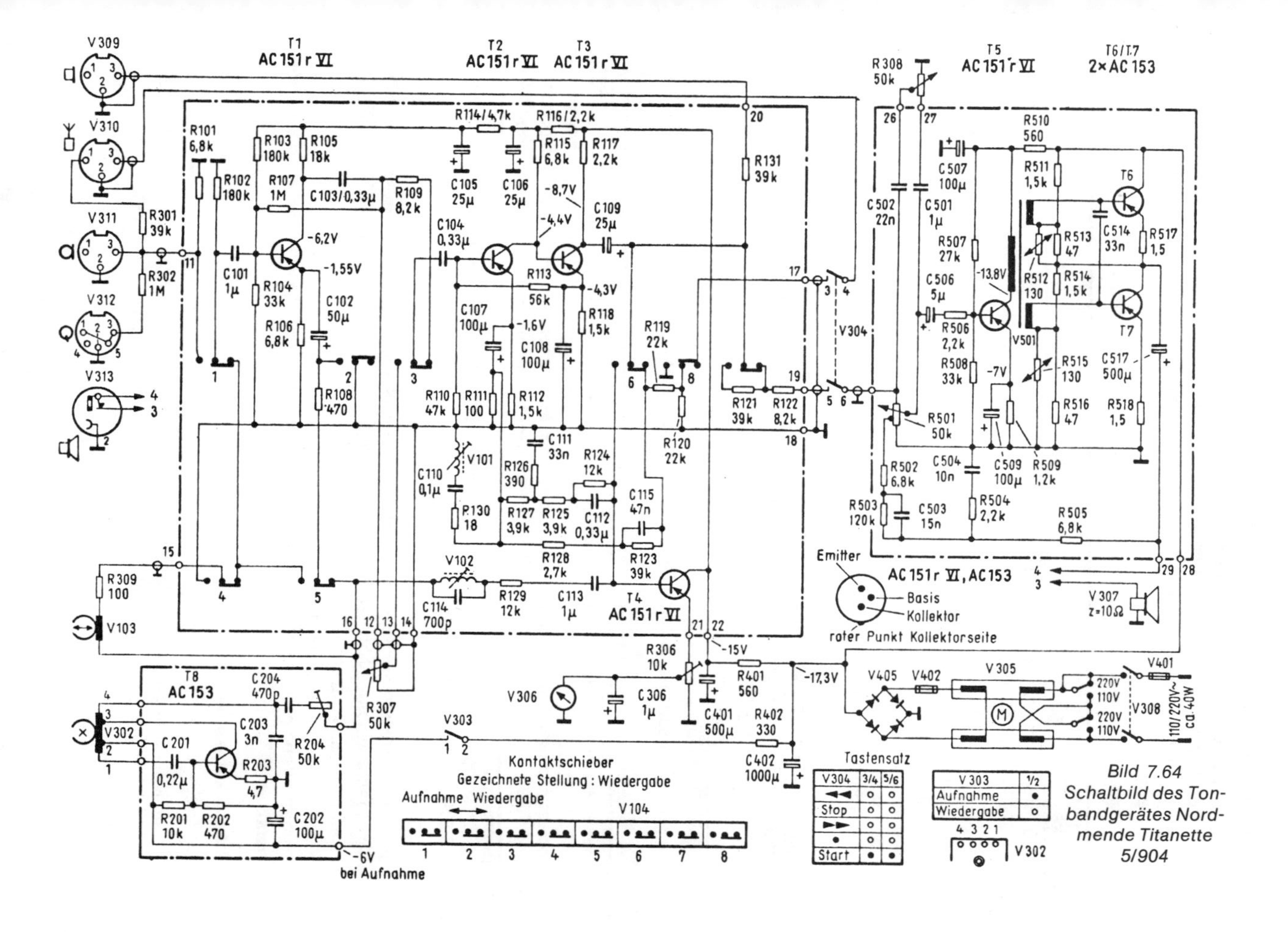

Bild 7.64 Schaltbild des Tonbandgerätes Nordmende Titanette 5/904

die zur Erhöhung des Eingangswiderstandes führt. Das Entzerrernetzwerk wirkt auf die 2. Verstärkerstufe als frequenzabhängige Gegenkopplung, die eine Entzerrung nach NAB-Norm vornimmt. Der Reihenschwingkreis ist bei einer Eingangsfrequenz von 14 kHz auf maximale Ausgangsspannung des Verstärkers eingestellt. Bild 7.65 zeigt den Wiedergabefrequenzgang.

Der zweistufige Abhörverstärker mit seiner eisenlosen Gegentakt-Endstufe erreicht eine Ausgangsleistung von 2 W. Die sorgfältige Dimensionierung des Gegenkopplungsnetzwerkes sichert ein ausgewogenes Klangbild. Für eine kontinuierliche Klangeinstellung sorgt der Einsteller *R* 308 mit den Kondensatoren *C* 502.

7.9.1.3 Oszillator

Der Hf-Generator ist mit einem Transistor AC 153 (T 8) bestückt. Er erzeugt die Löschfrequenz von etwa 54 kHz für den Löschkopf. Über den Einsteller *R* 204 wird die einstellbare Vormagnetisierungsspannung für den Kombikopf entnommen.

7.9.1.4 Aussteuerungsanzeige

Das aus der letzten Verstärkerstufe kommende Nf-Signal gelangt über den Kontakt 6 zum Aussteuer-Anzeigeverstärker T 4 (AC 151), in dessen Emitterzweig das Drehspulinstrument geschaltet ist. Mit dem Widerstand *R* 306 wird der Anzeigebereich nach einer genau definierten Spannung festgelegt.

7.9.1.5 Netzteil

Durch Reihen- und Parallelschaltung der Motorfeldwicklungen kann das Gerät wahlweise an 220 V bzw. 110 V Wechselspannung betrieben werden. Eine zusätzliche Ständerwicklung liefert die Wechselspannung, die mit einem Netzgleichrichter in Brückenschaltung gleichgerichtet wird. Die relativ hohe Spannung von 17,3 V wird für die spannungsmäßig in Reihe geschalteten Endtransistoren T 6/7 benötigt. Jeder von ihnen liegt demnach an etwa 8,6 V. In den restlichen Stufen werden die Arbeitsspannungen durch entsprechend ausgelegte Basisspannungsteiler und Kollektorwiderstände auf die erforderlichen Werte gebracht.

7.9.2 Kassetten-Tonbandgerät

Die in **Bild 7.66** wiedergegebene Schaltung eines Kassetten-Tonbandgerätes ist mit 2 integrierten Schaltungen und 3 Transistoren aufgebaut. Dieses Gerät arbeitet mit einer Bandgeschwindigkeit von 4,75 cm/s in Zweispur-Monotechnik. Es weist einen Störspannungsabstand von 45 dB und eine Übersprechdämpfung von der einen zur anderen Spur von 40 dB auf. Der Motor dieses Kassettengerätes kann über einen im Mikrofon eingebauten Schalter geschaltet werden. Damit eignet sich dieses Gerät auch als Diktiergerät.

7.9.2.1 Aufnahme

Über die Kombinationsbuchse Kontakt 1 oder 4 gelangt das Signal vom Mikrofon oder von einem Rundfunkgerät über die RC-Kombination W 1 und über den Kondensator *C* 2 auf Punkt 6 der integrierten Schaltung. Diese beinhaltet einen dreistufigen Verstärker, den man von außen beschalten kann. Am Punkt 11 kann das verstärkte Signal über den Kondensator C 9 abgenommen werden. Der Klangeinsteller besteht hier aus einem einfachen RC-Glied, C 11 und *R* 32.

Nach dem Entkopplungswiderstand *R* 12 gelangt das Signal über den Schalter H 4 und über den Kondensator *C* 13 auf Punkt 1 der zweiten integrierten Schaltung. Aber auch nach dem Widerstand *R* 12 wird das Signalgemisch über die Schaltkontakte 22/23 auf ein RC-Glied W 3 gegeben. Von dort gelangt es über die Kontakte 26/25 auf Punkt 8 der integrierten Schaltung zurück. Das ist die frequenzabhängige Gegenkopplung, die für die Aufnahmeentzerrung erforderlich ist. Bei diesem Gerät kann man wahlweise auf automatische Aussteuerung oder Aussteuerung von Hand umschalten. Dazu dienen die Schaltkontakte H 3 und H 4. Bei Handaussteuerung ist der Kontakt H 4 nach unten geschoben, so daß die Signalspannung über den Lautstärkeeinsteller *R* 31 in der Amplitude variiert werden kann.

Die integrierte Schaltung V 4 beinhaltet einen Verstärker und eine Gegentaktendstufe. Auch hier muß die Beschaltung von außen vorgenommen werden. Weil die integrierte Endstufe keine Komplementärtransistoren aufweist, müssen von außen ein Treiber- und ein Ausgangsübertrager angeschlossen werden. Der am Punkt 2 angeschaltete Reihenschwingkreis (*C* 27 und *L* 1) ist auf etwa 10,7 kHz abgestimmt, so daß er diese Frequenzen aus der Gegenkopplung herausnimmt und diese deshalb mit großer Amplitude am Ausgang erscheinen.

Von der Sekundärseite des Ausgangsübertragers nimmt man die Signalspannung ab und führt sie über die Widerstandskombination W 2 dem Kombikopf zu. Über diese Widerstandskombination W 2 mischt man über den Einstellwiderstand *R* 33 die vom Oszillator kommende Hf-Vormagnetisierung zu. Der Kondensator *C* 29 verhindert, daß die Vormagnetisierungsspannung in den Nf-Verstärker gelangen kann.

7.9.2.2 Aufsprechautomatik

Soll die Aufnahme mit der Automatik ausgesteuert werden, so müssen die Schalter H 3 und H 4 in der gezeichneten Stellung stehen. Man nimmt jetzt über den Schaltkontakt 4/5 das Signal von der Sekundärseite des Ausgangsübertragers ab und führt es der Diode D 1 zur Gleichrichtung zu. Der Ladekondensator dieses Einweggleichrichters ist der Kondensator *C* 19. Über den Schalter H 3 gelangt auf die Basis des Transistors V 2 eine der Signalamplitude proportionale positive Gleichspannung. Damit wird dieser Transistor mehr oder weniger leitend. Gleichzeitig wird aber auch der Stelltransistor V 1 mehr oder weniger leitend und verringert die Spannung am Punkt 8 des Verstärkers V 3 mehr oder weniger. Auf diese Weise erreicht man, daß das Tonband nicht übersteuert werden kann. Durch die entsprechende Zeitkonstante des RC-Gliedes *C* 19 und *R* 15 wird erreicht, daß keine all zu große Dynamikbegrenzung eintritt.

7.9.2.3 Aussteuerungsanzeige

Zur Aussteuerungsanzeige wird das Signal einfach an der Sekundärseite des Ausgangsübertragers über die Kontakte 4/5 abgenommen und durch die Diode D 2 gleichgerichtet. Die so gewonnene Gleichspannung legt man an ein Drehspulmeßinstrument.

7.9.2.4 Wiedergabe

Das im Kombikopf induzierte Signal gelangt über den Widerstand *R* 1 und über die Schaltkontakte 14/15 auf den Verstärker V 3. Das am Kontakt 15 liegende RC-Glied *C* 1, *R* 2 bringt die für die Wiedergabe erforderliche Höhenabsenkung. Am Punkt 11 dieser integrierten Schaltung wird das verstärkte Signal abgenommen und über den Kondensator *C* 9 auf Klang- und Lautstärkeeinsteller gegeben. Gleichzeitig kann dieses so verstärkte Signal aber auch über den Kontakt 2/3 von der Kombibuchse an den Punkten 3 und 5 abgenommen und weiter verstärkt werden.

Vom Schleifer des Lautstärkepotentiometers gelangt das Signal über den Kontakt 11/12 an den Punkt 1 des Verstärkers V 4. In diesem Verstärker wird das Signal soweit verstärkt, daß man an den Lautsprechern eine Ausgangsleistung von 0,7 W erhält.

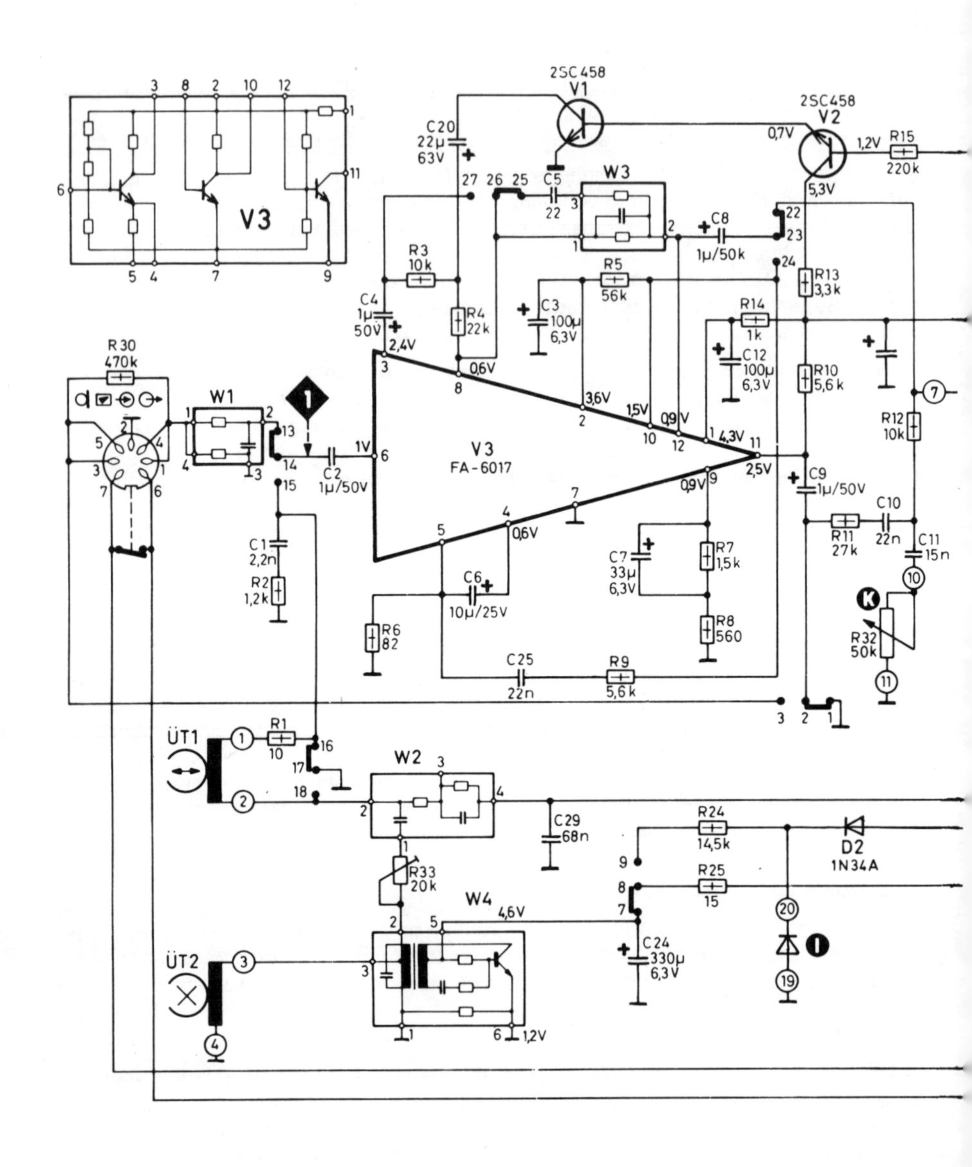
V3
2SC458
V1
2SC458
V2
C20
22µ
63V
0,7V
1,2V
R15
220k
5,3V
C5
22
W3
C8
1µ/50k
R3
10k
R4
22k
R5
56k
C3
100µ
6,3V
R13
3,3k
R14
1k
C12
100µ
6,3V
R10
5,6k
R12
10k
C4
1µ
50V
2,4V
0,6V
3,6V
1,5V
0,9V
4,3V
2,5V
R30
470k
W1
V3
FA-6017
C2
1µ/50V
1V
C9
1µ/50V
C10
22n
C11
15n
R11
27k
C1
2,2n
R2
1,2k
0,6V
C7
33µ
6,3V
R7
1,5k
C6
10µ/25V
R6
82
R8
560
R32
50k
C25
22n
R9
5,6k
ÜT1
R1
10
W2
C29
68n
R24
14,5k
D2
1N34A
R33
20k
W4
4,6V
R25
15
C24
330µ
6,3V
ÜT2
1,2V

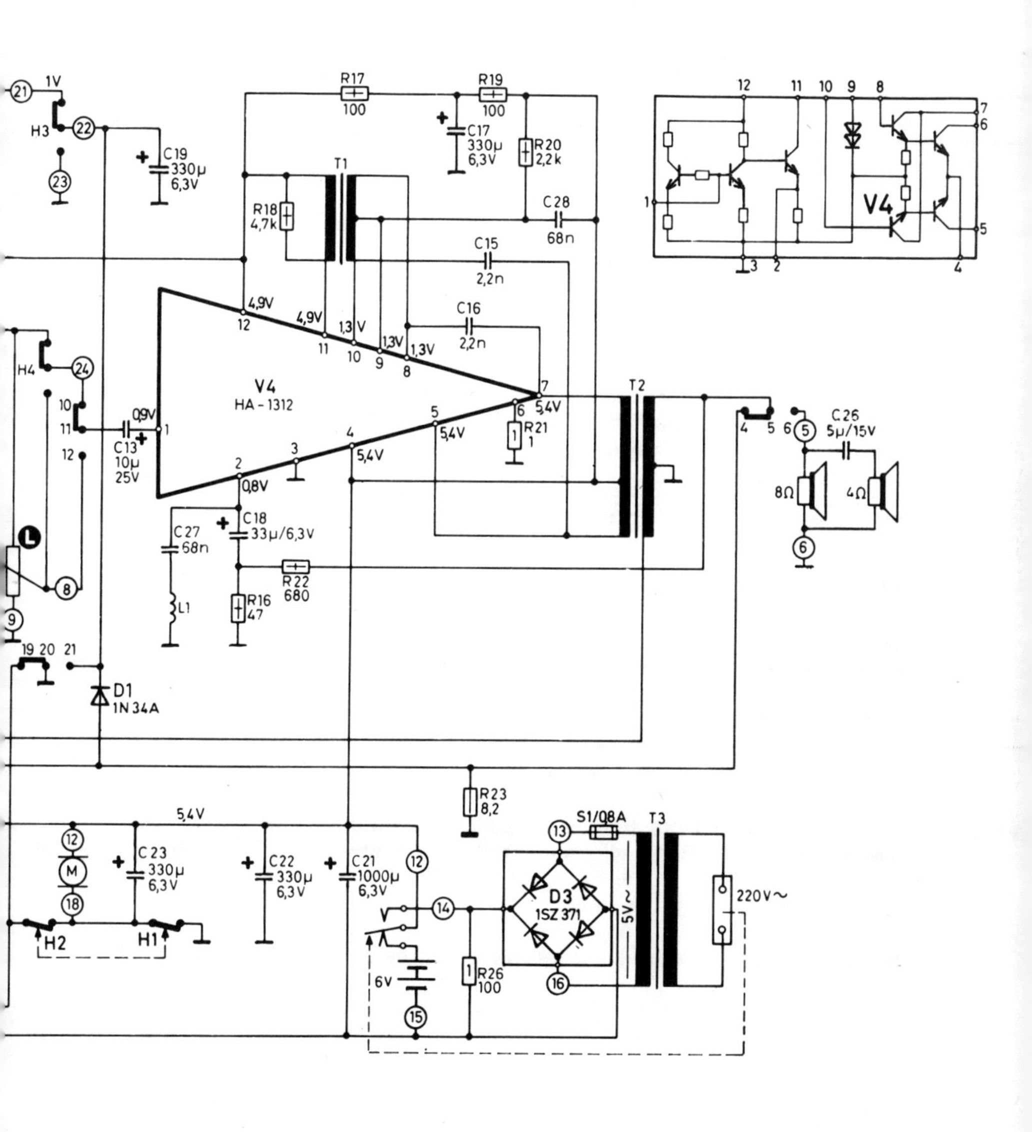

Bild 7.66
Schaltbild des Kassetten-Tonbandgerätes Twen Commander von Blaupunkt

7.9.2.5 Hf-Oszillator

Der Hf-Oszillator ist bei diesem Gerät als integrierter Baustein W 4 ausgeführt. Er beinhaltet einen Eintakt-Hartley-Oszillator, der mit einer Frequenz von 57 kHz schwingt. Von einer Anzapfung des Schwingkreises nimmt man die Hochfrequenzspannung für den Löschkopf ab. Über den Einstellwiderstand *R* 33 erhält der Kombikopf den erforderlichen Vormagnetisierungsstrom.

7.9.2.6 Netzteil

Dieses Kassettengerät kann wahlweise mit 4 Baby-Zellen oder an 220 V-Netz betrieben werden. Bei Netzbetrieb wird zur Erzeugung der Betriebsgleichspannung ein Brückengleichrichter benutzt.

Zum Bandantrieb verwendet man hier einen fliehkraftgeregelten Gleichstrommotor. Über den Schalter H 1 wird der Motor beim Ende der Kassette abgeschaltet. Über den Schalter H 2 wird der Motor automatisch beim Einschalten des Verstärkers mit eingeschaltet. Über die Kontakte 6 und 7 an der Kombibuchse kann der Motor mit dem Mikrofonschalter ferngeschaltet werden.

7.9.3 Stereo-Tonbandgerät

Im **Bild 7.67** ist das Blockschaltbild eines Stereo-Tonbandgerätes wiedergegeben. Schaltungsdetails können aus den bisher besprochenen Schaltungen entnommen werden. Das Blockschaltbild soll lediglich den Überblick über das Zusammenwirken der einzelnen Stufen bringen.

Bei einem Stereo-Gerät müssen für beide Kanäle stets völlig identische Verstärkerschaltungen vorhanden sein. Das vorliegende Gerät arbeitet mit Kombiköpfen und einem gemeinsamen Löschkopf. Bei der Aufnahme gelangt das Signal von Mikrofon/Plattenspieler oder von der Rundfunk-Buchse auf den Vorverstärker. Von dort wird das Signal auf den zweistufigen Aufnahme/Wiedergabe-Entzerrer gegeben. Auf diesen Eingang wirkt die Aussteuerungsautomatik.

Nach dem Entzerrer-Verstärker teilt sich der Weg: bei der Wiedergabe gelangt das Signal über die DNL-Schaltung auf den Endverstärker. Bei der Aufnahme wird noch ein einstufiger Aufnahme-Entzerrer-Verstärker zwischengeschaltet. Am Ausgang dieses Verstärkers nimmt man das Signal für die Aussteuerungsautomatik und für die Aussteuerungsanzeige ab.

Bevor das Signal auf den Kombikopf gelangt, muß die Einstellung für den Kopfstrom bei CrO_2- oder Eisen-Bändern vorgenommen werden. In der Oszillatorschaltung muß ebenfalls eine Umschaltung für Chrom- und Eisen-Bänder durchgeführt werden.

Der Bandantrieb erfolgt bei diesem Gerät durch einen elektronisch geregelten Gleichstrommotor. Die automatische Bandendabschaltung wirkt auf den Netzteil und setzt damit die Verstärkerstufen außer Betrieb.

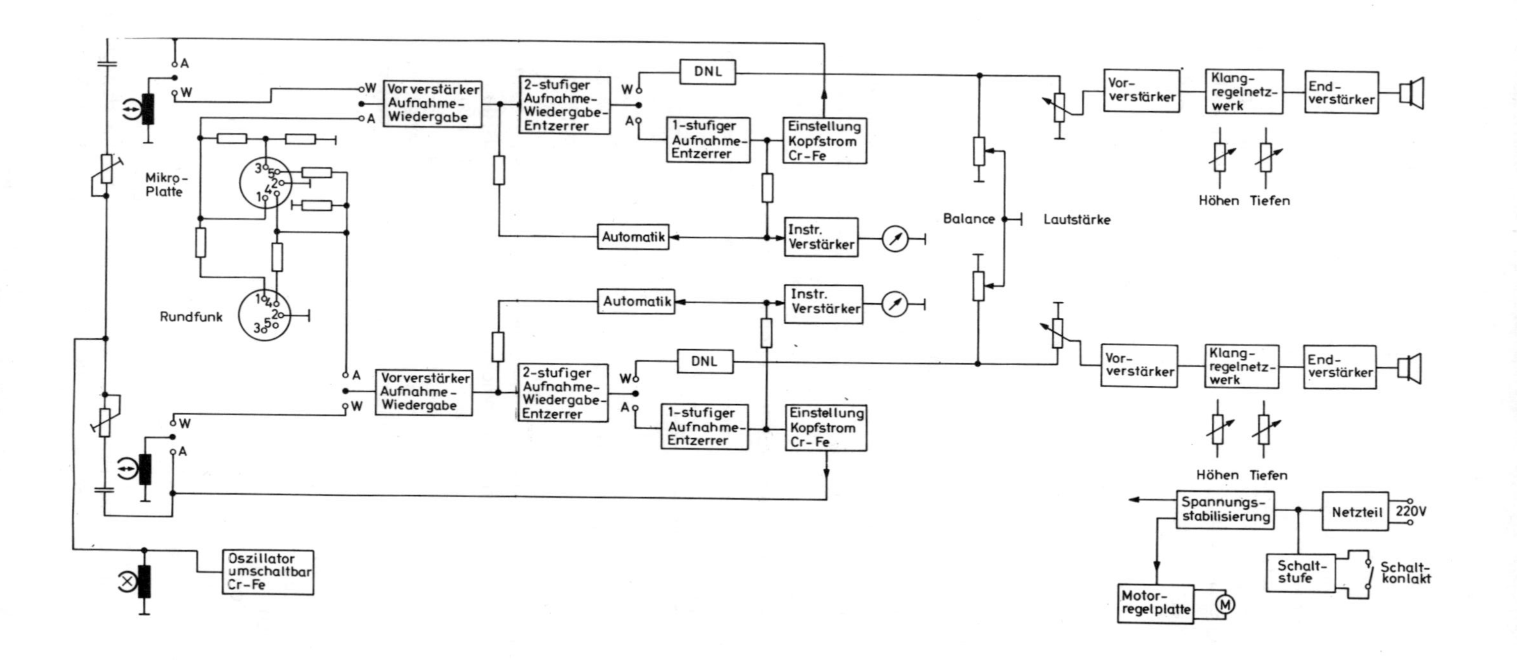

Bild 7.67
Blockschaltbild eines Stereo-Tonbandgerätes

7.10 Rauschverminderungssysteme

7.10.1 Allgemeines

Obwohl die heutige Hi-Fi-Wiedergabetechnik ein erstaunliches Qualitätsniveau erreicht hat, gibt es immer noch Probleme mit der natürlichen Dynamik eines Musikstückes. Große Orchester erreichen eine Dynamik von 80 dB und mehr. Derart hohe Werte über Wiedergabeeinrichtungen originalgetreu zu reproduzieren, ist auch mit den besten heute zur Verfügung stehenden Speicher- und Übertragungssystemen nicht möglich.

Bei hohen Dynamikwerten würde nämlich eine Übersteuerung bzw. eine Sättigung des Bandes auftreten. Auf der anderen Seite wird die Wiedergabe der leisesten Stellen durch das Eigenrauschen der Geräte und der Bänder begrenzt. Zum anderen könnte man aus akustischen Gründen nicht die volle Dynamik eines großen Orchesters in einem kleinen Wohnraum wiedergeben. Aus allen diesen Gründen liegen die heute technisch realisierbaren Maximalwerte für die Dynamik bei folgenden Werten:

UKW-Rundfunk:	etwa 65 dB bis 70 dB
Schallplatte:	etwa 55 dB bis 60 dB
Spulen- und Kassettengeräte:	etwa 50 dB bis 55 dB (ohne Rauschverminderungsverfahren).

In der Praxis liegen die Werte noch darunter, so z. B. beim Rundfunkempfang, wenn schlechte Empfangsbedingungen vorliegen, oder beim Bandgerät, wenn nicht das richtige Bandmaterial verwendet wird. Aus diesem Grunde wird bei der Rundfunkübertragung wie auch bei der Schallplatte schon während der Aufnahme die Dynamik des Originalstückes vom Tonmeister auf etwa 40 bis 45 dB reduziert, damit sich auch die leisen Stellen noch genügend vom Grundrauschen abheben.

Dieser Kompromiß kann aber aus qualitativer Sicht nicht zufriedenstellen. Eine gewisse Erweiterung der heute möglichen Dynamik ist deshalb wünschenswert. Nun läßt sich der Dynamikbereich nach oben wegen der Übersteuerung nicht erweitern. Nach unten hin wird die Dynamik jedoch durch das hörbare Hintergrundrauschen begrenzt. So wurden Anstrengungen unternommen, gerade dieses Eigenrauschen zu vermindern. Bei den Verstärkern hat man es durch rauscharme Bauteile erreicht. Besonders anfällig für das Eigenrauschen sind jedoch noch die Kassettengeräte, die wegen ihrer einfachen Handhabung zu einem der beliebtesten Speichermedien geworden sind, obwohl man mit diesen Geräten in einigen anderen Punkten – wie z. B. Gleichlauf – heute durchaus Hi-Fi-Qualität erreicht. Trotz der Weiterentwicklung des Bandmaterials, gerade bei den Kassettenbändern, erreichte man nicht den gewünschten Dynamikumfang. So haben sich in den letzten Jahren viele Hersteller diesem Problem intensiv gewidmet und entwickelten verschiedene Rauschverminderungssysteme. Es sind alles Verfahren, die auf elektrischem Wege eine Rauschverminderung bewirken. Die heute bekanntesten Systeme sind:

das Dolby-B-System
das DNL-Verfahren
das dbx-System
und das High-Com-System

7.10.2 Prinzipielle Wirkungsweise

Wie aus dem **Bild 7.68** hervorgeht, engt das Bandrauschen die Dynamik ein. Obwohl der Wiedergabeverstärker das Nutzsignal anhebt, wird auch um das gleiche Maß der Rauschpegel mit angehoben, so daß die Dynamik den gleichen Wert behält.

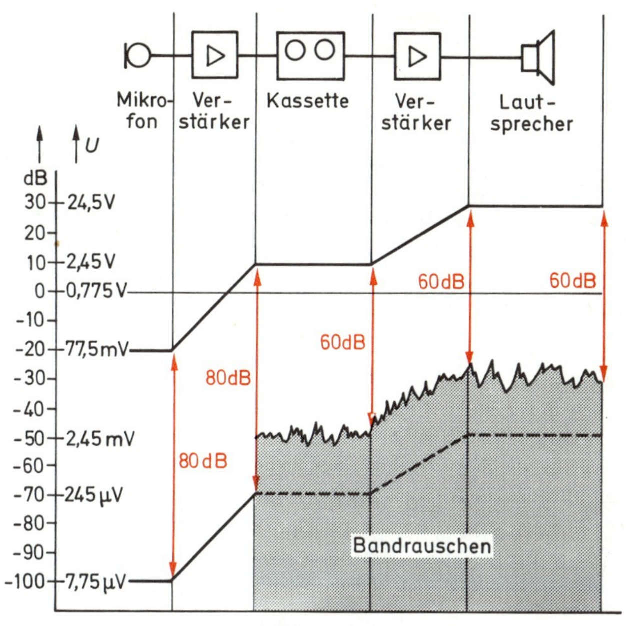

Bild 7.68
Einengung der Dynamik durch Bandrauschen

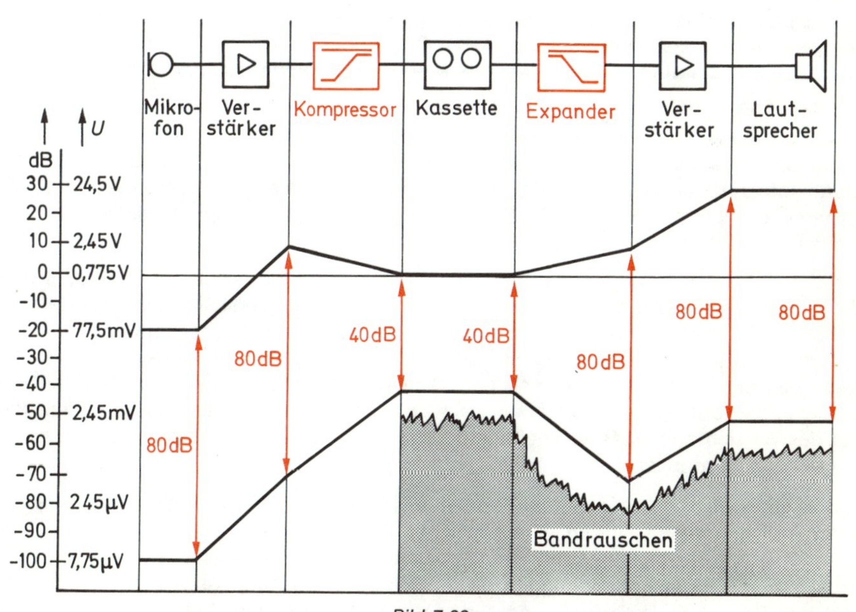

Bild 7.69
Prinzipielle Wirkungsweise von Rauschverminderungssystemen

Allen Rauschverminderungssystemen, außer dem DNL-Verfahren von Philips, ist gemeinsam, daß sie eine Anwendung sowohl bei der Aufnahme wie auch bei der Wiedergabe erfordern. Die prinzipielle Wirkungsweise, wie sie bei allen Systemen etwa gleich ist, wird im **Bild 7.69** deutlich.

Leise Signale werden unmittelbar vor der Aufnahme auf der Kassette soweit verstärkt, daß sie über dem Pegel des Bandrauschens liegen. Laute Signale werden dagegen unverändert übertragen, damit das Band nicht übersteuert wird. Man spricht von einer **Kompression** des Signals, weil der Pegelbereich des ursprünglichen Signals von z. B. 80 dB „zusammengepreßt" (= komprimiert) wird.

Bei der Wiedergabe muß, um die ursprünglichen Pegelverhältnisse wieder zu erhalten, das komprimierte Signal genau spiegelbildlich wieder auseinandergezogen (= expandiert) werden. Dabei werden die leisen Signale wieder auf ihre ursprünglichen Werte abgesenkt. Gleichzeitig wird aber durch das Absenken des Nutzsignals auch das Bandrauschen mit abgesenkt, so daß es bei der Wiedergabe deutlich unterhalb des leisesten Nutzsignals zu liegen kommt. Auf diese Weise ist das Bandrauschen nicht mehr oder nur noch leiser zu hören als bei einer Aufnahme ohne Rauschverminderungssystem.

Alle nach diesem Prinzip arbeitenden Rauschverminderungssysteme bezeichnet man als **Kompander.** Dieser Begriff ist aus den Worten **Kom**pressor und Ex**pander** zusammengesetzt.

7.10.3 Dolby-Verfahren

7.10.3.1 Dolby-A-System

Bei Studio- und in besseren Heimtonbandgeräten benutzte man bisher zur Unterdrückung von Bandrauschen, Stör- und Lautstärkespitzen sogenannte Kompander und Expander. Das sind elektrische Schaltungen, die Störspitzen dämpfen bzw. kleine Nutzpegel verstärken. Diese Schaltungen haben jedoch die Nachteile, daß sie „pumpen" oder „atmen", ein- und überschwingen bzw. Verzerrungen hervorrufen.

Bei dem 1965 in den Dolby-Laboratories-Inc. in London entwickelten **Dolby-A-System** wird der ganze Tonfrequenzumfang in vier Kanäle unterteilt, die völlig unabhängig voneinander Signalkompression und -expansion steuern **(Bild 7.70).** Vor dem Tonbandgerät befindet sich neben diesen vier Übertragungskanälen ein Kompressor, der die Dynamik des Signals einengt. Bei der Wiedergabe wird das Ursprungssignal mit Hilfe eines Expanders wiedergewonnen.

Bei der Dolby-Aufnahme werden die leisen Passagen automatisch höher verstärkt als die lauten. Bei der Wiedergabe wird diese Verzerrung der Verstärkerkurve wieder aufgehoben. Auf diese Weise erreicht man, daß leise Stellen weniger stark im Rauschen untergehen. Die Anhebung erfolgt, sobald ein bestimmter Lautstärkepegel unterschritten wird. Das Signal wird dann um 10 oder 15 dB höher verstärkt. Gleichzeitig mit der Umschaltung auf höhere Verstärkung wird ein unhörbarer Pilotton ausgesendet, der auf der Wiedergabeseite die Verstärkung im gleichen Maße herabsetzt, wie sie zuvor angehoben worden ist.

Auf diese Weise ist es gelungen, von dem akustischen Verdeckungseffekt sinnvoll Gebrauch zu machen. Nur im jeweils gleichen Frequenzbereich werden normalerweise leise Töne und Geräusche von hohen Schallpegeln verdeckt. Man hört also das Bandrauschen neben den hohen Frequenzen von Schlagzeug und Beckenklirren nicht. Jedoch tritt das Rauschen in Erscheinung, wenn ein lauter Paukenwirbel mit einem großen Anteil tiefer Frequenzen auftritt. Andererseits kann eine Brummstörung durch einen

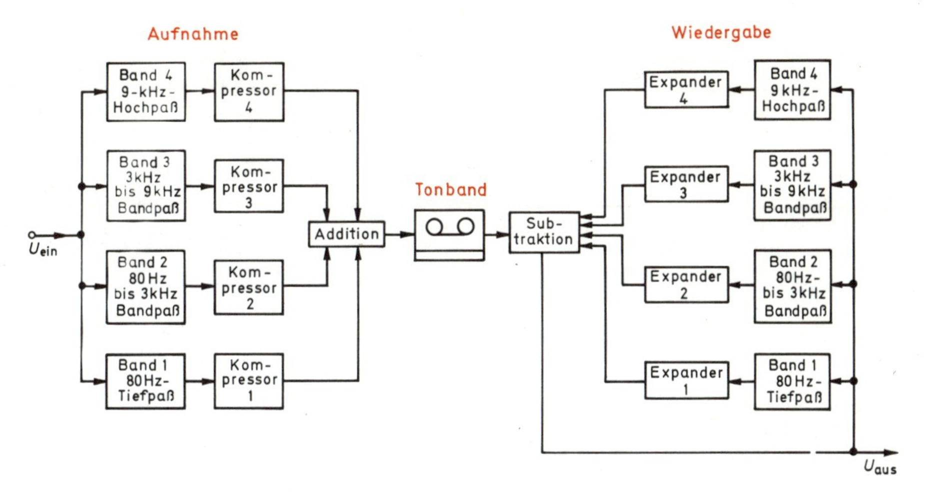

Bild 7.70
Blockschaltbild des Dolby-A-Systems

Paukenwirbel verdeckt werden, während sie im Frequenzbereich 4 stören würde. Durch die Unterteilung in die vier Teilbereiche läßt sich jedes Frequenzgebiet speziell behandeln.

Das Dolby-A-System besteht deshalb auf der Eingangs- und Ausgangsseite jeweils aus vier Filtern, die auf bestimmte Frequenzbereiche abgestimmt sind, mit je einem nachgeschalteten Kompressor und einer Addierschaltung, die auf der Eingangsseite additiv und auf der Ausgangsseite subtraktiv wirkt (Bild 7.70).

Infolge des sehr hohen Schaltungsaufwands wird das Dolby-A-System nur für professionelle Zwecke mit Bandgeschwindigkeiten ≧ 38 cm/s angewendet.

7.10.3.2 Dolby-B-System

Das **Dolby-B-System** ist eine vereinfachte Ausgabe des A-Systems. Es erfüllt weniger hohe Anforderungen und ist für den Einsatz in Heimtonbandgeräten und Kassettenrecordern gedacht. Speziell die Qualität des Compact-Cassetten-Systems soll dadurch entscheidend verbessert werden. Beim Dolby-B-System werden nur Frequenzen oberhalb 500 Hz besonders behandelt.

Wie aus dem Blockschaltbild **(Bild 7.71)** hervorgeht, teilt man das Signal bei der Aufnahme, wie auch bei der Wiedergabe auf. Im Hauptzweig wird das Signal linear übertragen, d. h. linear im Verstärkungshub, Frequenz- und Phasengang. Im Nebenzweig durchläuft das Signal den Dolby-Kompander, der als ein dynamisches Hochpaßfilter aufgefaßt werden kann. Hochfrequente Signalanteile werden aus dem Eingangssignal herausgefiltert und nach ihrem Pegel bewertet. Kleine Pegel werden verstärkt, Signalanteile mit einem hohen Pegel bleiben nahezu unverstärkt. Die Spannungen des Nebenzweiges werden anschließend dem Hauptzweig phasenrichtig wieder zuaddiert.

Bei der Wiedergabe werden die Signale in umgekehrter Weise im Nebenzweig behandelt wie bei der Aufnahme. Hier wird der Nebenzweig vom Ausgang her angesteuert. Die Signale des Nebenzweiges werden dem Hauptzweig jedoch mit negativer Phase zuaddiert.

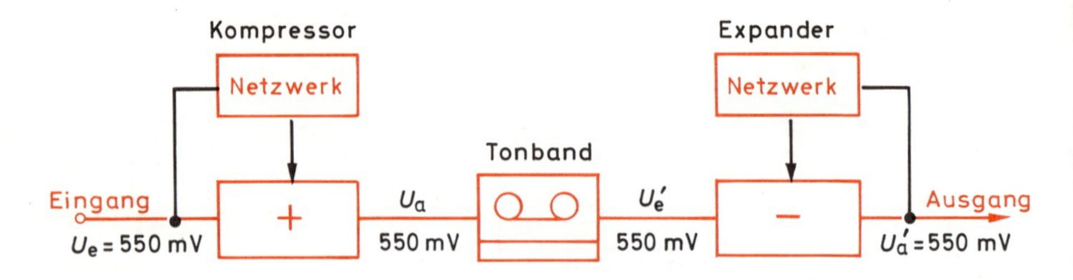

Bild 7.71
Blockschaltbild des Dolby-B-Systems

Bei der Schaltungsauslegung des Nebenzweiges wird zugrunde gelegt, daß sich die Rauschanteile der mittleren und hohen Frequenzen besonders störend für den Zuhörer auswirken. Die Schaltung beeinflußt deshalb den Frequenzbereich von 500 Hz bis ca. 15 kHz. Die Schaltung arbeitet mit einem pegelabhängigen Hochpaßfilter variabler Grenzfrequenz.

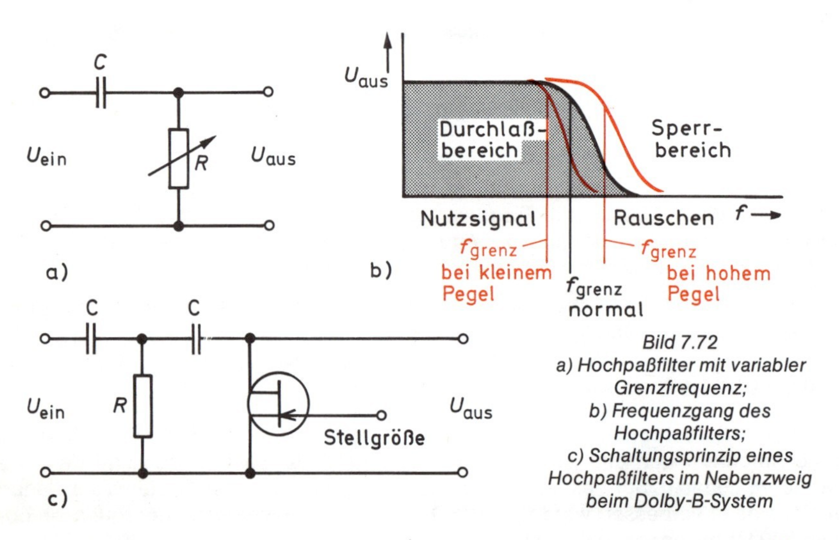

Bild 7.72
a) Hochpaßfilter mit variabler Grenzfrequenz;
b) Frequenzgang des Hochpaßfilters;
c) Schaltungsprinzip eines Hochpaßfilters im Nebenzweig beim Dolby-B-System

Wie aus dem **Bild 7.72** hervorgeht, ändert man die untere Grenzfrequenz eines Hochpaßfilters, indem man den Widerstand eines CR-Gliedes variiert. Steigt die Frequenz des zu übertragenden Signals an, dann wird auch automatisch die untere Grenzfrequenz des Filters angehoben. Das Rauschen, das oberhalb des zu übertragenden Signals liegt, wird nach wie vor stark abgesenkt und tritt nicht störend in Erscheinung.

Dieses Rauschverminderungssystem wird auch häufig **Sliding**[1]**-band-System** genannt, weil in Abhängigkeit vom Pegel die Grenzfrequenz des Hochpaßfilters verschoben wird.

Wenn man auf letzte Feinheiten bei der Wiedergabe verzichtet, sind Kassetten, die mit Dolby-B aufgenommen worden sind, auch mit normalen Kassettenrecordern ohne Decoder abspielbar. Die volle Qualität ist aber natürlich nur mit entsprechendem Wiedergabezusatz zu erzielen.

---

[1]) sliding (engl.) = gleitend, verschiebbar

7.10.3.3 Dolby-C-System

Das Dolby-C-Rauschverminderungssystem ist ein neues System, das für die Tonbandaufzeichnung in der Unterhaltungselektronik entwickelt wurde. In mancher Hinsicht funktioniert das Dolby-C-Rauschverminderungssystem wie Dolby-B.

Wenn eine Aufnahme gemacht wird, werden die mittleren und höheren Frequenzen von Signalen mit niedrigen Pegeln selektiv komprimiert. Laute Signale bleiben dagegen unberührt. Bei der Wiedergabe werden die vorher komprimierten Signale derart expandiert, daß sie sich wieder im selben Zustand wie das ursprüngliche Programmmaterial befinden. Gleichzeitig wird aber auch der Rauschanteil mit vermindert.

Beim Dolby-C werden die Signale stärker angehoben und herabgesetzt als bei Dolby-B. Dazu kommt, daß Dolby-C bis hinunter zu niedrigen Frequenzen wirkt.

Das Dolby-C-System beruht nämlich auf einem neuen Zweipegel-Verarbeitungsprinzip. Bei diesem „Dual-path-System" arbeiten zwei Regelstufen mit verschiedenen Bandbereichen und unterschiedlicher Pegelansprechempfindlichkeit in einer Quasi-Hintereinanderschaltung. Jede dieser Beeinflussungsstufen bringt für sich etwa 10 dB Gewinn, bezogen auf Frequenzen oberhalb 1 kHz, und damit ergibt sich eine Gesamtwirksamkeit von etwa 20 dB in der Rauschverminderung gegenüber Dolby-B.

Da die Signalverarbeitung – Kompression bei der Aufnahme und Expansion bei der Wiedergabe – auf zwei Stufen aufgeteilt ist, kann jede dieser Stufen auf die spezifische Notwendigkeit optimal ausgelegt werden. Gleichzeitig wurde bei Dolby-C eine Schaltungsmaßnahme einbezogen, die die hochfrequente Bandsättigung bei der Aufnahme vermindert. Ebenfalls können Codierungs- und Decodierungsfehler auf ein Minimum herabgesetzt werden. So stellt dieses System keine besonderen Ansprüche an den Benutzer und erfordert keine besonderen Einstellungen am Aufnahmegerät.

Aufnahmen, die nach Dolby-B codiert werden, können ohne Qualitätseinbuße auf Geräten mit Dolby-C wiedergegeben werden. Ebenso werden Dolby-C-Aufnahmen als angenehm empfunden, auch wenn sie auf mit Dolby-B ausgerüsteten Maschinen oder sogar auf Maschinen ohne Rauschverminderungsschaltungen abgespielt werden.

7.10.4 HIGH COM-System

Das von der Firma Telefunken entwickelte HIGH COM-System ist im Gegensatz zum Dolby-Verfahren ein breitbandiger Kompander. Das bedeutet, auch niederfrequente Störungen werden unterdrückt. Dieser HIGH COM-Kompander bringt eine etwa um 20 dB höhere Störunterdrückung und ist unempfindlich gegenüber Pegel- und Frequenzgangfehlern im Übertragungsbereich sowie Toleranzen. Hier ist nämlich ein Schaltungskonzept entwickelt worden, bei dem es nur auf die Verhältnisse der Bauelemente zueinander ankommt, während die Toleranzen der absoluten Werte ohne Einfluß bleiben. Zum anderen ist dieses System aber auch unempfindlich gegenüber Toleranzen des Übertragungskanals. Es kann nämlich vorkommen, daß auf den Expandereingang ein Signal mit einem falschen Pegel gelangt. Dieser Fall kann in der Praxis z. B. bei Kassettenrecordern eintreten; denn die Kassettenbänder können – abhängig von Hersteller und Bandcharge – unterschiedliche Ausgangspegel liefern, auch dann, wenn die Aufzeichnungspegel gleich sind. Dieser HIGH COM-Kompander gleicht solche Pegelverfälschungen von ± 6 dB aus. Es bleibt lediglich ein Dynamikfehler übrig, der sich im wesentlichen in einer Lautstärke-Änderung bemerkbar macht.

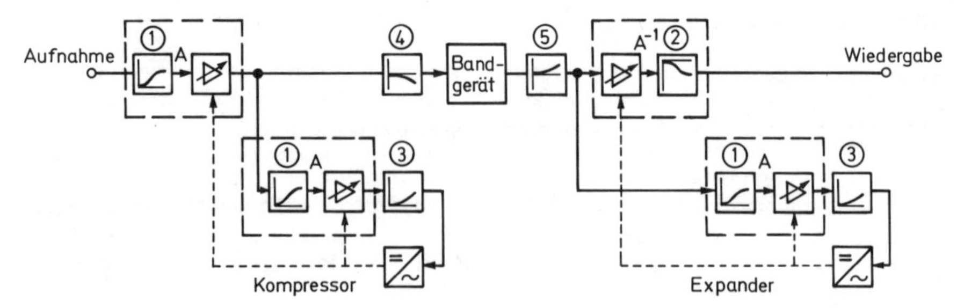

Bild 7.73
Blockschaltbild des HIGH COM-Rauschverminderungssystems

Im **Bild 7.73** ist das Blockschaltbild des HIGH COM-Systems wiedergegeben. Die Kompression des Signals erfolgt über einen zweistufigen regelbaren Kettenverstärker, dessen Ausgangspegel durch eine Regelschaltung auf konstantem Niveau gehalten wird. Jede der Kompressorkomponenten besteht aus einem Höhenanhebungsnetzwerk (1) und dem eigentlichen Verstärker. Damit hat man den Vorteil, daß keine nichtlinearen Bauteile eingesetzt werden müssen, und so können die Verzerrungen vergleichsweise gering gehalten werden. Zur Vermeidung von Bandübersteuerungen bei hohen Frequenzen werden an zwei verschiedenen Stellen die Höhen durch die Filter 4 und 3 abgesenkt. Bei der Wiedergabe muß diese Frequenzabsenkung wieder rückgängig gemacht werden. Dazu dient das Filter 5. Die Breitbandschaltung ist insgesamt so ausgelegt, daß ein 10 kHz-Signal durch die linearen Frequenzgangverzerrungsmaßnahmen bei Pegelwerten, die mehr als 9 dB unter Vollaussteuerung liegen, vor der Aufzeichnung angehoben wird. Bei Pegelwerten oberhalb dieser Grenzen erfolgt eine Absenkung. Der Expander auf der Wiedergabeseite muß, wenn das Signal originalgetreu reproduziert werden soll, genau spiegelbildlich arbeiten. Das bedeutet, daß Pegelwerte, die im Kompressor angehoben wurden,um den gleichen Faktor jetzt im Expander abgesenkt werden und umgekehrt. Der Expander besteht demnach aus einem Verstärker und einem Höhenabsenkungsnetzwerk. Technisch wurde es in der Form gelöst, daß der Kompressor durch „Umordnen" identischer Bauteile in den Expander umgewandelt wird. Der Vorteil besteht darin, daß hierbei Bauelementetoleranzen die spiegelbildliche Genauigkeit nicht beeinflussen. Demgegenüber steht als Nachteil, daß – wie auch bei allen anderen Rauschunterdrückungsverfahren – in diesem Fall das System nur alternativ als Kompressor oder Expander und nicht für beide Funktionen gleichzeitig benutzt werden kann. So bedeutet es, daß eine Hinterbandkontrolle nur möglich wird, wenn ein zweites System eingebaut wird. Dabei müssen dann aber Kompressor und Expander sorgfältig aufeinander abgestimmt sein. Da beim HIGH COM-System jedoch keine nichtlinearen Bauteile verwendet werden, ist diese Abstimmung sehr genau möglich. Hierin liegt auch ein weiterer Vorteil dieses Systems gegenüber anderen Verfahren.

Für den HIGH COM-Kompander wurde die integrierte Schaltung U 401 B entwickelt. Die Schaltung im **Bild 7.74** zeigt, daß nur wenige externe Bauteile angeschlossen werden müssen, so daß der gesamte Kompander auf einer kleinen gedruckten Schaltung Platz hat. Über den Anschluß 2 kann eine Schaltspannung zugeführt werden, die den Kompander intern so umschaltet, daß auch eine näherungsweise Dolby-kompatible Wiedergabe möglich wird.

Das **Bild 7.75** zeigt die Platine der vollständigen HIGH COM-Rauschverminderungsschaltung mit dem IC vom Typ U 401 B. Die Oszillogramme zeigen, wie wirksam die Rauschverminderung arbeitet. Das obere Oszillogramm stellt ein 400 Hz-Signal mit – 40 dB-

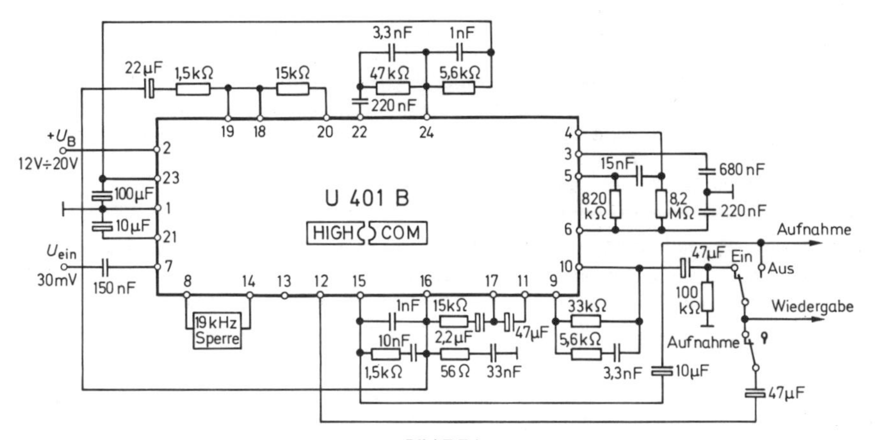

Bild 7.74
Beschaltung des HIGH COM-IC's U 401 B

Pegel dar von einem Kassetten-Tonband ohne Kompandierung. Das untere Oszillogramm zeigt das gleiche 400 Hz-Signal mit – 40 dB-Pegel, wiedergegeben mit einem Kassetten-Tonband bei Verwendung des Telefunken-Kompanders HIGH COM. Die Störbefreiung erreicht 20 dB, wobei sich die geräuschunterdrückende Wirkung über den gesamten Frequenzbereich erstreckt.

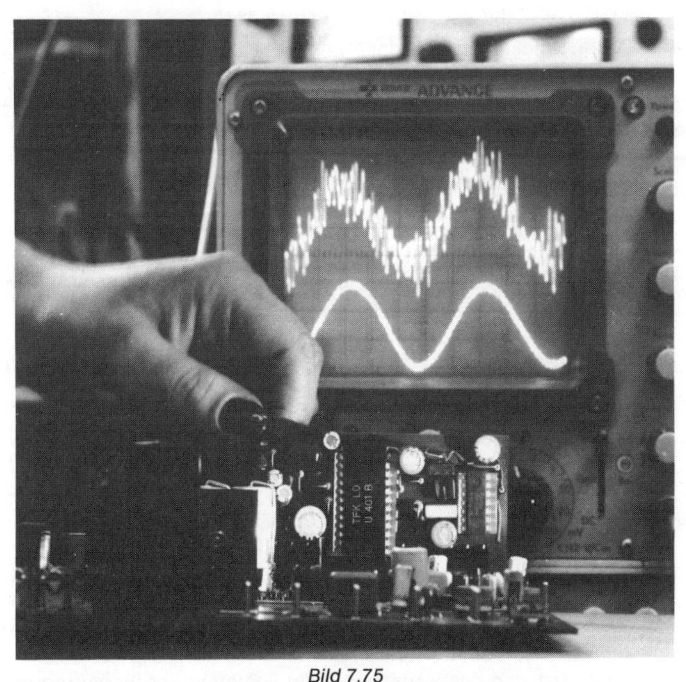

Bild 7.75
Platine der HIGH COM-Rauschverminderungsschaltung (Telefunken)

7.10.5 DNL-Verfahren

Die DNL-Schaltung (Dynamic-Noise-Limiter = dynamischer Rauschbegrenzer) ist, wie das Dolby-Verfahren, als zusätzliche Schaltungsanordnung zur Rauschminderung geschaffen worden. Gerade bei Kassettengeräten mit den niedrigen Bandgeschwindigkeiten ist das Rauschen des Magnetbandes eine noch immer unangenehme Begleiterscheinung, die auch nicht mit den Low-Noise- oder CrO_2-Bändern beseitigt werden kann. Das Rauschen stört besonders in Musikpausen und während leiser Passagen.

Das störende Rauschen beginnt im hörbaren Spektrum oberhalb von etwa 4 kHz. Es läßt sich nicht durch einfache passive Bandpässe verringern, weil diese gleichzeitig den Programminhalt mit beeinflussen. Höhere Frequenzen und deren Obertöne würden abgeschnitten werden und die Wiedergabe der Musik dumpf und unnatürlich klingen.

Es ist also ein Rauschbegrenzer notwendig, der auch von bestehenden Aufnahmen das unerwünschte Rauschen unterdrückt, ohne musikalische Details zu beeinflussen. Dies setzt voraus, daß die Schaltung nur bei der Wiedergabe wirksam ist.

7.10.5.1 Grundsätzlicher Aufbau

Da das störende Bandrauschen etwa oberhalb von 4 kHz beginnt und nur bei leisen Passagen bzw. Pausen zu hören ist, muß die Schaltung dann wirksam werden. Sie darf nur die tiefen Frequenzen bis etwa 4 kHz durchlassen. Man hat nämlich festgestellt, daß Musikinstrumente während leiser Passagen vorwiegend die Grundschwingungen und keine Oberwellen abstrahlen. Weiterhin gibt es nur wenige Musikinstrumente, die einen 4,5 kHz übersteigenden Grundtonbereich besitzen. Deshalb kann man bedenkenlos bei den leisen Stellen die Schaltung als Tiefpaß wirken lassen.

Erst bei einem lauten Spiel eines Musikinstrumentes ist der Oberwellengehalt sehr groß, und es ist deshalb ein großer Frequenzbereich notwendig, damit der Charakter der Musik nicht verloren geht. So ist eine Höhenbeschneidung oder Rauschunterdrückung während lauter Passagen nicht notwendig, weil das Nutzsignal das Rauschen überdeckt. Bei den lauten Stellen muß deshalb diese Schaltung als breitbandiger Verstärker wirken.

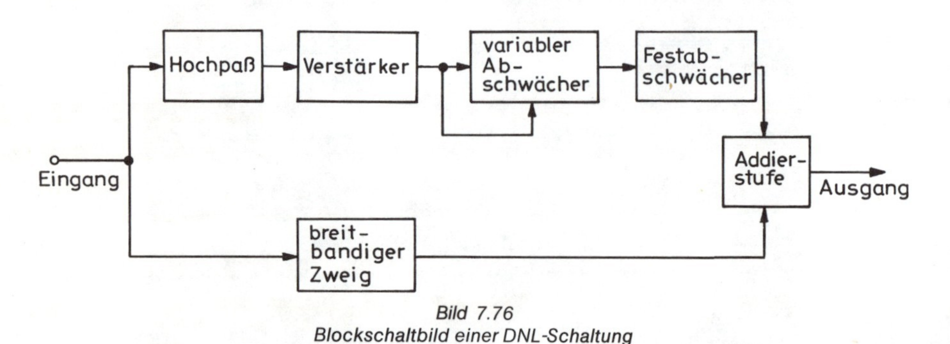

Bild 7.76
Blockschaltbild einer DNL-Schaltung

Um diese Forderungen zu erfüllen, läßt man das ankommende Signal zwei parallele Kanäle durchlaufen **(Bild 7.76).** Der eine Kanal verstärkt frequenzunabhängig, der andere enthält ein Hochpaßfilter dritter Ordnung. Die Summation der beiden Kanäle ergibt einen Frequenzgang, wie ihn ein Tiefpaßfilter dritter Ordnung (18 dB pro Oktave oder 60 dB pro Dekade) hat. Damit wird also das Rauschen beim Fehlen hoher Signalfrequenzen stark abgesenkt.

Treten andererseits hohe Signalfrequenzen von musikalischer Bedeutung auf, so muß die Filterwirkung der Schaltung aufgehoben werden, damit dieses Signalgemisch ungehindert passieren kann. Aus diesem Grunde liegt im Hochpaß-Kanal zwischen einem Verstärker und einem Festabschwächer ein variabler Abschwächer, der von den vorhandenen Signalamplituden gesteuert wird.

Der variable Abschwächer arbeitet wie folgt: Ist die Amplitude des Eingangssignals klein, so bringt der Abschwächer keine Dämpfung, und die gesamte Anordnung wirkt als steiles Tiefpaßfilter. Werden die Eingangssignale größer und wächst damit auch der Anteil der höherfrequenten Signale, so bringt der variable Abschwächer die volle Dämpfung. Jetzt ist der obere Kanal gesperrt, so daß die gesamte Schaltung als „Allpaß" wirkt und der volle Übertragungsbereich zur Verfügung steht.

7.10.5.2 Schaltungsbeschreibung

Die DNL-Schaltung wird zwischen dem Wiedergabeentzerrer und der Endstufe angeordnet. Das **Bild 7.77** zeigt die vollständige Schaltung eines DNL-Gerätes.

Das Eingangssignal gibt man über den Kondensator *C* 1 auf den Transistor T 1, der mit dem Netzwerk *R* 5, *C* 2 als Allpaßfilter wirkt. Das Eingangssignal für das Hochpaßfilter wird am Emitterwiderstand *R* 4 abgenommen anstatt am Schaltungseingang. Dadurch wird der Schaltungseingang weniger belastet.

Dieses Hochpaßfilter dritter Ordnung wird aus dem Transistor T 2 und dem Netzwerk *C* 3, *R* 6 und *C* 4 mit $R\,8 \parallel R\,9 \parallel R_{iT2}$ sowie *C* 5 mit $R\,10 + R_{iT3}$ gebildet. Ein Teil der Signalverstärkung wird bereits in der Stufe mit T 2 vorgenommen, der Rest in der Stufe T 3. Diese Stufe wird durch die Dioden D 1 und D 2 symmetrisch begrenzt.

Das Ausgangssignal V 1 und V 2 addiert man im Netzwerk *R* 19 und *R* 17 + *R* 18 zum Ausgangssignal V_{out}, wodurch eine feste Abschwächung durch die Werte von *R* 17 + *R* 18 gegeben ist.

Die variable Abschwächung wird durch die Diodenschaltung D 4 und D 6 vorgenommen, wobei ein signalabhängiger Strom durch die Ladekondensatoren *C* 8, *C* 9 fließt. Diese Kondensatoren werden über *R* 14 durch Spitzengleichrichtung der höherfrequenten Signalanteile mit den Dioden D 3, D 5 geladen. Der Koppelkondensator *C* 7 bildet mit *R* 16 ein weiteres Hochpaßfilter vor der Spitzengleichrichtung, um zu verhindern, daß große niederfrequente Signalanteile den Gleichrichter erreichen und damit den Abschwächer beeinflussen. In dieser Schaltung wurde die RC-Zeitkonstante so gewählt, daß eine Eckfrequenz von etwa 5,5 kHz erreicht wird. Die Ladekondensatoren *C* 8 und *C* 9 haben verhältnismäßig kleine Werte; die kurze Gleichrichterzeitkonstante, die hierdurch erhalten wird, bewirkt ein schnelles Ansprechen auf die Durchgangssignale.

Niederfrequente Signale unter 5 kHz und solche mit einer größeren Amplitude als 38 dB unter dem Bezugspegel sind am Ausgang des Abschwächers nicht vorhanden, so daß keine Auslöschung stattfindet und die Gesamtverstärkung völlig linear bleibt.

Bei den großen Signalamplituden mit hohen Frequenzen werden die Ladekondensatoren *C* 8 und *C* 9 so weit aufgeladen, daß die Dioden D 3, D 5, D 4 und D 6 gesperrt sind. Damit kann das Signal vom Kollektor des Transistors T 4 nicht mehr über sie an den Ausgang gelangen, d. h. dieser Kanal ist gesperrt, und die gesamte Schaltung wirkt als „Allpaß". Bei den kleinen Amplituden werden die Ladekondensatoren nur wenig oder überhaupt nicht aufgeladen, wodurch die Dioden leitend bleiben. Der Kanal ist damit geöffnet, und die gesamte Schaltung wirkt als Tiefpaß dritter Ordnung.

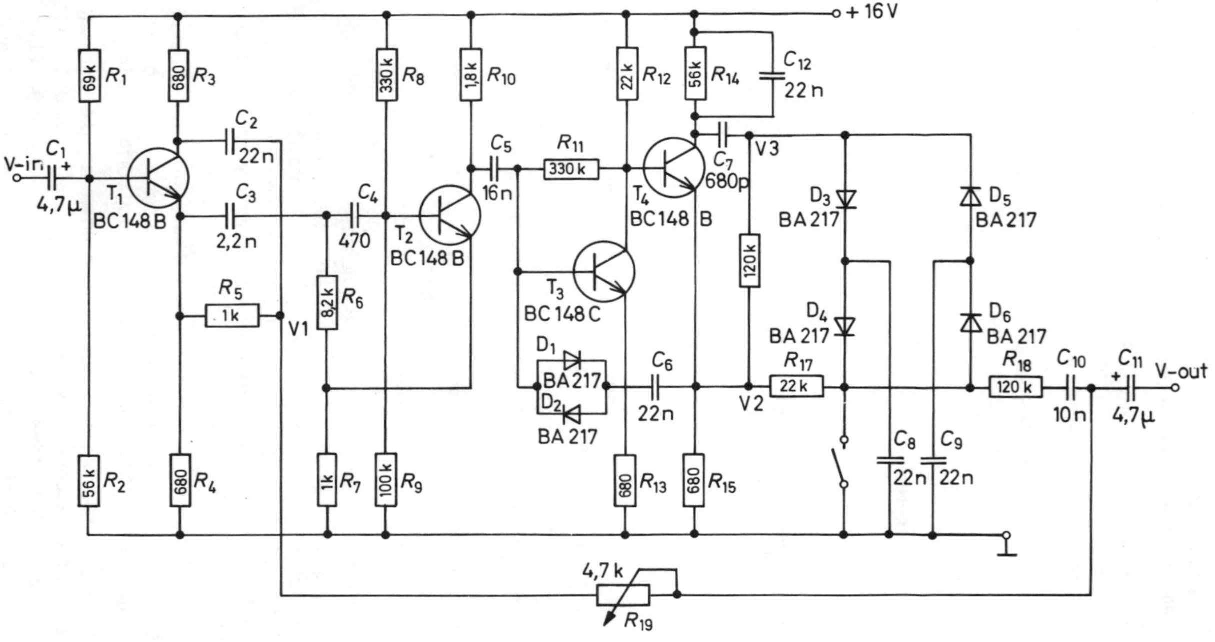

Bild 7.77
Vollständige Schaltung einer DNL-Schaltung (Philips)

7.11 Mechanik

Die Qualität der Magnettonaufzeichnung wird nicht nur von der elektrischen, sondern auch von der mechanischen Funktion des Tonbandgerätes bestimmt. Zu den Bedingungen, die in mechanischer Hinsicht an Magnettongeräte gestellt werden müssen, gehört in erster Linie eine völlig gleichmäßige Geschwindigkeit, präzise Bandführung, fester Kontakt des Bandes mit den Köpfen sowie möglichst schwingungsfreies und geräuschloses Arbeiten des Laufwerkes. Diese Forderungen lassen sich durch zweckentsprechende Konstruktionen, sorgfältige Fertigung und gewissenhafte Pflege der gesamten Mechanik erfüllen.

Zur Mechanik gehören die Motoren, Schwungmasse und gegebenenfalls Zwischengetriebe, der Bandantrieb und die Bandführung, der Antrieb der Spulenteller, die Bremseinrichtungen sowie Hebelsysteme bzw. Elektromagnete zur Steuerung der mechanischen Funktionen.

Ein Tonbandgerät muß den Transport des Tonbandes auf dreierlei Art ermöglichen:

1. Vorlauf (normale Vorwärtsbewegung mit der vorgeschriebenen Bandgeschwindigkeit bei der Aufnahme und Wiedergabe)
2. Schneller Vorlauf (schnelle Vorwärtsbewegung zum Aufsuchen bestimmter Bandstellen)
3. Schneller Rücklauf (schnelle Rückwärtsbewegung zum Umspulen des Bandes).

Damit das gesamte Laufwerk möglichst schwingungsfrei und geräuscharm arbeitet, baut man es in einen gut versteiften Grundrahmen ein, in dem der Antriebsmotor mit Gummipuffern befestigt ist, sofern ein direkter Antrieb vorliegt. Außerdem wendet man bevorzugt Gleitlager an, da diese in bezug auf die Laufruhe den Wälzlagern überlegen sind. Sämtliche rotierenden Teile, vor allem die mit großer Masse, müssen exakt ausgewuchtet und spielfrei gelagert sein.

7.11.1 Bandlauf

Von der linken Spule muß das Tonband abgewickelt, mit konstanter Geschwindigkeit an den Köpfen vorbeibewegt und auf den rechten Wickelteller aufgewickelt werden **(Bild 7.78).** Diesen normalen Vorlauf des Bandes bewirkt bei fast allen Geräten, die mit

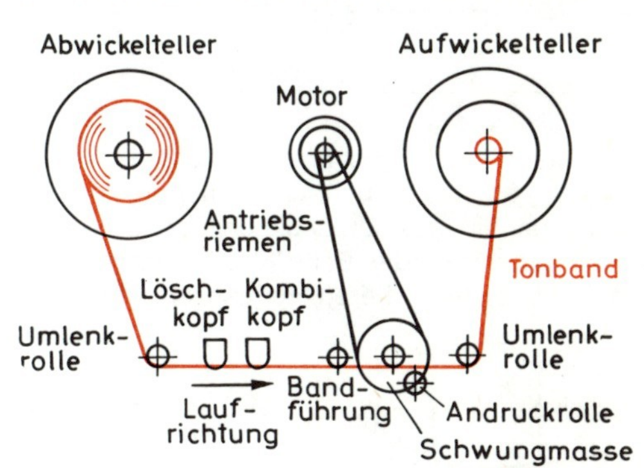

Bild 7.78
Beim indirekten Antrieb ist die Tonwelle auf der Schwungmasse befestigt, die über einen Riemen vom Motor angetrieben wird

konstanter Drehzahl laufende und genau geschliffene Tonwelle. Dazu drückt die gummibelegte Andruckrolle das Tonband mit genügend großer und gleichbleibender Kraft an diese Tonwelle und verursacht die nötige Reibung sowie einen kleinen und konstanten Schlupf **(Bild 7.79).** Die Gummiandruckrolle muß genau parallel zur Tonachse liegen, da

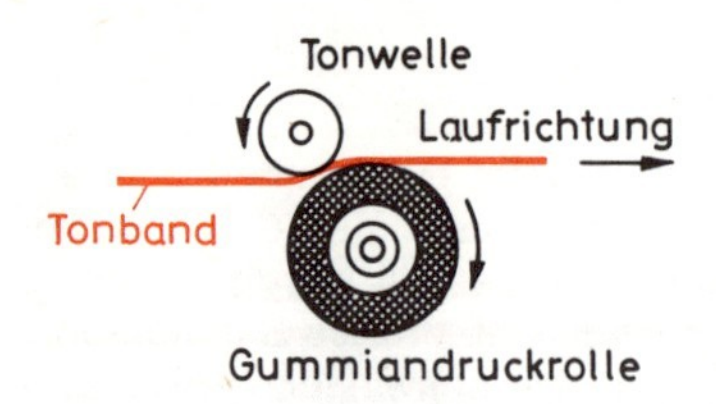

Bild 7.79
Das Tonband berührt zuerst die Tonwelle und danach die Gummiandruckrolle. Man vermeidet dadurch Tonhöhenschwankungen

das Tonband bei jeder kleinen Abweichung der Rolle nach oben oder unten auswandern kann. Das Band soll während des Aufnahme- und Wiedergabebetriebes zuerst die Tonwelle und dann die Andruckrolle berühren, damit die Bandgeschwindigkeit nur von der genau geschliffenen Tonwelle bestimmt wird. Unrundheiten der Gummirolle führen nämlich zu Tonhöhenschwankungen.

Auf ein gewisses Maß an Präzision kann man hier nicht verzichten. Zum Beispiel würden sich kurzzeitige und periodische Geschwindigkeitsänderungen als jaulende und zirpende Töne oder Tremolo*) sehr störend bemerkbar machen. Da unser Ohr schon Schwankungen von 1 % wahrnehmen kann, dürfen die zulässigen Geschwindigkeitsabweichungen maximal nur 0,5 % betragen.

Die von dem Tonmotor angetriebene Tonwelle ist deshalb mit einer Schwungmasse von oft beträchtlichem Gewicht ausgestattet, das um so größer sein muß, je niedriger die Drehzahl ist, und je höher die Gleichlaufforderung liegt. Kurzzeitige Drehmomentschwankungen des Motors – z. B. als Folge von Netzspannungsstößen – sowie Schwingungen des Tonmotors hält man durch eine flexible Kupplung vom Bandantrieb fern. Deshalb treibt der Motor die Schwungmasse und damit die Tonwelle meistens über einen Riemen an (Bild 7.78). Den Bandlauf bei einem Kassettengerät zeigt das **Bild 7.80.**

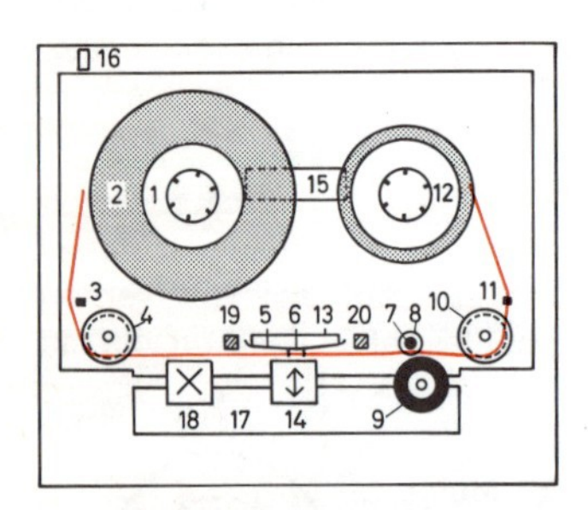

Bild 7.80
Bandlauf und mechanischer Aufbau eines Kassettengerätes. 1 Zahnkranz des linken Wickelkerns, 2 linker Vorratswickel, 3 Führungsstift, 4 Führungsrolle, 5 Andruckfeder, 6 Filz, 7 Tonwelle, 8 Öffnung, 9 Gummiandruckrolle, 10 Führungsrolle, 11 Führungsstift, 12 Zahnkranz des rechten Wickelkerns, 13 Abschirmblech, 14 Aufnahme-Wiedergabekopf, 15 Sichtfenster, 16 Aufnahmesperre, 17 Montageplatte, 18 Löschkopf, 19 und 20 Führungsstifte (BASF).

Ein guter mechanischer Kontakt zwischen Magnetband und Tonköpfen ist Voraussetzung für eine brauchbare Aufnahme und Wiedergabe. Deshalb drückt man das Band durch feinfühlige Andruckbänder oder -filze fest gegen den Tonkopf **(Bild 7.81).** Fehlender oder schwankender Band/Kopf-Kontakt äußert sich durch Lautstärkeschwankungen die sich bei den höheren Frequenzen zuerst bemerkbar machen.

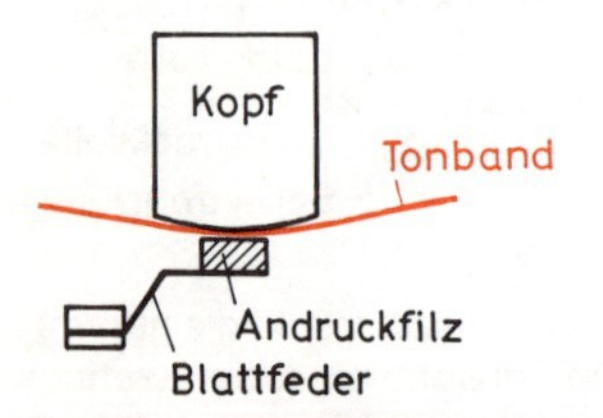

Bild 7.81
Ein Andruckfilz bewirkt einen innigen Kontakt zwischen Tonband und Tonkopf

*) Tremolo = Frequenzmodulation des Signals, zitternde und bebende Tonführung.

Beim normalen Vorlauf muß die Abwickelspule eine Bremskraft ausüben, um das Band straff zu halten. Die Aufwickelspule hat das rechts von der Tonwelle ablaufende Band aufzuspulen. Bei Geräten der höheren Preisklasse findet man zu diesem Zweck zwei besondere Motoren (Dreimotorenlaufwerk), die Brems- und Aufwickelzug der Spulen automatisch mit dem Wickelmesser regeln.

Bei einmotorigen Laufwerken, wie sie in den meisten Heimtonbandgeräten zu finden sind, gewinnt man den Bremszug für die Abwickelspule mit Hilfe einer mechanischen Bremse. Eine solche Möglichkeit bietet z. B. die bandzuggesteuerte Fühlhebelbremse **(Bild 7.82).** Die am linken Wickelteller angreifende Bremse ist mit einem Steuerarm versehen, der in der Nähe der linken Bandführung mit dem Tonband in Berührung kommt. Bei kleiner werdendem Wickeldurchmesser verkleinert sich stetig die Bremskraft. Auf diese Weise läßt sich über die gesamte Bandlänge ein vom Wickeldurchmesser unabhängiger Bandzug erzielen.

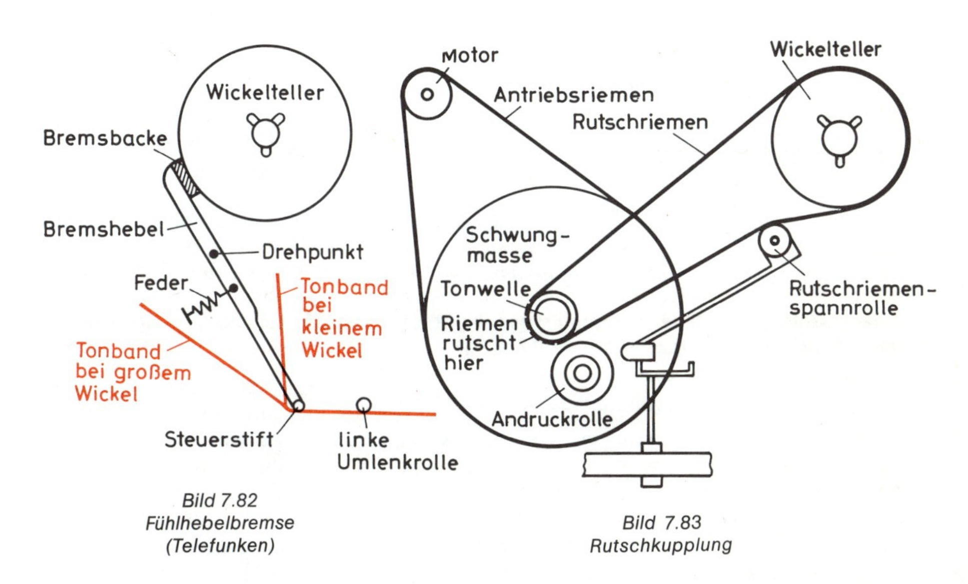

Bild 7.82
Fühlhebelbremse
(Telefunken)

Bild 7.83
Rutschkupplung

Zum Antrieb der Aufwickelspule benutzt man eine Rutschkupplung zwischen Schwungmasse und Wickelteller **(Bild 7.83).** Denn mit zunehmendem Bandwickeldurchmesser muß die Umfangsgeschwindigkeit der Aufwickelspule allmählich verringert werden. Daher treibt die Tonwelle den rechten Wickelteller über einen speziellen Rutschriemen.

Ein normaler Transmissionsriemen besteht in der Regel ganz und gar aus Gummi oder Kunststoff, der die Kraft einer Rolle verlustlos, also ohne Schlupf, auf eine andere Rolle überträgt. Anders bei diesem Rutschriemen. Seine Innenfläche ist mit einem besonderen Gewebe belegt, das im Gegensatz zum Gummi besonders gut rutscht. Das Maß des Rutschens läßt sich durch eine Spannrolle bestimmen.

Die Übersetzung von der Tonwelle auf den rechten Wickelteller ist so ausgelegt, daß dieser mit Sicherheit bei leerer rechter Spule die nötige Umdrehungszahl erreicht. Sobald jedoch mit zunehmendem Wickeldurchmesser der rechten Spule die Umdrehungszahl sinken soll, beginnt der Riemen zu rutschen, und der Aufwickelteller dreht sich nur mit der Geschwindigkeit, die zum Aufwickeln des zwischen Tonwelle und Gummiandruckrolle hindurchgeförderten Tonbandes nötig ist.

Bei Kassettengeräten erwartet man, daß der auf- und abzuspulende Bandwickel weder den Gleichlauf beeinflußt, noch daß er ungleichmäßig ausfällt. Beim Abwickeln sind kaum Schwierigkeiten zu erwarten, da die einstellbare Lagerreibung der Vorratsspule ausreicht, um ihren Bandwickel an ungleichmäßigen Bewegungen zu hindern. Auf der Aufwickelseite dagegen verursacht eine ungleichmäßig reibende mechanische Rutschkupplung im Extremfall einen sprungweisen Bandtransport. Deshalb werden bei verschiedenen Herstellern magnetische Rutschkupplungen verwendet.

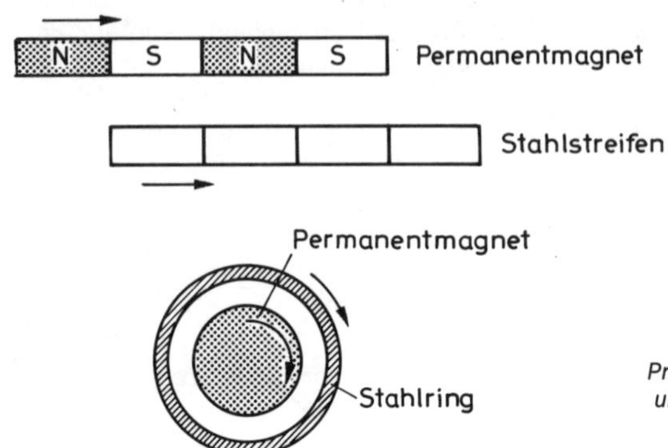

Bild 7.84
Prinzip der magnetischen Friktion und Übertragen des Prinzips auf Rotationskörper

Bewegt man nämlich einen mehrpoligen Permanentmagneten in eine Richtung, so rutscht auch der darunter angeordnete Stahlstreifen in diese Richtung nach und umgekehrt **(Bild 7.84).** Bildet man nun diese als Rotationskörper aus, so folgt der Magnet dem Stahlstreifen berührungslos so lange, bis ihn eine Last bremst, die stärker als die magnetische „Friktion"*) ist.

Der praktische Aufbau geht aus dem **Bild 7.85** hervor. Der Stahlstreifen liegt mit schräg aneinander liegenden Enden in einer Plastikwanne. Dieser Aufbau sichert geringe magnetische Verluste und schützt vor Feuchtigkeit. Diese Wanne wird über einen Riemen vom Recordermotor angetrieben, sie nimmt über diese magnetische Rutschkupplung den Permanentmagneten mit. Dessen Achse trägt am anderen Ende die Andruckrolle, die den Aufwickelteller antreibt.

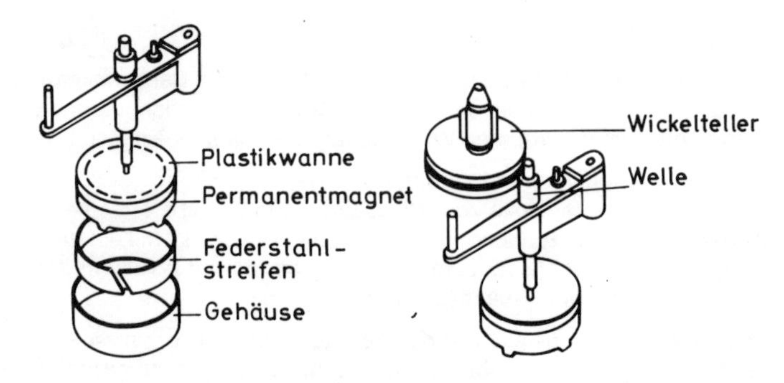

Bild 7.85
Explosionszeichnung der magnetischen Rutschkupplung und Antrieb des Wickeltellers (Philips)

*) Friktion (lat.) = Reibung

Bei einem kleinen Wickel auf der Aufwickelseite ist die bremsende Kraft gering. Damit folgt der Magnet ohne zu rutschen dem Stahlstreifen. Der Aufwickelteller erhält somit die Geschwindigkeit der über einen Riemen angetriebenen Wanne. Bei einem größeren Wickel wird die bremsende Kraft größer. Jetzt kann der Permanentmagnet dem Stahlstreifen nicht mehr unmittelbar folgen, der beginnt zu rutschen. Damit wird aber auch die Geschwindigkeit des Aufwickeltellers geringer, was ja auch erreicht werden soll.

Die meisten Tonbandgeräte enthalten Zählwerke mit Nullstellung, damit Bandaufnahmen jederzeit leicht auffindbar sind. Das Zählwerk wird vielfach von einem der beiden Wickelteller angetrieben und zählt somit die Anzahl der Wickeltellerumdrehungen.

Um einwandfreien Bandlauf zu erhalten, müssen die beiden Wickelteller, die Bandführungsbolzen und die Tonköpfe in ihrer Höhe genau eingestellt sein. Bei einem zu hohen Taumelschlag der linken Wickelspule kann sich das Tonband in senkrechter Richtung vor den Tonköpfen bewegen, wodurch Aufnahme und Wiedergabe gestört werden.

Alle Bandführungsteile, auch die Tonköpfe, die Tonwelle und die Gummiandruckrolle müssen genau senkrecht stehen und parallel zueinander ausgerichtet sein. Deshalb montiert man Lösch-, Sprech- und Hörkopf zusammen mit den Bandführungen auf einen Kopfträger, der die Justage sehr erleichtert.

Insbesondere muß der Spalt eines Kopfes genau senkrecht zur Bandlaufrichtung stehen. Wird ein Signal mit schiefstehendem Spalt abgetastet, so vergrößert sich die wirksame Spaltbreite, und die obere Grenzfrequenz sinkt ab **(Bild 7.86).** Hör- und Sprechkopf können an diesem Effekt gleichermaßen beteiligt sein.

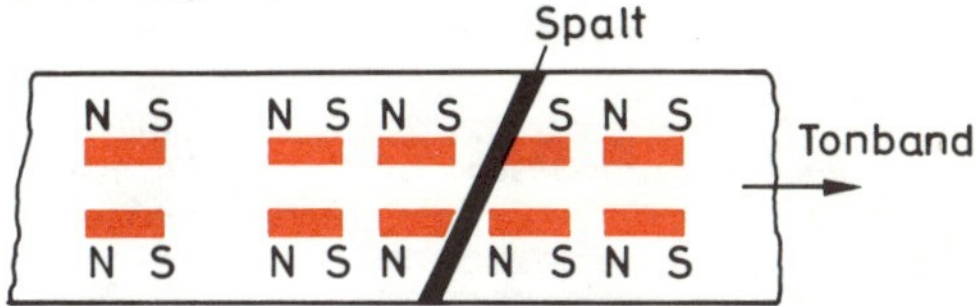

Bild 7.86
Bei schiefstehendem Kopfspalt vergrößert sich die wirksame Spaltbreite und die obere Grenzfrequenz sinkt

Ist das Bandgerät mit einem Kombikopf ausgerüstet, so macht sich eine nicht zu starke Spaltschiefstellung kaum bemerkbar, solange nur eigene Aufnahmen abgespielt werden. Erst beim Austausch besprochener Bänder treten Höhenverluste auf.

Bild 7.87
Bandlauf einer Compact-Cassette
Das „SM" auf der Cassette ist die Abkürzung für Sicherheits-Mechanik. Die beiden weißen Kunststoffhebel sorgen bei solchen SM-Cassetten für einen gleichmäßig glatten Tonbandwickel. Damit wird ein „Festlaufen" der Cassette vermieden. (BASF).

Den Bandlauf einer Tonbandkassette zeigt das **Bild 7.87.** Bei dieser Kassette hat man durch eine Spezialmechanik das Laufverhalten erheblich verbessert. Zwei Führungshebel mit kufenartigen Enden sorgen dafür, daß das Band dem Wickel in definierter Höhe zugeführt wird. Damit bleibt, auch beim häufigen Rangieren des Bandes, eine glatte Wickelfläche erhalten. Durch diese Maßnahme ergeben sich definierte Reibungs- und Bandzugverhältnisse, was sich wiederum in niedrigen Tonhöhenschwankungen und einer hohen Betriebssicherheit niederschlägt.

7.11.2 Geschwindigkeitsumschaltung

Die Tonwelle wird vom Motor angetrieben. Man verwendet hierzu selbstanlaufende Synchron- oder Asynchronmotoren mit bekanntem und konstantem Schlupf, so daß die Bandgeschwindigkeit mit der Netzfrequenz starr gekoppelt ist. Seit einiger Zeit benutzt man immer mehr Gleichstrommotoren, die durch eine elektronische Regelung auf konstanter Geschwindigkeit gehalten werden. Um andere Bandgeschwindigkeiten zu erhalten, lassen sich verschiedene Umschaltmethoden verwenden.

Beispielsweise ist die Geschwindigkeit von Vierpolmotoren nur halb so hoch wie von Zweipolmotoren. Gelegentlich werden deshalb Motoren mit umschaltbaren Polen eingesetzt, wodurch die Drehzahl auf nur zwei Stufen eingestellt werden kann. Da die niedrigere Bandgeschwindigkeit jeweils durch Halbieren der nächsthöheren Geschwindigkeit zu erreichen ist, sind solche Motoren in Tonbandgeräten brauchbar. Allerdings sind diese umschaltbaren Mehrpolmotoren recht teuer und finden in Heimgeräten kaum noch Verwendung.

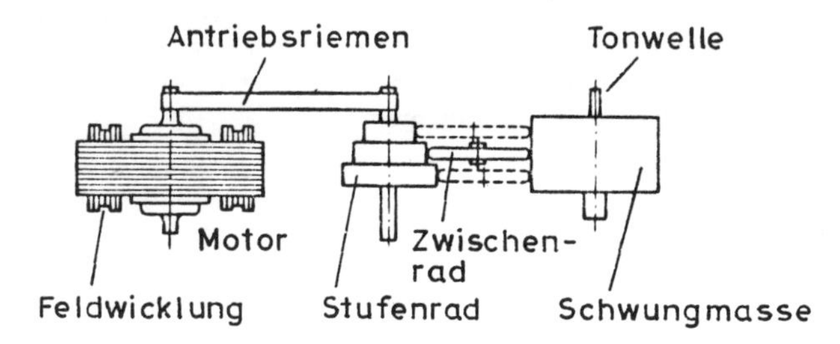

Bild 7.88
Zum Ändern der Geschwindigkeit schaltet man das Zwischenrad auf den entsprechenden Rollendurchmesser des Stufenrades

In der Praxis schaltet man die Geschwindigkeit meistens durch ein sogenanntes Stufenrad um. Der vom Motor angetriebene elastische Riemen kann z. B. auf zwei Stufen der Riemenscheibe des Motors gelegt werden. Häufig treibt er auch nicht direkt die Schwungmasse, sondern ein separates Stufenrad an **(Bild 7.88).** Die Durchmesser der einzelnen Stufen dieses Rades verhalten sich beispielsweise bei einem Tonbandgerät mit drei Bandgeschwindigkeiten wie 1 : 2 : 4. Zwischen dieses Stufenrad und die Schwungmasse ist ein gummibelegtes Zwischenrad eingebaut.

Die Geschwindigkeiten ändert man dadurch, daß man das Zwischenrad in seiner Höhe verstellt, so daß es auf die unterschiedlichen Durchmesser der Stufenrolle gelegt wird. Damit überträgt das Zwischenrad die drei verschiedenen Geschwindigkeiten auf die Schwungmasse, und die Tonwelle erhält eine von drei verschiedenen Umdrehungszahlen.

Die ursprünglich benutzte Bandgeschwindigkeit betrug 30 Zoll je Sekunde. Das sind im metrischen Maßsystem 76,2 cm/s. Da man heute auch mit niedrigeren Geschwindigkeiten brauchbare Aufnahmen machen kann, hat man sich auf fortlaufendes Halbieren des vorhergehenden Wertes durch die Norm festgelegt. Auf diese Weise sind die folgenden Bandgeschwindigkeiten entstanden:

Bei Studiogeräten: 76,2 cm/s; 38,1 cm/s; und 19,05 cm/s

Bei Heimtonbandgeräten: 19,05 cm/s; 9,53 cm/s; 4,75 cm/s; (2,38 cm/s)

Bei Kassettengeräten: 4,75 cm/s

Bei Diktiergeräten: 4,75 cm/s und 2,38 cm/s

7.11.3 Umspulen

Bei schnellem Vor- und Rücklauf lüftet man die Andruckrolle mechanisch oder elektromagnetisch, wodurch das Tonband sich von der Tonrolle abhebt und frei läuft. Um Reibung und Abnutzung klein zu halten, wird das Band beim Umspulen auch von den Magnetköpfen abgehoben. Der Bandantrieb geht damit von der Tonwelle je nach gewählter Wickelrichtung auf den linken oder rechten Wickelteller über.

Die Antriebsmechanik des rechten Wickeltellers für den schnellen Vorlauf oder des linken Wickeltellers für den schnellen Rücklauf ist denkbar einfach.

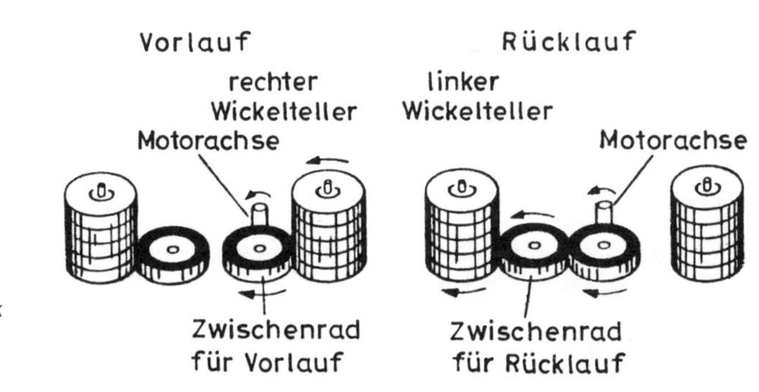

Bild 7.89 Typische Mechanik für schnellen Vor- und Rücklauf

Für den schnellen Vorlauf schaltet man beispielsweise zwischen Motorachse und rechten Wickelteller durch Tasten- oder Schieberbewegung ein Zwischenrad ein, das die Motordrehzahl untersetzt und den rechten Teller antreibt **(Bild 7.89).** Für den schnellen Rücklauf wird das Rad in Richtung des linken Wickeltellers gedrückt, wobei ein weiteres Zwischenrad dafür sorgt, daß die Drehrichtung im gewünschten Sinne umgekehrt wird, so daß der linke Wickelteller im Uhrzeigersinn rotiert. Dreht sich der eine Wickelteller, so muß dabei jeweils der andere gebremst werden, damit sich das Tonband stramm genug aufwickelt. Die im Abschnitt 7.10.1 beschriebene Fühlhebelbremse oder auch eine gewichtsabhängige Bremse, mit der dann natürlich beide Wickelteller ausgestattet sein müssen, verrichten diese Aufgabe zufriedenstellend.

7.11.4 Laufwerk eines Kassetten-Recorders

Das **Bild 7.90** zeigt das Antriebsschema eines Kassetten-Gerätes. Ein elektronisch geregelter Gleichstrommotor treibt über einen Vierkantriemen die Schwungscheibe mit Tonwelle und das Friktionsrad an. Letzteres besorgt im Aufnahme-/Wiedergabebetrieb über eine Rutschkupplung das Aufwickeln des von der Tonwelle und der Gummiandruckrolle transportierten Tonbandes.

Der Umspulbetrieb erfolgt durch ein Reibrad von der Schwungscheibe auf den jeweiligen Mitnehmerteller. Für den Rücklauf wird zum Umkehren der Drehrichtung ein weiteres Zwischenrad eingeschaltet. Weil die Schnellauftasten einrasten, wird in das Reibrad eine Rutschkupplung eingebaut, die das in der Kassette eingespannte Tonband am Bandende schont und das Blockieren des Laufwerkes verhindert. Im Aufnahme-/Wiedergabebetrieb ist das Reibrad von der Schwungscheibe abgehoben, um die Tonhöhenschwankungen möglichst gering zu halten. Das Zählwerk wird über Riemen vom linken Wickelteller angetrieben.

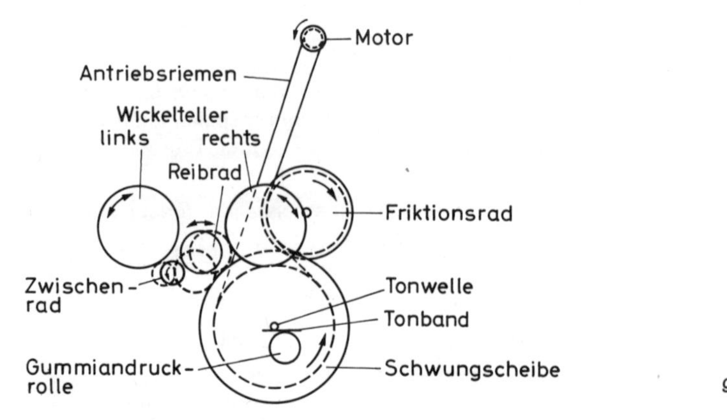

Bild 7.90
Antriebsschema eines Kassettengerätes (Telefunken)

7.11.5 Antriebsmotore

7.11.5.1 Synchronmotor

Zum Antrieb der Tonwelle sowie der Wickelteller beim Umspulen verwendet man in Studiogeräten ausschließlich Synchronmotoren. Sie besitzen eine konstante Drehzahl, die nur von der Frequenz der Wechselspannung bestimmt wird. Schwankungen der Netzspannung haben innerhalb weit gezogener Grenzen keinen Einfluß auf die Drehzahl.

7.11.5.2 Asynchronmotor

Asynchronmotoren verwendet man in Heimtonbandgeräten. Sie haben fast immer Kurzschlußläufer und reagieren nur geringfügig auf Netzspannungsschwankungen. Die Drehzahl dieser Motortypen wird von der Netzfrequenz und der Anzahl der Pole, aus denen der Stator aufgebaut ist, bestimmt. Allerdings sind sie im Gegensatz zu reinen Synchronmotoren auch last- und spannungsabhängig.

Bild 7.91 zeigt den Aufbau eines Spaltpol-Asynchronmotors. Der Stator besteht aus zwei Weicheisen-Magnetpolen, in deren Mitte ein ebenfalls aus Weicheisen gefertigter Rotor eingesetzt ist. Fließt durch die Feldspulen der Netzwechselstrom, so erzeugt dieser an den Polen ein magnetisches Wechselfeld. Die Feldlinien gehen dabei durch den Luftspalt und den Rotor.

Im Rotor sind Kupferstäbe eingelassen, die als Kurzschlußwicklungen wirken. In ihnen wird eine Spannung induziert, die im Eisen des Rotors ein Magnetfeld aufbaut. Das Magnetfeld der Feldspule und das Rotorfeld sind gegeneinander gerichtet. Da in den

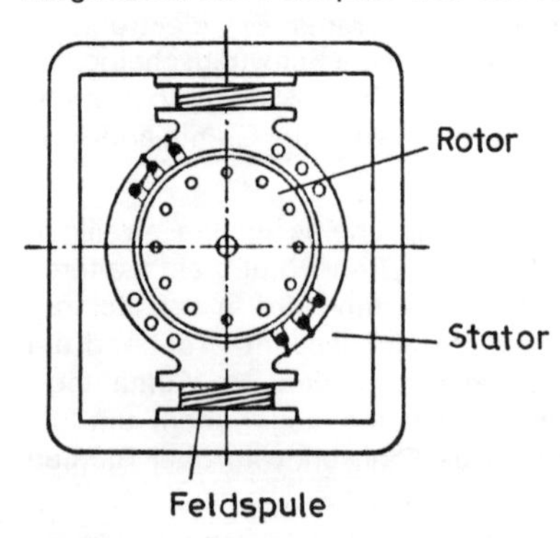

Bild 7.91
Asynchronmotor mit zwei Feldspulen. Der Rotor ist als Kurzschlußläufer ausgebildet

Magnetpolen des Stators Eisenkerben vorhanden sind, in denen Kupferdrähte als Kurzschlußwicklungen liegen, wird auch in ihnen durch das Wechselfeld eine Spannung induziert, was ebenfalls ein magnetisches Wechselfeld hervorruft. Jedoch erreicht dieses Feld seinen Höchstwert etwas später als das Hauptfeld. Infolgedessen entsteht ein Drehfeld, dessen Umdrehungszahl der Netzfrequenz entspricht und somit den Rotor in Bewegung setzt.

Häufig findet man auch Motoren mit Außenläufer. Bei diesem Motortyp ist der Stator in der Mitte des Motors angeordnet. Der Läufer dreht sich außen um den Stator. Durch die Schwungradwirkung des Rotors werden Laufschwankungen ausgeglichen, und der Gleichlauf ist gegenüber einem Innenläufer wesentlich verbessert.

7.11.5.3 Gleichstrommotor

Batteriebetriebene Tonbandgeräte benötigen zum Bandantrieb Gleichstrommotoren. Bei Gleichstrommotoren rotiert ein mit Kupferwicklungen versehener Läufer in einem Magnetfeld. Die Teilwicklungen des Rotors sind nach **Bild 7.92** mit dem aus Kupferlamellen bestehenden Kollektor verbunden. Der Läuferstrom wird über die Kohlebürsten zugeführt. Kollektor und Spulen sind so geschaltet, daß aus Magnetfeld und Stromrichtung in den Spulen ein Drehmoment entsteht, das den Läufer zum Rotieren bringt.

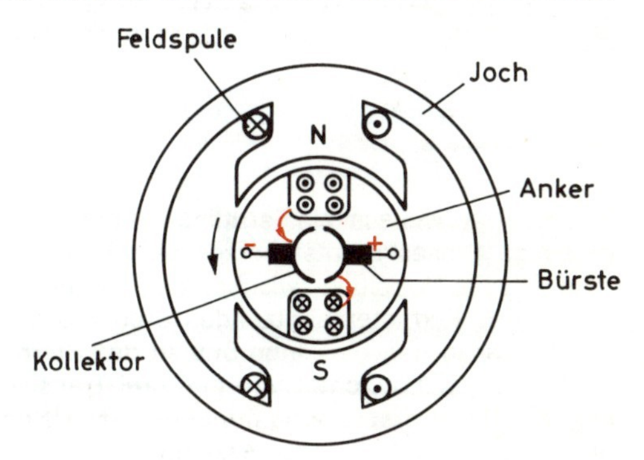

Bild 7.92
Aufbauschema eines Gleichstrommotors

Zur Drehzahlregelung bei solchen Gleichstrommotoren benutzte man früher ausschließlich mechanische Fliehkraftschalter. Bei höheren Umdrehungszahlen und damit größeren Fliehkräften öffnet der Schalter und unterbricht damit die Stromzufuhr. Dadurch dreht sich der Motor langsamer. Der Schalter schließt sich wieder, sobald seine Solldrehzahl unterschritten wird, und der Motor erhält erneut Strom. Die Drehzahl steigt wieder an usw. Diese Maschinen laufen verständlicherweise sehr geräuschvoll und sind dazu auch noch sehr temperaturanfällig. Die Folge ist durch die starke Geschwindigkeitsabweichung oft eine jaulende Tonwiedergabe. Weiterhin treten an Kollektor und Bürsten Verschleiß und störende Funkenbildung auf.

Seitdem es möglich ist, bei Gleichstrommotoren mit Hilfe von Transistoren eine Kommutierung (Stromwendung) zu erreichen, die auf einen Kollektor verzichten kann, kam der große Durchbruch für die kollektor- und kontaktlosen Gleichstrommotoren.

Bei solchen kollektorlosen Gleichstrommotoren wird die Kommutierung, die sonst der Kollektor vornimmt, durch Hilfsmittel bzw. Bauelemente erreicht, die entsprechend der Winkelstellung des Rotors Steuerspannungen abgeben. Das gemeinsame Merkmal ist die berührungslose Übertragung durch Magnetfelder, so z. B. über Hochfrequenz auf Spulen oder über Permanentmagnete auf Feldplatten oder neuerdings auf Hallgeneratoren.

7.11.5.4 Kollektor- und kontaktloser Gleichstrommotor

Wirkungsweise

Zur Drehmomentbildung sind drei jeweils um 120° versetzte Spulen über den Umfang des Ständers verteilt. Als Rotor dient ein Dauermagnet mit einfacher Nord-Süd-Polung. Die Ständerwicklungen werden in der Bewegungsrichtung nacheinander durch Transistoren eingeschaltet.

Zur Ansteuerung der Transistoren dient ein Oszillator, der mit einer Frequenz von etwa 100 kHz arbeitet. Seine Schwingspule sitzt im Zentrum eines im Ständer angeordneten sternförmigen Ferritkernes **(Bild 7.93)**.

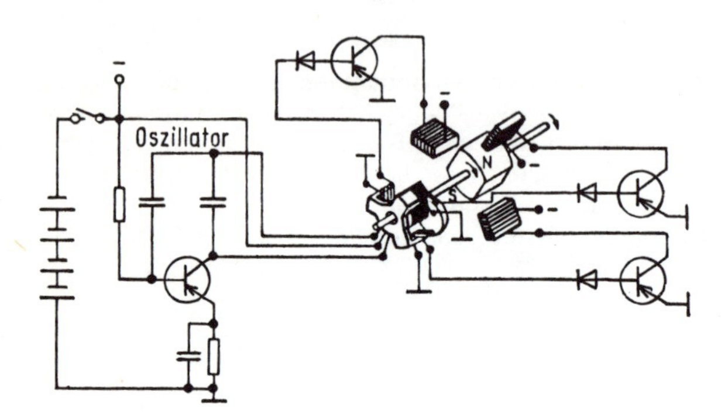

Bild 7.93
Aufbau eines kollektor- und kontaktlosen Gleichstrommotors

Auf der Rotorwelle ist ein Ferritfinger – ähnlich dem Zündverteiler beim Kraftfahrzeug – befestigt. Dieses Ferritsteuersegment bewirkt bei der Umdrehung des Rotors eine magnetische Kopplung zwischen der Oszillatorspule und jeweils einer der drei an den Enden des Ferritsterns sitzenden Steuerspulen für die Transistoren. Der durch den Ferritfinger in den einzelnen Spulen des Sterns nacheinander induzierte Spannungsstoß wird gleichgerichtet und den drei Transistoren zugeführt. Die dabei auftretende negative Basisvorspannung öffnet den jeweils angesteuerten Transistor. So fließt durch die entsprechende Ständerwicklung ein Strom.

Das in der Wicklung aufgebaute Magnetfeld dreht den Rotor weiter und damit auch den Ferritfinger. Damit koppelt das Steuersegment die Hochfrequenz auf die nächste Steuerwicklung, die den nächsten Transistor leitend macht und die dazugehörige Ständerwicklung einschaltet. Dadurch dreht sich der Rotor weiter, und der Vorgang wiederholt sich in der nächsten Wicklung.

Bei der normalen Bandgeschwindigkeit beträgt die Drehzahl des Motors 3000 U/min. Damit wiederholt sich der Schaltvorgang an jedem einzelnen Transistor genau 50mal in der Sekunde.

Bei solchen bürstenlosen Gleichstrommotoren werden zur Drehzahlregelung gelegentlich noch Fliehkraftschalter benutzt. Sie lassen sich aber auch noch umgehen, indem man den elektronischen Aufwand noch etwas erhöht.

Elektronische Drehzahlregelung

Der Hochfrequenzoszillator arbeitet in **Bild 7.94** auf einer Frequenz von 100 kHz. Die Spannung von etwa 15 V gelangt über die Kondensatoren *C* 3 und *C* 4 zum Transistor *T* 4, in dessen Kollektorkreis die Koppelspule D liegt. Sie ist auf den sternförmigen Ferritkern gewickelt und durch den drehenden Ferritfinger mit der jeweiligen Steuerspule gekoppelt.

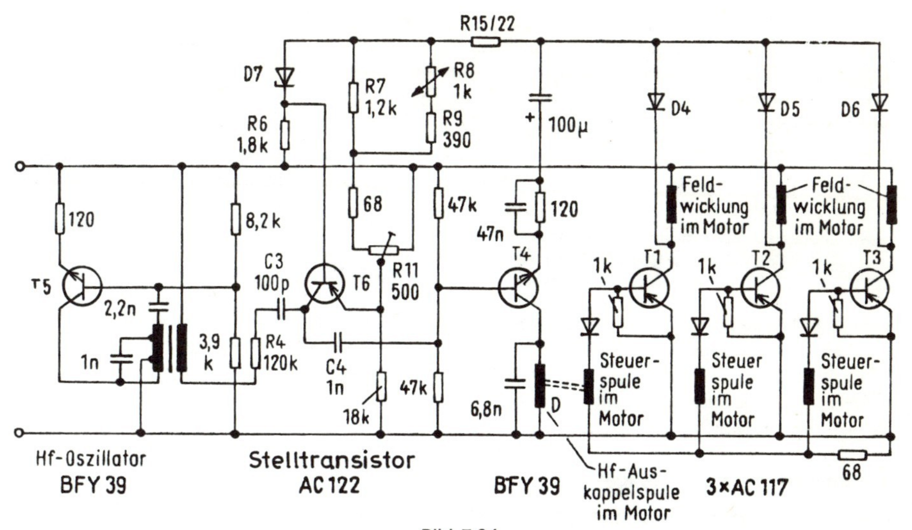

Bild 7.94
Vollständige Schaltung des bürstenlosen Gleichstrommotors mit der elektronischen Drehzahlregelung. Mit dem Trimmwiderstand R11 kann die Drehzahl des Motors eingestellt werden

Durch den rotierenden Permanentmagneten des Rotors wird in den jeweils nicht angeschalteten zwei Feldwicklungen eine Selbstinduktionsspannung entstehen, die der angelegten Betriebsspannung entgegengerichtet und der Drehzahl proportional ist.

Diese Spannung ist somit ein Maß für die Drehzahl des Motors. Man nennt sie deshalb auch Tachospannung und richtet sie mit den Dioden D 4 bis D 6 gleich. Die so entstandene Gleichspannung gelangt über den Wiederstand R 15 zu einem Regelnetzwerk.

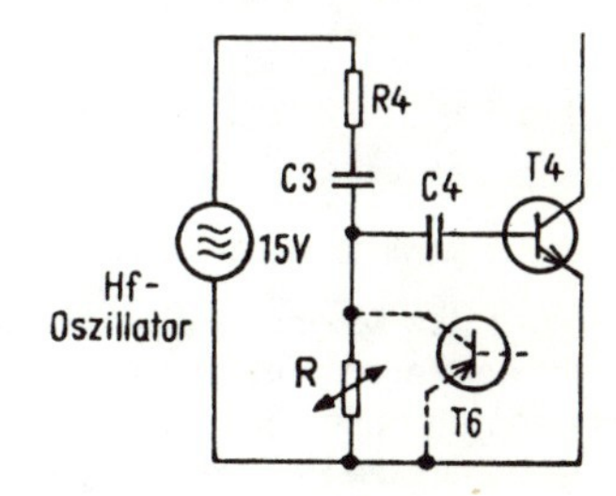

Bild 7.95
Wirkungsweise des Stelltransistors T 6

Dieses bildet eine Brückenschaltung, deren Zweig *R* 7 / *R* 8 / *R* 9 die Temperatureinflüsse kompensiert. Der andere Zweig besteht aus der Z-Diode *D* 7 und dem Widerstand *R* 6. Im Nullpunkt der Brückenschaltung liegt der Stelltransistor *T* 6, der als veränderlicher steuerbarer Widerstand die Hochfrequenzspannung beeinflußt.

Das **Bild 7.95** zeigt die Wirkungsweise des Stelltransistors. Er liegt als veränderlicher Querwiderstand *R* im Spannungsteiler *R* / *C* 3 / *R* 4 (*R* wird durch den Transistor *T* 6 dargestellt).

Bei überhöhter Drehzahl steigt die Tachospannung. Sie gelangt über das Regelnetzwerk zur Basis des Stelltransistors *T* 6 und macht ihn leitender. Der im Hf-Spannungsteiler durch den Transistor *T* 6 dargestellte Querwiderstand wird somit niederohmiger und setzt die wirksame Hochfrequenzspannung herab. Damit wird der Transistor *T* 4 nicht voll durchgesteuert, die an den Steuerspulen des Motors liegende Hf-Spannung wird kleiner, wodurch die Steuertransistoren *T* 1 bis *T* 3 nicht mehr so weit aufgesteuert werden. Der Kollektorstrom der Transistoren und damit auch der Feldstrom werden kleiner, und der Motor läuft langsamer.

7.11.5.5 Hallgeneratorgesteuerter Motor

Bei allen kollektorlosen Gleichstrommotoren wird die berührungslose Übertragung durch Magnetfelder durchgeführt, beispielsweise über Permanentmagnete auf Feldplatten oder auf Hallgeneratoren. Entsprechend der Stärke des Magnetfeldes ändern Feldplatten ihren Widerstand, während Hallgeneratoren eine der Stärke des Magnetfeldes proportionale Spannung abgeben mit einer Polarität, die von der Polrichtung des einwirkenden Magnetfeldes abhängt.

Wirkungsweise eines Hallgenerators

Der Hallgenerator ist ein magnetisch steuerbares Halbleiter-Bauelement, das auf den nach dem amerikanischen Physiker *Hall* genannten Effekt beruht. Beim Einwirken eines Magnetfeldes wird eine annähernd proportionale Spannung erzeugt, deren Polarität von der Polrichtung des einfallenden Magnetfeldes abhängt. Das Hallplättchen wird in seiner Längsrichtung von dem Steuerstrom *I* durchflossen. Wirkt jetzt senkrecht zur Plattenfläche ein Magnetfeld, so tritt die sogenannte Hallspannung U_H auf, die bei konstantem Steuerstrom von der Richtung und Stärke des Magnetfeldes abhängig ist **(Bild 7.96)**.

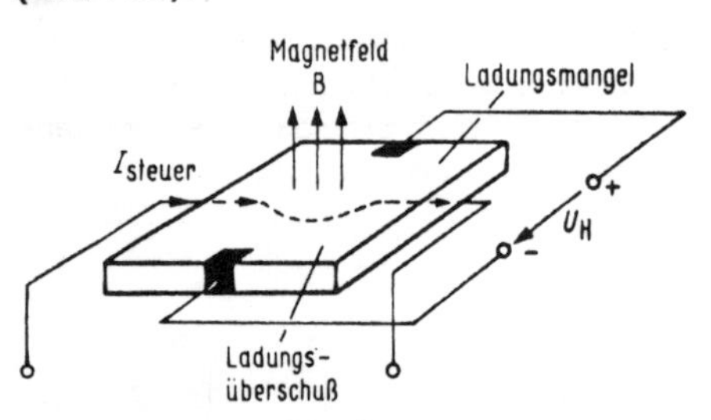

Bild 7.96
Wirkungsweise des Hallgenerators

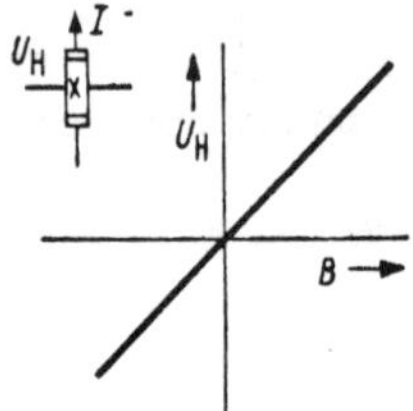

Bild 7.97
Kennlinie eines Hallgenerators bei konstant gehaltenem Steuerstrom I; Schaltzeichen eines Hallgenerators

Wird das Magnetfeld umgepolt, so ändert sich auch die Polarität der Hallspannung. Ohne Magnetfeld ist die Hallspannung Null. Vergleiche dazu die Kennlinie eines Hallgenerators in **Bild 7.97.** Ändert sich die Stärke des Steuerstromes, so ändert sich ebenfalls die Hallspannung. Gerade dieser Zusammenhang wird bei der Regelung eines Gleichstrommotors mit Hallgeneratorsteuerung ausgenutzt.

Es entsteht an der einen Längsseite ein Ladungsüberschuß und dadurch eine Potentialdifferenz zwischen den Leiterseiten. Diese Potentialdifferenz wird in der sogenannten Hallspannung U_H ausgedrückt:

$$U_H = \frac{R_H}{s} \cdot I \cdot B$$

Wie man sieht, ist die Hallspannung direkt proportional zum Magnetfeld *B*, zum Strom *I* und zur materialabhängigen Hallkonstante R_H und umgekehrt proportional der Leiterdicke *s*. Als Material verwendet man Indium-Antimonid (InSb) und Indiumarsenid (InAs).

Hallgesteuerter Gleichstrommotor

Das **Bild 7.98** zeigt die schematische Anordnung eines kollektorlosen Gleichstrommotors mit den Hallgeneratoren *H* 1 und *H* 2 sowie den Schalttransistoren.

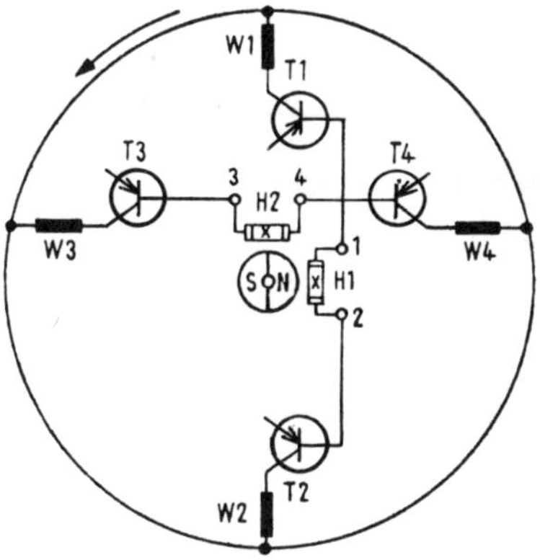

Bild 7.98 (rechts)
Schematische Anordnung eines kollektorlosen Gleichstrommotors mit den Hallgeneratoren H1 und H2 und vier Schalttransistoren

Bild 7.99 (unten)
Motorschaltung mit Steuerung durch Hallgeneratoren und Drehzahlregelung

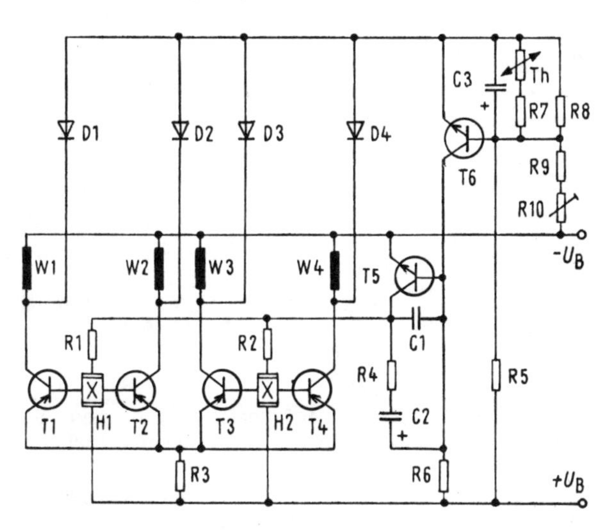

Die vier Wicklungen sind fest im Stator angeordnet. Als Rotor dient ein runder quermagnetisierter Dauermagnet. Die Stromumschaltung (Kommutierung) in den Wicklungen erfolgt durch die Schalttransistoren. Sie werden durch die Hallgeneratoren gesteuert, die ebenfalls auf dem Stator angebracht sind und vom rotierenden Magnetfeld des Läufers beeinflußt werden (Bild 7.98). In **Bild 7.99** ist die Schaltung wiedergegeben.

Bei Motoren größerer Leistung werden die Transistoren *T* 1 bis *T* 4 über Treibertransistoren angesteuert. Gelegentlich findet man auch bei Motoren kleinerer Leistung Treibertransistoren, da sich damit ein besserer Wirkungsgrad erzielen läßt.

Die in Bild 7.98 dargestellte Stellung des Rotordauermagneten bewirkt, daß das Magnetfeld des Nordpols am Anschluß 1 des Hallgenerators *H* 1 ein negativ gepoltes Hallspannungsmaximum entstehen läßt, so daß der Transistor *T* 1 leitend wird. Der ebenfalls am Hallgenerator *H* 1 liegende Transistor *T* 2 ist durch das positive Hallspannungspotential völlig gesperrt. Die beiden anderen Schalttransistoren sind nahezu gesperrt, da sich der Hallgenerator *H* 2 während dieser Zeit im neutralen Magnetfeld des Ankers befindet und somit keine Hallspannung abgibt.

Durch das Magnetfeld der eingeschalteten Wicklung *W* 1 erfolgt nun eine Drehung des Rotors um 90°. Dadurch entsteht am Punkt 3 des Hallgenerators *H* 2 ein negativ gerichtetes Spannungspotential. Dieses öffnet den Transistor *T* 3. Alle übrigen Transistoren sind wiederum gesperrt. Der Rotor dreht sich erneut um 90° durch das in der Wicklung *W* 3 aufgebaute Feld.

Jetzt übernimmt der Südpol des Ankers die Steuerung des Hallgenerators *H* 1, so daß sich die Polarität der Spannung umpolt. Am Anschluß 2 entsteht also eine negative Spannung gegenüber dem Punkt 1, die den Transistor *T* 2 leitend macht, während alle anderen wieder gesperrt sind.

Der Rotor führt erneut eine viertel Drehung aus. Durch diese neue Stellung des Dauermagneten wird der Hallgenerator *H* 2 am Anschluß 4 ein negatives Signal abgeben, so daß Transistor *T* 4 öffnet und der Rotor durch das Magnetfeld der Wicklung *W* 4 um 90° weitergedreht wird. Damit ist die Ausgangsposition erreicht. Durch diese Vorgänge läuft ein Drehfeld im Stator um und nimmt den Läufer mit.

Steht der Anker genau zwischen zwei Wicklungen, dann werden diese jeweils nur noch von dem halben Schaltstrom durchflossen. Beide sind aber an der Drehmomentbildung zugleich beteiligt und ergeben zusammen wieder das Drehmoment einer voll geschalteten Wicklung. Das Drehmoment eines solchen Vierphasenmotors ist deshalb in jeder Stellung des Rotors praktisch konstant.

Drehzahlregelung

Auch in dieser Motorschaltung (Bild 7.99) wird wiederum die Drehzahlregelung mit Hilfe der über die Dioden *D* 1 bis *D* 4 ausgekoppelten Tachospannung erzielt. Mit dem Einstellwiderstand *R* 10 stellt man eine bestimmte Basisvorspannung am Transistor *T* 6 ein. Weil gleichzeitig die Tachospannung mit auf die Basis gegeben wird, erfolgt hier ein Vergleich zwischen dem mit *R* 10 gewählten Sollwert und dem aus der Tachospannung abgeleiteten Istwert. Die Differenz steuert den Transistor *T* 6, dieser wiederum *T* 5, der als veränderlicher Vorwiderstand für den Steuerstrom der Hallgeneratoren arbeitet.

Bis zum Erreichen der Nenndrehzahl ist der Transistor *T* 6 gesperrt. Somit ist *T* 5 voll geöffnet, und über die Hallgeneratoren fließt der maximale Steuerstrom. Die Hallgeneratoren geben eine große Hallspannung ab, wodurch die Schalttransistoren voll leitend werden. Die jetzt fließenden Kollektorströme erzeugen in den Statorwicklungen ein sehr starkes Magnetfeld, das Drehmoment steigt.

Beim Überschreiten der Solldrehzahl ergibt sich eine ansteigende Tachospannung, wodurch der Transistor *T* 6 leitend wird. Er verringert aber den Basisstrom des Transistors *T* 5; dieser wird hochohmiger und verändert den Hallgeneratorstrom zu kleineren Strömen hin. Die Ströme in den Wicklungen sinken, der Motor liefert ein niedrigeres Drehmoment und eine geringere Tachospannung, was zum Gleichgewicht zwischen Soll- und Istwert führt.

7.11.5.6 Tonwellen-Elektronikmotor

Eine neue Art des hallgeneratorgesteuerten Gleichstrommotors ist der Tonwellen-Elektronikmotor. Bei ihm übernimmt die Motorwelle direkt ohne Zwischenschaltung von Antriebselementen den Antrieb des Magnetbandes, wodurch sich einige Besonderheiten ergeben. So muß dieser Motor einen guten Gleichlauf, d. h. eine hohe Drehzahlkonstanz, besitzen, die sonst durch die Schwungscheibe z. T. erreicht wurde. Durch eine Regelschaltung, wie sie bereits abgehandelt wurde, erreicht man diese Forderung.

Zum anderen zeichnet sich dieser Motor durch einen in **Bild 7.100** wiedergegebenen besonderen Aufbau aus. Die Wicklungen liegen innerhalb eines glockenförmigen Läufers der 16 Permanent-Magnetpole besitzt. Hierdurch hat man einen 16poligen Vierphasenmotor erhalten, der einen sehr niedrigen Drehzahlbereich besitzt, wie er bei den heute üblichen niedrigen Bandgeschwindigkeiten erforderlich ist.

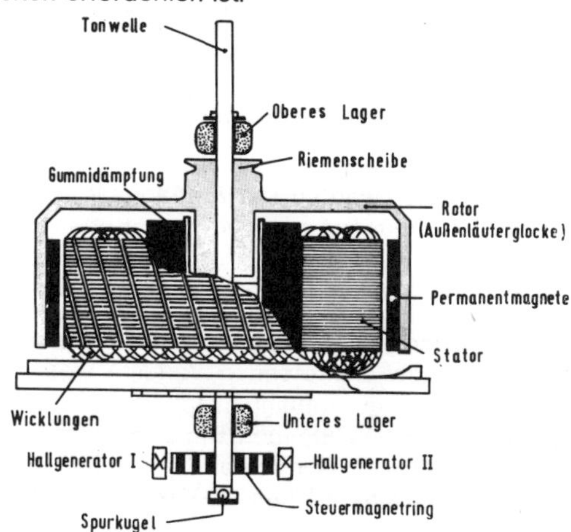

Bild 7.100
Schnittdarstellung eines Tonwellen-Elektronikmotors (Grundig)

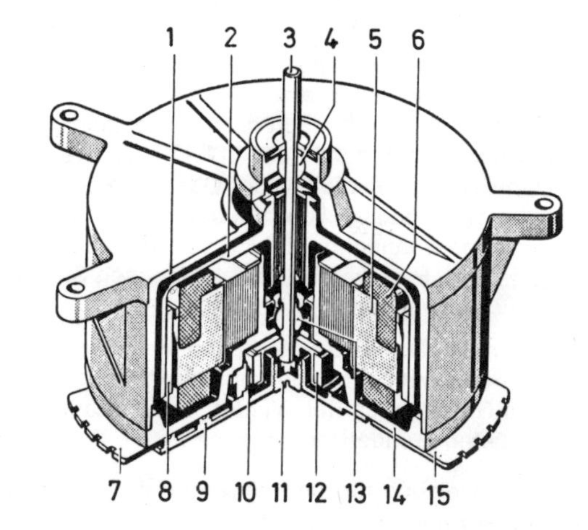

Bild 7.101
Tonwellen-Elektronikmotor:
1 = Gehäuse,
2 = glockenförmiger Läufer,
3 = Tonwelle, 4 = oberes Lager,
5 = Stator, 6 = Statorwicklung,
7 = Anschlußplatte, 8 = Läufermagnet,
9 = Steuerkopf, 10 = Hallgeneratoren,
11 = Axiallager, 12 = Steuermagnet,
13 = unteres Lager; 14 = Grundplatte,
15 = Anschlußplatte (nach Siemens)

Die Hallgeneratoren werden von einem gesonderten Magnetring in der Nähe des unteren Lagers gesteuert. Dieser Ferritring weist abwechselnd je acht Nord- und Südpolrichtungen auf. Es werden zwei Hallgeneratoren benutzt.

Der Drehzahlbereich umfaßt drei Bandgeschwindigkeiten im Verhältnis 1 : 2 : 4 und eine noch höher liegende Umspuldrehzahl. Mit Hilfe eines solchen, in **Bild 7.101** dargestellten Motors kann selbstverständlich auf die aufwendige mechanische Bandgeschwindigkeitsumschaltung verzichtet werden, so daß sich der mechanische Aufbau eines Tonbandgerätes erheblich vereinfacht.

Zusammenfassung 7

Das Prinzip der magnetischen Schallaufzeichnung wurde von dem Dänen Valdemar Poulsen erfunden, der das erste Magnettongerät 1898 Telegraphon nannte.

Bei der Aufnahme werden die sich in der Luft fortpflanzenden Schallwellen durch ein Mikrofon in elektrische Schwingungen umgewandelt und über einen elektrischen Verstärker einem Aufnahme-Magnetkopf zugeführt. Fließt durch die Spule des Aufnahmekopfes ein niederfrequenter Signalstrom, so baut sich in ihm ein wechselndes Magnetfeld auf. Da der ringförmige Tonkopf einen Luftspalt besitzt, treten an dieser Stelle die magnetischen Feldlinien aus und setzen sich in dem mit konstanter Geschwindigkeit vorbeibewegten Magnetband fort. So entsteht im Tonband eine remanente Aufzeichnung, weil die Molekularmagnete im Magnetband ausgerichtet wurden und so verharren.

Damit im Tonband eine remanente Aufzeichnung verbleibt, muß das Band entsprechend vormagnetisiert werden. Die Vormagnetisierung kann entweder durch Gleichstrom oder durch Hochfrequenz erfolgen. Dabei erreicht man bei der Hochfrequenzvormagnetisierung einen geringeren Klirrfaktor, kleineres Rauschen, einen größeren Aussteuerbereich und damit eine größere Dynamik als bei Gleichstromvormagnetisierung.

Durch den induktiven Charakter des Aufnahme- oder Sprechkopfes und die im Band und im Magnetkopf auftretenden Verluste werden hohe Frequenzen bei der Aufnahme geschwächt. Der Aufnahmeverstärker muß deshalb mit steigender Frequenz eine größere Spannung abgeben. Um einwandfreie Tonbandaufnahmen zu erreichen, bauen die Hersteller in die Geräte Aussteuerungsautomatiken ein. Hierdurch wird die Eingangsspannung annähernd konstant gehalten, ohne jedoch die Dynamik zu begrenzen.

Damit der Geräusch- oder Fremdspannungsabstand bei Heimtonbandgeräten vergrößert wird, wendet man bei der Aufnahme bzw. bei der Wiedergabe entweder das Dolby-Verfahren oder einen dynamischen Rauschbegrenzer (DNL-Schaltung) an.

Bei der Wiedergabe läuft das magnetisierte Tonband mit gleicher Geschwindigkeit wie bei der Aufnahme an der Induktionsspule des Wiedergabe- oder Hörkopfes vorbei. Dabei schneiden die aus der Oberfläche des Bandes austretenden magnetischen Feldlinien die Windungen des Wiedergabekopfes und induzieren eine Spannung. Diese kleine Induktionsspannung wird im Wiedergabeverstärker verstärkt und dem Lautsprecher zugeführt. Hier werden die elektrischen Schwingungen wieder in Schallschwingungen zurückverwandelt.

Die im Hörkopf erzeugte Spannung ist jedoch aufgrund des Omega-Frequenzganges, des Selbstentmagnetisierungseffektes und des Spalteffektes frequenzabhängig. Aus diesem Grunde muß der Wiedergabeverstärker einen Frequenzgang aufweisen, bei dem die tiefen Frequenzen angehoben, die hohen Frequenzen abgesenkt werden.

Voraussetzung für eine einwandfreie Tonbandaufzeichnung ist ein völlig entmagnetisiertes Band. Man baut deshalb in jedes Tonbandgerät eine Löschmöglichkeit ein. So wird bei jeder Aufnahme zunächst das Tonband gelöscht. Beim Löschen wird das vorübergleitende Band zuerst einer bis zur Sättigung ansteigenden und dann abfallenden magnetischen Wechselfeldstärke ausgesetzt. Dieses Wechselfeld wird durch einen Oszillator erzeugt, der auf einer Frequenz zwischen 60 und 90 kHz schwingt. Meistens erzeugt man mit einer solchen Schaltung auch gleichzeitig die Vormagnetisierungsspannung für die Aufnahme.

Damit man mit einem Tonbandgerät ausreichend hohe Frequenzen aufzeichnen und wiedergeben kann, müssen die Tonköpfe entsprechend kleine Spaltbreiten besitzen.

Die Tonbänder sind in ihrer Breite genormt und bestehen aus einem Kunststoffträger, auf den Eisenoxid als Schicht aufgebracht wird. Um das Eigenrauschen zu vermindern und die Tonqualität zu verbessern, hat man Chromdioxid- und Zweischichtbänder aus Eisenoxid und Chrom entwickelt.

Um ein Austauschen der Tonbänder möglich zu machen, hat man nicht nur die Spurlagen genormt, sondern auch die bei den Aufnahme- und Wiedergabeverstärkern erforderlichen Frequenzgänge.

Die Qualität einer magnetischen Tonaufzeichnung wird nicht nur von der elektrischen, sondern auch von der mechanischen Funktion des Tonbandgerätes bestimmt. So muß eine völlig gleichmäßige Bandgeschwindigkeit, eine präzise Bandführung, ein fester Kontakt des Bandes mit dem Kopf und ein möglichst schwingungsfreies und geräuschloses Arbeiten des Laufwerks gewährleistet sein. So setzt sich heute immer mehr der kontaktlose Gleichstrommotor-Antrieb durch, bei dem man die Drehzahl in weiten Grenzen stufenlos einstellen und regeln kann.

Übungsaufgaben 7

1. Nennen Sie die Vor- und Nachteile des Magnetbandverfahrens gegenüber dem Nadeltonverfahren.
2. Zeichnen Sie den prinzipiellen Aufbau eines Tonbandgerätes.
3. Welche drei physikalischen Gesetze ermöglichen eine Tonbandaufzeichnung?
4. Weshalb ist zur Aufnahme eine Vormagnetisierung erforderlich?
5. Welche Vorteile bringt die Hf-Vormagnetisierung gegenüber der Gleichstromvormagnetisierung?
6. Welchen Verlauf muß der Aufsprechfrequenzgang besitzen?
7. Welche Aufgabe hat der im Ausgang des Aufsprechverstärkers liegende Parallelschwingkreis?
8. Wozu dienen Aussteuerungsanzeigen?
9. Durch welche Schaltungsmaßnahmen kann man Rauschstörungen herabsetzen?
10. Beschreiben Sie kurz das Dolby-B-Verfahren.
11. Was versteht man unter dem Cross-Field-Verfahren?
12. Aufgrund welchen physikalischen Gesetzes ist eine Wiedergabe bei einem Tonband möglich?
13. Welche Effekte muß man beim Wiedergabefrequenzgang berücksichtigen?
14. Weshalb wird zum Löschen eine Hochfrequenzspannung verwendet?
15. Was versteht man unter einem Scherkopf?
16. Nennen Sie die Spaltbreiten der verschiedenen Köpfe.
17. Welche Bandarten unterscheidet man?
18. Zeichnen Sie die Spurlagen bei Stereo-Halb- und Viertelspur auf.
19. Zeichnen Sie alle Frequenzgänge beim Magnettonverfahren auf.
20. Welche Aufgaben muß das Laufwerk eines Tonbandgerätes erfüllen?

8. Nadeltontechnik

8.1 Allgemeines

8.1.1 Grundprinzip des Nadeltonverfahrens

Beim Nadeltonverfahren wird die aufzuzeichnende Schallschwingung über eine Membran einem Schneidstichel übertragen. Dieser Stichel gräbt in den Tonträger eine dieser Schwingung entsprechende modulierte Rille ein. Bei der Wiedergabe gleitet eine Nadel in der vom Stichel geschnittenen Rille entlang. Die Nadel wird durch die Rillenschwankungen in Schwingungen versetzt, die auf eine Membran übertragen und damit hörbar werden.

Da das Verfahren dem Prinzip nach keine Umsetzung in elektrische Größen verlangt, konnte es schon vor der Erfindung der Verstärkerröhre als erstes Schallspeicherverfahren überhaupt verwendet werden. Heute erfolgt sowohl die Aufzeichnung als auch die Wiedergabe ausschließlich unter Zwischenschaltung einer elektrischen Signalverstärkung.

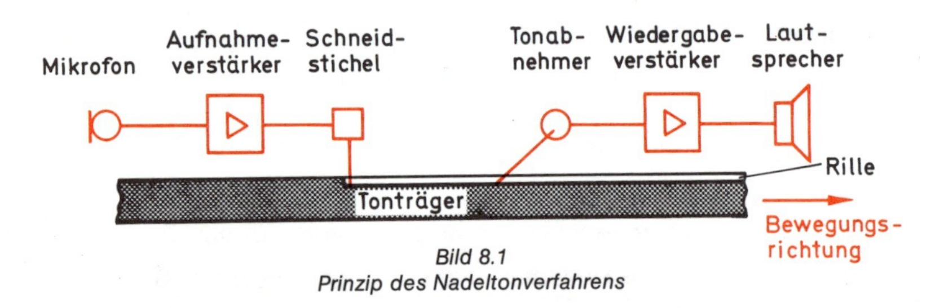

Bild 8.1
Prinzip des Nadeltonverfahrens

Der Schall wird vom Mikrofon in ein elektrisches Signal umgewandelt **(Bild 8.1)**. Dieses wird verstärkt und über einen elektromechanischen Wandler dem Schneidstichel zugeführt. Die Abtastnadel erregt einen umgekehrt arbeitenden elektromechanischen Wandler, dessen Signal nochmals verstärkt und durch einen Lautsprecher wieder hörbar wird. Es findet beim Nadeltonverfahren eine viermalige elektroakustische Wandlung statt (Mikrofon, Schneidstichel, Abtastnadel, Lautsprecher).

Der Anwender interessiert sich beim Nadeltonverfahren mehr für die Wiedergabeseite. Es soll deshalb hier das Schwergewicht auf den Plattenspieler gelegt werden.

Ein Plattenspieler besteht grundsätzlich aus Tonabnehmer, Tonarm und dem Laufwerk. Diese drei Einzelteile werden meistens als komplette Einheit angeboten. Doch gibt es für Hi-Fi-Freunde Geräte der höheren Preisklasse, bei denen Tonarm, Tonabnehmer und Laufwerk individuell kombiniert werden können.

Bei den Hi-Fi-**Tonabnehmern** wird heute meistens das elektrodynamische Wandler-Prinzip angewendet. Dabei unterscheidet man zwischen einem Magnetsystem, bei dem ein Magnet mit der Abtastnadel verbunden ist, und einem dynamischen System, bei dem eine Spule mit der Abtastnadel verbunden ist.

Das dynamische System gibt nur etwa 1/10 der Ausgangsspannung eines Magnetsystems ab. Deshalb muß hier ein Übertrager zur Anpassung eingesetzt bzw. eine Transistorverstärkerstufe eingeschaltet werden.

Als weitere Wandlerprinzipien verwendet man Kristall- und Keramiksysteme, Halbleiterwandler, fotoelektrische und kapazitive Tonabnehmer.

Der **Tonarm** hat die Aufgabe, das Tonabnehmersystem zu tragen und ihm einen verwindungsfreien Halt bei seiner Führung durch die modulierten Rillen zu geben. Damit nun das Tonabnehmersystem ungehindert durch die Rillen gleiten kann, muß die Lagerreibung des Tonarms möglichst gering sein. Ebenfalls soll das Trägheitsmoment des Tonarmes klein sein. Ist es zu groß, so kann der Tonabnehmer nicht den vertikalen Schwankungen der Platte (Höhenschlag) folgen. Dadurch ändert sich laufend die Nadelauflagekraft, dies hat Verzerrungen zur Folge.

Ebenfalls ist die Kröpfung des Tonarmes von Bedeutung. Denn während des Abspielvorganges wirkt eine radial nach innen gerichtete Kraft, die Skating-Kraft, auf den Tonarm. Um diese Kraft zu neutralisieren, besitzen die Tonarme eine Skating-Kompensation. Einige Plattenspieler-Hersteller fertigen deshalb Plattenspieler mit Tangential-Tonarm, bei dem keine Probleme mit Skating und tangentialem Spurwinkelfehler auftreten können.

Das **Laufwerk** hat die Aufgabe, die Schallplatte in gleichmäßige Drehung zu versetzen. Entsprechend den heute angebotenen Schallplatten werden die Laufwerke für die Geschwindigkeiten 45 1/min und 33 1/3 1/min gebaut.

Die wichtigsten Eigenschaften, die ein Laufwerk besitzen muß, sind der Gleichlauf und die Rumpelfreiheit. Variiert nämlich die Umdrehungszahl, so ergeben sich Tonhöhenschwankungen, die als Jaulen hörbar werden. Rumpelgeräusche des Laufwerks werden durch die Tiefenanhebung im Wiedergabeentzerrer stark angehoben.

Ganz allgemein unterscheidet man bei dem Plattenspieler zwischen einem Einfach-Plattenspieler und einem Plattenwechsler.

Einfach-Plattenspieler sind für das Abspielen einer einzelnen Platte konstruiert. Hierbei ist einfach nicht im Sinne von primitiv zu verstehen, denn es sind meistens sehr teure Geräte mit Studioqualität.

Plattenwechsler dagegen erlauben das automatische Abspielen einer bestimmten Anzahl von Schallplatten. Durch die kurze Spielzeit von Single-Platten erhält der Plattenwechsler seine Bedeutung, die ihm jedoch für Langspielplatten fehlt.

Die heutigen Plattenspieler, ob einfach oder Plattenwechsler, sind durchweg **automatische Plattenspieler.** Sie führen den Tonarm automatisch zur Einlaufrille der Schallplatte und heben nach dem Abspielen der Platte den Tonarm ab und bringen ihn zur Tonarmstütze zurück.

8.1.2 Anforderungen der Hi-Fi-Norm

Durch die Norm DIN 45 500 Blatt 3 sind die Mindestanforderungen für Hi-Fi-Schallplatten-Abspielgeräte festgelegt. Bereits preiswerte Geräte erreichen schon einige Daten, während qualitativ hochwertige Geräte diese Mindestanforderungen deutlich übertreffen. Im einzelnen werden folgende Daten gefordert.

Drehzahlabweichungen + 1,5 % bis − 1 %
Solche Drehzahlabweichungen können durch Spannungs- und Lastabhängigkeit des Motors, Schlupf des Antriebes, Verschmutzung des Antriebes, Fertigungstoleranzen und bei elektronisch geregelten Antrieben durch die Temperaturabhängigkeit hervorgerufen werden.

Gleichlaufschwankungen ≦ 0,2 %
Bei Gleichlaufschwankungen handelt es sich zwar auch um eine Drehzahlabweichung, jedoch ist diese kurzfristig. So empfindet das menschliche Ohr Gleichlaufschwankungen mit einer Frequenz von 4 Hz besonders deutlich. Der geforderte DIN-Wert von 0,2 % wird vom Ohr auch bei besonders kritischen Musikdarbietungen, noch nicht störend empfun-

den. Neben den Einflüssen, die von der Schallplatte herkommen können, entstehen Gleichlaufschwankungen auch durch Schlagen des Antriebsrades, mangelnde Qualität und Geometrie der Antriebselemente und der Lagerstellen.

Rumpel-Fremdspannungsabstand mind. 35 dB
Rumpel-Geräuschspannungsabstand mind. 55 dB
beides bezogen auf eine Spitzenschnelle von 10 cm/s bei 1000 Hz.

Unter Rumpeln versteht man alle Störgeräusche, die auf das Tonabnehmersystem übertragen werden. Das sind besonders tiefe Frequenzen, die unter 315 Hz bei guten Laufwerken auftreten. Die Hauptursachen sind beim Motor zu suchen. Sie können durch elektrische und magnetische Einflüsse und durch Lagerstörungen auftreten. Rumpelstörungen können auch durch den Plattenteller und durch Zwischenräder hervorgerufen werden.

Die oben aufgeführten Anforderungen beziehen sich auf das Laufwerk eines Plattenspielers. Die Norm enthält aber auch Anforderungen an den Schallplattenabtaster.

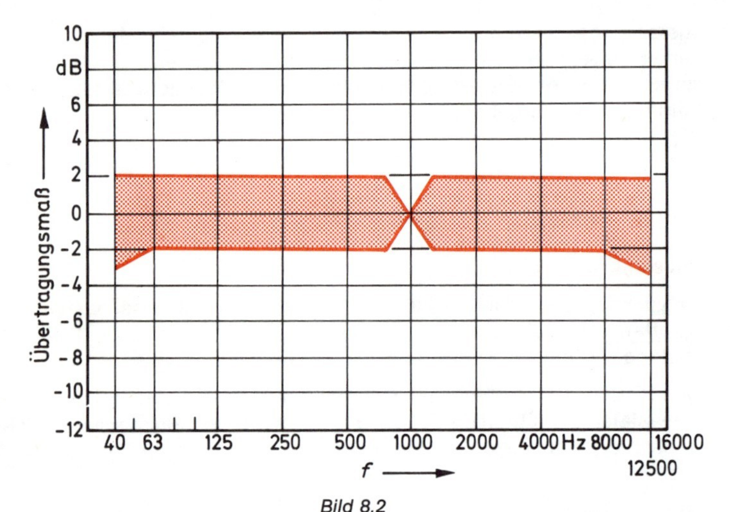

Bild 8.2
Die Tonabnehmer-Frequenzgangkurve muß nach DIN 45 500 innerhalb dieses Toleranzfeldes liegen

Übertragungsbereich	mind. 40 bis 12 500 Hz
Frequenzgang	siehe Toleranzfeld **(Bild 8.2)**
Unterschiede des Übertragungsmaßes der beiden Kanäle bei $f = 1$ kHz	max. 2 dB
Übersprechdämpfung zwischen den Kanälen	
bei $f = 1$ kHz	mind. 20 dB
zwischen $f = 500$ Hz und $f = 6{,}3$ kHz	mind. 15 dB
Nichtlineare Verzerrungen	mind. 1 %

8.1.3 Daten eines handelüblichen Plattenspielers

Das **Bild 8.3** zeigt einen direkt angetriebenen Hi-Fi-Automatik-Plattenspieler der Spitzenklasse. Als Antrieb dient ein elektronischer Gleichstrommotor, ein Scheibenläufer mit elektronischer, d. h. berührungsloser Kommutierung. Mit einem Mikroprozessor wird 120 mal pro Tellerumdrehung die Drehzahl mit einer Quarzfrequenz verglichen

Bild 8.3
Direktangetriebener Automatik-Plattenspieler Dual CS 630 Q

und nötigenfalls korrigiert. Das Chassis ruht im Inneren trittschallsicher auf vier Shock-Absorber-Elementen mit computerberechneten Dämpfungsfaktoren. Hierdurch ergibt sich eine totale Trennung des Plattenspieler-Gehäuses von Tonarm, Plattenteller und Antriebsmotor. Dieser Plattenspieler weist im einzelnen folgende technische Daten auf:

Motor	Electr. DC Quartz
Antriebssystem	Direct Drive
Drehzahl	33/45 1/min
Gleichlaufschwankungen	± 0,035/0,02% DIN/WRMS
Rumpel-Fremdspannungsabstand	54 dB
Rumpel-Geräuschspannungsabstand	80 dB
Tonarm, eff. Tonarmmasse	7 g
Tonabnehmersystem	ULM 66 E
Systemart	Magnet
Nennauflagekraft (10 mN)	12,5 mN
Übertragungsbereich	10 — 28000 Hz
Tiefenabtastfähigkeit (300 Hz)	90 μm
Höhenabtastfähigkeit (10 kHz)	0,5%
Abmessungen/Ausführungen	
Maße (Breite × Höhe × Tiefe)	440 × 111 × 364 mm
Netzspannung	230/115 V
Netzfrequenz	50/60 Hz
Ausführung	satin-metallic

8.2 Aufzeichnung

Beim Nadeltonverfahren wird das Schallsignal als räumliche Schwingungslinie auf dem Tonträger, der Schallplatte, festgehalten. Dabei hat die aufgezeichnete Rille die Form einer Spirale, die in die Oberfläche einer Platte eingeschnitten wird. Die Spirale wird von außen nach innen durchlaufen. Die Aufzeichnung erfolgt auf einer mit Speziallack überzogenen Metallplatte durch einen Schneidstichel **(Bild 8.4)** mit dreikantigem Profil. Um glattere Schnittflächen zu erzielen, wird der Stichel geheizt. Der bei der Aufzeichnung abgefräste Span wird abgesaugt. Zur Dämpfung von Eigenfrequenzen hat der Antrieb des Stichels eine starke Gegenkopplung.

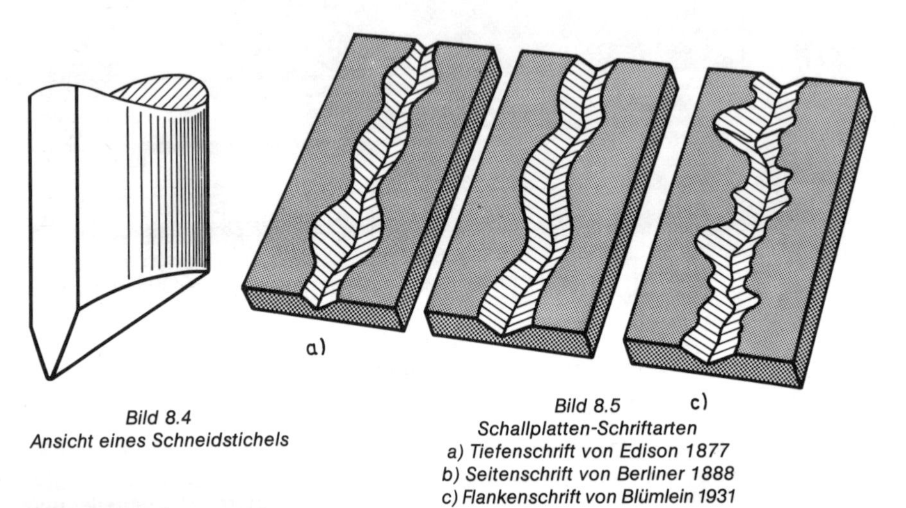

Bild 8.4
Ansicht eines Schneidstichels

Bild 8.5
Schallplatten-Schriftarten
a) Tiefenschrift von Edison 1877
b) Seitenschrift von Berliner 1888
c) Flankenschrift von Blümlein 1931

8.2.1 Aufzeichnungsarten

Es gibt grundsätzlich zwei Möglichkeiten eine Schallinformation auf einer Schallplatte festzuhalten: durch die 1877 von Edison entwickelte Tiefenschrift oder durch die 1888 von Berliner erfundene Seitenschrift. Zur gleichzeitigen Speicherung von zwei Informationen, wie es bei der Stereofonie und Quadrofonie erforderlich ist, wird die schon 1931 von A. D. Blümlein entwickelte Flankenschrift benutzt. Das **Bild 8.5** zeigt diese drei Schallplatten-Schriftarten.

8.2.1.1 Tiefenschrift

Bei der Tiefenschrift wird der Schneidstichel durch das Antriebssystem senkrecht zur Plattenfläche bewegt, so daß eine Spur schwankender Tiefe entsteht. Beim Abspielen dieser Rille bewegt sich die Abtastnadel ebenfalls senkrecht zur Plattenoberfläche. **(Bild 8.6).** Heute benutzt man Schallplatten mit Tiefenschrift nur noch als Meßschallplatten für Verzerrungs- und Übersprech-Messungen.

8.2.1.2 Seitenschrift

Bei der Seitenschrift bewegt sich der Schneidstichel parallel zur Plattenfläche, so daß eine Wellenlinie mit gleichbleibender Rillentiefe in die Oberfläche geschnitten wird. **(Bild 8.7).** Beim Abspielen wird die Abtastnadel durch die Rille in seitlicher Richtung ausgelenkt. Diese 1888 von E. Berliner entwickelte Seitenschrift benutzt man noch heute bei Schallplatten mit Monoaufzeichnung.

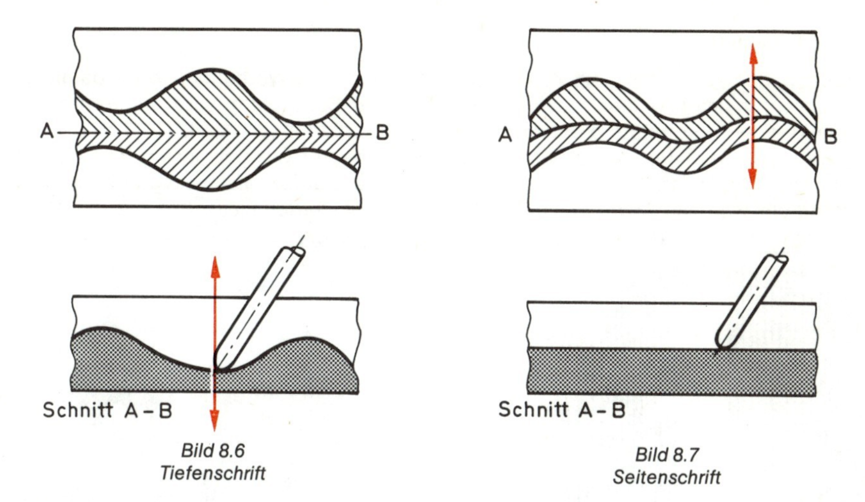

Bild 8.6
Tiefenschrift

Bild 8.7
Seitenschrift

8.2.1.3 Stereoschrift

Zwei Toninformationen in einer gemeinsamen Rille unterzubringen, erreicht man durch die Kombination von Tiefen- und Seitenschrift. Dieses für die Stereofonie verwendete Verfahren hat bereits 1931 A. D. Blümlein mit seiner Flankenschrift entwickelt. Die nach innen weisende Rillenflanke dient der Linksinformation, die nach außen weisende der Rechtsinformation. Die Flanken stehen senkrecht aufeinander und unter jeweils 45° zur Plattenoberfläche **(Bild 8.8).**

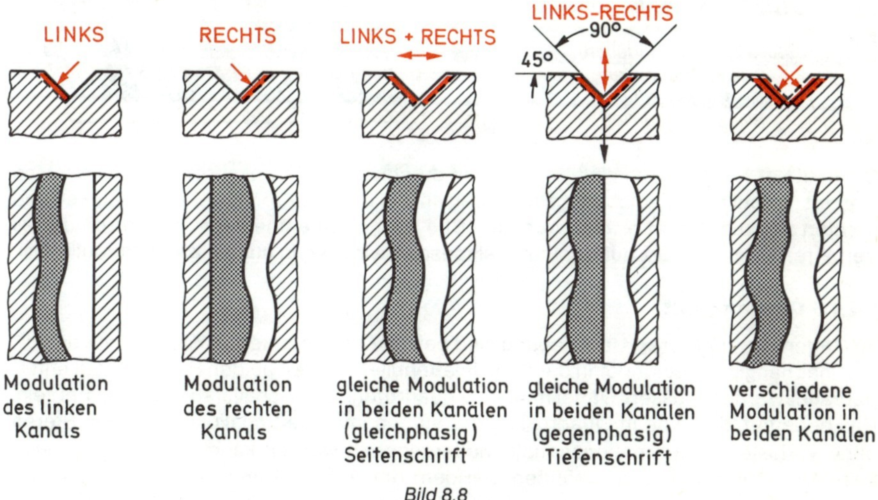

Bild 8.8
Stereoschrift

Man hat die Phasenlagen zwischen rechtem und linkem Kanal so gewählt, daß ihre Summe, die dem Monosignal entspricht, als Seitenschrift erscheint. Dadurch wird es möglich, auch Stereoaufzeichnungen mit einem Monosystem und Monoaufzeichnungen mit einem Stereosystem abzutasten, wobei natürlich nur ein Monosignal entsteht. So hat man Kompatibilität (Verträglichkeit) in beiden Richtungen erreicht.

8.2.1.4 Füllschrift.

Zwischen den Rillen muß ein Mindestabstand (der Steg) vorhanden sein, damit die Rillen nicht ineinander laufen. Die Spieldauer einer Schallplatte wird dadurch eingeschränkt, oder man müßte die maximale Amplitude stark begrenzen. 1950 führte man mit der Langspielplatte das Rheinsche Füllschriftverfahren ein. Bei diesem Rillensteuerverfahren **(Bild 8.9)** stellt sich während des Schneidens automatisch ein größerer Rillenabstand ein, wenn größere Amplituden untergebracht werden müssen. Auf diese Weise wird die Oberfläche der Schallplatte bestmöglich für die Tonschrift ausgenutzt.

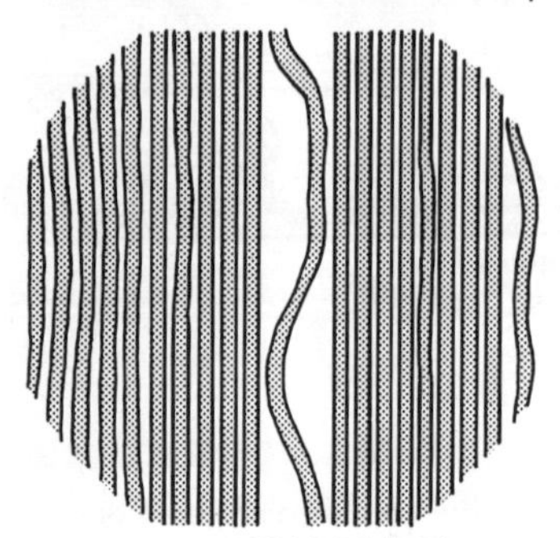

Bild 8.9 (oben)
Füllschrift nach Rhein
bei großen Amplituden – große Rillenabstände
bei kleinen Amplituden – kleine Rillenabstände

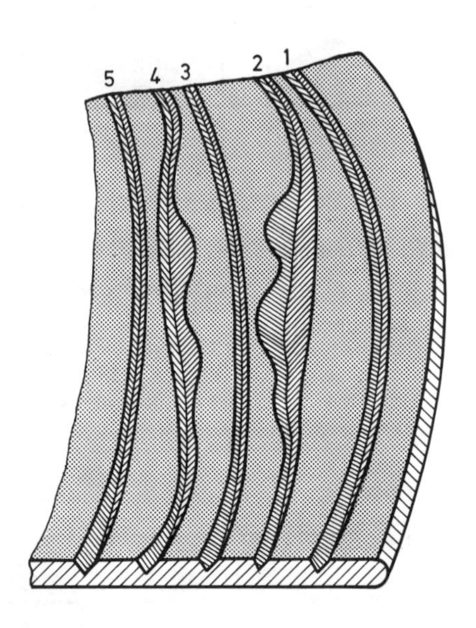

Bild 8.10 (rechts)
Füllschriftverfahren bei Stereo
Rille 1: unmoduliert
Rille 2: rechts moduliert
Rille 3: unmoduliert
Rille 4: links moduliert
Rille 5: unmoduliert

Die heute gefertigten Schallplatten werden durchweg in Stereoschrift geschnitten. Man wendet hierbei ein Aufzeichnungsverfahren an, bei dem der Vorschub für den linken und rechten Kanal getrennt erfolgt. Aus dem **Bild 8.10** ist zu entnehmen, daß durch dieses Verfahren sehr viel Platz auf der Platte eingespart wird, wenn nur ein Kanal moduliert ist.

8.2.1.5 Quadroschrift

Im Gegensatz zur Stereo-Übertragung sind bei der Quadrofonie vier Kanäle notwendig*, die unabhängig voneinander in der Schallplattenrille mit ihren beiden Rillenflanken untergebracht werden müssen. Dabei muß eine quadrofonische Schallplatte kompatibel sein. Das bedeutet, daß eine in Quadro-Technik aufgenommene Schallplatte auch in Stereo ohne Verluste an Informationsgehalt wiedergegeben werden kann. Bis heute hat sich kein Verfahren durchsetzen können, bei dem der Aufwand und die Handhabung sowohl auf der Aufnahme- als auch auf der Wiedergabeseite erträglich ist.

CD-4-Verfahren

Dieses Verfahren wurde von den japanischen Firmen JVC Nivico und Matsushita entwikkelt. Die Abkürzung bedeutet: C = compatible; D = discrete; 4 = vier Speicherkanäle.

* vergleiche Kapitel 2.2.4

Der Grundgedanke der diskreten Wiedergabe von Signalen auf einer Schallplatte besteht darin, die Kanäle so aufzuteilen, daß beim Abtasten mit einer normalen Stereoanlage nach wie vor die Links- und Rechtsinformationen zur Verfügung stehen.

Bei etwa 15 kHz erfolgt beim CD-4-Verfahren eine Begrenzung des NF-Signals. Neben diesem niederfrequenten Signal speichert man zusätzlich auf der Platte einen 30 kHz-Träger, der mit − 10 kHz und + 15 kHz frequenzmoduliert wird. Damit ergibt sich eine Gesamtbandbreite von 45 kHz **(Bild 8.11).** Das frequenzmodulierte Signal ist um 19 dB gegenüber dem normalen Signal gedämpft.

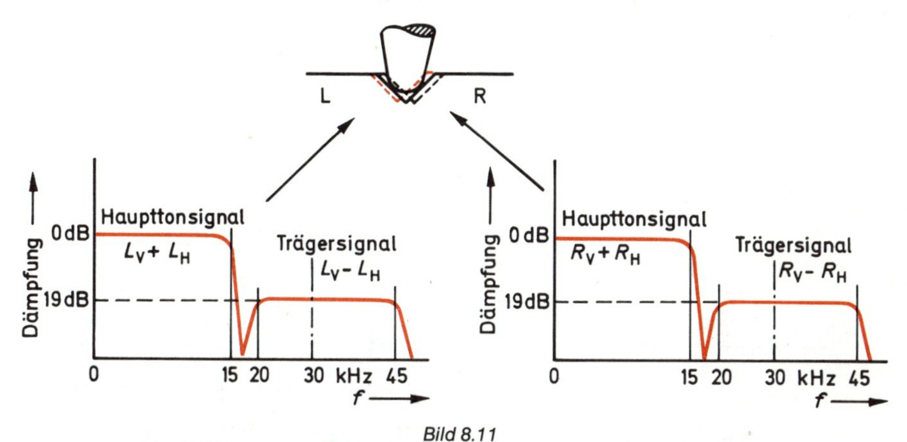

Bild 8.11
Signalaufteilung beim CD-4-Verfahren und Zuordnung auf die Rillenflanken. Die Signale bestehen aus dem Haupttonsignal z. B. $L_V + L_H$ und dem zusätzlichen frequenzmodulierten Trägersignal z. B. $L_V - L_H$

Wie das **Bild 8.12** zeigt, bildet man in einer Matrixschaltung die Summensignale der linken und rechten Kanäle in der Form, daß die vorderen und hinteren Signale addiert werden. Die ebenfalls in der Matrix gebildeten Differenzsignale moduliert man auf den Hilfsträger von 30 kHz.

In der Mischstufe führt man die so aufbereiteten Signale zusammen und steuert damit den Schneidstichel. Die Summensignale werden in die linke bzw. rechte Flanke der Plattenrillen als 45°-Stereoschrift eingegraben. Die frequenzmodulierten Differenzsignale kommen noch als zusätzliche Information auf die Rillenflanken. Bei der Wiedergabe muß das frequenzmodulierte Differenzsignal demoduliert werden. Ebenfalls ist wieder eine Matrix zur Auftrennung der Signale in die vier Ausgangsinformationen erforderlich **(Bild 8.12).**

Zur Wiedergabe solcher Schallplatten benötigt man neben einem Hi-Fi-Laufwerk mit einer Drehzahlabweichung von max. 1 %, einen besonderen Tonabnehmer, der den Frequenzbereich bis etwa 50 kHz ohne große Verzerrungen überstreicht. Des weiteren empfiehlt sich eine spezielle Abtastnadel, die aufgrund ihrer besonderen Formgebung eine größere Auflagefläche und daher eine geringere Abnutzung der Platte und des Diamanten mit sich bringt (siehe Abschnitt 8.4.1.3).

SQ-Verfahren

Die japanische Firma Sony und die amerikanische Firma CBS entwickelten das quadrofonische SQ-System. Die Abkürzung bedeutet: „Stereo Quadrophonic".

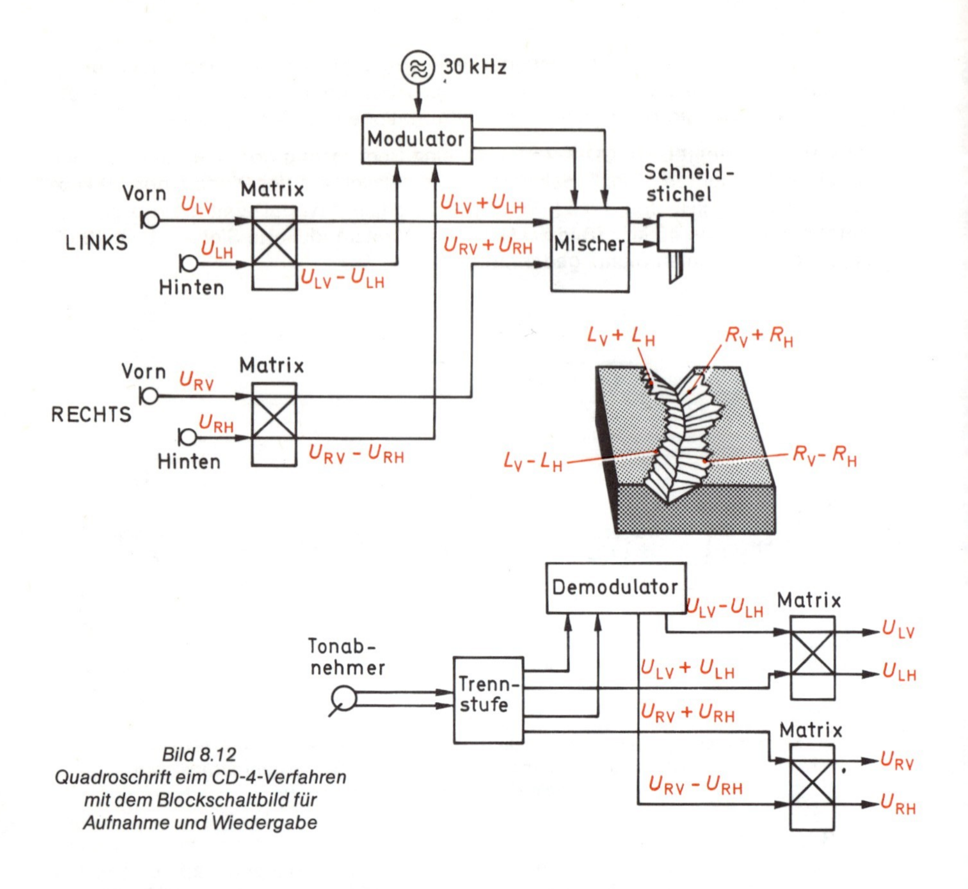

Bild 8.12
Quadroschrift eim CD-4-Verfahren mit dem Blockschaltbild für Aufnahme und Wiedergabe

Bei diesem Verfahren werden die vier Informationskanäle vor der Aufzeichnung so codiert und zusammengefaßt, daß nur zwei Kanäle (wie bei der Stereofonie) aufgezeichnet werden. Das **Bild 8.13** zeigt schematisch die Umwandlung der vier voneinander unabhängigen Kanäle mit einem Coder in zwei Kanäle.

Weil die Signale der hinteren Kanäle L_H und R_H gegenüber den Informationen der vorderen Kanäle um 90° phasenverschoben sind, führt der Schneidstichel beim Schneiden der Plattenrillen kreisförmige Bewegungen aus. So entstehen doppelspiralförmige Rillen, die man auch Doppel-Helix nennt (helix, engl. = Spirale).

Bei der Wiedergabe werden die beiden codierten Kanal-Informationen mit einem Tonabnehmer zweikanalig abgetastet, wobei ein Unterschied im Abtastvorgang gegenüber der üblichen Stereo-Technik nicht vorliegt. Im nachgeschalteten Decoder (Bild 8.13) erfolgt die Aufschlüsselung der beiden codierten Informationen in die vier ursprünglichen Kanalsignale.

Das SQ-Verfahren hat den Vorteil gegenüber dem CD-4-Verfahren, daß eine solche Rille von einem guten Stereo-Tonabnehmer mit ausreichend großer vertikaler Nachgiebigkeit (Compliance) abgetastet werden kann. Nachteilig gegenüber dem CD-4-Verfahren ist u. a. die schlechtere Kanaltrennung, die ein stärkeres Übersprechen zur Folge hat.

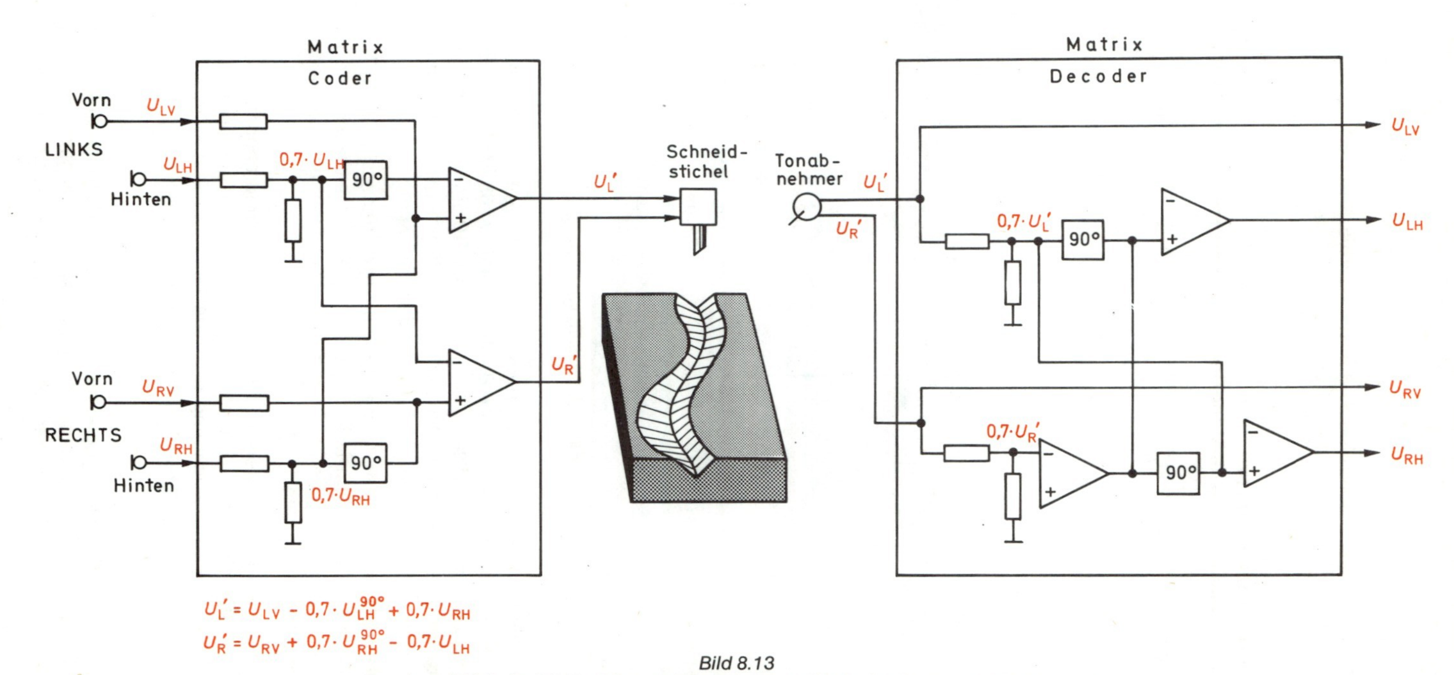

$U_L' = U_{LV} - 0{,}7 \cdot U_{LH}^{90°} + 0{,}7 \cdot U_{RH}$

$U_R' = U_{RV} + 0{,}7 \cdot U_{RH}^{90°} - 0{,}7 \cdot U_{LH}$

Bild 8.13
Quadroschrift beim SQ-Verfahren mit dem Schema für die Codierung und Decodierung

8.2.2 Technische Daten

Die alten, rein mechanisch wirkenden Wiedergabegeräte erforderten, da sie keinerlei Verstärkung besaßen, eine tiefe Rille mit großen Auslenkungen (Normalrille), die eine hohe Umdrehungsgeschwindigkeit (78 1/min) verlangten. Mit der Einführung elektromechanischer Abtastsysteme konnten kleinere Auslenkungen und damit geringere Umdrehungsgeschwindigkeiten (45, 33 1/3 und sogar 16 2/3 1/min) verwendet werden (Mikrorille). Für die Mikrorille, die für Mono und Stereo verschiedene Maße hat, gelten die Abmessungen nach **Bild 8.14.** Die Picorille wird bei der Umdrehungsgeschwindigkeit 16 2/3 1/min geschnitten. Man setzt sie ausschließlich für Sprachwiedergabe ein.

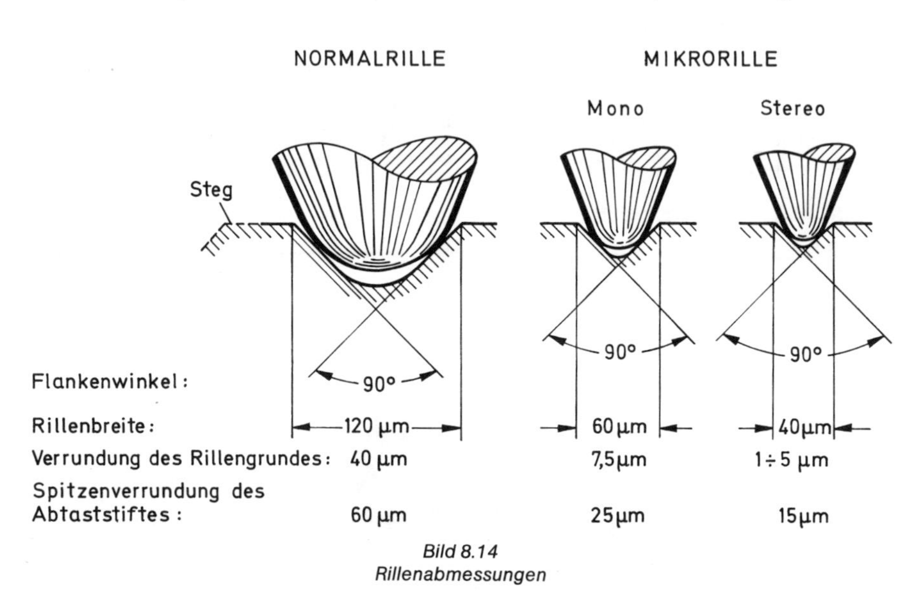

Bild 8.14
Rillenabmessungen

Die beiden Flanken der Rille stehen senkrecht aufeinander. Auf ihrem Grund ist die Rille etwas verrundet (Radius etwa 8 µm). Ihre Breite beträgt ca. 55 µm für Mono, 40 µm für Stereo. Der Steg zwischen zwei Rillen muß mindestens 10 µm betragen. Unmodulierte Rillen haben daher einen Mindestabstand von 65 bis 70 µm, maximal modulierte Rillen (Auslenkung bis 30 µm) erfordern einen Abstand von 130 µm.

Eine Stereorille würde bei gleichen Abmessungen wegen der zusätzlichen Tiefenmodulation mehr Raum benötigen. Um jedoch gleiche Spielzeit beibehalten zu können, ist deshalb die Rillentiefe und -breite bei Stereoplatten bei sonst gleichen geometrischen Abmessungen reduziert worden.

Beide Plattentypen, Mono- und Stereoplatten, werden für Umdrehungsgeschwindigkeiten von 45 1/min (Durchmesser 17 cm) und 33 1/3 1/min (Durchmesser 30 cm und 17 cm) hergestellt. Zur Kennzeichnung der verschiedenen Plattentypen werden die in der **Tabelle 8/1** dargestellten genormten Symbole verwendet.

8.2.3 Schneidkennlinie

Ein Maß für die seitliche Auslenkung einer Rille bei einer gegebenen Umdrehungsgeschwindigkeit der Platte und gegebener Frequenz ist die Bewegungs-Geschwindigkeit der abtastenden Nadel. Ihr Spitzenwert wird als **Schnelle** v bezeichnet.

Tabelle 8/1 Schallplattentypen				
Bezeichnung (M = Mono, St = Stereo)	Symbol	Nenndurchmesser in cm	Drehzahl in 1/min	Normblatt DIN
Schallplatte M 45	M 45 / 45	17	45	45536
Schallplatte M 33	M 33 / 33	30	33 ⅓	45537
Schallplatte St 45	St 45	17	45	45546
Schallplatte St 33	St 33	30	33 ⅓	45547
Schallplatte N 78*	N 78 / 78	25	78	

* Die Schallplatte N 78 (früher DIN 45533) wird nicht mehr hergestellt.

Nun ist der Scheitelwert um so größer, je größer die Auslenkung ξ* (Ausschlag oder Amplitude) und je höher die Frequenz f der aufzuzeichnenden Schallschwingungen sind. Bei sinusförmiger Auslenkung ergibt sich ein Effektivwert der Schnelle zu

$$v = \xi \cdot \omega = \xi \cdot 2\,\pi \cdot f$$

$$[v] = \mathrm{m} \cdot \mathrm{s}^{-1}$$

Würde man Schallplatten mit konstanter Schnelle schneiden, so müßte die Rillenauslenkung (Ausschlag) $\xi = v/\omega$ umgekehrt proportional zur Frequenz, d. h. bei hohen Frequenzen klein und bei tiefen Frequenzen groß sein.

Damit ergäben sich mit abnehmender Frequenz immer größere Rillenauslenkungen, womit der erforderliche Platzbedarf zunähme. Bei steigender Frequenz würde die Rillenauslenkung so klein werden, daß das Nutzsignal bei der Wiedergabe im Rauschen unterginge.

Merke: Eine Schallaufzeichnung mit konstanter Schnelle im gesamten Frequenzbereich ist praktisch nicht realisierbar.

Aus diesem Grund hat man den Schneidfrequenzgang nach den Empfehlungen der R. I. A. A. (**R**ecord **I**ndustrie **A**ssociation of **A**merica) sowie der deutschen Norm DIN 45541 festgelegt. Dabei erfolgt die Aufzeichnung nicht mit einer konstanten Schnelle, sondern mit einer im Prinzip konstanten Auslenkung. Das entspricht einer mit der Frequenz zunehmenden Schnelle **(Bild 8.15).**

Die Schneidkennlinie hat zwei Abschnitte, einen zwischen 50 und 500 Hz und einen zwischen 2120 und 15000 Hz, in denen die Auslenkung etwa konstant ist. Allerdings gehen diese beiden Abschnitte kontinuierlich ineinander über. Zudem wird im tiefsten Frequenzbereich die Auslenkung etwas angehoben, um einen besseren Rumpelgeräuschspannungsabstand zu erhalten.

---

* ξ griech. Buchstabe xi

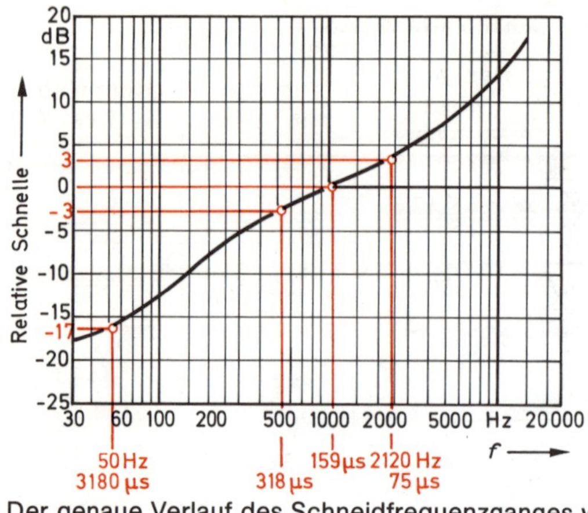

Bild 8.15
Schneidfrequenzkurve der Schallplatte

Der genaue Verlauf des Schneidfrequenzganges wird durch die Übergangsfrequenzen oder durch die Zeitkonstanten angegeben. Die Zeitkonstante kann nach folgender Formel berechnet werden:

$$\tau = \frac{1}{2 \cdot \pi \cdot f}$$

In der **Tabelle 8/2** sind alle wichtigen Daten des Schneidfrequenzganges zusammengestellt.

Tabelle 8/2 Schneidfrequenzgang		
Übergangsfrequenz	Zeitkonstante	relative Schnelle
50 Hz	3180 µs	− 17 dB
500 Hz	318 µs	− 3 dB
1000 Hz	159 µs	0 dB
2120 Hz	75 µs	+ 3 dB

Bei tiefen Frequenzen ist die maximale Auslenkung durch den Rillenabstand, die minimale Auslenkung durch den erforderlichen Rumpelgeräuschspannungsabstand gegeben. Für hohe Frequenzen wird die kleinste Auslenkung durch den Geräuschspannungsabstand (Rauschen) und die größte Auslenkung durch den Krümmungsradius der Nadel an der Auflagefläche gegeben.

Um sich einmal eine Vorstellung zu machen, mit welchen Schnellen man Schallplatten schneidet, sei auf die **Tabelle 8/3** hingewiesen. Die Schnelle ist hier jeweils bei Vollaussteuerung (0 dB) und bei 1 kHz angegeben.

Tabelle 8/3 Schnelle		
Schallplattentyp	Drehzahl in 1/min	Schnelle in cm/s
Stereo	33 1/3	10
Stereo	45	8
Mono	33 1/3	8
Mono	45	12

8.3 Plattenherstellung

Im Aufnahmestudio wird bei dem heute praktizierten Aufnahmeverfahren zunächst eine Aufzeichnung mit einer 32-Spur-Tonbandmaschine gemacht. Im nachfolgenden „Abmischvorgang" werden diese Informationen zur endgültigen Aufzeichnung auf einer 2-Spur-Tonbandmaschine zusammengemischt und die so auf dem Originalband gespeicherten Aufnahmen mit einer Schallplatten-Schneidanlage **(Bild 8.16)** auf eine Lackplatte geschnitten.

Die geschnittene Lackplatte ist zu weich, um ein mehrfaches Abspielen oder gar ein Vervielfältigen zu gewährleisten. Sie wird deshalb mit einer aufgespritzten Silbernitratlösung und einem entsprechenden Katalysator versilbert, um sie so elektrisch leitend zu machen. In einem galvanischen Bad verstärkt man die Metallauflage durch einen Nickelüberzug, um sie anschließend in einem zweiten Bad galvanisch zu verkupfern mit einer Schichtdicke von etwa 0,5 mm. Diese so gewonnene Kupferplatte wird von der Lackplatte abgehoben, die dabei meistens zerstört wird. Das so erhaltene Negativ, bei dem die geschnittenen Rillen als Erhöhungen erscheinen, nennt man auch „Vater".

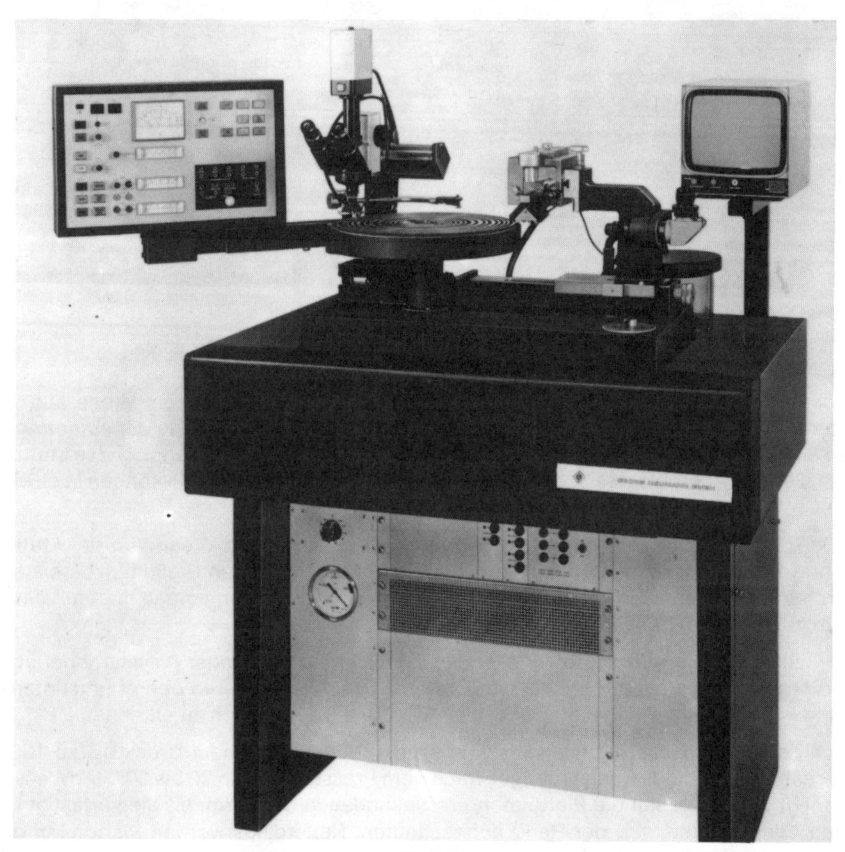

Bild 8.16
Moderne Schallplatten-Schneidanlage VMS 80 der Firma G. Neumann, Berlin

Bild 8.17
Schallplattenpresse (Teldec/Bildarchiv)
In der geöffneten Presse erkennt man oben und unten die Preßmatrizen sowie unten den angewärmten Granulat

In der zweiten Phase der Plattenherstellung werden auf galvanischem Wege auf die Vaterform Silber- und Nickelschichten aufgebracht. Nach dem Trennen der aufgetragenen Schichten vom Vater erhält man ein Positiv, das man „Mutter" nennt. Diese Mutterform wird zur Kontrolle des Schneidvorganges abgespielt. Korrekturen können in gewissen Grenzen vorgenommen werden.

In der dritten Phase der Herstellung werden auf galvanischem Wege von der Mutter mehrere Negativformen „Söhne" hergestellt, die die eigentlichen Preßmatrizen bilden. Durch Verchromen macht man die Matrizen widerstandsfähiger, so daß man mit einer Matrize über 1000 Schallplatten pressen kann.

Als Plattenmaterial wird heute vor allem Polyvinylchlorid (PVC) oder Polystyrol benutzt. Die vorgewärmte Masse kommt in eine geheizte Preßform, in deren oberer und unterer Hälfte je eine Matrize eingesetzt wird, wie es im **Bild 8.17** deutlich zu erkennen ist.

Nach dem Prinzip des Waffeleisens werden die Platten mit einem Druck bis zu 100 t gepreßt. Während des Kühlvorganges nach dem Pressen, für den 20 bis 30 Liter Wasser benötigt werden, bleibt die Platte mehrere Sekunden in der Form, bis sie verfestigt ist. Nach dem Erkalten wird der Rand abgeschnitten. Neuerdings werden Platten, an die keine hohen Qualitätsanforderungen gestellt werden und insbesondere bei hohen Stückzahlen, vielfach auch gespritzt.

8.4 Wiedergabe

Bei der Wiedergabe gleitet die konisch oder elliptisch (biradial) geschliffene, an ihrer Spitze verrundete Abtastnadel des Tonabnehmers in der Rille der Schallplatte entlang. Dabei zwingt die an der Nadel vorbeigleitende Tonschrift die Abtastnadel zu Bewegungen, die dem Weg des Schneidstichels bei der Aufzeichnung entsprechen. Je genauer die Nadelspitze dem von der Toninformation vorgeschriebenen Weg folgt, um so einwandfreier ist die Wiedergabe. Jede Abweichung davon bringt Verzerrungen.

Als Material für die Abtastnadel wird heute meistens Saphir verwendet. In Hi-Fi-Tonabnehmern benutzt man ausschließlich die verschleißfesteren, aber wegen der schwierigen Bearbeitung auch wesentlich teureren Diamantnadeln.

Die von der Nadel des Tonabnehmers ausgeführten Bewegungen müssen in elektrische Wechselspannungen umgeformt werden, um durch den nachfolgenden Verstärker weiter verarbeitet werden zu können. Diese Aufgabe übernimmt der im Tonabnehmersystem enthaltene elektro-mechanische Wandler. Dabei werden vor allem drei Arbeitsprinzipien verwendet:

- das elektromagnetische Prinzip
- das elektrodynamische Prinzip
- das piezoelektrische Prinzip.

Gelegentlich benutzt man auch Tonabnehmersysteme, bei denen die Magnetostriktion, die Abhängigkeit der Halbleiterdaten von mechanischen Spannungen, fotoelektrische Anordnungen oder das kapazitive Arbeitsprinzip verwendet werden.

8.4.1 Abtastnadeln

Die Qualität eines Tonabnehmers hängt entscheidend von den Eigenschaften der Abtastnadel und des Nadelträgers ab. So fordert man von der Abtastnadel folgende Eigenschaften:

1. unverfälschte Abtastung der Plattenmodulation
2. minimale Qualitätsbeeinträchtigung bei kleineren Fehljustagen von Tonarm und Nadel
3. minimaler Plattenverschleiß
4. minimale Nadelabnutzung.

Um diese Qualitätsmerkmale erreichen zu können, verwenden die Hersteller nicht nur verschiedene Nadelausführungen, sondern auch die verschiedensten Nadelschliffe.

Da bei der Wiedergabe die konisch oder elliptisch geschliffene, an ihrer Spitze verrundete Abtastnadel in der Rille der Schallplatte entlang gleiten soll, müssen die Abmessungen der Nadeln so gewählt werden, daß sie tief in die Plattenrille eingreifen, ohne jedoch den Rillengrund zu berühren. Schleift nämlich die Nadelspitze auf dem Rillengrund, so sind starke Nebengeräusche die Folge, und die Toninformation wird ungleichmäßig abgetastet.

Die Berührungsfläche soll deshalb etwa auf der halben Höhe der Rillenwände liegen, wie es das **Bild 8.18** zeigt. Daraus ergibt sich bei den festgelegten Abmessungen der Rille ein optimaler Verrundungsradius der Nadelkuppe von 15 μm für Stereorillen, 25 μm für Monorillen und 60 μm für Normalrillen (vergleiche Bild 8.14).

Da man Mono-Mikorillen auch mit der Stereonadel, die einen Nadelkuppenradius von 15 μm besitzt, abspielen kann, stellt man die Mikronadel mit 25 μm Spitzenverrundung nicht mehr her.

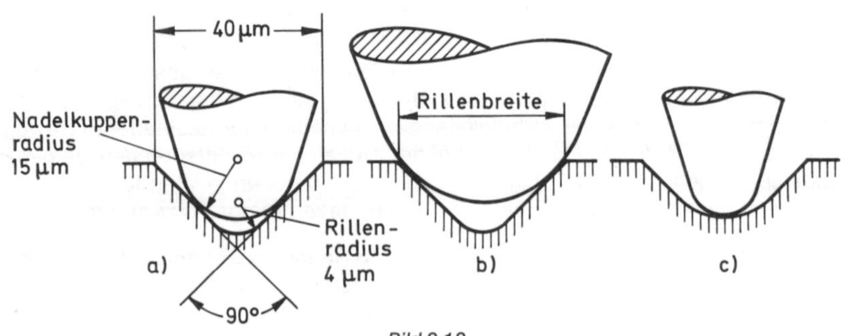

Bild 8.18
Lage der Nadel in der Rille
Nadelrundung: a) richtig, b) zu groß, c) zu klein

Eine exakte Lage der Nadel in der Rille reicht noch nicht aus, um eine einwandfreie Wiedergabe zu erhalten. Die Nadel muß nämlich beim Abspielen auch in der Rille bleiben. Bei einer zu geringen Auflagekraft springt die Nadel aus der Rille. Eine zu große Kraft bewirkt eine geringfügige Abweichung von der exakten Rillenführung und beeinträchtigt nicht nur die Wiedergabequalität, sondern verursacht auch Schäden an der Nadel und an der Schallplatte. Bei nur wenigen Milli-Newton Nadelauflagekraft und nur wenigen zehntel Milligramm effektiver Nadelmasse ist es erst möglich, die Schallplattenrillen mit großer Präzision abzutasten.

Steht die Abtastnadel genau senkrecht zur Plattenoberfläche, so berührt sie die Rillenflanken – wie in Bild 8.18 gezeigt – an zwei genau gegenüberliegenden Punkten. Die gering anmutende Nadelauflagekraft von z. B. 30 mN übt an diesen Berührungsstellen jedoch einen erheblichen Flächendruck aus, was in einer einfachen Rechnung belegt werden soll. Nimmt man an, daß die Berührungspunkte einen Durchmesser von 5 µm haben und die Rillenflanken unendlich hart sind, so ergibt sich ein Flächendruck von:

$$p = \frac{F}{A} = \frac{F}{\frac{d^2 \cdot \pi}{4}}$$

(wegen der beiden Berührungspunkte und weil die Kraft unter einem Winkel von 45° auftrifft, wird F mit 21 mN eingesetzt)

$$p = \frac{F \cdot 4}{d^2 \cdot \pi} = \frac{21\ \text{mN} \cdot 4}{(5\ \mu\text{m})^2 \cdot \pi} = \mathbf{1{,}07 \cdot 10^9\ N/m^2}$$

Also rund 10 t/cm², um diesen Wert in einer nicht normgerechten, jedoch anschaulicheren Größe anzugeben. Diese Berührungspunkte werden in der Praxis durch die elastische Verformung der Schallplattenmasse und einer Flächenbildung durch den Abschliff an der Nadel vergrößert, so daß sich der Flächendruck verringert.

Aus dieser Rechnung erkennt man, daß die Abtastnadel aus einem sehr harten Material hergestellt werden muß. Früher bestanden die Nadeln für die Normalrillenplatten aus Stahl, dessen Härte geringer war, als die der Schallplatte. Nach einer oder höchstens zwei Plattenseiten mußte die Nadel ausgewechselt werden. Die heute allgemein verwendeten modernen Abtastnadeln werden kaum noch aus gezüchteten Saphiren, sondern aus künstlichen oder natürlichen Diamanten hergestellt. Mit ihnen lassen sich bis zu 1000 Plattenseiten abspielen, ehe am Abtaststift eine Abnutzung zu erkennen ist.

Der Schleifvorgang zwischen Platte und Nadel beim Abtasten einer Schallrille bewirkt bei der ausgerechneten hohen Belastung – auch beim härtesten Diamanten – einen Abschliff und damit eine Veränderung der Abtastbedingungen.

Die Abnutzung geht bei einer neuen Abtastnadel **(Bild 8.19 a)** durch die fast punktförmige Auflagefläche zunächst schnell vor sich. Es schleift sich eine ellipsenförmige Fläche (ein Schiffchen) an, womit gleichzeitig die Abnutzungsgeschwindigkeit durch die Vergrößerung der Auflagefläche herabgesetzt wird.

Bei weiterem Abschliff paßt sich die Nadel der Rillenform an und gelangt mit der Spitze auf den Rillengrund. Dadurch ergeben sich Nebengeräusche und Rauschen. Mit einer im **Bild 8.19 b** gezeigten derart abgeschliffenen Abtastnadel ist eine unverzerrte und störungsfreie Wiedergabe nicht mehr möglich.

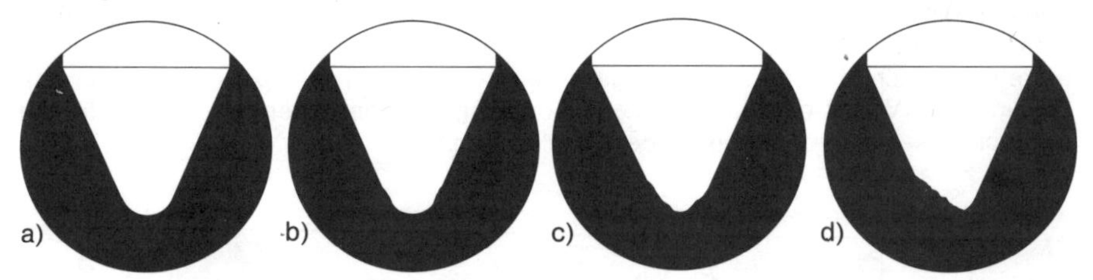

Bild 8.19
a) Sphärisch geschliffene Nadel im Idealzustand (Dual); b) Durch natürlichen Verschleiß abgenutzte Nadel (Dual); c) Abgesplitterte Nadel (Dual); d) Abgebrochene Nadel, die die Schallplatte unwiderruflich beschädigt (Dual)

Eine Diamantnadel hat eine zehnmal höhere Abspieldauer als eine Saphirnadel, jedoch hängt die Lebensdauer der Nadel weitgehend vom Zustand und der Pflege der Schallplatte ab. Eine durch Schlag oder Stoß abgesplitterte Abtastspitze **(Bild 8.19 c und d)** zerstört sofort die Schallrille.

Die Wiedergabe nach einer mechanischen Beschädigung der Abtastnadel wird nicht gleich ganz unmöglich sein, doch empfiehlt es sich, der akustischen Wiedergabe stets besondere Aufmerksamkeit zu widmen. Ist die Wiedergabe plötzlich verzerrt oder tritt ein erhöhtes Rauschen auf, ist der Abtaststift mit Sicherheit beschädigt und muß sofort ausgewechselt werden. Hat der beschädigte Abtaststift bereits seine Spur in den Schallrillen hinterlassen, so wird eine einwandfreie Wiedergabe auch mit einer neuen unbenutzten Abtastnadel nicht mehr möglich sein.

Staub oder gar tiefe Kratzer quer zu den Rillen einer Schallplatte sind die ärgsten Feinde der Abtastnadel. Es ist daher verständlich, wenn man etwa zulässige Betriebsstunden angibt, z. B. für einen Saphir maximal 100 Stunden und für einen Diamanten ca. 1000 Stunden, vorausgesetzt, daß sich die mechanische Beanspruchung ausschließlich auf die schleifende Abnutzung in den Schallrillen gepflegter Schallplatten bei empfohlenem Auflagegewicht des Tonarms und einwandfreiem Sitz der Nadel im Nadelträger beschränkt.

8.4.1.1 Saphirnadel

Abtastnadeln aus Saphir werden heute fast ausschließlich in Piezosystemen eingesetzt. Der in der Natur gefundene Saphir (Siliziumkarbid) wird aus Kostengründen nicht mehr dazu verwendet. Heute stellt man die Saphire synthetisch durch Schmelzen von Aluminiumoxyd unter hohem Druck her. Solche Saphire kann man mit Diamantpulver schnell und mühelos schleifen, und ihre Oberflächen lassen sich gut polieren. Wegen des geringen Bearbeitungsaufwands sind Saphirnadeln verhältnismäßig preisgünstig.

Die Abmessungen einer Abtastnadel aus Saphir gehen aus dem **Bild 8.20** hervor. Das Stäbchen wird unter einem Winkel von 50° angeschliffen und an der Spitze mit einem Kuppenradius von 15 μm verrundet. Vielfach fertigt man auch Saphirnadeln, die an beiden Enden als Abtaststift benutzt werden können. Dabei gibt es Ausführungen, die man für Stereo-/Mikrorille mit der 15-μm-Spitze oder für Normalrillen mit der 60-μm-Spitze verwenden kann. Es werdem auch Ausführungen hergestellt, die an beiden Enden eine 15-μm-Spitze besitzen, um so eine doppelte Spieldauer zu erreichen.

8.4.1.2 Diamantnadel

Diamantennadeln kommen heute nicht mehr ausschließlich in Hi-Fi-Tonabnehmern zur Anwendung. Diamant ist chemisch reiner Kohlenstoff und hat eine Härte von 10. Er ist damit 120mal härter als ein Saphir. Der höhere Preis einer Diamantnadel gegenüber einem Saphirabtaststift ist nicht nur vom Materialwert her, sondern in erster Linie durch die etwa 20fach längere Bearbeitungszeit begründet. Diamantnadeln haben den entscheidenden Vorteil der längeren Lebensdauer gegenüber einem Saphir und tragen dadurch wesentlich zur Schonung der Schallplatten bei.

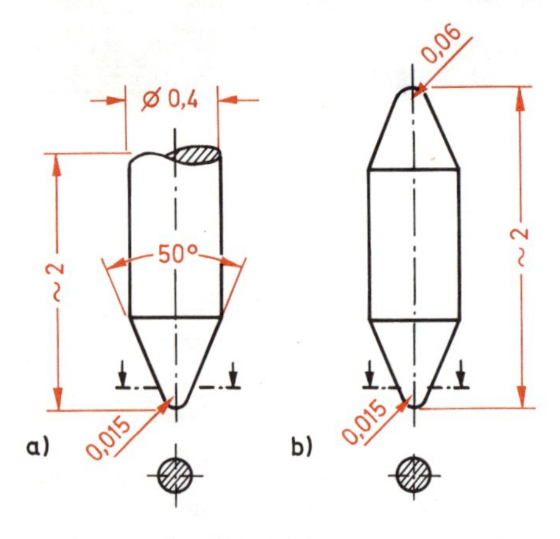

Bild 8.20
a) Abmessungen einer Saphirnadel für Stereo-Mikrorille;
b) Saphirnadel für Stereo-Mikrorille und Normalrille

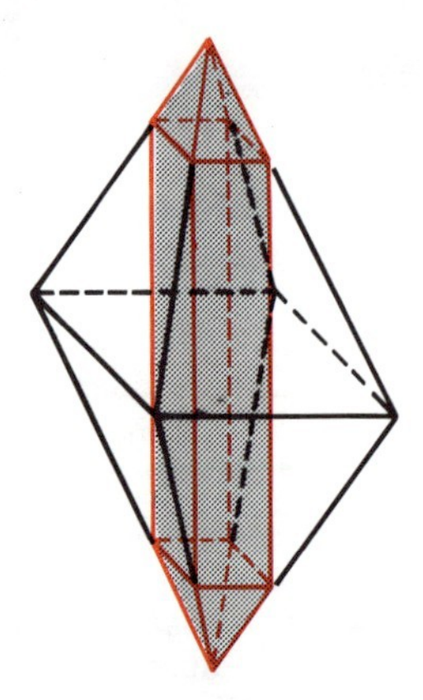

Bild 8.21
A-Diamantnadeln werden aus einem Diamant-Oktaeder in Hauptachsen-Richtung herausgearbeitet

„A-Diamanten" nennt man hochwertige Diamantnadeln, die in einem Stück aus einem in der Natur gefundenen Diamant-Oktaeder herausgearbeitet werden. Optimale Härte erhält man, wenn die Nadel nach der Hauptachse des Oktaeders orientiert ist **(Bild 8.21).** Ein weiterer Vorteil des A-Diamants ist seine sehr kleine Masse von ca. 0,2 mg.

Als „B-Diamanten" bezeichnet man Nadeln, bei denen nur die Spitze aus Diamant besteht. Ein kleiner Diamantsplitter wird an einen Metallschaft geklebt und dann beide zusammen entsprechend bearbeitet. Da man bei diesem Diamantsplitter eine Orientierung nach der Hauptsache des Oktaeders nicht mehr gewährleisten kann, sind solche Abtastnadeln in der Regel nicht so hart wie A-Diamantnadeln. Zum anderen kann die Spitze unterschiedliche Härten aufweisen, so daß sie von den Rillenflanken ungleichmäßig abgeschliffen wird. Abtastverzerrungen und Beschädigung der Schallplattenrillen sind die Folgen. Weiterhin hat eine solche B-Diamantnadel durch den Metallschaft eine größere Masse.

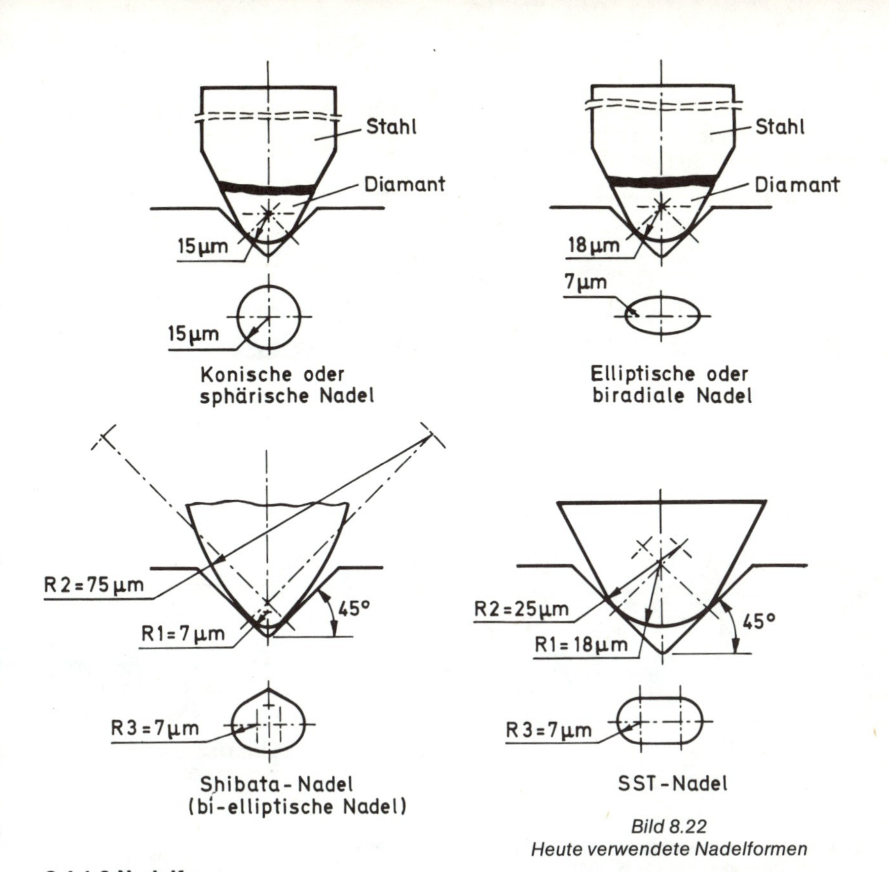

Bild 8.22
Heute verwendete Nadelformen

8.4.1.3 Nadelformen

Ursprünglich hatten alle Abtastnadeln einen konischen[1]) oder sphärischen[2]) Schliff, wie ihn das **Bild 8.22** neben allen heute gebräuchlichen Schliffen zeigt.

Da der Rillendurchmesser einer Schallplatte von außen nach innen ständig kleiner wird, muß auch die Wellenlänge einer aufgezeichneten Tonschwingung immer kürzer werden, wie aus dem **Bild 8.23** zu entnehmen ist. So hat eine Tonschwingung von 15 kHz am

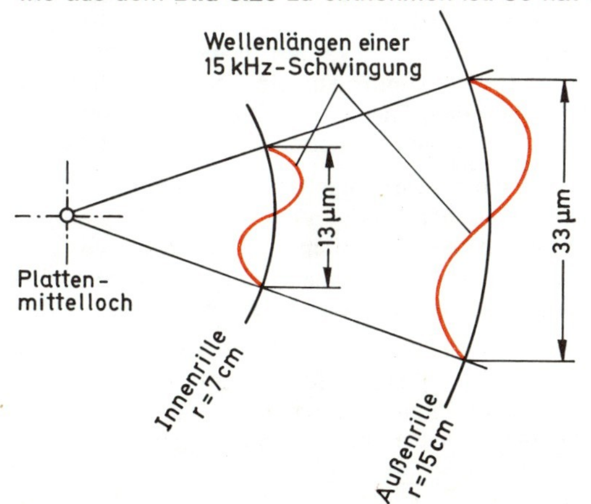

Bild 8.23
Mit kleiner werdendem Rillendurchmesser nimmt auch die aufgezeichnete Wellenlänge ab

[1]) konisch (griech.-lateinisch): kegelförmig

[2]) sphärisch (griech.-lateinisch): auf die Kugel bezogen (kugelförmig)

Anfang der Platte eine Wellenlänge von 33 μm, am inneren Rillenrand nur noch 13 μm. Eine sphärische Nadel mit einem Kuppenradius von 15 μm wird deshalb die Rillenauslenkung nicht mehr exakt abtasten können.

Wie aus dem **Bild 8.24** zu entnehmen ist, wird eine elliptische Nadel – auch biradial genannt – mit einem Seitenradius von 5 μm diesen Auslenkungen folgen können. Eine solche elliptisch geformte Nadel hat weiterhin den Vorteil, daß sie in ihrer Form mehr dem Schneidstichel gleicht, was sich beim Abtasten von höheren Frequenzen durch geringere Verzerrungen bemerkbar macht.

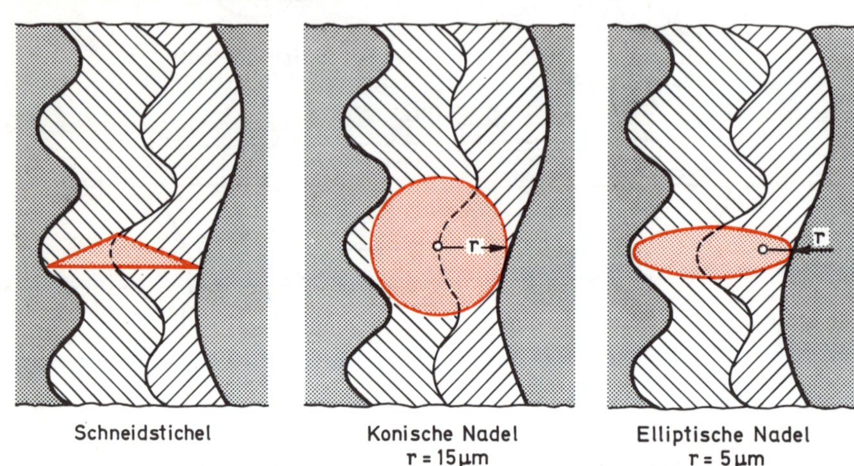

Bild 8.24
Lage des Schneidstichels, einer konischen Abtastnadel und einer elliptischen Abtastnadel in der Rille einer Schallplatte. Während eine konische Nadel den Rillenauslenkungen bei hohen Frequenzen nicht folgen kann, paßt sich eine elliptische Nadel dem Rillenverlauf ungehindert an

Nicht nur der beim Abspielen älterer (vor 1965 gefertigter) Schallplatten mit einer sphärischen Nadel auftretende Klemmeffekt (siehe Abschnitt 8.4.4.5) tritt bei einer elliptisch geschliffenen Nadel nicht mehr auf.

Aufgrund der kleineren Kontaktflächen zwischen Nadel und Rillenwand und dem an diesen Stellen dadurch auftretenden höheren spezifischen Flächendruck sollten elliptisch geschliffene Nadeln nur in hochwertigen Anlagen benutzt werden, die mit Nadelauflagekräften von unter 20 mN arbeiten, um plastische Deformationen der Rillenwände zu vermeiden. Es ist verständlich, daß der Schliff einer elliptischen Nadel mehr Aufwand erfordert als der Schliff einer konischen, wodurch auch der höhere Preis begründet wird.

Elliptisch geschliffene Nadeln eignen sich nicht zum Abtasten von quadrofonischen CD-4-Platten. Bei solchen Platten müssen Frequenzen bis zu 50 kHz abgetastet werden, was mit den 7 μm-Seitenradien der elliptischen Nadeln nicht mehr möglich ist. Die Kuppenradien noch kleiner auszuführen, ist ebenfalls nicht möglich, weil dann der spezifische Flächendruck an den Berührungsstellen der Rillen unzulässig ansteigen würde.

Für das Abtasten der CD-4-Platten hat man die „bi-elliptische" Nadel (Shibata-Nadel) und die von Philips herausgebrachte SST-Nadel (SST = Super Sonic Tracking) entwickelt. Die Radien dieser Abtastnadeln sind dem Bild 8.22 zu entnehmen. Mit der dreiradialen SST-Nadel ist es ohne jede Beeinträchtigung möglich, neben der Wiedergabe von CD-4-Platten auch optimal Stereoschallplatten abzutasten.

8.4.2 Tonabnehmersysteme

Tonabnehmer wandeln die von der Abtastnadel übertragenen Rillenbewegungen in elektrische Spannungen um. Es sind damit sehr kleine, präzise, aber sehr komplexe elektromechanische Wandler. Wie aus der **Tabelle 8/4** zu entnehmen ist, gibt es verschiedene Tonabnehmersysteme.

Tabelle 8/4 Tonabnehmersysteme

System	Prinzip	Spannungserzeugung durch
Magnetisch	1. mit bewegtem Magnet 2. mit induziertem Magnet 3. mit variablem magnetischen Widerstand	Änderung des Magnetfeldes bei feststehender Spule
Dynamisch	bewegte Spule	in einem Magnetfeld bewegte Spule
Piezoelektrisch	Kristall, Keramik	piezoelektrischen Effekt
Halbleiter	Silizium	Widerstandsänderung
Kondensator	Elektret-Wandler	Kapazitätsänderung
Fotoelektrisch	Blende und Fototransistor	Änderung der Beleuchtung

Heute findet man nur gelegentlich kapazitive Tonabnehmersysteme, die man, wie Kondensatormikrofone, in Hochfrequenzschaltung betreibt. Sie zeichnen sich durch gutes Abtastverhalten, Linearität des Frequenzganges und eine hohe Übersprechdämpfung aus.

Bei den fotoelektrischen Tonabnehmersystemen wird eine Blende von der Abtastnadel bewegt. Diese Blende befindet sich vor einer mit Gleichstrom betriebenen Lampe. Das Licht wird von einem Fototransistor in eine entsprechende Wechselspannung umgewandelt. Trotz der guten Wiedergabeeigenschaften dieser fotoelektrischen Tonabnehmersysteme haben sie bis heute wegen des Preises wenig Verwendung gefunden.

8.4.2.1 Magnetische Tonabnehmer

Bei magnetischen Tonabnehmern erfolgt die Umwandlung der mechanischen Bewegung der Abtastnadel in eine äquivalente Wechselspannung dadurch, daß die feststehenden Wandlerspulen von einem sich ändernden magnetischen Kraftfluß durchsetzt werden. Da die Höhe der Ausgangsspannung proportional der Auslenkgeschwindigkeit der Nadel ist, nennt man solche Systeme auch „Schnellewandler".

In hochwertigen Plattenspielern verwendet man ausschließlich magnetische oder dynamische Tonabnehmersysteme. In Geräten der mittleren und unteren Preisklasse werden hauptsächlich piezoelektrische Systeme eingesetzt.

Schallplatten werden entsprechend der Schneidkennlinie im Bild 8.15 mit abgesenkten Tiefen und angehobenen Höhen geschnitten. Magnetische Tonabnehmersysteme geben nicht nur sehr kleine Ausgangsspannungen ab, sondern ihr Frequenzgang entspricht genau dem Schneidfrequenzgang. Es ist deshalb notwendig, die erforderliche Entzerrung und Vorverstärkung in einem sogenannten Entzerrer-Vorverstärker (siehe Kapitel 6.2.2 und Bild 6.11 bis 6.16) vorzunehmen, der in modernen Verstärkeranlagen bereits eingebaut ist.

Tonabnehmer mit bewegtem Magnet

Das **Bild 8.25** zeigt den Prinzipaufbau eines Tonabnehmers mit bewegtem Magnet. Zwei kreuzförmig angeordnete U-förmige Magnete tragen je eine Spulenwicklung. Die Anschlüsse der beiden Spulen führen zu je einem Kanalausgang des Tonabnehmersystems.

Zwischen den Polschuhen der stationären Magneten liegt frei beweglich ein kleiner magnetischer Schwinganker. Dieser hält ein dünnes Aluminiumrohr, den Nadelträger, in dessen vorderes Ende die Abtastnadel eingeklebt ist. Der Schwinganker wird an seinem hinteren Ende von einem weichen, elastischen Lager aus Gummi oder Kunststoff gehalten, das auch die Rückstellkraft für die bewegten Teile erzeugt.

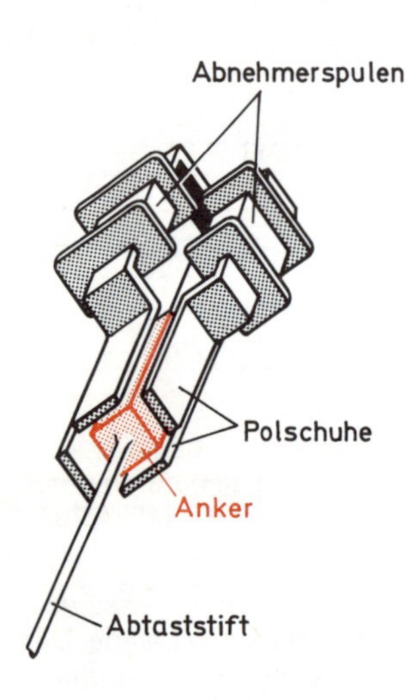

Bild 8.26 (oben)
Ansicht eines Stereo-Tonabnehmers mit bewegtem Magneten (Elac)

Bild 8.25 (links)
Anordnung der magnetischen Kreise und des Ankers bei einem Stereo-Tonabnehmer mit bewegtem Magneten

Wird der Stift beim Lauf durch eine Stereorille in Bewegung gesetzt, so schwingt der Magnet vor den Polschuhen und induziert in den Spulen Spannungen, die in Betrag und Phase der Nadelbewegung entsprechen. Durch die geometrische Anordnung wird eine gute Entkopplung beider Kanäle erreicht.

Das gesamte System ist in einem Gehäuse aus Mu-Metall untergebracht und deshalb gut gegen elektromagnetische Fremdfelder abgeschirmt. Die Spulenenden sind an vier Lötösen angeschlossen, so daß es möglich ist, alle vorkommenden Schaltungsmöglichkeiten wie Mono- und Stereobetrieb auszuführen **(Bild 8.26)**.

Das im Bild 8.26 abgebildete Tonabnehmersystem weist folgende charakteristischen Daten auf:

Übertragungsbereich	20 Hz–20 kHz (siehe **Bild 8.27**)
Übertragungsfaktor je Kanal bei 1 kHz	2,2 mV/1 cms^{-1}
Pegeldifferenz zwischen beiden Kanälen bei 1kHz	max. 2 dB (siehe Bild 8.27)

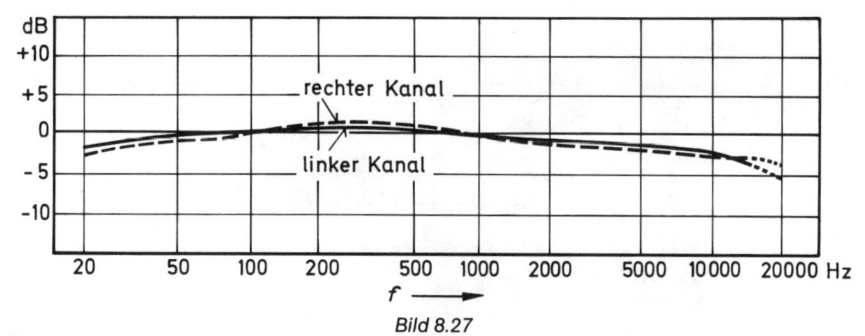

Bild 8.27
Übertragungsbereich und Frequenzgang des Stereo-Tonabnehmers ELAC STS 240 aus Bild 8.26. Aufgenommen mit Meßschallplatte: Telefunken TP 302/303, Auflagekraft 40 mN, Abschlußwiderstand 50 kΩ

Übersprechdämpfungsmaß bei 1 kHz	24 dB
Intermodulationsverzerrungen bei 40 mN Auflagekraft, 20 cm/s Schnelle	< 3 %
Auflagekraft	25–45 mN
Nadelnachgiebigkeit	$8 \cdot 10^{-6}$ cm/dyn
Abschlußwiderstand	33–51 kΩ
Ohmscher Widerstand je Kanal	1 kΩ
Induktivität je Kanal	650 mH

Tonabnehmer mit variablem magnetischen Widerstand

Das **Bild 8.28** zeigt die Prinzipdarstellung eines Tonabnehmers, der nach dem System des variablen magnetischen Widerstandes arbeitet. Man spricht hierbei auch vom Tonabnehmer mit bewegtem Eisen. Der erforderliche magnetische Fluß wird von einem festmontierten Dauermagneten erzeugt. Der magnetische Kreis ist hierbei durch den Anker unterteilt.

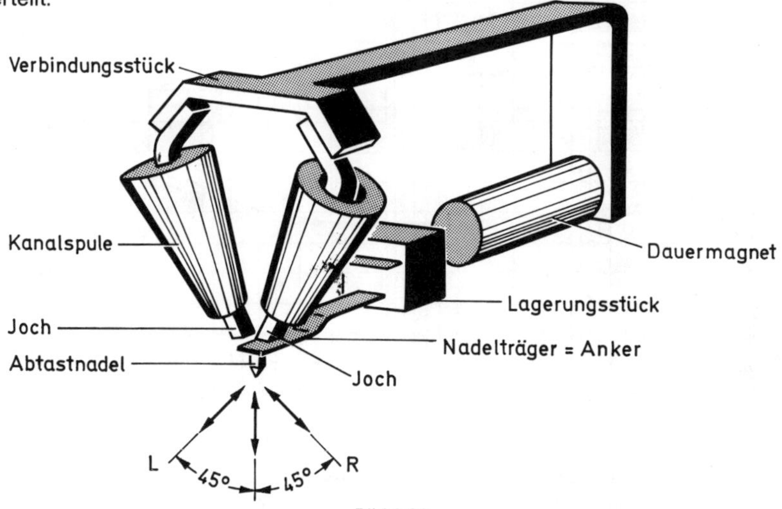

Bild 8.28
Prinzipaufbau eines Stereo-Tonabnehmers mit bewegtem Eisen (Dual)

Bild 8.29
Magnettonabnehmer mit elliptischer Abtastnadel Dual DMS 240 E

Wird der Anker, an dessen Spitze sich die Abtastnadel befindet, durch die Rillenauslenkung gesteuert, so verkleinern oder vergrößern sich je nach Auslenkungsrichtung die Luftspalte zwischen den Spulenkernen und dem Anker. Damit wird der magnetische Widerstand in den Luftspalten und damit der Magnetfluß in den Spulen variiert.

Um störende elektromagnetische Fremdfelder abzuschirmen, kapselt man das System in ein Mu-Metall-Gehäuse. Das **Bild 8.29** zeigt ein im Handel erhältliches magnetisches Tonabnehmersystem, das folgende Daten hat:

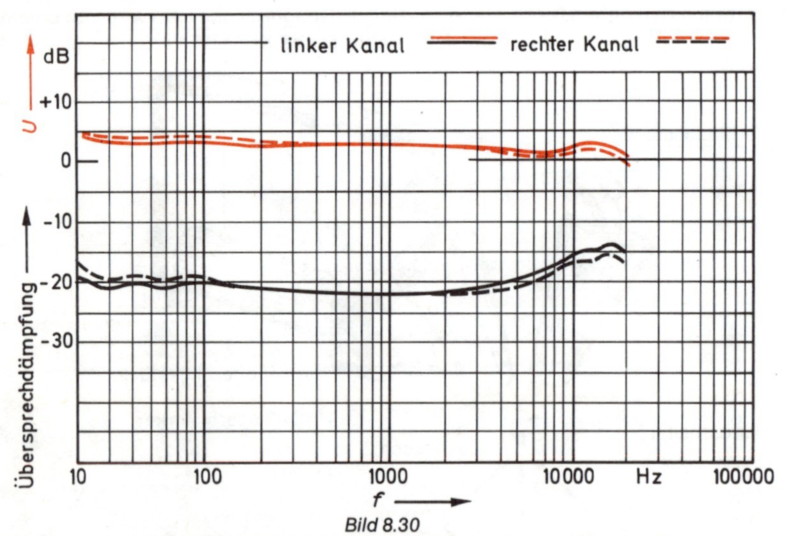

Bild 8.30
Übertragungsbereich und Übersprechdämpfung des Tonabnehmersystems aus Bild 8.29 (Dual)
Gemessen über Entzerrer-Vorverstärker TVV 47 (Dual)
Meßplatte: QR 2009 (Schneidkennlinie 3180-318-75 µs)
Auflagekraft 15 mN, Abspielgerät: Dual 510

Übertragungsbereich	10 Hz–20 kHz (siehe **Bild 8.30**)
Übertragungsfaktor je Kanal bei 1 kHz	> 0,7 mV/1 cm s^{-1}
Pegeldifferenz zwischen beiden Kanälen bei 1 kHz	max. 2 dB (siehe Bild 8.30)
Übersprechdämpfungsmaß bei 1 kHz	min. 25 dB (siehe Bild 8.30)
Intermodulationsverzerrungen bei 15 mN Auflagekraft, 8 cm/s Schnelle	< 1 %
Auflagekraft	12,5–17,5 mN
Nadelnachgiebigkeit	$25 \cdot 10^{-6}$ cm/dyn
Abschlußwiderstand	47 kΩ
Ohmscher Widerstand je Kanal	700 Ω
Induktivität je Kanal	500 mH

8.4.2.2 Dynamischer Tonabnehmer

Dynamische Tonabnehmer sind ähnlich aufgebaut wie dynamische Mikrofone oder Lautsprecher, d. h., daß sich zwei bewegliche Spulen in einem konstanten Magnetfeld befinden. Durch die Führung der Abtastnadel wird eine kleine Spule im Feld eines Permanentmagneten bewegt, so daß in ihr durch die Flußänderung eine Spannung induziert wird **(Bild 8.31).**

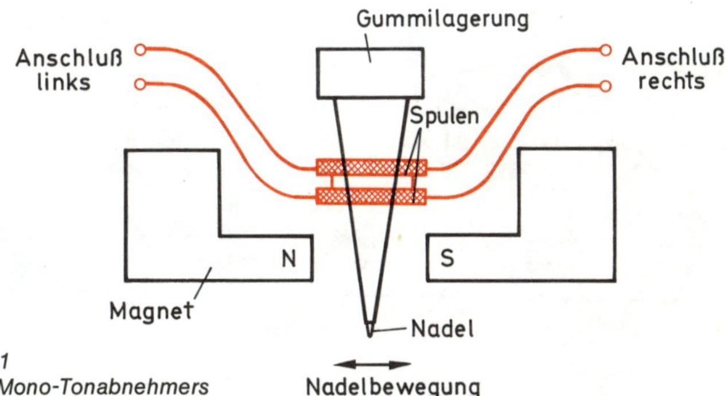

Bild 8.31
Prinzip eines dynamischen Mono-Tonabnehmers

Da ein dynamischer Tonabnehmer eine Ausgangsspannung abgibt, die proportional der Auslenkgeschwindigkeit der Nadel ist, muß einem solchen System, wie den magnetischen Tonabnehmern, ein Entzerrerverstärker nachgeschaltet werden.

Die Spulen sollen räumlich möglichst klein und aus Trägheitsgründen mit geringer Masse behaftet sein. Deshalb wickelt man auch nur wenige Windungen auf den Spulenträger. Dadurch kann in dieser Wicklung auch nur eine kleine Spannung induziert werden, so daß zwischen dem System und dem Entzerrerverstärker stets eine Aufwärtstransformation vorgenommen werden muß.

Derartige Systeme, die auch unter der Bezeichnung **Moving Coil** = bewegte Spulen angeboten werden, haben jedoch hervorragende Übertragungseigenschaften. So ist der Klirrfaktor sehr klein, weil die Spulenlage im homogenen Feld kaum einen Einfluß auf das übertragene Signal hat. Die Nachteile bestehen darin, daß die Nadel oft nur werkseitig ausgetauscht werden kann und daß diese Systeme mechanisch sehr empfindlich sind. Deshalb verwendet man sie kaum bei normalen Heimabspielgeräten. Sie müssen sehr sorgfältig behandelt werden und sind durch ihre Feinheit in der Konstruktion bei kleinen Serien entsprechend teuer.

8.4.2.3 Piezoelektrische Tonabnehmer

Bei diesen Tonabnehmersystemen nutzt man den piezoelektrischen Effekt aus, den Jacques und Pierre Curie 1880 entdeckten. Seignettesalz-Einkristalle oder spezielle keramische Werkstoffe geben eine elektrische Spannung ab, wenn sie mechanisch verformt werden. So überträgt man die Bewegungen der Abtastnadel über Koppelstege auf die Wandler, die mechanisch verformt werden und dadurch eine elektrische Spannung abgeben. Da die Spannung den Auslenkungen der Nadel proportional ist, also von der Rillenauslenkung abhängt, ist ein besondere Entzerrung, wie bei den magnetischen Systemen, nicht erforderlich. Piezoelektrische Systeme sind einfach aufgebaut und deshalb verhältnismäßig billig. Dieses ist auch der Grund, weshalb sie so verbreitet sind.

Kristalltonabnehmer

Kristalltonabnehmer stellt man aus gezüchteten Seignettesalz-Einkristallen her, indem man aus den Kristallblöcken etwa 0,3 mm dicke Streifen mit einer Länge von 12 mm und einer Breite von 4 mm ausschneidet. Diese Streifen werden beidseitig mit einer Kontaktschicht versehen und dann jeweils zwei solcher Streifen mit Anschlußfahnen zusammengeklebt. Da das Seignettesalz sehr wasseranziehend (hygroskopisch) ist, versieht man diese Kristallstreifen noch mit einem Lacküberzug.

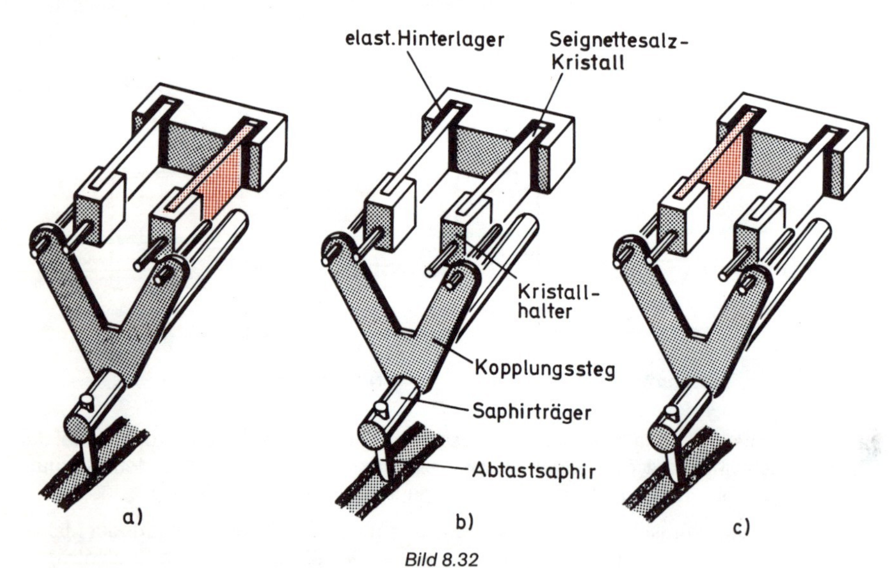

Bild 8.32
Stereo-Kristall-Tonabnehmer (Telefunken); a) Arbeitsstellung bei Modulation im linken Kanal; b) Ruhestellung; c) Arbeitsstellung bei Modulation im rechten Kanal

Wie das **Bild 8.32** zeigt, baut man in einen Stereo-Kristall-Tonabnehmer zwei solche vorgefertigten Kristalle ein. Beim Abtasten einer Schallplattenrille wird durch den Koppelsteg das dem jeweiligen Kanal zugeordnete Kristallelement in Längsrichtung verdreht (Torsionsbieger) und gibt eine Spannung ab, die sehr hohe Werte annehmen kann.

Als Nachteil ist die ungenügende Klimafestigkeit eines Kristalltonabnehmers zu nennen. Selbst der Schutzlack und eine Einbettung der Kristalle in eine feuchtigkeitsabweisende Paste können das Eindringen der Luftfeuchtigkeit bei Temperaturen über 30 °C nicht völlig verhindern. Kristalltonabnehmer sind daher nicht für tropische Gebiete geeignet.

Keramiktonabnehmer

Bei Keramiktonabnehmern bestehen die Wandler aus polykristallinem Werkstoff, wie Blei-Zirkonat-Titanat oder Barium-Titanat. Diese Wandler sind bruchfester als Seignettesalzkristalle, chemisch inaktiv und gegenüber Feuchtigkeit oder anderen atmosphärischen Einflüssen fast völlig unempfindlich.

Keramik-Tonabnehmer sind im Gegensatz zu den Kristallen Biegeschwinger und müssen deshalb linear an den Nadelträger angekoppelt werden.

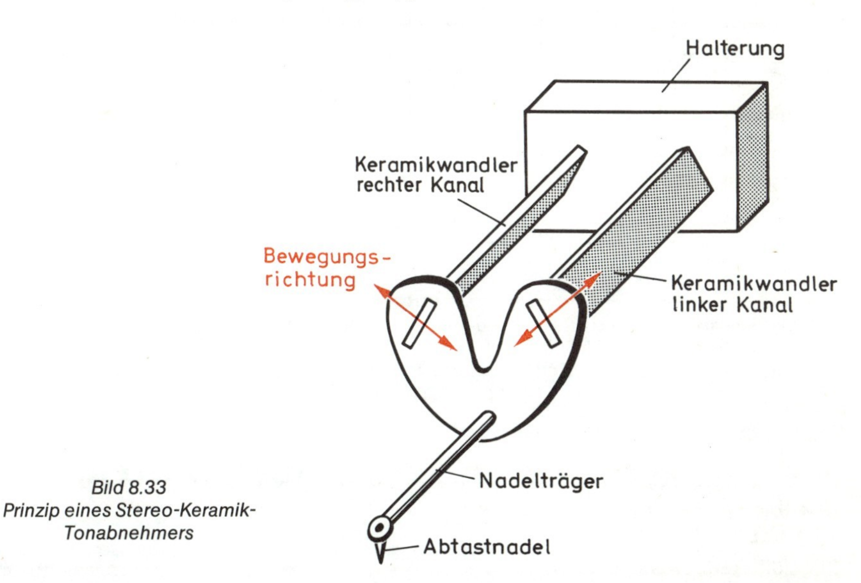

Bild 8.33
Prinzip eines Stereo-Keramik-Tonabnehmers

Das **Bild 8.33** zeigt den Prinzipaufbau eines Keramiktonabnehmersystems. An der Rückseite sind die beiden Keramikwandler in einem Lager aus einem elastischen Kunststoff festgehalten. An der Vorderseite hat man die Wandler über einen Koppelsteg mit dem Nadelträger verbunden. Weil diese Tonabnehmer absolut klimafest sind, verwendet man sie heute häufig. Im **Bild 8.34** ist ein handelsübliches Keramiktonabnehmersystem abgebildet, das folgende technische Daten besitzt:

Bild 8.34
Keramiktonabnehmersystem mit konischer Abtastnadel Dual CDS 660

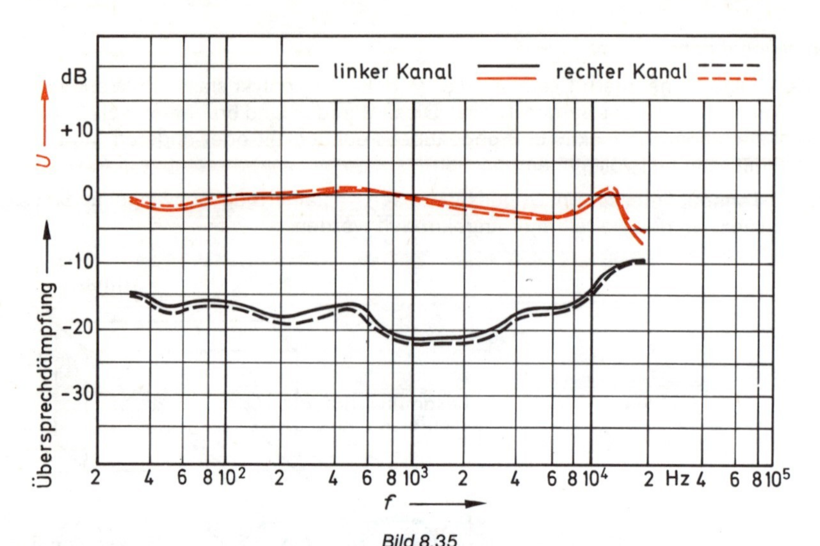

Bild 8.35
Übertragungsbereich und Übersprechdämpfung des Tonabnehmersystems aus Bild 8.34 (Dual) Gemessen mit Meßplatte DIN 45 541, DG Schneidkennlinie nach DIN 45 547, Auflagekraft 45 mN, Abspielgerät Dual 1224, OdB = min 65 mVs/cm bei 45° Schrift mit 20 °C

Übertragungsbereich	30 Hz–20 kHz (siehe **Bild 8.35**)
Übertragungsfaktor je Kanal bei 1 kHz an 1 MΩ/200 pF	min. 65 mV/1 cm s^{-1}
Pegeldifferenz zwischen beiden Kanälen bei 1 kHz	max. 2 dB (siehe Bild 8.35)
Übersprechdämpfungsmaß bei 1 kHz	20 dB (siehe Bild 8.35)
Intermodulationsverzerrungen	$<$ 1 %
Auflagekraft	40–50 mN
Nadelnachgiebigkeit	$6 \cdot 10^{-6}$ cm/dyn
Wechselstromwiderstand je Wandlersystem bei 1 kHz und 20 °C	160 kΩ

8.4.2.4 Halbleiter-Tonabnehmer

Halbleiter aus Silizium haben die Eigenschaft, daß sie ihren elektrischen Widerstand bei angreifenden Zug- und Druckkräften ändern. Dieses Verhalten nutzt man bei den Halbleiter-Tonabnehmern aus.

Legt man sie an eine konstante Gleichspannung, so ändert sich der durch den Silizium-Halbleiter fließende Strom im Takte der Nadelauslenkung. Die Höhe der Signalamplitude ist bei diesem System von der Rillenauslenkung abhängig, so daß eine Entzerrung nicht notwendig wird. Wie aus dem im **Bild 8.36** wiedergegebenen prinzipiellen Aufbau eines Halbleiter-Tonabnehmers hervorgeht, ist er ähnlich wie ein Keramik-System aufgebaut.

Ein solches Halbleiter-Tonabnehmersystem hat wegen seiner geringen effektiven Masse einen ausgeglichenen Frequenzgang. Als Nachteil muß die erforderliche Spannungsversorgung genannt werden.

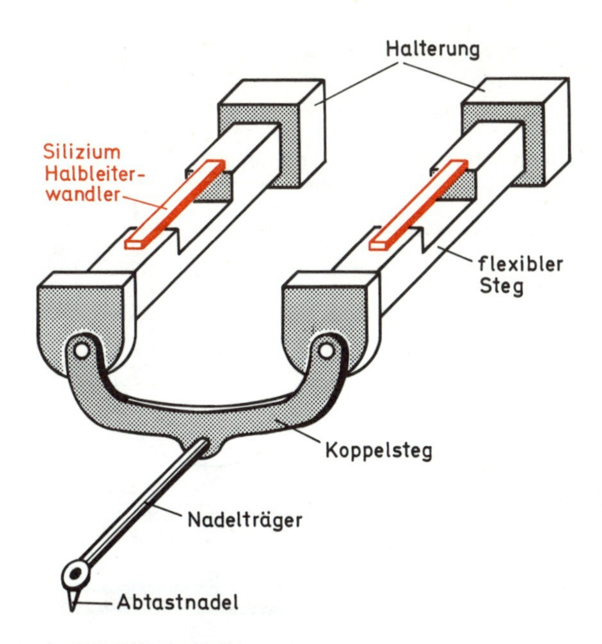

Bild 8.36
Prinzipieller Aufbau eines Stereo-Halbleiter-Tonabnehmers

8.4.2.5 Vergleich von Tonabnehmersystemen

Um einen Vergleich der technischen Daten der heute hauptsächlich verwendeten Tonabnehmersysteme vornehmen zu können, sind in der **Tabelle 8/5** alle wichtigen Daten von Magnet-, Kristall- und Keramik-Tonabnehmern aufgelistet.

Tabelle 8/5 Vergleich zwischen Tonabnehmersystemen

	Magnet	Kristall	Keramik	Einheit
Übertragungsbereich	20–20000	30–12000	30–20000	Hz
Übertragungsfaktor je Kanal bei 1 kHz	> 0,35 . . . > 0,8	> 70	> 20 . . . > 65	mV/cm · s^{-1}
Pegeldifferenz zwischen beiden Kanälen bei 1 kHz	max. 2 dB	max. 2,5 dB	max. 2 dB	
Übersprechdämpfungsmaß bei 1 kHz	25–30 dB	20–25 dB	20–28 dB	
Intermodulationsverzerrungen bei 400/4000 Hz	0,1 %–1 %	4 %–10 %	2 %–4 %	
Nachgiebigkeit	10 . . . 40	3,5 . . . 4,5	4 . . . 12	10^{-6} cm/dyn
Auflagekraft	10 . . . 25	35 . . . 45	25 . . . 40	mN
Innenwiderstand bei 1 kHz	2 . . . 5,5	200	40 . . . 160	kΩ

8.4.3 Tonarm

Der Tonarm **(Bild 8.37)** hat nicht nur die Aufgabe, das Tonabnehmersystem zu halten, sondern er soll dafür sorgen, daß die Abtastnadel durch die Schallplattenrille geführt wird, ohne daß dazu nennenswerte Kräfte nötig sind. So spielt für eine verzugsfreie Wiedergabe die Geometrie des Tonarms, seine Lagerung, die Nadelauflagekraft, der Ausgleich der Skatingkraft und noch einiges mehr eine Rolle.

Bild 8.37
Ansicht eines Tonarms mit Einstellorganen (Dual CS 721)

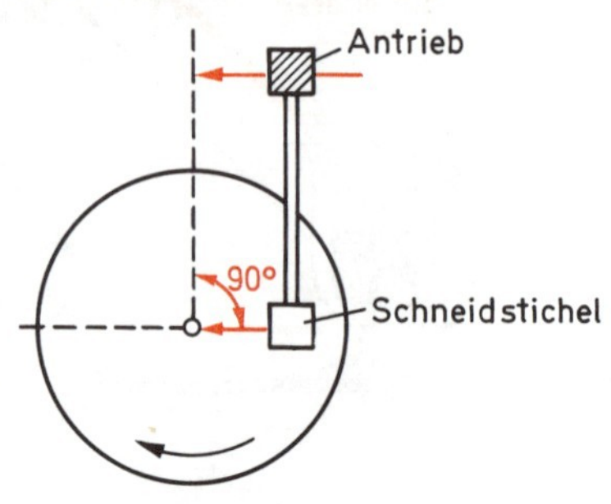

Bild 8.38
Bewegungsrichtung des Schneidstichels bei der Aufzeichnung

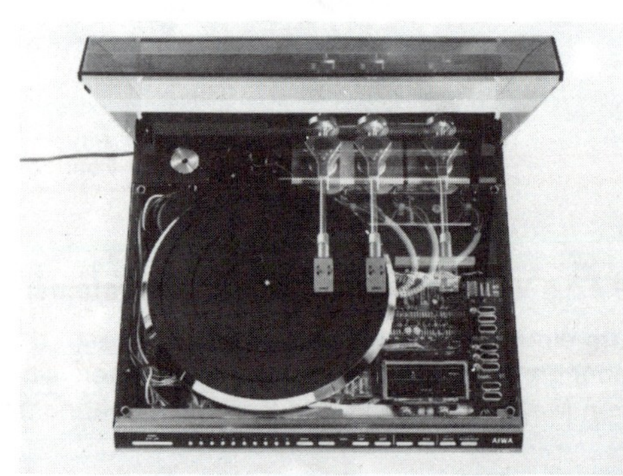

Bild 8.38 a
Plattenspieler mit Tangential-Tonarm (AIWA)

8.4.3.1 Geometrie des Tonarms

Beim Schneiden der Platte bewegt sich der Schneidstichel, wie das **Bild 8.38** zeigt, in radialer Richtung von außen nach innen und hat einen konstanten Winkel von 90° zwischen seiner Längsachse und dem Plattenradius durch den Plattenmittelpunkt.

Grundsätzlich wäre bei der Abtastung die gleiche Bewegung erforderlich. Eine entsprechende Konstruktion hat man mit dem *„Tangential"-Tonarm* entwickelt. Dieser Tonarm wird mittels einer Führungsschiene radial über die Platte geführt, wie der Schneidstichel. Bewegt wird dabei der Tonabnehmer in der Regel durch einen Elektromotor, der bei geringen Verschiebungen anspricht und den Tonarm wieder in die optimale Position verschiebt. Das Foto im **Bild 8.38 a** zeigt einen solchen Plattenspieler mit einem Tangential-Tonarm, deutlich ist die aufwendige elektronische Steuerung zu erkennen.

Üblich ist heute noch der schwenkbare Tonarm **(Bild 8.39).** Da der Tonarm in einem Punkt außerhalb des Plattentellers drehbar gelagert ist, beschreibt die Abtastnadel von außen nach innen einen Kreisbogen, und keine durch den Mittelpunkt der Platte gehende Gera-

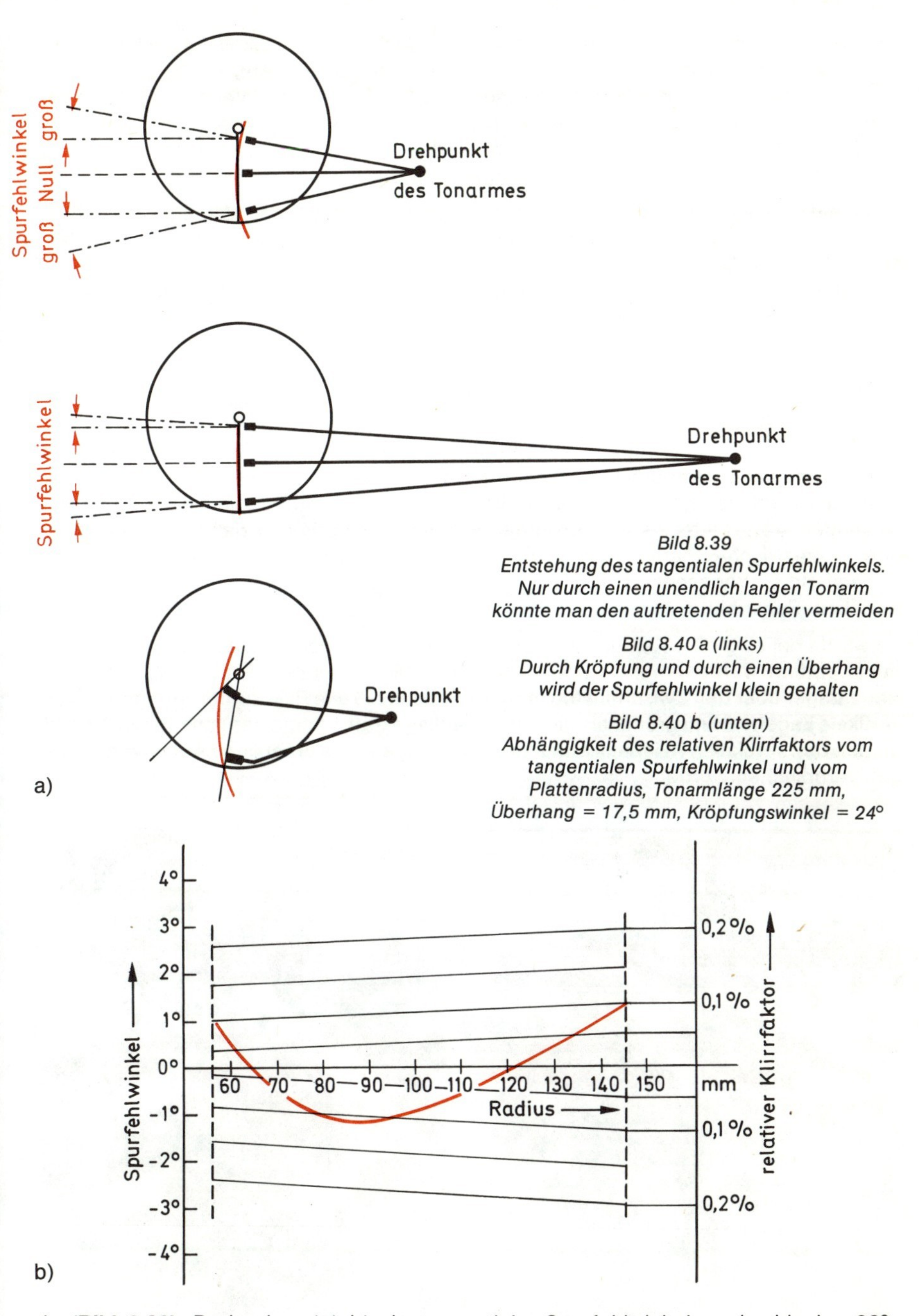

Bild 8.39
Entstehung des tangentialen Spurfehlwinkels. Nur durch einen unendlich langen Tonarm könnte man den auftretenden Fehler vermeiden

Bild 8.40 a (links)
Durch Kröpfung und durch einen Überhang wird der Spurfehlwinkel klein gehalten

Bild 8.40 b (unten)
Abhängigkeit des relativen Klirrfaktors vom tangentialen Spurfehlwinkel und vom Plattenradius, Tonarmlänge 225 mm, Überhang = 17,5 mm, Kröpfungswinkel = 24°

de **(Bild 8.39).** Dadurch entsteht ein *tangentialer Spurfehlwinkel* zu der idealen 90°-Abtastrichtung. Nur ein unendlich langer Tonarm, der aber nicht zu realisieren ist, könnte den hier auftretenden Fehler vermeiden.

Um diesen Fehler klein zu halten, kröpft man den Tonarm oder winkelt ihn nach innen ab **(Bild 8.40 a)** und macht zusätzlich seine Länge größer als den Abstand zwischen Tonarmdrehachse und Plattentellerachse (sogenannter *Überhang*). Wegen der Kröpfung geht der Spurfehlwinkel für zwei Plattenradien durch Null. An diesen Punkten wird die ideale Abtastrichtung erreicht **(Bild 8.40 b).** Ist der tangentiale Spurfehlwinkel kleiner als 2°, so bleiben die entstehenden Verzerrungen unhörbar.

Grundsätzlich sind die durch diesen Spurfehlwinkel entstehenden Verzerrungen geringer als die durch das Abtastsystem bedingten, unvermeidlichen Verzerrungen. Zwar lassen sich durch die Tangential-Tonarme Fehlwinkel von nahezu Null erreichen, jedoch muß stets der beträchtliche technische Aufwand ins Verhältnis zur Qualitätsverbesserung gesetzt werden.

8.4.3.2 Lagerung des Tonarms

Zur Schonung von Platte und Nadel dürfen vertikales und horizontales Tonarmlager nur eine geringe Reibung aufweisen. Andererseits muß aber das Lagerspiel sehr klein sein, um Verzerrungen und Frequenzgangsprünge zu vermeiden. Das Trägheitsmoment des Tonarms muß zwei Bedingungen genügen: Es muß einmal so groß sein, daß es auch bei der Abtastung der tiefsten Frequenz eine hinreichende Gegenkraft für die auf die Nadel einwirkenden Kräfte bietet, es soll zum anderen jedoch so niedrig sein, daß durch verzogene oder exzentrische Platten erzwungenen Tonarmbewegungen kein nennenswerter Widerstand entgegengesetzt wird, da dies einen vorzeitigen Verschleiß von Platte und Nadel zur Folge hätte.

So würde bei zu großer Reibung im Horizontallager der Tonarm nicht zum Plattenmittelpunkt geführt werden können. Die Nadel würde bei einem sehr weich eingespannten Nadelträger über den Zwischensteg immer wieder in die alte Rille zurückspringen. Ist die vertikale Lagerreibung größer als die Tonarmauflagekraft, könnte der Tonarm bei Stereoplatten den vertikalen Rillenauslenkungen nicht folgen, was erhebliche Abtastverzerrungen verursachen würde.

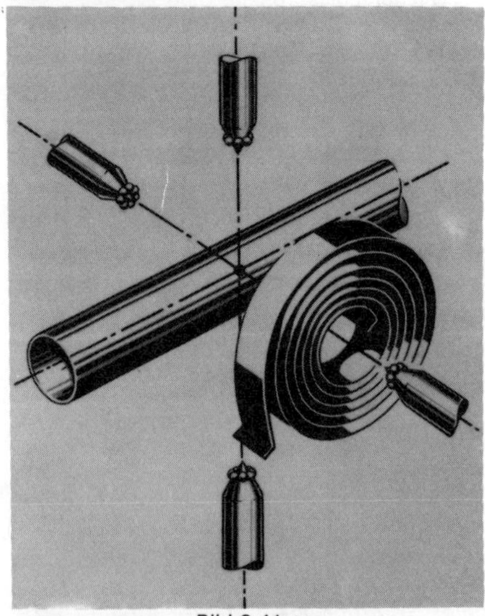

Bild 8.41 a
Schematische Abbildung einer kardanischen Vierpunkt-Spitzenlagerung (Dual)

Bild 8.41 b
Schnittzeichnung des Tonarmlagers beim Dual CS 721

Aus diesem Grunde muß die Lagerung des Tonarmes sehr sorgfältig ausgeführt werden. Als Lagerstellen sind sowohl Kugellager als auch Gleitlager geeignet. Das **Bild 8.41** zeigt eine kardanische Vierpunkt-Spitzenlagerung eines Tonarms. Eine solche Lagerung erfüllt höchste Qualitätsansprüche. Gemessen an der Nadelspitze betragen die Reibungskräfte horizontal und vertikal weniger als 0,1 mN. Dies bedeutet, daß die zwischen Nadel und Schallplattenrille wirksamen Kräfte tatsächlich nur durch die Auflagekraft bzw. durch die beim Abtastvorgang auftretenden Kräfte bestimmt werden. Hierzu gehören noch die bewegte Masse des Tonabnehmersystems und die Nachgiebigkeit des Nadellagers, auch **Compliance** genannt. Für die Abspielqualität ist die Tonarmlagerung von entscheidender Wichtigkeit, denn wenn nur äußerst geringe Nadelführungskräfte benötigt werden, können auch sehr empfindliche hochwertige Tonabnehmersysteme verwendet werden.

Bild 8.42
Seitenansicht eines Tonarms. Deutlich ist am Ende das Gegengewicht zu erkennen (Dual CS 721)

Das Tonarmrohr stellt man meistens aus Aluminium her; daher besitzt es nur eine geringe Masse. Ein Gegengewicht am hinteren Ende des Tonarms **(Bild 8.42)** sorgt dafür, daß er gut ausbalanciert ist. Dieses Gegengewicht ist beweglich angeordnet und meistens gedämpft aufgehängt. Durch Verschieben dieses Gewichtes kann man unterschiedliche Tonabnehmermassen ausgleichen. Bei richtiger Balance-Justierung und Auflagekraft Null müßte der Tonarm mit dem eingebauten Tonabnehmersystem trägheitslos in jeder Stellung innerhalb seines Bewegungsbereiches stehen bleiben. Ein so ausbalancierter Tonarm kann die Rillenflanken, auch bei extremer Schiefstellung des Laufwerkes, nicht mehr unsymmetrisch belasten.

Damit die Wiedergabe nicht durch Resonanzen des Tonarmes verzerrt wird, ist das Tonarmrohr schwingungssteif konstruiert. Weiterhin bedämpft man die Tonarmresonanz dadurch, daß man das am Ende befindliche Gegengewicht als „Anti-Resonator" federnd aufhängt **(Bild 8.43).**

Bild 8.43
Tonarm-Balancegewicht mit Tuning Antiresonator (Dual)

8.4.3.3 Auflagekraft

Die Auflagekraft der Nadel darf weder zu groß, noch zu gering sein. Setzt man nämlich die Auflagekraft so weit herab, daß die Nadel nicht mehr stetig geführt wird, so wird nicht nur der Ton rauh, sondern die abhebende und wieder einfallende Nadel führt sehr schnell zur Zerstörung von Nadel und Platte.

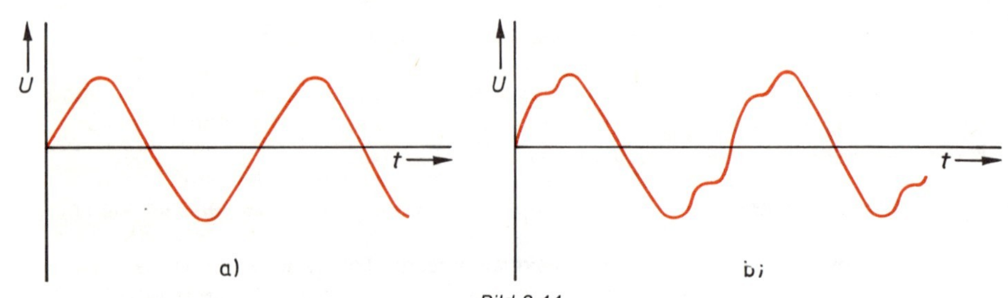

Bild 8.44
Ausgangsspannung eines Tonabnehmersystems bei a) richtiger Auflagekraft, b) zu großer Auflagekraft

Die optimale Auflagekraft hängt von der auf die Nadelkuppe bezogenen Masse des Abtastsystems und von der Rückstellkraft (Compliance) ab. Sie liegt im allgemeinen bei 10 bis 50 mN. Dieser scheinbar geringe Wert darf nicht darüber hinwegtäuschen, daß die Rillenwände wegen der kleinen Auflagefläche ganz erheblichen Drücken ausgesetzt sind – sie betragen mehrere Tonnen/cm² (siehe Abschnitt 8.4.1) **(Bild 8.44).**

Die Auflagekraft der Nadel ist bei den meisten Plattenspielern einstellbar, da sie vom jeweils verwendeten Tonabnehmersystem abhängt. Die Auflagekraft wird bei einigen Geräten dadurch eingestellt, daß ein Gewicht über die ganze Länge des Tonarms verschoben werden kann, oder durch eine Feder in Verbindung mit dem vertikalen Tonarmlager, wie es in den **Bildern 8.41 und 8.45** deutlich zu erkennen ist.

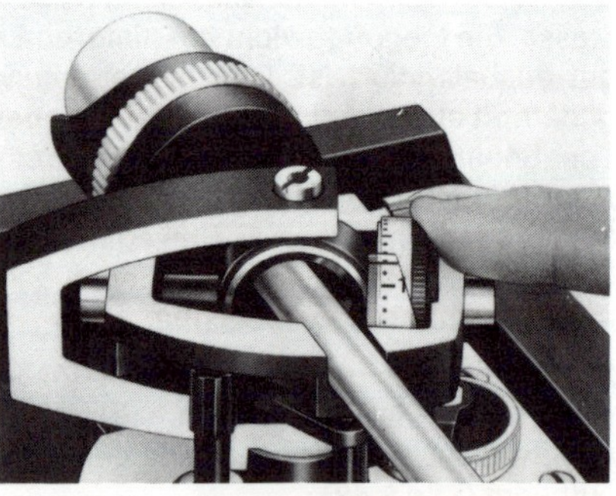

Bild 8.46 (oben)
Einstellung der Auflagekraft am Tonarm des Dual CS 721
Bild 8.45 (links)
Querschnitt der Tonarmaufhängung mit Balancegewicht und Einstellung der Auflagekraft

Eine Skala **(Bild 8.46)** erlaubt eine präzise Einstellung. Ist eine direkt ablesbare Tonarmwaage vorhanden, so wird das Feineinstellen der Nadelauflagekraft noch einfacher. Der Wert der eingestellten Nadelauflagekraft wird in der Ruheposition des Tonarmes gemessen, nachdem der Tonarm zuerst ausbalanciert wurde, und bezieht sich stets auf den Punkt der Nadelspitze.

Bei sehr einfachen Geräten verzichtet man auf die Möglichkeit einer Einstellung der Auflagekraft und teilweise auch auf eine Balancierung des Tonarmes, die dann beide bereits im Werk vorgenommen werden. Diese einfachen Ausführungen werden bei höheren Auflagekräften (> 50 mN) wegen der einfachen Bedienung bevorzugt.

8.4.3.4 Skatingeffekt

Wie im Abschnitt 8.4.3.1 ausführlich erläutert wurde, ist das Tonabnehmersystem gegenüber dem Tonarm um den Kröpfungswinkel geneigt. Durch diese Abwinkelung entsteht am Tonarm eine Kraftwirkung, die so gerichtet ist, daß der Tonarm sich in Richtung Plattentellermitte hin bewegen will **(Bild 8.47).** Diese **Skatingkraft**[1]) ist außerdem abhängig von der Auflagekraft und der Nadelform. Diese auf die Nadel wirkende Kraft ist unerwünscht, weil sie eine ungleiche Abtastkraft an den beiden Flanken der Stereorille zur Folge hat. Da der Nadeldruck auf der inneren Rillenflanke größer ist als auf der äußeren, wird die Information des rechten Kanals stärker verzerrt als die des linken **(Bild 8.48).**

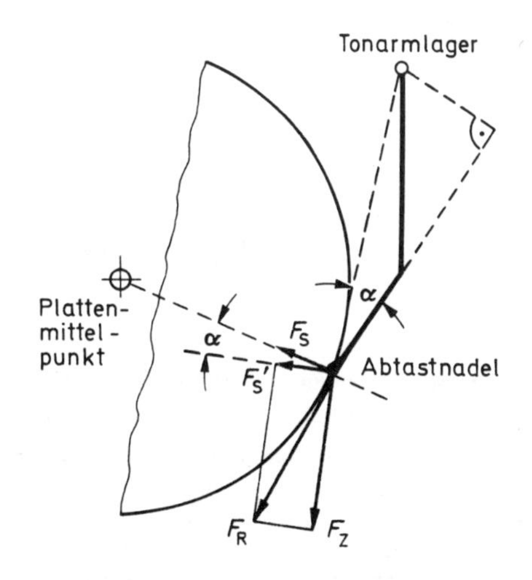

F_R = Reibungskraft zwischen Nadel und Rillenwandung

F_Z = Zugkraft in Tonarmlängsrichtung

F_S' = Skatingkraft zum Mittelpunkt gerichtet

F_S = Skatingkraft auf Rillenwand

$F_S = F_S' \cdot \cos\alpha$

Bild 8.47
Entstehung der Skatingwirkung

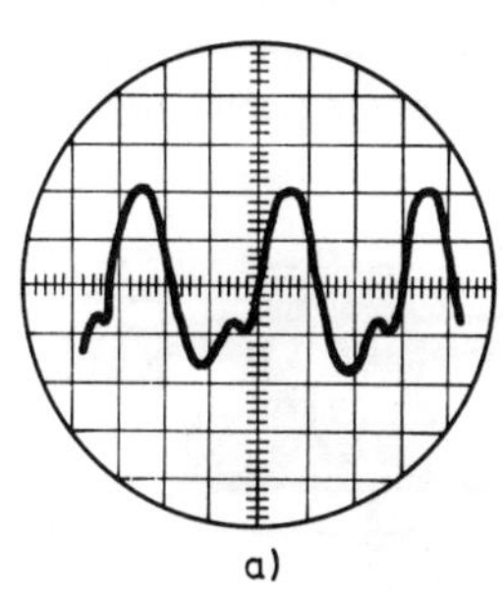

a)

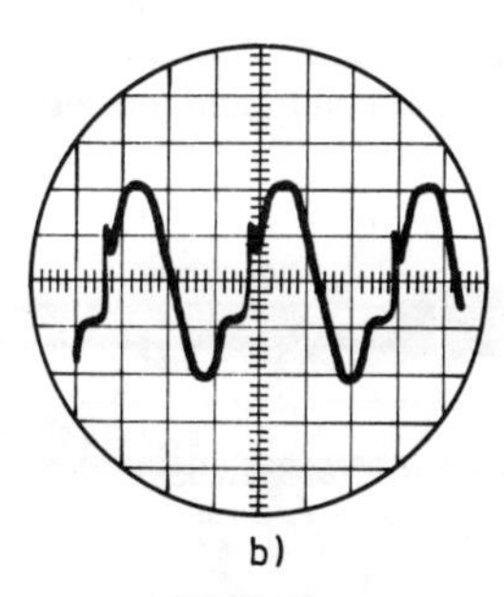

b)

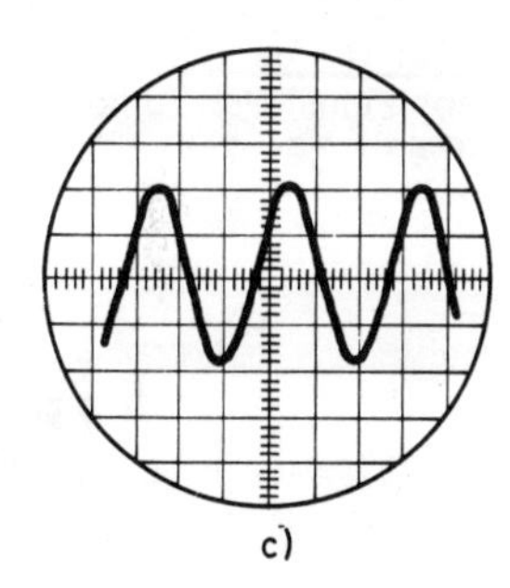

c)

Bild 8.48
Einfluß der Skatingkraft auf das Tonabnehmersignal. Alle Oszillogramme wurden bei der Abtastung einer Stereorille mit einer 1 kHz-Modulation und einer Schnelle von 14 cm/s ermittelt (Dual)

a) Die Skatingkraft verursacht bei der Abtastung im rechten Kanal Verzerrungen. Auflagekraft 28 mN, 10 % Klirrfaktor.

b) Die Skatingkraft verursacht im rechten Kanal Verzerrungen bei einer Auflagekraft von 25 mN 17 % Klirrfaktor.

c) Mit Antiskating-Einstellung und einer Auflagekraft von 28 mN wird die Auflagekraft auf beide Rillenflanken gleichmäßig verteilt und damit werden Verzerrungen vermieden

---

[1]) skating (engl.): schlittern

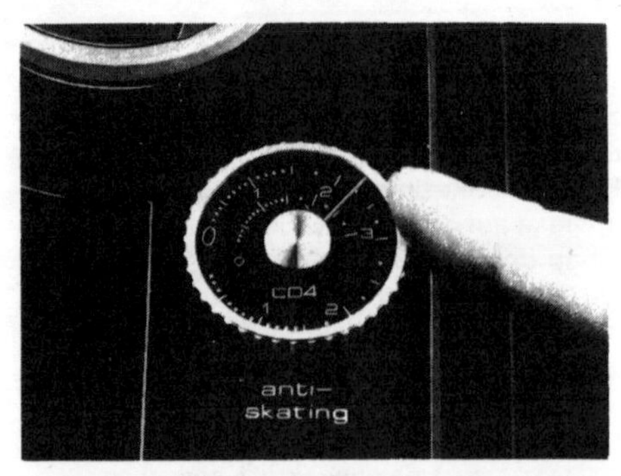

Bild 8.49
Anti-Skating-Einstellung für sphärische und biradiale Abtastnadeln (Dual)

Mit Hilfe einer **Antiskating**-Einrichtung werden durch ein Hebel-Feder-System auf den Tonarm Gegenmomente zur Kompensation erzeugt. Dieses System kompensiert automatisch die durch den Weg der Nadel über die Schallplatte sich ändernde Skatingkraft. Da die Skatingkraft auch von der Form der Nadelspitze abhängt, gibt es verschiedene Einstellskalen, wie es das **Bild 8.49** zeigt, nämlich für sphärische und biradiale Nadeln. Der Eichung der Antiskatingskalen liegen Erfahrungswerte über die Reibung zwischen Platte und Nadel zugrunde.

8.4.3.5 Tonarmlift

Der Tonarmlift hat die Aufgabe, den Tonarm an jeder beliebigen Stelle auf die Schallplatte abzusenken und wieder anzuheben, ohne daß man dabei den Tonarm berühren muß.

Das **Bild 8.50 a** zeigt den Tonarm TO im angehobenen Zustand. Die Griffstange G der Absenkvorrichtung ist nach vorne gezogen. Sie drückt über das Kurvenstück K und den Verbindungshebel VH den elastisch gelagerten Heberbolzen HB, der parallel zum Tonarmlager vertikal geführt wird, nach oben. Der Heberbolzen stößt von unten an einen kleinen, am Tonarm angebrachten Winkel W, wodurch sich die Tonarmspitze um die Höhe H anhebt. Um auch bei unterschiedlich hohen Tonabnehmersystemen die günstigste Hubhöhe einstellen zu können, kann die Höhe des Verbindungshebellagers L mit einer von oben zugänglichen Stellschraube verstellt werden.

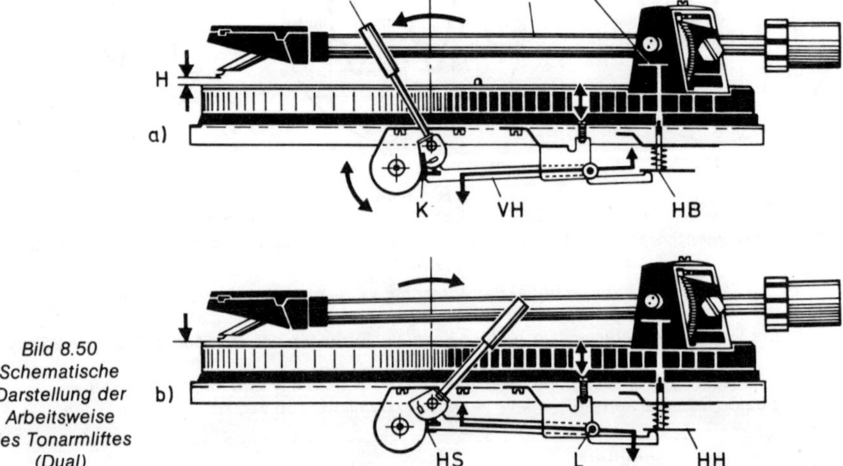

Bild 8.50
Schematische Darstellung der Arbeitsweise des Tonarmliftes (Dual)

Beim Zurückdrücken der Griffstange löst sich der mechanische Kontakt zwischen dem Kurvenstück K und der Hubscheibe HS **(Bild 8.50 b).** Der Verbindungshebel VH wird nun durch den Haupthebel HH zurückgedrückt, wobei eine im Siliconfett gleitende Scheibe die Absenkbewegung bremst. Mit dem heruntergleitenden Heberbolzen senkt sich auch der auf diesem federnd aufliegende Tonarm ruckfrei ab. Während das Anheben, sobald der Griff nach vorne gezogen wird, proportional zur Geschwindigkeit erfolgt, ist die Absenkgeschwindigkeit mit etwa 5 mm/s konstant und unabhängig von der Betätigungsgeschwindigkeit.

8.4.4 Wiedergabeeigenschaften

Tonabnehmer sind kleine, präzise, aber sehr komplexe elektroakustische Wandler-Elemente. Um die Eigenschaften von Tonabnehmersystemen anhand technischer Daten interpretieren zu können, sollen nachfolgend einige Erläuterungen gegeben werden, die sich ausnahmslos an der gültigen Hi-Fi-Norm orientieren. Um zu einer grundsätzlichen Qualitätsaussage zu kommen, kann man sich natürlich streng an Meßdaten halten, die man vergleicht. Ein endgültiges Urteil bleibt jedoch letztlich immer einem intensiven Hörtest und -vergleich vorbehalten, denn schließlich will man mit einem Tonabnehmersystem Musik reproduzieren.

8.4.4.1 Übertragungsbereich

Der Übertragungsbereich ist durch ein Toleranzfeld bestimmt, in dessen Grenzen die Frequenzkurve mindestens von 40 Hz bis 12,5 kHz verlaufen muß **(Bild 8.51).** Die Abweichungen dieser Frequenzkurve (auch Frequenzgang genannt) sind in dB angegeben, bezogen auf die Frequenz 1 kHz. Gemessen wird mit einer Frequenz-Meßschallplatte, und da die Übertragungseigenschaften abhängig von denen des Systems und der Platte sind, muß die Charakteristik der Platte bekannt sein, um so die Frequenzkurve des Tonabnehmersystems daraus ableiten zu können.

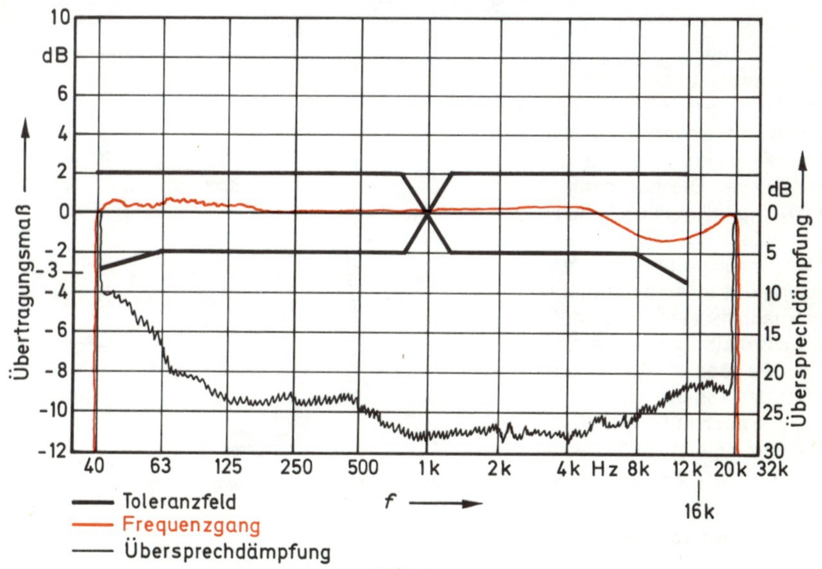

Bild 8.51
Übertragungsbereich, Frequenzgang und Übersprechdämpfung eines Tonabnehmersystems dem Toleranzfeld zugeordnet

Es ist einzusehen, daß die Frequenzgangkurve möglichst glatt verlaufen soll. In einem gut ausgelegten Tonabnehmersystem sind Resonanzstellen durch sorgsam ausgewählte, wirksame Dämpfungsmethoden geglättet.

Bei Tonabnehmersystemen für die quadrofonische Wiedergabe nach dem CD-4-Verfahren (siehe Abschnitt 8.2.1.5) muß die Frequenzkurve bis weit über 40 kHz hinausreichen, was spezielle Konstruktionsmaßnahmen solcher Systeme erforderlich macht. Hier kommt es nicht nur auf einen flachen Verlauf der Kurve an, sondern auf eine entsprechende Empfindlichkeit zwischen 20 und 30 kHz, von der die saubere Funktion der Quadraturmodulation abhängt.

8.4.4.2 Übertragungsfaktor

Die von einem Tonabnehmersystem abgegebene Ausgangsspannung hängt nicht nur von der Schnelle der Schallplatte, sondern auch von der Frequenz und vom Belastungswiderstand ab. So muß nach DIN 45500 Blatt 3 bei einer Bezugsfrequenz von 1 kHz und einer Schnelle von 10 cm/s ein Piezo-Tonabnehmer an einem Belastungswiderstand von 470 kΩ eine Spannung von 0,5 bis 1,5 V abgeben. Ein Magnetsystem soll an einem Belastungswiderstand von 47 kΩ eine Ausgangsspannung von 5 bis 15 mV bringen. Teilt man die Ausgangsspannung durch die anregende Schnelle, so erhält man den Übertragungsfaktor, der für die Bezugsfrequenz von 1 kHz nach DIN 45539 in mVs/cm angegeben wird.

8.4.4.3 Kanaltrennung

Als Kanaltrennung oder **Übersprechdämpfung** wird das in dB gemessene Verhältnis bezeichnet, das angibt, welchen Einfluß das Signal des einen Kanals auf den anderen Kanal hat. Hohe Kanaltrennung bzw. Übersprechdämpfung ist für eine gute Stereowiedergabe wichtig. Nach DIN 45500 muß sie zwischen 500 und 6300 Hz größer als 15 dB, bei 1000 Hz sogar größer als 20 dB sein.

Abgesehen vom inneren Aufbau des Tonabnehmersystems, der gerade die Übersprechdämpfung beeinflußt, gibt es noch einen weiteren Faktor, der einen Einfluß auf die Kanaltrennung hat. Es ist die exakte Senkrechtstellung des Abtastsystems zur Oberfläche der Platte. Eine schon geringe Verkantung übt einen nicht mehr zu vernachlässigenden Einfluß auf die Kanaltrennung aus. Sie ist von der geometrischen Auslegung des Tonarms abhängig und kann auch auf eine unkorrekte Befestigung des Systems zurückgeführt werden **(Bild 8.52).**

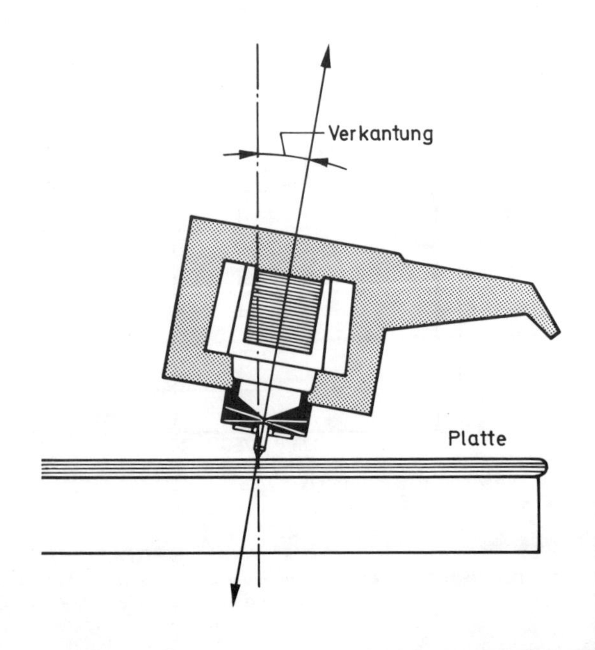

Bild 8.52
Eine Verkantung des Abtastsystems durch eine unkorrekte Justierung vermindert die Übersprechdämpfung (Philips)

8.4.4.4 Pegeldifferenz

Unter Pegeldifferenz versteht man den Unterschied zwischen den Ausgangsspannungen beider Kanäle eines Stereoabtastsystems, wenn beide von einer gleichen Rillenmodulation ausgesteuert werden. Die Abweichung bzw. Pegeldifferenz wird in dB ausgedrückt und bei 1 kHz gemessen. Sie darf bei Stereokanälen laut DIN 45541 nicht mehr als ± 2 dB betragen.

8.4.4.5 Nichtlineare Verzerrungen

Nichtlineare Verzerrungen können zwar im Tonabnehmersystem selbst entstehen, z. B. dadurch, daß die Form der Abtastnadel nicht mit der Form des Schneidstichels identisch ist (Aufzeichnungsverzerrungen), aber auch darauf beruhen, daß die Achse des Abtastsystems nicht tangential zur Plattenrille verläuft (Abtastverzerrungen) (siehe Abschnitt 8.4.3.1).

Da die Rillen von einem dreieckförmigen Schneidstichel geschnitten und von einer kugelförmigen Nadel abgetastet werden, kann die Nadel nicht exakt die gleichen Bewegungen ausführen wie der Stichel, und es ergeben sich **Spurverzerrungen.**

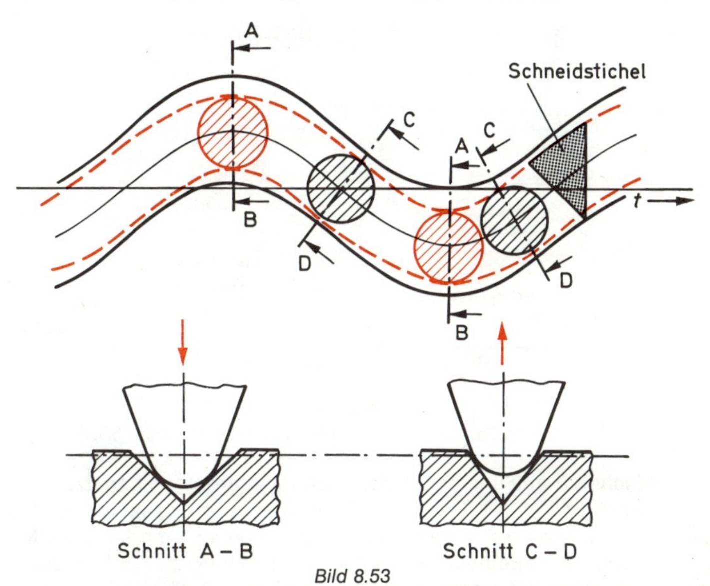

Bild 8.53
Klemmverzerrungen und Spurverzerrungen bei seitlicher Rillenauslenkung

Wie aus dem **Bild 8.53** zu entnehmen ist, führt der Schneidstichel bei Modulation eine seitliche Bewegung aus. Die Rille erhält dabei zwar eine gleichbleibende Tiefe, sie wird jedoch schmäler, d. h. die „Böschung" wird steiler. Der Böschungswinkel schwankt also dauernd. Eine Abtastnadel mit kugelförmiger Spitze führt infolgedessen nicht nur die erwünschte seitliche Bewegung aus, sondern wird durch diese verengten Rillen zusätzlich in vertikaler Richtung bewegt **(Klemmeffekt).**

Bei Stereoaufzeichnungen wird eine kombinierte Seiten- und Tiefenschrift angewandt. Wie aus dem **Bild 8.54** ersichtlich, folgt die Nadelspitze bei der Abtastung einer in der Tiefe modulierten Rille nicht exakt der Kurvenform, sondern auf der gestrichelt gezeichneten Bahn. Dies ergibt geradzahlige und ungeradzahlige Verzerrungen.

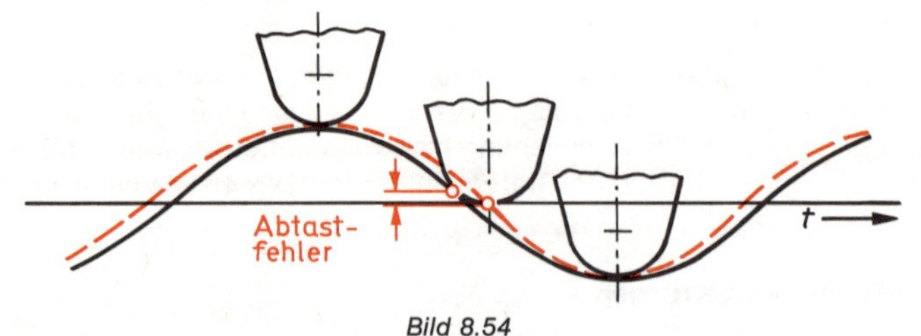

Bild 8.54
Bei Stereorillen treten Spurverzerrungen durch Abtastfehler bei der Tiefenschrift auf

Weitere Verzerrungen ergeben sich, wie bereits im Abschnitt 8.4.3.1 beschrieben, durch den tangentialen und vertikalen Spurfehlwinkel. Diese Verzerrungen lassen sich weitgehend vermeiden, wenn der vertikale Abtastwinkel des Tonabnehmersystems annähernd gleich dem des Schneidstichels ist. Man hat heute deshalb den vertikalen Abtastwinkel mit 20° festgelegt **(Bild 8.55).**

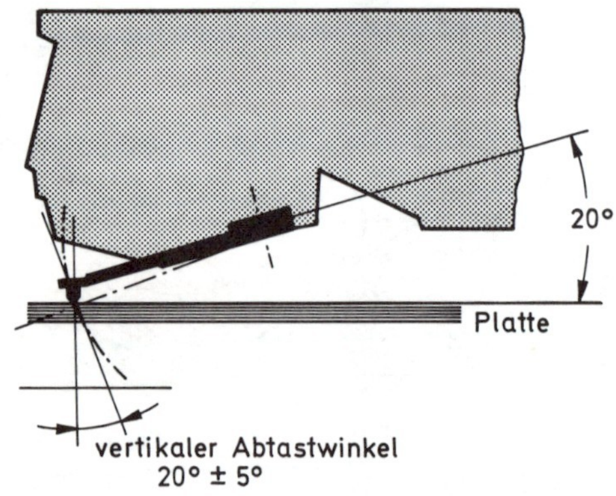

Bild 8.55
Schematische Darstellung des vertikalen Abtastwinkels (Philips)

Zur meßtechnischen Ermittlung der nichtlinearen Verzerrungen benutzt man eine Testplatte nach DIN 45542, deren Rille im rechten bzw. linken Kanal mit Frequenzen von 300 Hz und 3000 Hz in einem Amplitudenverhältnis von 4 : 1 moduliert ist. Man wendet also die Intermodulationsmethode an. Laut DIN 45500 muß die FIM*-Verzerrung kleiner als 1 % sein (gemessen bei einem relativen Pegel von – 6 dB).

8.4.4.6 Nadelnachgiebigkeit

Die Nachgiebigkeit der Nadel gegenüber den auf sie einwirkenden Kräften bezeichnet man auch als **Compliance** (engl.). Der Nadelträger muß nämlich so elastisch gelagert werden, daß er von selbst wieder in seine Ruhelage zurückgeht, wenn die Nadel von der Rille ausgelenkt worden ist. Nach DIN 45500 soll die Nachgiebigkeit in jeder Auslenkrichtung, statisch gemessen, mindestens 0,8 cm/N betragen. Dieser Wert entspricht einer Rückstellkraft von 7,5 mN. Die Compliance soll in horizontaler Richtung größer als in vertikaler Richtung sein.

---

* FIM: Frequenzintermodulation

8.5 Laufwerk

8.5.1 Chassis

Aus dem **Bild 8.56** geht der grundsätzliche mechanische Aufbau eines einfachen Plattenspielers hervor. Man erkennt, daß der Tonabnehmer mit dem Tonarm, der Plattenteller, der Antrieb und der Motor fest mit einem Chassis verbunden sind. Aus diesem Grunde muß das Chassis-Material eine ausreichende Steifigkeit besitzen.

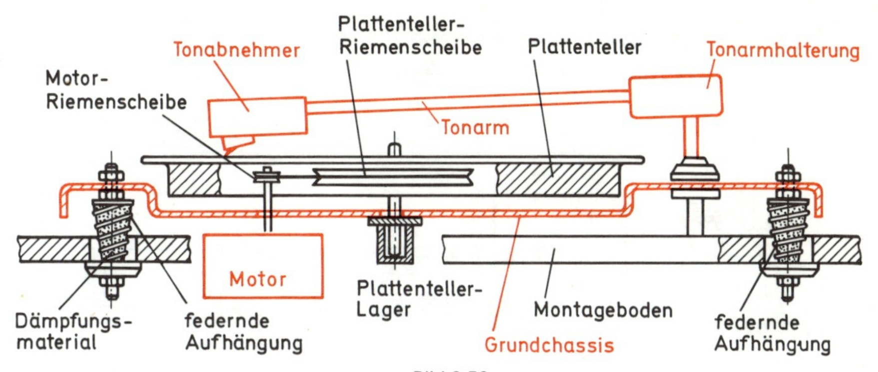

Bild 8.56
Aufbauschema eines Plattenspielers

Gelangen mechanische Erschütterungen, z. B. Trittschall, an die Abtastnadel des Tonabnehmers, so werden diese durch den Verstärker und Lautsprecher als dumpfe Störgeräusche wiedergegeben. Man bezeichnet solche Störungen als **Rumpeln.** Das Chassis wird deshalb durch federnde Aufhängungen mit dem Montageboden verbunden. Betätigt man bei diesem Aufbau während des Abspielvorgangs die mit auf dem Chassis angeordneten Bedienungsorgane, so können dabei Erschütterungen verursacht werden, die sich ebenfalls als Rumpelstörungen auswirken.

Um die Erschütterungsdämpfung zu verbessern, montiert man den Plattenteller und den Tonarm auf einem zweiten, sogenannten **Subchassis,** das federnd am Chassis befestigt und mit einem Ausgleichsgewicht versehen ist **(Bild 8.57).** Bei dieser Konstruktion kann

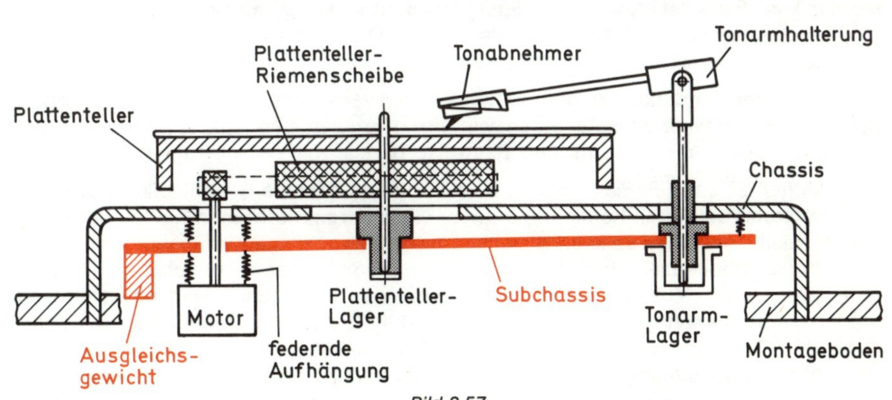

Bild 8.57
Grundsätzlicher Aufbau eines Plattenspielers mit Subchassis

der Antrieb des Plattentellers nicht mehr starr über ein Zwischenrad erfolgen, sondern muß mittels eines Riemens vorgenommen werden. Der Motor sitzt fest am Hauptchassis, und der Riementrieb kann keine Schwingungen übertragen. Alle kritischen Teile, wie auch die Bedienungselemente, sind so gegen Stöße und Vibration isoliert.

Aus dem **Bild 8.58** kann man die möglichen Wege verfolgen, die die Vibration des Motors und das Schwingen der Antriebsteile nehmen, um zum Tonabnehmer zu gelangen. Solche Vibrationen machen sich im Lautsprecher ebenfalls als Rumpelstörungen bemerkbar, da sie unter 200 Hz liegen.

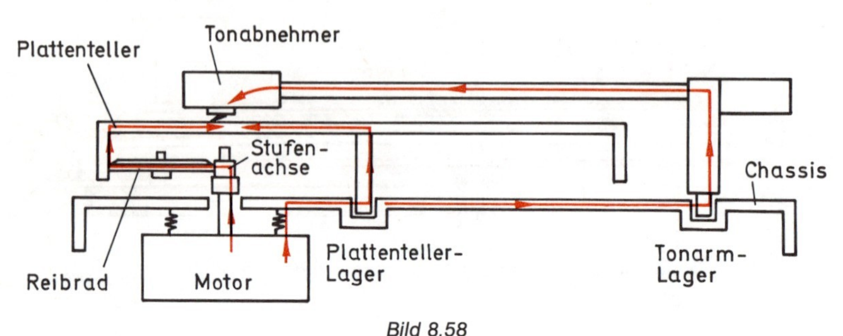

Bild 8.58
Übertragungswege von Rumpelstörungen vom Motor zum Tonabnehmer (nach Telefunken)

Um die Störungen zu erfassen, gibt der Hersteller den Rumpel-Fremdspannungsabstand oder den Rumpelgeräuschspannungsabstand an.

8.5.2 Antriebsmotoren

Als Plattenspielerantriebsmotoren werden hauptsächlich Einphasen-**Asynchronmotoren** verwendet. Dieser Motortyp besitzt ein gutes Anzugsmoment, ist betriebssicher und fast wartungsfrei. Wegen seiner Laufruhe ist er besonders gut als Plattenspieler-Antrieb einzusetzen.

Damit der Asynchronmotor auch an einem Einphasen-Wechselstrom-Netz betrieben werden kann, muß der Motor entweder als **Kondensator-** oder als **Spaltpolmotor** ausgelegt werden, um das zum Anlaufen erforderliche Drehfeld erzeugen zu können. (Erklärung der Wirkungsweise siehe Kapitel 7.10.5).

Heute wird der Kondensatormotor nur noch selten verwendet, weil er neben dem erforderlichen Betriebskondensator noch vier Erregerspulen benötigt. Ein Spaltpolmotor kommt bei einer unsymmetrischen Bauweise bereits mit einer Erregerwicklung aus.

Vom Antrieb eines Hi-Fi-Plattenspielers verlangt man höchste Gleichlaufkonstanz. Aus diesem Grund baut man heute immer mehr **Gleichstrommotoren** in die hochwertigen Plattenspieler ein. Einen solchen Gleichstrommotor koppelt man mit einem Tachogenerator, der ein frequenzabhängiges Signal erzeugt. Jede Drehzahlabweichung wird durch eine elektronische Schaltung sofort registriert und korrigiert. Dadurch wird die Solldrehzahl weder durch unterschiedliche Belastungen, z. B. durch einen mitlaufenden Plattenreiniger, noch durch Temperatur- oder Netzspannungsschwankungen beeinflußt. Auf diese Weise erreicht man Drehzahlabweichungen, die weniger als 0,2 % betragen. Außerdem besitzen Gleichstrommotoren ein großes Drehmoment, so daß sie beim Einschalten eine nur sehr kurze Hochlaufzeit haben.

8.5.3 Antriebsarten

8.5.3.1 Reibradantrieb

Die Motordrehzahl ist in jedem Fall höher als die geforderte und genormte Plattenumdrehungsgeschwindigkeit, so daß zwischen Motorachse und Plattenteller ein Untersetzungsgetriebe angeordnet werden muß. Dieses kann im einfachsten Falle aus einem Hartgummizwischenrad bestehen, das von der Motorwelle angetrieben wird und das ein Drehmoment durch Reibung auf den Plattentellerrand überträgt. Eine Zugfeder preßt das Reibrad zwischen Plattenteller und Motorachse. Das **Bild 8.59** zeigt einen derartigen Antrieb schematisch.

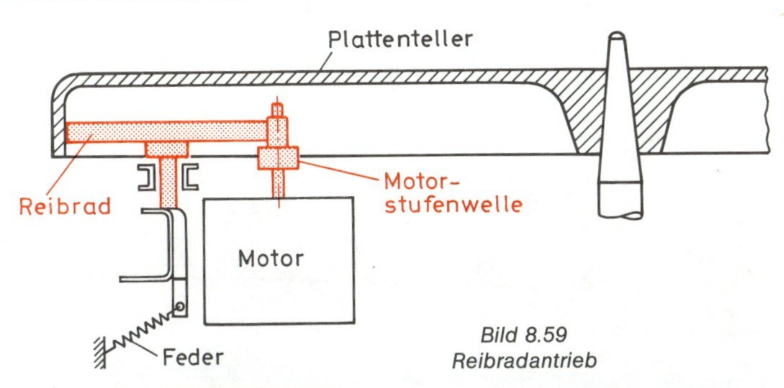

Bild 8.59
Reibradantrieb

Die Motorwelle besitzt unterschiedliche Durchmesser entsprechend den vorgesehenen Nenndrehzahlen. Mittels einer mechanischen Schalteinrichtung verstellt man das Reibrad in der Höhe zum entsprechenden Durchmesser der Motorwelle, um die entsprechende Drehzahl einzustellen.

Plattenspieler der mittleren und gehobenen Klasse sind heute meistens mit einer **Drehzahl-Feineinstellung** ausgestattet. Hiermit läßt sich die Drehzahl bei jeder Nenndrehzahl um ± 3 % ändern. Diese Änderung entspricht etwa einem Halbton in der Musik. Bei dieser Antriebsart führt man das Reibrad einfach an einer leicht konisch ausgebildeten Motorwelle auf oder ab. Dadurch ändert sich das Übersetzungsverhältnis und damit die

Bild 8.60
Reibradantrieb mit konischer Motorwelle zur Drehzahlfeineinstellung (Dual)

Plattentellerdrehzahl **(Bild 8.60).** Auf diese Weise kann man entweder die Nenndrehzahl einstellen oder die Drehzahl so ändern, daß die gewünschte Tonhöhe erreicht wird.

Die Nachteile des Reibradantriebes sind, daß nach längerer Betriebszeit der Gummi des Reibrades aushärtet, damit glatt wird und seine Griffigkeit verliert. Ferner werden sämtliche Vibrationen des Motors direkt auf den Plattenteller übertragen, was zu Rumpelstörungen führen kann. Es wird daher ein extrem laufruhiger Motor gefordert.

8.5.3.2 Riemenantrieb

Bei Plattenspielern der höheren Preisklasse verwendet man einen Riemenantrieb. Hierdurch werden die Vibrationen des Motors nicht so direkt auf den Plattenteller übertragen.

Wie aus dem **Bild 8.61** zu entnehmen ist, umschlingt ein Flachriemen aus synthetischem Kautschuk die Motorstufenwelle und den Plattenteller. Aufgrund der unterschiedlichen Durchmesser von Motorwelle und Plattenteller, wird die hohe Motordrehzahl auf die entsprechende Plattentellergeschwindigkeit herabgesetzt.

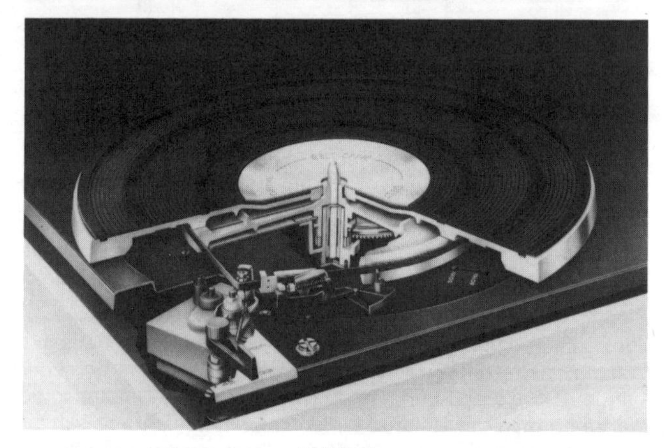

Bild 8.61
Riemenantrieb (Dual)

Zum Umschalten der Drehzahl wird der Riemen auf einen größeren oder kleineren Durchmesser der Motorwelle gelegt. Dabei wird der Riemen in seiner Länge geändert, so daß er mit der Zeit an Elastizität und Riemenspannung verlieren könnte. Gerade wenn bei Motorstillstand die Drehzahl geändert wird, ist er sehr großen Dehnungsbeanspruchungen ausgesetzt. Aus diesem Grunde bauen Hersteller eine Sperre ein, so daß eine Geschwindigkeitsumschaltung nur bei laufendem Motor möglich ist.

Es sind heute auch Kombinationen von Riemen-Reibrad-Antrieben im Gebrauch. Man vereinigt damit die Vorteile dieser beiden Antriebsarten. Das **Bild 8.62** zeigt im Prinzip einen solchen kombinierten Antrieb.

Zum Einstellen der genauen Drehzahl gibt es bei den Riemenantrieben die Möglichkeit, wie es das **Bild 8.63** zeigt. Die Motorstufenwelle ist in einzelne Segmente aufgeteilt. Wird nun eine konische Achse hineingeschoben, so werden die Segmente aufgespreizt bzw. zusammengezogen. Somit erreicht man ein anderes Übersetzungsverhältnis zwischen Motor und Plattenteller.

Besser als die mechanische Drehzahländerung ist eine elektrische, weil dadurch der empfindliche Riemen nicht verlagert zu werden braucht. So kann man mittels einer Wirbelstrombremse die Drehzahl kontinuierlich ändern **(Bild 8.64).**

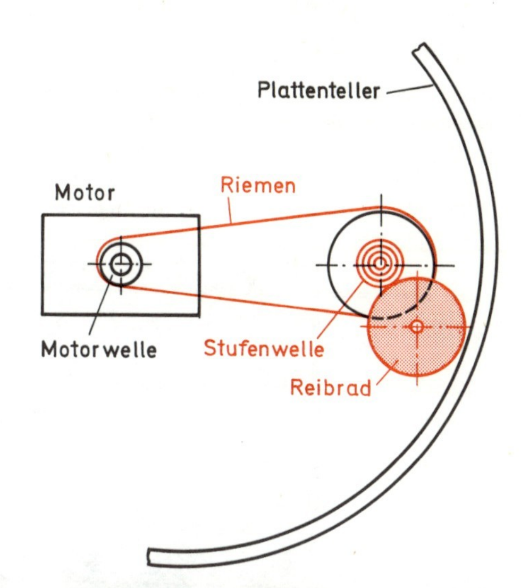

Bild 8.62
Prinzip eines Riemen-Reibrad-Antriebes

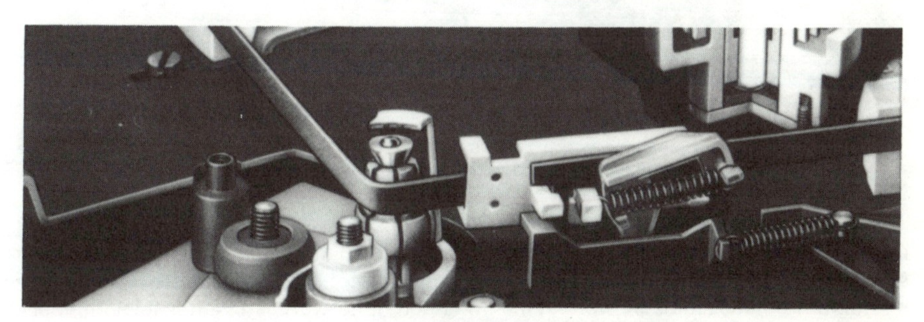

Bild 8.63
Drehzahländerung beim Riemenantrieb (Dual)

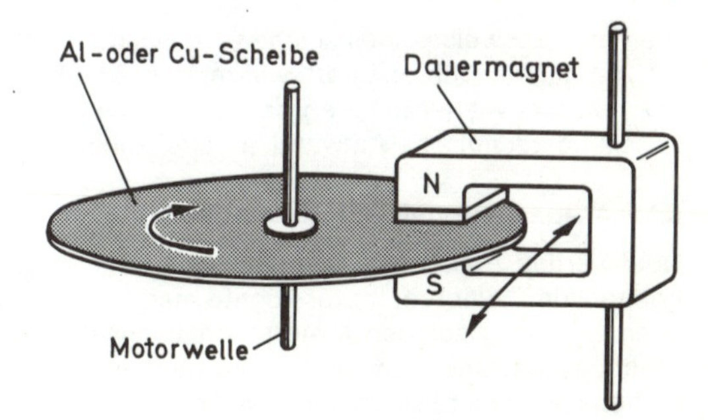

Bild 8.64
Drehzahländerung mittels einer Wirbelstrombremse

Auf der Motorwelle ist eine Kupfer- oder Aluminiumscheibe befestigt, die von einem beweglichen Dauermagneten abgebremst wird. Grundsätzlich hat hierbei der Plattenteller eine höhere Betriebsdrehzahl und wird durch Verdrehen des Dauermagneten auf die Solldrehzahl abgebremst.

8.5.3.3 Direktantrieb

Beim Direktantrieb sitzt, wie das **Bild 8.65** zeigt, der Plattenteller unmittelbar auf der Motorachse. Der Gleich- oder Wechselstrommotor dreht sich mit 45 oder 33 1/3 1/min. Dadurch entfallen bei diesem Antrieb alle mechanischen Teile, die sonst die Drehbewegung vom Motor zum Plattenteller übertragen. Deshalb ist ein Direktantrieb weniger störanfällig und zeichnet sich durch hervorragende Eigenschaften aus.

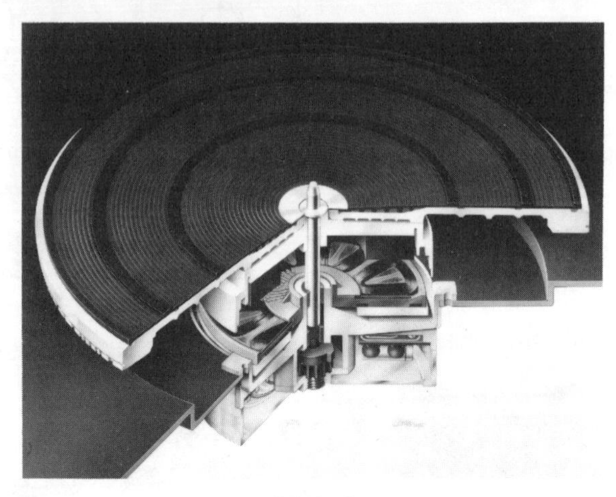

Bild 8.65
Schnitt durch einen elektronischen Direktantrieb beim Dual Plattenspieler 721

Um die Drehzahl des Plattentellers in weiten Bereichen kontinuierlich und einfach einstellen zu können, und um die ruhigen und konstanten Laufeigenschaften von Gleichstrommotoren auszunutzen, wendet man heute in höherwertigen Plattenspielern überwiegend **kollektorlose Gleichstrommotoren** an. Die Kommutierung erfolgt durch zwei gegeneinander versetzte Hall-Generatoren, die die vier im Ständer angeordneten Feldspulen so einschalten, daß ein homogenes Drehfeld entsteht.

Die Funktionsweise eines solchen mit **Hallgenerator gesteuerten Motors** ist im Kapitel 7.10.5.5 ausführlich erläutert, während im **Bild 8.66** die Explosionszeichnung eines solchen Motors wiedergegeben ist. Nachteilig ist bei allen Gleichstrommotoren der nötige schaltungstechnische Aufwand zur Drehzahlregelung.

8.5.3.4 Quarzgeregelter Direktantrieb

Hochwertige Plattenspieler sollen eine sehr konstante Drehzahl besitzen. Mit einem hochpoligen Synchronmotor könnte man diese Forderung wohl erfüllen. Jedoch ist die Drehzahl eines solchen Motors von der Netzfrequenz abhängig, die immerhin einer Frequenzschwankung von $\pm$ 0,3 % unterliegt. Diese Genauigkeit reicht für hochwertige Plattenspieler nicht aus, und so leitet man die Motordrehzahl von einem Quarz-Generator ab. Die Fertigungstoleranzen eines Quarzes für seine Sollfrequenz sind nämlich 100mal kleiner als die Schwankungen der Netzfrequenz.

Den Schnitt durch einen solchen quarzgeregelten Antrieb eines Hi-Fi-Plattenspielers zeigt das **Bild 8.67.** Im **Bild 8.68** ist das Blockschaltbild dieser elektronischen Regelung wiedergegeben.

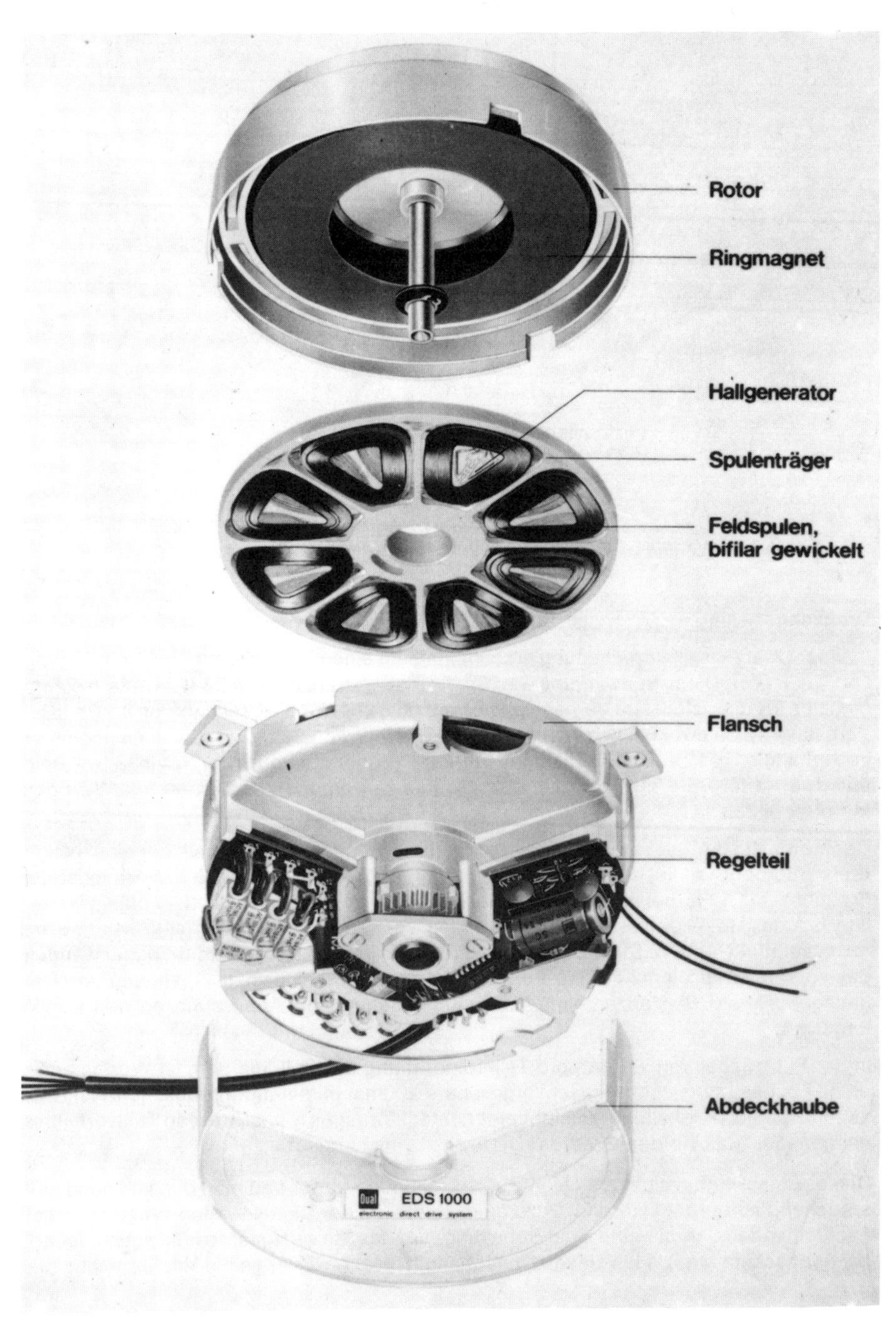

Bild 8.66
Explosionsdarstellung des Dual „electronic direct drive system" EDS 1000

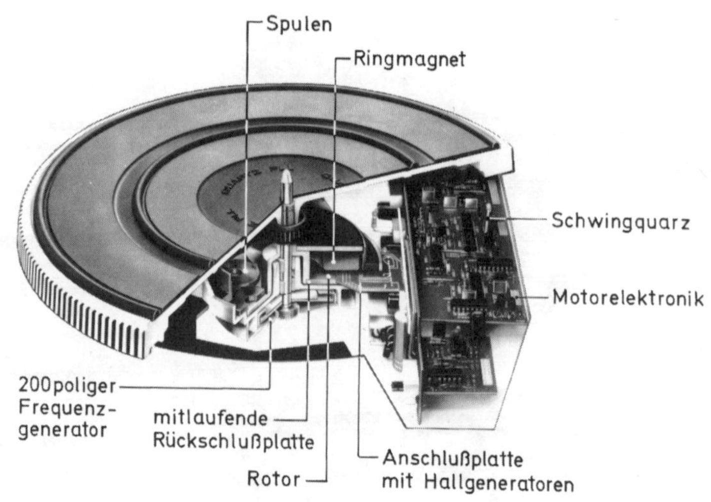

Bild 8.67
Schnitt durch den quarzgeregelten Antrieb des HiFi-Plattenspielers Dual CS 731 Q

Drehzahlregelung

In einer Quarz-Oszillatorschaltung erzeugt man mit einem Uhrenquarz eine Schwingung von 4,608 MHz. Diese Schwingung wird für die Plattendrehzahl von 33 1/3 1/min in einem digitalen Frequenzteiler im Verhältnis 1 : 81 auf 56,8 kHz, für die Drehzahl von 45 1/min im Verhältnis 1 : 60 auf 76,8 kHz heruntergeteilt. Beide Frequenzen werden dann nochmals im Verhältnis 1 : 512 auf die endgültigen Referenzfrequenzen von 111,1 Hz für 33 1/3 1/min und 150 Hz für 45 1/min geteilt. Diese Frequenzen ergeben somit den Soll-Wert des Motorregelkreises.

Der Motor ist starr mit einem 200poligen Frequenzgenerator gekoppelt, der eine exakte drehzahlproportionale, sinusförmige Spannung abgibt. Bei genau 33 1/3 1/min ist die Frequenz 111,1 Hz, bei 45 1/min entsprechend 150 Hz. Diese Wechselspannung ist der Ist-Wert des Regelkreises. Im nachfolgenden Verstärker wird dieser Ist-Wert um etwa 43 dB verstärkt, und die Störfrequenzen werden ausgefiltert. Der Schmitt-Trigger wandelt das so verstärkte Signal in eine frequenzgleiche, rechteckförmige Spannung um. Der nachgeschaltete Begrenzer nimmt die amplitudenmäßige Anpassung an den Logik-Pegel vor.

In der PLL*-Schaltung werden pro Tellerumdrehung der Soll- mit dem Ist-Wert in Form eines hochempfindlichen Phasenvergleichers 200mal miteinander verglichen. Am Ausgang dieser PLL-Schaltung entsteht ein rechteckförmiges Signal, dessen Taktverhältnis ein genaues Maß für den Grad der Drehzahlabweichung ist.

Dieses Signal eignet sich noch nicht zur Korrektur am Motor und muß deshalb noch entsprechend aufbereitet werden. Dazu dient einerseits der Digital-Analog-Wandler. In der nachfolgenden Sample- und Hold-Schaltung wird das Steuersignal so lange gespeichert, bis der nächste Meßzyklus einsetzt, unabhängig davon, wie lange die Nachregelung des

* PLL: **P**hase-**L**ocked-**L**oop (engl.): geschlossener Regelkreis, bei dem das Ausgangssignal phasenstarr einem Referenzsignal folgt.

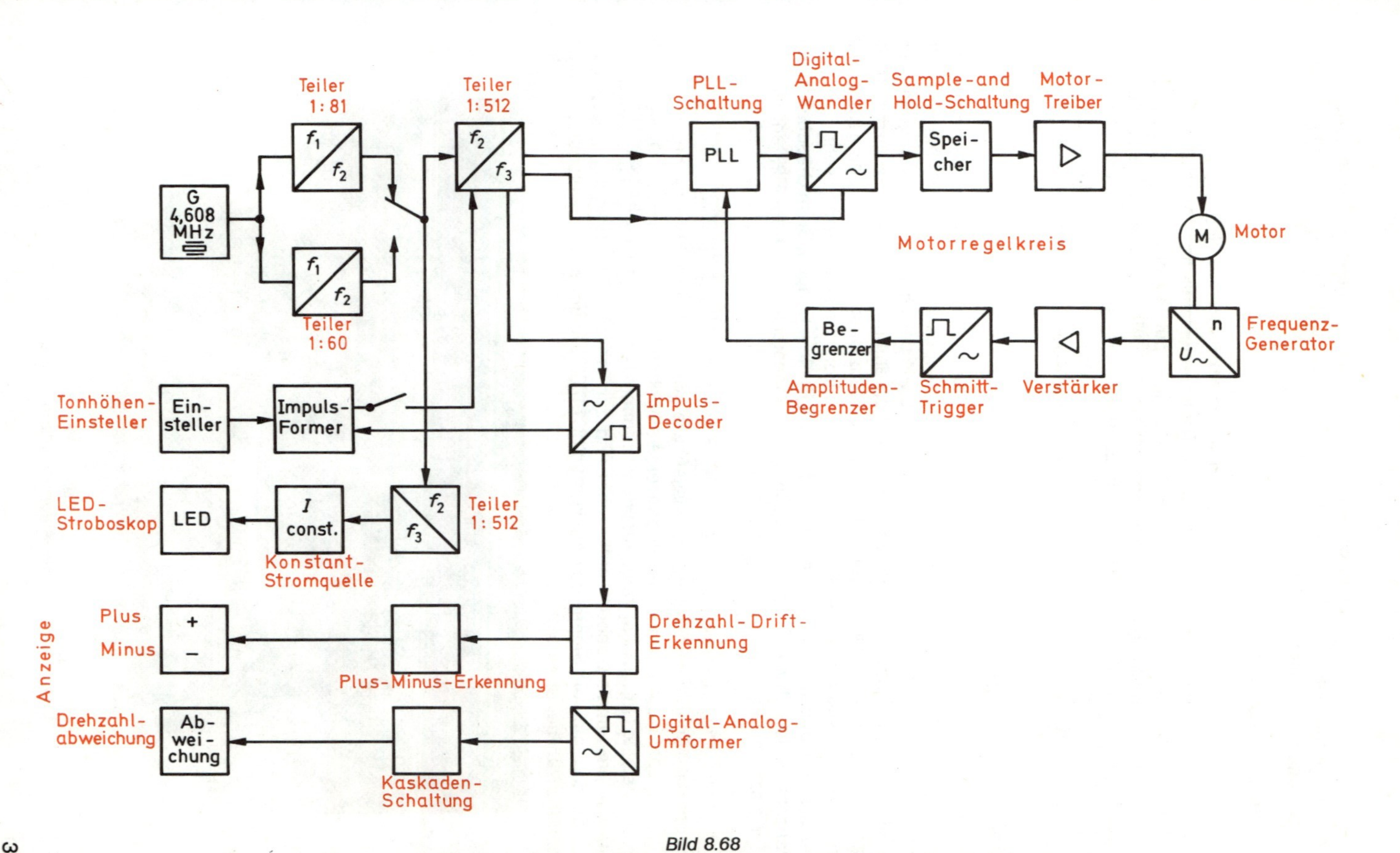

Bild 8.68
Blockschaltbild der quarzgeregelten Motorelektronik des HiFi-Plattenspielers Dual CS 731 Q

Motors dauert. Im Motor-Treiber wird die analoge Regelspannung in eine analoge Stromänderung umgewandelt, die unmittelbar einen Einfluß auf die Motordrehzahl hat. Damit ist der Regelkreis geschlossen.

Tonhöheneinstellung

Durch Verändern der Motordrehzahl ändert sich die Tonhöhe der Plattenwiedergabe. Bei dieser elektronischen Regelung erfolgt die Tonhöheneinstellung – auch Pitch Control genannt – in der Weise, daß vom Teiler 1 : 512 ein Impuls ausgefiltert wird und dessen Impulsbreite in Abhängigkeit von der mit der Pitch-Control vorgewählten Tonhöhe im Impuls-Former verändert wird. Mit diesem geänderten Impuls wird nun der Hauptimpuls im Digital-Analog-Wandler beeinflußt und damit die Motordrehzahl um genau den vorgewählten Pitch-Betrag verändert. Die phasenstarre Kopplung bleibt bei jeder im Tonhöhen-Bereich vorgewählten Drehzahl bestehen.

Stroboskop-Anzeige

Die extrem hohe Laufgenauigkeit dieses quarzgeregelten Antriebs macht es erforderlich, auch die Anzeigegenauigkeit des Lichtblitzstroboskopes zu erhöhen. Die bei den üblichen Einrichtungen verwendete Netzfrequenz ist, wie bereits erläutert, zu ungenau, um damit eine exakte optische Drehzahlkontrolle vornehmen zu können. Es wird deshalb hier eine vom Quarzoszillator abgeleitete Teilfrequenz benutzt, um damit eine Konstantstromquelle zu steuern. Am Ausgang der Konstantstromquelle erhält man sehr konstante und quarzgenaue Impulse, die Leuchtdioden zum Blinken bringen. Beim Umschalten der Drehzahl wird auch die Frequenz der Impulse umgestellt, so daß der Plattenteller mit einer einzigen Stroboskopteilung auskommt.

Analoganzeige

Um bei der Tonhöheneinstellung zu wissen, wie groß die Drehzahlabweichung von der Nenndrehzahl ist, wurde eine Analoganzeige eingebaut, die im gesamten Pitch-Bereich die eingestellte Drehzahl anzeigt. Aus dem Frequenzteiler 1 : 512 werden Impulse abgenommen, im Impuls-Decoder aufbereitet und zur Drehzahl-Drift-Erkennung gegeben. Hier gewinnt man ein Signal, das Auskunft gibt, ob überhaupt eine Abweichung von der Nenndrehzahl gegeben ist.

Bild 8.69
Quarzgeregelter HiFi-Automatik-Plattenspieler Dual CS 731 Q

In der Plus/Minus-Erkennung wird dieses Signal ausgewertet und so zur Anzeige gebracht, ob die Drehzahl schneller oder langsamer als die Nenndrehzahl ist. Bei Nenndrehzahl sind beide Anzeigen dunkel. Für die Größe der Abweichung gewinnt man im Digital-Analog-Wandler ein analoges Signal, das über einen Kaskadenschalter die 13teilige Skala ansteuert. Die Anzeige erlaubt eine differenzierte Drehzahlanzeige, denn das jeweils letzte Element der Anzeigenkette kann unterschiedlich hell leuchten. Das **Bild 8.69** zeigt diese Analoganzeige auf der Frontplatte eines Plattenspielers.

8.5.4 Plattenteller

Ändert sich die Drehzahl des Plattentellers in einem bestimmten Rhythmus, so spricht man von **Gleichlaufschwankungen,** die vom Ohr als **Tonhöhenschwankungen** wahrgenommen werden. Liegt die Änderungsfrequenz unter 5 Hz, so macht sich dies als Jaulen (wow), liegt sie zwischen 5 und 100 Hz, so macht es sich als Rauheit oder als Wimmern (flutter) bemerkbar. Die Norm nach DIN 45500 läßt deshalb nur Gleichlaufschwankungen von $\pm$ 0,2 % zu.

Um die Tonhöhenschwankungen zu reduzieren, wendet man beim Plattenspieler das Prinzip des Kreisels an. Ein in Drehung versetzter Körper, in diesem Fall der Plattenteller, hat das Bestreben, seine Umdrehungsgeschwindigkeit beizubehalten. Dieses Verhalten ist um so ausgeprägter, je höher seine Geschwindigkeit und je größer seine Masse ist.

Da die Geschwindigkeit durch die genormten Plattendrehzahlen festgelegt ist, muß die Masse des Plattentellers so groß wie möglich gemacht werden. Bei hochwertigen Plattenspielern stellt man deshalb den Plattenteller im Druckgußverfahren aus Aluminium- oder Zinklegierungen mit einer Masse von 3 bis 5 kg und einem Durchmesser von 30 cm her. Um ein möglichst großes Trägheitsmoment zu erzielen, konzentriert man die Masse des Tellers hauptsächlich an seinem Außenrand. Solche Plattenteller sind antimagnetisch und haben deshalb keinen Einfluß auf die Auflagekraft bei magnetischen Tonabnehmern.

Bei Standardgeräten fertigt man den Plattenteller meistens aus Stahlblech. Damit solche Teller eine Masse von mindestens 2 kg haben, erhalten sie einen zusätzlichen Ring aus Stahlblech.

Bild 8.70
Plattenteller mit Gummiauflage

Damit die auf den Plattenteller gelegte Schallplatte nicht rutscht, sowie zur Dämpfung von Vibrationen vom Teller zur Schallplatte, belegt man den Plattenteller mit einer Gummiauflage **(Bild 8.70).** Diese soll jedoch weich sein, damit harte Staubkörnchen in sie hineingedrückt werden können, ohne die Schallplattenoberfläche zu beschädigen.

Abweichungen von der Nenndrehzahl haben eine Änderung der Tonlage zur Folge. Eine zu niedrige Drehzahl senkt die Tonlage, eine zu hohe erhöht sie. Eine etwas höhere Tonlage wird nicht so störend empfunden, als eine niedrigere. In der Norm nach DIN 45500 ist deshalb für eine **Drehzahlabweichung** eine Toleranz von + 1,5 % und – 1 % zugelassen. Drehzahlfeineinstellungen lassen eine Änderung der Nenndrehzahl um ± 3 % zu.

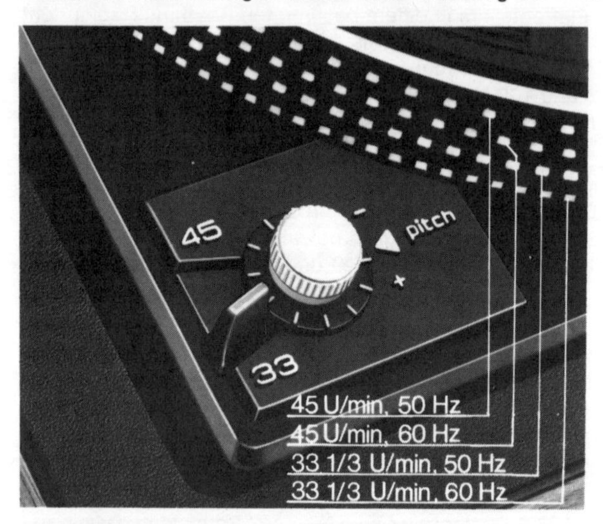

Bild 8.71
Stroboskopeinteilung am Plattentellerrand zur Drehzahlkontrolle (Dual)

Zur Kontrolle der Drehzahl bringt man bei hochwertigeren Plattenspielern eine Stroboskopteilung am Plattentellerrand an **(Bild 8.71).** Wird diese Teilung mit einer aus dem Wechselstromnetz gespeisten Lampe beleuchtet, so kann die der Drehzahl zugeordnete Einteilung mit der Drehzahlfeineinstellung scheinbar zum Stillstand gebracht werden. In diesem Fall dreht die Schallplatte sich genau mit der Nenndrehzahl.

8.6 Compact Disc-Technik

8.6.1 Allgemeines

Die über hundert Jahre alte Schallplatte, die eine Reihe technischer Entwicklungen erfahren hat, ist in ihrer heutigen Form, trotz der großen Qualitätsfortschritte nach wie vor das schwache Glied in der HiFi-Kette. Ihre Anfälligkeit gegen Staub, Kratzer und statische Aufladung trübt in vielen Fällen den HiFi-Genuß. Ihr technisches Leistungsvermögen steht heute weit hinter dem der modernen HiFi-Technologie zurück. Und schließlich verhindert ihre Größe den allgemeinen Trend zur Miniaturisierung bei Plattenspielern.

Auf den heutigen Schallplatten ist die Musik in Analogtechnik aufgezeichnet. Bei diesem Analog-Verfahren stecken in der Plattenrille eine Vielzahl von Informationen über Lautstärke und Frequenz der betreffenden Musikpassage. Eine naturgetreue Wiedergabe erfordert daher eine exakte Abtastung aller Informationselemente. Wegen der nicht berührungslosen Abtastung ist diese herkömmliche Analog-Technik sehr anfällig gegen Störungen.

Bild 8.72
Vergleich der neuen Compact Disc, kurz CD genannt, mit einer herkömmlichen Langspielplatte (Philips)

Bei der neuen **Compact Disc-Technik** wird auf der Platte kein analoges Signal, sondern eine digitale Information gespeichert. Berührungslos tastet ein Laserstrahl diese in PCM-Technik auf der Platte gespeicherte Information ab. Somit kann weit mehr Information auf der Platte untergebracht werden. Eine CD-Platte **(Bild 8.72)** mit 12 cm Durchmesser hat etwa das Format einer Single. Sie hat aber eine maximale Spielzeit, die zweimal länger ist als die der heutigen Langspielplatte. Durch diese Digitalaufzeichnung ergeben sich noch weitere Qualitätsmerkmale:

Frequenzbereich	20 ÷ oder bis 20000 Hz
Geräuschspannungsabstand	> 90 dB
Dynamikumfang	> 90 dB
Übersprechdämpfung	> 90 dB
Klirrfaktor	< 0,05 %
Tonhöhenschwankungen	vernachlässigbar gering
Spielzeit pro Seite	60 Minuten
Plattendurchmesser	12 cm

8.6.2 Arbeitsprinzip der PCM-Technik

Bei der Aufnahme wird das Audio- oder Tonsignal 44100mal in der Sekunde abgetastet, wie es im **Bild 8.73** gezeigt ist. Man spricht daher von einer **44,1 kHz-Abtastfrequenz.**

Diese so gewonnenen einzelnen Momentanwerte müssen jetzt in ein Digitalsignal in einem Analog/Digital-Wandler umgewandelt werden. Bei dieser Umwandlung werden die einzelnen Momentanwerte in einen Nummerncode verwandelt. Man spricht hier von **Quantisierung.** Hierbei werden den einzelnen Amplitudenwerten Ziffern zugeordnet etwa + 1, + 6, – 11 usw. Dabei werden nicht die herkömmlichen Dezimalzahlen, sondern die Binärzahlen „1" und „0" verwendet.

Die Amplitude des Audiosignals wird dabei nach einer linearen 16-Bit-Quantisierung unterteilt. Das **Bild 8.74** zeigt eine solche vereinfachte Quantisierung mit nur 4-Bit. Das so gewonnene Signal besteht also nur noch aus „0"- und „1"-Impulsen und wird PCM-Signal genannt. (PCM = Pulse-Code-Modulation)

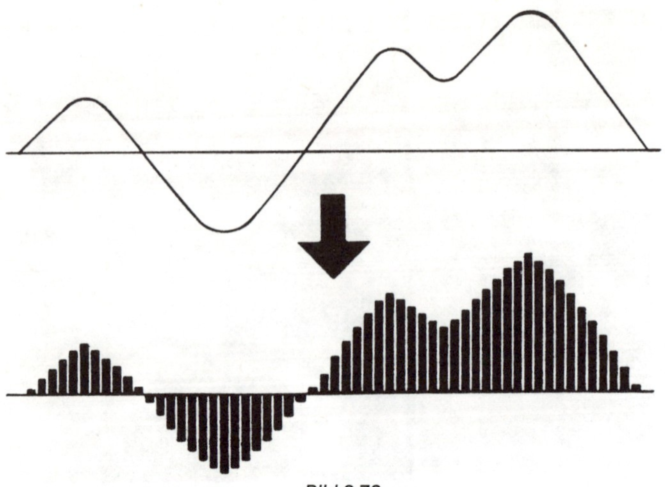

Bild 8.73
Abtastung des Audiosignals mit 44,1 kHz

Bei einem solchen digitalen Audio-Signal wird durch die Anzahl der Bits in einem „Wort", also durch die Genauigkeit, mit welcher das Audio-Signal ausgedrückt wird, der Rauschabstand bestimmt. Beim CD-System trägt jedes Bit annähernd 6 dB zu dem bemerkenswerten Signal-Rauschabstand von über 90 dB bei. Man vergleiche das mit 50 bis 60 dB für eine bisherige Langspielplatte.

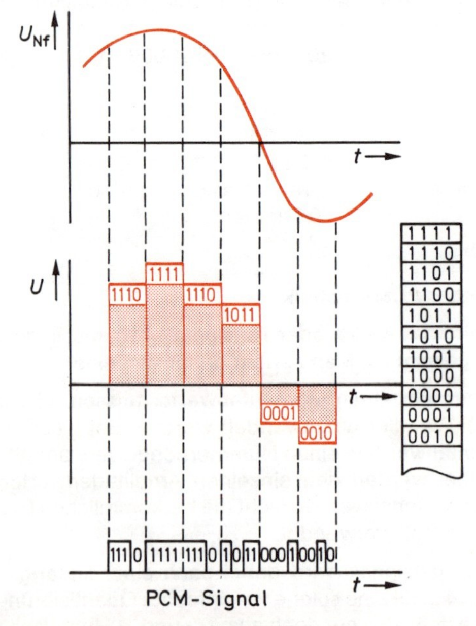

Bild 8.74
Prinzip der Quantisierung mit 4-Bit

Diesem PCM-Signal werden noch weitere Informationen zur Fehlerkorrektur, Kontrolle und Erkennung von Musikstücken zugefügt. Das digitale Audio-Signal kann wegen der extrem großen Menge der Impulse, es sind 4,3218 MBit/s, nicht auf ein normales Audio-Spulen- oder Kassettenband aufgezeichnet werden. Es muß daher ein Videorecorder verwendet werden. Auch lassen sich diese Informationen nicht auf einer herkömmlichen Schallplatte unterbringen. Es ist daher auch eine neue Schallplatten-Technik erforderlich.

8.6.3 Die Digital-Schallplatte

Die Musik-Information wird als Digitalsignal bei der Digital-Schallplatte, sie wird auch CD-Platte (**C**ompact **D**isc) genannt, in Form einer spiralig von innen nach außen laufenden Spur von mikroskopisch kleinen Vertiefungen in die Platte gepreßt **(Bild 8.75).**

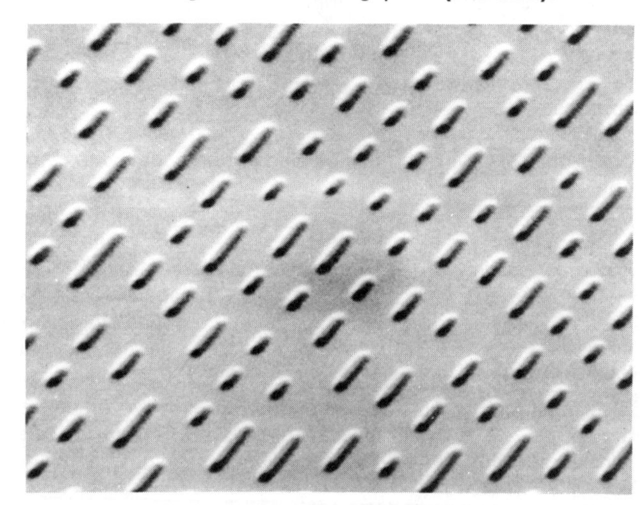

Bild 8.75
Spurmuster auf einer Compact Disc. Aufnahme mit einem Rasterelektronen-mikroskop

Die Platte selbst ist eine transparente Plastikscheibe, die nach dem Pressen im Vakuum eine reflektierende Aluminiumbeschichtung erhält. Die Metallschicht wird anschließend auf der Oberseite mit einem Schutzlack gegen mechanische Beschädigung versehen.

Das **Bild 8.76** zeigt einen Schnitt durch eine CD-Platte. Das auf die Platte eingeprägte Bit-Muster ist im **Bild 8.77** nochmals als Ausschnitt herausgezeichnet.

Die heute verfügbaren CD-Platten haben folgende technische Daten:

Durchmesser	120 mm
Plattenstärke	1,2 mm (einseitig bespielte Platte)
Mittelloch-Durchmesser	15 mm

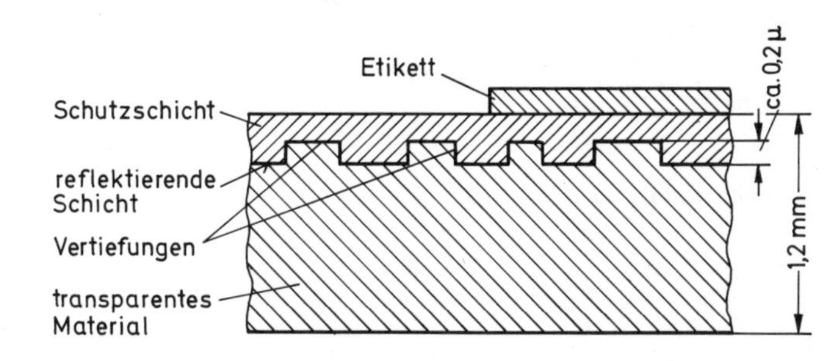

Bild 8.76
Schnitt durch eine CD-Platte

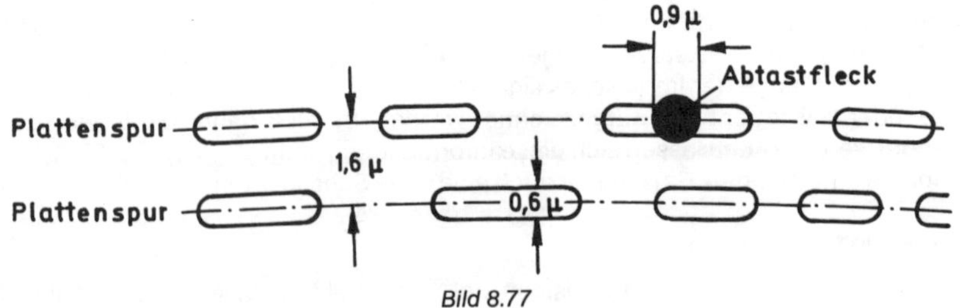

Bild 8.77
Bit-Muster einer CD-Platte

minimaler Durchmesser am Anfang der Programmspur	50 mm
maximaler Durchmesser am Ende der Programmspur	116 mm
Spurabstand	1,6 µm
Spurbreite	0,6 µm
Drehsinn (gesehen von der Abtastseite)	entgegen Uhrzeiger
Abtast-Geschwindigkeit	1,2–1,4 m/s
Drehzahl der Platte	500–200 $\frac{1}{\text{min}}$
maximale Spieldauer	60 min Stereo
Plattenmaterial	transparente Plastikscheibe mit reflektierender Aluminiumbeschichtung und versiegelter Oberfläche (Schutzlack)

8.6.4 Abtastung

Die Abtastung der CD-Platte erfolgt berührungslos von unten durch einen stark gebündelten, präzise fokussierten Laser-Abtaststrahl **(Bild 8.78).** Monochromatisches Licht wird durch einen GaAlAs-Laser (Gallium-Aluminium-Arsen-Laser) mit einer Wellenlänge von 0,78 µm erzeugt.

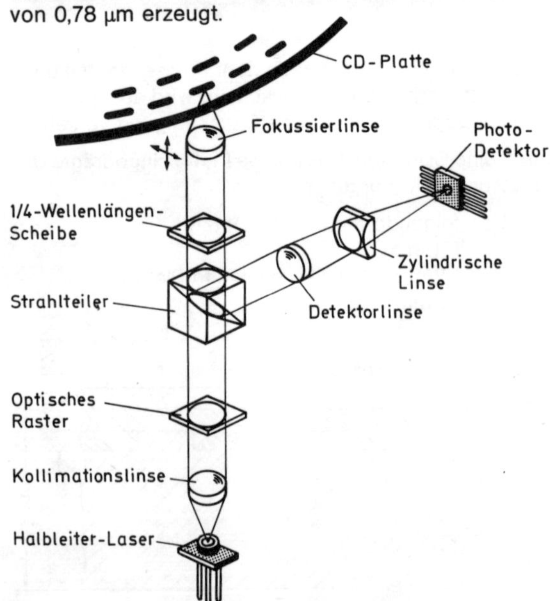

Bild 8.78
Aufbau des optischen Abtastsystems

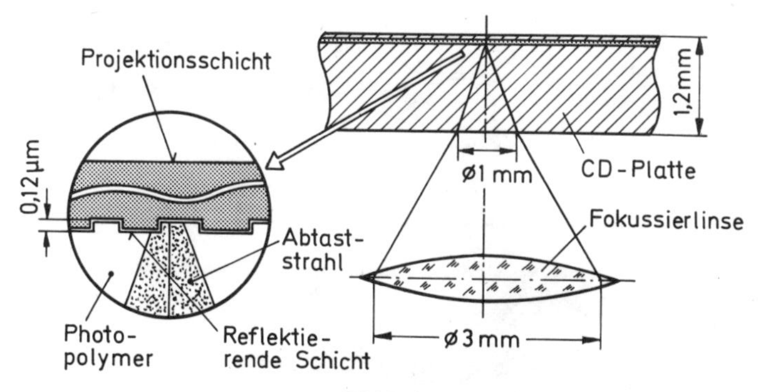

Bild 8.79
Querschnitt durch eine CD-Platte und Fokussierlinse

Durch eine Optik wird der Laserstrahl so stark gebündelt, daß er auf der Platte nur einen Lichtfleck von knapp einem tausendstel Millimeter Durchmesser erzeugt. Da der Laserstrahl so präzise fokussiert ist, wird die Abtastung auch nicht durch Staubpartikel, Verschmutzungen oder Fingerabdrücke beeinträchtigt. Der Strahl registriert nur die unter der transparenten Oberflächenbeschichtung liegenden Punktmarkierungen. Oberflächenverschmutzungen werden einfach „überlesen" **(Bild 8.79).**

Der Laserstrahl ist so fokussiert, daß er beim Abtasten eines Tals scharf ist, bei einem Hügel dagegen unscharf. Der Strahl wird reflektiert und gelangt über einen Umlenkspiegel (Bild 8.78) zum Photo-Detektor. Bei einem Tal wird eine große Lichtstärke reflektiert und der Photo-Detektor gibt eine große Spannung ab. Bei einem Hügel ist der Strahl unscharf, so daß der Photo-Detektor nur eine kleine Spannung abgibt.

Die Platte wird von unten vom Laserstrahl mit einer konstanten Abtastgeschwindigkeit von 1,2 m/s abgetastet. Die Abtastung erfolgt von der Mitte beginnend und am Plattenrand endend. Die Drehzahl der Platte muß deshalb am Anfang 500/min und am Ende 200/min betragen.

Der Laserstrahl liest die Folge der flachen und vertieften Stellen mit Lichtgeschwindigkeit aus, so daß in einer Sekunde annähernd 4,3 Millionen Bits ausgelesen werden. Dadurch wird jedes PCM-Wort, das jeweils 16 Bit enthält, in weniger als 10 µs erfaßt.

Die Umdrehungsgeschwindigkeit der Platte wird durch codierte Informationen geregelt, die sich auf der Platte selbst befinden. Ebenfalls wird der Laserstrahl durch Zusatzinformationen stets in der richtigen Spur gehalten. Durch eine besondere Codierung der auf die Platte geprägten Informationen ist es möglich, daß bis zu 4000 fehlende Bits z. B. durch „drop outs" wieder korrigiert werden können.

Eine weitere Abtastung der Digitalinformation von der Platte ist durch einen piezoelektrischen Abtaster möglich. Voraussetzung ist, daß dann die Platte aus einem stromleitenden PVC besteht.

Wie aus dem **Bild 8.80** hervorgeht, gleitet die Abnehmernadel über die Plattenoberfläche hinweg und nimmt die Ladungen durch die Löcher hindurch auf. Dieses Verfahren und diese Platte heißt **M**ini-**D**isk oder kurz MD.

Weil bei diesem Verfahren der Abnehmer nicht berührungslos die Informationen von der Platte aufnehmen kann, fallen die Vorteile der berührungslosen Abtastung fort. Zum anderen muß eine statische Aufladung der Platte verhindert werden.

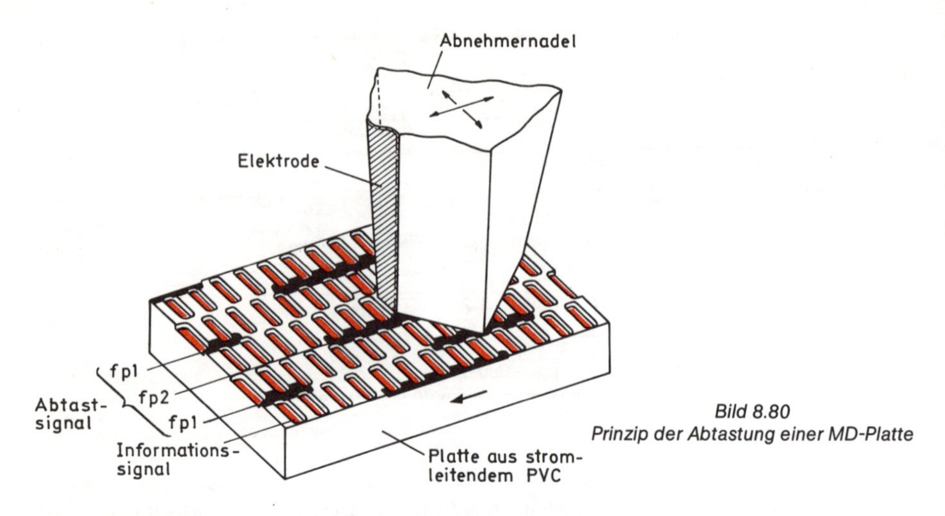

Bild 8.80
Prinzip der Abtastung einer MD-Platte

Technische Daten der Mini-Disk-Platte sind folgende:

Durchmesser	135 mm Mini-Disk
	75 mm Micro-Disk
Dicke im Rillengebiet	1,6 mm
Rillenabstand	2,4 μm
	420 Rillen pro mm
Rillenprofil	trapezförmig
Drehzahl	250/min, konstant
minimale Abtastgeschwindigkeit	780 mm/s
kleinste Wellenlänge	0,86 μm
maximaler und minimaler Rillendurchmesser	132/60 mm Mini-Disk
	72/60 mm Micro-Disk
Signal-Abtaster	piezoelektrischer Wandler
Spielzeit	2 x 60 min Mini-Disk
	2 x 10 min Micro-Disk

8.6.5 Abspielgerät

Die Abtastung der CD-Platte erfolgt von unten und zwar von innen nach außen. Das bei der Abtastung gewonnene Digitalsignal muß im Abspielgerät in einem Digital-Analog-Wandler in ein decodiertes Signal umgewandelt werden **(Bild 8.81).** Dieses decodierte

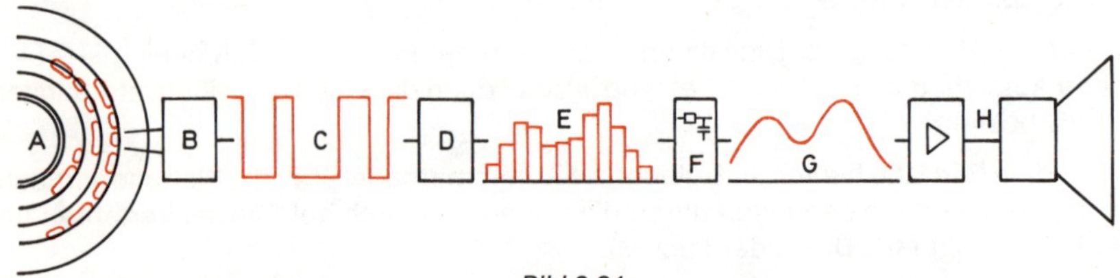

Bild 8.81
Vereinfachte Darstellung des CD-Systems:
A = CD-Platte; B = optischer Abtaster; C = Digitalsignal; D = Digital-Analog-Wandler; E = decodiertes Signal; F = Tiefpaßfilter; G = Analogsignal; H = HiFi-Verstärker

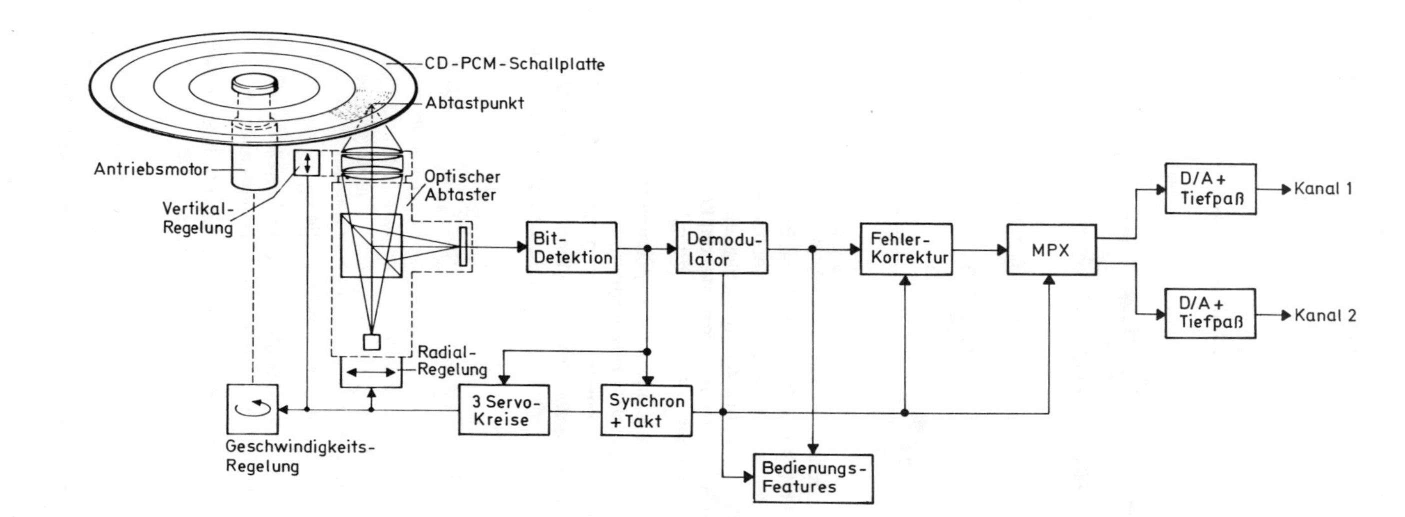

Bild 8.82
Prinzip der optischen Abtastung mit elektronischen Übertragungselementen und Regelkreisen

Signal ist ein Analogsignal, das noch im Rhythmus der Abtastfrequenz zerhackt ist. Ein anschließendes Tiefpaßfilter glättet das decodierte Signal, so daß ein sauberes Analogsignal entsteht. Dieses Signal kann dann einem HiFi-Verstärker zugeführt werden.

Neben dieser Signalrückgewinnung und Signalverarbeitung muß das Abspielgerät noch Regeleinrichtungen zur Führung des Abtastlasers enthalten. So muß, wie aus dem Blockschaltbild in **Bild 8.82** hervorgeht, ein Regelkreis für die Radialbewegung des Lasers vorhanden sein, um den Abtaststrahl von innen nach außen zu führen.

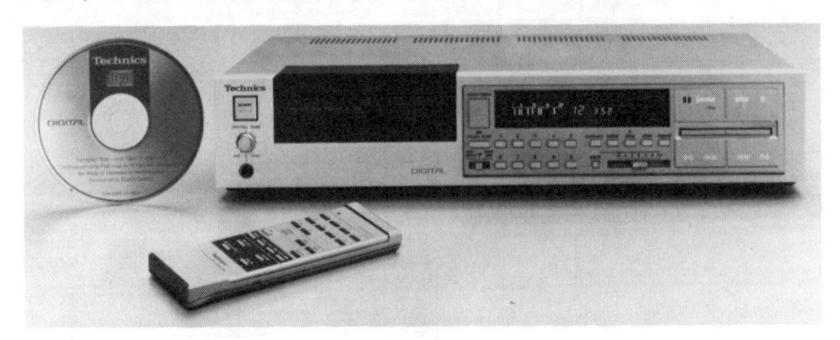

Bild 8.83
Compact-Disc-Plattenspieler SL-P8 mit Infrarot-Fernbedienung (Technics)

Ein zweiter Regelkreis sorgt dafür, den Abtaststrahl in vertikaler Richtung nachzuführen. Dadurch werden Plattenwelligkeiten ausgeglichen. Der dritte Regelkreis übernimmt die Regelung des Antriebsmotors. Wenn nämlich der Abtaststrahl innen ist, so muß die Platte eine Drehzahl von 500/min haben. Je weiter der Laserstrahl nach außen wandert, muß die Drehzahl kontinuierlich bis auf 200/min reduziert werden.

Weil auf der CD-Platte neben der eigentlichen Musikinformation noch weitere Daten und Kennungen mit gespeichert werden können, baut man in die Abspielgeräte noch einen Programmspeicher ein. In ihm lassen sich 15 Adressen einspeichern. So ist es möglich, bestimmte Musikstücke vorher auszuwählen, die dann in der eingespeicherten Reihenfolge abgespielt werden. Das **Bild 8.83** zeigt ein Abspielgerät mit eingelegter CD-Platte.

Zusammenfassung 8

Beim Nadeltonverfahren wird das von einem Mikrofon in ein elektrisches Signal umgewandelte Schallsignal in einem Verstärker verstärkt und über einen elektromechanischen Wandler dem Schneidstichel zugeführt. Die Abtastnadel erregt einen umgekehrt arbeitenden elektromechanischen Wandler, dessen Signale nochmals verstärkt und durch einen Lautsprecher wieder hörbar werden.

Es gibt grundsätzlich zwei Möglichkeiten, eine Schallinformation auf einer Schallplatte zu speichern: durch die Tiefen- und durch die Seitenschrift.

Bei Monoaufzeichnungen hat sich die Seitenschrift durchgesetzt, während die Stereo- und Quadroaufzeichnungen durch eine Kombination von Tiefen- und Seitenschrift entsteht.

Um mehr Information auf der Schallplatte speichern zu können, hat man das Füllschriftverfahren eingeführt. Bei diesem Rillensteuerverfahren stellt sich während des Schneidens automatisch ein größerer Rillenabstand ein, wenn größere Amplituden untergebracht werden müssen.

Eine Schallaufzeichnung mit einer konstanten Schnelle über den gesamten Frequenzbereich ist wegen des erforderlichen Platzbedarfs bei tiefen Frequenzen und wegen des geringen Nutzsignals bei hohen Frequenzen praktisch nicht zu realisieren. Aus diesem Grunde hat man den Schneidfrequenzgang genormt. Tiefe Frequenzen werden abgesenkt, hohe angehoben.

Beim Abspielen einer Schallplatte gleitet die Abtastnadel in der Rille entlang. Dabei treten an der Nadel sehr hohe Flächendrücke auf, was ein rasches Abnutzen der Nadel bewirkt. Aus diesem Grunde benutzt man heute keine Stahlnadeln mehr, sondern verwendet sehr hartes Material wie gezüchtete Saphire oder natürliche Diamanten. Ohne besondere mechanische Beanspruchung können mit Saphiren bis zu 100 Betriebsstunden, mit Diamanten sogar bis zu 1000 Betriebsstunden erreicht werden.

Ursprünglich hatten alle Abtastnadeln einen konischen Schliff, auch sphärischer Schliff genannt. Um die Abtastverzerrungen gering zu halten, fertigt man elliptische – auch biradial genannte – Nadeln, die den Rillenauslenkungen bei hohen Frequenzen und am inneren Schallplattenrand besser folgen können.

Für das Abtasten quadrofonischer CD4-Platten, die eine Information bis zu 50 kHz beinhalten, hat man die bielliptische Nadel entwickelt.

Tonabnehmer wandeln die von der Abtastnadel übertragenen Rillenbewegungen in elektrische Spannungen um. Heute wird bei den HiFi-Tonabnehmern meistens das elektrodynamische Wandler-Prinzip angewendet. Dabei unterscheidet man zwischen einem Magnetsystem, bei dem ein Magnet mit der Abtastnadel verbunden ist, und einem dynamischen System, bei dem eine Spule mit der Abtastnadel gekoppelt ist. Das dynamische System gibt nur etwa 1/10 der Ausgangsspannung eines Magnetsystems ab und ist wesentlich unempfindlicher.

Als weitere Wandlerprinzipien verwendet man Kristall- und Keramiksysteme, Halbleiterwandler, fotoelektrische und kapazitive Tonabnehmer. Dabei werden die letzten beiden Systeme, wegen ihres technischen Aufwandes, nicht häufig benutzt.

Der Tonarm hat die Aufgabe, das Tonabnehmersystem zu tragen und ihm einen verwindungsfreien Halt bei seiner Führung durch die modulierte Rille zu geben. Damit das Tonabnehmersystem ungehindert durch die Rille gleiten kann, muß die Lagerreibung des Tonarms möglichst klein sein. Ebenfalls muß der Tonarm ausbalanciert sein, was durch ein am Ende befindliches Gegengewicht erreicht wird.

Beim Schneiden einer Schallplatte bewegt sich der Schneidstichel in radialer Richtung von außen nach innen. Grundsätzlich wäre bei der Abtastung die gleiche Bewegung erforderlich. Der Tonarm ist heute üblicherweise in einem Punkt außerhalb des Plattentellers drehbar gelagert, so daß ein tangentialer Spurfehlwinkel entsteht, der Verzerrungen verursacht. Um diesen Fehler klein zu halten, kröpft man den Tonarm und gibt ihm eine Überlänge.

Während des Abspielvorgangs wirkt eine radial nach innen gerichtete Kraft auf das Abtastsystem, die Skating-Kraft. Um diese Kraft zu neutralisieren, besitzen die Tonarme eine Skating-Kompensation.

Das Laufwerk hat die Aufgabe, die Schallplatte in gleichmäßige Drehungen zu versetzen. Entsprechend den heute angebotenen Schallplatten werden die Laufwerke für die Geschwindigkeiten 45 1/min und 33 1/3 1/min gebaut. Die wichtigsten Eigenschaften, die ein Laufwerk besitzen muß, sind der Gleichlauf und die Rumpelfreiheit.

Um die Rumpelstörungen möglichst klein zu halten, wird das Chassis federnd am Montageboden befestigt, oder man zieht ein Subchassis ein. Die Übertragung der Motordrehbewegung zum Plattenteller wird entweder durch ein Reibrad oder durch eine Riemen-Übersetzung erreicht. Dabei ist der Riemenantrieb unempfindlicher gegen Rumpelstörungen. Heute geht man immer mehr zum Direktantrieb über, bei dem der Plattenteller unmittelbar auf der Motorachse sitzt.

Einen möglichst guten Gleichlauf erreicht man durch elektronisch geregelte Gleichstrommotoren. Dabei geht man heute sogar schon zu quarzgeregelten Schaltungen über. Der Gleichlauf wird aber auch vom Plattenteller mitbestimmt. Aus diesem Grunde macht man die Masse des Plattentellers so groß wie möglich und konzentriert die Masse des Tellers hauptsächlich an den Außenrand. Damit die Schallplatte auf dem Plattenteller nicht verrutschen kann, belegt man ihn mit einer Gummiauflage. Zur Kontrolle der Drehzahl bringt man bei hochwertigen Plattenspielern eine Stroboskopteilung am Plattentellerrand an.

Übungsaufgaben 8

1. Wievielmal findet beim Nadeltonverfahren eine elektromechanische Wandlung statt?
2. Aus welchen grundsätzlichen Einzelteilen besteht ein Plattenspieler?
3. Nennen Sie den Unterschied zwischen einem „Einfach-Plattenspieler", einem Plattenwechsler und einem automatischen Plattenspieler.
4. Nennen Sie die wichtigsten Mindestanforderungen für HiFi-Schallplatten-Abspielgeräte, die durch die Norm DIN 45500 Blatt 3 festgelegt sind.
5. Welche grundsätzlichen Aufzeichnungsarten unterscheidet man bei Schallplatten?
6. Was versteht man unter Füllschrift?
7. Welche Umdrehungsgeschwindigkeiten und welche Durchmesser werden heute hauptsächlich angewendet?
8. Weshalb ist es nicht möglich, Schallplatten mit konstanter Schnelle zu schneiden?
9. Nach welchem Verfahren werden heute die Schallplatten geschnitten?
10. Beschreiben Sie kurz das Herstellungsverfahren einer Schallplatte.
11. Welche drei Arbeitsprinzipien werden in Tonabnehmersystemen verwendet?
12. Aus welchen Materialien stellt man die Abtastnadeln her?
13. Welche Nadelformen unterscheidet man?
14. Nach welchen Prinzipien arbeiten magnetische Tonabnehmer?
15. Weshalb verwendet man heute keine Kristalltonabnehmer, sondern Keramiktonabnehmer?
16. Wodurch entsteht der tangentiale Spurfehlwinkel?
17. Weshalb kröpft man den Tonarm?
18. Welchen Einfluß hat die Auflagekraft der Abtastnadel?
19. Welche Antriebsarten unterscheidet man bei Plattenspielern?
20. Wie machen sich Gleichlaufschwankungen bemerkbar?

Literaturverzeichnis

Fachbücher

Bahr, H.	Philips Lehrbriefe, Elektrotechnik und Elektronik Bd. 2, Philips Fachbücher, Philips GmbH, Hamburg 1975.
Benz, W., Heinks, P., Starke, L.	Tabellenbuch der Elektronik und Nachrichtentechnik, Frankfurter Fachverlag, Kohl + Noltemeyer Verlag, Frankfurt 1979.
Breh, K.	Einführung in die High-Fidelity und Stereophonie, Verlag G. Braun GmbH, Karlsruhe 1968.
Büscher, G.	Kleines ABC der Elektroakustik, RPB, Bd. 29, 4. Auflage, Franzis-Verlag, München 1963.
Christian, Dr. E.	Magnettontechnik, Leitfaden der magnetischen Schallaufzeichnung. Franzis-Verlag, München 1969.
Fellbaum, G. und Loos, W.	Phonotechnik ohne Ballast, Franzis-Verlag, München 1978.
Heinrichs, G.	Telekosmos-Servicebuch Tonbandgeräte, Franckh'sche Verlagshandlung, Stuttgart 1967.
Jecklin, J.	Lautsprecherbuch, Franckh'sche Verlagshandlung, Stuttgart 1967.
Junghans, W.	Tonbandgeräte-Praxis, RPB, Bd. 9/10, 9. Aufl., Franzis-Verlag, München 1965.
Knobloch, W.	Schlüssel zur HiFi, Franzis-Verlag, München 1978.
Kühne, F. und Horst, M.	HiFi-Schaltungs- und Baubuch, RPB, Bd. 85, 8. Aufl., Franzis-Verlag, München 1976.
Meyer-Schwarzenberger, G.	Qualitätsmerkmale der Tonübertragung Teil 1 bis 3. Schule für Rundfunktechnik, Nürnberg 1973.
div	BASF-Tonband, Herstellung und Eigenschaften, Hrsgb.: Badische Anilin- & Soda-Fabriken, Ludwigshafen.
div	High-Fidelity, Funkschau Spezial Heft 1 + 2, Franzis-Verlag, München 1977/78.
div	Funktechnische Arbeitsblätter, Ea 01, Ea 61, Ea 71, Mo 24, Franzis-Verlag, München.
div	Tonstudiotechnik, NDR, Hamburg, 1974.
Nijsen, G. G.	Leitfaden für HiFi-Freunde, Philips Taschenbücher, Hamburg 1980.
Richter, H.	Mono, Stereo, HiFi, Franckh'sche Verlagshandlung, Stuttgart 1969.
Rindfleisch. Dr. H.	Tonband-Technik, Erklärungen von Fachausdrücken, Hrsgb.: Agfa-Gevaert.
Rinnebach, K. W.	Schallaufzeichnung auf Magnetband, Hrsgb.: Agfa-Gevaert.
Schöne, G.	Fachkunde für Funkmechaniker; Teil: Elektroakustik, Volk und Wissen, Volkseigener Verlag, Berlin 1961.
	Fachkunde für Funkmechaniker Teil 3, VEB Technik, Berlin 1961
Schröder, H.	Tonbandgeräte-Meßpraxis, Franckh'sche Verlagshandlung, Stuttgart 1967.

Snel, D. A. — Magnetische Tonaufzeichnung, Philips Technische Bibliothek, Hamburg 1963.

Warnke, E. F. — Tonbandtechnik ohne Ballast, 2. Aufl., Franzis-Verlag, München 1969.

Williges, H. — Lautsprecher-Taschenbuch, Hrsgb.: Isophon, Berlin 1961.

Firmenveröffentlichungen

Blaupunkt — HiFi-System 91, Hildesheim

Pegelregler für ohrengerechten HiFi-Klang

Dual — Moderne Schallplatten-Wiedergabetechnik, Hrsgb.: Dual Gebrüder Steidinger, St. Georgen

HiFi-Plattenspieler mit kontinuierlich einstellbarer Skating-Kompensation, Sonderdruck der Funk-Technik.

Oppermann — Oppermann electronic Katalog 1977/78

Philips — Philips Kontakte, Heft 27/28, 42/77, Philips, Hamburg.

Sennheiser — Kopfhörer, Technik und Anwendung, Bissendorf/Hannover.

micro-revue, Bissendorf/Hannover.

Kopf-Stereomikrofon für Amateure, Sonderdruck (Funkschau 1974).

Valvo — Valvo-Brief, Nf-Bausteine mit Silizium-Transistoren, Valvo GmbH, Hamburg.

Anhang

Lösungen zu den Übungsaufgaben

Übungsaufgaben 1 a

1. Schall entsteht durch Schwingungen der Materie, wie z. B. Luft (Luftschall), Wasser (Flüssigkeitsschall), Festkörper (Körperschall) (siehe auch Seite 9).
2. Schwingen Teilchen quer zur Fortpflanzungsrichtung, so ergeben sich Transversalwellen, auch Querwellen genannt.
   Schwingen die Teilchen längs der Fortpflanzungsrichtung, so erhält man Längs- oder Longitudinalwellen. Jede Schallwelle ist eine Longitudinalwelle (siehe Seiten 9 und 10).
3. Das menschliche Ohr kann Schallschwingungen zwischen etwa 16 Hz und 20 kHz als Töne wahrnehmen. Diesen Bereich bezeichnet man deshalb als Frequenzbereich des Hörschalls.
4. Schwingungen unterhalb des Hörbereiches – also unter 16 Hz – bezeichnet man als Infraschall. Mit Ultraschall werden mechanische Schwingungen über 20 kHz bezeichnet (siehe auch Seite 10).
5. Die Maßeinheit des Schalldruckes ist das Pascal. Da aber in der Akustik nur sehr kleine Drücke auftreten, benutzt man die vom Pascal abgeleitete Einheit Mikrobar (μbar).

   $$1\ \mu\text{bar} = 0{,}1\ \frac{\text{N}}{\text{m}^2} = 1\ \text{Pa}$$

6. Die Schallgeschwindigkeit in der Luft beträgt bei 20 °C 344 m/s. Man rechnet meistens mit c = 340 m/s (siehe auch Tabelle 1/2 auf Seite 12).
7. Die Schallausbreitungsgeschwindigkeit hängt von der Dichte des Mediums ab (siehe Tabelle 1/1 auf Seite 11).
8. Luft: $\lambda = \frac{340\ \text{m} \cdot \text{s}}{\text{s} \cdot 500} = 0{,}68\ \text{m}$

   Wasser: $\lambda = \frac{1480\ \text{m} \cdot \text{s}}{\text{s} \cdot 500} = 2{,}96\ \text{m}$
9. In geschlossenen Räumen treten durch Mehrfachreflexionen Anhall- und Nachhallerscheinungen auf (siehe auch Seite 14 f).
10. Den Nachhall bei tiefen Frequenzen kann man durch Holztäfelungen, Möbelwände usw. beeinflussen (siehe Bild 1.9).

Übungsaufgaben 1 b

1. Die Schallschwingungen gelangen durch den Gehörgang an das Trommelfell. Die Schwingungen des Trommelfells werden über den Hammer und Amboß auf den Steigbügel übertragen und somit in höhere Drücke umgewandelt. Der Steigbügel bewegt die sich im ovalen Fenster befindende Membran. Die Schwingungen des Steigbügels werden durch diese Membran an die Lymphflüssigkeit übertragen, die sich in der Schnecke und in den Bogengängen befindet. Die in der Schnecke befindliche Basilarmembran wandelt schließlich die Schwingungen der Lymphflüssigkeit in Reizungen der Hörnerven um (siehe auch Seite 18 f).

2. Die Hör- oder Reizschwelle des menschlichen Gehörs liegt bei der Frequenz von 1000 Hz im Durchschnitt bei einem Schalldruck von $p = 2 \cdot 10^{-4}$ µbar. Die Schmerzgrenze liegt bei der Frequenz von 1000 Hz im Durchschnitt bei einem Schalldruck von $p = 200$ µbar.
3. Bezieht man einen beliebigen Schallpegel auf die Reizschwelle mit einem Schalldruck von $p = 2 \cdot 10^{-4}$ µbar, so erhält man den absoluten Schallpegel (siehe Seite 20).
4. Der absolute Schallpegel hat keine Maßeinheit; da er ein logarithmisches Verhältnis darstellt, gibt man ihn in dB an.
5. Der Mensch empfindet nicht unmittelbar den Schalldruck, sondern die Lautstärke. Zwischen der Lautstärke und dem Schalldruck besteht ein näherungsweise logarithmischer Zusammenhang (Weber-Fechnersches Gesetz) (siehe Seite 20).
6. Als Maßeinheit für die Lautstärke wird das Phon verwendet (siehe Seite 20).
7. Die Frequenz einer Schallschwingung wird vom Gehör als Tonhöhe empfunden. Die Klangfarbe wird durch das Verhältnis der Amplituden der einzelnen Grund- und Obertöne bestimmt (Frequenzspektrum).
8. Siehe Bild 1.11 auf Seite 20.
9. Die Lautstärkeeinstellung eines Verstärkers sollte möglichst gehörrichtig entsprechend den Kurven gleicher Lautstärke in Abhängigkeit von der Frequenz sein (siehe Seite 22). (Dieses bezieht sich hauptsächlich auf die tiefen Frequenzen).
10. Um den Eindruck des räumlichen Hörens zu erhalten, sollten Schallereignisse stereofon oder sogar quadrofon übertragen werden (siehe Seite 27 f).
11. Bei der Lärmbekämpfung sollte man sich immer auf die lauteste Schallquelle konzentrieren, da diese die Gesamtlautstärke bestimmt (siehe Seite 29 f).
12. Der Verdeckungseffekt ist eine Ohreigenschaft. Wird nämlich vom Gehör bereits ein Ton bestimmter Lautstärke wahrgenommen, dann geht die Empfindlichkeit des Ohres für leisere andere Töne zurück.
13. Die Formanten sind zum Erkennen einzelner Vokale notwendig (siehe Seite 30).
14. Eine Orgel hat einen Frequenzumfang von 16,4 Hz bis 8372 Hz (siehe Bild 1.15).
15. Die Schalldruckdifferenz zwischen der leisesten und der lautesten Wiedergabe eines Schallvorganges nennt man Dynamik (siehe Seite 31).

Übungsaufgaben 2

1. Unter Elektroakustik versteht man die Lehre von den Zusammenhängen zwischen elektrischen und akustischen Vorgängen.
2. Von linearen Verzerrungen spricht man immer dann, wenn im übertragenen Frequenzband bestimmte Frequenzen oder Frequenzgebiete verstärkt, geschwächt oder überhaupt nicht übertragen werden. Jede Klangblende bringt lineare Verzerrungen.
3. Nichtlineare Verzerrungen sind immer dann vorhanden, wenn bei der Übertragung neue, im Originalton nicht vorhandene Töne auftreten.
4. Für nichtlineare Verzerrungen hat man die Meßgrößen: Klirrfaktor, Intermodulationsfaktor und Differenztonfaktor.
5. Mit dem Intermodulationsfaktor erfaßt man Verzerrungen im mittleren Tonfrequenzbereich, die sich bei der gleichzeitigen Übertragung von zwei Frequenzen ergeben.

6. Mit dem Klirrfaktor erfaßt man nur die ungewollt auftretenden harmonischen Oberwellen eines Einzeltones.
   Der Intermodulationsfaktor gibt dagegen das Verhältnis der ungewollt auftretenden unharmonischen Oberwellen zu zwei Grundschwingungen an (siehe Seite 36 f).
7. Klirrfaktor: 20 Hz bis 6 kHz
   Intermodulationsfakor: 1 kHz bis 12 kHz
   Differenztonfaktor: 8 kHz bis 16 kHz (siehe Bild 2.5).
8. Der Klirrfaktor ist das Verhältnis der ungewollten Oberwellen zur Grundwelle (siehe Seite 36).
9. HiFi bedeutet hohe Wiedergabequalität und ist ein Qualitätsbegriff, der heute durch DIN 45 500 bei einigen Begriffen festgelegt ist (siehe Seite 39).
10. Unter monauraler Wiedergabe versteht man eine einkanalige Übertragung (siehe Seite 40).
11. Beim 3-D-Raumklang strahlt man bei der monauralen Wiedergabe lediglich die mittleren und hohen Frequenzen seitlich ab (siehe Seite 41).
12. Stereophonie bedeutet räumliches Hören. Man überträgt in zwei getrennten Kanälen die rechte und die linke Information. Dadurch erreicht man durch den Intensitäts- und Laufzeitunterschied bei der Wiedergabe ein räumliches Hören (siehe Seite 42).
13. Der Mensch hört durch die Intensitäts-, Laufzeit- und Klangfarbenunterschiede stereophon (siehe Seiten 27 und 42).
14. Unter Quadrophonie versteht man eine vierkanalige Übertragung Neben der Links-Rechtsinformation werden noch die beiden reflektierten Schallinformationen mit übertragen.
15. Die beiden angewendeten Quadroverfahren sind das Discret- und das Matrix-Verfahren (siehe Seite 43).

Übungsaufgaben 3

1. Mikrofone wandeln Schallenergie in elektrische Energie um und sind damit Schallempfänger.
2. Der Feld-Leerlauf-Übertragungsfaktor gibt an, welche effektive Wechselspannung am Ausgang des Mikrofons gemessen wird, wenn dieses im freien Schallfeld einem Schalldruck von 1 μbar ausgesetzt ist.
3. Bei einem Kohlemikrofon werden die Schallwellen durch eine Widerstandsänderung in elektrische Schwingungen umgewandelt (siehe Seite 47).
4. Elektromagnetische Mikrofone werden heute in Wechselsprech- und Telefonanlagen sowie in Hörgeräte und Diktiergeräte eingebaut.
5. Bei einem Tauchspulmikrofon taucht die an der Membran befestigte Spule im Rhythmus der Schallwellen in ein Magnetfeld. Dabei wird in der Spule eine Wechselspannung induziert.
6. Bändchenmikrofone sind stoßempfindlich und blasempfindlich.
7. Siehe Seite 55 f.
8. Heute besitzen Kondensatormikrofone in Hochfrequenzschaltung gegenüber denen in Niederfrequenzschaltung keine Vorteile. Beide sind unempfindlich gegenüber elektrischen und magnetischen Störfeldern und haben einen niederohmigen Innenwiderstand.

9. Bei Elektret-Kondensatormikrofonen kann man auf die erforderliche Vorspannung verzichten, da diese in der Membran gespeichert ist. Man benötigt aber trotzdem eine Batterie für den eingebauten Vorverstärker.
10. Ein Kristallmikrofon arbeitet nach dem piezoelektrischen Prinzip (siehe Seite 54).
11. Kristallmikrofone besitzen einen Innenwiderstand von ca. 2 bis 5 MΩ und sind deshalb nicht über längere unabgeschirmte Leitungen an einen Verstärker anzuschließen (siehe Seite 54 f).
12. Die Richtcharakteristik für eine bestimmte Frequenz eines Mikrofons erhält man dadurch, daß man das Mikrofon mit ein und derselben Frequenz beschallt, und es dann vor dem Lautsprecher um 360° dreht. Auf das synchron mitdrehende Schreibpapier wird die Ausgangsspannung in Abhängigkeit des Einfallswinkels des Schalls aufgezeichnet (siehe Seite 63).
13. Ist der Raum hinter der Membran nicht geschlossen, so ergibt sich eine Achtercharakteristik (siehe Seite 61 f).
14. In Studios wendet man wegen der geringen Störeinstrahlungen die symmetrische Mikrofonschaltungsart an.
15. Siehe Bild 3.34.

Übungsaufgaben 4

1. Kopfhörer haben die Aufgabe, wie Lautsprecher, tonfrequente elektrische Schwingungen in entsprechende Schallschwingungen umzusetzen.
2. Bei Kopfhörerwiedergabe empfindet der Zuhörer bei Monosignalen den Ort der Schallquelle im Kopf, während bei der Lautsprecherwiedergabe die Schallquelle vom Zuhörer im Lautsprecher bzw. zwischen den Lautsprechern geortet wird.
3. Magnetische Kopfhörer, dynamische Kopfhörer, Kristallkopfhörer und elektrostatische Kopfhörer.
4. Bei einem offenen Kopfhörer werden die Wandler durch sogenannte Ohrkissen, eine akustisch voll durchlässige Schaumstoffzwischenlage, in einem definierten Abstand zu den Ohrmuscheln gehalten.
   Bei einem geschlossenen Kopfhörer ist das Luftvolumen zwischen Wandler und Ohr weitgehend nach außen abgeschlossen (siehe auch S. 71).
5. Der Übertragungsbereich soll nach DIN 45500 mindestens zwischen 50 Hz und 12500 Hz liegen.
6. Magnetische Kopfhörersysteme werden heute in Fernsprechapparaten, Hörhilfen und Diktiergeräten verwendet.
7. Heute ist das dynamische Kopfhörersystem am verbreitetsten.
8. Mit dynamischen Kopfhörern lassen sich bei sehr kleinen elektrischen Leistungen bereits große Lautstärken bei geringen Verzerrungen erzeugen.
9. Siehe Bild 4.12 auf Seite 76.
10. Kristallkopfhörer werden heute noch in Hörhilfen und Diktiergeräten verwendet.
11. Vorteil: sehr gute Übertragungseigenschaften
    Nachteile: erforderliche Vorspannung, höherer technischer Aufwand
12. Niederohmig: 8 Ω, 16 Ω, 32 Ω,
    Mittelohmig: 200 Ω, 400 Ω, 600 Ω,
    Hochohmig: 1 kΩ, 2 kΩ, 4 kΩ,

13. Mittel- und hochohmige Kopfhörer können direkt am Lautsprecher-Leistungsausgang angeschlossen werden (siehe Seite 78).
14. Am Lautsprecherausgang wird ein niederohmiger Kopfhörer überlastet (siehe Seite 78).
15. Siehe Seite 82.

Übungsaufgaben 5 a

1. Lautsprecher wandeln elektrische Signalströme in Schallschwingungen um und sind damit Schallsender.
2. Dynamische, elektrostatische und piezoelektrische Lautsprecher sind die grundsätzlichen Lautsprechertypen.
3. Der Nennscheinwiderstand eines Lautsprechers ist wichtig für die Anpassung an einen Verstärker.
4. Die Nennbelastbarkeit (auch Dauerbelastbarkeit) ist die höchstzulässige elektrische Leistung.
   Die Musik- oder Grenzbelastbarkeit ist die zulässige Spitzenbelastbarkeit eines Lautsprechers (siehe Seiten 85 und 86).
5. Siehe Seite 87 f.
6. Ein Konuslautsprecher (siehe Seite 89) hat eine große Membran und kann somit tiefe, mittlere und höhere Töne wiedergeben.
   Ein Kalottenlautsprecher (siehe Seite 90) hat eine sehr kleine Membran und ist somit ein guter Mittel- und Hochtöner.
7. Durch die Geschwindigkeitstransformation mittels der Druckkammer erreicht man mit solchen Lautsprechertypen Wirkungsgrade bis zu 20 % (siehe Seite 92 f), während ein permanentdynamischer Lautsprecher einen Wirkungsgrad um 5 % besitzt.
8. Druckkammerlautsprecher werden zur Beschallung großer Flächen im Freiluftbereich eingesetzt.
9. Kristall- und Kondensatorlautsprecher werden vorwiegend als Hochtonlautsprecher eingesetzt.
10. Ohne Vorspannung würde ein elektrostatischer Lautsprecher einen Ton doppelter Frequenz abstrahlen (siehe Seite 95).

Übungsaufgaben 5 b

1. Tiefe Frequenzen werden von der gesamten Lautsprechermembran nahezu kugelförmig abgestrahlt. Bei höheren Frequenzen schwingt nur noch der innere Teil der Membran, der Rand wirkt dabei als Trichter, so daß die hohen Frequenzen nur in Achsrichtung des Lautsprechers abgestrahlt werden (siehe Seite 99).
2. Einen Lautsprecher mit einem großen Übertragungsbereich bezeichnet man als Breitbandlautsprecher.
3. Um die Richtwirkung eines einzelnen Lautsprechers bei hohen Frequenzen aufzuheben, benutzt man sogenannte Hochtonkugeln (siehe Seite 100).
4. Bei einem Lautsprecher ohne Schallwand werden die von der Membran bewirkten Schalldruckänderungen sofort wieder aufgehoben (siehe Seite 102).

5. Werden mehrere gleichartige Lautsprecher mit nahezu gleichem Frequenzgang zusammengeschaltet, so erhält man eine Lautsprechergruppe. Sie wird zum Beschallen großer Flächen und Räumen mit starkem Hall eingesetzt (siehe Seite 100).
6. Siehe Bild 5.22 auf Seite 101.
7. Unteranpassungen sind bei Transistor-Endstufen zu vermeiden.
8. Schwingen die Membranen mehrerer Lautsprecher nicht gleichphasig, so würden sich die Schallwellen zum Teil gegenseitig auslöschen.
9. Beim 100-V-Normausgang wird der Ausgang eines Kraftverstärkers nahezu belastungsunabhängig.
10. Mittels Frequenzweichen werden verschiedene Lautsprecher in einer Lautsprecherbox zusammengeschaltet (siehe Seite 106 f).
11. Bei einem Zweiwegsystem wird der gesamte Frequenzbereich auf zwei Bereiche aufgeteilt und dann einem Tiefton- und einem Hochtonlautsprecher zugeführt. Bei einem Dreiwegsystem teilt man den Übertragungsbereich in drei Frequenzbereiche auf und führt dann den entsprechenden Lautsprechern, dem Tiefton-, dem Mittelton- und dem Hochtonsystem, die Signale zu.
12. Bei einer passiven Frequenzweiche geschieht die Frequenzaufteilung am Ausgang des Verstärkers durch LC-Glieder.
Bei einer aktiven Frequenzweiche erfolgt die Frequenzaufteilung vor dem Verstärker, so daß für jeden Frequenzbereich ein separater Verstärker erforderlich wird.
13. Eine aktive Lautsprecherbox enthält neben den für jeden Frequenzbereich erforderlichen Lautsprechern noch einen entsprechenden Verstärker mit zugehöriger Frequenzweiche.
14. Siehe Seite 106 und Bild 5.32.
15. Bei der Trenn- oder Grenzfrequenz gilt die Bedingung: $X_L = X_C = Z_L$.

Übungsaufgaben 6

1. Ein Vorverstärker soll
   a) die Spannung einer Signalquelle verstärken,
   b) unterschiedliche Pegel ausgleichen,
   c) lineare Verzerrungen kompensieren,
   d) verschiedene Signalquellen mischen.
2. Ein Steuerverstärker hat die Aufgabe
   a) die in dem Vorverstärker aufbereiteten Signale weiter zu verstärken,
   b) durch Einstell- und Schaltorgane eine willkürliche Veränderung des Klangcharakters entsprechend den Hörerwünschen zu ermöglichen.
   Ein Endverstärker hat die Aufgabe, bei einem angemessenen Wirkungsgrad eine über den gesamten Übertragungsbereich konstante Leistungsverstärkung bei möglichst geringen linearen und nichtlinearen Verzerrungen zu bringen.
3. Ein Vollverstärker besteht in der Regel aus Vorverstärker, Steuerverstärker und Endverstärker, alles in Stereoausführung (siehe Seite 112).
4. Die wichtigsten Verstärkerkenndaten sind:
   Ausgangsleistung, Klirrfaktor, Intermodulationsfaktor, Übertragungsbereich, Leistungsbandbreite, Fremdspannungsabstand, Übersprechen, Eingangsempfindlichkeit.

5. Die **Sinusleistung,** auch Nennausgangsleistung oder Dauerleistung genannt, ist die Ausgangsleistung, die ein Verstärker bei 1 kHz und bei Aussteuerung bis zum Nennklirrfaktor abgibt.
   Die **Musikleistung,** auch Spitzenleistung genannt, ist die maximale Leistung, die der Verstärker kurzzeitig liefert, ohne den Nennklirrfaktor zu überschreiten (siehe Seite 113).
6. Das Übersprechen gibt Auskunft über die gegenseitige Beeinflussung mehrerer Übertragungskanäle (siehe Seite 116).
7. In der Norm nach DIN 45500 wird für einen Verstärker eine Ausgangsleistung bei Monobetrieb von mindestens 10 W, für Stereobetrieb von mindestens 2 x 6 W gefordert.
8. Die von den Verstärkern erreichten Daten liegen weit über den von der Norm geforderten.
9. Man unterscheidet bei den Vorverstärkern:
   Mikrofonverstärker mit linearem Frequenzgang für dynamische Mikrofone ohne Übertrager
   Phonoverstärker mit entsprechendem Schneidfrequenzgang für magnetische Tonabnehmer
   Umschaltbare Vorverstärker mit umschaltbarem Frequenzgang für magnetische Tonabnehmer und dynamische Mikrofone (siehe Bild 6.17)
   Mischverstärker mit mehreren Vorverstärkern (siehe Bild 6.18).
10. Schaltet man parallel zum Ausgang eines Kristall-Tonabnehmers eine RC-Reihenschaltung, so kann man seine Wiedergabequalität verbessern (siehe Seite 126).
11. Bei einer physiologischen Lautstärkeeinstellung, auch gehörrichtige Lautstärkeeinstellung genannt, versucht man eine Angleichung an die Gehörkurve des menschlichen Ohres (siehe Seite 134).
12. Siehe Bilder 6.38 und 6.39.
13. Ein Präsenzeinsteller verändert die Frequenzkurve in einem Frequenzbereich, in dem die höchste Empfindlichkeit des menschlichen Ohres liegt. Man kann auf diese Weise zu schwach wiedergegebene Solostimmen, Sprache und Chorgesang zwischen 600 Hz und 3000 Hz hervorheben.
14. Mit einem Rumpelfilter will man Störungen im Bereich sehr tiefer Frequenzen unterdrücken. Mit einem Rauschfilter unterdrückt man hohe Störfrequenzen, wie sie bei AM-, Tonband- und Schallplattenwiedergabe auftreten können (siehe Seite 142).
15. Siehe Bilder 6.38 und 6.39.
16. Um beide Kanäle eines Stereoverstärkers absolut gleich einzustellen, benötigt man einen Balanceeinsteller (siehe Seite 144).
17. Mit einem Basisbreiten-Einsteller läßt sich auf elektrischem Weg der erforderliche Abstand der Lautsprecher bei einer Stereo-Wiedergabe den räumlichen Gegebenheiten anpassen (siehe Seite 146).
18. Prinzipschaltung einer Komplementär-Endstufe (siehe Bild 6.47). Vorteile: Es ist kein Phasendreh- und kein Ausgangsübertrager erforderlich, daher Verbesserung des Frequenzganges.
19. Schaltet man an die Komplementärtransistoren in direkter Kopplung zwei völlig in den Daten und Dotierung übereinstimmende Leistungstransistoren an, so erhält man eine Quasi-Komplementär-Endstufe (siehe Seite 151).
20. Mit integrierten Endverstärkern erreicht man Sprechwechselleistungen bis zu 20 W.

Übungsaufgaben 7

1. Siehe Seiten 158 und 159.
2. Siehe Bild 7.3
3. Bei der Tonbandaufzeichnung nutzt man folgende physikalischen Gesetze aus:
   a) Jeder stromdurchflossene elektrische Leiter erzeugt um sich ein Magnetfeld.
   b) Ein magnetisierter Körper behält einen Restmagnetismus, auch wenn das einwirkende Magnetfeld nicht mehr vorhanden ist.
   c) Ein sich änderndes oder bewegendes Magnetfeld induziert in einem Leiter eine Spannung.
4. Damit die Molekularmagnete im Tonband ausgerichtet bleiben, muß auf sie eine Mindestfeldstärke einwirken. Diese Feldstärke würde jedoch nur bei sehr großen Nutzpegeln auftreten. Ohne Vormagnetisierung würden kleine Signale gar nicht, größere Signale verzerrt aufgezeichnet werden (siehe Seite 166).
5. Die Hf-Vormagnetisierung hat gegenüber der Gleichstromvormagnetisierung einen geringeren Klirrfaktor, ein kleineres Rauschen, einen größeren Aussteuerbereich und damit eine größere Dynamik.
6. Durch den induktiven Charakter des Sprechkopfes und die im Band und im Magnetkopf auftretenden Verluste werden die hohen Frequenzen bei der Aufnahme geschwächt. Der Aufnahmeverstärker muß deshalb mit steigender Frequenz eine größere Spannung abgeben.
7. Der zwischen dem Ausgang des Aufsprechverstärkers und dem Aufnahmekopf liegende Parallelschwingkreis wirkt als Sperrkreis für die Hf-Vormagnetisierung. Er soll verhindern, daß die Hf-Energie im Aufsprechverstärker kurzgeschlossen wird.
8. Aussteuerungsanzeigen dienen dazu, daß bei lautstarken Stellen das Band vollständig ausgesteuert und nicht übersteuert wird.
9. Durch das Dolby-Verfahren und durch eine DNL-Schaltung lassen sich Rauschstörungen vermindern.
10. Siehe Seite 179.
11. Beim Cross-Field-Verfahren werden Vormagnetisierung und Nutzfeld durch zwei getrennte Aufnahmeköpfe erzeugt. Man verhindert dadurch bei der Aufnahme ein Löschen der hohen Frequenzen.
12. Aufgrund des Induktionsgesetzes wird im Hörkopf eine Spannung erzeugt.
13. Bei der Wiedergabe muß man folgende Effekte berücksichtigen:
    1. den Omega-Gang; 2. den Selbstentmagnetisierungseffekt; 3. den Spalteffekt.
14. Damit die Molekularmagnete des Bandes ausreichend oft ummagnetisiert werden, muß bei den Bandgeschwindigkeiten der Löschstrom eine Frequenz zwischen 60 bis 90 kHz haben (siehe Seite 188).
15. Ein Scherkopf ist ein Aufnahmekopf, bei dem ein rückwärtiger Spalt angebracht wurde, um einen konstanten magnetischen Widerstand im Kopf zu erhalten (siehe Seite 195).
16. Sprechkopf: 10 μm
    Hörkopf: 5 μm
    Kombikopf: 7 μm
    Löschkopf: 200 μm

17. Man unterscheidet Eisen- (Fe_2O_3-), Chromdioxid- (CrO_2-) und Zweischichtbänder (Fe-Cr-Band). Weitere Unterteilungen siehe Tabellen 7/1 und 7/2 auf Seite 203.

18. Siehe Seite 206.

19. Siehe Bild 7.65.

20. Das Laufwerk muß folgende Aufgaben erfüllen:
    1. Vorlauf (normale Vorwärtsbewegung mit der vorgeschriebenen Bandgeschwindigkeit bei der Aufnahme und Wiedergabe).
    2. Schneller Vorlauf (schnelle Vorwärtsbewegung zum Aufsuchen bestimmter Bandstellen).
    3. Schneller Rücklauf (schnelle Rückwärtsbewegung zum Umspulen des Bandes).

Übungsaufgaben 8

1. Es findet eine viermalige Wandlung statt:
   Schall – Mikrofon – Schneidstichel – Abtastnadel – Lautsprecher – Schall.

2. Grundsätzlich besteht ein Plattenspieler aus Tonabnehmer, Tonarm, Laufwerk und Plattenteller.

3. Einfach-Plattenspieler sind für das einzelne Abspielen einer Platte ausgelegt. Plattenwechsler erlauben das automatische Abspielen einer bestimmten Anzahl von Schallplatten.
   Automatische Plattenspieler führen den Tonarm automatisch zur Einlaufrille der Schallplatte und heben nach dem Abspielen der Platte den Tonarm ab und bringen ihn zur Tonarmstütze zurück.

4. Siehe Abschnitt 8.1.2.

5. Man unterscheidet die Tiefen- und die Seitenschrift. (Siehe Abschnitt 8.2).

6. Beim Füllschriftverfahren stellt sich während des Schneidens automatisch ein größerer Rillenabstand ein, wenn größere Amplituden untergebracht werden müssen.

7. Umdrehungsgeschwindigkeit 45 1/min, Durchmesser 17 cm, Umdrehungsgeschwindigkeit 33 1/3 1/min, Durchmesser 30 cm.

8. Bei konstanter Schnelle ergäben sich bei tiefen Frequenzen sehr große Rillenauslenkungen, bei hohen Frequenzen so kleine, daß das Nutzsignal bei der Widergabe im Rauschen unterginge.

9. Heute schneidet man die Schallplatten mit einer konstanten Auslenkung. Tiefe Frequenzen müssen deshalb gedämpft, hohe Frequenzen verstärkt werden.

10. Siehe Abschnitt 8.3.

11. Es wird das elektromagnetische Prinzip, das elektrodynamische Prinzip und das piezoelektrische Prinzip angewendet.

12. Abtastnadeln werden aus gezüchteten Saphiren und natürlichen Diamanten hergestellt.

13. Man unterscheidet den konischen (sphärischen) Schliff, den elliptischen (biradialen) Schliff und den bielliptischen Schliff (Shibata-Nadel).

14. Magnetische Tonabnehmersysteme arbeiten mit:
    1. bewegten Magneten
    2. induzierten Magneten
    3. variablem magnetischem Widerstand.

15. Kristalltonabnehmer besitzen eine unzureichende Klimafestigkeit.
16. Der tangentiale Spurfehlwinkel entsteht dadurch, daß die Abtastnadel beim außerhalb des Plattentellers drehbar gelagerten Tonarm beim Abspielen von außen nach innen einen Kreisbogen beschreibt und keine durch den Mittelpunkt der Platte gehende Gerade (siehe Bild 8.39 und 8.40).
17. Um den tangentialen Spurfehlwinkel zu verkleinern, kröpft man den Tonarm und gibt ihm eine Überlänge.
18. Bei zu geringer Auflagekraft der Nadel wird nicht nur der Ton rauh, sondern durch das Abheben und wieder Einfallen der Nadel in die Rille werden die Nadel und die Platte zerstört. Bei zu großer Auflagekraft kann die Nadel nicht mehr den Rillenauslenkungen folgen, die hohen Frequenzen werden nicht mehr wiedergegeben, und sowohl die Nadel als auch die Platte werden beschädigt.
19. Bei Plattenspielern benutzt man den Reibradantrieb, den Riemenantrieb, eine Kombination aus Reibrad- und Riemenantrieb sowie den Direktantrieb.
20. Gleichlaufschwankungen machen sich als Tonhöhenschwankungen bemerkbar. Liegt die Änderungsgeschwindigkeit unter 5 Hz, so macht sich dies als Jaulen (wow), liegt sie zwischen 5 und 100 Hz, so macht sich dies als Rauhheit oder als Wimmern (flutter) bemerkbar.

Sachregister